普通高等教育"十二五"系列教材

继电保护原理

(第三版)

编著 刘学军 段慧达 辛 涛

主审 杜松怀

中国电力出版社

CHINA ELECTRIC POWER PRESS

内 容 提 要

本书为普通高等教育"十二五"系列教材。

本书共 14 章,主要内容包括:继电保护的基础知识,保护用互感器及变换器,电网相间短路的电压、电流保护和电流方向保护,电网的接地保护、距离保护、差动保护及高频保护,线路自动重合闸;电力变压器保护,母线保护,发电机保护,电动机和电力电容器保护,以及微机保护原理等。

本书主要作为电气工程及其自动化专业的本科教材,也可作为高职高专相关专业的教材或电力工程技术人员的参考用书。

图书在版编目(CIP)数据

继电保护原理/刘学军,段慧达,辛涛编著. —3 版. —北京:中国电力出版社,2012.6(2024.7重印)

普通高等教育"十二五"规划教材

ISBN 978-7-5123-2914-0

Ⅰ.①继… Ⅱ.①刘… ②段… ③辛… Ⅲ.①继电保护—高等学校—教材 Ⅳ.①TM77

中国版本图书馆 CIP 数据核字(2012)第 066891 号

出版发行:中国电力出版社

地 址:北京市东城区北京站西街 19 号(邮政编码 100005)

网 址:http://www.cepp.sgcc.com.cn

责任编辑:罗晓莉(010—63412547)

责任校对:黄 蓓

装帧设计:郝晓燕

责任印制:钱兴根

印 刷:北京雁林吉兆印刷有限公司

版 次:2004 年 7 月第一版 2012 年 6 月第三版

印 次:2024 年 7 月北京第二十五次印刷

开 本:787 毫米×1092 毫米 16 开本

印 张:27.5

字 数:670 千字

定 价:49.00 元

前　言

　　本书第三版在第二版的基础上做了认真修改和补充，保留了原有的风格和体系；删除了一些过时的内容，如感应型电流继电器、环形整流比相回路，晶体管三相一次自动重合闸等；改写了自动重合闸与继电保护的配合、三相一次重合闸工作原理和反时限过电流保护；补充了部分例题和习题。

　　本书着重阐述了继电保护的基本原理与运行特性分析的基本方法，分析了各种继电器的性能，对各种继电保护装置做了系统分析；对微机保护原理、特点、硬件和软件构成及实际应用做了深入分析和介绍，还介绍了自适应继电保护；介绍了继电保护的新技术和新发展。本书的特点是内容叙述系统性、逻辑性强，接近工程实际，分析深入浅出，重点突出，说理清楚，具备易于讲授，便于自学理解和掌握。

　　本书还配有《继电保护原理学习指导（第二版）》（ISBN 978-7-5123-1635-5）供读者参考使用。

　　本书可作为普通高等院校电气工程及其自动化专业的本科教材。各学校可以根据教学时数，适当减少内容使用。

　　本书第一章、第十一～十三章由北华大学的段慧达编写，第七～十章由烟台南山学院的辛涛编写，其余章节由刘学军编写。刘学军教授对全书进行了统稿。

　　本书在编写过程中得到了各校师生的帮助与大力支持，参考、引用了国内外许多专家、学者的著作和文献，马凤军女士参与了本书的插图绘制和文字录入工作，刘畅、杜洋和吕欣参与了本书部分章节的编写工作，在此一并表示衷心感谢。

　　限于编者水平和实践经验，书中难免存在疏漏和不足之处，敬请读者批评指正。

编　者

2012 年 2 月

第一版前言

本书是根据高等教育面向 21 世纪教学改革的目标和教育部颁布的新的专业目录的要求,以及中国电力教育协会组织制定的普通高等教育"十五"教材规划而编写的。

本书着重阐述了继电保护的基本原理与运行特性分析的基本方法,分析了各种继电器的性能,对各种继电保护装置做了系统分析,介绍了继电保护的新发展。

本书分为十三章。第一章绪论。第二章互感器及变换器。第三、四章为电网相间短路的电流、电压保护和电流方向保护。第五、六、七、八章为电网的接地保护、距离保护、差动保护及高频保护。第九章为输电线路的自动重合闸。第十、十一、十二、十三章为电力变压器保护,母线保护,发电机保护,电动机及电力电容器保护。

本书采用我国新的国家标准,如计量单位、图形符号和文字符号;在编写过程中注意了理论联系实际,分析深入浅出,说理清楚;为便于教学和自学,每章后附有思考题和习题,附录有常用继电器技术数据和短路保护的灵敏系数。

本书第十一章(一~八节)、第十二、十三章由北华大学电气信息工程学院段慧达编写,其余各章均由刘学军编写。全书由刘学军主编,由杜松怀主审。

在全书编写过程中,北华大学电气信息工程学院的其他教师提出了许多宝贵意见,其他高校和有关电力部门曾给予支持并提供了大量参考资料。东北电力学院于俐和北华大学电气信息工程学院孙铁军参加了部分工作。在此向他们表示衷心的感谢。另外对于书末所附参考文献的作者也致以衷心的感谢。

限于编者水平和实践经验,书中难免存在缺点和不足之处,敬请读者批评指正。

编 者

2004 年 2 月于北华大学电气信息工程学院

第二版前言

为贯彻落实教育部《关于进一步加强高等学校本科教学工作的若干意见》和《教育部关于以就业为导向深化高等职业教育改革的若干意见》的精神,加强教材建设,确保教材质量,中国电力教育协会组织制订了普通高等教育"十一五"教材规划。该规划强调适应不同层次、不同类型院校,满足学科发展和人才培养的需求,坚持专业基础课教材与教学急需的专业教材并重、新编与修订相结合。本书为修订教材。

本书主要作为电气工程及其自动化专业的本科教材,第一版教材出版后,受到了读者的普遍好评,现根据教学改革的发展需要,应中国电力教育协会的要求,予以修订。

本书在第一版的基础上做了部分修改和补充,增加了自适应继电保护和微机继电保护原理的内容,将继电保护学科反映得更全面和完善,体现了实用性和先进性。

本书着重阐述了继电保护的基本原理与运行特性分析的基本方法,分析了各种继电器的性能,对各种继电保护装置做了系统分析,还介绍了继电保护的新技术、新发展。本书具有内容叙述系统性、逻辑性强,接近工程实际,分析深入浅出,重点突出、说理清楚,具备易于讲授,便于自学、理解和掌握的特点。此外,本书还配有《继电保护原理学习指导》(ISBN 978-7-5083-3655-8)供读者参考使用。

各学校可以根据教学时数,适当减少内容使用。

本书由北华大学电气信息工程学院的段慧达改写第十一~十三章,其余各章均由刘学军改写。刘学军担任主编并统稿,杜松怀教授担任主审。

在本书修订过程中得到了北华大学电气信息工程学院领导的关心和大力支持。东北电力大学的于俐和北华大学电气信息工程学院的姚欣参与了部分章节的修订工作,在此向他们表示真诚的感谢!

限于编者水平和实践经验,书中难免存在疏漏与不足之处,敬请读者批评指正。

编 者
2007 年 1 月

目　　录

第一章 概 述

本章主要介绍了继电保护的任务和对它的基本要求以及构成继电保护的基本原理，还介绍了与继电保护相关的几个基本概念，如故障、不正常运行状态、事故及它们的特点。

要掌握好对继电保护的基本要求，即"四性"——选择性、速动性、灵敏性和可靠性。其中最重要的是可靠性，而选择性是关键，灵敏性则必须足够高，速动性要达到必要的程度。"四性"是设计、分析与评价继电保护装置是否先进、实用和完善的出发点和依据。

第一节 电力系统继电保护的任务和作用

一、电力系统的故障及不正常运行状态

电力系统在运行中可能出现各种故障和不正常运行状态。最常见同时也是最危险的故障是各种类型的短路，其中包括相间短路和接地短路。此外，还可能发生输电线路断线、旋转电机与变压器同一相绕组的匝间短路等，以及由上述几种故障组合而成的复杂故障。

电力系统中发生短路故障时，可能产生下列严重后果：

（1）数值较大的短路电流通过故障点时，引燃电弧，使故障设备损坏或烧毁。

（2）短路电流通过非故障设备时，产生发热和电动力，使其绝缘遭受到破坏或缩短设备使用年限。

（3）电力系统中部分地区电压值大幅度下降，将破坏电能用户正常工作或影响产品质量。

（4）破坏电力系统中各发电厂之间并联运行的稳定性，使系统发生振荡，从而使事故扩大，甚至使整个电力系统瓦解。

电力系统中电气元件的正常工作遭到破坏，但没有发生故障时，这种情况属于不正常工作状态。例如，因负荷超过供电设备的额定值引起的电流升高，称为过负荷，就是一种常见的不正常工作状态。在过负荷时，电气元件载流部分和绝缘材料因温度升高而过热，加速了绝缘材料的老化和损坏，并有可能发展成故障。此外，系统中出现有功功率缺额而引起的频率降低，发电机突然甩负荷而产生的过电压，以及电力系统振荡等，都属于不正常运行状态。

电力系统中发生不正常运行状态和故障时，都可能引起系统事故。事故是指系统或其中一部分的正常工作遭到破坏，并造成对用户少送电或电能质量变坏到不能容许的程度，甚至造成电气设备损坏和人身伤亡。

系统事故的发生，除自然条件的因素（如遭受雷击等）以外，一般都是由设备制造上的缺陷、设计和安装的错误、检修质量不高或运行维护不当引起的，因此，应提高设计和运行水平，并提高制造与安装质量，这样可能大大减少事故发生的概率。但是不可能完全避免系统故障和不正常运行状态的发生，故障一旦发生，故障量将以近似于光速影响其他非故障设备，甚至引起新的故障。为防止系统事故扩大，保证非故障部分仍能可靠地供电，并维持电

力系统运行的稳定性，要求迅速、有选择性地切除故障元件。切除故障的时间有时要求短到十分之几秒到百分之几秒。显然，在这样短的时间内，由运行人员发现故障设备，并将故障设备切除是不可能的，只有借助于安装在每一个电气设备上的自动装置，即继电保护装置，才能实现。

二、继电保护装置

继电保护装置是指安装在被保护元件上，反应被保护元件故障或不正常运行状态并作用于断路器跳闸或发出信号的一种自动装置。继电保护装置最初是以机电式继电器为主构成的，现代继电保护装置则已发展成以电子元件或微型计算机或可编程序控制器为主构成。"继电保护"一词泛指继电保护技术或由各种继电保护装置组成的继电保护系统。

三、继电保护装置的基本任务

继电保护装置的基本任务有以下几点：

（1）自动、迅速、有选择性地将故障元件从电力系统中切除，使故障元件免于继续遭到破坏，并保证其他无故障元件迅速恢复正常运行。

（2）反应电气元件不正常运行情况，并根据不正常运行情况的种类和电气元件维护条件，发出信号，由运行人员进行处理或自动地进行调整或将那些继续运行会引起事故的电气元件予以切除。反应不正常运行情况的继电保护装置允许带有一定的延时动作。

（3）继电保护装置还可以和电力系统中的其他自动化装置配合，在条件允许时，采取预定措施，缩短事故停电时间，尽快恢复供电，从而提高电力系统运行的可靠性。

综上所述，继电保护在电力系统中的主要作用是通过预防事故或缩小事故范围来提高系统运行的可靠性。继电保护装置是电力系统中重要的组成部分，是保证电力系统安全和可靠运行的重要技术措施之一。在现代化的电力系统中，如果没有继电保护装置，就无法维持电力系统的正常运行。

第二节　对继电保护的基本要求

动作于跳闸的继电保护，在技术上一般应满足四条基本要求，即选择性、速动性、灵敏性和可靠性。

1. 选择性

选择性是指继电保护装置动作时，仅将故障元件从电力系统中切除，保证系统中非故障元件仍然继续运行，尽量缩小停电范围。

图 1-1 所示为单侧电源网络，母线 A、B、C、D 代表相应变电所，断路器 QF1～QF8 都装有继电保护装置 P1～P8。

当 k1 点短路时，应由距短路点 k1 最近的保护装置 P1 动作，QF1 跳闸，将故障线路 WL5 切除，变电所 D 停电。当 k3 点发生短路时，保护装置 P7 和 P5 动作，QF7 和 QF5 跳闸，切除故障线路 WL1，变电所 B 仍可由线路 WL2 继续供电。由此可见，继电保护有选择性动作可将停电范围限制到最小，甚至可以做到不中断向用户供电。

对继电保护动作有选择性的要求，同时还必须考虑继电保护装置或断路器由于自身故障等原因而拒绝动作（简称拒动）的可能性，因而需要考虑后备保护的问题。如图 1-1 所示，当 k4 点短路时，应由继电保护装置 P4 动作，将故障线路 WL4 切除，但由于某种原因，保护装置 P4 拒动，此时可由保护装置 P3 动作，将故障切除。保护装置 P3 的这种作用称为相邻元件的后备保护，由于按上述方式构成的后备保护在远处实现，故又称为远后备保护。同理，保护 P7～P8 也可以作为保护 P3 的后备保护。

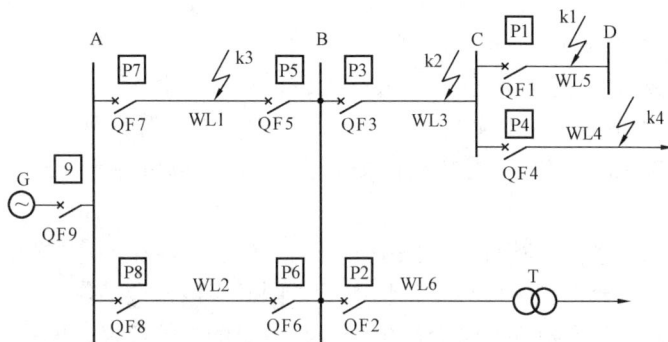

图 1-1　单侧电源网络中有选择性动作的说明

一般地，把反应被保护元件严重故障、快速动作于跳闸的保护装置称为主保护，而把在主保护系统失效时起备用作用的保护装置称为后备保护。

在复杂的高压电力系统中，如果实现远后备保护有困难，则可采用近后备保护方式，即：当本元件的主保护拒动时，由本元件另一套保护装置作为后备保护；当断路器拒绝动作时，由同一发电厂或变电所内的有关断路器动作，实现后备保护。为此，在每一元件上装设单独的主保护和后备保护，并装设设备的断路器失灵保护。由于这种后备保护作用在保护安装处实现，故又称它为近后备保护。由于远后备保护是一种完善的后备保护方式，它对相邻元件的保护装置、断路器、二次回路和直流电源引起的拒动，均能起到后备保护作用，同时它的实现简单、经济，因此应优先采用。只有当远后备保护不能满足要求时，才考虑采用近后备保护方式。

2. 速动性

快速地切除故障可以提高电力系统并列运行的稳定性，减少用户在电压降低的情况下的工作时间，以及缩小故障元件的损坏程度。因此，在发生故障时，应力求保护装置能迅速动作，切除故障。

动作迅速而同时又能满足选择性要求的保护装置，一般结构都比较复杂，价格也比较贵。在一些情况下，允许保护装置带有一定时限切除发生故障的元件。因此，对继电保护速动性的具体要求，应根据电力系统的接线以及被保护元件的具体情况来确定。以下列举的是一些必须快速切除的故障：

（1）根据维持系统稳定的要求，必须快速切除高压输电线路上发生的故障。

（2）使发电厂或重要用户的母线电压低于允许值（一般为 0.7 倍额定电压）的故障。

（3）大容量的发电机、变压器以及电动机内部发生的故障。

（4）1～10kV 线路导线截面过小，为避免过热不允许延时切除的故障等。

（5）可能危及人身安全，对通信系统或铁路信号标志系统有强烈电磁干扰的故障等。

故障切除的总时间等于保护装置和断路器动作时间之和。一般快速保护的动作时间为 0.06～0.12s，最快的可达 0.02～0.04s；一般断路器动作时间为 0.06～0.15s，最快的为 0.02～0.06s。

3. 灵敏性

继电保护的灵敏性是指对于保护范围内发生故障或非正常运行状态的反应能力。满足灵敏性要求的保护装置应该是在事先规定的保护范围内部发生故障时,不论短路点的位置、短路的类型如何,以及短路点是否有过渡电阻,都能敏锐感觉,正确反应。保护装置的灵敏性,通常用灵敏系数（K_{sen}）来衡量,它决定于被保护元件和电力系统的参数和运行方式。在 DL 400—1991《继电保护和安全自动装置技术规程》中,对各类保护的灵敏系数的要求都做了具体规定（参见附录 D)。关于灵敏系数这个问题在以后各章中将分别进行讨论。

4. 可靠性

保护装置的可靠性是指在其规定的保护范围内发生了它应该动作的故障时,它不应该拒绝动作,而在任何其他该保护不应该动作情况下,则不应该错误动作。

继电保护装置误动作和拒动作都会给电力系统造成严重的危害。但提高其不误动的可靠性和不拒动的可靠性措施常常是互相矛盾的。由于电力系统的结构和负荷性质的不同,误动和拒动的危害程度有所不同。因而提高保护装置可靠性的重点在不同情况下有所不同。例如,当系统中有充足的旋转备用容量（热备用)、输电线路很多、各系统之间以及电源与负荷之间联系很紧密时,若继电保护装置发生误动作使某发电机、变压器或输电线路切除,给电力系统造成的影响可能不大;但如果发电机、变压器或输电线路故障时继电保护装置拒动,将会造成设备损坏或破坏系统稳定运行,造成巨大损失。在此情况下,提高继电保护不拒动的可靠性比提高不误动的可靠性更加重要。反之,系统旋转备用容量较少,以及各系统之间和电源与负荷之间的联系比较薄弱时,继电保护装置发生误动使某发电机、变压器或某输电线路切除,将会引起对负荷供电的中断,甚至造成系统稳定性的破坏,造成巨大损失;而当某一保护装置拒动时,其后备保护仍可以动作,并切除故障。在这种情况下,提高保护装置不误动的可靠性比提高其不拒动的可靠性更为重要。由此可见,提高保护装置的可靠性要根据电力系统和负荷的具体情况采取适当的对策。

许多学者称不误动的可靠性为"安全性"（security),称不拒动和不会非选择性动作的可靠性为"可信赖性"（reliability)。安全性和可信赖性属于可靠性的两个方面。为提高可信赖性可采取二中取一的双重化方案,但此方案降低了安全性。为同时提高可信赖性和安全性（例如大容量发电机组的保护),可采用三中取二的双重化方案或双倍的二中取一双重化方案。

可靠性主要针对保护装置本身的质量和运行维护水平而言。一般来说,保护装置的组成元件的质量越高,接线越简单,回路中继电器的触点数量越少,保护装置的可靠性就越高。同时,正确的设计和整定计算,保证安装、调整试验的质量,提高运行维护水平,对于提高保护装置的可靠性也具有重要作用。对于一个确定的保护装置在一个确定的系统中运行而言,在继电保护的整定计算中用可靠系数来校核是否满足可靠性的要求。在国家或行业制定的继电保护运行整定计算规程中,对各类保护的可靠性系数都做了具体规定。

以上四条基本要求是分析研究继电保护性能的基础,也是贯穿全课程的一个基本线索。在它们之间,既有矛盾的一面,又有在一定条件下统一的一面。继电保护的科学研究、设计、制造和运行的绝大部分工作是围绕着如何处理好这四条基本要求之间的辩证统一关系而进行的。在学习这门课程时应注意学习和运用这样的分析方法。

选择继电保护方式时除应满足上述四条基本要求，还应考虑经济条件。应从国民经济的整体利益出发，按被保护元件在电力系统中的作用和地位来确定其保护方式，而不能只从保护装置本身投资考虑，因为保护不完善或不可靠而给国民经济造成的损失，一般都超过即使是最复杂的保护装置的投资。但要注意，对较为次要的数量多的电气元件（如小容量电动机等），则不应装设过于复杂和昂贵的保护装置。

第三节 继电保护的工作原理、构成及分类

一、继电保护的工作原理

为了完成继电保护所担负的任务，要求它能正确区分电力系统的正常运行状态与故障状态或不正常运行状态。因此，可根据电力系统发生故障或不正常运行状态前后电气物理量的变化特征为基础构成继电保护装置。

电力系统发生故障后，工频电气量变化的主要特征如下：

（1）电流增大。短路时故障点与电源之间的电气元件上的电流，将由负荷电流值增大到大大超过额定负荷电流。

（2）电压降低。系统发生相间短路或接地短路故障时，系统各点的相间电压或相电压值均下降，且越靠近短路点，电压下降越多，短路点电压最低可降至零。

（3）电压与电流之间的相位角发生改变。正常运行时，同相的电压与电流之间的相位角即负荷的功率因数角，一般约为 $20°$；三相金属性短路时，同相电压与电流之间相位角即阻抗角，对于架空线路一般为 $60°\sim85°$；而在反方向三相短路时，电压与电流之间的相位角，对于架空线路为 $180°+（60°\sim85°）$。

（4）测量阻抗发生变化。测量阻抗即为测量点（保护安装处）电压与电流相量之比值，即 $Z=\dot{U}/\dot{I}$。以线路故障为例，正常运行时，测量阻抗为负荷阻抗；金属性短路时，测量阻抗为线路阻抗；故障后测量阻抗模值显著减小，而阻抗角增大。

（5）出现负序和零序分量。正常运行时，系统只有正序分量；当发生不对称短路时，将出现负序分量和零序分量。

（6）电气元件流入和流出电流的关系发生变化。对任一正常运行的电气元件，根据基尔霍夫定律，其流入电流应等于流出电流，但元件内部发生故障时，其流入电流不再等于流出电流。

利用故障时电气量的变化特征，可以构成各种作用原理的继电保护。例如，根据短路故障时电流增大，可构成过电流保护和电流速断保护；根据短路故障时电压降低，可构成低电压保护和电压速断保护；根据短路故障时电流与电压之间相角的变化，可构成功率方向保护；根据电压与电流比值的变化，可构成距离保护；根据故障时被保护元件两端电流相位和大小的变化，可构成差动保护；高频保护则是利用高频通道来传递线路两端电流相位、大小和短路功率方向信号的一种保护；根据不对称短路故障出现的相序分量，可构成灵敏的序分量保护。这些继电保护既可以作为基本的继电保护元件，也可以通过它们做进一步逻辑组合，构成更为复杂的继电保护，例如，将过电流保护与方向保护组合，构成方向电流保护。

此外，除了反应各种工频电气量的保护原理外，还有反应非工频电气量的保护，如超高压输电线路的行波保护和反应非电气量的电力变压器的瓦斯保护、过热保护等。

对于反应电气元件不正常运行情况的继电保护，主要根据不正常运行情况时电压和电流变化的特征来构成。

二、继电保护装置的分类及构成

(一) 继电保护装置的分类

电力系统继电保护是从电力系统自动化中独立出来的，因此，继电保护实际上是一种自动控制装置，以控制过程信号性质不同可分为模拟型和数字型两大类。20 世纪 80 年代前应用的常规继电保护装置都属于模拟型的，20 世纪 80 年代后发展的微机继电保护则属于数字型的。这两类继电保护装置的基本原理是相同的，但实现方法及构成却有很大不同。模拟型继电保护装置又分为机电型继电保护装置和静态型继电保护装置。

(1) 机电型继电保护装置。该装置由若干个不同功能的机电型继电器组成。机电型继电器基于电磁力或电磁感应作用产生机械动作原理制成，只要加入某种物理量或加入的物理量达到某个规定数值时，它就会动作。其动合（常开）触点闭合，动断（常闭）触点断开，输出信号。

每个机电型继电器都由感受元件、比较元件和执行元件三个主要部分组成。感受元件用来测量控制量（如电压、电流等）的变化，并以某种形式传送到比较元件；比较元件将接收到的控制量与整定值进行比较，并将比较结果的信号送到执行元件；执行元件执行继电器动作输出信号的任务。机电型继电器按动作原理可分为电磁型、感应型和整流型等，按反应的物理量可分为电流、电压、功率方向、阻抗继电器等，按继电器在保护装置中的作用可分为主继电器（如电流、电压、阻抗继电器等）和辅助继电器（如中间继电器、时间继电器和信号继电器等）。由于这些继电器都具有机械可动部分和触点，故称它们为机电型继电器，由这类继电器组成的保护装置称为机电型继电保护。

(2) 静态型继电保护装置。该装置是应用晶体管或集成电路等电子元件实现的，由若干个不同功能的回路（如测量、比较或比相、触发、延时、逻辑和输出回路）相连接所组成，具有体积小、重量轻、消耗功率小、灵敏性高、动作快和不怕震动、可实现无触点等优点。

(二) 继电保护装置的构成

(1) 模拟型继电保护装置。这种保护装置的构成种类很多，就一般而言，它们都是由测量回路、逻辑回路和执行回路三个主要部分组成。其原理框图如图 1-2 所示。测量回路的作用是测量与被保护电气元件工作状态有关物理量的变化，如电流、电压变化，以确定电力系统是否发生了短路故障或出现不正常工作状态；逻辑回路的作用是当电力系统发生故障时，根据测量回路的输出信号进行逻辑判断，以确定保护装置是否应该动作，并向执行元件发出相应信号；执行回路的作用是执行逻辑回路的判断结果，发出切除故障的跳闸脉冲或指示不正常运行情况的信号。

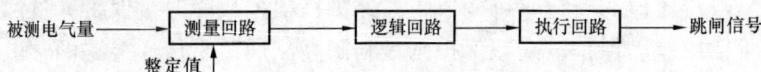

被测电气量 → 测量回路 → 逻辑回路 → 执行回路 → 跳闸信号

整定值 ↑

图 1-2　模拟型继电保护装置原理框图

现以图 1-3 所示的简单的线路过电流保护装置为例，说明继电保护的组成及工作原理。

测量回路由电流互感器 TA 的二次绕组连接电流继电器 KA 组成。电流互感器的作用是将被保护元件的大电流变成小电流，并将保护装置与高压隔离。在正常运行时，通过被保护元件的电流为负荷电流，小于电流继电器 KA 的动作电流，电流继电器不动作，其触点不闭合。当线路发生短路故障时，流经电流继电器的电流大于继电器的动作电流，电流继电器立即动作，其触点闭合，将逻辑回路中的时间继电器 KT 绕组回路接通电源，时间继电器 KT 动作，经整定时间 t_{set} 后闭合其触点，接通执行回路中的信号继电器 KS 线圈和断路器 QF 的跳闸线圈 YR 回路，使断路器 QF 跳闸，切除故障线路。同时，信号继电器 KS 动作，其触点闭合发出远方信号和就地信号，并自保持，该信号由值班人员做好记录后，手动复归。

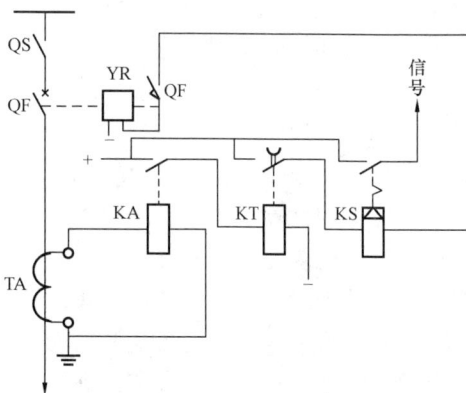

图 1-3 线路过电流保护装置单相原理接线图

（2）数字型微机继电保护。这种保护装置是把被保护元件输入的模拟电气量经模/数转换器（A/D）变换成数字量，利用计算机进行处理和判断。微机继电保护装置由硬件部分和软件部分组成。微机继电保护硬件部分原理框图如图 1-4 所示。

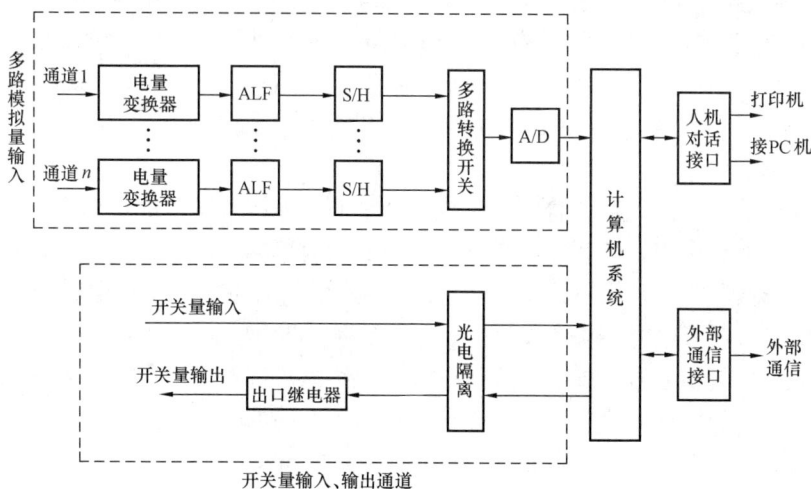

图 1-4 微机继电保护硬件部分原理框图

被保护元件的模拟量（交流电压、电流）经电流互感器 TA 和电压互感器 TV 进入到微机继电保护的模拟量输入通道。由于需要同时输入多路电压或电流（如三相电压和三相电流），因此要配置多路输入通道。在输入通道中，电量变换器将电流和电压变成适用于微机保护用的低电压量（$\pm 5 \sim \pm 10V$），再由模拟低通滤波器（ALF）滤除直流分量、低频分量和高频分量及各种干扰波后，进入采样保持电路（S/H），将一个在时间上连续变化的模拟量转换为在时间上的离散量，完成对输入模拟量的采样。通过多路转换开关（MPX）将多个输入电气量按输入时间前后分开，依次送到模数转换器（A/D），将模拟量转换为数字量进入计算机系统进行运算处理，判断是否发生故障，通过开关量输出通道输出，经光电隔离电路送到出口继电器发出跳闸脉冲给断路器跳闸线圈 YR，使断路器跳闸，切除系统故障部分。

　　人机接口部件的作用是建立起微机保护与使用者之间的信息联系，以便对装置进行人工操作、调试和得到反馈信息。外部通信接口部件的作用是提供计算机局域通信网络以及远程通信网络的信息通道。

　　软件部分是根据保护工作原理和动作要求编制计算程序，不同原理的保护其计算程序不同。微机保护的计算程序是根据保护工作原理的数学模型即数学表达式来编制的。这种数学模型称为计算机继电保护的算法。通过不同的算法可以实现各种保护功能。各类型保护的计算机硬件和外围设备是通用的，只要计算程序不同，就可以得到不同原理的保护。而且计算机根据系统运行方式改变能自动改变动作的整定值，使保护具有更大的灵敏性。保护用计算机有自诊断能力，不断地检查和诊断保护本身的故障，并及时处理，大大地提高了保护装置的可靠性，并能实现快速动作的要求。

　　电力系统继电保护根据被保护对象不同，分为发电厂、变电所电气设备的继电保护和输电线路的继电保护。前者是发电机，变压器、母线和电动机等元件的继电保护，简称为元件保护；后者是指电力网及输电线路的继电保护，简称为线路保护。

　　按作用不同，继电保护又可分为主保护、后备保护和辅助保护。

　　继电保护装置需要有操作电源供给保护回路、断路器合闸及信号等二次回路，按操作电源性质不同，可分为直流操作电源和交流操作电源。在发电厂和变电所中继电保护的操作电源是由蓄电池直流系统供电，交流操作电源的继电保护只适用于中小型变电所。

第四节　继电保护发展简史

　　电力系统继电保护技术是随着电力系统的发展而发展起来的。最初出现了反应电流超过一定预定值的过电流保护。熔断器就是最早出现的最简单的过电流保护。这种保护时至今日仍被广泛应用于低压线路和用电设备上。熔断器的特点是融保护装置与切断电流的装置于一体，因而最简单。随着电力系统的发展，发电机容量不断增大，发电厂、变电所和供电网络的接线不断复杂化，使电力系统正常工作电流和短路电流都不断增大，单纯采用熔断器保护就难以实现选择性和快速性要求，于是出现了作用于专门的断流装置（断路器）的过电流继电器。

　　19世纪90年代，出现了装于断路器上并直接作用于断路器的一次式的电磁型过电流继电器。20世纪初，随着电力系统的发展，继电器才开始广泛应用于电力系统的保护。这个时期可认为是继电保护技术发展的开端。1901年出现了感应型过电流继电器。1908年提出了比较被保护元件两端的电流差动保护原理。1910年方向性电流保护开始得到应用。在此时期也出现了将电流与电压比较的保护原理，并导致了19世纪20年代初距离保护的出现。随着电力系统载波通信的发展，在1927年前后，出现了利用高压输电线路上高频载波电流传送和比较输电线路两端功率或相位的高频保护装置。在20世纪50年代，微波中继通信开始应用于电力系统，从而出现了利用微波传送和比较输电线路两端故障电气量的微波保护。早在20世纪50年代就出现了利用故障点产生的行波实现快速继电保护的设想，经过20余年的研究，1975年左右终于诞生了行波保护装置。显然，随着光纤通信在电力系统中的大量采用，利用光纤通道的继电保护必将得到广泛的应用。

与此同时，构成继电保护装置的元件、材料、保护装置的结构型式和制造工艺也发生了巨大的变革。20世纪50年代以前的继电保护装置都是由电磁型、感应型或电动型继电器组成的。这些继电器统称为机电式继电器。由这些继电器组成的继电保护装置称为机电式保护装置。这种保护装置工作可靠，目前电力系统中仍应用这种装置。但这种装置体积大，消耗功率大，动作速度慢，机械转动部分和触点容易磨损或粘连，调试维护比较复杂，不能满足超高压、大容量电力系统的要求。

20世纪50年代初，由于半导体晶体管的发展开始出现了晶体管式继电保护装置，称之为电子式静态保护装置。20世纪70年代是晶体管继电保护装置在我国大量采用的时期，满足了当时电力系统向超高压、大容量方向发展的需要。20世纪80年代后期，标志着静态继电保护从第一代（晶体管式）向第二代（集成电路式）的过渡。目前后者已成为静态继电保护装置的主要形式。在20世纪60年代末有人提出用小型计算机实现继电保护的设想，由此开始了对继电保护计算机算法的大量研究，对后来微型计算机式继电保护（简称微机保护）的发展奠定了理论基础。20世纪70年代后半期，比较完善的微机保护样机开始投入到电力系统中试运行。20世纪80年代，微机保护在硬件结构和软件技术方面已趋于成熟并已在一些国家推广应用，这就是第三代的静态继电保护装置。微机保护装置具有巨大的优越性和潜力，因而受到运行人员的欢迎。进入20世纪90年代，它在我国得到了大量的应用，成为继电保护装置的主要型式，可以说微机保护代表着电力系统继电保护的未来，将成为未来电力系统保护、控制、运行调度及事故处理的统一计算机系统的组成部分。

在20世纪50～90年代的40多年时间里，继电保护经历了机电式、整流式、晶体管式、集成电路式和微机式五个发展阶段。计算机网络的发展及其在电力系统中的大量应用，以及变电站综合自动化和调度自动化的兴起、电力系统光纤通信网络的形成，为继电保护技术的发展提供了可靠的条件。

此外，由于计算机网络提供的数据信息共享的优越性，微机保护可以占有全系统的运行数据和信息，应用自适应原理和人工智能方法使保护原理、性能和可靠性得到进一步的发展和提高，使继电保护技术沿着网络化、智能化、自适应和保护、测量、控制、数据通信一体化的方向不断前进。

思 考 题 与 习 题

1-1　什么是故障、异常运行方式和事故？它们之间有何不同？又有何联系？

1-2　常见故障有哪些类型？故障后果表现在哪些方面？

1-3　什么是主保护和后备保护？远后备保护和近后备保护有什么区别和特点？

1-4　继电保护装置的任务及其基本要求是什么？

1-5　继电保护基本原理是什么？

1-6　在图1-5所示网络中，各断路器处均装有继电保护装置P1～P7。试回答下列问题：

（1）当k1点短路时，根据选择性要求应由哪个保护动作并跳开哪台断路器？如果QF6因失灵而拒动，保护又将如何动作？

（2）当k2点短路时，根据选择性要求应由哪些保护动作并跳开哪几台断路器？如此时保护 P3 拒动或 QF3 拒跳，但保护 P1 动作并跳开断路器 QF1，问此种动作是否有选择性？如果拒动的断路器为 QF2，对保护 P1 的动作又应该如何评价？

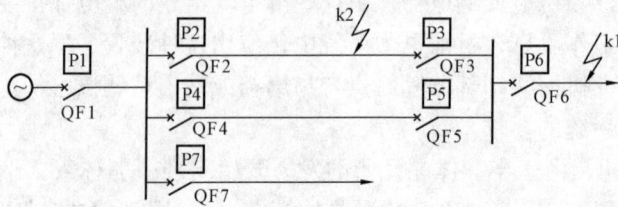

图 1-5 题 1-6 电网示意图

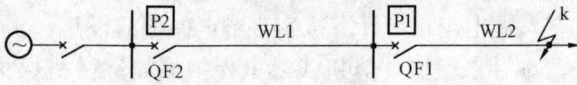

图 1-6 题 1-7 电网示意图

1-7 在图 1-6 所示网络中，设在 k 点发生短路，试就以下几种情况评述保护 P1 和保护 P2 对四项基本要求的满足情况：

（1）保护 P1 按整定时间先动作跳开 QF1，保护 P2 启动，并在故障切除后返回。

（2）保护 P1 和保护 P2 同时按保护 P1 整定时间动作，并跳开断路器 QF1 和断路器 QF2。

（3）保护 P1 和保护 P2 同时按保护 P2 整定时间动作，并跳开断路器 QF1 和断路器 QF2。

（4）保护 P1 启动，但未跳闸，保护 P2 动作，跳开断路器 QF2。

（5）保护 P1 未启动，保护 P2 动作，并跳开断路器 QF2。

第二章　互感器及变换器

　　本章主要介绍了互感器、变换器和对称分量滤过器的结构、工作原理及其使用注意事项。

　　互感器部分介绍了电流互感器和电压互感器的工作原理、误差和接线方式。互感器采用减极性标注方法可使分析问题简化。变换器部分主要介绍了电抗变换器，它的阻抗 $\dot{K}_1$ 是一个复数，当铁芯不饱和时可认为是常数，而电压变换器变比 K_U 是一个实数，当铁芯不饱和时为常数。对称分量滤过器部分介绍了正序、负序、零序电流滤过器和电压滤过器以及单相、三相负序电流滤过器和电压滤过器。

　　互感器包括电压互感器（TV）和电流互感器（TA），是一次回路和二次回路的联络元件，用以分别向测量仪表、继电器的电压线圈和电流线圈供电，正确反应电气元件的正常运行和故障情况。

　　互感器的作用是，将一次回路的高电压和大电流变为二次回路的标准的低电压（100V）和小电流（5A 或 1A），使测量仪表和保护装置标准化、小型化，并使其结构轻巧、价格便宜，便于屏内安装，并将二次设备与高电压部分隔离，且互感器二次侧均接地，从而保证了设备和人员的人身安全。

　　为了使互感器提供的二次电流和电压进一步减小，以适应弱电元件（如电子元件）的要求，可采用输入变换器（U）。同时，输入变换器还担负着在二次回路与继电保护装置内部电路之间实行电气隔离和电磁屏蔽的作用，以保障人身安全及保护装置内部弱电元件的安全，减小来自高压设备对弱电元件的干扰。

第一节　电流互感器

一、电流互感器的工作原理

　　目前，电力系统广泛采用的是铁芯不带气隙的电磁式电流互感器，简称电流互感器。它的工作原理与变压器相似。其特点是一次绕组直接串联在一次电路中，匝数很少，流过一次绕组中的电流完全取决于被测电路的负荷电流，而与二次绕组的电流大小无关。电流互感器二次绕组所接仪表和继电器的线圈阻抗很小，正常情况下，在近乎于短路状态下运行。

　　电流互感器的额定变比定义为其一、二次额定电流之比，即

$$K_{TA}=\frac{I_{1N}}{I_{2N}} \tag{2-1}$$

二、电流互感器的误差

　　电流互感器的等值电路和相量图如图 2-1 所示。

　　图 2-1（a）中，Z_1、Z_2 为电流互感器一次绕组和二次绕组的漏阻抗，Z_m 为励磁阻抗，Z_L 为负荷阻抗，$\dot{U}_1'$、$\dot{I}_1'$、Z_1'、Z_m' 为折合到二次侧匝数的值。它们的表达式为

$$\dot{I}_1'=\dot{I}_1/K_{TA}$$

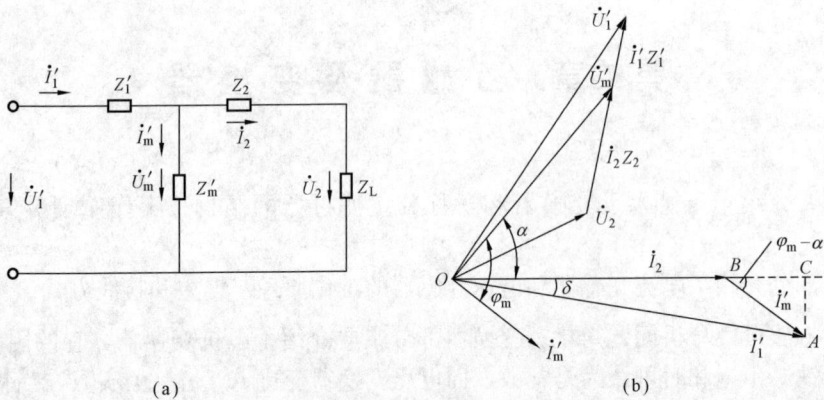

图 2-1　电流互感器的等值电路及相量图

(a) 等值电路；(b) 相量图

$$Z_1' = K_{TA}^2 Z_1$$
$$Z_m' = K_{TA}^2 Z_m$$
$$Z_1 = r_1 + jX_1$$
$$Z_2 = r_2 + jX_2$$

分别以 $\dot{I}_2$、$\dot{U}_2$、$\dot{U}_m'$、$\dot{I}_m'$、$\dot{I}_1'$、$\dot{U}_1'$ 为作图次序，可绘出电流互感器相量图，如图2-1 (b) 所示。图中，α 为 $(Z_L + Z_2)$ 的阻抗角，φ_m 为 Z_m' 的阻抗角。从图中可知，由于励磁电流 $\dot{I}_m'$ 的存在，使 $\dot{I}_2$ 与 $\dot{I}_1'$ 存在一个差值，而且在相位上也不完全同相，这就引起了电流互感器的误差。电流互感器的基本误差有变比误差 ΔI（简称比差）和角度误差 δ（简称角差）。

(1) 变比误差 ΔI 定义为

$$\Delta I = -\frac{I_1' - I_2}{I_1'} \times 100\% = \frac{I_2 - I_1'}{I_1'} \times 100\% \tag{2-2}$$

由于角度误差 δ 一般很小，可认为 $\overline{OA} \approx \overline{OC}$，所以变比误差 ΔI 可近似表示为

$$\Delta I \approx -\frac{I_m' \cos(\varphi_m - \alpha)}{I_1'} \tag{2-3}$$

(2) 角度误差 δ 可近似表示为

$$\delta \approx \sin\delta = \frac{I_m' \sin(\varphi_m - \alpha)}{I_1'} \quad (\text{rad}) \tag{2-4}$$

由式 (2-3) 和式 (2-4) 可知，ΔI 和 δ 皆与 I_m' 成正比，由图 2-1 (a) 可知 I_m' 可表示为

$$I_m' = \frac{I_2|Z_2 + Z_L|}{|Z_m'|} \tag{2-5}$$

将式 (2-5) 代入式 (2-4) 和式 (2-3)，并取 $I_1' \approx I_2$，则有

$$\Delta I \approx \frac{-|Z_2 + Z_L|\cos(\varphi_m - \alpha)}{|Z_m'|} \tag{2-6}$$

$$\delta \approx \frac{|Z_2 + Z_L|\sin(\varphi_m - \alpha)}{|Z_m'|}(\text{rad}) = \frac{|Z_2 + Z_L|\sin(\varphi_m - \alpha)}{|Z_m'|} \times 57.3(°) \tag{2-7}$$

从式（2-6）和式（2-7）中可以看出：

1）变比误差 ΔI、角度误差 δ 皆与 $|Z_2+Z_L|$ 成正比，与 $|Z_m'|$ 成反比。

2）当 $|Z_m'|$、$|Z_2+Z_L|$ 一定时，ΔI、δ 随（$\varphi_m-\alpha$）变化而变化。当 $a=0$，纯阻性负载，励磁阻抗角 $\varphi_m\approx90°$，则 $\cos(\varphi_m-\alpha)\approx\cos90°=0$，$\Delta I\approx0$，变比误差最小，$\sin(\varphi_m-a)\approx\sin90°=1$，则角差 δ 最大；当 $a=90°$，纯感性负载，$\cos(\varphi_m-\alpha)=\cos0°=1$，变比误差最大，则 $\sin(\varphi_m-\alpha)\approx\sin0=0$，$\delta\approx0$，角度误差最小。

继电保护规程规定，用于保护的电流互感器，电流百分比变比误差 ΔI 在最恶劣条件下不超过 -10%，角度误差在最恶劣条件下不超过 $7°$。

由式（2-6）可知，在 Z_2 一定条件下，ΔI 与 Z_L、Z_m' 的大小和 α 角有关，而在 $\alpha=\varphi_m$ 最坏条件下，式（2-6）可写成

$$\Delta I=-\frac{|Z_2+Z_L|}{|Z_m'|} \tag{2-8}$$

由式（2-8）可知，在 $\alpha=\varphi_m$ 和 Z_2 一定条件下，ΔI 仅与 $|Z_L|$、$|Z_m'|$ 有关。

利用式（2-8）可对电流互感器的运行参数对变比误差的影响进行如下分析：

（1）一次电流 I_1' 对变比误差的影响。当一次电流 I_1' 增加时，励磁电压 U_m' 也随之增加，铁芯饱和程度加深，励磁阻抗减小，故励磁电流增加很多，变比误差 ΔI 增大。某一电流互感器励磁电压 U_m' 与励磁电流 I_m' 的关系及由此算出的励磁阻抗 Z_m' 与励磁电流 I_m' 的关系分别如图2-2曲线1、2所示。由于铁芯工作在曲线2最高点右部，所以当 U_m' 增加时，I_m' 更快增加，Z_m' 减小。为减小变比误差 ΔI，通常电流互感器选用的磁感应强度不大，在额定二次负荷时，一次电流为额定值时，约为 $0.4\mathrm{T}$，励磁电压不大，相当于曲线2中 a 点。

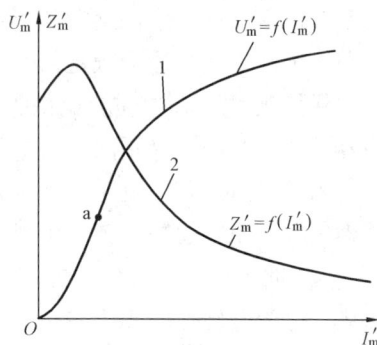

图 2-2 电流互感器励磁和
励磁阻抗特性

为了统一标准，I_1' 用一次电流倍数 m 表示。m 指实际流过电流互感器的一次电流 I_1 与一次绕组额定电流 I_{1N} 之比，即

$$m=\frac{I_1}{I_{1N}} \tag{2-9}$$

由于 $|Z_m'|=f(I_1')$，故可表示成为 $|Z_m'|=f(m)$。

（2）负荷对变比误差的影响。在 $\alpha=\varphi_m$，m 一定，Z_2 为常数时，$|Z_m'|$ 与 $|Z_L|$ 的关系，由图2-1（a）可知，当负荷阻抗 $|Z_L|$ 变化时，励磁电压 U_m' 也会变化，可见 $|Z_m'|$ 也是 $|Z_L|$ 的函数，可表示为 $|Z_m'|=f(|Z_L|)$。

由以上分析可知，在 $\alpha=\varphi_m$，Z_2 一定的条件下，$|Z_m'|$ 是 m 和 $|Z_L|$ 的函数，故可表示为

$$|Z_m'|=f(m,|Z_L|) \tag{2-10}$$

将式（2-10）代入式（2-8）可得

$$\Delta I=\frac{-|Z_2+Z_L|}{f(m,|Z_L|)} \tag{2-11}$$

对于某个电流互感器，Z_2 为常数，在 $\alpha=\varphi_m$ 情况下，ΔI 仅为 $|Z_L|$ 和 m 的函数，即

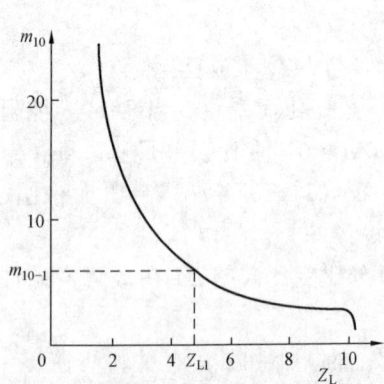

图 2-3 电流互感器 10%误差曲线

$$\Delta I = F(m, |Z_L|) \qquad (2-12)$$

把 $\Delta I = 10\%$、$m = m_{10}$ 代入式（2-12）得

$$10\% = F(m_{10}, |Z_L|) \qquad (2-13)$$

在 $\arg Z_m' = \arg(Z_2 + Z_L)$ 的最不利情况下，电流互感器变比误差 $\Delta I = 10\%$ 时，一次电流倍数 m_{10} 与 $|Z_L|$ 之间的关系曲线称为电流互感器的 10%误差曲线，如图 2-3 所示。该误差曲线由制造厂家提供，用户也可以通过试验获得。在已知最大可能一次电流倍数 m_{10} 时，可求得 TA 的最大允许负载阻抗 $|Z_L|$。在 $m = m_{10-1}$ 条件下，欲使 $\Delta I < 10\%$，则 $|Z_L|$ 必须小于 $|Z_{L1}|$。

三、电流互感器的准确度级和二次额定容量

1. 电流互感器的准确度级

电流互感器根据使用场合不同，对电流测量的误差有不同要求，因此有不同的准确度级。我国电流互感器准确度级和误差限值的规定如表 2-1 所示。准确度级是指在规定二次负荷范围内，一次电流为额定值时的最大误差。

对保护级（B 级供过电流保护用，D 级供差动保护用，5P，10P 也是供保护用的）电流互感器的要求与测量级不同。对测量级电流互感器的要求是在正常工作范围内有较高的准确度，而当其通过故障电流时，则希望互感器较早饱和，以使不受短路电流损坏。保护级电流互感器主要在系统短路情况下工作，因此在额定一次电流范围内准确度级不如测量级 TA 的高，一般相当于 3～10 级，但对可能出现的短路电流范围内，则要求最大误差不超过 -10%，电流互感器的 10%误差曲线是在保证电流互感器变比误差不超过 -10% 条件下，一次电流的倍数 m_{10} 与电流互感器允许最大二次负载阻抗 Z_L 的关系曲线。

表 2-1 电流互感器准确度级和最大允许误差限值

准确度级	一次电流为额定电流的百分数（%）	误 差 限 值		二次负荷变化范围
		变比误差（±%）	相位误差（±%）	
0.2	10	0.5	20	(0.25～1) S_{2N}
	20	0.35	15	
	100～120	0.2	10	
0.5	10	1	60	
	20	0.75	45	
	100～120	0.5	30	
1	10	2	120	
	20	1.5	90	
	100～120	1	60	
3	50～120	3.0	不规定	(0.5～1) S_{2N}
10	50～120	10		
B	100	3	不规定	S_{2N}
	$100m$ ①	-10		

① m 为额定电流 10%的倍数。

2. 一次电流倍数 m 的计算

一次电流倍数和保护装置的类型、接线方式等因素有关。下面介绍几种常用保护装置的一次动作电流倍数 m 的计算。

（1）对定时限过电流保护和电流速断保护装置，有

$$m = \frac{1.1 I_{1op}}{I_{1N}} = \frac{1.1 I_{2op}}{K_{con} I_{2N}} \qquad (2 - 14)$$

式中 I_{1op}、I_{2op}——保护装置一次侧动作电流和流入继电器的动作电流；

       I_{1N}、I_{2N}——电流互感器一次侧和二次侧的额定电流；

       K_{con}——保护的接线系数。

（2）反时限过电流保护。如果保护装置与相邻段保护按选择性配合整定，在计算点（通常为相邻下段出口处）故障时，电流互感器误差不应超过 10%，所以一次电流倍数可按下式计算

$$m = \frac{1.1 I_{kr}}{K_{con} I_{2N}} \qquad (2 - 15)$$

式中 I_{kr}——按选择性整定的配合点故障时，流入继电器中的电流。

（3）差动保护。电流互感器流过最大外部短路电流时的误差不应超过 10%，所以一次电流倍数应按下式计算

$$m = \frac{K_{rel} I''^{(3)}_{k2,max}}{I_{1N}} \qquad (2 - 16)$$

式中 $I''^{(3)}_{k2,max}$——外部短路时流过电流互感器的最大短路电流；

       K_{rel}——可靠系数，对采用速饱和变流器的 BCH-2 型继电器 K_{rel} 取 1.3，对无速饱和变流器的继电器 K_{rel} 取 2。

（4）各种类型的电流方向保护。保护装置安装处发生短路，流过电流互感器最大短路电流时，其误差不应超过 10%，故一次电流倍数可按下式计算

$$m = K_{rel} I_{k,max} / I_{1N} \qquad (2 - 17)$$

式中 $I_{k,max}$——保护装置安装处发生短路时，流过电流互感器一次绕组的最大短路电流；

       K_{rel}——可靠系数，当保护装置动作时限 $t_p = 0.1s$ 时 K_{rel} 取 2，$t_p = 0.3s$ 时 K_{rel} 取 1.5，$t_p \geqslant 1s$ 时 K_{rel} 取 1。

3. 电流互感器的额定容量

电流互感器的额定容量 S_{2N} 指电流互感器在额定二次电流 I_{2N} 和额定二次阻抗 Z_{2N} 下运行时，二次绕组输出的容量（$S_{2N} = I_{2N}^2 Z_{2N}$）。

由于电流互感器二次电流为标准值（5A 或 1A），故其容量也常用额定二次阻抗来表示。因为电流互感器的误差与二次负荷有关，故同一台电流互感器使用在不同准确度级时，会有不同的额定容量。例如 LMZ-10-3000/5-0.5 型电流互感器在 0.5 级下工作时，额定二次阻抗 $Z_{2N} = 1.6\Omega$，在 1.0 级下工作时则为 2.4Ω。可根据一次电流倍数 m 查相应电流互感器的 10% 误差曲线，查得二次允许负荷 Z_{2al}。

电流互感器二次负荷阻抗值取决于二次电压与二次电流之比，即 $Z_2 = |\dot{U}_2 / \dot{I}_2|$，而二次电压降落在外电路的连接导线电阻 R_{WL} 和继电器阻抗 Z_r 及接触电阻 R_{tou} 上。单只电流互感器的二次实际负荷阻抗值为

$$Z_2 = |\dot{U}_2/\dot{I}_2| = 2R_{WL}+Z_r+R_{tou}$$

显然，电流互感器的二次负荷阻抗由连接导线的电阻、继电器阻抗以及接触电阻构成。由于接触电阻很小，为计算方便，允许阻抗和电阻直接相加。应指出，不同接线方式的电流互感器，在不同短路状态下，其二次实际负荷阻抗是不相同的，在按 10% 误差曲线校验电流互感器时，应以最严重的二次实际负荷最大值进行校验。各种接线方式的电流互感器，在最严重情况下，二次实际最大负荷值计算公式列于表 2-2。

表 2-2　　　　　　　　　　　　　电流互感器二次最大负荷值计算公式

电流互感器的接线方式	保 护 元 件	短 路 类 型		二次实际负载 Z_2 计算公式
三相式三只继电器	线 路 Yy 接线或 Yd 接线变压器	三相或两相		$R_{WL}+Z_r+R_{tou}$
	线 路	单 相		$2R_{WL}+Z_r+R_{tou}$
两相式两只继电器	线路与 Yy0 接线变压器	ab 或 bc 两相		$2R_{WL}+Z_r+R_{tou}$
	Yd 接线变压器	副路 ab 两相		$3R_{WL}+Z_r+R_{tou}$
两相式三只继电器	线路与 Yy 接线变压器	ab 或 bc 两相		$2R_{WL}+2Z_r+R_{tou}$
	Yd 接线变压器	副路 ab 两相		$3R_{WL}+3Z_r+R_{tou}$
	Yy0 接线变压器	副路 b 相单相		
两相差式一只继电器	线路与 Yy 接线变压器	ac 两相		$4R_{WL}+2Z_r+R_{tou}$
	Yd 接线变压器（不能保护 a、b 两相短路）	ac 两相（对 c 相电流互感器）		$6R_{WL}+3Z_r+R_{tou}$
	Yy0 接线变压器	副路 a、c 单相		
三角形－星形接线三只差动继电器	Yd 接线变压器差动保护	外部三相或两相	△	$3R_{WL}+R_{tou}$
			Y	$R_{WL}+R_{tou}$
		单电源内部三相或两相	△	$3R_{WL}+3Z_r+R_{tou}$
		双电源内部三相或两相	△	$3R_{WL}+6Z_r+R_{tou}$
			Y	$R_{WL}+2Z_r+R_{tou}$

表 2-2 中 R_{WL} 为连接导线电阻，即 $R_{WL}=\dfrac{1}{rS}$；R_{tou} 为接触电阻，通常取 0.05Ω；Z_r 为继电器的阻抗，其值可以由继电器的技术资料中查得或由下式求得

$$Z_r = \frac{S_r}{I_{op,s}^2} \tag{2-18}$$

式中　S_r、$I_{op,s}$——继电器所需要的容量和其动作电流整定值。

当二次实际负荷阻抗 $Z_2>Z_{2al}$ 时，说明误差要大于 10%，则需要或减少二次实际负荷或者增大电流互感器的额定容量，可采取下列措施：

（1）增大连接导线截面或缩短连接导线长度，以减小二次负荷。

（2）改换变比较大的电流互感器，降低电流互感器一次电流倍数，增大二次允许负荷值。

（3）将两个电流互感器二次绕组串联，使二次允许负荷增大一倍。

四、电流互感器的极性和常用接线方式

1. 电流互感器的极性

为了便于正确接线和理论分析，电流互感器一次和二次绕组引出端子都标有极性符号。如图 2 - 4（a）所示，一次绕组 L1 为首端，L2 为尾端；二次绕组 K1 为首端，K2 为尾端。通常用"·"符号标记在 L1、K1 或 L2、K2 上，表示它们是同极性端。

设一次电流 $\dot{I}_1$ 由首端 L1 流入，从尾端 L2 流出，二次电流由首端 K1 流出，从尾端 K2 流入。当忽略电流互感器励磁电流后，铁芯中合成磁动势为一次和二次绕组安匝数之差，即

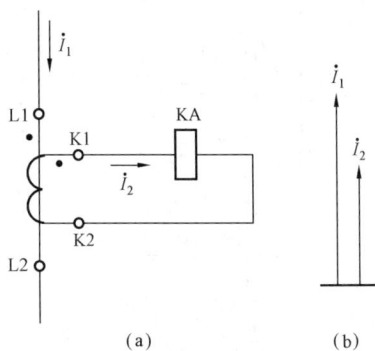

图 2 - 4 电流互感器的极性及相量图
(a) TA 的减极性标示方式；(b) TA 的相量图

$$\dot{I}_1 W_1 - \dot{I}_2 W_2 = 0$$

$$\dot{I}_2 = \frac{W_1}{W_2}\dot{I}_1 = \frac{\dot{I}_1}{K_{TA}} \tag{2-19}$$

由式（2-19）可见，$\dot{I}_1$ 和 $\dot{I}_2$ 两相量同相位，如图 2 - 4（b）所示。这种标示方式即为变压器理论中的减极性标志。它给分析保护装置的动作特性和接线方式带来很大方便。

2. 电流互感器的接线方式

（1）电流互感器的接线方式是指电流互感器二次绕组与电流继电器的接线方式。目前常用的有三相式完全星形接线，两相式两继电器的不完全星形接线，两相两继电器的两相电流差式接线。

图 2 - 5（a）所示为两相电流差式接线。这种接线方式，虽然节约投资，但 B 相短路不能反应，并且对不同形式短路故障，其接线系数和灵敏系数不相同，故只适用 10kV 以下小接地电流系统中，作为相间短路保护，小容量设备和高压电动机的保护。对于保护装置来说，流过电流继电器线圈的电流 I_r 与电流互感器二次电流 I_2 的比值称为接线系数，用符号 K_{con} 表示，即

$$K_{con} = \frac{I_r}{I_2} \tag{2-20}$$

式中　I_r——流过继电器的电流；

　　　I_2——电流互感器的二次电流。

当保护装置起动电流为 I_{1op} 时，则反应到电流互感器的二次电流值为 I_{1op}/K_{TA}，反应到继电器里的电流 I_{2op} 为

$$I_{2op} = \frac{K_{con} I_{1op}}{K_{TA}} \tag{2-21}$$

对于两相电流差式接线，三相短路时，流过继电器的电流是两相互感器二次电流相量差，即等于电流互感器二次电流的 $\sqrt{3}$ 倍，所以接线系数 $K_{con}=\sqrt{3}$。当 A、C 两相短路时，流过继电器的电流是两相互感器二次电流的相量差，这时 A、C 两相电流相位差为 180°，故接线系数 $K_{con}=2$。当 A、B 或 B、C 两相短路时，流过继电器的电流为故障相二次侧电流，所以接线系数 $K_{con}=1$。

（2）图 2 - 5（b）、（c）所示为三相式完全星形接线和二相式不完全星形接线，都能反应

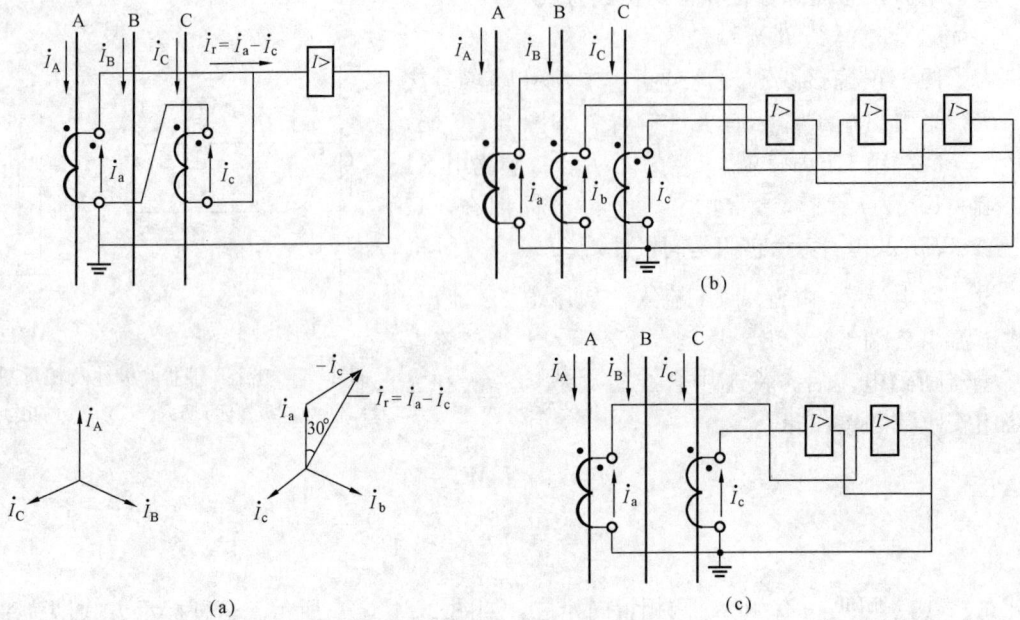

图 2-5　电流互感器的接线图

(a) 两相电流差式接线及电流相量图；(b) 三相式完全星形接线；(c) 两相式不完全星形接线

相间短路故障，不同的是完全星形接线还可以反应各种单相接地短路故障，而不完全星形接线不能反应无电流互感器那一相（B相）的单相接地故障。另外，完全星形接线中性线电流为 $\dot{I}_N = \dot{I}_a + \dot{I}_b + \dot{I}_c$。正常运行及三相对称短路时，其值近似为零；当发生接地短路故障时，$\dot{I}_N = 3\dot{I}_0$（3倍零序电流）。

对上述两种接线在各种短路故障时的性能分析如下：

1）对中性点直接接地和非直接接地系统中各种相间短路故障都能正确反应，接线系数为1。

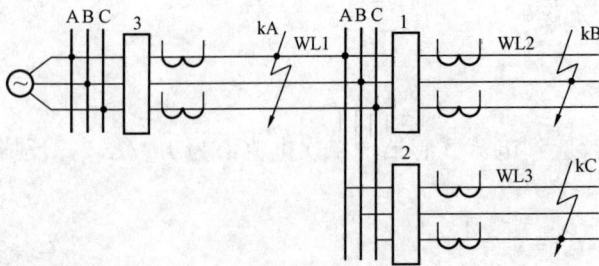

图 2-6　小电流接地系统中发生两点接地分析

2）在中性点不接地或非直接接地系统（小电流接地系统）中的两点接地短路。在小电流接地系统中，允许单相接地时继续短时运行，因此希望只切除一个故障点。如图 2-6所示为一小接地电流系统，在图中并行线路的不同地点、不同相别发生两点（kB、kC）接地短路时，设并行线路 WL2、WL3 上保护具有相同时限，若采用完全星形接线，则百分之百切除两条线路；若采用不完全星形接线，则保护只有 $\frac{2}{3}$ 机会切除一条线路，这正是不完全星形接线的优点。

在图 2-6中串联线路（如 WL1 和 WL2）上发生两点（kA、kB）接地短路时，若采用不完全星形接线，则有 $\frac{1}{3}$ 机会误动作，切除近电源的故障点，扩大了停电范围，这是不完全星形接线的缺点。

从上面分析可知，对于小接地电流系统，当采用以上两种接线方式时，各有优缺点。但为了节省投资，一般采用不完全星形接线，而大接地电流系统为了能反应所有单相接地短路故障，都采用完全星形接线。

3）对 Yd 接线变压器后两相短路时两种接线方式工作性能分析。以常用的 Yd11 接线降压变压器为例进行分析，设变比 $K_T=1$。当在△侧发生 a、b 两相短路时，△侧电流相量如图 2-7（b）所示。Y 侧正序电流相位比△侧滞后30°，即 $\dot{I}_{A1}=\dot{I}_{a1}e^{-j30°}$，由于 Y 侧负序电流相位比△侧超前30°，即 $\dot{I}_{A2}=\dot{I}_{a2}e^{j30°}$，经过转换后，Y 侧电流相量如图 2-7（c）所示。根据不对称短路分析，可得

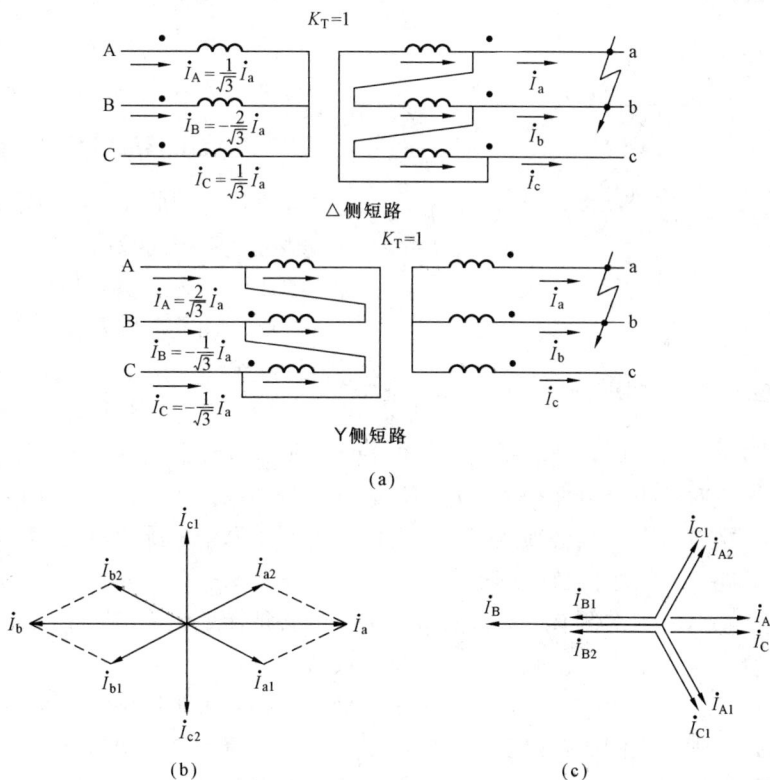

图 2-7 Yd11 接线降压变压器后两相短路时的电流分布和相量图
(a) 接线图；(b) △侧电流相量图；(c) Y 侧电流相量图

$$I_{a1}=I_{a2}, \quad I_k^{(2)}=I_a=I_b=\sqrt{3}I_{a1}, \quad I_c=0 \tag{2-22}$$

$$\dot{I}_A=\dot{I}_C=\dot{I}_{a1}=\frac{1}{\sqrt{3}}\dot{I}_k^{(2)}, \quad \dot{I}_B=-2\dot{I}_A=-\frac{2}{\sqrt{3}}\dot{I}_k^{(2)} \tag{2-23}$$

由式（2-23）可知，△侧发生 a、b 两相短路时，Y 侧 A 相和 C 相电流为 B 相电流一半。当在 Y 侧发生各种两相短路时，△侧电流分布也有同样结果，总有两相电流为第三相电流一半。当采用电流保护作为降压变压器相邻线路后备保护时，完全星形接线接于 B 相

的继电器电流比其他两相电流大一倍，故灵敏系数也提高一倍；若采用不完全星形接线，由于 B 相无电流互感器，则灵敏系数比完全星形接线灵敏系数低一倍，为提高灵敏系数可在不完全星形接线的中性线上再接一只电流互感器。

三相完全星形接线需要三个电流互感器、三个电流继电器和四根二次电缆线，与两相不完全星形接线相比是不经济的。

要注意当电网中电流保护采用两相不完全星形接线时，所有线路上保护装置必须安装在相同的两相（A，C 相）上，以保证在线路上发生两点及多点接地短路时，能可靠地切除故障。

3. 电流互感器使用注意事项

（1）电流互感器在工作时其二次侧不允许开路。当电流互感器二次绕组开路时，电流互感器由正常短路工作状态变为开路状态，$I_2 = 0$，励磁磁动势由正常时很小的 $\dot{I}_0 W_1$ 骤增为 $\dot{I}_1 W_1$，由于二次绕组感应电动势与磁通变化率 $\dfrac{\mathrm{d}\phi}{\mathrm{d}t}$ 成正比，因此在二次绕组磁通过零时将感应产生很高数值的尖顶波电动势，如图 2-8 所示。其数值可达数千伏甚至上万伏，危及工作人员安全和仪表、继电器的绝缘。由于磁通猛增，使铁芯严重饱和，引起铁芯和绕组过热。此外，还

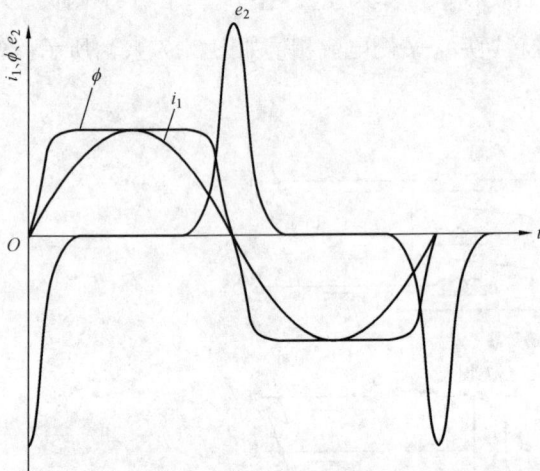

图 2-8　电流互感器二次侧开路时 i_1、ϕ 和 e_2 的变化曲线

可能在铁芯中产生很大剩磁，使互感器的特性变坏，增大误差。因此，电流互感器严禁二次侧开路运行。这点对从事继电保护的工作人员必须十分注意。为此，电流互感器二次绕组必须牢靠地接在二次设备上，当必须从正在运行的电流互感器上拆除继电器时，应首先将其二次绕组可靠的短路，然后才能拆除继电器。

（2）电流互感器的二次侧有一端必须接地。一端必须接地是为了防止一、二次绕组绝缘击穿时，一次侧高电压窜入二次侧，危及人身和设备安全。

（3）电流互感器在连接时，必须注意端子的极性。在安装和使用电流互感器时，一定要注意端子极性，否则二次侧所接仪表、继电器中流过的电流不是预想的电流，甚至会引起事故。如不完全星形接线中，C 相 K1、K2 如果接反，则中性线中电流不是相电流，而是相电流的 $\sqrt{3}$ 倍，可能使电流表烧坏。

第二节　电压互感器

电压互感器主要分为电磁式电压互感器和电容式电压互感器两种。

一、电磁式电压互感器

1. 电磁式电压互感器的工作原理

电磁式电压互感器的工作原理与一般电力变压器一样，但不同的是容量较小，要用其二

次电压准确地反映一次电压，因此要求变比误差要小。二次侧所接测量仪表和继电器的电压线圈，其阻抗值很大，故电压互感器在近于空载状态下运行。电压互感器的额定变比为其一、二次侧额定电压之比为

$$K_{TV} = \frac{U_{1N}}{U_{2N}} \qquad (2-24)$$

2. 电压互感器的误差及准确度级

电压互感器的等值电路与普通变压器相同，其相量图如图 2-9 所示。图中一次侧电量已折算到二次侧，为了说明问题，图中负荷电压降 $\Delta \dot{U}$ 被夸大了。

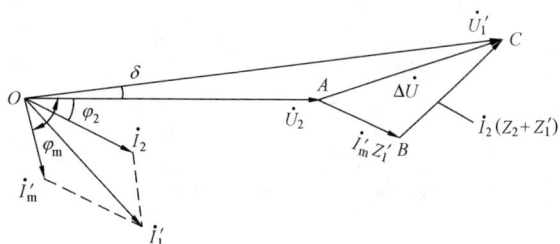

从图中可看出，电压互感器误差表现在 $\Delta \dot{U} = \dot{U}_1' - \dot{U}_2$ 上，即有数值差别

图 2-9 电磁式电压互感器的相量图

也有相位差别。显然，电压互感器误差与二次负荷及其功率因数和一次电压等运行参数有关。电压互感器的数值误差（简称电压误差）为

$$\Delta U = \frac{U_2 - U_1'}{U_1'} \times 100 \ (\%) \qquad (2-25)$$

电压互感器的角度误差为

$$\delta = \arg \frac{\dot{U}_2}{\dot{U}_1'} \ (') \qquad (2-26)$$

电压互感器的准确度级，是指在规定的一次电压和二次负荷允许变化范围内，负荷功率因数为额定值时，电压误差的最大值。我国电压互感器准确度级和误差限值标准见表 2-3。

表 2-3   电压互感器准确度级和误差限值

准确度级	误差限值		一次电压变化范围	二次负荷变化范围
	电压误差（%）	相位差（'）		
0.5	±0.5	±20	$(0.85 \sim 1.15) \ U_{1N}$	
1	±1.0	±40		$(0.25 \sim 1) \ S_{2N}$
3	±3.0	不规定	$\cos\varphi_2 = 0.8$	

由于电压互感器与负荷有关，所以同一台电压互感器对于不同准确度级下有不同的容量。通常额定容量是指对应于最高准确度级的容量。电压互感器按照在最高工作电压下长期工作允许的发热条件，规定了最大容量。

3. 电压互感器的接线方式

电压互感器在三相电路中有四种常见接线方式，如图 2-10 所示。

（1）一个单相电压互感器的接线，如图 2-10（a）所示。这种接线方式供仪表、继电器的线圈接于一个线电压。

（2）两个单相电压互感器接成 Vv 接线，如图 2-10（b）所示。这种接线方式供仪表、继电器接于三相三线制电路的各个线电压，用于中性点不直接接地或经消弧绕组接地的小接

(a)

(b)

(c)

(d)

图 2-10 电压互感器的接线方式

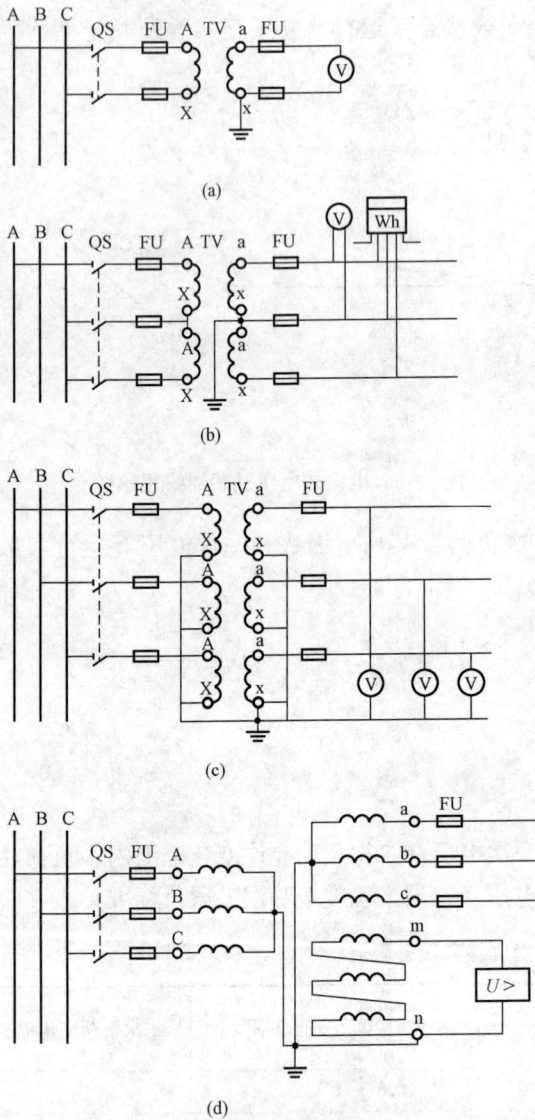

(a) 一个单相 TV；(b) 两个单相 TV 接成 Vv 接线；(c) 三个
单相 TV 接成 YNyn接线；(d) 三个单相三绕组 TV 或一个
三相五柱三绕组 TV 接成 YNynv接线

地电流系统中，总输出容量为两台单相电压互感器容量之和的 $\dfrac{\sqrt{3}}{2}$ 倍。

（3）三台单相电压互感器接成星形接线，如图 2-10（c）所示。电压互感器的变比为 $\dfrac{U_{1N}}{\sqrt{3}}\Big/\dfrac{100V}{\sqrt{3}}$，供电给要求线电压的仪表、继电器，并供电给接相电压的绝缘监视电压表。由于小接地电流系统发生单相金属性接地短路时，非故障相的电压升高到线电压，所以绝缘监视电压表不能接入按相电压选择的电压表，否则在发生单相接地时会损坏电压表。

（4）三个单相电压互感器或一个三相五柱式三绕组电压互感器接成星形和开口三角形接线，如图 2-10（d）所示。电压互感器的变比为 $\dfrac{U_{1N}}{\sqrt{3}}\Big/\dfrac{100V}{\sqrt{3}}\Big/\dfrac{100V}{3}$。接成星形的二次绕组供电给需要线电压的仪表、继电器及接相电压的绝缘监视用电压表；辅助二次绕组接成开口三角形，构成零序电压滤过器，供电给监视线路绝缘的电压继电器。在三相电路正常运行时，开口三角两端电压接近于零；当某一相接地短路时，开口三角两端将出现 100V 的零序电压，使电压继电器动作，发出预告信号。

4. 电压互感器使用注意事项

（1）电压互感器在工作时其二次侧不允许短路。电压互感器同普通电力变压器一样，二次侧如发生短路，将产生很大短路电流烧坏互感器。因此电压互感器一次、二次绕组必须装设熔断器，以进行短路保护。

（2）电压互感器二次侧有一端必须接地。这是为了防止一、二次侧接地，一、二次绕组绝缘击穿时，一次侧的高压窜入二次侧危及人身和设备的安全。

（3）电压互感器在连接时，也要注意其端子的极性。我国规定单相电压互感器一次绕组端子标以 A、X，二次绕组端子标以 a、x，A 与 a 为同极性端。三相电压互感器按照相序，一次绕组端子分别标以 A、X、B、Y、C、Z，二次绕组端子分别为 a、x、b、y、c、z。这里 A 与 a、B 与 b、C 与 c 各为相对应的同极性端。

二、电容式电压互感器工作原理及电磁暂态过程

电容式电压互感器（CTV）用于 110～500kV 中性点直接接地系统中。它是利用分压原理实现电压变换的，在超高压电容式电压互感器中，还需要一个电磁式电压互感器将电容分压器输出的较高电压进一步变换成二次额定电压，并实现一次电路与二次电路之间的隔离。

1. 电容式电压互感器的工作原理

图 2 - 11 为电容式电压互感器原理接线图。C_1，C_2 为分压电容，T 为隔离变压器，其变比为 $K_T = 1$，Z_L 为负荷阻抗。图 2 - 12 所示为电容式电压互感器简化等值电路，图中 Z_T 为隔离变压器的漏阻抗，$Z_n = Z_{C1} // Z_{C2}$ 为等值电源内阻，$\dfrac{C_1}{C_1 + C_2} \dot{U}_1$ 为等值电源电动势。

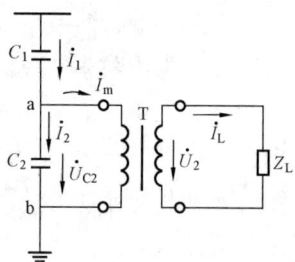

图 2 - 11 CTV 原理接线图　　　　图 2 - 12 CTV 简化等值电路

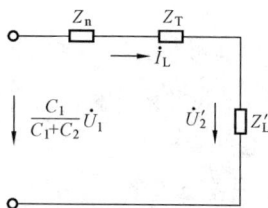

如忽略隔离变压器励磁阻抗并将其漏阻抗归并到负荷阻抗 Z_L 之中，当隔离变压器二次侧开路时，图 2 - 11 和图 2 - 12 中各电压关系为

$$\dot{U}_2 = \dot{U}_{C2} = \frac{C_1}{C_1 + C_2} \dot{U}_1 = K \dot{U}_1 \tag{2-27}$$

式中　K——分压比，$K = \dfrac{C_1}{C_1 + C_2}$。

由于 U_{C2} 和二次电压 U_1 成比例变化，故可测出相对地电压。但当 C_2 两端与负荷接通时，由于 C_1、C_2 有内阻压降，使 U_{C2} 小于电容分压值，负荷电流越大，误差也越大。

当二次侧接入负荷后，由图 2 - 12 中可得到输出电压 $\dot{U}_2'$ 为

$$\dot{U}_2' = \frac{C_1}{C_1 + C_2} \dot{U}_1 - \dot{I}_L \left[\frac{1}{j\omega(C_1 + C_2)} + Z_T \right] \tag{2-28}$$

比较式（2 - 27）与式（2 - 28）可见，接入负荷后，由于负荷电流和内阻抗 Z_n 造成电压误差 $\Delta \dot{U}$ 为

$$\Delta \dot{U} = \dot{I}_L \left[\frac{1}{j\omega(C_1 + C_2)} + Z_T \right] \tag{2-29}$$

可见要减小误差，就要减小负荷或减小内阻抗。为减少内阻抗，在图 2 - 11 中 a、b 回路串入一个补偿电抗器 L，亦称为谐振电抗器，选择合适的 L 值使满足谐振条件，$j\omega(L + L_T) - j\dfrac{1}{\omega(C_1 + C_2)} = 0$，则电压误差为

$$\Delta \dot{U} = \dot{I}_L \left[-j \frac{1}{\omega(C_1 + C_2)} + j(X_L + X_T) + R_L + R_T \right] = \dot{I}_L (R_L + R_T) \tag{2-30}$$

式中　R_L——谐振电抗器的电阻；

　　　R_T——隔离变压器一次侧电阻与折算到一次侧的二次侧电阻之和。

当完全谐振时，电容式电压互感器的电压误差仅由二次负荷电流 $\dot{I}_L$ 在 R_L+R_T 上引起的压降决定，由于 R_L、R_T 数值很小，使电压变换误差显著减小；另外，完全谐振时，$\dot{U}_1$ 与 $\dot{U}_2$ 几乎同相位，使电压角度误差接近于零。

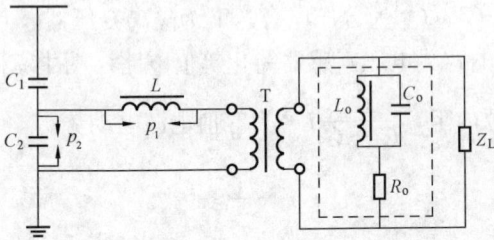

图 2-13　实用电容式电压互感器原理图

实用的电容式电压互感器原理接线图如图 2-13 所示。在图中可见，p_1、p_2 为放电间隙，可以防止过电压引起绝缘击穿。

当隔离变压器 T 二次侧短路时，谐振电抗器 L 与分压回路等效电容（C_1、C_2 并联）将发生串联谐振，使电压互感器回路中电流剧增，在谐振电抗器 L 和电容器 C_2 上产生很高的谐振电压，危及它们的安全。

当电容器 C_1 某些部分损坏短路时，因分压比的改变在 C_2 上将出现很高的持续过电压，危及 C_2 及隔离变压器 T 及二次侧设备的安全；当一次系统出现雷电过电压时，在电压互感器各部分将出现暂态过电压，它会危及二次侧设备的安全。

在出现过电压时，放电间隙 p_1、p_2 将产生火花放电，限制过电压，从而保护设备的安全。

电容式电压互感器由电容（C_1、C_2）和非线性电抗（T 的励磁绕组）所构成，当受到二次侧短路或断开等冲击时，由于非线性电抗的饱和导致励磁阻抗变化引起 LC 串联谐振，这种谐振称为铁磁谐振，铁磁谐振频率由回路等效电感和电容决定，一般偏离工频。铁磁谐振产生很高的过电压，使互感器仪表和继电器受到损坏。图 2-13 中虚框中的电路为抑制铁磁振的阻尼电路。通过低阻值的阻尼器破坏谐振条件，用由电容器和电感器构成并联工频谐振回路充当自动投入阻尼电阻器的开关。在正常运行时，系统频率为工频，由电容器和电感器构成的并联工频谐振回路呈现极高阻抗，起到隔离阻尼电阻 R_0 作用，从而避免了无谓的功率消耗及由之引起的稳态测量误差；当发生铁磁谐振时，谐振频率高于工频（50Hz），并联谐振回路阻抗显著降低，使阻尼器投入工作，起到抑制铁磁谐振的作用。

2. 电容式电压互感器的暂态误差及改进措施

电磁式电压互感器时间常数很小，电力系统短路使一次电压突然降为零时，电感中储藏的能量能迅速释放，因而产生的电压自由分量衰减很快，所以以电磁式电压互感器暂态过程时间很短不会影响保护装置的快速性和准确性。但电容式电压互感器的暂态过程相当于一个有源 R、L、C 串联电路因电源突变引起的暂态过程。在暂态过程中，存在衰减时间较长的电压自由振荡分量和直流分量，衰减时间可长达数十毫秒，这可能造成快速保护动作延迟，甚至造成不正确动作。

研究结果表明，电容式电压互感器的暂态过程与许多因素有关，如分压电容、调谐电感、隔离变压器、铁磁谐振阻尼电路和二次负荷的性质等因素，还有电压突变时刻，电压突变前后运行状况等因素。

为适应快速保护和其他控制设备的测量要求，可以在电容式电压互感器中增设一个快速

响应回路，如图 2-14 所示。它
利用较大容量的分压电容 C_3 配
合运算放大器来达到减小电容
式电压互感器的内阻抗和减小
负荷的目的。图 2-14 中 C_2 分
压电容电路供慢速保护和仪表
使用，C_3 分压电容构成快速响
应回路。

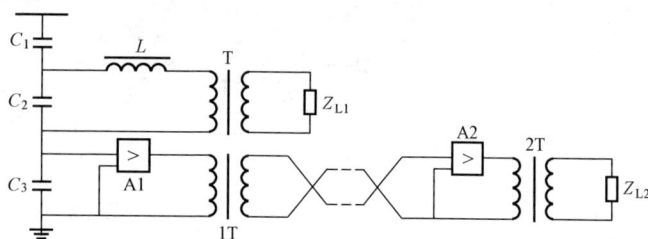

图 2-14 采用运算放大器的电容式电压互感器

选取电容值 C_3 要远大于 C_2，则有效地减小电源等效内阻抗，同时由 C_3 分压数值也大
为减小，故采用前置放大器 A1 和功率放大器 A2，使过低电压值放大到所需电压值（如
100V）；由于运算放大器输入阻抗很高，而输出阻抗很低，所以 A1 自 C_3 吸取的电流非常
小，可大大减小负荷电流在内阻抗上的压降所引起的误差，而 A2 可提供足够大的二次电
流，保证负荷不同时不致引起二次电压的较大波动。

这种快速电路由于采用了有源器件，在技术上必须满足良好的线性度、稳定性和可靠性要
求；此外，还需要采用抗干扰措施，避免由传输电缆和电子电路引入的干扰影响测量效果。

第三节 变 换 器

常用的测量变换器有电压变换器（UV）、电流变换器（UA）、电抗变换器（UX）（或
称为电抗变压器）。

一、电压变换器

电压变换器（UV）的工作原理与电磁式电压互感器完全相同，UV 的铁芯一般采用无
气隙的硅钢片叠成，一次绕组匝数多，导线细，与被保护元件的电压互感器二次绕组并联。
电压互感器二次绕组所接负载电阻通常很大，接近开路状态。二次侧电压 $\dot{U}_2 = K_U \dot{U}_1$，式中
K_U 为 UV 的变换系数，其值小于 1。当忽略励磁电流影响，UV 的二次电压 $\dot{U}_2$ 与一次侧电
压 $\dot{U}_1$ 同相位。

在继电器电压形成回路中，有时利用电压变换器不仅仅进行降压而且还需要移相。如图
2-15（a）所示，在 UV 一次绕组串接一个电阻 R，这样 $\dot{U}_2$ 将超前 $\dot{U}_1$ 一个 θ 角，如图 2-15
（b）所示。这时电压变换系数 $\dot{K}_U$ 为复数，即 $\dot{U}_2 = \dot{K}_U \dot{U}_1$，系数 $\dot{K}_U$ 不仅反应 $\dot{U}_2$ 的数值降
低，而且反应相位的改变。改变电阻 R 的大小，可使 θ 角在 $0°\sim90°$ 的范围内变化。

二、电流变换器（UA）

电流变换器 UA 的原理接线图如图 2-16 所示。它由一个小容量辅助电流互感器 TA 及
其固定负荷电阻构成。电流变换器一次绕组接保护元件的电流互感器二次绕组，将输入电流
$\dot{I}_1$ 变换成与其成正比的电压 $\dot{U}_2$。

电流变换器的等值电路如图 2-17 所示，图中忽略了辅助电流互感器的漏阻抗，因为测
量变换器的共同特点是漏阻抗可忽略不计。图中 $\dot{I}'_1$、$\dot{I}'_m$、Z'_m 为折算到 TA 二次侧的数值。
在一般情况下，为减小 Z'_m 的非线性影响，TA 二次侧电阻远小于 Z'_m，因此可忽略励磁电

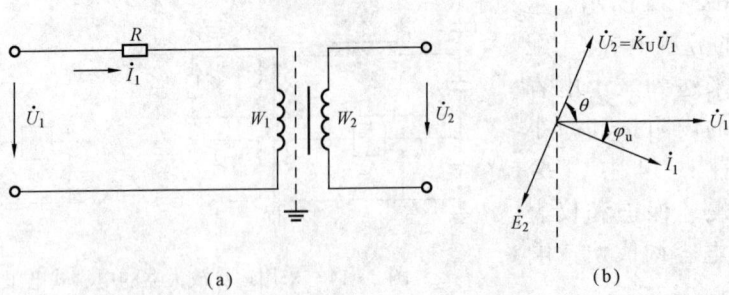

图 2-15　电压变换器一次绕组串接电阻
(a) 原理接线图；(b) 相量图

流 $\dot{I}'_{\mathrm{m}}$，在负荷电流 $\dot{I}_{\mathrm{L}}=0$ 时，其输出电压 $\dot{U}_2$ 可近似表示为

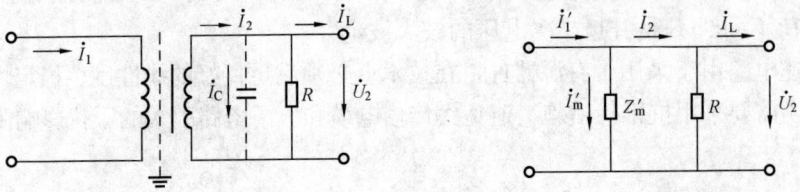

图 2-16　UA 原理接线图

图 2-17　UA 等值电路

$$\dot{U}_2 \approx \dot{I}_2 R = \dot{I}'_1 R = \frac{\dot{I}_1}{K_{\mathrm{TA}}} R = K_{\mathrm{i}} \dot{I}_1 \tag{2-31}$$

式中　K_{TA}——辅助电流互感器二次匝数与一次匝数之比；

　　　K_{i}——电流变换器的电压变换系数，$K_{\mathrm{i}} = \dfrac{R}{K_{\mathrm{TA}}}$。

由式（2-31）可知，在忽略 $\dot{I}'_{\mathrm{m}}$，且 $\dot{I}_{\mathrm{L}}=0$ 时，UA 的输出电压 $\dot{U}_2$ 与输入电流 $\dot{I}_1$ 成正比，且同相位。如不忽略励磁电流 $\dot{I}'_{\mathrm{m}}$，则 $\dot{U}_2$ 超前 $\dot{I}_1$ 一个小角度 δ。如要保持 $\dot{U}_2$ 与 $\dot{I}_1$ 同相位，可在 R 上并联上一个小电容 C，调整该电容值大小，使其容抗 X_{C} 等于 X'_{m}，则可使输出电压 $\dot{U}_2$ 与输入电流 $\dot{I}_1$ 同相位，如图 2-18（b）所示。图 2-18（a）为不加电容时的相量图。

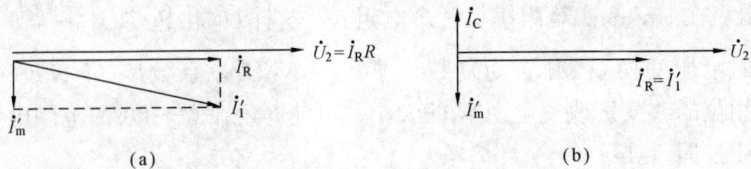

图 2-18　UA 的相量图
(a) 不加电容 C 的相量图；(b) 加电容 C 的相量图

当 UA 二次接入负荷时电压变换系数为

$$K_{\mathrm{i}} = \frac{1}{K_{\mathrm{TA}}} \left(\frac{R Z_{\mathrm{L}}}{R + Z_{\mathrm{L}}} \right) \tag{2-32}$$

式中　Z_{L}——负荷阻抗。

从式（2-32）中可见，当 UA 接入负荷阻抗后，电压变换系数变小了，但因为 Z_L 一定，故 K_i 仍为常数。

三、电抗变换器（UX）

电抗变换器（又称为电抗变压器）的作用是将由电流互感器输入的电流 $\dot{I}_1$ 转换成与其成正比的输出电压 $\dot{U}_2$。电抗变换器 UX 的结构如图 2-19（a）所示。它通常有一个或两个一次绕组 W_1，有两个或三个二次绕组 W_2、W_3。一次绕组用线径较粗的导线绕制，并且匝数很少，二次绕组一般用较细的导线绕制，并且匝数较多。采用三柱式铁芯，在中间芯柱上有（1~2mm）空气隙 δ，全部绕组都绕制在中间芯柱上。

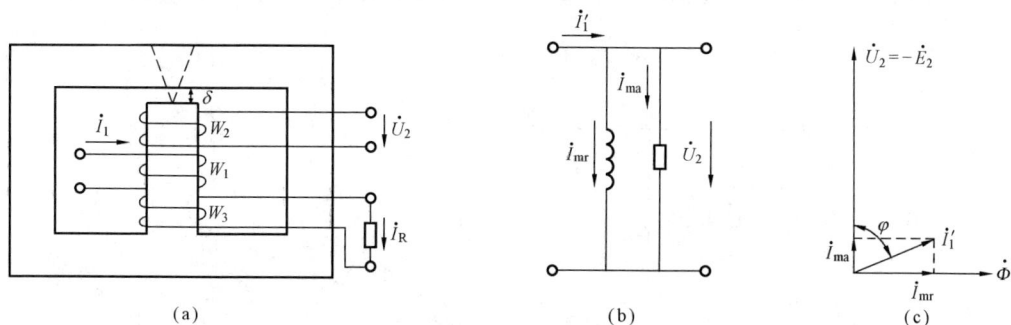

图 2-19　电抗变换器原理接线图，等值电路和相量图
(a) 原理接线；(b) 等值电路；(c) 相量图

1. 电抗变换器 UX 的工作原理

（1）UX 二次侧开路时。当 W_2、W_3 开路时，忽略 UX 的漏阻抗，画出等值电路如图 2-19（b）所示。由于 UX 有空气隙，所以磁路磁阻很大，励磁阻抗 $Z_m = r_m + jX_m$ 很小，励磁电流 I_m 很大，通常 UX 二次侧负荷阻抗很大，负荷电流可忽略不计，这样可认为一次电流 $\dot{I}'_1$ 全部流入励磁回路作为励磁电流，$\dot{I}'_1 = \dot{I}_m$，所以二次侧近于在开路状态下运行，于是可以把 UX 看成一只电抗器，这就是电抗器的名称由来。

$\dot{I}'_1$ 计算式为

$$\dot{I}'_1 = \frac{\dot{I}_1}{K_{UX}} \tag{2-33}$$

式中　K_{UX}——UX 的二次匝数与一次匝数之比，$K_{UX} = \dfrac{W_2}{W_1}$。

一次电流 $\dot{I}'_1 = \dot{I}_m = \dot{I}_{ma} + j\dot{I}_{mr}$ 两部分，其中无功分量电流 $\dot{I}_{mr}$ 建立磁通 $\dot{\Phi}$ 并与 $\dot{\Phi}$ 同相位；有功分量中 $\dot{I}_{ma}$ 与 $\dot{U}_2 = -\dot{E}_2$ 同相位，补偿铁芯损耗。$\dot{U}_2$ 超前 $\dot{\Phi}$ 90°，画出相量图 2-19（c）所示。$\dot{U}_2$ 与 $\dot{I}'_1$ 夹角 $\varphi \approx 90°$。$\dot{U}_2$ 计算式为

$$\dot{U}_2 = \dot{I}'_1 Z_m = \frac{Z_m}{K_{UX}} \dot{I}_1 = \dot{K}_1 \dot{I}_1 \tag{2-34}$$

式中　$\dot{K}_1 = \dfrac{Z_m}{K_{UX}}$——UX 的转移阻抗，是一个复数，当铁芯未饱和时，它是一个常数。

（2）UX 二次侧接入电阻 R。在实际应用时，为了调整 UX 的输出电压 $\dot{U}_2$ 与输入电流

$\dot{I}'_1$ 的相位关系，可将二次侧的移相回路绕组 W_3 接入电阻 R。流过 W_3 的电流 $\dot{I}_R$ 折算到 W_2 侧为 $\dot{I}'_R$ 和 R'，忽略 UX 二次侧漏阻抗画出等值电路如图 2-20（a）所示。这时电流 $\dot{I}'_1 = \dot{I}_{ma} + \dot{I}_{mr} + \dot{I}'_R$，输出电压 $\dot{U}_2$ 为

$$\dot{U}_2 = \frac{(R'+r_m)jX_m}{(R'+r+jX_m)K_{UX}}\dot{I}_1 \tag{2-35}$$

从图 2-20（b）看到，$\dot{I}'_R$ 滞后输出电压 $\dot{U}_2$ 一个阻抗角 φ_2，由于 $\dot{I}'_R$ 存在使 $\dot{U}_2$ 与 $\dot{I}'_1$ 之间夹角 φ' 比图 2-19（c）中 φ 减小了，于是可以推论，减小 R' 值，$\dot{I}'_R$ 增加，则 $\dot{U}_2$ 与 $\dot{I}'_1$ 之间夹角 φ 将继续减小，这说明变 R 值可以改变 $\dot{U}_2$ 与 $\dot{I}'_1$ 之间的相位关系，φ 角变化范围为 $0 < \varphi < 90°$。

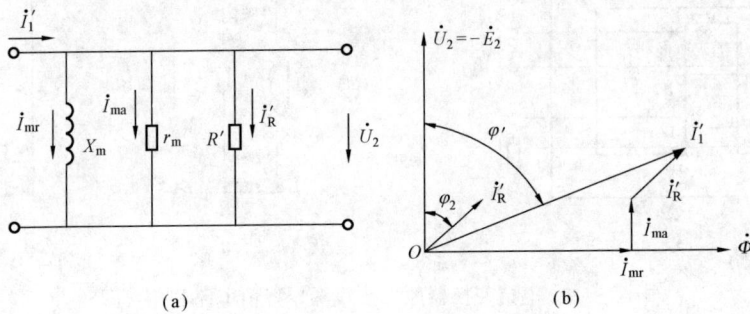

图 2-20　W_3 绕组接入电阻时的 UX 等值电路和相量图
(a) 等值电路；(b) 相量图

2. 电抗变换器 UX 使用注意事项

（1）因为 UX 一次绕组接入电流源、故 $\dot{I}_1$ 是不变的，当 W_3 接入电阻时，励磁电流 $\dot{I}_m$ 比没接 R 时要小，则磁通 $\dot{\Phi}$ 要减小，将会引起二次侧输出电压 $\dot{U}_2$ 下降。

（2）在实际调试中，要减小 φ，必须减小 R，但当 R 减小到一定值时，这种方法就不奏效了。因为在 R 减小时，虽然 $\dot{I}_R$ 增大，但 W_3 二次回路阻抗角 φ_2 也在增大，对减少 φ 来说，这两个因素作用正好相反。所以在调节过程中，当 R 值较大时，前一个因素起主要作用，故随着减小 R 值，φ 值也减小；当 R 减小到一定程度，第二个因素起主要作用，如继续减小 R，则 φ 值反而会增大。

（3）提高 UX 的线性度。为使 $\dot{U}_2$ 与 $\dot{I}_1$ 之间在很大范围内保持线性关系，则 UX 的励磁阻抗 Z_m 应为常数。但 UX 的铁芯磁化曲线是非线性的［如图 2-21（a）所示］，只有在中间段 ab 是线性，在电流很小时（a～O 点）和电流较大时（b 点以上）均使铁芯饱和，励磁阻抗 Z_m 值将显著下降。转移阻抗 $\dot{K}_1 = \dfrac{\dot{U}_2}{\dot{I}_1}$ 的特性曲线如图 2-21（b）中曲线 1 所示，曲线两端下降，呈非线性。为改善 UX 的非线性可采取下列措施：

1）采用带气隙铁芯，气隙长度与一次绕组安匝数要适当配合，保证通入最大电流时铁芯不饱和。

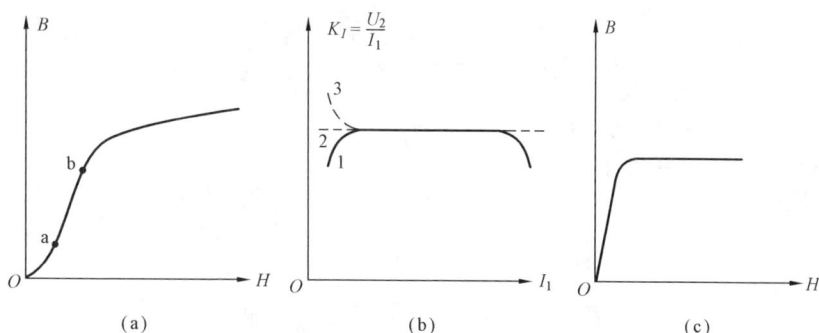

图 2-21　电抗变换器的磁化曲线

（a）铁芯的磁化曲线；（b）电抗变换器 K_I 与 I_1 的关系；（c）铍镆合金磁化曲线

2）在 UX 空气隙中插入铍镆合金片，该合金片磁化曲线如图 2-21（c）所示。在小电流时，它的磁导率很高，当电流增大时很快饱和。利用这个特性，当电流很小时，铍镆合金片的高磁导率减小了气隙中的磁阻，提高了整个铁芯的磁导率，当电流增大后，合金片迅速饱和不起补偿作用。采用上述措施后，$K_I = f(I_1)$ 曲线可提高到虚线 2 的水平，虚线 2 的 Z_m 值为常数，满足了 UX 的线性要求。虚线 3 为过补偿情况。

（4）电抗变换器本身是一个模拟阻抗 $Z = R + jX_m \approx jX_m$，$X_m = \omega M = 2\pi f M$（$M$ 为 UX 的一次和二次绕组互感）。可见 Z 是一次电流频率 f 的函数，f 越高，Z 值越大，因此在负荷电流中含有大量高次谐波的电路禁止使用 UX，UX 对非周期的分量及低次谐波电流有削弱作用。

第四节　对称分量滤过器

系统正常运行时，仅有正序分量存在，只有在不对称故障时，才出现负序分量或同时出现负序分量和零序分量。利用负序分量和零序分量构成反应序分量的保护，可以避开负荷电流，提高保护的灵敏性，避开了系统振荡，可将三相输出综合为单相输出，使保护得到简化。

反应对称分量的保护装置必须使用对称分量滤过器，对称分量滤过器的作用是从系统电压和电流中滤出所需要的对称分量。在继电保护装置中所用的对称分量滤过器有正序电压、电流滤过器，负序电压、电流滤过器，零序电压、电流滤过器，复合电压、电流滤过器。

各种滤过器的输入量为三相电压或电流，输出量为电压或电流的相应分量。分析时，可认为滤过器中各元件是线性的，输入量中各对称分量之间相互无影响，故可通过移相和相量加减等措施消去要滤去的对称分量，实现滤过作用。这是设计滤过器的基本方法。

一、零序电流滤过器

图 2-22（a）所示零序电流滤过器由三台相同型号、相同变比 K_{TA} 的电流互感器构成。从图中可知流出零序电流滤过器的电流 $\dot{I}_r$ 为三相电流之和，即

$$\dot{I}_r = \dot{I}_a + \dot{I}_b + \dot{I}_c = \frac{1}{K_{TA}}[(\dot{I}_A + \dot{I}_B + \dot{I}_C) - (\dot{I}_{mA} + \dot{I}_{mB} + \dot{I}_{mC})]$$

$$= \frac{3\dot{I}_0}{K_{TA}} - \frac{1}{K_{TA}}(\dot{I}_{mA} + \dot{I}_{mB} + \dot{I}_{mC}) \tag{2-36}$$

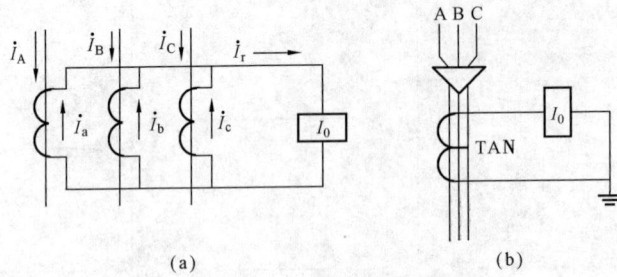

图 2-22 零序电流滤过器的接线

(a) 由三个 TA 构成零序电流滤过器；(b) 由零序电流互感器构成零序电流滤过器

当三相电流对称时，$\dot{I}_A + \dot{I}_B + \dot{I}_C = 0$，则

$$\dot{I}_r = -\frac{1}{K_{TA}}(\dot{I}_{mA} + \dot{I}_{mB} + \dot{I}_{mC}) = -\dot{I}_{unb} \tag{2-37}$$

式中　$\dot{I}_{unb}$——不平衡电流，它是由于三个 TA 的励磁特性不同所造成的。

对于采用电缆引出送电线路，广泛采用零序电流互感器的接线以获得 $3I_0$，如图 2-22 (b) 所示。电流互感器套在电缆外面，电缆是一次绕组，一次电流为 $\dot{I}_A + \dot{I}_B + \dot{I}_C$，只有当一次侧出现零序电流时，二次侧才有相应的 $3I_0$ 输出。采用零序电流互感器的优点是没有不平衡电流，同时接线也简单。

二、零序电压滤过器

图 2-23 (a) 所示为由三个单相电压互感器或三相五柱式电压互感器构成的零序电压滤过器，电压互感器一次侧中性点接地才能使二次侧获得三相对地电压 $\dot{U}_a$、$\dot{U}_b$、$\dot{U}_c$。当忽略电压互感器误差时，开口三角侧输出电压 $\dot{U}_{mn}$ 为

$$\dot{U}_{mn} = \dot{U}_a + \dot{U}_b + \dot{U}_c = \frac{1}{K_{TV}}(\dot{U}_A + \dot{U}_B + \dot{U}_C) = \frac{3\dot{U}_0}{K_{TV}} \tag{2-38}$$

当系统正常运行时，三相电压对称，$\dot{U}_a + \dot{U}_b + \dot{U}_c = 0$，忽略电压互感器的误差 $\dot{U}_{mn} = 0$，如考虑误差，则 $\dot{U}_{mn} = \dot{U}_{unb}$ 很小。

图 2-23 (b) 所示发电机中性点经电压互感器或消弧线圈接地时，可直接从互感器二次绕组取得零序电压。图 2-23 (c) 为二次式零序电压滤过器，在 TV 二次侧接入三相对称负载 Z，星形中性点 m 与中性线 n 为滤过器输出。

为使发生接地短路故障时零序电压滤过器输出电压 U_{mn} 不超过 100V，对于非直接接地系统电压互感器变比取 $(U_L/\sqrt{3})\Big/\dfrac{100}{3}$，对于直接接地系统电压互感器变比取 $(U_L/\sqrt{3})/100$（U_L 为线电压）。

三、负序电压滤过器

负序电压滤过器的输出电压与输入电压中的负序分量成正比。负序电压滤过器根据输出电压相数分为单相式负序电压滤过器和三相式负序电压滤过器两种。

（一）单相式负序电压滤过器

单相阻容式负序电压滤过器由两个电阻—电容臂（移相器）组成。其原理如图 2-24

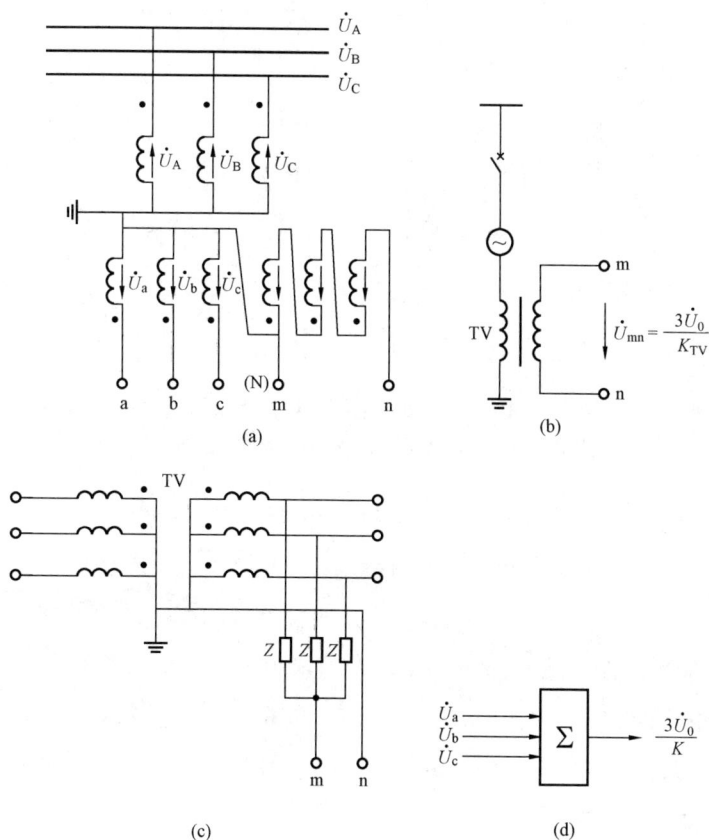

图 2 - 23　零序电压滤过器

(a) 三相五柱式电压互感器；(b) 发电机中性点接地电压互感器；

(c) 二次式零序电压滤过器；(d) 加法器

所示。

两个阻容臂 R_1、X_1 和 R_2、X_2 分别接于线电压 $\dot{U}_{ab}$ 和 $\dot{U}_{bc}$，由于线电压中无零序分量，所以单相式电压滤过器无零序电压输出。由图 2 - 24 可知

$$\left.\begin{array}{l} \dot{U}_{ab}=\dot{U}_{X1}+\dot{U}_{R1} \\ \dot{U}_{bc}=\dot{U}_{X2}+\dot{U}_{R2} \\ \dot{U}_{mn}=\dot{U}_{R1}+\dot{U}_{X2} \end{array}\right\} \qquad (2-39)$$

由对称分量法可以证明，若两个阻容臂的参数满足下式

$$R_1=\sqrt{3}X_1，\quad R_2=X_2/\sqrt{3} \qquad (2-40)$$

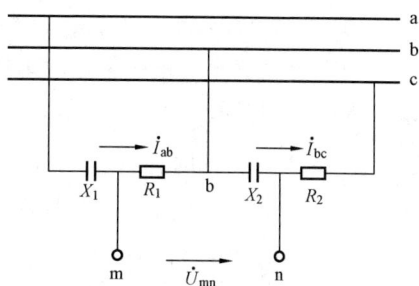

图 2 - 24　单相阻容式负序电压滤过器原理接线图

则输出电压 $\dot{U}_{mn}$ 中无正序电压输出，它只与输入的负序电压成正比。这可用图 2 - 25 负序电压滤过器的相量图说明。

当输入正序电压时，做出正序线电压 $\dot{U}_{ab1}$、$\dot{U}_{bc1}$ 和 $\dot{U}_{ca1}$，由于 $R_1=\sqrt{3}X_1$，故电流 $\dot{I}_{ab1}$ 超

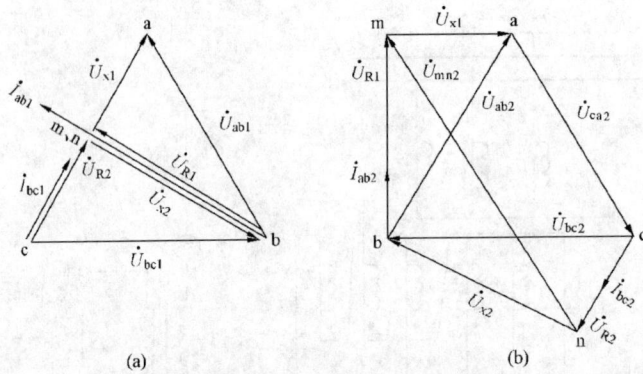

图 2-25　负序电压滤过器相量图

(a) 输入正序电压时相量图；(b) 输入负序电压时的相量图

前 $\dot{U}_{ab1}$ 30°；又由于 $R_2 = X_2/\sqrt{3}$，故电流 $\dot{I}_{bc1}$ 超前 $\dot{U}_{bc1}$ 60°。根据式（2-39）按 $\dot{U}_{ab1} = \dot{U}_{X1} + \dot{U}_{R1}$，$\dot{U}_{bc1} = \dot{U}_{X2} + \dot{U}_{R2}$ 画出相量图如图 2-25（a）所示。从图中可见

$$\dot{U}_{mn1} = \dot{U}_{mb1} + \dot{U}_{bn1} = \dot{U}_{R1} + \dot{U}_{X2} = 0 \qquad (2-41)$$

只要满足式（2-40）条件，则 $\dot{U}_{R1} = -\dot{U}_{X2}$，故 $\dot{U}_{mn} = 0$。

当输入负序电压时，$\dot{I}_{ab2}$ 超前 $\dot{U}_{ab2}$ 30°，而 $\dot{I}_{bc2}$ 超前 $\dot{U}_{bc2}$ 60°。根据式（2-39），按 $\dot{U}_{ab2} = \dot{U}_{X1} + \dot{U}_{R1}$，$\dot{U}_{bc2} = \dot{U}_{R2} + \dot{U}_{X2}$，画出相量图如图 2-25（b）所示。从图中可见，$\angle nbm = 120°$，输出电压 $U_{mn2} = \sqrt{3}U_{R1} = 1.5U_{ab2} = 1.5\sqrt{3}U_{a2}$。

实际在系统正常运行时，负序电压滤过器输出并不为零，而是有一个不平衡电压 $\dot{U}_{unb}$ 输出，产生不平衡电流。产生不平衡电流原因是由于负序电压滤过器各阻抗元件参数的误差及输入电压的谐波分量引起。由于三相电压中存在 5 次谐波，其相序与负序相同，也会产生不平衡电压。因此，通常在滤过器的输出端加设 5 次谐波滤过器，来消除 5 次谐波的影响。

（二）三相阻容式负序电压滤过器

三相阻容式负序电压滤过器原理接线如图 2-26（a）所示。图中 a、b、c 为三相正序电压输入端，而 x、y、z 为三相负序电压输出端，各臂中电阻、电容参数满足 $R_1 + R_2 = \sqrt{3}X_C$，$R_2 = 2R_1$ 条件时，各臂所通过的电流 $\dot{I}_{ab}$、$\dot{I}_{bc}$、$\dot{I}_{ca}$ 分别超前相对应电压 $\dot{U}_{ab}$、$\dot{U}_{bc}$、$\dot{U}_{ca}$ 30°。

当输入三相正序电压时，负序滤过器产生 $\dot{I}_{ab1}$、$\dot{I}_{bc1}$、$\dot{I}_{ca1}$ 分别超前对应电压 $\dot{U}_{ab1}$、$\dot{U}_{bc1}$、$\dot{U}_{ca1}$ 30°，如图 2-26（b）所示。从图中可见，输出端 x、y、z 三点重合于等边三角形 abc 的重心上，即加入三相正序电压输出电压为零。

当输入三相负序电压时，负序滤过器产生 $\dot{I}_{ab2}$、$\dot{I}_{bc2}$、$\dot{I}_{ca2}$ 超前 $\dot{U}_{ab2}$、$\dot{U}_{bc2}$、$\dot{U}_{ca2}$ 30°，如图 2-26（c）所示。从图中可看出输出端 x、y、z 三点组成等边三角形，即滤过器输出三相负序电压与输入三相负序电压成正比。

如将 ab、bc、ca 三个分支都调换 180°，如图 2-27 所示，可得到三相正序电压滤过器。

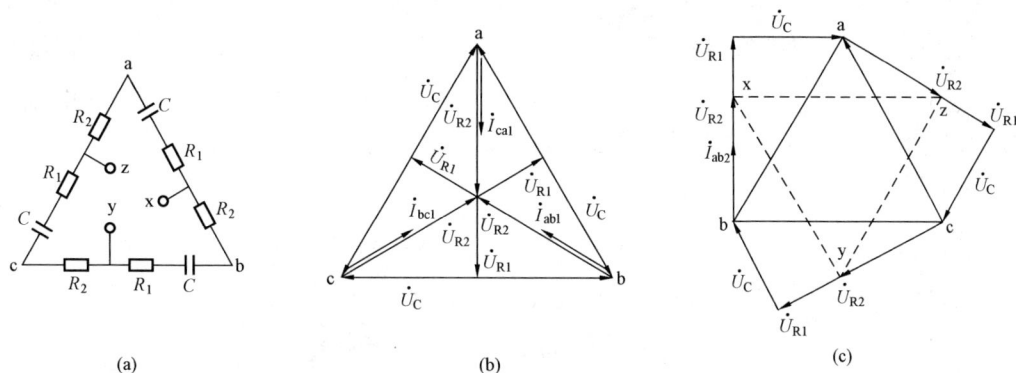

图 2 - 26　三相式负序电压滤过器
（a）原理接线图；（b）输入正序相量图；（c）输入负序相量图

四、负序电流滤过器

负序电流滤过器，其输出单相或三相电流中负序分量与输入三相电流中负序分量成正比，可分为单相式或三相式负序电流滤过器。

（一）单相式负序电流滤过器

1. 感抗移相式负序电流滤过器

图 2 - 28 所示为感抗移相式负序电流滤过器原理接线。它由电流变换器 UA 和电抗变换器 UX 组成。UX 一次侧有两个匝数相同的绕组，即 $W_B = W_C$，分别通入电流 $\dot{I}_B$ 和 $-\dot{I}_C$，UX 二次侧输出电压为

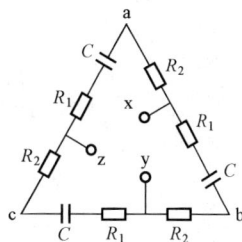

图 2 - 27　三相正序电压滤过器原理接线图

$$\dot{U}_{BC} = j(\dot{I}_B - \dot{I}_C)X_I$$

式中　X_I——UX 的转移电抗。

UA 有两个一次绕组 W_A 和 W_0，而 $W_A = 3W_0$，其二次侧输出电压为

$$\dot{U}_R = \frac{1}{K_{UA}}(\dot{I}_A - 3\dot{I}_0)R$$

由图 2 - 28 可知，负序电流滤过器的输出电压为 $\dot{U}_R$ 与 $\dot{U}_{BC}$ 的相量差，即

$$\dot{U}_{mn} = \dot{U}_R - \dot{U}_{BC}$$
$$= \frac{1}{K_{UA}}(\dot{I}_A - 3\dot{I}_0)R - j(\dot{I}_B - \dot{I}_C)X_1$$

$$(2 - 42)$$

1）当输入零序电流时，$\dot{I}_A = \dot{I}_B = \dot{I}_C = \dot{I}_0$，由于 $W_B = W_C$，$W_A = 3W_0$，所以 UA 与 UX 一次磁动势相互抵消，故不

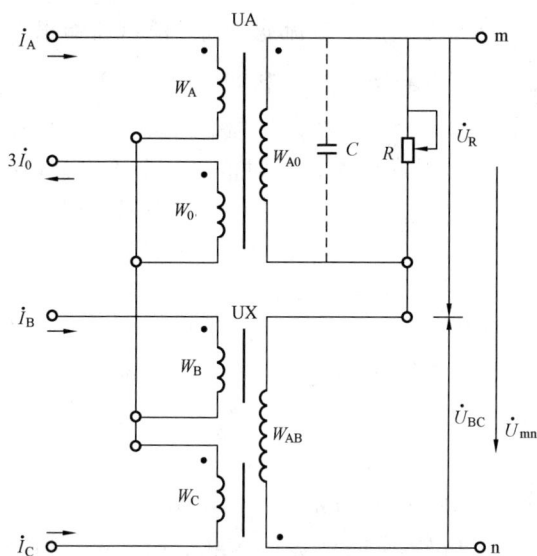

图 2 - 28　感抗移相式负序电流滤过器

反应零序分量，或由式（2-42）可得出$\dot{U}_{mn0}=0$。

2）当输入正序电流时，相量图如图2-29（a）所示。$\dot{U}_{BC1}$超前（$\dot{I}_{B1}-\dot{I}_{C1}$）相量90°，$\dot{U}_{R1}$与$\dot{I}_{A1}$同相。若$\dot{U}_{R1}=\dot{U}_{BC1}$时，其输出电压$\dot{U}_{mn1}=\dot{U}_{R1}-\dot{U}_{BC1}=0$，即不反应正序电流。根据式（2-42）当输入正序电流时，滤过器输出电压为

$$\dot{U}_{mn1}=\frac{1}{K_{UA}}\dot{I}_{A1}R-\mathrm{j}(\dot{I}_{B1}-\dot{I}_{C1})X_I=\dot{I}_{A1}\left(\frac{R}{K_{UA}}-\sqrt{3}X_I\right) \tag{2-43}$$

取参数

$$R=\sqrt{3}K_{UA}X_I \tag{2-44}$$

则

$$\dot{U}_{mn1}=0$$

3）当输入负序电流时，其相量图如图2-29（b）所示，$\dot{U}_{BC2}$与$\dot{U}_{R2}$相位差为180°，其输出电压由式（2-42）得

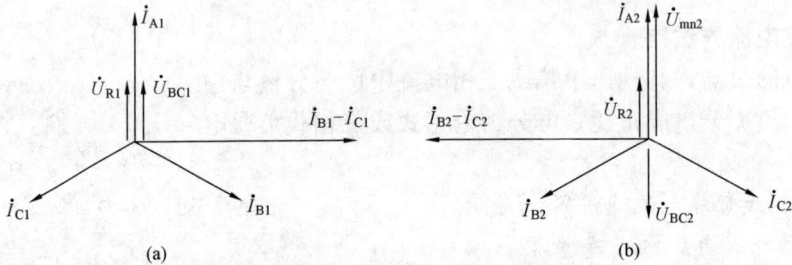

图2-29　感抗移相式负序电流滤过器相量图
(a) 加入正序电流时；(b) 加入负序电流时

$$\dot{U}_{mn2}=\frac{1}{K_{UA}}\dot{I}_{A2}R-\mathrm{j}(\dot{I}_{B2}-\dot{I}_{C2})X_I=\dot{I}_{A2}\left(\frac{R}{K_{UA}}+\sqrt{3}X_1\right)=\frac{2R}{K_{UA}}\dot{I}_{A2} \tag{2-45}$$

由式（2-45）可知，当满足式（2-44）时，可构成负序电流滤过器。滤过器输出电压与输入的负序电流$\dot{I}_{A2}$同相位。应当指出，以上分析没有考虑 UA 和 UX 的角误差。实际上 UA 的励磁阻抗不是无限大，故二次电流要超前一次电流一个小角度值，又由于 UX 存在铜损和铁损，故二次电压超前电流的角度小于90°，所以在正常运行时输出一个不平衡电压。为消除此不平衡电压可在 UA 的二次侧并联一个电容 C，如图2-28中虚线所示，即将二次电流后移一个角度，使$\dot{U}_R$与$\dot{U}_{BC}$同相位。

只有将参数取为$R=K_{UA}\sqrt{3}X_I$时，其输出电压$\dot{U}_{mn}$才与输入的负序电流成正比。若$R\neq K_{UA}\sqrt{3}X_I$，由式（2-43）、式（2-45）可知，输出电压与正序电流和负序电流都有关，此时的滤过器称为复合电流滤过器。

2. 电容移相式负序电流滤过器

电容移相式负序电流滤过器原理接线如图2-30（a）所示。它由电流变换器 UA1 和 UA2 构成。电流变换器 UA1 有两个一次绕组 W_A 和 W_0，而且$W_A=3W_0$，这两个绕组分别通入电流$\dot{I}_A$和$-3\dot{I}_0$。设 UA1 和 UA2 的变比都为 K_{UA}，UA1 二次电流为$-\mathrm{j}\frac{1}{K_{UA}}(\dot{I}_A-$

$\dot{I}_0$），此电流在电容上压降 $\dot{U}_C=-j\dfrac{1}{K_{UA}}(\dot{I}_A-\dot{I}_0)X_C$。UA2 一次侧有两个匝数相等的绕组

W_B 和 W_C。W_B 中通入 B 相电流 $\dot{I}_B$、W_C 中通入 C 相电流 $-\dot{I}_C$，则 UA2 二次电流为 $\dfrac{1}{K_{UA}}$

$(\dot{I}_B-\dot{I}_C)$，此电流在电阻上产生负压降 $\dot{U}_R=\dfrac{1}{K_{UA}}(\dot{I}_B-\dot{I}_C)R$。滤过器输出电压为

$$\dot{U}_{mn}=\dot{U}_C-\dot{U}_R=-j\frac{1}{K_{UA}}(\dot{I}_A-\dot{I}_0)X_C-\frac{1}{K_{UA}}(\dot{I}_B-\dot{I}_C)R$$

（1）当输入正序电流时，其相量图如图 2-30（b）所示，输出电压为

$$\dot{U}_{mn1}=\dot{U}_{C1}-\dot{U}_{R1}=-j\frac{1}{K_{UA}}\dot{I}_{A1}X_C-\frac{1}{K_{UA}}(\dot{I}_{B1}-\dot{I}_{C1})R$$

$$=-j\frac{1}{K_{UA}}\dot{I}_{A1}X_C-\frac{1}{K_{UA}}(-j\sqrt{3}\dot{I}_{A1})R$$

$$=j\frac{\dot{I}_{A1}}{K_{UA}}(\sqrt{3}R-X_C) \tag{2-46}$$

取参数 $\sqrt{3}R=X_C$ 时，则 $\dot{U}_{mn1}=0$。

（2）当输入负序电流时，其相量图如图 2-30（c）所示。输出电压为

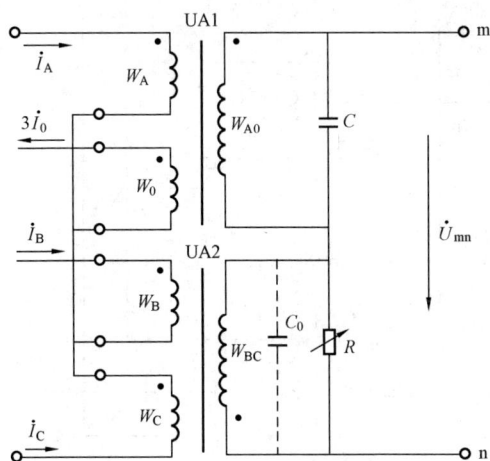

(a)

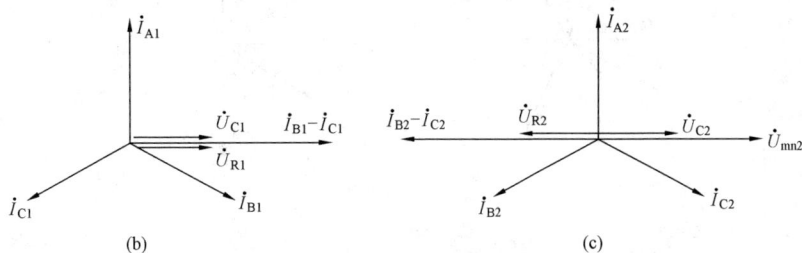

(b)　　　　　　　　　　　　　(c)

图 2-30　电容移相式负序滤过器

（a）原理接线图；（b）加入正序电流时相量图；（c）加入负序电流时相量图

$$\dot{U}_{mn2}=\dot{U}_{C2}-\dot{U}_{R2}=-j\frac{1}{K_{UA}}\dot{I}_{A2}X_C-\frac{1}{K_{UA}}(\dot{I}_{B2}-\dot{I}_{C2})$$

$$=-j\frac{1}{K_{UA}}\dot{I}_{A2}(X_C+\sqrt{3}R) \tag{2-47}$$

由式（2-47）可知，$\dot{U}_{mn2}$ 与负序电流 $\dot{I}_{A2}$ 成正比且相位滞后 $\dot{I}_{A2}$ 90°。

（二）三相式负序电流滤过器

图2-31（a）所示为三相式负序电流滤过器原理接线。它由三只相同的电抗变换器 1UX~3UX 和电阻 R、电容 C 构成。每只电抗变换器 UX 各有一个一次绕组，其匝数相同 （$W_{11}=W_{21}=W_{31}$）；各有两个匝数相差一半的二次绕组，$W_{12}=W_{22}=W_{32}=\frac{1}{2}W_{13}=\frac{1}{2}W_{23}=\frac{1}{2}W_{33}$。在二次绕组 W_{13}，W_{23}，W_{33} 中各接有一个电容器 C 和电阻 R，选择 $X_C=\sqrt{3}R$，其阻抗角为 60°。

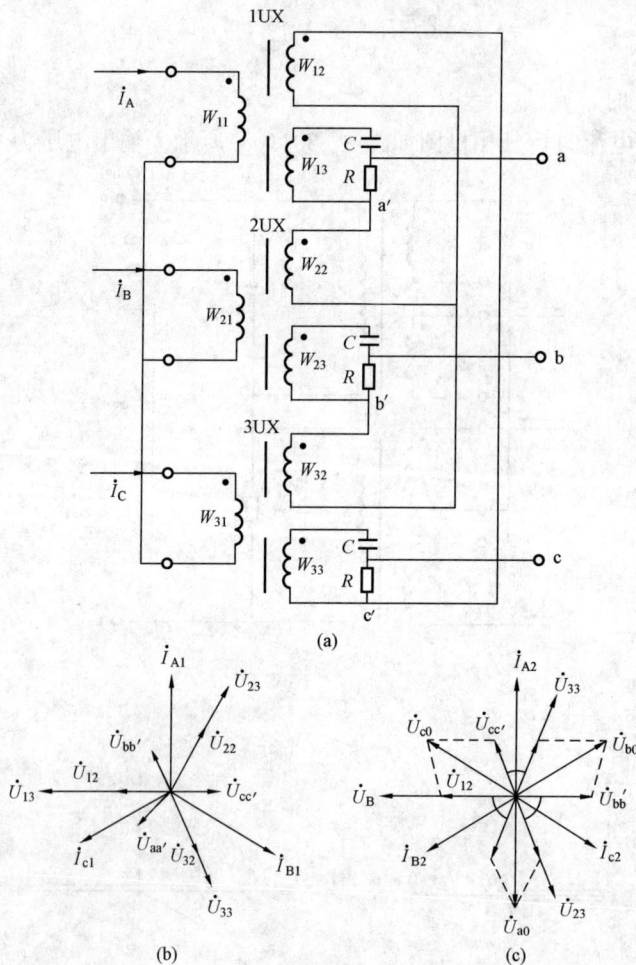

图2-31　由三只 UX 构成的三相式负序电流滤过器
（a）原理接线图；（b）正序相量图；（c）负序相量图

（1）当一次侧通入正序电流 $\dot{I}_{A1}$、$\dot{I}_{B1}$、$\dot{I}_{C1}$ 时相量图如图 2-31（b）所示，则 UX 二次侧输出电压为

$$\left.\begin{array}{l}\dot{U}_{13}=2\dot{U}_{12}=2\dot{U}_{c'0}=\dot{K}_I\dot{I}_{A1}\\[6pt]\dot{U}_{23}=2\dot{U}_{22}=2\dot{U}_{a'0}=\dot{K}_I\dot{I}_{B1}\\[6pt]\dot{U}_{33}=2\dot{U}_{32}=2\dot{U}_{b'0}=\dot{K}_I\dot{I}_{C1}\end{array}\right\} \tag{2-48}$$

如忽略铜损、铁损，UX 二次侧输出电压各超前相应电流 $\dot{I}_{A1}$、$\dot{I}_{B1}$、$\dot{I}_{C1}$ 90°，相量图如图 2-31（b）所示。因为 $X_C=\sqrt{3}R$，所以各电阻 R 上的电压 $\dot{U}_{aa'}$、$\dot{U}_{bb'}$、$\dot{U}_{cc'}$ 的数值是 $\dot{U}_{13}$、$\dot{U}_{23}$、$\dot{U}_{33}$ 的二分之一，且超前相应电压 60°，其相量图如图 2-31（b）所示。由图 2-31（a）、（b）不难得出

$$\left.\begin{array}{l}\dot{U}_{a0}=\dot{U}_{aa'}+\dot{U}_{a'0}=0\\[6pt]\dot{U}_{b0}=\dot{U}_{bb'}+\dot{U}_{b'0}=0\\[6pt]\dot{U}_{c0}=\dot{U}_{cc'}+\dot{U}_{c'0}=0\end{array}\right\} \tag{2-49}$$

（2）当一次侧通入负序电流时，可用同样的分析方法画出图 2-31（c）所示相量图。从图 2-31（c）中可得出负序电流滤过器输出电压为

$$\left.\begin{array}{l}\dot{U}_{a0}=-\dfrac{\sqrt{3}}{2}\dot{K}_I\dot{I}_{A2}\\[10pt]\dot{U}_{b0}=-\dfrac{\sqrt{3}}{2}\dot{K}_I\dot{I}_{B2}\\[10pt]\dot{U}_{c0}=-\dfrac{\sqrt{3}}{2}\dot{K}_I\dot{I}_{C2}\end{array}\right\}$$

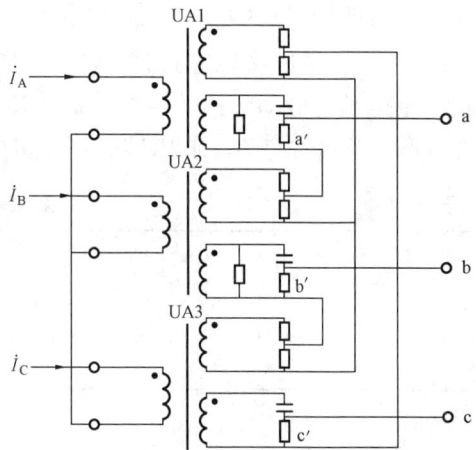

图 2-32　由三只 UA 构成的三相式负序电流滤过器原理接线

（3）当滤过器一次侧通入零序电流时，电抗变换器有零序电流输出，但三相整流桥无零序通路，故在三相整流桥输出端无零序输出。

同样道理，也可用三只电流变换器构成三相式负序电流滤过器，其原理接线图如图 2-32 所示。

第五节　综 合 变 流 器

一、综合变流器

综合变流器的作用是将三相电流按一定比例相加或相减，综合后为一个电流输出。图 2-33（a）所示为综合变流器原理接线。其一次绕组有三个抽头，分别接入电流 $\dot{I}_a$、$\dot{I}_b$、$\dot{I}_c$，各抽头处匝数比为 $1:1:n$。$\dot{I}_a$ 流过所有绕组，而 $\dot{I}_b$ 和 $\dot{I}_c$ 分别流过匝数为 $(1+n)$ 和 n 的绕组。此综合变流器总安匝数为

$$IW=(n+2)\dot{I}_a+(n+1)\dot{I}_b+n\dot{I}_c \tag{2-50}$$

三相短路时，输入的三相短路电流 $\dot{I}_{ka}$、$\dot{I}_{kb}$、$\dot{I}_{kc}$，其相量图如图 2-33（b）所示。三

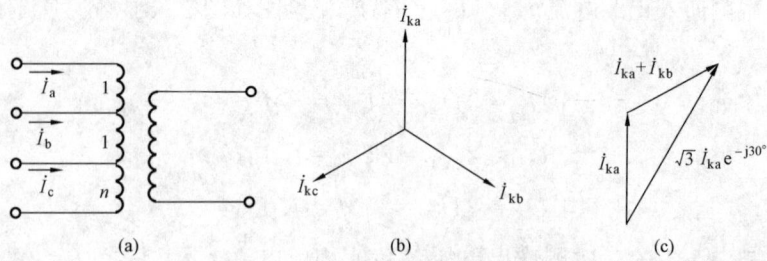

图 2-33　综合变流器

(a) 原理接线图；(b) 短路电流相量图；(c) 磁动势相量图

相短路时有 $\dot{I}_{ka}+\dot{I}_{kb}+\dot{I}_{kc}=0$，根据式（2-50），总磁动势为 $IW=\dot{I}_{ka}+(\dot{I}_{ka}+\dot{I}_{kb})$，其磁动势式相量图如图 2-33（c）所示。从磁动势相量图可以看出：三相短路时，总磁动势为 $|IW|=\sqrt{3}I_k^{(3)}$；AB 或 BC 两相短路时，$|IW|=(n+2)I_k^{(2)}$。根据式（2-50），可写出其他各种相别短路时总磁动势的数值。假定在各种形式短路电源相等条件下，即 $I_k^{(3)}=I_k^{(2)}=I_k^{(1)}$，则各种形式短路时与 AB 或 BC 两相短路时的相对灵敏度系统见表 2-4。

表 2-4　　　　　　　　　　　　　　　综合变流器相对灵敏度系数

短　路　类　型		$I_k^{(3)}$	$I_{k,A}^{(1)}$	$I_{k,B}^{(1)}$	$I_{k,C}^{(1)}$	$I_{k,AB}^{(2)}$	$I_{k,BC}^{(2)}$	$I_{k,CA}^{(2)}$
相对灵敏度	$n=3$	$\sqrt{3}$	5	4	3	1	1	2
	$n=2$	$\sqrt{3}$	4	3	2	1	1	2

二、电阻综合器

电阻综合器（电路）是一种将几个电压相加或相减综合为一个电压的装置。对综合电压的幅值要求不高，只要求正确反应综合后的电压相位或相位变化时，则可采用电阻综合电路实现。

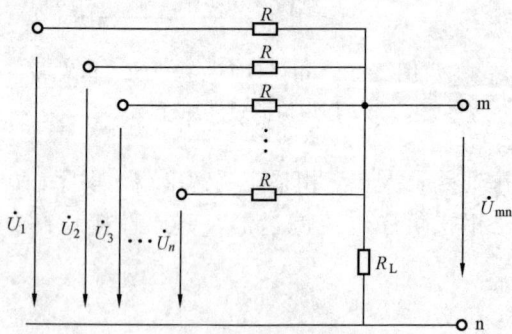

图 2-34　电阻综合电路

电阻综合电路如图 2-34 所示。$\dot{U}_1$、$\dot{U}_2$、…、$\dot{U}_n$ 为输入交流信号电压，其电源内阻很小，可忽略不计，R 为串联在每一回路中的电阻。R_L 为负荷电阻，利用叠加原理可求出输出电压为

$$\dot{U}_{mn}=\frac{1}{n+\dfrac{R}{R_L}}(\dot{U}_1+\dot{U}_2+\cdots+\dot{U}_n)　　　　（2-51）$$

由式（2-51）可知，每一路串联相同的电阻时，输出电压 $\dot{U}_{mn}$ 正比于各信号电压相量和。若负荷电阻 $R_L=\infty$，则 $\dot{U}_{mn}=\dfrac{1}{n}(\dot{U}_1+\dot{U}_2+\cdots+\dot{U}_n)$。

思 考 题 与 习 题

2-1　电流互感器的极性是如何确定的？常用的接线方式有哪几种？

2-2　电流互感器的 10％误差曲线有什么用途？怎样进行 10％误差校验？

2-3　电流互感器的准确度级有几级？和二次负荷有什么关系？

2-4　电流互感器在运行中为什么要严防二次侧开路？电压互感器在运行中为什么要严防二次侧短路？

2-5　电流互感器二次绕组的接线有哪几种方式？

2-6　画出三相五柱式电压互感器的 YNynv 接线图，并说明其特点。

2-7　某一电流互感器的变比为 600/5，其一次侧通过三相短路电流 5160A，如测得该电流互感器某一点的伏安特性为 $I_N = 3A$ 时，$U_2 = 150V$，试问二次接入 3Ω 负荷阻抗（包括电流互感器二次漏抗及电缆电阻）时，变比误差能否超过 10％？

2-8　何谓电流互感器零序电流接线？

2-9　试述单相阻容式负序电压滤过器的工作原理。

2-10　试述感抗移相式、电容移相式单相负序电流滤过器的工作原理。

2-11　试述三相阻容式负序电压滤过器工作原理。

2-12　什么是电抗变换器？它与电流互感器有什么区别？

2-13　电磁式电压互感器的误差表现在哪两个方面，画出其等值电路和相量图说明。

2-14　为什么差动保护使用 D 级电流互感器？

第三章 电网相间短路的电流电压保护

本章介绍了常用的电磁型和静态型继电器的构成原理、基本结构和性能参数；讲述了电流保护的基本工作原理和基本组成元件，重点介绍了典型三段式电流保护的接线特点和整定计算原则，讲述了原理接线图和展开接线图的绘制原则、阅读方法及使用范围；最后按照继电保护的"四性"要求，对电流、电压保护作出评价，指出其应用范围。

第一节 电流保护常用的继电器

电流保护常用的继电器有电磁型、静态型、感应型和整流型四种，下面仅介绍电磁型和静态型。

一、电磁型继电器

（一）电磁型继电器的结构和工作原理

电磁型继电器按其结构可分为螺管线圈式、吸引衔铁式和转动舌片式三种，如图 3-1 所示。通常电磁型电流和电压继电器均采用转动舌片式结构，时间继电器采用螺管线圈式结构，中间继电器和信号继电器采用吸引衔铁式结构。

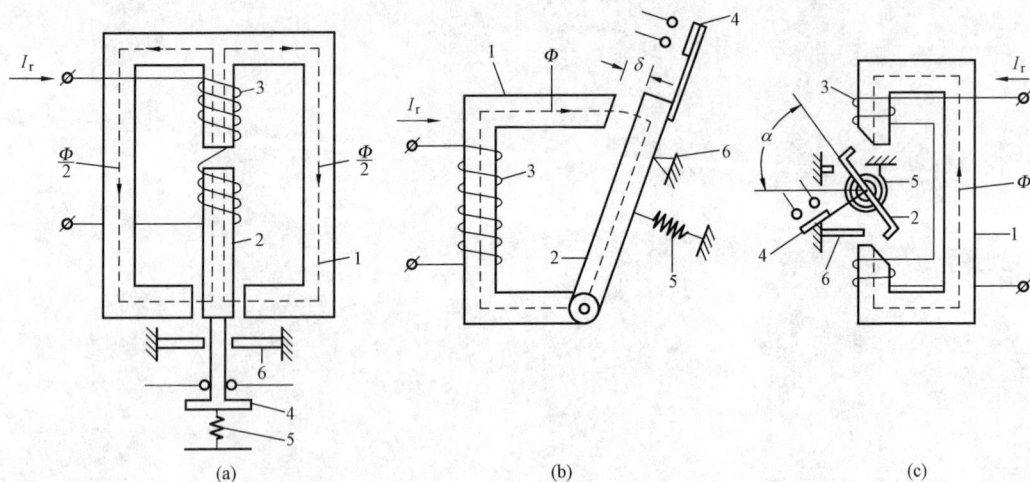

图 3-1 电磁型继电器原理结构图

(a) 螺管线圈式；(b) 吸引衔铁式；(c) 转动舌片式

1—电磁铁；2—可动衔铁；3—线圈；4—触点；5—反作用弹簧；6—止挡

当线圈 3 通入电流 I_r 时，产生磁通 Φ，磁通 Φ 经过铁芯、空气隙和衔铁构成闭合回路。衔铁（或舌片）在磁场中被磁化，产生电磁力 F 和电磁转矩 M，当电流 I_r 足够大时，衔铁被吸引移动（或舌片转动），使继电器动触点和静触点闭合，称为继电器动作。由于止挡的作用，衔铁只能在预定范围内运动。

根据电磁学原理可知，电磁力 F 和电磁转矩 M 与磁通 Φ 的平方成正比，即

$$F = K_1 \Phi^2 \tag{3-1}$$

式中　K_1——比例系数。

磁通 Φ 与绕组中通入的电流 I_r 产生的磁通势 $I_r W_r$ 和磁通所经过的磁路的磁阻 R_m 有关，即

$$\Phi = \frac{W_r I_r}{R_m} \tag{3-2}$$

将式（3-2）代入式（3-1）中可得

$$F = K_1 W_r^2 \frac{I_r^2}{R_m^2} \tag{3-3}$$

电磁转矩 M 为

$$M = FL = K_1 L W_r^2 \frac{I_r^2}{R_m^2} = K_2 I_r^2 \tag{3-4}$$

式中　K_2——系数，当磁阻一定时，K_2 为常数。

式（3-4）说明，当磁阻为常数时，电磁转矩 M 正比于电流 I_r 的平方，而与通入线圈中的电流的方向无关，所以根据电磁原理构成的继电器，可以制成直流继电器或交流继电器。

（二）电磁型电流继电器

电流继电器在电流保护中用作测量和启动元件，是反应电流超过某一定值而动作的继电器。在电流保护中常用 DL-10 系列电流继电器。它是一种转动舌片式的电磁型继电器，其结构如图3-2所示。

1. 电流继电器的动作电流、返回电流及返回系数

电流继电器采用转动舌片式结构，这类继电器在动作过程中，随着舌片转动，

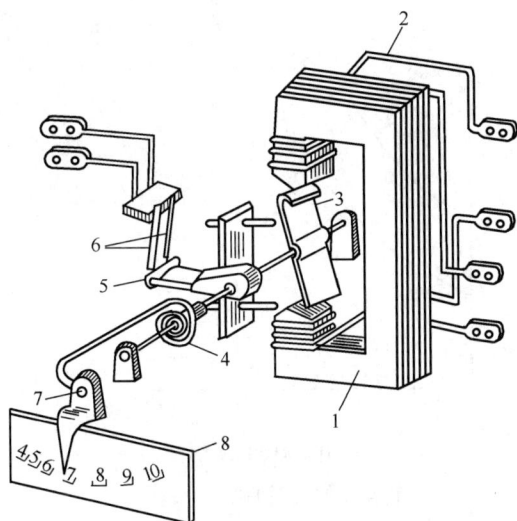

图 3-2　DL-10 系列电磁型电流继电器的结构图
1—电磁铁；2—线圈；3—Z形舌片；4—弹簧；5—动触点；6—静触点；7—整定值调整把手；8—刻度盘

空气隙长度 δ 不断缩小，磁路磁导 G 不断增加，在 I_r 不变时，电磁转矩不断增加，这说明电磁转矩 M 是转角 α 的函数，这种关系可表示为

$$M = \frac{1}{2}(W_r I_r)^2 \frac{dG_m}{d\alpha} \tag{3-5}$$

式中　$W_r I_r$——安匝数；

　　　dG_m——磁导增量；

　　　α——舌片对水平位置所转动的角度。

电磁转矩 M 随 α 变化的曲线如图3-3所示。

（1）继电器的动作电流。当继电器线圈中流入电流 I_r 时，在转动舌片上产生电磁转矩 M，企图使舌片转动，同时在转动舌片轴上还作用有弹簧产生的反抗转矩 M_{re} 和摩擦转矩

M_f。弹簧反抗转矩 M_{re} 与舌片旋转角度 α 成正比，而由可转动系统的重量产生的摩擦转矩 M_f 实际上是恒定不变的。反抗转矩的总和称为反作用机械转矩 $M_{ma}=M_f+M_{re}$。

当通入继电器的电流为负荷电流时，$M<M_{ma}$，继电器不动作；要使继电器动作，必须增大 I_r，以增大 M，继电器能够动作的条件是 $M \geqslant M_{re}+M_f$。能使继电器动作的最小电磁转矩称为继电器的动作转矩，其对应的能使继电器动作的最小电流称为继电器的动作电流 $I_{op,r}$。

图 3-4 为继电器电磁转矩和机械转矩特性曲线。图中曲线 3 为摩擦转矩 M_f，M_f 与 α 无关；曲线 2 为弹簧反抗转矩 M_{re}，M_{re} 与 α 成正比关系；曲线 4 为总反抗机械转矩 $M_{ma}=M_{re}+M_f$；曲线 1 为对应最小动作电流 $I_{op,r}$ 的最初动作转矩曲线；曲线 5 为 $M_{re}-M_f$ 曲线。

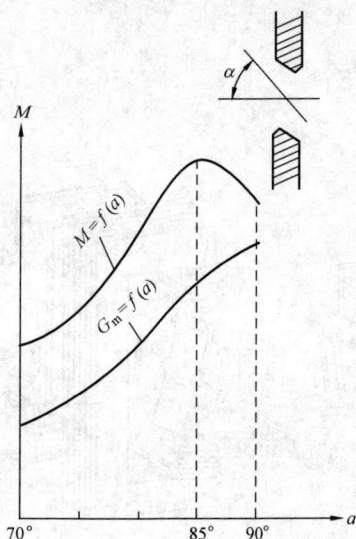

图 3-3　电磁转矩 M 与转角 α 的关系曲线

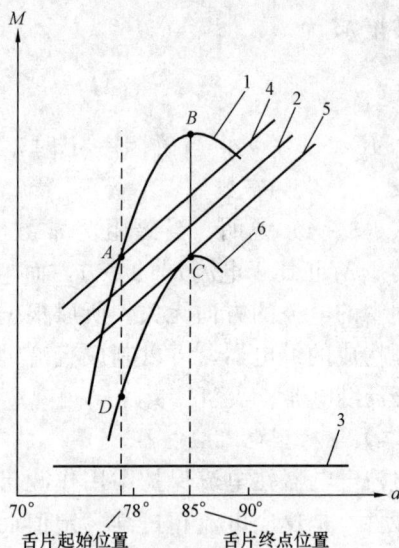

图 3-4　DL-10 型继电器电磁转矩与机械转矩特性曲线

（2）继电器的返回电流 $I_{re,r}$。当继电器动作后，减小 I_r，继电器将在弹簧作用下返回，这时 M_{re} 的作用是使 Z 形舌片返回，而电磁转矩 M 和摩擦转矩企图阻止 Z 形舌片返回，故继电器返回的条件是 $M_{re} \geqslant M+M_f$ 或写成 $M \leqslant M_{re}-M_f$。

当 I_r 减小到继电器刚好能够返回，能够使继电器可靠返回原来位置的最大电磁转矩称为返回转矩，其反应最大返回电流称为继电器的返回电流 $I_{re,r}$。

（3）继电器的返回系数。继电器的返回电流 $I_{re,r}$ 与动作电流 $I_{op,r}$ 的比值称为返回系数，用 K_{re} 表示为

$$K_{re}=\frac{I_{re,r}}{I_{op,r}} \qquad (3-6)$$

从图 3-4 可知，由于剩余转矩 ΔM 和摩擦转矩 M_f 的存在，决定了返回电流必然小于动作电流，故电流继电器的返回系数恒小于 1。在实际应用中，要求继电器有较高的返回系数，如 $0.85 \sim 0.90$。要提高返回系数就要设法减小继电器转动系统的摩擦转矩和减小剩余转矩 ΔM，否则不能保证转动部分可靠快速地转动到行程终点位置，并保证触点在接触时有足够压力，保证继电器动作的可靠性。

2. 继电器的动作特性

由以上分析可见，当 $I_r < I_{op,r}$ 时，继电器不动作；当 $I_r \geq I_{op,r}$ 时，则继电器能够突然迅速动作，闭合其动合触点。在继电器动作后，当 $I_r > I_{re,r}$ 时，继电器保持动作状态；当 $I_r < I_{re,r}$ 时，则继电器能突然返回原来位置，动合触点重新被打开。无论动作和返回，继电器从起始位置到最终位置是突发性的，它不可能停留在某一个中间位置上。这种特性称为继电器特性。继电器所以具有这种特性，是因为无论在动作过程中，还是在返回过程中，都有剩余转矩存在。

3. 继电器动作电流的调整

（1）改变弹簧反作用转矩 M_{re}，即改变动作电流调整把手的位置。当调整把手由左向右移动时，由于弹簧的弹力增强，使 M_{re} 增大，因而使继电器的动作电流 $I_{op,r}$ 增大；反之，如将调整把手由右向左移动，则动作电流 $I_{op,r}$ 减小。

（2）如图 3-5 所示，用压板改变继电器两个线圈的连接方法，可串联或并联，这样可使刻度盘的调整范围增大 1 倍。如果加上改变调整把手的位置，那么电流动作值的调整范围可改变 4 倍。当线圈串联时，电流动作值较并联时小 1 倍。

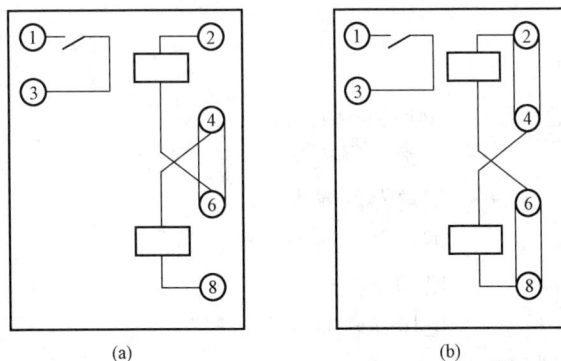

图 3-5　DL-10 型继电器的内部接线
(a) 动合触点、两线圈串联接法；
(b) 动合触点，两线圈并联接法

4. 电磁型继电器的特点

（1）返回系数较高，一般均大于 0.85。

（2）动作时间短，当 $\dfrac{I_r}{I_{op,r}} \geq 3$ 时，动作时间 $t_{op} \leq 0.03\text{s}$。

（3）消耗功率小，在最小整定值时，消耗功率为 0.1VA。

（4）动作值与整定值误差不超过 $\pm 3\%$。

电磁型电流继电器的缺点是触点系统不够完善，在电流较大时，可能发生触点振动现象，而且触点容量小，不能直接接通断路器的跳闸回路。它们的结构都是转动舌片式的电磁型继电器，除 DL-10 系列外，还有 DL-20C、DL-30 系列，为组合式继电器，结构如图 3-6 所示。这些继电器是改进后的产品，对导磁体和触点系统做了某些改进，具有体积小、重量轻和转换方便的优点。

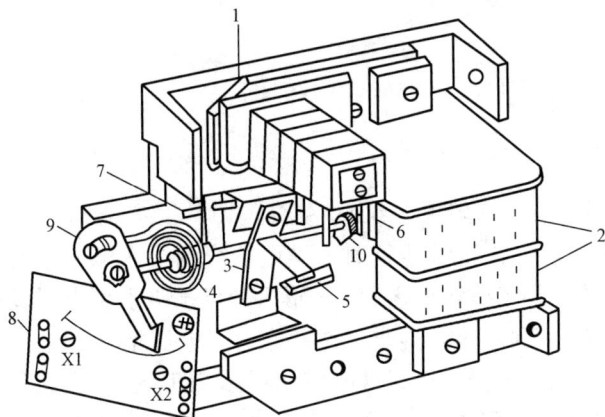

图 3-6　DL-20C、DL-30 系列电流继电器的结构图
1—电磁铁；2—线圈；3—Z 形舌片；4—弹簧；5—动触点；
6—静触点；7—限制螺杆；8—刻度盘；9—定值调整把手；10—轴承

（三）电磁型电压继电器

1. 电磁型电压继电器的结构及其工作原理

电磁式电压继电器通常也是采用转动舌片式，如常用的 DJ-100 系列，其构造和工作原理与 DL-100 系列电流继电器基本上相同，不同的只是电压继电器线圈匝数多、导线细、阻抗大，反应的参数是电网电压。

电压继电器的电磁转矩可表示为

$$M = K' I_r^2 \tag{3-7}$$

其中

$$I_r = \frac{U_r}{Z_r} = \frac{U_s}{K_{TV} Z_r} \tag{3-8}$$

式中　I_r——继电器中电流；

　　　K'——系数，当磁阻 R_m 一定时为常数；

　　　U_r——继电器的输入电压；

　　　Z_r——继电器线圈的阻抗；

　　　U_s——电网电压；

　　K_{TV}——电压互感器变比。

将式（3-7）代入式（3-8）得

$$M = K' I_r^2 = K' \frac{U_s^2}{K_{TV}^2 Z_r^2} = K U_s^2 \tag{3-9}$$

式中　K——系数，$K = \dfrac{K'}{K_{TV}^2 Z_r^2}$，当磁组 R_m 一定时为常数。

由式（3-9）说明，继电器动作取决于电网电压 U_s。为了减少电网频率变化和环境温度变化对继电器工作的影响，电压继电器的部分线圈采用电阻率高、温度系数小的导线材料（如康铜）绕制，或在线圈中串联一个温度系数小、阻值较大的附加电阻。

2. 电压继电器的动作电压、返回电压和返回系数

电压继电器分为过电压继电器和低电压继电器，作为过电压保护或低电压闭锁的动作元件。DJ-111、DJ-131 型过电压继电器的动作和返回的概念与电流继电器相似，它的返回系数 K_{re} 可表示为

$$K_{re} = \frac{U_{re,r}}{U_{op,r}} \tag{3-10}$$

式中　$U_{re,r}$——继电器的返回电压；

　　　$U_{op,r}$——继电器的动作电压。

显然，过电压继电器的返回系数也小于 1，一般也在 0.85 左右。

DJ-122 型低电压继电器有一对动断触点。在正常运行时，继电器线圈接入电网额定电压的二次值，其电磁转矩大于弹簧反抗转矩和摩擦转矩之和，Z 形舌片已被吸引到电磁铁的磁极下面，其动断触点处于断开状态。此时称为继电器非工作状态。当电压下降到整定值时，电磁转矩减小到 Z 形舌片被弹簧反作用力拉开磁极，继电器动断触点闭合。这个过程称为低电压继电器的动作过程。因此，能使低电压继电器 Z 形舌片释放，其动断触点从打开到闭合的最高电压称为继电器的动作电压 $U_{op,r}$。在继电器动作后，如增大外加电压，低电压继电器就要返回。能使继电器返回到 Z 形舌片又被电磁铁磁极吸引，触点断开的最低电压，称为继电器的返回电压。根据式（3-10）可知返回系数恒大于 1，一般情况不大于 1.2，用

于强行励磁的不大于 1.06。

3. 电压继电器的特点

（1）低电压继电器的缺点是长期接入电网，在电网电压正常时，Z 形舌片被长期吸向电磁铁磁极下处于振动状态，长期振动使继电器轴座和轴承磨损严重，因而降低了它的工作可靠性。为了减小继电器的振动避免磨损，电压整定值应不小于全刻度盘的 1/3。

（2）对于过电压继电器，如整定值小于 40V，应采用附有辅助电阻器的 DJ-131/60CN 型电压继电器（CN 表示内附电阻）。DJ-131/60C 型过电压继电器，当采用 Fz-2 型附加电阻时，其接线如图 3-7 所示。此时，继电器串并联在附加电阻的端点上。

电压继电器，刻度盘上值为串联时的值，当线圈串联时，动作值较并联时增大一倍。目前常用的电磁型电压继电器除 DJ-100 系列

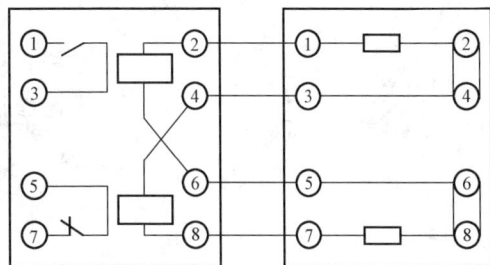

图 3-7　DJ-131/60C 型继电器与附加电阻连接图

外，还有 DY-20C、DY-30 系列电压继电器，为组合式继电器，是改进后的产品，工作原理同 DJ-100 系列，其构造与 DL-20C、DL-30 系列电流继电器相同。

（四）时间继电器

在各种继电保护和自动装置中，时间继电器作为时限元件，用来建立必须的动作时限。对时间继电器的要求是动作时间要准确，且动作时间不随操作电压的波动而变化。

电磁型时间继电器由一个电磁启动机构带动一个钟表延时机构组成，一般由直流电源供电，但也可以由交流电源供电。电磁启动机构采用螺管线圈式结构，如图 3-1（a）所示。时间继电器一般有一对瞬动转换触点和一对延时主触点（终止触点），根据不同要求，有的还有一对滑动延时触点。

现以 DS-100、DS-120 系列的时间继电器为例，介绍该类继电器的工作原理。它们的结构如图 3-8 所示。在继电器线圈 1 上加入动作电压后，衔铁 3 被瞬时吸下，扇形齿曲臂 9 被释放，在钟表弹簧 11 的作用下使扇形齿轮 10 按顺时针的方向转动，并带动传动齿轮 13 经棘轮 14，使同轴的主齿轮 15 转动，再带动钟表机构转动，因钟表机构中钟摆和摆锤的作用，使动触点 22 以恒速转动，经一定时限后与静触点接触。改变静触点位置，可以改变动触点的行程，即可调整时间继电器的动作时限。

当线圈外加电压消失时，在返回弹簧 4 的作用下，衔铁被顶回原来的位置，同时扇形齿曲臂也立即被衔铁顶回原处，使扇形齿轮复原，并使钟表弹簧重新被拉伸，以备下次动作。

为了缩小时间继电器尺寸，它的线圈一般不按长期通电设计。因此，当需要长期（大于 30s）加电压时，必须在线圈回路中串一个附加电阻 R，如图 3-9 所示。在正常情况下，电阻 R 被继电器瞬时动断触点所短接，继电器启动后，该触点立即断开，电阻 R 串入线圈回路，以限制电流，提高继电器的热稳定性能。

在使用时间继电器时，要求：①时间继电器的动作电压应不大于 70% 额定电压值，返回电压应不小于 5% 额定电压值，交流时间继电器动作电压应不大于 85% 额定电压值；②要求测量值与整定值时间误差不超过 0.07s。

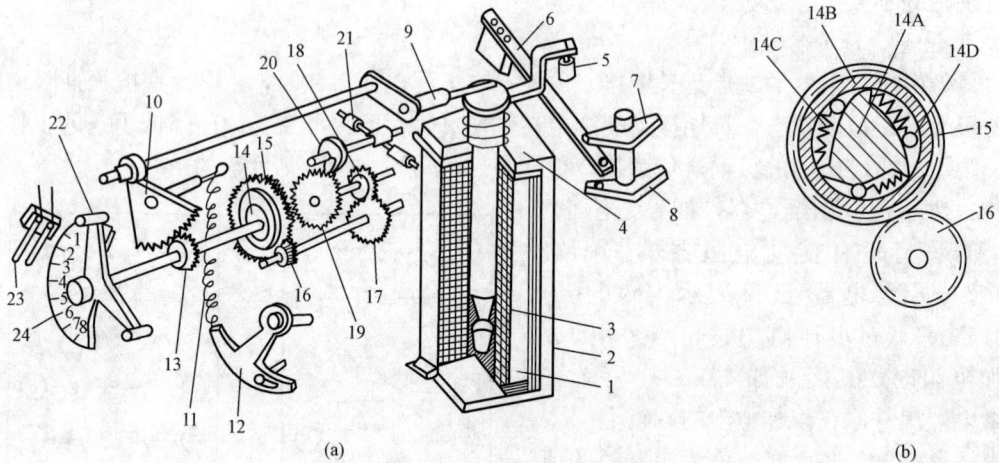

图 3 - 8　DS-100、DS-120 系列时间继电器的结构与内部接线图

1—线圈；2—磁路；3—衔铁；4—返回弹簧；5—轧头；6—瞬时可动触点；7、8—瞬时静触点；9—曲柄销；

10—扇形齿轮；11—主弹簧；12—可改变弹簧拉力的拉板；13—齿轮；14—摩擦耦合子（14A—凸轮；

14B—钢环；14C—弹簧；14D—钢珠）；15—主齿轮；16—钟表机构的齿轮；

17、18—钟表机构的中间齿轮；19—掣轮；20—卡钉；21—重锤；

22—可动触点；23—静触点；24—标度盘

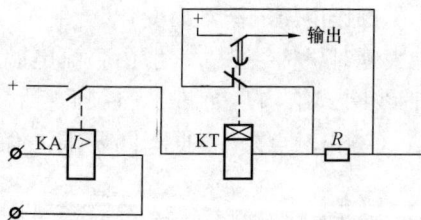

图 3 - 9　时间继电器接入附加电阻的电路图

目前使用的时间继电器除 DS-100、DS-120 系列外，还有 DS-20A、DS-30 系列时间继电器，它们的工作原理与 DS-100 系列相同，只不过在延时机构上做了改进。

（五）中间继电器

中间继电器的作用是在继电保护装置和自动装置中用以增加触点数量和容量。所以该类继电器一般有多对触点，其触点容量也比较大。当前常用的系列较多，如 DZ-10、DZB-100、DZS-100 系列以及组合式的 DZ-30B、DZB-10B、DZS-10B 系列等，它们都是舌门电磁式中间继电器，结构原理基本相同。图 3 - 10 为 DZ-30B 系列中间继电器的结构图。当电压加在线圈两端时，舌门衔铁被吸向闭合位置，并带动触点转换，动合触点闭合，动断触点断开；当电源断开时，衔铁在触点片的压力作用下，返回原来位置，触点也随之复归。

DZB-10B 系列中间继电器的电磁铁中有一个电压线圈和一个或几个电流线圈。DZB-11B、DZB-12B、DZB-13B 型为电压启动、电流保持的中间继电器，DZB-14B 型电流启动、电压保持的中间继电器，而 DZB-15B 型则为电流或电压启动、电压或电流线圈保持的中间继电器。DZ-30B 和 DZB-10B 系列中间继电器的动作时间一般不超过 0.05s；DZS-10B 系列中间继电器在其线圈的上面或下面装有阻尼环，用以阻碍主磁通的增加或减少，从而获得继电器动作延时或返回延时，如 DZS-11B、DZS-13B 型为动作延时型，DZS-12B、DZS-14B 型为返回延时型。电流保护的中间继电器动作延时一般不小于 0.06s 或返回时限不小于 0.4s。上述各系列中间继电器的触点容量大，长期允许通过电流为 5A。

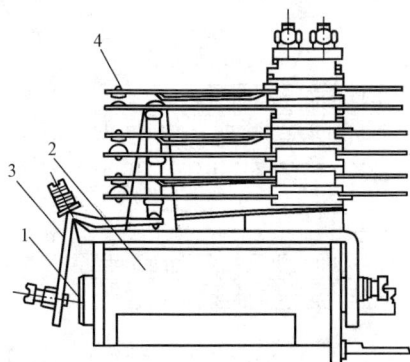

图 3-10　DZ-30B 系列中间继电器结构图
1—电磁铁；2—线圈；3—舌门衔铁；4—触点片

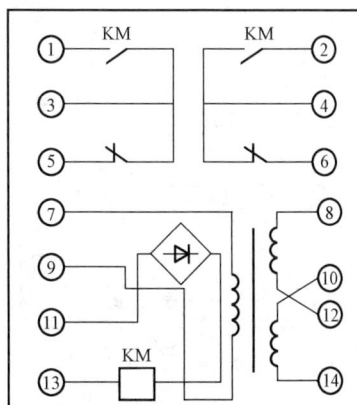

图 3-11　ZJ6 型交流中间
继电器内部接线

除上述适用直流操作的继电保护装置的中间继电器外，还有一种专供交流操作的继电保护用的 ZJ5、ZJ6 型电磁式中间继电器，其内部接线如图 3-11 所示。这种继电器可以直接接在电流互感器二次回路中，故称为串联中间继电器。它与直流操作的中间继电器一样，以电磁原理构成。所不同的是，串联中间继电器线圈是经过桥式整流接入饱和变流器的二次回路中，再由饱和变流器一次线圈接入电流互感器二次回路，所以流入继电器线圈的电流并非交流而是直流，故其动作情况和前述的中间继电器相同。其饱和变流器的作用是使输出的电流趋向于稳定，为了削减电压峰值，在饱和变流器二次线圈两端并一只电容器。饱和变流器具有两个一次线圈，串联时继电器动作电流为 2.5A，并联时为 5A。

继电器的启动可以由主继电器动合触点或动断触点来控制。用动合触点时，可接在端子 11、13 之间（见图 3-11），并可串入信号继电器。若用动断触点，则应接在端子 7、9 之间（见图 3-11），并应将端子 11、13 短接或只接信号继电器。当主继电器的动合触点闭合或动断触点断开时，ZJ6 继电器线圈流过整流后的直流，使其动作。ZJ6 型中间继电器有一对一般切换触点和一对强力桥式切换触点，信号继电器具有 150A 电流的分断能力，长期工作电流可达 10A，能经受 150A 电流过负荷 4s，消耗功率不大于 6VA，动作时间小于 0.05s。

（六）信号继电器

信号继电器在继电保护和自动装置中用作动作指示，根据信号继电器发出的信号指示，运行维护人员能够方便地分析事故和统计保护装置正确动作次数。常采用的信号继电器主要有 DX-11 型和组合式的 DX-20、DX-30 系列的舌门电磁式信号继电器。它们的内部结构都相同。图 3-12 为 DX-11 型信号继电器的结构图。当线圈通入电流时，舌门片 3 被吸引，信号掉牌 8 靠自重落下，并停留在水平位置；断电后，舌门片 3 在弹簧作用下返回原位，但信号掉牌需用手转动或按动外壳上的旋钮，才能返回原位。平时信号掉牌被舌门片卡住而不会自动转动落下。上述 DX-11 型为具有信号掉牌的信号继电器。DX-20、DX-30 系列型为无信号掉牌而具有灯光信号的信号继电器。当启动线圈通电时，接通保持线圈，信号灯亮；当启动线圈断电时，信号灯仍继续亮，直至保持线圈断电后方可熄灭。

此外，还有用干簧密封触点构成的 DXM-2A、DXM-3 型信号继电器，用磁力自保持代替机械自保持，用灯光指示代替信号掉牌，能实现远方复归。

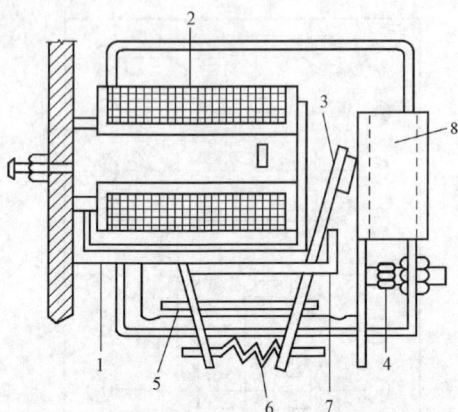

图 3-12　DX-11 型信号继电器

1—电磁铁；2—线圈；3—舌门片；4—调节螺丝；

5—带有可动触点的轴；6—弹簧；7—舌门片

行程限制挡；8—信号掉牌

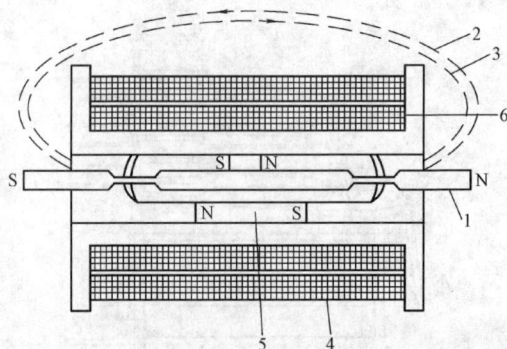

图 3-13　DXM-2A 型信号继电器工作原理图

1—干簧密封触点；2—工作线圈磁通；3—释放线圈磁通；

4—释放线圈；5—永久磁铁；6—工作线圈

　　DXM-2A 型信号继电器由干簧密封触点、工作线圈、释放线圈、永久磁铁和指示灯等组成。其工作原理如图 3-13 所示。当继电器工作线圈通电时，工作线圈产生的磁通与放置在线圈内的永久磁铁的磁通方向相同，两磁通叠加，使干簧密封触点闭合，信号指示灯亮。当工作线圈断电后，借永久磁铁的作用，可使干簧密封触点保持在闭合位置。复归时，在释放线圈加上电压后，因其所产生磁通与永久磁铁的磁通方向相反而相互抵消，使触点返回原位，指标灯灭，准备下一次动作。

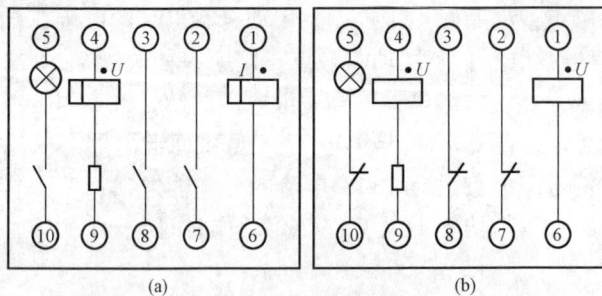

图 3-14　DXM-2A 型信号继电器内部接线图

（a）电流启动的继电器；（b）电压启动的继电器

　　电磁式信号继电器有电流型和电压型两种，其内部接线如图3-14所示。电流型又称为串联型，通常串接在中间继电器或跳闸线圈回路中；电压型又称为并联型，常与两线圈并联。

（七）干簧继电器

　　干簧继电器是电磁型继电器的一种特殊型式，它没有机械转动的部分，主要靠置放在密封玻璃管内的两只舌簧片来完成电磁型继电器的功能。

　　干簧继电器的结构原理图如图 3-15 所示。线圈 1 绕在框架上，框架中间放着密封玻璃管 3，管内放有两只舌簧片，舌簧片由铍镁合金制成。它既是导磁体又是导电的一对触点。为减少接触电阻，在舌簧片自由端的接触面上镀有金、银或铑等金属。玻璃管内充有干燥纯洁的氮气，以防止触点表面氧化。

　　如图 3-15 所示，当线圈通过电流时，线圈中产生磁通，舌簧片磁化，一端为 N 极，另一端为 S 极。由于管内两舌簧片自由端的极性不同，因而相互吸引。当线圈中电流达到整定值时，两舌簧片自由端互相吸引而接触，即继电器触点闭合；当线圈中电流减少到一定值时,舌簧片借助本身的弹力而返回,触点打开。

干簧继电器结构简单,安装方便,动作时没有机械转动,启动功率小,动作速度快,易与晶体管电路配合使用;但其触点容量小,只能作晶体管保护装置的出口元件。

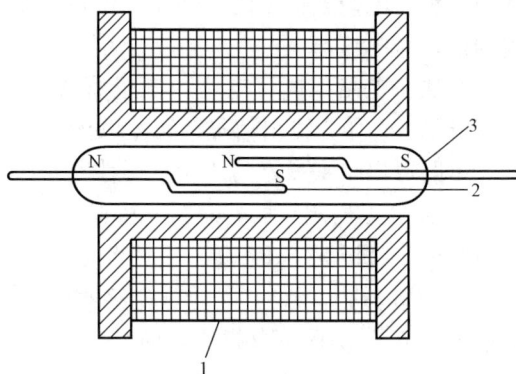

二、静态型继电器

静态型继电器包括晶体管型继电器和集成电路型继电器。下面仅介绍晶体管型电流、电压继电器。

（一）晶体管型电流继电器

晶体管型电流继电器一般由输入回路、比较回路和执行回路三部分组成。其原理接线如图 3-16 所示。

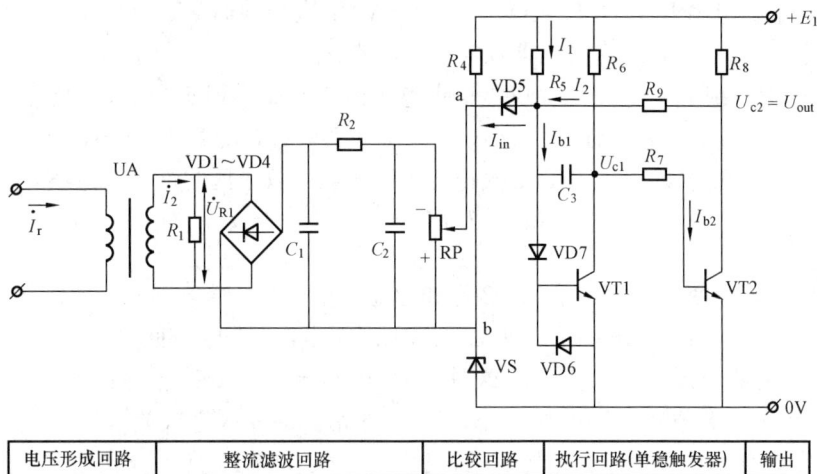

图 3-15 干簧继电器结构原理图
1—线圈；2—舌簧片触点；3—密封玻璃管

图 3-16 晶体管型电流继电器原理接线图

1. 晶体管型电流继电器的组成

（1）输入回路。输入回路由电压形成电路和整流滤波电路组成。电压形成电路由电流变换器 UA 及其二次侧接有的固定的负荷电阻 R_1 组成,作用是将电流互感器二次电流 $\dot{I}_r$ 转换为晶体管回路所需要的电压信号 $\dot{U}_{R1}$,$\dot{U}_{R1}$ 与 $\dot{I}_r$ 成正比。并且实现 TA 二次交流电路与晶体管电路的隔离。整流滤波电路由二极管 VD1～VD4 构成的整流桥和由 C_1、C_2、R_2 构成的 π 形滤波器组成。整流滤波电路的作用是将电压形成电路输出的交流电压 $\dot{U}_{R1}$ 变换成一个比较平滑的直流电压加到电位器 RP 上,从 RP 活动头取出电压 U_{RP},作为比较回路的输入。

（2）比较回路。比较回路由电阻 R_4 和稳压管 VS 组成,在 VS 两端给出一个稳定的电压 U_b（一般为 3V 左右）,此电压称为比较电压或门槛电压,它可以防止保护装置在没有输入或正常负荷电流条件下的误动作。当 $U_{RP} \geq U_b$ 时，继电器动作，因此，调节 U_{RP} 可以改变继电器的动作电流值。

（3）执行电路。执行电路由三极管 VT1 和 VT2 构成两级直流放大式单稳态触发器，VT2 集电极 U_{c2} 作为输出信号，U_{c2} 的变化反映了继电器的不同工作状态（启动和返回）。采用触发电路可以得到良好的"继电特性"。

2. 晶体管型电流继电器的工作原理

（1）在正常情况下 $I_r < I_{op,r}$，调节电位器使 $U_{RP} < U_b$，U_a 具有正电位，故 VD5 承受反向电压，VD5 截止，$I_{in} = 0$，输入电路对触发器工作不产生影响。VT1 受正偏置电压饱和导通，基极电流 I_{b1} 由两部分组成，即

$$I_{b1} = I_1 + I_2 \tag{3-11}$$

式中 I_1——经偏置电阻 R_5 供给，$I_1 = \dfrac{E_1 - U_{be1}}{R_5} \approx \dfrac{E_1}{R_5}$（$U_{be1}$ 为 VT1 发射结正向压降，硅管取 0.7V 可忽略不计）；

I_2——经反馈电阻 R_9 供给，$I_2 \approx \dfrac{E_1}{R_8 + R_9}$。

适当选择偏置电阻 R_5，使 I_1 足够大，保证 VT1 饱和导通，$U_{c1} = 0.1 \sim 0.2\text{V}$，使 VT2 处于截止状态，$U_{c2} \approx E_1$，对应继电器在不动作状态。

（2）当 I_r 增大到 $I_{op,r}$ 时，$U_{RP} > U_b$，a 点电位由正变负，VD5 导通，输入信号电流 I_{in} 逐渐增大，I_{b1} 被输入电流 I_{in} 分流随之减小，$I_{b1} = I_1 + I_2 - I_{in}$，随着 I_{b1} 减小，VT1 经饱和区进入放大区再向截止区过渡，而 VT2 由截止变为导通再由放大区向饱和区过渡，其关系为

$$I_r \geq I_{op,r}, \quad I_{b1} \downarrow - U_{c1} \uparrow - I_{b2} \uparrow - U_{c2} \downarrow - I_2 \downarrow$$

如此往复循环，最后使 VT1 截止，VT2 饱和导通 $U_{c2} \approx 0\text{V}$，继电器处于动作状态。

（3）继电器动作后如再减小 I_r，则 U_{RP} 成比例减小，a 点电位回升，输入电流 I_{in} 减小，I_{b1} 增大，VT1 由截止区进入放大区，这时 VT2 仍然导通，反馈电流 $I_2 \approx 0$，则 U_{c1} 逐渐下降，当 U_{c1} 降到一定数值后，I_{b2} 开始减小，VT2 开始由饱和区进入放大区，U_{c2} 上升，I_2 随之增大，于是 I_{b1} 增大，则 VT1 向饱和区过渡，$U_{c1} \approx 0$，VT2 向截止区过渡，如此往复循环，最后使 VT1 和 VT2 恢复原状态，继电器返回，对应此时输入继电器的电流就是继电器的返回电流，用 $I_{re,r}$ 表示。

（4）由以上分析可知，由于触发电路深度正反馈作用，使执行电路动作和返回具有跃变性质，因而构成继电特性。其特性曲线如图 3-17 所示。图中 a~b 对应继电器正常工作状态，即 VT1 饱和、VT2 截止，$U_{c2} \approx E_1$。当 $I_r = I_{op,r}$，触发器翻转过程为 b~c 段；c~d 段对应继电器启动后，电流 I_r 继续增大过程；c~e 段对应启动后电流 I_r 减小，触发器返回前过程。当 $I_r = I_{re,r}$ 时，触发器返回，e~f 段为触发器返回过程。动作电流 $I_{op,r}$ 与返回电流 $I_{re,r}$ 之差 ΔI 称为触发特性的宽度，触发器的返回系数 K_{re} 就是晶体管电流继电器的返回系数，即

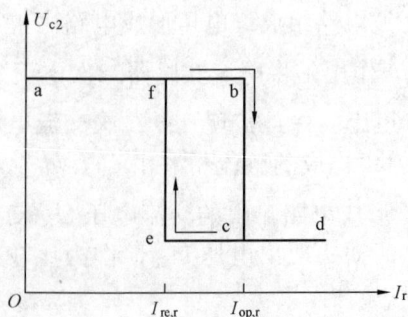

图 3-17　执行电路的继电特性

$$K_{re} = \frac{I_{re,r}}{I_{op,r}} = \frac{I_{re,r}}{I_{re,r} + \Delta I} \qquad (3-12)$$

改变 R_5 的阻值，可以改变触发器动作电流。改变反馈电阻 R_9 的大小可以调整触发器特性宽度和返回系数 K_{re}，R_9 越小，正反馈越强，则特性越宽，返回系数便越小；如反馈过强，以致单靠反馈电流就能维持 VT1 导通，则输入信号消失时，触发器仍不能返回。这时就不能作执行电路了。

（5）执行回路中其他元件作用如下：图 3-16 中的二极管 VD6 和 VD7 均起温度补偿作用，VT1 的基极与集电极之间并接电容 C_3 为抗干扰电容，用以防止来自输入端负干扰脉冲引起继电器误动，利用电容两端电压不能突变原理达到。VD6 是保护当 $V_{RP} > V_b$ 时，较高负电位将使 VT1 发射结被击穿。VD5 为隔离二极管，使 VT1 基极电位在正常时不受输入端影响。VD5 承受反电压，其阻抗值为无限大，用以消除执行电路对整流滤波电路负荷的影响。

（二）晶体管型电压继电器

晶体管型电压继电器有过电压继电器和低电压继电器两种。晶体管型过电压继电器和上述过电流继电器类似，只是电压形成电路用电压变换器 UV。下面介绍晶体管型低电压继电器。

图 3-18 所示为晶体管型低电压继电器的原理接线图。电压形成电路采用电压变换器 UV，其二次侧并联整定值调节电阻 R_1、R_2 和整流桥 U1，C_1 和 R_3 组成滤波电路，执行电路采用由 VT1 和 VT2 组成的射极耦合触发器。

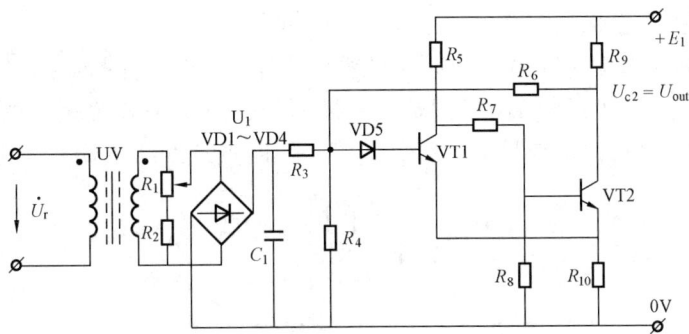

图 3-18　晶体管低电压继电器原理接线图

在正常运行时，VT1 饱和导通，VT2 截止，输出端为高电位。当系统故障，输入电压 U_r 降到继电器动作电压时，触发器翻转，输出端变为低电位。当故障切除后，电压恢复到继电器返回电压时，触发器恢复到原来状态。使 VT2 由截止变为导通的最高电压，称为继电器的动作电压，用 $U_{op,r}$ 表示，而使 VT2 由导通变为截止的最低电压称为继电器的返回电压，用 $U_{re,r}$ 表示，则返回系数为

$$K_{re} = \frac{U_{re,r}}{U_{op,r}} > 1$$

发射极耦合电阻 R_{10} 上的电压就是继电器动作与返回的比较电压，不需要专门设立门槛电压；另外继电器动作后输出电压高于射极耦合电阻 R_{10} 上的电压降。

第二节　无时限电流速断保护

输电线路发生短路故障时，其主要特征是电流增大、电压降低，利用这两个特点可以构成电流保护和电压保护。根据电流整定值选取的原则不同，电流保护可分为无时限电流速断保护、带时限电流速断保护和定时限过电流保护三种。本节讨论无时限电流速断保护的工作原理、整定计算和接线方式。

一、无时限电流速断保护的工作原理及整定计算

根据电力系统对继电保护的要求，可以使电流保护的动作不带时限（只有继电器本身固有动作时间），构成瞬动保护。为了保证动作的选择性，采取动作电流按躲过被保护线路外部短路时最大短路电流来整定。这种保护装置称为无时限电流速断保护。

无时限电流速断保护又称为第Ⅰ段电流保护或瞬动Ⅰ段电流保护。其工作原理可用图3-19来说明。电流速断保护装设在单侧电源辐射形电网各线路的电源侧。在线路上任一点发生三相短路时，通过被保护元件的短路电流为

$$I_k^{(3)} = \frac{E_{ph}}{X_S + x_1 l} \tag{3-13}$$

式中　E_{ph}——系统相电动势；

　　　X_S——归算到保护安装处系统的等值电抗；

　　　x_1——线路单位长度正序电抗，Ω/km；

　　　l——短路点至保护安装处的距离，km。

当短路点从线路末端逐渐向变电所A母线移动时，由于l逐渐减小，短路电流$I_k^{(3)}$则逐渐增大。根据式（3-13）可做出不同地点短路时，通过保护装置短路电流的曲线，如图3-19所示。曲线1表示在系统最大运行方式下，短路点从线路末端移向变电所A母线时，

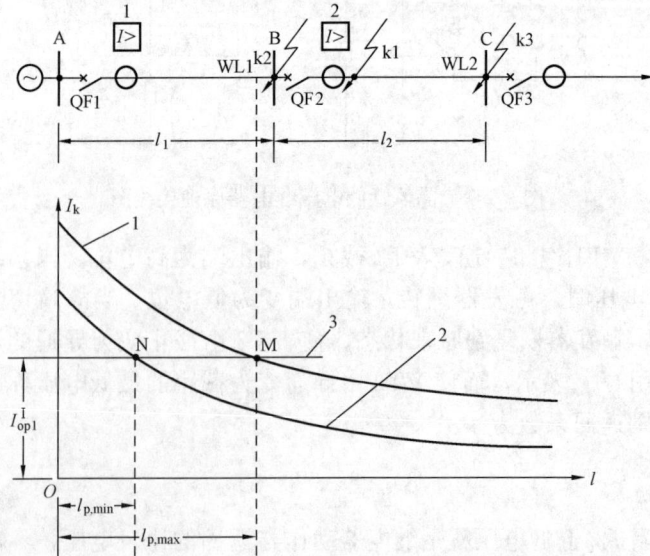

图3-19　无时限电流速断保护整定计算说明图

通过保护装置 1 的三相短路电流 $I_{k,max}^{(3)}$ 的变化曲线；曲线 2 表示在系统最小运行方式下，线路短路点从末端移向变电所 A 母线时，通过保护装置 1 的两相短路电流 $I_{k,min}^{(2)}$ 的变化曲线。

为了保证选择性，在相邻下一级线路出口处 k1 点短路时，线路 WL1 上的无时限电流速断保护不应动作。因此，速断保护 1 的动作电流 I_{op1}^{I} 应大于在最大运行方式下 k1 点三相短路时流过被保护元件的短路电流 $I_{k1,max}^{(3)}$，由于相邻线路 WL2 的首端 k1 点的短路电流和线路 WL1 末端 k2 点的短路电流值相等，因此，保护 1 的动作电流 I_{op1}^{I} 可按大于最大运行方式下线路末端 k2 点短路时流过被保护元件的短路电流 $I_{k2,max}^{(3)}$ 来整定，即

$$I_{op1}^{I} = K_{rel}^{I} I_{k2,max}^{(3)} \tag{3-14}$$

式中　K_{rel}^{I}——电流保护第 I 段可靠系数，考虑到短路电流计算与继电器整定误差以及一次短路电流中非周期分量对保护的影响，当采用 DL-10 型电磁型电流继电器时取 $1.2 \sim 1.3$，当采用 GL-10 型感应型电流继电器时取 $1.5 \sim 1.6$；

　　$I_{k2,max}^{(3)}$——系统最大运行方式下，线路末端 k2 点三相短路时，一次侧暂态短路电流周期分量有效值，即 $I_{k2}^{(3)''}$。

无时限电流速断保护动作电流与短路点位置的关系可用直线 3 说明，它与曲线 1 交于 M 点，M 点到保护安装处的长度为三相短路时电流速断保护的最大保护范围 $l_{p,max}$。当系统运行方式改变或短路类型改变时，无时限电流速断保护范围也要相应发生改变。在最小运行方式下发生两相短路时，通过保护装置 1 的短路电流最小，用曲线 2 表示，曲线 2 与直线 3 交点 N，N 点至保护安装处长度为无时限电流速断保护的最小保护范围 $l_{p,min}$。

从图 3-19 可知，无时限电流速断保护最大保护范围 $l_{p,max}$ 小于线路 WL1 的全长 l_1，说明无时限电流速断保护只能保护线路的一部分，不能保护线路的全长。而且当运行方式改变，短路类型改变时，无时限电流速断保护的保护范围要发生改变。

电流速断保护的灵敏系数是用保护区长度占被保护线路全长的百分数来表示，即

$$m = \frac{l_P}{l} \times 100\% \tag{3-15}$$

式中　l_P——电流速断保护区长度，km；

　　l——被电流速断保护的线路全长，km；

　　m——灵敏系数。

速断保护范围长度随系统运行方式和短路类型改变，所以它的灵敏性也随之改变。在校验灵敏系数时，要求按最小运行方式下发生两相短路时进行校验。在最大运行方式下要求 $m \geqslant 50\%$，在最小运行方式下，两相短路时，m 不小于 $15\% \sim 20\%$。灵敏系数计算可采用作图法和解析法。

（1）作图法。将被保护线路各点短路电流值以及线路长度，以一定比例尺在方格纸上做出图 3-19 所示图形。具体步骤是先做出短路电流曲线，$I_k = f(l)$，再按相同比例画出平行于 l 轴的动作电流直线 3，直线 3 与曲线 $I_k = f(l)$ 的交点 N 至坐标原点的长度就是保护范围；然后再按比例尺，可确定在所计算系统运行方式下，无时限电流速断保护范围 l_p。

（2）解析法。先计算系统最大运行方式下最大保护范围 $l_{p,max}$。设系统在最大运行方式下，归算到保护安装处的系统等值电抗为 $X_{S,min}$，被保护线路全长为 l，线路单位长度电抗为 x_1，则式（3-14）表示的动作电流为

$$I_{op1}^{I} = K_{rel}^{I} I_{k,max}^{(3)} = \frac{E_{ph} K_{rel}^{I}}{X_{S,min} + x_1 l_{p,max}} \qquad (3-16)$$

由式（3-16）整理后，可得出电流速断保护装置最大保护范围为

$$l_{p,max} = \frac{1}{x_1}\left(\frac{E_{ph}}{I_{op1}^{I}} - X_{S,min}\right) \qquad (3-17)$$

计算系统最小运行方式下发生两相短路的最小保护范围 $l_{p,min}$。设系统在最小运行方式下，归算到保护安装处母线的等值电抗为 $X_{S,max}$，保护装置动作电流用下式计算

$$I_{op,1} = \frac{\sqrt{3}}{2} \times \frac{E_{ph}}{X_{S,max} + x_1 l_{p,min}} \qquad (3-18)$$

由式（3-17）可得出电流速断保护装置最小保护范围为

$$l_{p,min} = \frac{1}{x_1}\left(\frac{\sqrt{3}E_{ph}}{2I_{op1}^{I}} - X_{S,max}\right) \qquad (3-19)$$

二、无时限电流速断保护的接线

小接地电流系统无时限电流速断保护接线图如图 3-20 所示，电流互感器采用二相式不完全星形接线。它由两个电流继电器 1kA、2kA 作测量元件，一个中间继电器 KM 和一个信号继电器 KS 组成。KM 有两个作用：①利用它的触点接通跳闸回路，起到增加电流继电器触点容量的作用；②当线路上装有管形避雷器时，利用 KM 延时闭合触点增加保护的固有动作时间，以避免当管形避雷器放电动作时，引起电流速断保护误动作。因为避雷器放电相当于瞬时发生接地短路，但当放电结束，线路立即恢复正常工作。因此保护不应该误动作。为此，必须使保护的动作时间躲开避雷器放电时间。一般避雷器放电时间约 10ms，也可能延长到 20～30ms，为此，利用延时 0.06~0.08s 动作时间的中间继电器，即可满足这一要求。

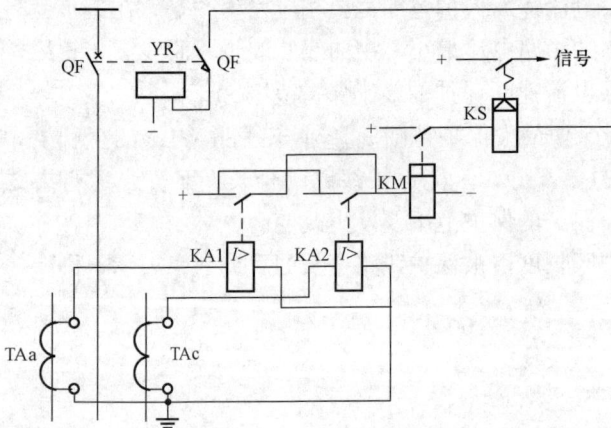

图 3-20　小接地电流系统无时限电流速断保护原理接线图

无时限电流速断保护不能保护线路全长，保护范围受系统运行方式和短路类型变化的影响。对于短距离线路，由于线路首端和末端短路时，短路电流数值差别不大，致使它的保护范围可能为零，因而不能采用无时限电流速断保护。但在某些特殊情况下，如线路—变压器组接线（如图 3-21 所示），无时限电流速断保护范围可以延伸到被保护线路范围以外，使全线路都能无时限地切除故障。因为线路 WL1 只供电给一台变压器，当变压器内部故障被切除时和切除线路其后果是一样的。在此情况下，允许在 k2 点发生短路故障时，由线路的无时限电流速断保护瞬时切除故障。所以，这时线路的无时限电流速断保护可按躲开变压器后 k1 点短路电流来整定，从而使线路的无时限电流速断保护可以保护线路的全长。

三、自适应无时限电流速断保护

无时限电流速断保护不能保护线路全长，并且保护范围直接受系统运行方式影响，为克

服这一缺点，可采用具有自适应功能的电流速断保护。自适应继电保护是根据电力系统运行方式和故障类型的变化，而实时地改变保护装置的动作特性或整定值的一种保护。其目的在于使保护装置适应这些变化，进一步改善保护性能。

电流速断保护按最大运行方式选择动作电流整定值，即

$$I_{op,1}^{I} = K_{rel}^{I} I_{k,max} = \frac{K_{rel}^{I} K_k E_{ph}}{Z_{S,max} + Z_L}$$

$$(3-20)$$

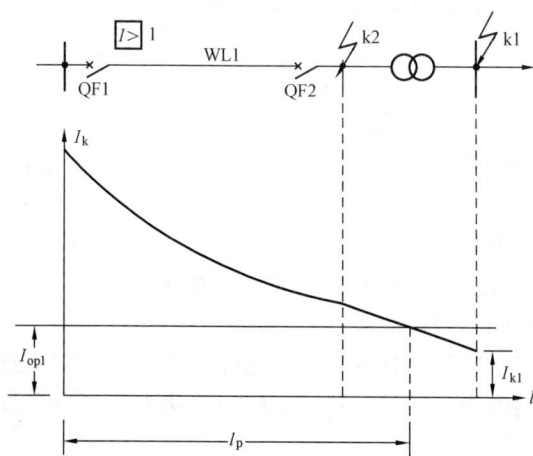

图 3-21　线路—变压器组接线的无时限电流速断保护范围

式中　$Z_{S,min}$——系统等值正序最小阻抗；

Z_L——被保护线路正序阻抗；

E_{ph}——系统等值相电动势，为常数；

K_{rel}^{I}——可靠系数；

K_k——短路类型。

因为短路电流的大小与系统运行方式、短路类型 K_k 和短路点在被保护线路上位置有关。设在线路 aZ_L 处短路，则短路电流为

$$I_k = \frac{K_k E_{ph}}{Z_S + aZ_L}$$

$$(3-21)$$

令式（3-20）和式（3-21）相等，则可求出实际运行方式下电流速断保护范围 a 为

$$a = \frac{K_k(Z_{S,min} + Z_L) - K_{rel}^{I} Z_S}{K_{rel}^{I} Z_L}$$

$$(3-22)$$

由于式（3-22）中 $K_{rel}^{I} > 1$，$K_k \leqslant 1$，$Z_S > Z_{S,min}$，因此，实际的保护范围 a 总小于最大运行方式下保护范围，且保护范围将随短路类型 K_k 变小和 Z_S 增大而缩短直到为零。其保护范围为零的条件为

$$Z_S = \frac{K_k}{K_{rel}^{I}}(Z_{S,min} + Z_L)$$

$$(3-23)$$

为克服式（3-20）缺点，自适应电流速断保护整定值应随系统运行方式和短路类型的实际情况变化，其电流整定值为

$$I_{op,1,S} = \frac{K_k K_{rel}^{I} E_{ph}}{Z_S + Z_L}$$

$$(3-24)$$

式中　Z_S——保护安装处系统等值正序阻抗，其随运行方式改变而改变。

自适应电流速断保护范围为

$$a_S = \frac{Z_L - (K_{rel}^{I} - 1)Z_S}{K_{rel}^{I} Z_L}$$

$$(3-25)$$

由式（3-25）可知，a_S 随系统阻抗 Z_S 增大、减小而变化，但总能满足电流速断保护动作原理的基本要求而处于最佳状态。

自适应保护范围为零的条件为

$$Z_S = \frac{Z_L}{K_{rel}^I - 1} \tag{3-26}$$

由式（3-22）和式（3-25）进行比较可得

$$a_S = \frac{(Z_L + Z_S - K_{rel}^I Z_S)}{K_k(Z_L + Z_{S,min}) - K_{rel}^I Z_S} a \tag{3-27}$$

由于 $K_k(Z_L + Z_{S,min}) \leqslant (Z_L + Z_S)$，所以 $a_S \geqslant a$。

显然采用自适应保护后，电流速断保护性能得到显著提高。为实现自适应保护，必须实行监测电力系统运行中的有关参数并在发生故障瞬间快速获得故障类型以及系统阻抗 Z_S 的信息，这些信息可以利用各种通道从系统调度或相邻变电所得到。电力系统调度自动化、变电站综合自动化以及微机的智能化为获得更多有用信息并加以实时处理提供了有利条件。

第三节　带时限电流速断保护

由于无时限电流速断保护不能保护线路全长，其保护范围外的故障必须由另外的保护来切除。为了保证速动性的要求，用尽可能短的时限来切除该部分的故障，可以增设第二套保护，即Ⅱ段电流速断保护。为了获得选择性，Ⅱ段电流速断保护必须带时限，以便和相邻的Ⅰ段电流速断保护相配合，通常所带时限只比无时限电流速断保护大一个或两个时限级差 Δt，所以称它为带时限电流速断保护，即用时限来躲过相邻下一元件无时限电流速断保护的快速动作。它的保护范围不超过相邻线路Ⅰ段或Ⅱ段电流保护范围，即它的动作电流值要躲过相邻元件Ⅰ段或Ⅱ段电流保护的动作值。

一、带时限电流速断保护的工作原理及整定计算

带时限电流速断保护的工作原理和整定计算可用图 3-22 说明。假设线路 WL1 和 WL2 分别装有无时限电流速断保护和带时限电流速断保护 1 和 2，在变电所 B 降压变压器上装设无时限电流速断保护（差动保护）。

保护 1 和 2 的无时限电流速断保护动作电流值分别为 $I_{op,1}^I$ 和 $I_{op,2}^I$，保护范围分别为 l_{p1}^I 和 l_{p2}^I。保护 1 带时限电流速断保护比保护 2 无时限电流速断保护多一个 Δt 时限，可以实现选择性，而保护 1 和 2 的带时限电流速断保护的时限相同。为了保证动作的选择性，要求保护 1 带时限电流速断的动作电流应躲过保护 2 无时限电流速断保护范围末端的最大短路电流来整定，即保护 1 的Ⅱ段电流保护范围不超过保护 2 的Ⅰ段电流保护范围。保护 1 的Ⅱ段动作电流可用下式计算为

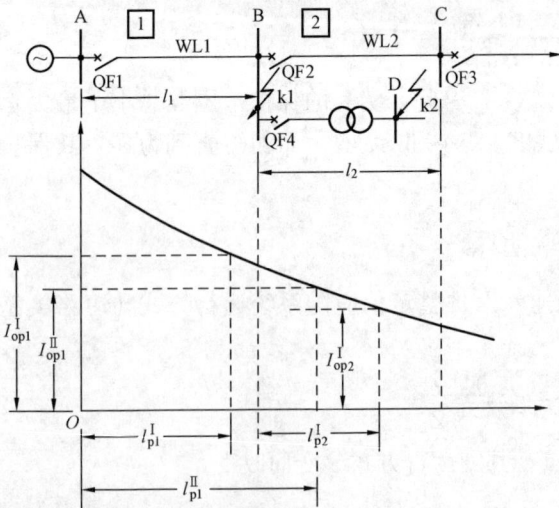

图 3-22　带时限电流速断保护整定计算说明图

$$I_{op1}^{II} = K_{rel}^{II} I_{op2}^I \tag{3-28}$$

式中 I_{op1}^{II}——保护 1 带时限电流速断保护（Ⅱ段）动作电流值；

K_{rel}^{II}——可靠系数，不用考虑非周期分量的影响，取 1.1～1.15；

I_{op2}^{I}——保护 2 的无时限电流速断保护（Ⅰ段）动作电流值。

如果相邻母线上有多个元件，I_{op2}^{I} 应取其中最大值，如果元件中有带差动保护的变压器，保护 1 带时限电流速断保护动作电流应按下式整定计算

$$I_{op1}^{II} = K_{rel}^{II} I_{k2,max}^{(3)} \tag{3-29}$$

式中 $I_{k2,max}^{(3)}$——最大运行方式下，相邻母线上具有差动保护或电流速断保护的变压器低压
侧母线上发生三相短路时，流经线路保护 1 的最大短路电流，如相邻母线
有多个变压器支路，$I_{k2,max}^{(3)}$ 应取最大值。

由图 3-22 可见，限时电流速断保护范围包括本线路全长和相邻线路一部分，但不会超出相邻线路 WL2 的无时限电流速断保护和降压变压器电流速断保护的保护范围，也不会进入保护 2 带时限电流速断保护范围；它的动作时限大于无时限电流速断保护一个时限 Δt，从而保证了它们之间的选择性。

二、具有分支电路的电网带时限电流速断保护

当保护装置安装处与整定计算短路点之间连接还有其他电源或线路时，通常称为具有分支电路的电网。由于分支电路会影响短路电流的分布和大小，因此，对继电保护整定计算也会产生影响。下面讨论两种典型情况。

1. 助增电流的影响

如图 3-23 所示，变电所 B 母线上接有分支电源，当线路 BC 的 k 点发生短路时，流过故障线路的电流为 $\dot{I}_{k3} = \dot{I}_{k1} + \dot{I}_{k2}$，大于被保护线路短路电流 $\dot{I}_{k1}$，因此，由于分支电路相当于一个电源，它使故障线路电流增大了，该电流称为助增电流。与无分支电路相比较，对有分支电路，相当于流过被保护线路 WL1 的电流减小了，如果不考虑助增电流的影响，保护 1 带时限电流速断的动作电流仍按式（3-28）整定，结果要比实际电流增大 I_{k3}/I_{k1} 倍，其保护范围缩短了。在这种情况下，线路 WL1 无时限电流速断保护动作电流应按式（3-28）整定后再缩小 I_{k3}/I_{k1} 倍才正确，可表示为

$$I_{op1}^{II} = \frac{I_{k1}}{I_{k3}} K_{rel}^{II} I_{op2}^{I} = \frac{1}{k_b} K_{rel}^{II} I_{op2}^{I} \tag{3-30}$$

式中 k_b——分支系数，$k_b = I_{k3}/I_{k1}$。

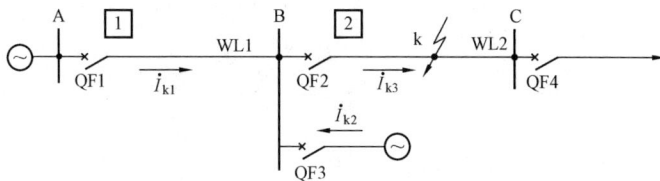

图 3-23 具有助增电流的电网

k_b 在数值上等于在下一级线路 WL2 无时限电流速断保护区末端短路时，流过故障线路的短路电流与保护安装处短路电流的比值，在助增电流时，$k_b > 1$。

2. 汲出电流的影响

如图 3-24 所示，分支电路 WL3 为一并联线路，当在并联线路 WL2 上 k 点发生短路故

障时，流过线路 WL2 的短路电流为 $\dot{I}_{k3}=\dot{I}_{k1}-\dot{I}_{k2}$，其数值小于 $\dot{I}_{k1}$，这是因为并联支路有 $\dot{I}_{k2}$ 存在，使故障线路短路电流减小了，该电流称为汲出电流。汲出电流与无分支电路情况相比，相当于流过保护安装处线路 WL1 的电流增大了，在这种情况下，如不考虑汲出电流的影响，线路 WL1 保护 1 的带时限电流速断保护的动作电流仍按式（3-28）计算，比实际电流减小了 I_{k1}/I_{k3} 倍，而使保护范围伸长，导致无选择性动作。动作电流值必须考虑汲出电流的影响，按式（3-28）计算增大 I_{k1}/I_{k3} 倍，可表示为

$$I_{op1}^{II} = \frac{I_{k3}}{I_{k1}}K_{rel}^{II}I_{op2}^{I} = \frac{1}{k_b}K_{rel}^{II}I_{op2}^{I} \tag{3-31}$$

式中 k_b——分支系数，在有汲出电流情况下，$k_b=\dfrac{I_{k1}}{I_{k3}}<1$。

显然，在有助增电流情况下，$k_b>1$；在有汲出电流情况下，$k_b<1$；在无分支电路情况下，$k_b=1$。

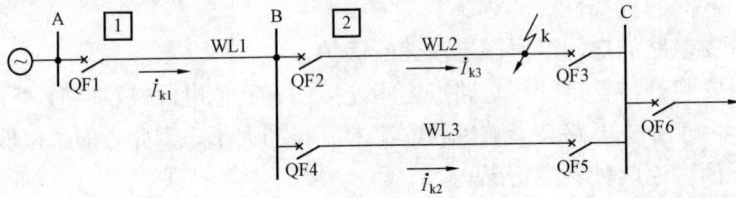

图 3-24　具有汲出电流的电网

三、带时限电流速断保护动作时限的选择

由以上分析可知，带时限电流速断保护的动作时限 t_1^{II} 应选择比下一级线路无时限电流速断保护的动作时限 t_2^{I} 大一个时间阶段 Δt，即

$$t_1^{II} = t_2^{I} + \Delta t \tag{3-32}$$

时间阶段 Δt 的大小确定原则是在保证保护装置动作选择性的前提下，尽量小，以降低整个电网保护的时限水平。Δt 的大小决定于所装设断路器及其传动机构的型式及保护动作时间的误差。

以图 3-25 中线路 WL2 发生短路故障，保护 1 和保护 2 的动作时间的配合关系为例，说明 Δt 的确定原则。

（1）Δt 应包括故障线路断路器 QF2 的跳闸时间 t_{2QF}，即从操作电流送入跳闸线圈 YR 的瞬间算起，直至 QF2 电弧熄灭的瞬间为止的时间。

（2）Δt 应包括故障线路保护 2 中的时间继电器实际动作时间比整定值 t_1^{I} 增大的正误差时间 t_{t2}。

（3）Δt 应包括保护 1 中时间继电器可能比整定时间提早动作闭合它的触点的时间 t_{t1}，即动作的负误差时间。

（4）增加一个裕度时间 t_y。

因此，保护 1 的带时限电流速断的动作时间为

$$t_1^{II} = t_2^{I} + t_{2QF} + t_{t2} + t_{t1} + t_y = t_2^{I} + \Delta t \tag{3-33}$$

式中 t_2^{I}——下一级线路保护 2 的无时限电流速断保护的固有动作时间。

由式（3-33）可知时间阶段 Δt 为

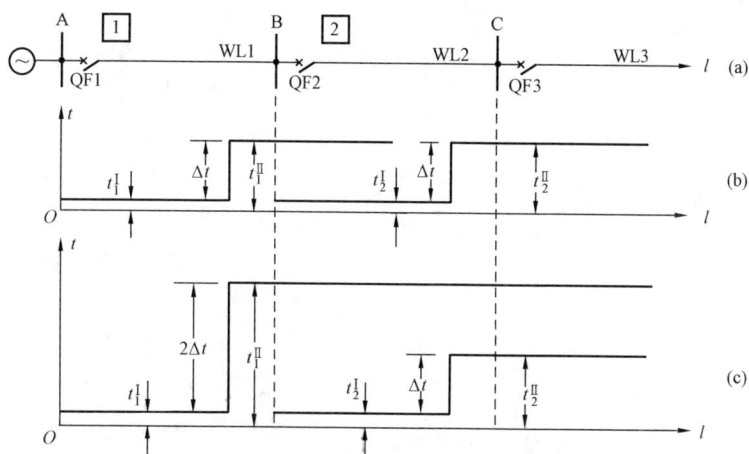

图 3-25　带时限电流速断保护动作时限的配合说明

（a）网络图；（b）与下一级线路速断保护相配合；（c）与下一级带时限电流速断保护相配合

$$\Delta t = t_1^{II} - t_2^{I} = t_{2QF} + t_{t2} + t_{t1} + t_y \qquad (3-34)$$

根据所采用的断路器和继电器型式不同，Δt 在 $0.35 \sim 0.65$s 范围内，我国一般取 $\Delta t = 0.5$s。

根据上述整定原则的时限特性如图 3-25（b）所示，由图可见，在保护 2 瞬时速断保护范围内发生故障，保护以 t_2^{I} 时间动作切除故障，这时保护 1 的带时限电流速断保护可能启动，但由于 t_1^{II} 比 t_2^{I} 大一个 Δt 时间，所以保证了动作的选择性。又如当故障发生在保护 1 速断保护范围内，保护 1 以 t_1^{I} 时间切除故障，而当故障发生在线路 WL1 速断保护范围以外时，保护 1 则以 t_1^{II} 时间动作去切除故障。

由此可见，利用无时限电流速断保护和带时限电流速断保护相互配合，可以使全线路范围内短路故障都能在 0.5s 的时限动作于断路器跳闸，切除故障。所以这两种保护的组合可构成线路的主保护。

四、带时限电流速断保护的灵敏系数校验

为了使带时限电流速断保护能够保护线路全长，要求在本线路末端发生短路故障时，具有一定的灵敏系数 K_{sm}。在系统最小运行方式下，线路末端发生两相短路时，线路保护 1 的最小灵敏系数 $K_{s,min}^{II}$ 为

$$K_{s,min}^{II} = \frac{I_{k,min}^{(2)}}{I_{op1}^{II}} \geqslant 1.3 \sim 1.5 \qquad (3-35)$$

式中　$I_{k,min}^{(2)}$——被保护线路末端在最小运行方式下，发生二相短路时，流过保护装置的最小短路电流；

I_{op1}^{II}——保护 1 带时限电流速断保护的动作电流；

$K_{s,min}^{II}$——带时限电流速断保护的最小灵敏系数，当线路长度小于 50km 时 $K_{s,min}^{II} > 1.5$ 在 $50 \sim 200$km 时 $K_{s,min}^{II} = 1.4$ 当线路长度大于 200km 时 $K_{s,min}^{II} \geqslant 1.3$。

如果灵敏系数校验不满足要求时，一般可采取降低动作电流延长保护范围的方法来解决。这时，为了与相邻线路带时限电流速断保护有选择性地配合，其动作时限的选择应比相邻线路带时限电流速断保护的时限大一个 Δt，一般取 $1 \sim 1.2$s，即 $t_1^{II} = t_2^{II} + \Delta t$。其特性如

图3-25（c)所示。

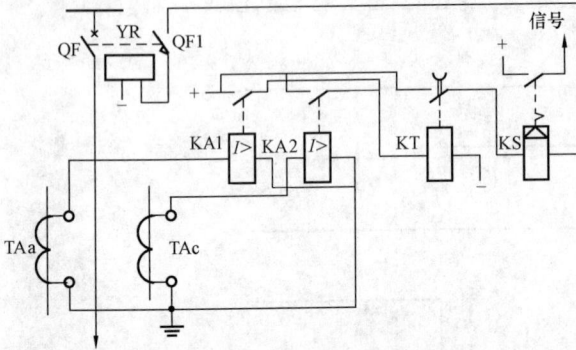

图3-26　带时限电流速断保护原理接线图

五、带时限电流速断保护的接线

带时限电流速断保护的接线如图3-26所示。该接线同无时限电流速断保护的接线图相似，但必须用时间继电器 KT 代替图3-20中的中间继电器 KM，经过 t^{II} 的延时，去动作于断路器跳闸。

带时限电流速断保护可作为本级线路无时限电流速断保护的后备保护，即近后备保护。但是，由于它的动作范围只包含相邻线路的一部分，因此，它不能作为相邻线路的远后备保护，还必须装设过电流保护作为本级线路的主保护的近后备保护和相邻线路的远后备保护。

第四节　定时限过电流保护

定时限过电流保护（简称过电流保护），即电流保护的第Ⅲ段。它的动作电流按躲过最大负荷电流来整定，并以时限来保证动作的选择性。系统发生短路故障时，则能反映电流增大而动作。它不仅能保护本线路全长，而且也能保护相邻线路的全长，不仅可作本级线路的近后备保护，还可以作相邻线路的远后备保护。

一、过电流保护的工作原理

图3-27所示为单侧电源辐射型系统中过电流保护的配置。图中，过电流保护装置1、2、3分别设置在线路 WL1、WL2 和 WL3 的电源侧，每套保护要保护本线路和由该线路直接供电的变电所母线。若在线路 WL3 上 k1 点发生短路，短路电流将由电源经过线路 WL1、WL2、WL3 流经 k1 点。假如短路电流大于各级保护的动作电流，则三套保护将同时启动，但是根据保护选择性的要求，应该只有距故障点 k1 点最近的保护3动作，使断路器 QF3 跳闸，切除故障，而保护1、2则应在故障切除后立即返回。所以要求各保护整定时限不同，越靠近电源侧时限越长。

保护3位于电网最末端，只要线路 WL3 故障，它可以瞬时动作切除，所以 t_3 即为保护3本身固有动作时间。对保护2要保证 k1 点短路动作时的选择性，则应整定时限 $t_2 > t_3$，引入时限阶段 Δt，则保护2的动作时限为 $t_2 = t_3 + \Delta t$。保护2的时限确定后，当 k2 点短路时，它将以 t_2 时限切除故障。此时，为了保证保护1动作的选择性，必须整定 $t_1 > t_2$，引入 Δt 以后，则 $t_1 = t_2 + \Delta t$。依此类推，一般情况下，对于几段线路过电流保护，其动作时限可整定计算为

$$
\left.
\begin{aligned}
t_2 &= t_3 + \Delta t \\
t_1 &= t_2 + \Delta t \\
&\cdots \\
t_n &= t_{(n+1),\max} + \Delta t
\end{aligned}
\right\}
\tag{3-36}
$$

式中　$t_{(n+1),\max}$——相邻下一级母线具有分支电路，其分支电路保护中时间最长的时限。

电流保护时限特性如图3-27（b）所示。这种选择保护动作时限的方法称为选择时限的阶梯原则。这种过电流保护动作时间与电流大小无关，因而称其为定时限过电流保护。实现电流保护的原理接线图同带时限电流速断保护原理接线图相同。

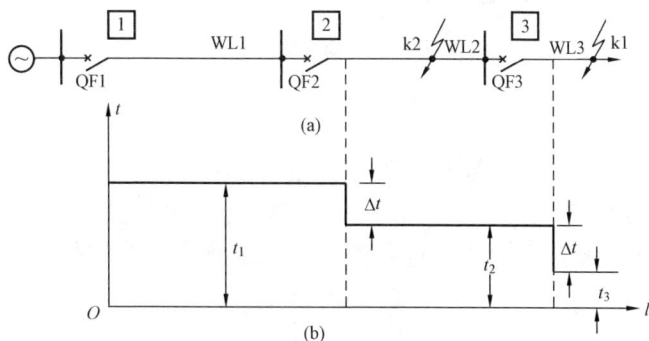

图 3-27　单侧电源辐射形电网中定时限过电流保护的配置和时限特性
（a）配置示意图；（b）时限特性

如果故障越靠近电源侧，则短路电流越大，而电流保护的动作切除故障的时间越长，这是定时限过电流保护的主要缺点。所以在电力系统电流保护中采用电流速断或带时限电流速断保护作本级线路的主保护，采用过电流保护作本级线路的近后备保护，作为相邻线路的远后备保护。但在处于网络末端附近的保护（如保护3），其过电流保护动作时限不长，因此在这种情况下可以作本级线路的主保护兼后备保护，而不必装设电流速断和带时限的电流速断保护。

二、过电流保护的整定计算

1. 动作电流的整定

为保证保护元件通过最大负荷电流时，过电流保护不误动作，并且在外部故障切除后能可靠返回，过电流保护的动作电流 I_{op}^{III} 必须满足下面两个条件：

（1）过电流保护的动作电流必须大于流过被保护线路在正常运行时的可能最大负荷电流 $I_{L,\max}$，即

$$I_{op}^{III} > I_{L,\max} \tag{3-37}$$

（2）过电流保护的返回电流 I_{re} 必须大于外部短路故障切除后，流过被保护线路的自启动电流 $I_{ss} = K_{ss}I_{L,\max}$，即

$$I_{re}^{III} > I_{ss} \tag{3-38}$$

式中　K_{ss}——电动机自启动系数，由网络具体接线和负荷性质确定，一般取1.5～3。

在图3-28所示的系统中，当k点短路时，保护1、3将同时启动，但是按照选择性要求应由保护3动作切除故障，保护1应在3QF跳闸后立即返回。

这时通过断路器QF1的电流并不是正常的最大负荷电流 $I_{L,\max}$。这是因为在k点短路时，使变电所B母线上电压降低，B母线上所接带负荷电动机转速降低，甚至停转；在故障

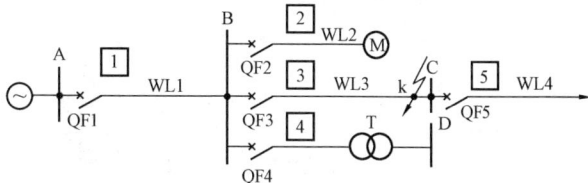

图 3-28　说明过电流保护动作电流选择的网络图

切除后，电压恢复时，带负荷的电动机有一个自启动过程，自启动电流 I_{ss} 要大于最大负荷电流，即 $I_{ss} = K_{ss} I_{L,max}$。而要使保护 1 可靠返回，则必须满足返回电流大于电动机自启动电流，即 $I_{re} > I_{ss}$。引入可靠系数 K_{rel}^{III}，则有

$$I_{re}^{III} = K_{rel}^{III} K_{ss} I_{L,max} \tag{3-39}$$

式中 K_{rel}^{III}——可靠系数，一般取 1.15~1.25。

根据电流继电器动作电流与返回电流之间的关系，$I_{re}^{III} = K_{re} I_{op}^{III}$，有

$$I_{op}^{III} = \frac{K_{rel}^{III} K_{ss}}{K_{re}} I_{L,max} \tag{3-40}$$

式中 I_{op}^{III}——保护装置一次侧动作电流值。

因为 K_{rel}^{III}、K_{ss} 均大于 1，K_{re} 小于 1，所以 $I_{op}^{III} > I_{L,max}$，满足第一个条件。考虑到电流互感器的变比 K_{TA} 和接线系数 K_{con}，则过电流保护二次侧动作电流值（继电器动作电流值）$I_{op,r}^{III}$ 应为

$$I_{op,r}^{III} = \frac{K_{rel}^{III} K_{ss} K_{con}}{K_{re} K_{TA}} I_{L,max} \tag{3-41}$$

确定最大负荷电流 $I_{L,max}$ 时，应考虑到实际可能出现的最严重情况。例如对图 3-29（a）中平行线路，必须考虑到其中一条线路断开时，另一条线路的最大负荷电流。如图 3-29（b）所示，在装有备用电源自动投入装置 APD 的情况下，必须考虑其中一条线路断开，APD 动作将断路器 QF 接通时，另一条线路的最大负荷电流。

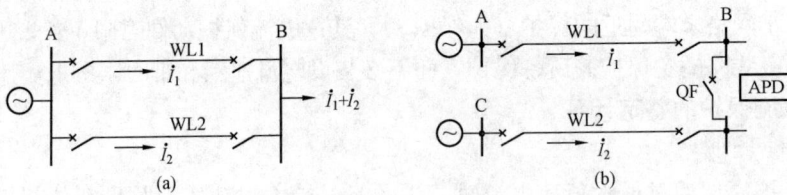

图 3-29 确定最大负荷电流 $I_{L,max}$ 的说明用图

2. 定时限过电流保护的灵敏系数校验

为了保证在保护范围末端短路时，过电流保护能可靠动作，对动作电流必须按其保护范围末端最小可能的短路电流进行灵敏系数校验。

如图 3-30 所示，当过电流保护 1 作为近后备保护时，选择 k1 点作为校验点，其近后备保护灵敏系数为

$$K_{s,min}^{III} = \frac{I_{k1,min}^{(2)}}{I_{op1}^{III}} \geqslant 1.3 \sim 1.5（近后备保护） \tag{3-42}$$

式中 $I_{k1,min}^{(2)}$——系统最小运行方式下，被保护线路末端两相短路时流经保护装置的短路电流稳态值。

当过电流保护 1 作为远后备保护时，选择 k2 点作为校验点，其远后备保护灵敏系数为

$$K_{s,min}^{III} = \frac{I_{k2,min}^{(2)}}{I_{op1}^{III}} \geqslant 1.2 \tag{3-43}$$

式中 $I_{k2,min}^{(2)}$——系统在最小运行方式下，相邻线路末端两相短路时流经保护安装处的短路电流稳态值。

此外，在各个过电流保护之间，还要求灵敏系数相互配合，即对同一故障点而言，要求

越靠近故障点的保护应具有越高的灵
敏系数。如图 3 - 27 中，当 k1 点短
路时，$K_{sm(3)} > K_{sm(2)} > K_{sm(1)}$。在后
备保护之间，只有灵敏系数和动作时
限都能满足互相配合关系，才能切实

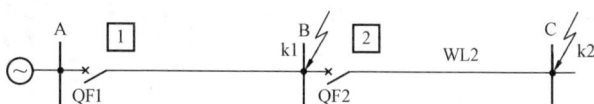

图 3 - 30　校验过电流保护灵敏度的说明图

保证动作的选择性，在复杂电网中更应注意这一要求。

三、自适应过电流保护

由于过电流保护的启动电流要躲过被保护元件的最大负荷电流整定，其灵敏系数则要用
最小运行方式下末端两相短路时的电流进行效验。如果实时地在线测出被保护元件的负荷电
流，并按式（3-40）计算出保护装置动作电流。同时，在发生故障瞬间测出系统阻抗，并
据此计算出末端短路电流值，求出在这种运行方式下保护的灵敏系数。

由于在大多数情况下，线路负荷都在小于最大负荷条件下运行，同时最小运行方式下，
在线路末端发生两相短路的概率也远小于其他各种运行方式。因此，按照上述自适应条件，
算出的保护动作电流和灵敏系数显著地改善了保护性能。

第五节　电压、电流联锁速断保护

当系统运行方式变化较大时，线路的无时限电流速断保护的范围可能很小，甚至没有保
护区，带时限电流速断保护的灵敏性也可能不满足要求。为了在不延长保护动作时间的情况
下提高保护的灵敏性，增加保护范围，可以采用电压、电流联锁速断保护。

（1）电压、电流联锁速断保护原理接线图如图 3 - 31 所示。三个电压继电器 KV 的触点并
联后控制中间继电器 KM1，两个电流继电器 KA 的触点并联后通过 KM1 的触点控制出口中间
继电器 KM2，则测量元件中电流继电器和电压继电器构成逻辑与门，只有电流继电器和电压
继电器同时动作时，出口继电器 KM2 才能动作，发出跳闸脉冲。如果电压互感器二次回路断

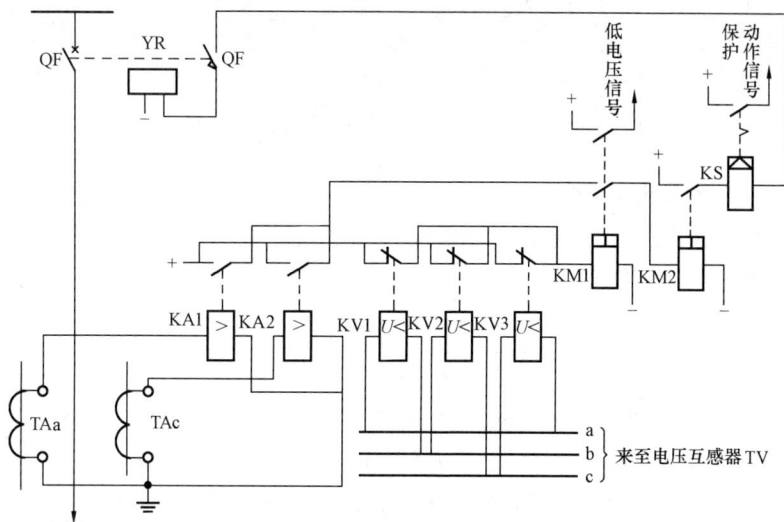

图 3 - 31　电压、电流联锁速断保护原理接线图

线或其他原因造成低电压时，仅能使 KM1 动作，发出低电压信号，而不能启动跳闸回路。

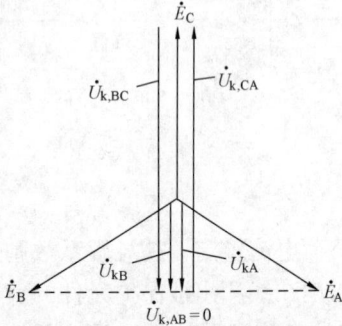

图 3-32 A、B 两相短路时
电压相量图
（假定故障前线路是空载）

电流元件采用不完全星形接线，电压元件有较高的灵敏性，在输电线上任两点短路（如 A、B 两相短路）时，电压相量图如图 3-32 所示。从图中可见 $\dot{U}_{kA}=\dot{U}_{kB}=-\frac{1}{2}\dot{E}_{C}$，$\dot{U}_{kC}=\dot{E}_{C}$，则 $\dot{U}_{k,AB}=0$，$\dot{U}_{k,BC}=-1.5\dot{E}_{C}$，$\dot{U}_{k,CA}=1.5\dot{E}_{C}$。所以，保护安装处母线电压近似为零，即 $\dot{U}_{AB}\approx0$，而 $\dot{U}_{BC}$ 和 $\dot{U}_{CA}$ 均很高。这样只有接 AB 相间电压 $\dot{U}_{AB}$ 的低电压继电器动作，且很灵敏，而接于 $\dot{U}_{BC}$，$\dot{U}_{CA}$ 上的低电压继电器均不能动作。因此必须设三个低电压继电器，才能保证不同相间的两相短路时保护的灵敏性。

（2）电压、电流联锁速断保护的整定原则。电压、电流联锁速断保护的整定原则同无时限电流速断保护一样，按躲过线路末端短路故障来整定。通常为了使保护在某一主要运行方式下有较大保护范围，保证装置按某一主要运行方式下电流元件和电压元件保护范围相等的条件来进行整定计算。

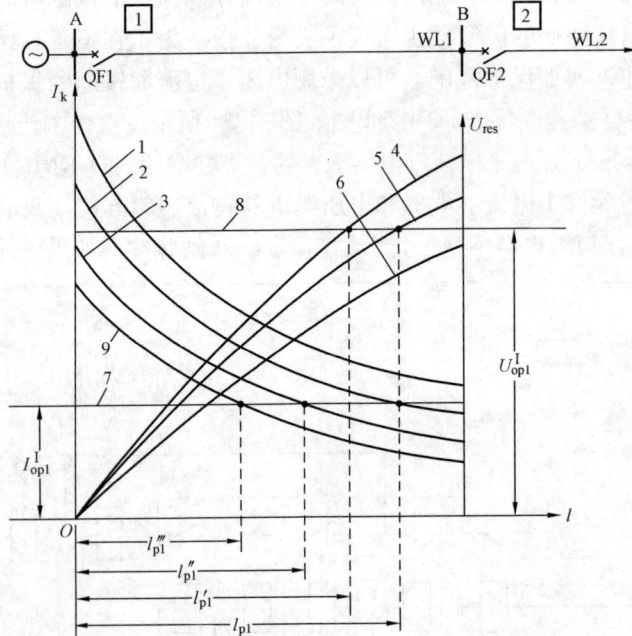

图 3-33 电流、电压联锁速断保护的原理说明图
1、2、3—最大、主要和最小运行方式下，$I_k^{(3)}=f(l)$ 曲线；
4、5、6—最大、主要和最小运行方式下，$U_{res}=f(l)$ 曲线；
7、8—动作电流 I_{op1}^{I} 和动作电压 U_{op1}^{I} 曲线；
9—最小运行方式下，$I_k^{(2)}=f(l)$ 曲线

在图 3 - 33 中，假设系统在某一主要运行方式下，系统等值电抗为 X_S，保护范围为 l_{p1}，则

$$l_{p1} = \frac{l}{K_{rel}} \approx 0.75l \tag{3 - 44}$$

式中 K_{rel}——可靠系数，取 $1.3 \sim 1.4$；

l——被保护线路全长，km。

电流元件的动作电流为

$$I_{op1}^{I} = \frac{E_{ph}}{X_S + x_1 l_{p1}} \tag{3 - 45}$$

式中 E_{ph}——在主要运行方式下，系统的等值相电动势；

X_S——在主要运行方式下，系统的等值电抗；

x_1——线路单位长度的正序电抗，Ω/km。

I_{op1}^{I} 就是在主要运行方式下，保护范围末端三相短路时的短路电流。根据主要运行方式下电流、电压元件保护范围相等的原则，在此情况下，电压元件也应该动作，所以三个电压元件 KV 的动作电压应为

$$U_{op1}^{I} = \sqrt{3} I_{op1}^{I} x_1 l_{p1} \tag{3 - 46}$$

U_{op1}^{I} 是在主要运行方式下保护范围末端三相短路时，母线 A 上的残余电压。U_{op1}^{I} 和 I_{op1}^{I} 如图 3 - 33 中直线 8、7 所示。

从图 3 - 33 中可见，当最大运行方式时，电流元件的保护范围伸长，可能超过本级线路，但电压元件保护范围缩短，整个保护装置的动作范围取决于电压元件，保护范围为 l_{p1}'；在最小运行方式时，电流元件保护范围缩短，电压元件保护范围伸长，整个保护装置动作范围取决于电流元件，保护范围为 l_{p1}''。在这两种运行方式下，整个装置的保护范围由动作范围较短的一种元件确定，因此保护装置不会误动作。而在主要运行方式下，保护范围要比无时限电流速断保护范围大。

对于系统运行方式变化较大的线路，其各种可能运行方式下，电压、电流联锁速断保护的最小保护范围均应不小于线路全长的 15%。

此外，对于图 3 - 34 所示线路—变压器组接线，电压、电流联锁速断保护应躲过变压器低压侧短路电流来整定计算，即

$$I_{op}^{I} = \frac{I_{k1,min}^{(2)}}{K_{sm,I}^{I}} \tag{3 - 47}$$

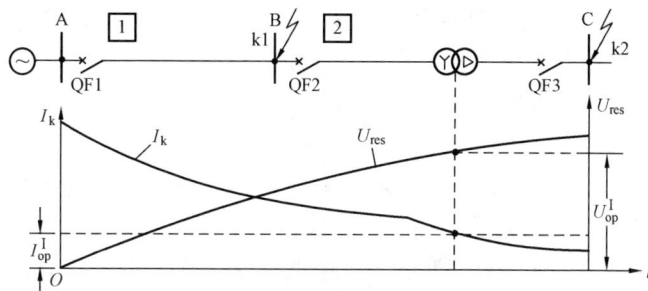

图 3 - 34 单侧电源供电线路—变压器组接线图

式中　$I_{k1,min}^{(2)}$——系统最小运行方式下，被保护线路末端 k1 点两相短路时流经保护装置的短路电流值；

　　　$K_{sm,I}^{I}$——电流元件的灵敏系数，取 $1.25\sim1.5$。

电压元件为三个电压继电器，因接在相间电压上，它的动作电压整定式为

$$U_{op1}^{I} = \sqrt{3}I_{op1}^{I}(X_L + X_T)/K_{rel} \qquad (3-48)$$

式中　X_L——被保护线路的电抗；

　　　X_T——变压器电抗；

　　　K_{rel}——可靠系数，取 $1.2\sim1.3$。

电压元件的灵敏系数校验式为

$$K_{sm,U}^{I} = \frac{U_{op1}^{I}}{U_{res,max}} \geqslant 1.25 \sim 1.5 \qquad (3-49)$$

$$U_{res,max} = \sqrt{3}X_L I_{k1,max}^{(3)}$$

式中　$U_{res,max}$——系统在最大运行方式下，线路末端 k1 点短路时，保护安装处母线 A 的最大残余电压；

　　　$I_{k1,max}^{(3)}$——系统在最大运行方式下，线路末端 k1 点三相短路时流过保护装置的最大短路电流。

当外部短路电流 I_{k2} 小于动作电流 I_{op1}^{I} 时，电流元件不启动；当 $I_{k2} > I_{op1}^{I}$ 时，虽然电流元件动作，但电压元件受到残压 $U_{res} = \sqrt{3}(X_L + X_T)I_{k2} > U_{op1}^{I}$，所以电压元件不动作，从而保证了保护装置的选择性。

第六节　三段式电流保护装置

一、三段式电流保护的构成

无时限电流速断保护只能保护线路的一部分，带时限的电流速断保护只能保护本线路全长，但不能作为相邻下一级线路的后备保护，还必须采用过电流保护作为本线路和下一级线路的后备保护。输电线路通常采用三段式电流保护，即由无时限电流速断保护作为第 I 段保护，带时限电流速断保护作为第 II 段保护，定时限过电流保护作为第 III 段保护，构成一整套保护装置。

三段式电流保护的时限特性如图 3-35 所示，第 I 段电流保护的保护范围只保护本线路中的一部分 l_{p1}^{I}，其动作时限为继电器的固有动作时间 t_1^{I}；第二段电流保护的保护范围延伸到下一级线路中的一部分为 l_{p1}^{II}，其动作时限为 $t_1^{II} = t_1^{I} + \Delta t$。第 I、II 段电流保护构成线路主保护。第 III 段电流保护作为第 I、II 段电流保护的近后备保护和作为下一级线路的远后备保护。它的保护范围为线路 WL1 和 WL2 的全部，其动作时限为 t_1^{III}，按照阶段原则，$t_1^{III} = t_2^{III} + \Delta t$。式中 t_2^{III} 为线路 WL2 的过电流保护时限。

必须指出，在输电线路上并不一定都要装设三段式电流保护，应当根据系统具体情况确定。如线路—变压器组接线，无时限电流速断保护按保护线路全长考虑后，可不装设带时限电流速断保护，因此只装设第 I、III 段电流保护即可。又如在较短线路上，第 I 段的保护区很短甚至没有，这时只需装设第 II、III 段电流保护。因此，对不同的线路，应根据具体情况选择三段式或两段式电流保护。

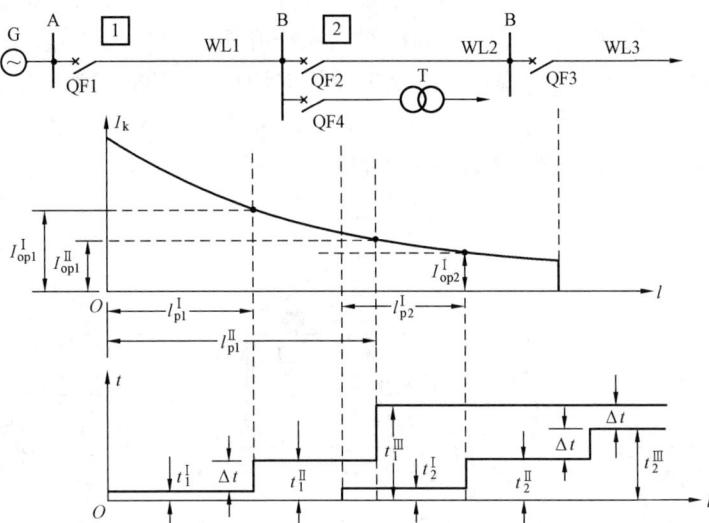

图 3-35　三段式电流保护的保护范围及时限特性

二、三段式电流保护装置的原理接线图和展开图

继电保护装置属于电力系统中的二次设备，其接线称为二次接线。二次接线图有三种：包括归总式原理接线图（简称为原理接线图）、展开式原理接线图（简称展开接线图）和安装接线图。对于继电保护装置，三种接线图都要有，在讲述继电保护装置工作原理时，常用原理接线图，在设计、施工安装中和维护、调试，检修中常使用展开接线图和安装接线图。受课程内容限制，这里只介绍继电保护装置的原理接线图和展开接线图。

1. 原理接线图

继电保护装置的原理接线图是用来表示继电保护装置工作原理的。它以二次元件整体形式表示各二次元件之间的电气联系，并与一次元件有关部分画在一起，其相互联系的电流回路、电压回路以及直流回路综合在一起，二次元件之间连线按实际工作顺序画出，不考虑实际位置，这样对整个继电保护装置形成一个清楚的整体概念。原理接线图对分析继电保护二次回路的工作原理，了解动作过程都很方便，但由于电路中各元件间联系是以整体形式连接，当元件较多时，接线互相交叉，显得零乱，没有画出元件内部接线，也没有元件端子编号及连接线无符号，实际安装接线及查线非常困难，故此图只适用于分析继电保护的工作原理。

2. 展开接线图

继电保护展开接线图，按供电给二次回路的每个独立电源来划分，即将二次回路按交流电流、电压回路，直流操作回路、信号回路以及保护回路等几个主要部分。每一个部分又分成许多行，交流回路按 a、b、c 相序排列。直流回路按各元件先后的动作顺序从上到下或从左向右排列，其中同一个继电器的元件的电压线圈以及触点要分开表示在各相回路里，各回路中，属于同一元件的线圈和触点要采用相同的设备文字符号，各行或列中各元件的线圈和触点按实际连线方式，即按电流通过方向，依次连接成回路，在各行右边一般有文字说明，说明回路名称和各个回路主要元件的作用。

3. 三段式电流保护装置的原理接线图和展开图

图 3 - 36 给出三段式电流保护的原理接线图和展开图。图 3 - 36（a）中，KA1、KA2、KS1、KCO（保护出口中间继电器）构成第 Ⅰ 段无时限电流速断保护，KA3、KA4、KT1、KS2、KCO 构成第 Ⅱ 段带时限电流速断保护，KA5、KA6、KA7（采用两相三继电器式接线）和 KT2、KS3、KCO 构成第 Ⅲ 段定时限过电流保护。

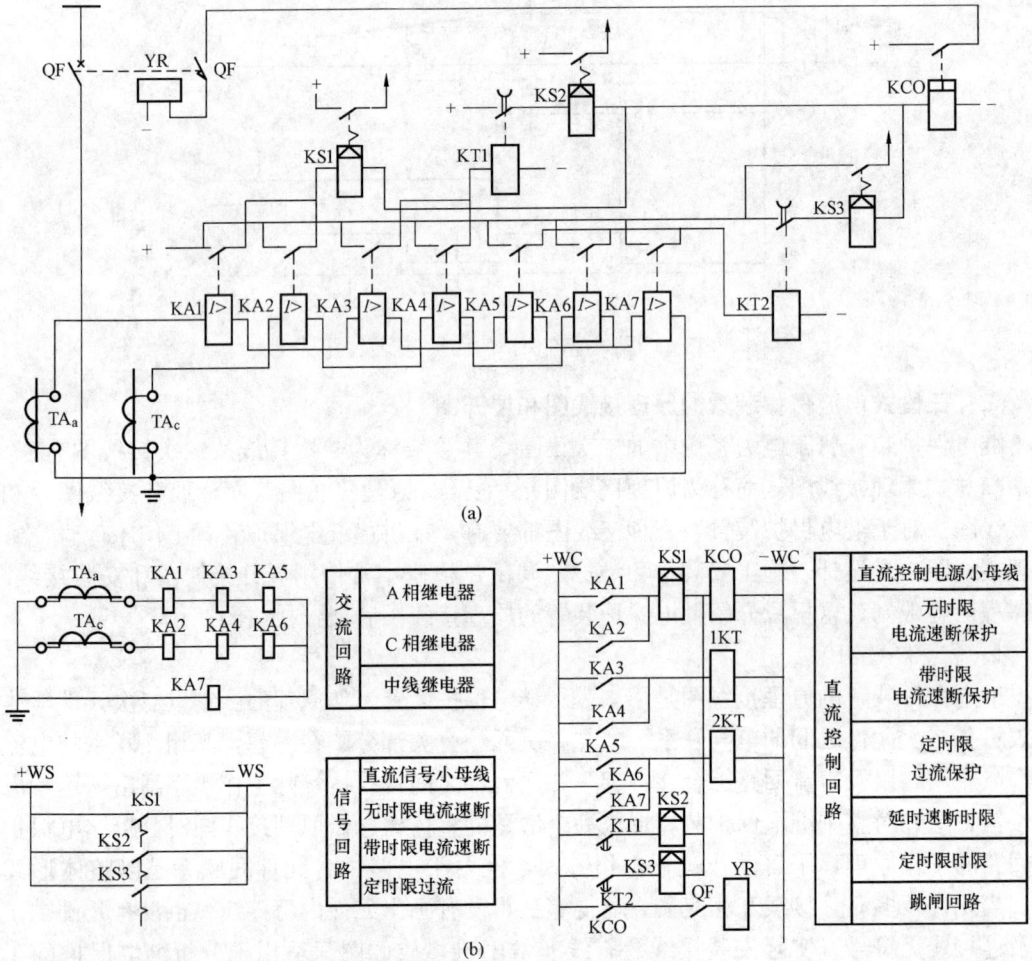

图 3 - 36　三段式电流保护装置的接线图
（a）原理接线图；（b）展开接线图

出口中间继电器 KCO 触点带 0.1s 左右的延时，为的是躲过线路上避雷器的放电时间。电流继电器 KA7 接于 A、C 两相电流之和上，是为了在 Yd 接线的变压器后发生两相短路时提高过电流保护的灵敏性。任一段保护动作时，均有相应信号继电器 KS 掉牌指示，可以知道哪段保护曾动作过，从而分析故障的大概范围。

原理接线图只能给出电流保护各元件之间的联系，而对各元件内部的构成接线没有表示出来，没有元件端子的编号和回路编号，直流电源表示也不完善，因此不能反应保护装置实际布置和连线，在接线复杂时，绘制和阅读都比较困难，不便于现场查找线路和调试，接线错误也不易发现，所以在实际工作中常采用展开接线图。图 3-36（b）为三段式电流保护展开接线图。它由交流回路、直流回路、信号回路三部分组成。交流回路由电流互感器 TAa、TAc 的二次线圈构成不完全星形接线，二次线圈接电流继电器 KA1～KA7 的线圈。直流回路由直流屏引出直流操作电源正控制小母线（＋WC）和负控制小母线（－WC）供电。信号回路由直流屏引出直流操作电源正信号小母线（＋WS）和负信号小母线（－WS）供电。

从展开接线图中看出，对属于同一个继电器的各个组成部分如线圈、触点被画在属于不同的回路中，属于同一个继电器的全部部件注以同一个设备文字符号。绘制展开接线图时，尽量按保护动作顺序自左向右及自上而下依次排列。展开接线图右侧有文字说明，以帮助了解各回路的作用。读展开接线图时，各行由左向右，由上向下看。

展开接线图虽然不如原理接线图那样形象，但它能清楚表达保护装置动作的过程，易于查找接线错误，对复杂回路的设计、研究、安装和调试都非常方便。因此，展开接线图在生产上得到广泛应用。

三、三段式电流保护计算实例

【例 3-1】　如图 3-37 所示，35kV 单侧电源辐射形线路 WL1 的保护方案拟订为三段式电流保护。保护采用两相星形接线，已知线路 WL1 的正常最大工作电流为

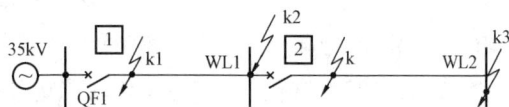

图 3-37　［例 3-1］的网络接线图

174A，电流互感器变比为 300/5，在最大运行方式下及最小运行方式下，k1、k2 和 k3 点三相短路电流值见表 3-1。WL2 保护时限为 2.5s。

表 3-1　　　　　　　　　　　　例题中各点短路电流值

短　路　点	k1	k2	k3
最大运行方式下三相短路电流（A）	3400	1310	520
最小运行方式下三相短路电流（A）	2280	1150	490

解　1. 线路 WL1 的无时限电流速断保护

按式（3-14）计算保护装置一次侧动作电流为

$$I_{op1}^{I} = K_{rel} I_{k2,max}^{(3)}$$
$$= 1.3 \times 1310 = 1703(A)$$

继电器动作电流为

$$I_{op1,r}^{I} = \frac{K_{con}}{K_{TA}} I_{op1}^{I} = \frac{1}{300/5} \times 1703 = 28.3(A)$$

由附录 C 表 C-1 选取动作电流整定范围为 12.5～50A 的 DL—21/50 型电流继电器。

灵敏系数校验，采用简化计算式计算

$$K_{s,min}^{I} = \frac{I_{k,min}^{(2)}}{I_{op1}^{I}} = \frac{\sqrt{3}}{2} \times \frac{2280}{1703} = 1.16 < 1.5,\text{不合格}$$

也可按下式计算出最小保护范围的百分值

$$\frac{l_{p,min}}{l} \times 100\% = \frac{I_{k1,min}^{(3)} - I_{op1}^{I}}{I_{k1,min}^{(3)} - I_{k2,min}^{(3)}} \times \frac{I_{k2,min}^{(3)}}{I_{op1}^{I}} \times 100\%$$
$$= \frac{2280 - 1703}{2280 - 1150} \times \frac{1150}{1703} \times 100\%$$

$$= 34.5\% > (15\% \sim 20\%)$$

从保护范围来看尚能满足要求，可以装设。

2. 线路 WL1 带时限电流速断保护

计算线路 WL1 带时限电流速断保护动作电流应先计算 WL2 无时限速断动作电流 I_{op2}^{I}

$$I_{op2}^{I} = K_{rel}^{I} I_{k3,max}^{(3)} = 1.3 \times 520 = 676(A)$$

根据式（3-20）求线路 WL1 带时限速断保护动作电流为

$$I_{op1}^{II} = K_{rel}^{II} I_{op2}^{I} = 1.1 \times 676 = 744(A)$$

继电器的动作电流为

$$I_{op1,r}^{II} = \frac{I_{op1}^{II}}{K_{TA}} K_{con} = \frac{744}{300/5} \times 1 = 12.4(A)$$

由附录 C 表 C-1 选取电流整定值范围 5~20A 的 DL-21C/20 型电流继电器。

带时限电流速断保护动作时限应与 WL2 无时限电流速断保护相配合，$t_1^{II} = t_2^{I} + \Delta t$，取 $t_2^{I} = 0.1s$，$\Delta t = 0.5s$，则 $t_1^{II} = 0.6s$，此时可选用附录 C 表 C-3 中时限整定范围为 $0.15 \sim 1.5s$ 的 DS-11 型时间继电器。本保护整定为 0.6s。

按式（3-35）进行线路 WL1 带时限电流速断保护的灵敏系数校验，得

$$K_{s,m}^{II} = \frac{I_{k2,min}^{(2)}}{I_{op1}^{II}} = \frac{\frac{\sqrt{3}}{2} I_{k2,min}^{(3)}}{I_{op1}^{II}} = \frac{\sqrt{3}}{2} \times \frac{1150}{744} = 1.34 > 1.3, 合格$$

3. 过电流保护装置

按式（3-43）计算定时限过电流保护装置一次侧动作电流为

$$I_{op1}^{III} = \frac{K_{rel}^{III} K_{ss}}{K_{re}} I_{L,max} = \frac{1.2 \times 1.3}{0.85} \times 174 = 319(A)$$

继电器的动作电流为

$$I_{op1,r}^{III} = \frac{K_{con}}{K_{TA}} I_{op1}^{III} = \frac{1}{300/5} \times 319 = 5.3(A)$$

由附录 C 表 C-1 选取电流整定范围为 2.5~10A 的 DL-21C/10 型电流继电器，其动作时限应与线路 WL2 定时限过电流保护时限 t_2^{III} 相配合，即

$$t_1^{III} = t_2^{III} + \Delta t = 2.5 + 0.5 = 3(s)$$

由附录 C 表 C-3 选取时间整定范围为 1.2~5s 的 DS-22 型时间继电器。

线路 WL1 定时限过电流保护应按线路 WL1 末端 k2 点短路时进行校验和下一级线路 WL2 末端 k3 点短路时分别进行校验。

在线路 WL1 末端 k2 点短路时，过电流保护的灵敏系数为

$$近后备保护 \quad K_{s,min}^{III} = \frac{I_{k2,min}^{(2)}}{I_{op1}^{III}} = \frac{\frac{\sqrt{3}}{2} I_{k2,min}^{(3)}}{I_{op1}^{III}} = \frac{\sqrt{3}}{2} \times \frac{1150}{319} = 3.1 > 1.5, 合格$$

在线路 WL2 末端 k3 点短路时，过电流保护的灵敏系数为

$$远后备保护 \quad K_{s,min}^{III} = \frac{I_{k3,min}^{(2)}}{I_{op1}^{III}} = \frac{0.866 I_{k3,min}^{(3)}}{I_{op1}^{III}} = \frac{0.866 \times 490}{319} = 1.33 > 1.2, 合格$$

在实际计算中还应该作出短路电流曲线，从而用图解法求得无时限电流速断的保护范围，本例从略。

【例3-2】 如图3-38所示，网络中每条线路的断路器上均装有三段式电流保护。已知电源最大、最小等效阻抗 $X_{S,max}=9\Omega$，$X_{S,min}=6\Omega$，线路阻抗 $X_{AB}=10\Omega$，$X_{BC}=24\Omega$。线路 WL2 过电流保护时限为 2.5s，

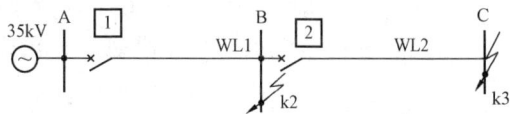

图3-38 ［例3-2］中网络接线图

线路 WL1 最大负荷电流为 150A，电流互感器采用两相星形接线，其变比为 300/5。试计算各段保护动作电流及动作时限，校验保护的灵敏系数，并选择保护装置的主要继电器。

解 （1）计算 k2 点、k3 点最大、最小运行方式下三相短路电流。

k2 点：

$$I_{k2,max}^{(3)}=\frac{E_{ph}}{X_{S,min}+X_{AB}}=\frac{37/\sqrt{3}}{6+10}=1.335(kA)$$

$$I_{k2,min}^{(3)}=\frac{E_{ph}}{X_{S,max}+X_{AB}}=\frac{37/\sqrt{3}}{9+10}=1.124(kA)$$

k3 点：

$$I_{k3,max}^{(3)}=\frac{E_{ph}}{X_{S,min}+X_{AB}+X_{BC}}=\frac{37/\sqrt{3}}{6+10+24}=0.534(kA)$$

$$I_{k3,min}^{(3)}=\frac{E_{ph}}{X_{S,max}+X_{AB}+X_{BC}}=\frac{37/\sqrt{3}}{9+10+24}=0.497(kA)$$

（2）线路 WL1 的断路器 QF1 处电流保护第Ⅰ段整定计算，即无时限电流速断保护的整定计算。

1）保护装置一次动作电流 I_{op1}^{I} 的计算

$$I_{op1}^{I}=K_{rel}^{I}I_{k2,max}^{(3)}=1.3\times1.335=1.736(kA)$$

2）保护装置二次侧动作电流，即继电器的动作电流 $I_{op1,r}^{I}$ 的计算

$$I_{op1,r}^{I}=\frac{K_{con}}{K_{TA}}I_{op1}^{I}=\frac{1}{300/5}\times1736=28.9(A)$$

式中因电流互感器采用两相不完全星形接线，$K_{con}=1$。可选用 DL-11/50 型电流继电器，其动作电流整定范围为 12.5～50A。

3）最小灵敏系数校验

根据式（3-19）计算

$$x_1 l_{p,min}^{I}=\left(\frac{\sqrt{3}}{2}\times\frac{E_{ph}}{I_{op1}^{I}}-X_{s,max}\right)=\left(\frac{\sqrt{3}}{2}\times\frac{37/\sqrt{3}}{1.736}-9\right)=1.632$$

$$\frac{x_1 l_{p,min}^{I}}{x_1 l_{AB}}=\frac{1.632}{10}\times100\%=16.3\%>15\%，合格$$

式中 x_1——线路每千米的正序阻抗，Ω/km；

$l_{p,min}^{I}$——断路器 QF1 处电流保护第Ⅰ段的最小保护范围。

4）第Ⅰ段电流保护动作时限 $t_1^{I}=0s$。

（3）线路 WL1 带时限电流速断（第Ⅱ段）保护整定计算。

1）考虑到断路器 QF1 处电流保护第Ⅱ段动作电流应和相邻线路 WL2 的电流保护第Ⅰ段相配合，首先要计算线路 WL2 电流保护第Ⅰ段动作电流

$$I_{\mathrm{op2}}^{\mathrm{I}}=K_{\mathrm{rel}}^{\mathrm{I}}I_{\mathrm{k3,max}}^{(3)}=1.3\times0.534=0.694(\mathrm{kA})$$

2）线路 WL1 电流保护第Ⅱ段动作电流 $I_{\mathrm{op1}}^{\mathrm{II}}$ 为

$$I_{\mathrm{op1}}^{\mathrm{II}}=K_{\mathrm{rel}}^{\mathrm{II}}I_{\mathrm{op2}}^{\mathrm{I}}=1.1\times694=764(\mathrm{A})$$

3）继电器动作电流为

$$I_{\mathrm{op1,r}}^{\mathrm{II}}=\frac{K_{\mathrm{con}}}{K_{\mathrm{TA}}}I_{\mathrm{op1}}^{\mathrm{II}}=\frac{1}{300/5}\times764=12.7(\mathrm{A})$$

选用 DL-11/20 型电流继电器，其动作电流整定范围为 5～20A。

4）动作时限应与 WL2 电流保护第Ⅰ段配合，$t_1^{\mathrm{II}}=t_2^{\mathrm{I}}+\Delta t$，取 $\Delta t=0.5\mathrm{s}$，$t_2^{\mathrm{I}}=0$，则 $t_1^{\mathrm{II}}=0.5\mathrm{s}$。可选用 DS-111 型时间继电器，其时限整定范围为 0.1～1.3s。本保护整定为 0.5s。

5）校验电流保护第Ⅱ段灵敏系数。

为保证线路 WL1 末端短路时带时限电流速断保护可靠动作，以 k2 点两相短路最小短路电流来校验最小灵敏系数。

$$K_{\mathrm{s,min}}^{\mathrm{II}}=\frac{I_{\mathrm{k2,min}}^{(2)}}{I_{\mathrm{op1}}^{\mathrm{II}}}=\frac{\sqrt{3}}{2}\times\frac{I_{\mathrm{k2,min}}^{(3)}}{I_{\mathrm{op1}}^{\mathrm{II}}}=\frac{0.866\times1.124}{0.694}=1.27>1.25，合格$$

（4）线路 WL1 电流保护（第Ⅲ段）整定计算。

1）根据式（3-40）计算定时限过电流保护一次侧动作电流 $I_{\mathrm{op1}}^{\mathrm{III}}$ 为

$$I_{\mathrm{op1}}^{\mathrm{III}}=\frac{K_{\mathrm{rel}}^{\mathrm{III}}K_{\mathrm{ss}}}{K_{\mathrm{re}}}\times I_{\mathrm{L,max}}$$

式中　$K_{\mathrm{rel}}^{\mathrm{III}}$——可靠系数，取 1.2；

　　　K_{re}——返回系数，取 0.85；

　　　K_{ss}——自启动系数，取 1.3。

根据式（3-40）计算得

$$I_{\mathrm{op1}}^{\mathrm{III}}=\frac{1.2\times1.3}{0.85}\times150=275.3(\mathrm{A})$$

2）继电器动作电流为

$$I_{\mathrm{op1,r}}^{\mathrm{III}}=\frac{K_{\mathrm{con}}}{K_{\mathrm{TA}}}I_{\mathrm{op1}}^{\mathrm{III}}=\frac{275.3}{300/5}=4.59(\mathrm{A})$$

选用 DL-11/10 型电流继电器，其动作电流整定值范围为 2.5～10A。

3）动作时限 t_1^{III} 应与线路 WL2 过电流保护动作时限相配合，即 $t_1^{\mathrm{III}}=t_2^{\mathrm{III}}+\Delta t=2.5+0.5\mathrm{s}$。选用时间继电器 DS-112 型，时限整定范围为 2.5～3s。本保护动作时限为 3s。

4）线路 WL1 电流保护第Ⅲ段的最小灵敏系数校验。

近后备保护，用本级线路 WL1 末端 k2 点最小运行方式下两相短路电流校验，得

$$K_{\mathrm{s,min}}^{\mathrm{III}}=\frac{I_{\mathrm{k2,min}}^{(2)}}{I_{\mathrm{op1}}^{\mathrm{III}}}=\frac{\frac{\sqrt{3}}{2}I_{\mathrm{k2,min}}^{(3)}}{I_{\mathrm{op1}}^{\mathrm{III}}}=\frac{0.866\times1.124}{0.2753}=3.5>1.5，合格$$

远后备保护，用相邻下一级线路 WL2 末端 k3 点最小运行方式下两相短路电流来校验，得

$$K_{\mathrm{s,min}}^{\mathrm{III}}=\frac{I_{\mathrm{k3,min}}^{(2)}}{I_{\mathrm{op1}}^{\mathrm{III}}}=\frac{\sqrt{3}}{2}\frac{I_{\mathrm{k3,min}}^{(3)}}{I_{\mathrm{op1}}^{\mathrm{III}}}=\frac{0.866\times497}{275.3}=1.56>1.2，合格$$

【例 3 - 3】 　如图 3 - 39 所示，35kV 中性点不接地系统中变电所 A 母线引出线 AB 上装设三段式电流保护，保护采用两相星形接线。已知电源等值阻抗 $X_S = 0.3\Omega$，被保护线路电抗 $0.4\Omega/\mathrm{km}$，可靠系数 $K_{rel}^{I} = 1.3$，$K_{rel}^{II} = 1.1$，$K_{rel}^{III} = 1.2$，线路 AB 长度 $l_{AB} = 10\mathrm{km}$，电动机自启动系数 $K_{ss} = 1.5$，返回系数 $K_{re} = 0.85$，时限阶段

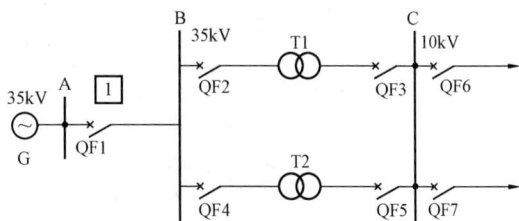

图 3 - 39　［例 3 - 3］网络接线图

$\Delta t = 0.5\mathrm{s}$，10kV 线路保护最长动作时限为 2.5s。电流互感器变比为 400/5。两台变压器额定容量均为 $S_N = 10\mathrm{MVA}$，$U_k\% = 7.5$。试计算线路 AB 的各段保护动作电流及动作时限、校验保护的灵敏系数并选择主要继电器。

解　（1）对线路 AB 断路器 QF1 处电流保护第 I 段的整定计算。

电流保护第 I 段的动作电流应躲过本线路末端的最大短路电流 $I_{kB,max}^{(3)}$，即

$$I_{op1}^{I} = K_{rel}^{I} I_{kB,max}$$

而

$$I_{kB,max}^{(3)} = \frac{E_{ph}}{X_{s,min} + X_{AB}} = \frac{37/\sqrt{3}}{0.3 + 0.4 \times 10} = \frac{21.36}{4.3} = 4.97 \text{ (kA)}$$

故

$$I_{op1}^{I} = 1.3 \times 4.97 = 6.46 \text{ (kA)}$$

保护装置一次侧动作电流为 6.46kA，继电器动作电流为

$$I_{op1,r}^{I} = \frac{K_{con}}{K_{TA}} I_{op1}^{I} = \frac{1}{400/5} \times 6460 = 80.75 \text{ (A)}$$

选用 DL-34 型电流继电器，电流整定范围为 25～100A。

电流速断保护灵敏性用其保护范围长度来衡量，用式（3 - 19）计算最小保护范围为

$$l_{p,min}^{I} = \frac{1}{X} \left(\frac{\sqrt{3}}{2} \frac{E_{ph}}{I_{op1}^{I}} - X_{S,max} \right)$$

$$= \frac{1}{0.4} \times \left(\frac{\sqrt{3}}{2} \times \frac{37/\sqrt{3}}{6.46} - 0.3 \right) = \frac{2.56}{0.4} = 6.41 \text{ (km)}$$

$$m = l_{p,min}^{I}\% = \frac{l_{p,min}^{I}}{l_{AB}} \times 100\% = \frac{6.41}{10} \times 100\% = 64.1\% > 15\%，合格$$

（2）断路器 QF1 处电流保护 II 段整定计算。

电流保护第 II 段动作电流 I_{op1}^{II} 为与相邻变压器速断保护相配合，应按躲过母线 C 最大运行方式时流过保护处的最大三相短路电流来整定（变压器并联运行时），即

$$I_{kC,max} = \frac{E_{ph}}{X_s + X_{AB} + \dfrac{X_T}{2}} = \frac{37/\sqrt{3}}{0.3 + 4 + \dfrac{9.2}{2}} = 2.43 \text{ (kA)}$$

变压器阻抗

$$X_T = \frac{U_k\%}{100} \times \frac{U_{1N}^2}{S_N} = \frac{7.5}{100} \times \frac{35^2}{10} = 9.2 \text{ (\Omega)}$$

保护装置一次侧动作电流为

$$I_{op1}^{II} = K_{rel}^{II} I_{kC,max} = 1.1 \times 2.43 = 2.67 \text{ (kA)}$$

继电器的动作电流为

$$I_{\text{op1,r}}^{\text{II}} = \frac{K_{\text{con}}}{K_{\text{TA}}} I_{\text{op1}}^{\text{II}} = \frac{1}{400/5} \times 2670 = 33.38(\text{A})$$

最小灵敏系数为

$$K_{\text{s,min}}^{\text{II}} = \frac{I_{\text{kB,min}}^{(2)}}{I_{\text{op1}}^{\text{II}}} = \frac{\frac{\sqrt{3}}{2} \times 4.79}{2.67} = 1.61 > 1.5, \text{合格}$$

动作时限

$$t_1^{\text{II}} = t_1^{\text{I}} + \Delta t = 0 + 0.5 = 0.5\,(\text{s})$$

选 DL-34 型电流继电器，电流整定范围 12.5～50A；

选 DS-31/2X 型时间继电器，时间整定范围 0.125～1.25s。

（3）电流保护第Ⅲ段整定计算。

最大负荷电流为

$$I_{\text{L,max}} = \frac{S_{\text{L,max}}}{\sqrt{3} U_{\text{N}}} = \frac{15}{\sqrt{3} \times 35} = 0.247(\text{kA}) = 247(\text{A})$$

保护装置一次侧动作电流 $I_{\text{op1}}^{\text{III}}$ 为

$$I_{\text{op1}}^{\text{III}} = \frac{K_{\text{rel}}^{\text{III}} K_{\text{ss}}}{K_{\text{re}}} I_{\text{L,max}} = \frac{1.2 \times 1.5}{0.85} \times 247 = 523(\text{A})$$

继电器的动作电流为

$$I_{\text{op1,r}}^{\text{III}} = \frac{K_{\text{con}}}{K_{\text{TA}}} \times I_{\text{op1}}^{\text{III}} = \frac{1}{400/5} \times 523 = 6.54(\text{A})$$

选 DL-33 型电流继电器，电流整定范围 2.5～10A。

动作时限 $t_1^{\text{III}} = t_2^{\text{III}} + \Delta t = 2.5 + 0.5 = 3\,(\text{s})$，选用 DS-32/X 型时间继电器，时限整定范围为 0.5～5s。

（4）灵敏系数校验。

1）本线路末端短路（近后备保护）时，灵敏系数

$$K_{\text{s,min}}^{\text{III}} = \frac{\frac{\sqrt{3}}{2} I_{\text{kB}}^{(3)}}{I_{\text{op1}}^{\text{III}}} = \frac{0.866 \times 4.97}{523} = 4.3 > 1.5, \text{合格}$$

2）相邻变压器出口 C（变压器单台运行）三相短路时，灵敏系数

$$I_{\text{kC,min}}^{(3)} = \frac{E_{\text{ph}}}{X_{\text{s}} + X_{\text{AB}} + X_{\text{B}}} = \frac{37/\sqrt{3}}{0.3 + 4 + 9.2} = 1.58(\text{kA})$$

考虑到 C 点短路时，Yd11 接线变压器短路，应考虑两相短路时的最不利条件，保护采用两相星形接线。C 点两相短路电流为

$$I_{\text{kC,min}}^{(2)} = \frac{1}{2} I_{\text{kC,min}}^{(3)}$$

灵敏系数为

$$K_{\text{s,m}}^{\text{III}} = \frac{I_{\text{kC,min}}^{(2)}}{I_{\text{op1}}^{\text{III}}} = \frac{\frac{1}{2} \times 1580}{523} = 1.5 > 1.2, \text{合格}$$

如采用三相星形接线，灵敏系数可以提高。

（5）当非快速切除故障时，母线 A 的最小残压计算，计算式为

$$U_{res} = I_k l_{p,min}\% X_{AB}$$

其中
$$I_k = \frac{E_{ph}}{X_S + l_{p,min} X_{AB}}$$

故
$$U_{res} = \frac{E_{ph} l_{p,min}\% X_{AB}}{X_S + l_{p,min}\% X_{AB}}$$

$$U_{res}\% = \frac{U_{res}}{E_{ph}} \times 100\% = \frac{l_{p,min}\% X_{AB}}{X_S + l_{p,min}\% X_{AB}} \times 100\%$$

本题中已求出 $l_{p,min}\% = 64\%$，$X_{AB} = 4\Omega$，$X_S = 0.3\Omega$，故

$$U_{res}\% = \frac{0.64 \times 4}{0.3 + 0.64 \times 4} \times 100\% = 87.5\%$$

系统要求母线残压不低于系统额定电压值的 $60\% \sim 70\%$，本题中母线 A 残压为 87.5% 大于 70% 故合乎要求。

第七节　反时限过电流保护

1. 反时限过电流保护装置的构成

反时限过电流保护装置的动作时间与故障电流大小成反比，为反时限特性。其动作特性曲线如图 3-40 所示。在传统的保护装置中广泛采用带有转动圆盘的感应型继电器或静态电路构成的反时限过电流继电器，如 GL-10 型感应型电流继电器或 LL-10A 型整流型过电流继电器。此时电流元件和时间元件的职能由同一个元件完成，在一定程度上具有三段式电流保护的功能，即近处故障时动作时限短，在远处故障时动作时限长，可以同时满足速动性和选择性的要求。

在微机保护中用常规反时限特性方程为

$$t = \frac{0.14K}{\left(\dfrac{I}{I_{k \cdot op}}\right)^{0.02} - 1} \tag{3-50}$$

图 3-40　反时限过电流继电器动作特性曲线

式中　K——时间整定系数，改变 K 可以使特性曲线上、下平移；

I——流入继电器中的电流；

t——动作时间。

常规反时限过电流继电器的电流—时间对数特性曲线族如图 3-41 所示。

反时限过流保护装置的一次侧动作电流可按式（3-40）计算，继电器动作电流按式（3-41）计算，保护装置灵敏度校验按式（3-42）计算。同时，为了保证各元件保护之间动作的选择性，其动作时限也应按照阶梯原则整定。

如图 3-42（a）所示电力系统，其最大运行方式下短路电流随短路点位置的变化曲线如图 3-42（b）所示。假设在每条线路的始端（k1、k2、k3 和 k4）短路时最大短路电流分别为 $I_{k1,max}$、$I_{k2,max}$、$I_{k3,max}$ 和 $I_{k4,max}$。从距电源 A 最远的保护 1 开始，其动作电流整定为 $I_{op,1}$，其动作时间为 t_1，可以确定 a1 点。当 k1 点短路时，在 $I_{k1,max}$ 作用下，保护 1 可整定为继电器的固有动作时间 t_b，从而确定 b 点。这样保护 1 的时限特性曲线即可以根据以上两个条件

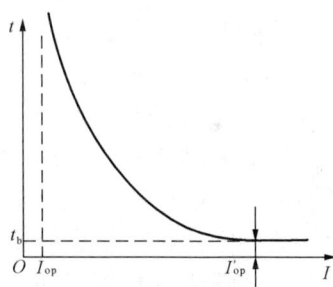

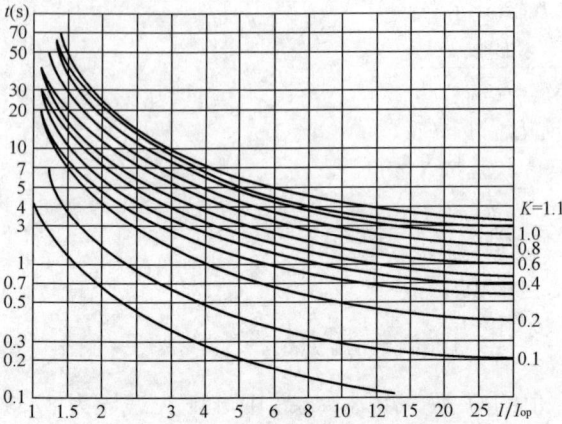

图 3-41 常规反时限过电流继电器的
电流—时间对数特性曲线族

确定,使之通过 a1 和 b 两点,如图 3-42 (d) 中曲线 1。此特性曲线的选择,可以根据继电器制造厂提供的曲线族或通过实验选取。

现在再整定保护 2,其动作电流整定为 $I_{op,2}$,确定 a2 点坐标;当 k1 点短路时(保护 1、2 的配合点),为保证动作的选择性,必须选择当短路电流为 $I_{k1,max}$ 时,保护 2 的动作时限比保护 1 高出一个 Δt,即 $t_c = t_b + \Delta t$。因此保护 2 的时限特性曲线应通过 c 点。在继电器特性曲线族中选取一条适当曲线,使之通过 a2 和 c 两点,如图 3-42 (d) 中曲线 2,该曲线即为保护 2 的时限特性曲线。这样选择后,当被保护线路始端 k2 点短路时,在短路电流 $I_{k2,max}$ 的作用下,其动作时间为 t_d,此时间小于 t_c,因此能较快地切除近处故障。

保护 3 的整定,原则同上,即先按式(3-40)计算动作电流 $I_{op,3}$,确定特性曲线的 a3 点,然后按照在 k2 点短路时与保护 2 相配合的原则,选取当电流为 $I_{k2,max}$ 时的动作时间为 $t_e = t_d + \Delta t$,即确定特性曲线的 e 点,如图 3-42 (d) 中的曲线 3,当被保护线路始端 k3 点短路时,其动作时间 t_f 仍小于 t_e。同理,可以整定保护 4,得出图 3-42 (d) 中曲线 4。

上述整定计算保证配合点的动作时间配合满足任意点短路时动作时间取得配合。这是以不同地点的继电器具有式(3-50)表达的时限特性曲线,如上下级保护采用不同类型的动作特性曲线族时,也应该保证在特性曲线上在任意点的配合。

反时限过电流保护与电源侧定时限过电流保护的配合。如对于安装在发电机侧的保护 5,一般

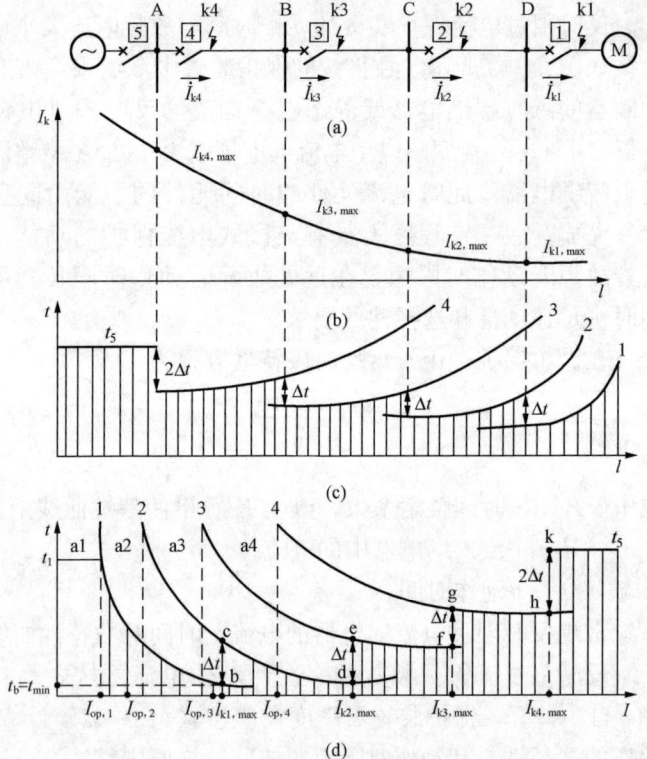

图 3-42 反时限过流保护的整定和配合
(a) 网络接线;(b) 短路电流分布;(c) 各保护动作的时限特性;(d) 整定值与保护的配合关系

采用定时限保护作为后备保护,其动作时限与保护 4 的反时限特性配合。作为远后备保护,在 k3 点短路时,保护 5 的动作时限应比保护 4 的延迟 Δt,在保护 4 动作特性曲线上查出对

应 k3 点短路时的动作时间，保护 5 动作时限应比它大 Δt，或者比在 k4 点短路时保护 4 的动作时限大 $2\Delta t$，如图 3 - 42（d）所示。

反时限过电流保护和定时限过电流保护的整定原则相同，但反时限过电流保护可以使靠近电源侧故障有较小的切除时间。反时限过电流保护的缺点是整定配合比较复杂，以及当系统最小运行方式下短路时，其动作时限可能较长。因此它主要用于单侧电源供电的线路和电动机上，兼作线路的主保护和下一级线路的远后备保护。此外，反时限特性与电气设备的温升和允许发热时间的关系非常相似，因此，对于大型发电机、变压器、电动机都具有反时限特性的过电流、负序过电流和过负荷保护，将在后续有关章节详述。

2. 自适应反时限过电流保护

对反时限过电流保护的动作电流，如果按躲过最大负荷电流的条件进行整定，则整定值较大，短路电流倍数小，动作时间长；如果能实时地在线检测出负荷电流，并按实际的负荷电流整定动作电流，则短路电流倍数必然增大，发生短路时既能提高保护的灵敏度，又能缩短保护的动作时间。

第八节　电流、电压保护的评价和应用

一、选择性

无时限电流速断保护是依靠动作电流的整定获得选择性的，过电流保护主要依靠选择动作时间的方法获得选择性，而带时限电流速断保护则同时依靠选择动作电流和动作时间的方法来获得选择性。

上述三种电流保护用于单侧电源辐射形电网时，一般能满足电力系统对选择性的要求。当它们用于两侧电源辐射形电网或单侧电源环形电网时，则不能保证动作的选择性要求。

二、快速性

无时限电流速断保护和电流、电压联锁速断保护没有人为的延时，只有保护装置中继电器本身固有动作时间（0.06～0.1s），所以动作是快速的。限时电流速断保护的动作时间一般为 0.5s。它的保护范围通常是被保护线路靠近末端的一部分，而这部分发生短路时，保护安装处母线的残压还较高，对无故障部分设备的运行影响较小，所以延时 0.5s 切除故障是允许的。这是无时限电流速断保护和带时限电流速断保护的主要优点。

过电流保护的动作时限一般较长，特别是靠近电源的保护，有时长达数秒，这是它的主要缺点，所以它只能作为后备保护。

三、灵敏性

速断保护的灵敏性（保护范围）随系统运行方式而变化，当系统运行方式变化很大时，它们的灵敏系数或保护范围往往不能满足要求。

对无时限电流速断保护，当被保护线路阻抗与保护背后系统阻抗相比很小时（比如短线路），它的保护范围有时候能降到零。对带时限电流速断保护，当相邻线路阻抗很小时，它的灵敏系数也可能达不到要求。电流、电压联锁速断保护的灵敏系数比电流速断保护灵敏系数高，但当运行方式与整定计算的运行方式相差很大时，灵敏系数也大为减小。

过电流保护的灵敏系数一般较高，但用在长距离重负荷的线路上时，灵敏系数也往往不能满足要求。当相邻线路阻抗很大（如长线路，带电抗器或变压器等）时，过电流保护作为

下一元件的后备保护，灵敏系数也往往不够用。

四、可靠性

电流、电压保护均采用最简单的继电器，且数量不多，接线比较简单，整定计算和调整实验也比较简单，因此，可靠性较高是电流、电压保护的主要优点。

根据以上分析，电流、电压保护，特别是三段式电流保护广泛用于 35kV 及以下系统，因为在这些电压等级的系统中，保护的灵敏性，快速性一般都能满足要求。在更高电压等级系统中，电流、电压保护已很少采用，代替它们的是距离、零序电流保护和高频保护等。

思 考 题 与 习 题

3-1　DL-10 系列电流继电器的返回系数为什么恒小于 1？

3-2　什么叫做保护的最大和最小运行方式，确定最大和最小运行方式时应考虑哪些因素？

3-3　在计算无时限电流速断保护和带时限电流速断保护的动作电流时，为什么不考虑负荷的自启动系数和继电器的返回系数？

3-4　什么叫作线路过电流保护？给出原理接线图，并说明其工作原理与动作过程，如何进行动作电流与动作时间的整定计算和灵敏系数校验。说明定时限与反时限过电流保护的特点，并绘出时限配合曲线。

3-5　试述 DL-10（20）系列与 GL-10（20）系列电流继电器的结构、动作原理以及两种继电器的动作电流和返回电流的意义。

3-6　在定时限过电流保护中，如何整定和调节动作电流和动作时间？反时限过电流保护又如何整定和调节其动作电流和动作时间？为什么叫 10 倍动作电流的动作时间？

3-7　采用电流、电压联锁保护为什么能提高电流保护的灵敏系数？

3-8　比较电流、电压保护第Ⅰ、Ⅱ、Ⅲ段的灵敏系数，哪一段保护的灵敏系数最好和保护范围最长？为什么？

3-9　有什么办法提高相间短路电流、电压保护中第Ⅰ、Ⅱ、Ⅲ段的灵敏系数？它为什么可以提高灵敏系数？

3-10　如图 3-37 所示系统中，线路 WL1 和 WL2 均装有三段式电流保护，当在线路WL2 的首端 k 点短路时，都有哪些保护启动和动作，跳开哪个断路器？

3-11　如图 3-39 所示系统中，试指出对 QF6 电流保护来说，在什么情况下具有最大和最小运行方式？

3-12　试说明电流保护整定计算时，所用各种系数 K_{rel}、K_{re}、K_{con}、K_{ss}、$K_{s,m}$ 的意义和作用。

3-13　如图 3-43 所示电流保护采用两相三继电器接线时，若将 C 相电流互感器极性接反，试分析三相短路及 AC 两相短路时继电器 KA1、KA2、KA3 中电流的大小。

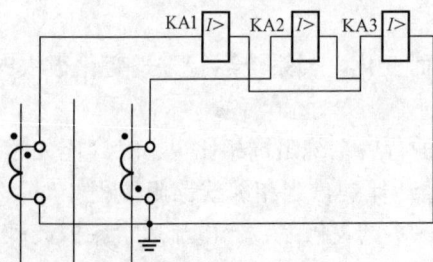

图 3-43　题 3-13 的电流
互感器 TA 接线图

3-14　在 Yd11 接线的变压器后面（△侧）发生两相短路时，装在 Y 侧的电流保护采用三相完全星形接线与采用不完全星形接线方式其灵敏系数有何不同？为什么采用两相三继电器接线方式就能使其灵敏系数与采用三相完全星形接线相同呢？

3-15 图 3-44 所示为无限大容量系统供电的 35kV 辐射式线路，线路 WL1 上最大负荷电流 $I_{L,max}=220A$，电流互感器变比选为 300/5，且采用两相星形接线，线路 WL2 上动作时限 $t_{p2}=1.8s$，在最大运行方式下 k1、k2、k3 各点的三相短路电流分别为 $I_{k1,max}^{(3)}=4kA$，$I_{k2,max}^{(3)}=1400A$，$I_{k3,max}^{(3)}=540A$，在最小运行方式下 $I_{k1,min}^{(3)}=3.5kA$，$I_{k2,min}^{(3)}=1250A$，$I_{k3,min}^{(3)}=500A$。

拟在线路 WL1 上装设三段式电流保护，试完成：①计算出定时限过电流保护的动作电流与动作时限（$K_{rel}^{III}=1.2$，$K_{re}=0.8$，$\Delta t=0.5s$，$K_{ss}=2$）并进行灵敏系数校验；②计算出无时限与带时限电流速断保护的动作电流，并作灵敏系数校验（$K_{rel}^{I}=1.3$，$K_{re}^{II}=1.15$）；③画出三段式电流保护原理接线图及时限配合特性曲线。

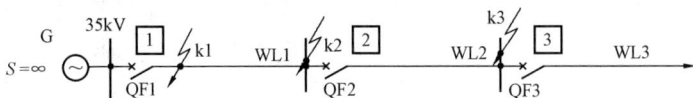

图 3-44 题 3-15 的网络图

3-16 已知图 3-45 所示电源相电动势 $E_{ph}=115/\sqrt{3}kV$，$X_{s,max}=15\Omega$，$X_{s,min}=14\Omega$，线路单位长度正序电抗 $x_1=0.4\Omega/km$，取 $K_{rel}^{I}=1.25$，$K_{rel}^{II}=1.2$。保护采用不完全星形接线，$K_{TA}=300/5$。试对电流保护 1 的 I、II 段进行整定计算，即求 I、II 段动作电流 I_{op1}^{I}、I_{op1}^{II}，动作时间 t_1^{I}、t_1^{II}，并校验 I、II 段的灵敏系数；若灵敏系数不满足要求，怎么办？

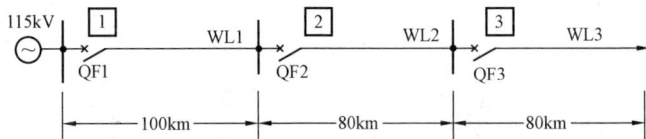

图 3-45 题 3-16 的网络图

3-17 图 3-46 所示系统中每条线路的断路器处均装设三段式电流保护。试求线路 WL1 断路器 QF1 处电流保护第 I、II、III 段的动作电流，动作时间和灵敏系数。图 3-46 中电源电动势为 115kV，A 处电源的最大、最小等效阻抗 $X_{SA,max}=20\Omega$，$X_{SA,min}=15\Omega$，线路阻抗 $X_{AB}=40\Omega$，$X_{BC}=26\Omega$，$X_{BD}=24\Omega$，$X_{DE}=20\Omega$，线路 WL1 的最大负荷为 200A，电流保护可靠系数 $K_{rel}^{I}=1.3$，$K_{rel}^{II}=1.15$，$K_{rel}^{III}=1.2$。$K_{TA}=300/5$，保护采用完全星形接成，$K_{ss}=2$，$K_{re}=0.85$，$t_3^{III}=1s$。

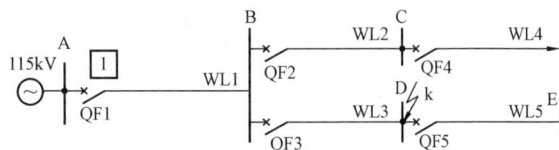

图 3-46 题 3-17 的网络图

3-18 确定图 3-47 中各断路器上过电流保护的动作时间（取时限级差 $\Delta t=0.5s$），并在图上绘出过电流保护的时限特性。

3-19 如图 3-48 所示 115kV 单侧电源辐射形电网，保护 1、2、3 均采用阶段式电流保护。已知线路正序电抗 $x_1=0.4\Omega/km$，AB 线路最大工作电流 $I_{L·max}=400A$，BC 线路最

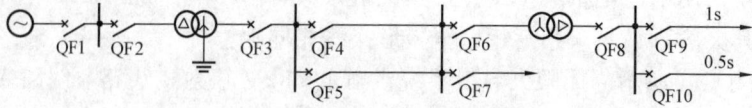

图 3-47 题 3-18 的网络图

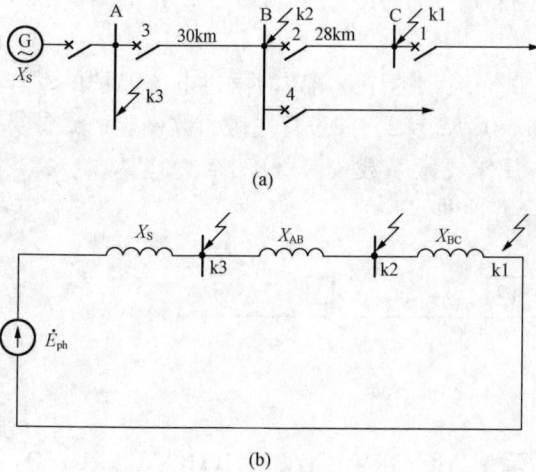

(a)

(b)

图 3-48 题 3-19 的网络图及等值电路

(a) 网络图；(b) 等值电路

大工作电流 $I_{L·max}=300A$。保护 1 的 I 段整定值 $I_{op·1}^{I}=1.3kA$，III 段时限 $t_1^{III}=1s$，保护 4 的 III 段时限 $t_4^{III}=3s$，取 $K_{rel}^{I}=K_{rel}^{III}=1.2$，$K_{rel}^{II}=1.1$，$K_{ss}=1.5$，$K_{con}=1$。系统最大运行方式下，$I_{k·A·max}^{(3)}=12kA$，最小运行方式下，$I_{k·A·min}^{(3)}=10kA$。要求整定计算保护 3 的三段动作电流值，选择主要继电器并校验保护的灵敏度。

3-20 如图 3-49 所示双电源网络，两电源最大、最小电抗为 $X_{s·A·max}$、$X_{s·A·min}$ 和 $X_{s·B·max}$、$X_{s·b·min}$，线路 AB 和 BC 的电抗为 X_{AB}、X_{BC}，试确定母线 C 短路时，AB 线路 A 侧保护最大、最小分支系数。

3-21 如图 3-50 所示单侧电源网络，已知电源最大电抗 $X_{S·max}$，最小电抗为 $X_{S·min}$，线路 AB 和 BC 的电抗为 $X_{A·B}$、X_{BC1}、X_{BC2}，且 $X_{BC1}>X_{BC2}$，当母线 C 短路时，求 AB 线路电流保护最大、最小分支系数。

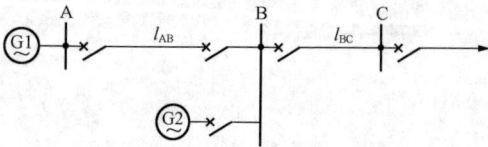

图 3-49 题 3-20 的网络图

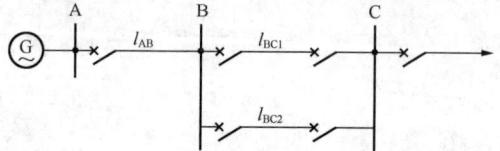

图 3-50 题 3-21 的网络图

第四章　电网相间短路的方向电流保护

　　本章主要讲述了方向电流保护的工作原理，主要讲述了方向元件（功率方向继电器）的工作原理、构造及动作特性，介绍了 LG-11 型、整流型功率方向继电器原理接线，比较两个电气量继电器的基本构成是相位比较原理和幅值比较原理及其互换性。

　　本章介绍了功率继电器的执行元件（极化继电器及晶体管零指示器）的工作原理，分析了功率方向继电器的 90°接线方式和对方向过电流保护的评价，讲述了功率方向保护的整定计算。

第一节　方向电流保护的工作原理

　　随着电力工业的发展和用户对连续供电的要求，由原来的单侧电源辐射形电网，发展为两侧电源辐射形电网或单电源的环形电网，如图 4-1 所示。

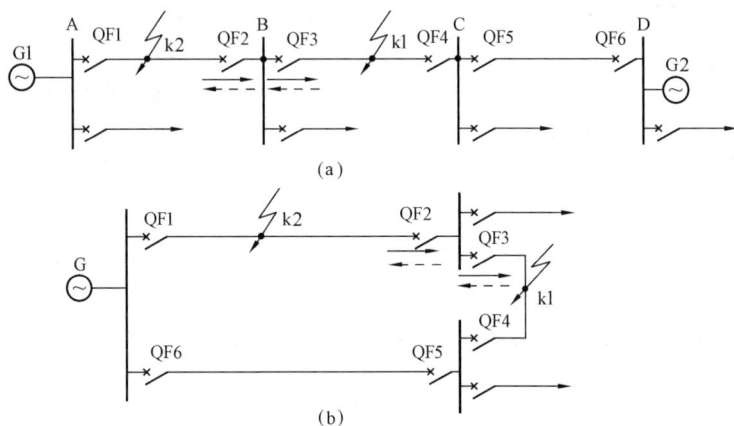

图 4-1　系统网络图
(a) 两侧电源辐射形系统；(b) 单侧电源环形系统

　　在这样的电网中，任一个变电所都可以由双侧电源供电，当任一电源或线路因故障断开时，仍有一侧电源供电，从而大大提高了供电的可靠性。

　　这种网络中，为切除故障元件，应在线路两端装设断路器和保护装置。如图 4-1（a）所示，当在 k1 点发生短路时，要求保护 3、4 动作，断开 3、4 两个断路器；如在 k2 点发生短路，要求保护 1、2 动作，断开 1、2 两个断路器，若采用一般的过电流保护，不能满足选择性的要求。当在图 4-1（a）中 k1 点发生短路时，由发电厂 A 供给的短路电流通过位于 B 母线两侧的保护 2、3，为使保护有选择性地切除故障，要求保护 3 的时限 t_3 小于保护 2 的时限 t_2；而当 k2 点发生短路时，由发电机 G2 供给短路电流，通过 B 母线两侧的保护 3、2，为使其有选择性切除故障，要求保护 2 的时限 t_2 小于保护 3 的时限 t_3。显然，这两个要求互相矛盾，保护无法实现。同样，分析位于其他母线两侧的保护，亦可得出相同结论。采用相同的分析方法，对图 4-1（b）中位于母线两侧的保护，亦可得出如上述结论。

为了解决双侧电源电网对继电保护选择性的要求，进一步分析双侧电源线路上发生短路时电气量变化的特点。由此提出新的保护方式。

进一步分析在 k1 点和 k2 点发生短路时流过保护 2 和 3 的功率方向。当 k1 点短路时，通过保护 2 和 3 的功率方向用实线箭头表示。流过保护 2 的功率方向是由线路到母线，此时，保护 2 不应动作；流过保护 3 的功率方向从母线到线路，此时保护 3 应该动作。当 k2 点发生短路时，通过保护 2 和 3 的功率方向用虚线箭头表示。保护 2 的功率方向是从母线到线路，保护 2 应动作；保护 3 的功率方向是从线路到母线，此时保护 3 不应动作。由此可知，若在一般过电流保护 2 和 3 上各加一个方向元件（功率方向继电器），它只有当短路功率由母线流向线路时，才允许保护动作，这样就解决了过电流保护的选择性问题。这种在过电流保护基础上加装方向元件的保护称为方向过电流保护。

如图 4-2（a）所示，在两侧电源供电的辐射形电网中，1～6 均为方向过电流保护，其中保护 1、3 和 5 为一组，2、4 和 6 为另一组，各同方向保护间的时限配合仍按阶梯原则来整定，则它们的时限特性如图 4-2（b）所示。这样，当线路 WL2 上 k1 点短路时，保护 1、3、4、6，因短路功率由母线流向线路，故都能启动，而其中按动作方向时限最短的保护 3 和 4 动

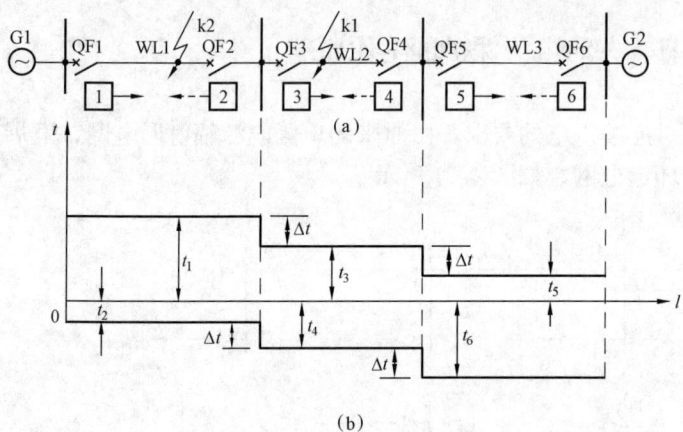

图 4-2　双侧电源电网线路方向过电流保护时限特性
（a）网络图；（b）保护时限特性

作，跳开断路器 QF3、QF4，将故障线路 WL2 切除，保护 1 和 6 便返回，从而保证了动作选择性。

当线路 WL1 上 k2 点短路时，只有保护 1、2、4 和 6 能启动，其中按动作方向时限最短的保护 1 和 2 动作，跳开断路器 QF1 和 QF2，将故障线路 WL1 切除，保护 4 和 6 便返回，同样保证了动作的选择性。

方向过电流保护装置由三个主要元件组成，启动元件（电流继电器），功率方向元件（功率方向继电器）和时限元件（时间继电器）。其单相原理接线如图 4-3 所示。

启动元件和时限元件的作用与一般过电流保护相同，而方向元件是用来判别通过被保护线路短路功率方向的。方向元件内部结构中有两个线圈：一个是电流线圈，与启动元件线圈串联后，接

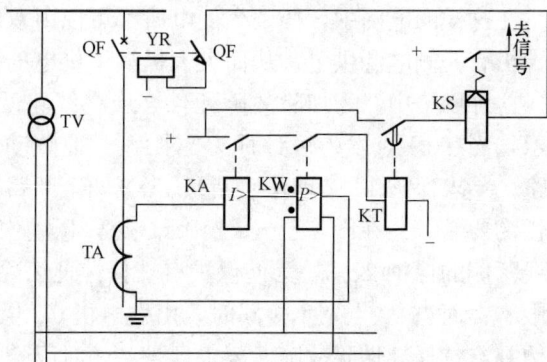

图 4-3　方向过电流保护原理接线图

到电流互感器上；另一个为电压线圈与母线上电压互感器连接。方向元件的触点与启动元件的触点串联后接到时间元件的线圈上。只有二者同时动作，才能使保护装置动作。

应当指出，在双侧电源线路上，并不是所有过电流保护装置中都需要装设功率方向元件，只有在仅靠时限不能满足动作选择性时，才需要装设功率方向元件。

无时限电流速断保护在原理上用于双侧电源线路时，其动作电流要按同时躲过线路首端和末端短路的最大短路电流，才能保证动作的选择性。但是，由于线路两侧电源的容量和系统阻抗不同，当在线路发生短路时，两侧电源供给的短路电流大小并不相同，甚至数值相差很大，这时安装在小电源一侧的电流速断保护范围就不能满足灵敏性的要求，甚至可能没有保护范围。在这种情况下，小电源一侧需要采用方向电流速断保护，当保护背后发生短路时，利用功率方向元件闭锁，使保护只根据小电源一侧的短路功率方向来动作。因此，这时小电源侧方向电流速断保护只需躲过线路末端短路时通过该保护处的短路电流来整定即可，从而大大提高了保护的灵敏性，满足保护范围的要求。

第二节　功率方向继电器

一、功率方向继电器工作原理

功率方向继电器有感应型、整流型和半导体型，按相位比较或幅值比较原理构成，且动作特性都极为相似。

如图 4-4 所示系统中，功率方向继电器接入保护安装处的母线电压 $\dot{U}_r$ 和保护安装处所在线路电流 $\dot{I}_r$。$\dot{U}_r$ 和 $\dot{I}_r$ 是通过电压互感器 TV 和电流互感器 TA 得到的，$\dot{U}_r$ 和 $\dot{I}_r$ 分别反映了一次电压 $\dot{U}$ 和电流 $\dot{I}$ 的相位和大小。

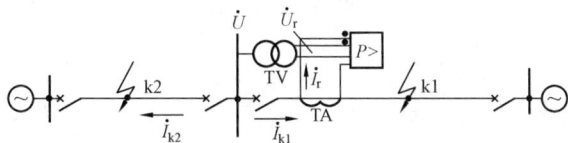

图 4-4　功率方向继电器工作原理说明图

以母线电压 $\dot{U}_r$ 为参考相量，电压高于地时为正，电流 $\dot{I}_r$ 以母线流向线路为正。当保护正方向（k1 点）短路时，进入功率方向继电器的电流 $\dot{I}_{r1}$ 为正，$\dot{I}_{r1}$ 滞后 $\dot{U}_r$ 相角 φ_{r1}，$\varphi_{r1} = \varphi_{k1}$。$\varphi_{r1}$ 为从保护安装处至短路点的阻抗角，$0° < \varphi_{r1} < 90°$。$\dot{U}_r$ 和 $\dot{I}_{r1}$ 的相量图如图 4-5（a）所示。显然，进入功率方向继电器的短路功率 $P_{k1} = U_r I_{r1} \cos\varphi_{r1} > 0$；当保护反方向 k2 点发生短路时，$\dot{U}_r$ 和 $\dot{I}_{r2}$ 的相量图如图 4-5（b）所示。$\varphi_{r2} = \varphi_{k2} + 180°$，$0° < \varphi_{k2} < 90°$，$180° < \varphi_{r2} < 270°$，进入功率方向继电器的短路功率 $P_{k2} = U_r I_{r2} \cos\varphi_{r2} < 0$。由此可见，在保护装置动作的正方向和反方向发生短路时，功率方向继电器测量的功率方向相反。

以上分析了功率方向继电器的工作原理，实

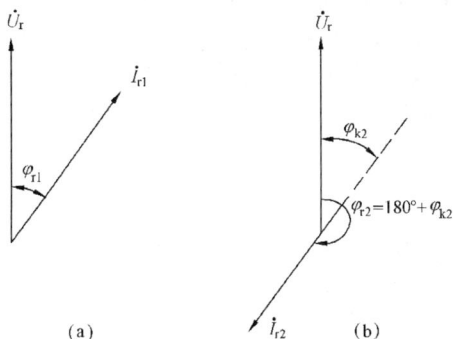

图 4-5　正反向故障时电压电流相量图
（a）正向故障时；（b）反向故障时

际就是判断母线电压 $\dot{U}_r$ 和流入线路的电流 $\dot{I}_r$ 之间的相位角 φ_r，这种功率方向继电器的动作方程可表示为

$$-90° \leqslant \arg \frac{\dot{U}_r}{\dot{I}_r} \leqslant 90° \tag{4-1}$$

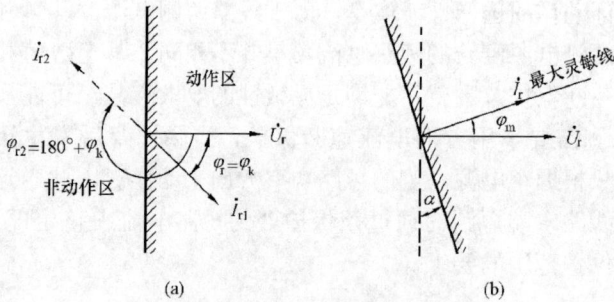

图 4-6 功率方向继电器的动作特性
(a) 对应式 (4-1)；(b) 对应式 (4-2)

其动作特性可用图 4-6 (a) 所示相量图表示。图 4-6 (a) 中以 $\dot{U}_r$ 为参考相量，固定于正实轴，而电流 $\dot{I}_r$ 随故障点的位置改变而变化。当 $\dot{I}_r$ 相量落到带阴影的部分，即动作区时，继电器动作；当 $\dot{I}_r$ 相量落到无阴影部分，即非动作区时，继电器不动作。继电器动作的临界情况是一条与相量 $\dot{U}_r$ 相垂直的直线，通常称为功率方向继电器的动作特性。

在实际应用中，为适应判别各种正方向短路故障时，功率方向继电器的测量功率最大，具有最好的灵敏性，继电器中应有可以调整的内角 α，这时功率方向继电器的动作方程为

$$-(90°+\alpha) \leqslant \arg \frac{\dot{U}_r}{\dot{I}_r} \leqslant (90°-\alpha) \tag{4-2}$$

或

$$-90° \leqslant \arg \frac{\dot{U}_r e^{j\alpha}}{\dot{I}_r} \leqslant 90° \tag{4-3}$$

其动作特性为逆时针移动的一条直线，如图 4-6 (b) 所示。移动的角度为继电器内角 α，α 常取 45° 或 30°。当电流 $\dot{I}_r$ 相量垂直于动作特性时，功率方向继电器的动作最灵敏，因此，这一位置称为最大灵敏线，最大灵敏线与电压 $\dot{U}_r$ 之间夹角 φ_m 称为最大灵敏角，$\varphi_m = -\alpha$，因为这时 $\dot{I}_r$ 超前 $\dot{U}_r$，所以 φ_m 是负角度。

从动作方程式 (4-1)、式 (4-2) 可看出，功率方向继电器可按比较两电气量的相位原理来构成。它可以直接比较电气量 $\dot{U}_r$ 和 $\dot{I}_r$ 之间的相位，也可以间接比较电气量 $\dot{U}_r$ 和 $\dot{I}_r$ 的线性函数 $\dot{U}_C$ 和 $\dot{U}_D$ 之间的相角来构成，即

$$\left.\begin{array}{l} \dot{U}_C = K_U \dot{U}_r \\ \dot{U}_D = K_I \dot{I}_r \end{array}\right\} \tag{4-4}$$

式中 K_U、$\dot{K}_I$ 为已知量，由继电器内部元件参数来决定。

这时继电器的动作条件可以表示为

$$-90° \leqslant \arg \frac{\dot{U}_C}{\dot{U}_D} \leqslant 90° \tag{4-5}$$

比较两电气量相位原理构成的功率方向继电器，称为相位比较式功率方向继电器。早期

广泛应用的感应型功率方向继电器，如 GG-1V1 型感应式功率继电器，它的四极圆筒形铅质转子的电磁感应系统是一个按式（4-2）动作条件的相位比较功率方向继电器，直接比较电气量 $\dot{U}_r$ 和 $\dot{I}_r$ 之间相角。由于它是一种机电型产品，有机械转动部分，体积大，消耗功率多，故现在被比较两个电气量幅值原理构成的整流型功率方向继电器所取代。

二、相位比较原理与幅值比较原理的关系

功率方向继电器的幅值比较的两个电气量 $\dot{U}_A$ 和 $\dot{U}_B$，可以通过按相位比较原理功率方向继电器的两个电气量 $\dot{U}_C$ 和 $\dot{U}_D$ 经过线性变换得到。它们的变换关系可以用平行四边形法则来证明。如图 4-7（a）所示，以 $\dot{U}_C$ 和 $\dot{U}_D$ 作为平行四边形两个边，取其两对角线相量 $\dot{U}_A$ 和 $\dot{U}_B$ 为

$$\left.\begin{array}{l} \dot{U}_A = \dot{U}_D + \dot{U}_C \\ \dot{U}_B = \dot{U}_D - \dot{U}_C \end{array}\right\} \tag{4-6}$$

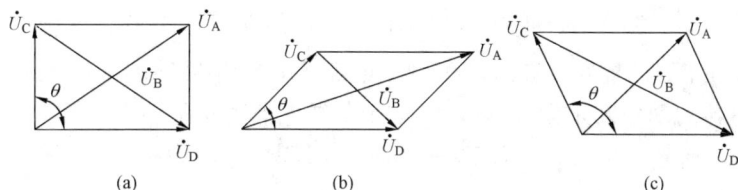

图 4-7　相位比较与幅值比较之间的转换关系
(a) $\theta = 90°$；(b) $\theta < 90°$；(c) $\theta > 90°$

若以 $|\dot{U}_A|$ 为动作量，$|\dot{U}_B|$ 为制动量，则当 $\dot{U}_D$ 与 $\dot{U}_C$ 相位差 $\theta = 90°$ 时，如图 4-7（a）所示，由 $\dot{U}_C$ 和 $\dot{U}_D$ 两相量组成的平行四边形两对角线长度相等，即 $|\dot{U}_A| = |\dot{U}_B|$，动作量等于制动量，所以继电器处于动作的临界状态；当 $\theta < 90°$ 时，如图 4-7（b）所示，$|\dot{U}_A| > |\dot{U}_B|$，动作量大于制动量，继电器处于动作状态；当 $\theta > 90°$ 时，如图 4-7（c）所示，$|\dot{U}_A| < |\dot{U}_B|$，动作量小于制动量，继电器不动作。

由上述分析可知，已知相位比较的两个电气量 $\dot{U}_C$ 和 $\dot{U}_D$，便可以得出幅值比较的两个电气量 $\dot{U}_A$ 和 $\dot{U}_B$。将式（4-4）中 $\dot{U}_C$ 和 $\dot{U}_D$ 的关系代入式（4-6），可得出功率方向继电器的比较幅值两个电气量为

$$\left.\begin{array}{l} \dot{U}_A = K_U \dot{U}_r + \dot{K}_I \dot{I}_r \\ \dot{U}_B = \dot{K}_I \dot{I}_r - K_U \dot{U}_r \end{array}\right\} \tag{4-7}$$

反之，如已知幅值比较两电气量 $\dot{U}_A$ 和 $\dot{U}_B$，也可利用式（4-6）求得相位比较两电气量 $\dot{U}_C$ 和 $\dot{U}_D$，即

$$\left.\begin{array}{l} \dot{U}_C = \dfrac{1}{2}(\dot{U}_A - \dot{U}_B) \\ \dot{U}_D = \dfrac{1}{2}(\dot{U}_A + \dot{U}_B) \end{array}\right\} \tag{4-8}$$

三、幅值比较回路

(一) 幅值比较回路

幅值比较回路是由整流和滤波、幅值比较、执行元件三个单元构成的，常用的有循环电流式比较回路、均压式比较回路和直接比较式比较回路三种。下面分别说明这三种比较回路的工作原理。

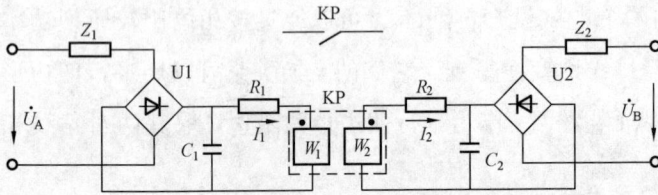

图 4-8 直接比较式比较回路接线图

1. 直接比较式比较回路

直接比较式比较回路接线如图 4-8 所示。它由整流桥 U1 和 U2、电阻 R_1 和 R_2、滤波电容 C_1 和 C_2 及执行元件极化继电器 KP 所组成。

极化继电器 KP 有两个线圈，其中 W_1 为动作线圈，W_2 为制动线圈。两电气量的幅值比较是通过极化继电器的磁回路实现的。动作量 $\dot{U}_A$ 经整流滤波后产生动作电流 I_1 以带 "·" 号极性端子流入 W_1，产生动作安匝；制动量 $\dot{U}_B$ 经整流滤波后产生制动电流 I_2，从非极性端子流入 W_2，产生制动安匝。若极化继电器的动作安匝为 $(IW)_{op}$，则极化继电器动作条件为

$$I_1 W_1 - I_2 W_2 \geqslant (IW)_{op}$$

$$\left| \frac{\dot{U}_A}{Z_A} \right| \times 0.9 W_1 - \left| \frac{\dot{U}_B}{Z_B} \right| \times 0.9 W_2 \geqslant (IW)_{op} \tag{4-9}$$

式中 Z_A——工作回路阻抗；

         Z_B——制动回路阻抗；

    0.9——有效值转换为平均值的系数。

当 $Z_A = Z_B$ 且 $(IW)_{op} \approx 0$ 时，继电器动作条件为 $|\dot{U}_A| - |\dot{U}_B| \geqslant 0$。

2. 循环电流式比较回路

循环电流式比较回路接线如图 4-9 所示。它由整流桥 U1 和 U2、电阻 R_1 和 R_2、滤波电容 C_1 和 C_2 及执行元件 KP 所组成。图中 Z_1 和 Z_2 为两侧交流回路的等值阻抗。

动作量 $\dot{U}_A$ 经整流滤波后得到电流

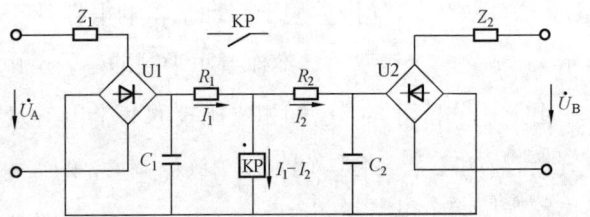

图 4-9 循环电流式比较回路接线图

I_1，制动量 $\dot{U}_B$ 经整流滤波后得到电流 I_2，通过执行元件 KP 的电流为 $I_1 - I_2$，继电器的动作电流为 $I_{op,r}$，则继电器动作条件为 $I_1 - I_2 \geqslant I_{op,r}$，即

$$\left| \frac{0.9 \dot{U}_A}{Z_1 + R_1} \right| - \left| \frac{0.9 \dot{U}_B}{Z_2 + R_2} \right| \geqslant I_{op,r} \tag{4-10}$$

当 $Z_1 = Z_2$、$R_1 = R_2$，并满足 $Z_1 + R_1 = Z_2 + R_2 = Z$，则极化继电器动作条件为

$$|\dot{U}_A| - |\dot{U}_B| \geqslant \frac{I_{op,r} Z}{0.9} \tag{4-11}$$

或 $|\dot{U}_A| - |\dot{U}_B| \geqslant U_{op,r}$

若忽略 $I_{op,r}$，式（4-11）变为 $|\dot{U}_A|-|\dot{U}_B|\geqslant0$。

循环电流式比较回路接线简单，在执行元件的输入端，当动作电流小时，制动侧整流桥 U2 中二极管正向电阻大，分流小，故有较高的灵敏性；而当动作电流大时，上述二极管又能限幅，起到保护执行元件的作用。因此，这种比较回路使用广泛。

3. 均压式比较回路

均压式比较回路的接线如图 4-10所示。它由整流桥 U1 和 U2、电阻 R_1 和 R_2、滤波电容 C_1 和 C_2 及执行元件 KP 组成。图中 Z_1 和 Z_2 是两侧回路的交流等值阻抗。执行元件

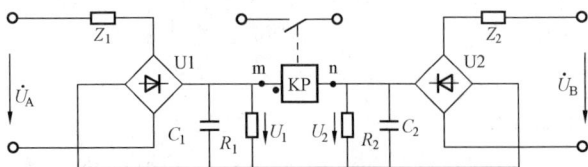

图 4-10　均压式比较回路接线图

的输入端 m、n 所加电压是两电气量 $\dot{U}_A$、$\dot{U}_B$ 整流电压的差值，所以称这种接线方式为均压式接线。动作量 $\dot{U}_A$ 经整流滤波后接于电阻 R_1 上，其电压为 U_1；制动量 $\dot{U}_B$ 经整流滤波后接于电阻 R_2 上，其电压为 U_2。执行元件的电压为 $U_{mn}=U_1-U_2$。若极化继电器动作电压为 $U_{op,r}$，则继电器动作条件为

$$U_1-U_2\geqslant U_{op,r}$$

$$\left|\frac{0.9\dot{U}_A R_1}{Z_1+R_1}\right|-\left|\frac{0.9\dot{U}_B R_2}{Z_2+R_2}\right|\geqslant U_{op,r} \tag{4-12}$$

当 $Z_1=Z_2$，$R_1=R_2$，并忽略 $U_{op,r}$，则动作条件为

$$|\dot{U}_A|-|\dot{U}_B|\geqslant0 \tag{4-13}$$

（二）功率方向继电器的执行元件

继电器幅值比较回路中，要求动作具有方向性、消耗功率小、动作迅速的直流继电器作执行元件。目前常用的是极化继电器和晶体管零指示器作为它的执行元件。

1. 极化继电器

极化继电器的动作原理属于磁电式原理，是一种直流继电器。其结构型式有两种：一种是差分式磁路系统极化继电器，一种是桥式磁路系统极化继电器。它们的工作原理是相同的，所以下面只对差分式磁路系统极化继电器的工作原理进行说明。

差分式磁路系统极化继电器的原理结构如图 4-11 所示。它由工作绕组 W_r、铁芯 1、永久磁铁 2、可动衔铁 3、触点 4 和止挡 5、6 组成。

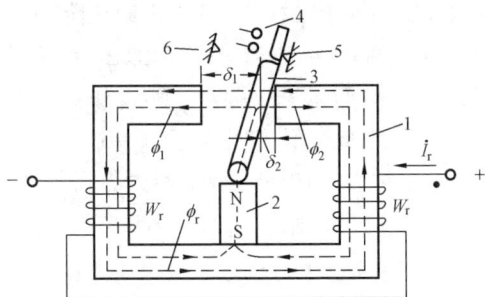

图 4-11　极化继电器原理结构图

1—铁芯；2—永久磁铁；3—衔铁；4—触点；
5—右止挡；6—左止挡

当继电器工作线圈中没有电流时，即 $I_r=0$，工作磁通 ϕ_r 也为零，只有永久磁通产生的极化磁通，该磁通自 N 极经可动衔铁分为 ϕ_1 和 ϕ_2 两部分，分别经气隙 δ_1 和 δ_2 构成通路。由于 $\delta_2<\delta_1$，所以 $\phi_2>\phi_1$，电磁力 $F_2>F_1$，衔铁倒向右止挡，触点断开，继电器不动作。

当工作线圈从极性端子通入工作电流时，产生工作磁通，因全部通过铁芯和气隙构成通路，在气隙 δ_1 和 δ_2 中的合成磁通分别为

$$\left.\begin{array}{l} \phi'_1 = \phi_1 + \phi_r \\ \phi'_2 = \phi_2 - \phi_r \end{array}\right\} \tag{4-14}$$

随着 I_r 的增大，ϕ'_1 增大，ϕ'_2 减小，当工作绕组电流 I_r 等于动作电流 $I_{op,r}$ 时，$\phi'_1 > \phi'_2$，$F_1 > F_2$，活动衔铁被吸向左侧左止挡，触点闭合，继电器动作。继电器动作后，若逐渐减小工作电流 I_r，ϕ_r 减小，而 ϕ'_2 增大，ϕ'_1 减小，当 I_r 减小到等于继电器返回电流 $I_{re,r}$ 时，$\phi'_2 > \phi'_1$，$F_2 > F_1$，衔铁又被吸向右止挡，继电器返回。

当工作线圈从非极性端子通入工作电流时，工作磁通方向改变，则气隙 δ_1 和 δ_2 中合成磁通分别为

$$\left.\begin{array}{l} \phi'_1 = \phi_1 - \phi_r \\ \phi'_2 = \phi_2 + \phi_r \end{array}\right\} \tag{4-15}$$

这时 ϕ'_2 永远大于 ϕ'_1，F_2 永远大于 F_1，使合成磁力方向永远指向右边，继电器不会动作。所以极化继电器是有方向性的。应当指出，极化继电器是直流继电器，只能用在直流回路。

极化继电器具有动作时消耗功率小、灵敏性高、速度快（只有几毫秒），且用于直流、动作有方向性的优点，缺点是触点容量小、返回系数很低（0.3～0.5左右），因此适用于作功率方向继电器和阻抗继电器等的执行元件。

2. 晶体管零指示器

用晶体管零指示器可构成晶体管功率方向继电器。零指示器电路如图 4-12 所示。它是由三极管 VT1 和 VT2 等元件组成的触发器。

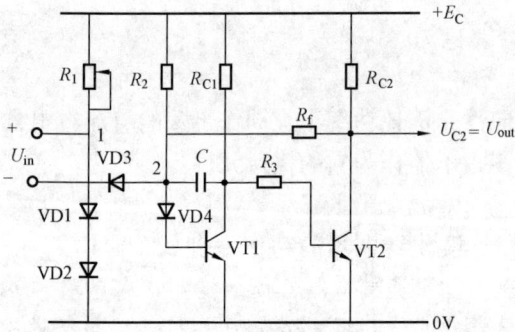

图 4-12 零指示器电路图

输入电压 U_{in} 正极接于由电阻 R_1 和二极管 VD1、VD2 构成的分压器的 1 点，负极端接于三极管 VT1 基极回路 2 点。当输入电压 $U_{in} = 0$ 时，1 点电位 φ_1 等于 VD1 和 VD2 的正向压降，即 $\varphi_1 = U_{VD1} + U_{VD2}$；2 点电位 φ_2 等于二极管 VD4 正向压降和三极管 VT1 的 be 结压降之和，即 $\varphi_2 = U_{VD4} + U_{be1}$，显然 $U_{VD1} + U_{VD2} = U_{VD4} + U_{be1}$，故 $\varphi_1 = \varphi_2$，因此输入端电压 $U_{12} = \varphi_1 - \varphi_2 = 0$（故称这种方式构成的触发器为零指示器）。

当输入电压 U_{in} 大于零时，VT1 截止，VT2 导通，触发器翻转，$U_{C2} = 0$，零指示器动作，发出"0"态信号。当输入电压小于零时，触发器不翻转，$U_{C2} \approx E_c$，零指示器不动作，发出"1"状态信号。必须指出，VD1、VD2、VD4、VT1 都必须采用相同材料的半导体管，才能保证 $\varphi_1 = \varphi_2$。

零指示器消耗功率小，动作非常灵敏，在要求灵敏性高的晶体管继电器（如功率方向、阻抗继电器）中，均采用零指示器作执行元件。

四、整流型功率方向继电器

LG-11 型整流型功率方向继电器原理接线如图 4-13 所示。它是按幅值比较原理构成的，故动作方程为 $|\dot{U}_A| \geqslant |\dot{U}_B|$，即

$$|K_U \dot{U}_r + K_I \dot{I}_r| \geqslant |K_I \dot{I}_r - K_U \dot{U}_r| \tag{4-16}$$

继电器由电压形成回路和按循环电流式比较回路两大部分组成。

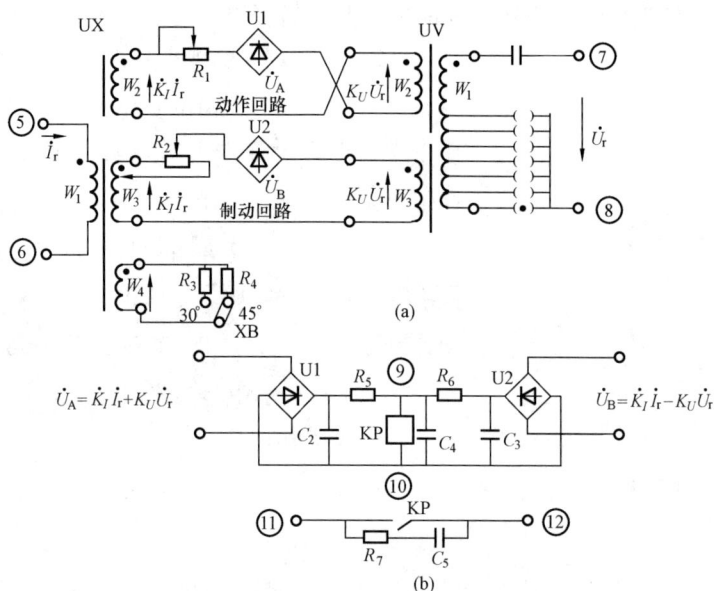

图 4 - 13　LG-11 型整流型功率方向继电器接线图
(a) 交流回路图；(b) 直流回路图

图 4 - 13 (a) 为比较电气量的电压形成回路。继电器输入电压为 $\dot{U}_r$，输入电流为 $\dot{I}_r$。$\dot{I}_r$ 通过电抗变换器（电抗变压器）UX 的一次绕组 W_1，二次绕组 W_2 和 W_3 端获得电压分量 $\dot{K}_I \dot{I}_r$，它超前 $\dot{I}_r$ 的相角就是转移阻抗 $\dot{K}_I$ 的阻抗角 φ_I，绕组 W_4 可用来调整 φ_I 的数值，以得到继电器最大灵敏角。电压 $\dot{U}_r$ 经电容 C_1 接入电压变换器 UV 的一次绕组 W_1，两个二次绕组 W_2 和 W_3 获得电压分量 $K_U \dot{U}_r$，$K_U \dot{U}_r$ 超前 $\dot{U}_r$ 相角 90°。根据如图上 UX 和 UV 的绕组连接方式，可以得到动作电压 $\dot{U}_A = K_U \dot{U}_r + \dot{K}_I \dot{I}_r$ 并加到整流桥 U1 输入端，得到制动电压 $\dot{U}_B = \dot{K}_I \dot{I}_r - K_U \dot{U}_r$ 并加到整流桥 U2 的输入端。图 4 - 13 (b) 为幅值比较回路，它是按循环电流式接线，执行元件采用极化继电器 KP。

继电器最大灵敏角的调整是利用改变电抗变换器 UX 第三个二次绕组 W_4 所接电阻的阻值实现的。继电器内角 $\alpha = 90° - \varphi_K$，当接入电阻 R_3 时，阻抗角 $\varphi_k = 60°$，$\alpha = 30°$；当接入电阻 R_4 时，阻抗角 $\varphi_k = 45°$，$\alpha = 45°$。因此，继电器最大灵敏角 $\varphi_{r,m} = -\alpha$，并可调整为两个数值，一个是 $-30°$，另一个是 $-45°$。

根据幅值比较和相位比较互换关系有

$$\left.\begin{array}{l} -90° \leqslant \arg \dfrac{K_U \dot{U}_r}{\dot{K}_I \dot{I}_r} \leqslant 90° \\[3mm] -90° \leqslant (\varphi_r + \alpha) \leqslant 90° \end{array}\right\} \tag{4-17}$$

$$\left.\begin{array}{l} -(90° + \alpha) \leqslant \arg \dfrac{\dot{U}_r}{\dot{I}_r} \leqslant (90° - \alpha) \\[3mm] -(90° + \alpha) \leqslant \varphi_r \leqslant (90° - \alpha) \end{array}\right\} \tag{4-18}$$

其中
$$\alpha = \varphi_U - \varphi_I$$

继电器动作条件也可以用余弦函数表示为 $\cos(\varphi_r + \alpha) \geqslant 0$。

式（4-18）表明继电器的动作区，以 $\dot{U}_r$ 作参考相量，$\dot{I}_r$ 相对于 $\dot{U}_r$ 的相位变化如图 4-14 所示。临界动作条件为垂直于最大灵敏线且过原点的直线，动作区在带有阴影的半平面范围，最大灵敏线为超前 $\dot{U}_r$ 相角 α 的一条直线。电流 $\dot{I}_r$ 的相位可以改变，$\dot{I}_r$ 顺时针旋转落在动作边界线 AB 直线上时，$\varphi_r = 90° - \alpha$ 是继电器动作下边界，$\dot{I}_r$ 逆时针转到直线 AB 上时，$\varphi_r = -(90° + \alpha)$ 为继电器动作上边界。当 $\dot{I}_r$ 落在动作区内，继电器动作。

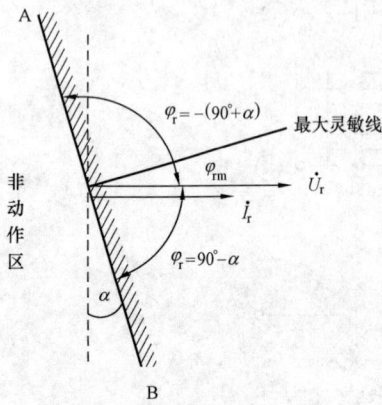

图 4-14　LG-11 型继电器动作
范围和最大灵敏线

当电流 $\dot{I}_r$ 落在最大灵敏线上，即 $\varphi_{rm} = -\alpha$，相量图如图 4-15 所示。这时电压分量 $\dot{K}_I \dot{I}_r$ 与超前 $\dot{U}_r$ 相角 90° 的电压分量 $K_U \dot{U}_r$ 同相位，动作量 $\dot{U}_A$ 最大，制动量 $\dot{U}_B$ 最小，故继电器最灵敏，所以称 $-\alpha$ 为方向继电器的最大灵敏角。

当 $\varphi_r = \varphi_{rm}$ 时，$K_U \dot{U}_r$ 与 $\dot{K}_I \dot{I}_r$ 同相位，因此式（4-16）可写成

$$| K_U \dot{U}_r + \dot{K}_I \dot{I}_r | - | K_U \dot{U}_r - \dot{K}_I \dot{I}_r | \geqslant U_0 \tag{4-19}$$

当 I_r 足够大，即 $\dot{K}_I \dot{I}_r > K_U \dot{U}_r$，式（4-19）绝对值符号可去掉写成

$$(K_U U_r + K_I I_r) - (K_I I_r - K_U U_r) \geqslant U_0 \tag{4-20}$$

将 $U_r = U_{op,min}$ 代入式（4-20），并将大于等于号改为等号，可解出方向继电器的最小动作电压为

$$U_{op,min} = \frac{U_0}{2K_U} \tag{4-21}$$

当电压 U_r 足够大时，即 $K_U \dot{U}_r > \dot{K}_I \dot{I}_r$，可将式（4-19）改写成

$$(K_U U_r + K_I I_r) - (K_U U_r - K_I I_r) \geqslant U_0 \tag{4-22}$$

将 $I_r = I_{op,min}$ 代入式（4-22），并将大于等于号改为等号，可解出方向继电器的最小动作电流为

$$I_{op,min} = \frac{U_0}{2K_I} \tag{4-23}$$

最小动作电流与最小动作电压的乘积，称为幅值比较原理方向继电器的最小动作功率，用 $S_{op,min}$ 表示，即

$$S_{op,min} = U_{op,min} I_{op,min} = \frac{U_0^2}{4K_U K_I} \tag{4-24}$$

方向继电器的最小动作电流、电压和功率是衡量方向继电器灵敏性的参数。由式（4-21）、式（4-23）、式（4-24）可知，执行元件越灵敏（U_0 越小），则 K_U、K_I 越大，方向功率继电器的 $I_{op,min}$、$U_{op,min}$ 和 $S_{op,min}$ 就越小，方向继电器也就越灵敏。

当靠近母线的某一段线路上发生三相短路时，使母线残压小于最小动作电压 $U_{op,min}$，这

段区域内方向继电器不动作，称这段区域为方向继电器的"死区"。为消除电压死区，功率方向继电器的电压形成回路需设置"记忆回路"，就是电容 C_1 与电压变换器的绕组电感构成 50Hz 串联谐振回路，这样当电压 $\dot{U}_r$ 突然降低为零时，该回路中电流 $\dot{i}_r$ 并不立即消失，而是在 50Hz 谐振频率经过几个周波后，逐渐衰减为零，这个电流与故障前电压 $\dot{U}_r$ 同相，并且在谐振衰减过程中维持相位不变。因此，相当于"记住了"短路前的电压的相位，故称为"记忆回路"。由于电压回路构成了"记忆回路"，当加在继电器上电压 $\dot{U}_r \approx 0$ 时，电压回路中电流并不立即消失，在一定时间内 UV 的二次绕组端钮有电压分量 $K_U\dot{U}_r$ 存在，就可以继续进行幅值比较，因而消除了在正方向出口短路时继电器的电压死区。

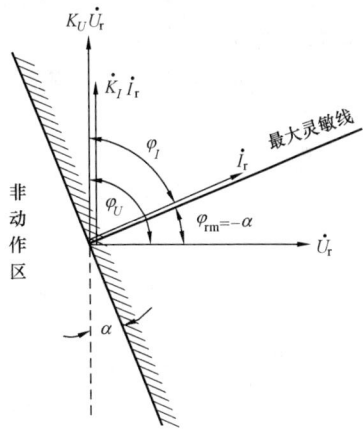

图 4-15　电流 $\dot{i}_r$ 落在最大灵敏线时相量图

　　将图 4-13 中电压输入端短接，只通入电流 $\dot{i}_r$ 时，或将 UX 一次开路，只加输入电压 U_r 时，极化继电器绕组上出现动作电压或制动电压的现象，称为方向元件的潜动。只加电压时有潜动称为电压潜动，只加电流时有潜动称为电流潜动。极化继电器 KP 线圈上出现动作电压，称为正潜动；KP 线圈上出现制动电压，称为负潜动。无论电流潜动还是电压潜动，严重时都会造成误动、拒动或降低灵敏性。产生潜动的原因主要是比较回路中参数不对称。为消除电流潜动可调整电阻 R_2；为消除电压潜动，可调整电阻 R_1。在整流比较回路中，电容 C_3 和 C_2 可用来滤除二次谐波，C_4 用来滤除高次谐波。

　　整流型功率方向继电器接线简单、调整方便，且电压回路构成谐振记忆回路，消除了快速保护正向出口短路时的电压死区，因此，整流型功率方向继电器得到广泛应用。

第三节　相间短路保护中功率方向继电器的接线方式

　　功率方向继电器接线方式，是指它与电流互感器和电压互感器的接线方式。功率方向继电器的接线方式必须保证在各种短路故障形式下，能正确地判断短路功率方向，并使加到继电器上的电压 $\dot{U}_r$ 和电流 $\dot{i}_r$ 值尽可能大、使 φ_r 接近于最大灵敏角 φ_m，以提高功率方向继电器的灵敏性和动作可靠性。

　　相间短路的功率方向继电器普遍采用 90°接线方式。这种接线方式在三相对称且功率因数 $\cos\varphi=1$ 的情况下，接入继电器的电流 $\dot{i}_r$ 超前电压 $\dot{U}_r$ 的相角是 90°，如图 4-16（a）所示。90°接线方式接入继电器的电流和电压组合如表 4-1 所示，其接线如图 4-16（b）所示。

表 4-1　　90°接线方式电流电压的组合

功率继电器序号	$\dot{i}_r$	$\dot{U}_r$
KW1	$\dot{i}_a$	$\dot{U}_{bc}$
KW2	$\dot{i}_b$	$\dot{U}_{ca}$
KW3	$\dot{i}_c$	$\dot{U}_{ab}$

功率方向继电器的内角选定为30°或45°，这是因为选择继电器内角 α 为30°或45°时，继电器能正确判断短路功率方向，而不致误动作。

下面分析继电器在各种相间短路时，继电器的内角变化范围。

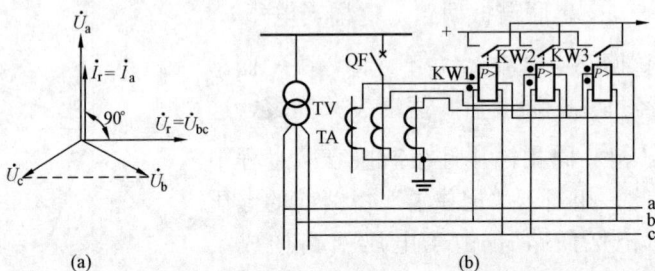

图 4-16　功率方向继电器90°接线方式的相量图和接线图

(a) 以 a 相为例的相量图；(b) 接线图

（一）三相短路

在保护正方向发生三相对称短路时，保护安装处的残压为 $\dot{U}_a$、$\dot{U}_b$、$\dot{U}_c$（该电压已归算到电压互感器的二次值），电流 $\dot{I}_a$、$\dot{I}_b$、$\dot{I}_c$ 分别落后各对应相电压 φ_k 角。由于三相短路是对称的，所以只选择其中 a 相继电器 KW1 的工作情况进行分析。

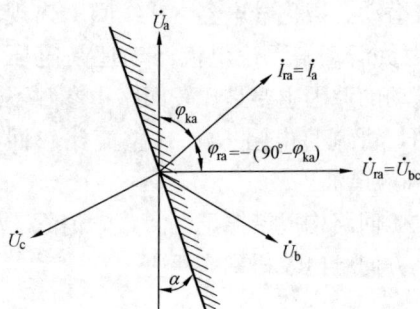

图 4-17　三相短路时加入功率方向继电器的电流、电压相量图

如图 4-17 所示，三相对称短路时，流入继电器电流 $\dot{I}_r = \dot{I}_a$，加入继电器的电压 $\dot{U}_{r1} = \dot{U}_{bc}$，$\dot{I}_r$ 超前 $\dot{U}_r$ 的相角为 $\varphi_{ra} = -(90° - \varphi_{ka})$，在一般情况下，电力系统中任何架空线路和电缆线路的阻抗角可能变化范围是 $0° \leqslant \varphi_k \leqslant 90°$，将该式代入 $\varphi_{ra} = -(90° - \varphi_{ka})$ 中，求出三相短路时相角 φ_{ra} 可能变化范围 $-90° \leqslant \varphi_{ra} \leqslant 0°$，将 φ_{ra} 代入式（4-2）中，得到使功率方向继电器在任何可能的阻抗角 φ_{ka} 情况下，满足动作时应选择的内角 α，即 $0° \leqslant \alpha \leqslant 90°$。

（二）两相短路

当发生 AB、BC、CA 两相短路时，接入故障相的继电器电流 $\dot{I}_r$ 和电压 $\dot{U}_r$ 间相位差 φ_r 的变化范围相同，故以 BC 两相短路为例说明 φ_r 的变化范围。

1. 近处两相短路

当短路故障点靠近保护安装处时，短路阻抗 Z_k 远小于系统阻抗 Z_s，在极限情况下，取 $Z_k = 0$，这时相量图如图 4-18（a）所示，短路电流 $\dot{I}_b$ 由电动势 $\dot{E}_{bc}$ 产生，$\dot{I}_b$ 滞后于 $\dot{E}_{bc}$ 的相角为 φ_k，φ_k 取决于短路的阻抗。电流 $\dot{I}_c = -\dot{I}_b$，保护安装处母线电压为

$$\dot{U}_a = \dot{E}_a$$

$$\dot{U}_b = \dot{U}_c = -\frac{1}{2}\dot{E}_a$$

接入各相继电器的电压分别为

$$\dot{U}_{ca} = \dot{U}_c - \dot{U}_a = -1.5\dot{E}_a$$

$$\dot{U}_{ab} = \dot{U}_a - \dot{U}_b = 1.5\dot{E}_a$$

$$\dot{U}_{bc} = \dot{U}_b - \dot{U}_c = 0$$

这时，由于 $\dot{I}_a = 0$，$\dot{U}_{bc} = 0$，A 相继电器 KW1 不动作。继电器 KW2，$\dot{I}_{rb} = \dot{I}_b$，$\dot{U}_{rb} = \dot{U}_{ca}$，则相角为

$$\varphi_{rb} = -(90° - \varphi_k)$$

继电器 KW3，$\dot{I}_{rc} = \dot{I}_c$，$\dot{U}_{rc} = \dot{U}_{ab}$，则相角为

$$\varphi_{rc} = -(90° - \varphi_k)$$

以上两式同三相短路的情况相同，φ_k 在 $0°\sim90°$ 范围内变化，为使继电器动作，也需要选择继电器的内角为 $0°\leqslant\alpha\leqslant90°$。

2. 远处两相短路

当短路点远离保护安装处，且系统容量很大时，$Z_k \gg Z_s$，极限情况取 $Z_s = 0$，则电流、电压相量图如图 4-18（b）所示。短路电流 $\dot{I}_b$ 滞后 $\dot{E}_{bc}$ 的相角为 φ_k，$\dot{I}_b = -\dot{I}_c$，B 相短路点电压为 $\dot{U}_{kb}$，C 相短路点电压为 $\dot{U}_{kc}$，保护安装处母线电压为

$$\dot{U}_a = \dot{E}_a$$

$$\dot{U}_b = \dot{U}_{kb} + \dot{I}_b Z_k \approx \dot{E}_b$$

$$\dot{U}_c = \dot{U}_{kc} + \dot{I}_c Z_k \approx \dot{E}_c$$

接入继电器的电压分别为

$$\dot{U}_{ca} = \dot{U}_c - \dot{U}_a \approx \dot{E}_c - \dot{E}_a = \dot{E}_{ca}$$

$$\dot{U}_{ab} = \dot{U}_a - \dot{U}_b \approx \dot{E}_a - \dot{E}_b = \dot{E}_{ab}$$

$$\dot{U}_{bc} = \dot{U}_b - \dot{U}_c \approx \dot{E}_b - \dot{E}_c = \dot{E}_{bc}$$

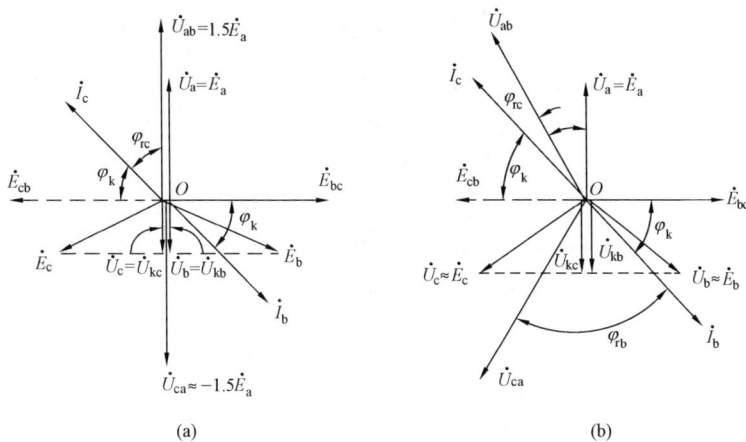

图 4-18　BC 两相短路时保护安装处电流电压的相量图

(a) 近处故障时相量图；(b) 远处故障时相量图

由于 $\dot{I}_a = 0$，故功率方向继电器 KW1 不动作。而对于继电器 KW2，$\dot{I}_{rb} = \dot{I}_b$，$\dot{U}_{rb} = \dot{U}_{ca} \approx$

$\dot{E}_{ca}$，它较近处短路时的 $\dot{I}_{rb}$ 滞后了 30°相角，故 $\varphi_{rb} = -(90°+30°-\varphi_k) = \varphi_k - 120°$，因此，在 $0° \leqslant \varphi_k \leqslant 90°$ 时，使继电器均能动作的内角为

$$30° \leqslant \alpha \leqslant 120° \tag{4-25}$$

对于继电器 KW3，$\dot{I}_r = \dot{I}_c$，$\dot{U}_r = \dot{U}_{ab} \approx \dot{E}_{ab}$，它较近处短路时的 $\dot{I}_{rc}$ 超前了 30°相角，故 $\varphi_{rc} = -(90°-30°-\varphi_k) = \varphi_k - 60°$，因此，当 $0° \leqslant \varphi_k \leqslant 90°$ 时，使继电器均能动作的继电器内角为

$$-30° \leqslant \alpha \leqslant 60° \tag{4-26}$$

为了满足以上两种极限情况下发生两相短路时使功率方向继电器均能动作的条件是

$$30° \leqslant \alpha \leqslant 60° \tag{4-27}$$

综合上述三相短路和各种两相短路情况分析，当线路短路阻抗角在 $0° \leqslant \varphi_k \leqslant 90°$ 时，为使功率方向继电器均能动作应选择继电器内角满足式（4-27）。LG-11 型整流型功率方向继电器提供了 $\alpha = 30°$ 和 $\alpha = 45°$ 两种内角，可见能满足上述要求。

应当指出，以上讨论的继电器内角 α 的范围，只是继电器在各种短路情况下，可能动作的条件，而不是动作最灵敏条件，继电器最灵敏条件应按 $\cos(\varphi_r + \alpha) = 1$ 的条件来考虑。因此对某一已确定了阻抗角的线路，应该根据这个条件来选择适当的内角，以使继电器动作最灵敏。

由以上分析可见，90°接线的优点是：①适当选择最大灵敏角 φ_m，对于线路上各种相间短路都能正确动作，而且对于各种两相短路都有较高继电器输入电压，保证了有较高的灵敏性；②在发生两相和单相接地短路时没有死区，在三相短路时出现的电压死区较小，有利于用电压记忆回路消除出口短路时的电压死区。

第四节　功率方向继电器按相启动

一、非故障相电流的影响

在系统中发生不对称短路时，非故障相仍有电流流过，此电流称为非故障相电流。现以发生两相短路和单相接地短路时为例，说明非故障相电流对方向电流保护的不良影响及其消除影响的方法。

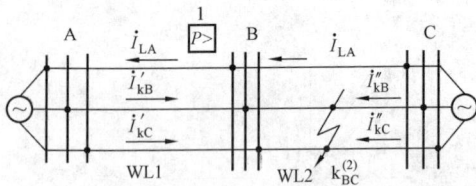

图 4-19　两相短路对非故障相电流的影响

如图 4-19 所示，当线路 WL2 上发生 B、C 两相短路时，B、C 两相中有短路电流流向故障点 k，而非故障相 A 相仍有负荷电流 $\dot{I}_{LA}$ 通过保护 P1，则保护 P1 中 A 相功率元件可能发生误动作。

二、按相启动

图 4-20（a）为直流回路的非按相启动的接线，由于 B、C 两相短路，电流继电器 KA2、KA3 动作，其动合触点闭合，如方向继电器 KW1 在负荷电流 $\dot{I}_{LA}$ 作用下误动作，启动时间继电器 KT，造成保护 1 控制的断路器跳闸。若采用直流回路按相启动接线，如图 4-20（b）所示，将同名各相电流元件和同名各相功率方向元件的动合触点串联后，分别组成独立的跳闸回路，这样可以消除非故障相电流的影响。因为当反方向故障时，故障相方向

元件不会动作（KW2、KW3 不动作），非故障相电流元件不会动作（KA1 不动作），所以保护不会误跳闸。

　　当大接地电流系统中发生单相接地时，非故障相中不仅有负荷电流，而且还有一部分故障电流，故这时对保护影响更加严重。现分析如下：图 4 - 21 所示为中性点直接接地系统，电源为一无限大容量系统，$Z_s = 0$，负荷侧变压器 T2 中性点直接接地，设系统中各元件阻抗为纯电抗。当在线路 WL1 上 k 点发生 A 相单相接地短路，各相短路电流分布和相量如图 4 - 21（a）和（b）中。现根据图 4 - 21 分析保护 1 和保护 2 中的方向继电器动作情况。

　　通过故障点短路电流 $\dot{I}_k^{(1)} = 3\dot{I}_0$，$\dot{I}_k^{(1)}$ 滞后 $\dot{E}_a$ 相角 90°，如取电流指向短路点的方向为正方向，则非故障相

B、C 相中电流 $\dot{I}_b^{(1)}$ 和 $\dot{I}_c^{(1)}$ 都等于 $\frac{1}{3}\dot{I}_k = \dot{I}_0$，并与 $\dot{I}_k^{(1)}$ 同相，故障相电压 $\dot{U}_a^{(1)} = 0$，而非

故障相的电压 $\dot{U}_b^{(1)}$ 和 $\dot{U}_c^{(1)}$ 假定分别为 $\dot{E}_b$ 和 $\dot{E}_c$，则加入非故障相继电器的电压为

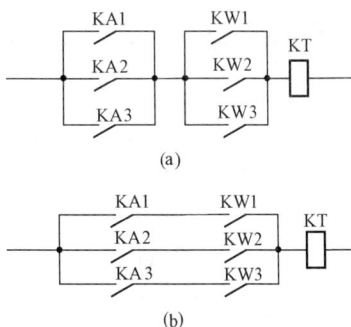

图 4 - 20　方向电流保护的
直流回路启动接线
（a）非按相启动；（b）按相启动

$$\dot{U}_{ab}^{(1)} = \dot{U}_a^{(1)} - \dot{U}_b^{(1)} = -\dot{E}_b$$

$$\dot{U}_{ca}^{(1)} = \dot{U}_c^{(1)} - \dot{U}_a^{(1)} = \dot{E}_c$$

取功率方向继电器内角 α 为 45°时，保护 1 和 2 继电器动作情况如表 4 - 2 所示。从表 4 - 2 中可知，保护 1 A 相功率继电器，进入电流 $\dot{I}_{ra} = \dot{I}_0$，加入电压 $\dot{U}_{ra} = \dot{U}_{bc} = \dot{E}_b - \dot{E}_c = \dot{E}_{bc}$，$\varphi_r = 0°$，$\cos(\varphi_r + \alpha) = \cos(0° + 45°) = \cos 45° > 0$，所以继电器动作。同理，分析结果表明保护 2 的 B 相和 C 相继电器电流 $\dot{I}_{rb}$ 和 $\dot{I}_{rc}$ 落在动作区内，所以继电器将误动作。为消除保护 2 误动，除采用按相启动外，电流元件的启动电流要躲过非故障相负荷电流来整定。如果由于按躲过非故障相电流整定，

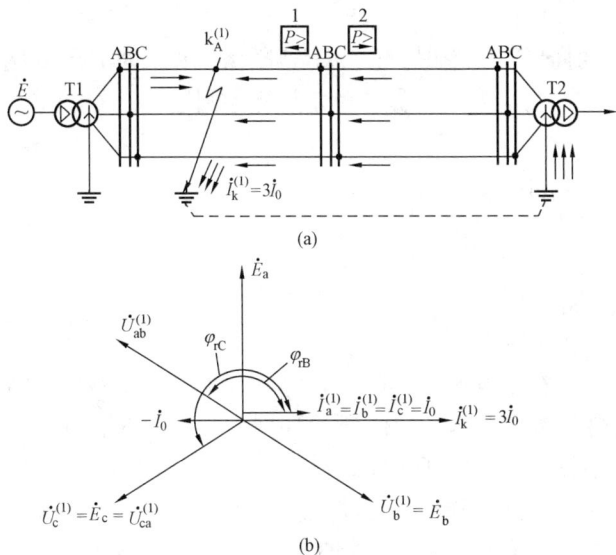

图 4 - 21　中性点直接接地系统中发生单相接地时
非故障相电流的影响
（a）电网接线及电流分布；（b）相量图

动作电流过大，不能满足灵敏性要求时，可采用零序过电流保护闭锁方向过电流保护的接线，如图 4 - 22 所示。图中用接地保护中零序电流继电器 KAZ 的触点来闭锁相间保护的方向过电流保护。

　　图中当线路发生单相接地时，KAZ 动作，断开其动断触点，把相间保护闭锁。这时间保护中电流元件动作，电流只需躲开非故障相中负荷电流即可。

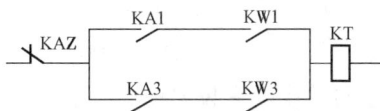

图 4 - 22　零序电流继电器闭锁
相间保护的接线

表 4 - 2　　　　　　　　　保护 1 和 2 各相功率方向继电器所加电流、电压及其相角差

保　护	功率方向继电器	$\dot{I}_r$	$\dot{U}_r$	$\varphi_r(°)$	动作情况	保护动作行为
1	KW1	$\dot{I}_0$	$\dot{U}_{bc}^{(1)}$	0	动作	能动作
	KW2	$\dot{I}_0$	$\dot{U}_{ca}^{(1)}$	210	不动	
	KW3	$\dot{I}_0$	$\dot{U}_{ab}^{(1)}$	150	不动	
2	KW1	$-\dot{I}_0$	$\dot{U}_{bc}^{(1)}$	180	不动	可能误动
	KW2	$-\dot{I}_0$	$\dot{U}_{ca}^{(1)}$	30	动作	
	KW3	$-\dot{I}_0$	$\dot{U}_{ab}^{(1)}$	−30	动作	

第五节　方向过电流保护的整定计算

一、方向电流速断保护整定计算

在两端供电或单电源环形网络中，同样可构成瞬时方向电流速断保护和限时方向电流速断保护。它们的整定计算可按一般不带方向的电流速断保护整定计算原则进行。

二、方向过电流保护的整定计算

方向过电流保护动作电流按下述三个条件来整定：

（1）躲开被保护线路中最大负荷电流 $I_{L,max}$，即

$$I_{op} = \frac{K_{rel}}{K_{re}} I_{L,max} \tag{4 - 28}$$

式中　$I_{L,max}$——考虑电动机自启动最大负荷电流。

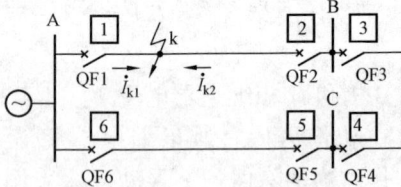

图 4 - 23　单侧电源环形网络

在单电源环形网中，应考虑开环时负荷电流的突然增加。如图 4 - 23 所示环网中，正常时，在保护 6 中流过正常闭环时的负荷电流，而当 k 点发生故障后，保护 1 和 2 动作将使其断路器 QF1、QF2 跳闸，电网变成开环运行，此时将在保护 6 中流过开环网络中全部负荷电流，同时还要考虑电动机此时自启动的影响。对于保护 2 和 5，在电网正常运行时，流过这两个保护的电流总是从线路流向母线方向，所以它们的方向元件总是处于制动状态，但考虑到电压互感器二次回路断线时，方向元件有误动的可能，因此，其启动元件的动作电流仍按大于线路上正常负荷电流来整定。

（2）躲过非故障相电流整定。在小接地电流系统中，非故障相电流为负荷电流，故保护装置的动作电流只需按式（4-28）整定即可。在大接地电流系统中，非故障相电流 $\dot{I}_{unf}$ 除负荷电流 $\dot{I}_L$ 外，还包括故障电流的零序分量 $3\dot{I}_0$，可用下式计算

$$\dot{I}_{unf} = \dot{I}_L + 3K\dot{I}_0$$

式中　K——非故障相中零序电流与故障相电流的比例系数，显然，对于单相接地短路，$K = \dfrac{1}{3}$。

启动元件动作电流按下式计算

$$I_{op} = K_{rel} I_{unf} = K_{rel}(I_L + 3KI_0) \tag{4-29}$$

如采用图 4-22 所示零序电流闭锁接线，保护装置动作电流可只按式（4-28）计算。

（3）同方向的保护，它们的灵敏系数应互相配合。方向过电流保护通常用作下一段线路的后备保护，为保证保护装置动作的选择性，应使前一段线路保护的动作电流大于后一段线路保护的动作电流，即沿着同一保护方向，保护装置的动作电流，从远离电源最远处开始逐级增大，这称为与相邻线路保护的灵敏系数配合。以图 4-23 为例，上述原则可表示为

$$\left.\begin{array}{l} I_{op2} < I_{op4} < I_{op6} \\ I_{op5} < I_{op3} < I_{op1} \end{array}\right\} \tag{4-30}$$

以保护 2、4、6 为例，保护 4 动作电流应表示为

$$I_{op4} = K_{co} I_{op2}$$

式中　K_{co}——配合系数，一般取 1.1。

同方向保护应按上述计算结果中最大者作为方向过电流保护的动作值。

如不满足式（4-30）要求，在图 4-23 中，根据负荷大小在变电所 B 和 C 中分布情况不同，保护 2 动作电流可能大于保护 4 动作电流，即 $I_{op2} > I_{op4}$，而当在 k 点发生短路时，短路电流分成两路（$\dot{I}_{k1}$ 和 $\dot{I}_{k2}$）流向故障点，这时 $\dot{I}_{k2}$ 较小，有 $I_{op2} > I_{k2} > I_{op4}$，则保护 4 将误动，造成越级跳闸。

三、保护的相继动作和灵敏系数校验

图 4-23 所示单侧电源环形网络，当短路点靠近 A 母线时，几乎全部短路电流经过 QF1 流向故障点，而经过 QF2～QF6 流向短路点的电流可忽略不计。故保护 2 只有在保护 1 动作断开 QF1 后，QF2 才能动作。保护的这种动作称为相继动作，能产生相继动作的某段区域称为相继动作区。保护装置相继动作的结果使切除故障时间加长，对电力系统是不利的，但在环形网络中，发生相继动作是不可避免的。

方向电流保护灵敏系数，主要取决于电流元件的灵敏系数，其校验方法与不带方向的过电流保护相同，即当作本线路主保护时，在本线路末端发生短路时，电流启动元件的最小灵敏系数不应小于 1.5，作相邻线路后备保护时，在相邻线路末端短路时最小灵敏系数为 1.2。如果电流启动元件灵敏系数不能满足上述要求，则可采用低电压启动的方向过电流保护，这时电流元件启动电流计算可不必考虑由于电动机自启动而引起的最大负荷电流，而按正常工作时最大负荷电流进行整定计算，同样可以提高保护的灵敏系数。

至于功率方向元件，通常不计算它的灵敏系数，因为这种继电器动作功率不大，当被保护线路末端或相邻线路短路时，一般接入功率方向继电器的母线残压数值很高，足可以使功率方向继电器动作。

四、保护装置的动作时限

方向过电流保护的动作时限是按逆向阶梯原则整定的，即同一动作方向的保护装置，其动作时限按阶梯原则来整定，如图 4-24 所示。图中注明了各保护的动作方向，其中 1、3、

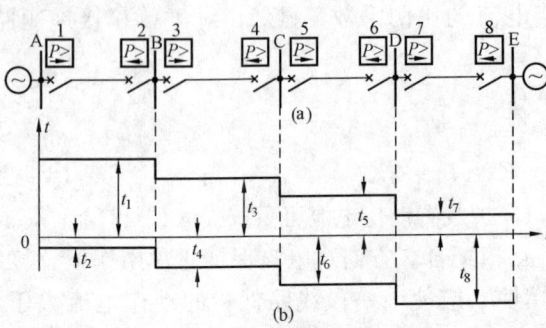

图 4-24 按逆向阶梯原则选择的时限特性

(a) 网络图；(b) 时限特性

5、7 保护为一组，2、4、6、8 保护为一组。它们的动作时限为

$$t_1 > t_3 > t_5 > t_7$$
$$t_8 > t_6 > t_4 > t_2$$

这里需要指出，按照阶梯原则，保护装置动作时限不仅要与相邻主干线上保护相配合，而且要与被保护线路对侧母线上所有出线的保护相配合。

从图 4-24 所示时限特性上可看出，不是所有保护上都必须加装方向元件。如变电所 D 中保护 6 和 7，因为 $t_6 > t_7$，所以当在 DE 线路上发生短路时，保护 7 将先于保护 6 动作，将故障切除，即动作时限的配合已能保证保护 6 不会发生非选择性动作，故保护 6 上可不装设方向元件。由此得出结论，对装设在同一母线两侧的保护来说，动作时限较长者，可不装设方向元件；动作时限较短者，必须装设方向元件；如两保护动作时限相同，则在两保护上都必须装设方向元件。

【例 4-1】 求图 4-25 所示网络方向过电流保护动作时间，时限级差取 0.5s，并说明哪些保护需要装设方向元件。

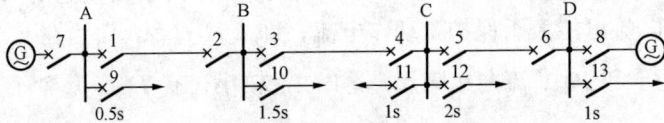

图 4-25 [例 4-1] 接线图

解 （1）计算各保护动作时限。

保护 7、1、3、5 为同方向，其动作时限为

$$t_5 = t_{13} + \Delta t = 1.0 + 0.5 = 1.5s$$
$$t_3 = t_5 + \Delta t = 1.5 + 0.5 = 2.0s$$
$$t_3 = t_{11} + \Delta t = 1.0 + 0.5 = 1.5s$$
$$t_3 = t_{12} + \Delta t = 2.0 + 0.5 = 2.5s$$

取时限长的 $t_3 = 2.5s$。

同理

$$t_1 = t_3 + \Delta t = 2.5 + 0.5 = 3s$$
$$t_7 = t_1 + \Delta t = 3 + 0.5 = 3.5s$$

保护 8、6、4、2 为同方向，其动作时限为

$$t_2 = t_9 + \Delta t = 0.5 + 0.5 = 1.0s$$
$$t_4 = t_{10} + \Delta t = 1.5 + 0.5 = 2.0s$$
$$t_6 = t_4 + \Delta t = 2.0 + 0.5 = 2.5s$$
$$t_8 = t_6 + \Delta t = 2.5 + 0.5 = 3.0s$$

（2）确定应装设方向元件的保护。

观察 A 母线，由于 $t_1 < t_7$，所以保护 1 应装设方向元件；B 母线，由于 $t_2 < t_{10} < t_3$，保

护 2 应装设方向元件；C 母线，由于 $t_5 < t_4$，保护 5 应装设方向元件；因 $t_4 = t_{12}$，所以保护 4 也要装设方向元件；D 母线，因 $t_6 < t_8$，保护 6 应装设方向元件。

第六节　电网相间短路方向电流保护的评价及应用

一、选择性

方向电流保护装置动作选择性是依靠逆向阶梯原则的时限特性和方向元件来保证的，对于多电源的辐射形网络和单电源的环形网络，能保证动作的选择性，但对于多电源的环形网络和单电源具有不经电源引出对角线接线的环形网络就不能满足选择性的要求了。

二、迅速性

方向过电流保护与不带方向性的过电流保护一样，动作时限按阶梯原则选择，因此，动作时限长，特别是靠近电源的保护装置。

三、灵敏性

方向过电流保护的灵敏性是由电流元件决定的。受网络结构和系统运行方式变化的影响，一般情况下具有足够的灵敏系数。但在长距离、负荷较大的线路上，灵敏系数往往不能满足要求。

四、可靠性

方向过电流保护采用的继电器和接线都比较简单，故运行中动作可靠。因此方向过电流保护主要用于 35kV 及以下两侧电源辐射形网络和单电源环形网络中。常采用三段式方向过电流保护作为相间短路的主保护，在灵敏系数和快速性要求不够高时，某些情况下速断部分可以无选择性的动作，但应以自动重合闸来补助。在 110kV 电网中，如果满足要求也可以采用方向过电流保护。

思 考 题 与 习 题

4-1　过电流保护和电流速断保护在什么情况下需要装设方向元件？试举例说明之。

4-2　说明构成相位比较和幅值比较的功率方向继电器的基本方法。

4-3　试分析 90°接线时某相间短路功率方向元件在电流极性接反时，正方向发生三相短路时的动作情况。

4-4　画出功率方向继电器 90°接线，分析在采用 90°接线时，通常继电器的 α 角取何值为好？

4-5　在方向过电流保护中为什么要采用按相启动？

4-6　为什么方向过电流保护在相邻保护间要实现灵敏系数配合？

4-7　试画出二相式方向过电流保护装置的接线图（原理接线图、展开接线图），并说明方向过电流保护动作电流如何整定？

4-8　LG-11 型功率方向继电器 α 角有两个定值，一个是 30°，另一个是 45°。试分别画出最大灵敏角 $\varphi_m = -30°$ 和 $\varphi_m = -45°$ 时，功率方向继电器的动作区和 φ_r 的变化范围的相量图。

4-9　有一按 90°接线的 LG-11 型功率方向继电器，其电抗变换器 UX 的转移阻抗角为

$60°$或 $45°$，问：

（1）该继电器的内角 α 多大？灵敏角 φ_m 多大？

（2）该继电器用于阻抗角多大的线路才能在三相短路时最灵敏？

4 - 10　如图 4 - 26 所示输电网络，在各断路器上装有过电流保护，已知时限级差 $\Delta t =$ 0.5s，为保证动作选择性，试确定各过电流保护的时间及哪些保护需要装设方向元件。

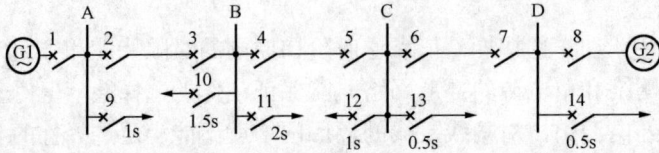

图 4 - 26　题 4 - 10 输电网络图

4 - 11　如图 4 - 27 所示输电网络中各断路器采用方向过电流保护，时限级差 $\Delta t = 0.5s$，试确定各过电流保护的动作时间，并说明哪些保护需要装设方向元件。

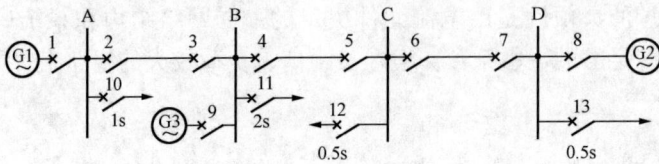

图 4 - 27　题 4 - 11 输电网络图

第五章　电力系统的接地保护

本章主要讲述中性点直接接地电力系统接地短路时出现的零序电流、零序电压变化的特点及其规律，零序电流保护及零序方向电流保护的工作原理及构成。重点讲述三段式零序电流保护的接线及其整定计算，接地保护中 LG-12 型零序功率方向继电器的特点及接线。还讲述中性点非直接接地电力系统发生单相接地故障时的特点及其保护方式，并简要介绍中性点经消弧绕组接地电力系统接地保护及对零序电流保护的评价。

我国电力系统中采用的中性点接地方式，通常有中性点直接接地方式、中性点经消弧线圈接地方式和不接地方式三种。一般 110kV 及其以上电压等级的电力系统都采用中性点直接接地方式，3～35kV 的电力系统采用中性点不接地或经消弧绕组接地的方式。

第一节　中性点直接接地系统接地短路时的
零序电压、零序电流和零序功率

中性点直接接地电力系统中发生单相接地故障时，因中性点直接接地，在故障相中流过很大的短路电流，所以这种电力系统又称为大接地电流电力系统。在中性点直接接地电力系统中，发生单相接地短路时，要求继电保护装置尽快切除故障。在前面讨论的电流保护中，采用三相完全星形接线方式时，显然也能反映中性点直接接地电力系统的单相接地短路，但由于这种保护通常有灵敏性较低和动作时限较长等缺点，所以在中性点直接接地电力系统中必须装设专用的接地保护，这种保护与前者相比具有接线简单，灵敏性高，动作时限较短等优点。下面说明单相接地时零序分量的特点及变压器中性点接地方式的选择。

（一）单相接地时零序分量的特点

如图 5-1 所示，在电网发生单相接地短路时，可以利用对称分量法将不对称的电力系统电压和电流分解为对称的正序、负序和零序分量，并能用复合序网图表示它们之间的关系，进行短路计算。短路计算的零序等值网络如图 5-1（b）所示，零序电流可看成是由故障点出现的零序电压 $\dot{U}_{k0}$ 产生的，它经过变压器接地中性点构成零序回路。假设零序电流由母线指向线路故障点为正，零序电压正方向以线路电压高于大地为正。

根据零序网络可写出保护安装处 A 和 B 及故障点 k 处的零序

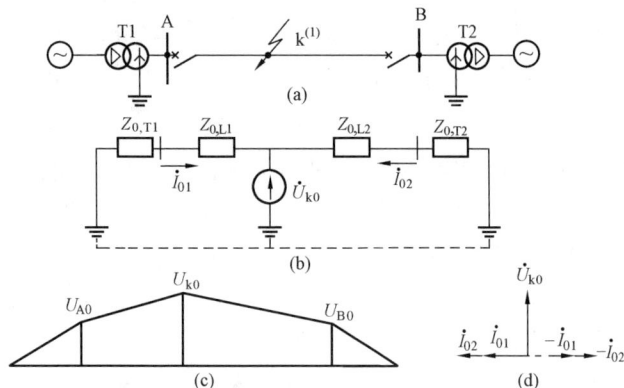

图 5-1　接地短路时的零序等值网络
(a) 电网接线；(b) 零序网络；(c) 零序电压分布；
(d) 零序电流、电压相量图

电压分别为

$$\left.\begin{array}{l} \dot{U}_{k0} = -\dot{I}_{01}(Z_{0,T1} + Z_{0,L1}) \\ \dot{U}_{A0} = -\dot{I}_{01}Z_{0,T1} \\ \dot{U}_{B0} = -\dot{I}_{02}Z_{0,T2} \end{array}\right\} \tag{5-1}$$

式中　$\dot{Z}_{0,T1}$、$Z_{0,T2}$——变压器 T1、T2 的零序阻抗;

　　　$Z_{0,L1}$、$Z_{0,L2}$——线路的零序阻抗。

故障点处的零序电流 $\dot{I}_0$ 为

$$\dot{I}_0 = \frac{\dot{E}_\Sigma}{Z_{1\Sigma} + Z_{2\Sigma} + Z_{0\Sigma}} \tag{5-2}$$

式中　　　$\dot{E}_\Sigma$——电源等值电动势;

$Z_{1\Sigma}$、$Z_{2\Sigma}$、$Z_{0\Sigma}$——系统综合正序、负序阻抗和零序阻抗。

根据对称分量法求解可知在故障点处,各序电压和电流有下列关系

$$\left.\begin{array}{l} \dot{U}_{k1} = -(\dot{U}_{k2} + \dot{U}_{k0}) \\ \dot{I}_{k1} = \dot{I}_{k2} = \dot{I}_{k0} \end{array}\right\} \tag{5-3}$$

由于各序电流的共轭复数也相等,所以各序复数功率之间关系为

$$\overline{S}_{k1} = -(\overline{S}_{k2} + \overline{S}_{k0}) \tag{5-4}$$

当 A 相发生单相接地短路时,忽略回路电阻,零序电流、电压相量图如图 5-1 (d)所示。

根据上述对零序网络的分析可知零序分量有如下特点:

(1) 故障点处的零序电压最高,网络中距离故障点越远零序电压越低,零序电压分布如图 5-1 (c) 所示。

(2) 零序电流是由 $\dot{U}_{k0}$ 产生,当忽略回路电阻时,如图 5-1 (d) 所示,$\dot{I}_{01}$ 和 $\dot{I}_{02}$ 超前 $\dot{U}_{k0}90°$。零序电流的分布,主要由线路零序阻抗和中性点接地变压器的零序阻抗决定,而与电源的数目和位置无关。如图 5-1 (a) 中变压器 T2 的中性点不接地,则 $I_{02} = 0$。

(3) 从任一保护(如保护 1) 安装处零序电压和电流之间关系看,母线 A 上零序电压实际上是从该点到零序网络中性点之间零序阻抗上的电压降,因此可表示为

$$\dot{U}_{A0} = (-\dot{I}_{01})Z_{0,T1}$$

该处零序电流与零序电压之间相位角也由 $Z_{0,T1}$ 的阻抗角决定,而与被保护线路的零序阻抗和故障点的位置无关。

(4) 零序电流的分布和大小,由电网中线路的零序阻抗和中性点接地变压器的零序阻抗及中性点接地变压器的数目和位置决定,当电力系统运行方式改变时,线路和中性点的变压器数目及其位置不变,则零序网络保持不变。但此时系统正序阻抗和负序阻抗随运行方式改变而发生改变,因此将引起故障点各序分量电压($\dot{U}_{k1}$、$\dot{U}_{k2}$、$\dot{U}_{k0}$)之间分布的改变,从而间接影响零序电流的大小。

(5) 在故障线路上,正序功率方向是从电源指向故障点的,而零序功率的方向则与之相反,是由故障点向变压器中性点传播的,即零序功率是从线路流向母线的,由于接地故障点

零序电压 U_{k0} 最大，所以故障点的零序功率最大。

（二）变压器中性点接地方式的选择

系统中全部或部分变压器中性点直接接地是大接地电流系统的标志。其主要目的是降低对整个系统绝缘水平的要求。但中性点接地变压器的台数、容量及其分布情况变化时，零序网络也随之改变，因此，同一故障点的零序电流分布也随之改变。所以变压器的中性点接地情况改变，将直接影响零序电流保护的灵敏性。因此对变压器中性点接地的选择要满足下面两条要求：

（1）不使系统出现危险的过电压。

（2）不使零序网络有较大改变，以保证零序电流保护有稳定的灵敏性。

根据上述两条要求，变压器中性点接地方式选择的原则如下几点。

（1）在多电源系统中，每个电源处至少有一台变压器中性点接地，以防止中性点不接地的电源因某种原因与其他电源切断联系时，形成中性点不接地系统。如图 5-1（a）中，如变压器 T1 的中性点不接地，当线路 AB 上发生接地短路时，B 侧零序保护先动作跳开 B 侧断路器，则 A 侧成为一个中性点不接地系统并带接地故障点运行，从而会产生危险的弧光过电压，使按大接地电流系统设计的设备的绝缘遭受到破坏。

（2）在双母线按固定连接方式运行的变电所，每组母线上至少应有一台变压器中性点直接接地。这样，当母线联络开关断开后，每组母线上仍保留一台中性点直接接地的变压器。

（3）每个电源处有多台变压器并联运行时，规定正常时按一台变压器中性点直接接地运行，其他变压器中性点不接地。这样，当某台中性点接地变压器由于检修或其他原因切除时，将另一台变压器中性点接地，以保持系统零序电流的大小与分布不变。

（4）两台变压器并联运行，应选用零序阻抗相等的变压器，正常时将一台变压器中性点直接接地。当中性点接地变压器退出运行时，则将另一台变压器中性点直接接地运行。

（5）220kV 以上大型电力变压器都为分级绝缘，且分为两种类型，其中绝缘水平较低的一种（500kV 系统，中性点绝缘水平为 38kV 的变压器），中性点必须直接接地。

第二节　中性点直接接地系统的零序电流保护

一、零序电流保护的构成

1. 零序电流滤过器的不平衡电流

零序电流保护是通过零序电流滤过器获得零序电流的，零序电流滤过器的工作原理在第二章第四节中已作过介绍，如图 2-22（a）所示。当发生相间短路时，尤其在短路暂态开始瞬间，短路电流中含有很大非周期分量，造成滤过器中三个电流互感器 TA 的铁芯严重饱和，由于三个 TA 的铁芯磁化性能不完全一样，引起铁芯饱和程度不同而造成励磁电流有很大差异，因而产生很大不平衡电流。为使保护装置避免非选择性动作，通常保护的动作电流按躲过最大不平衡电流的条件来整定。为了减小不平衡电流，提高保护的灵敏系数，就必须选用具有同样磁化特性的 TA 组成零序电流滤过器，并使它们工作在磁化曲线未饱和部分，同时减轻其二次负荷，并使三相负荷尽量均衡。

零序电流滤过器的最大不平衡电流可用下式计算

$$I_{\mathrm{unb,max}} = K_{\mathrm{np}} K_{\mathrm{st}} K_{\mathrm{er}} I_{\mathrm{k,max}}^{(3)} / K_{\mathrm{TA}} \tag{5-5}$$

式中　　K_{np}——短路电流非周期分量系数，采用重合闸后加速时，取 1.5～2，否则取 1；

　　　　K_{st}——TA 的同型系数，相同型号取 0.5，不同型号取 1；

　　　　K_{err}——TA 的 10% 电流误差，取 0.1；

　　　　$I_{k,max}^{(3)}$——最大外部三相短路电流。

对于采用电缆引出的送电线路，采用零序电流互感器 TAN 来获得零序电流，如图 2-22（b）所示。采用零序电流互感器作零序保护的好处是没有不平衡电流，同时保护接线比较简单。

2. 零序电流保护的接线

零序电流保护和相间电流保护一样，广泛采用的是三段式零序电流保护。通常零序电流保护Ⅰ段为无时限零序电流速断保护，只保护线路中一部分；零序电流保护Ⅱ段为带时限零序电流速断保护，一般带 0.5s 延时，可保护线路全长，并与相邻线路保护相配合；零序电流保护Ⅲ段为零序过电流保护，作为本级线路和相邻线路接地短路的后备保护。

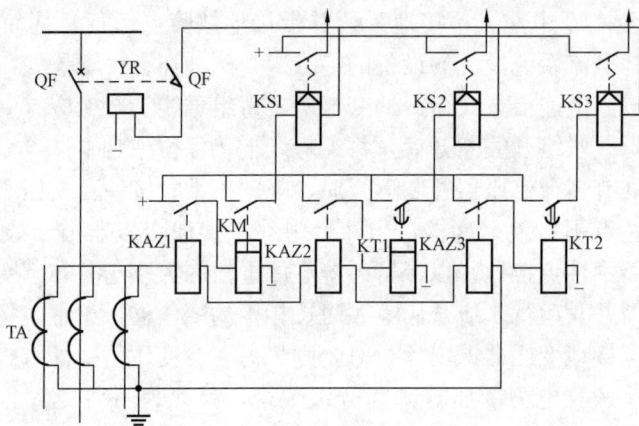

图 5-2　三段式零序电流保护原理接线图

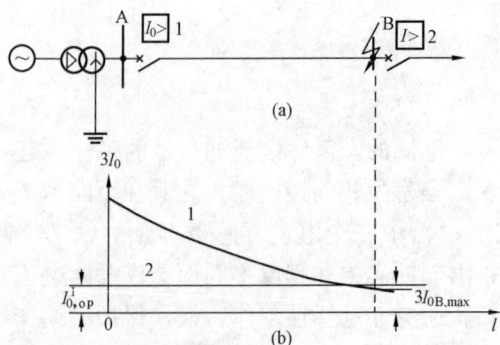

图 5-3　无时限电流速断保护原理
（a）网络接线；（b）零序电流曲线

其原理接线图如图 5-2 所示。图中零序电流继电器 KAZ1、中间继电器 KM、信号继电器 KS1 构成零序电流保护Ⅰ段，KAZ2、KT1（时间继电器）和 KS2 构成零序电流保护Ⅱ段，KAZ3、KT2、KS3 构成零序电流保护Ⅲ段。

二、三段式零序电流保护的整定计算

（一）无时限零序电流速断保护（零序电流保护Ⅰ段）

无时限零序电流速断保护（零序电流保护Ⅰ段）的整定计算同相间短路无时限电流速断保护类似，不同的是无时限零序

电流速断保护只反应接地短路时通过的零序电流。如图 5-3（a）所示大接地电流系统，在

输电线路上发生接地短路时，作出接地短路点沿被保护线路移动时，流经保护 1 的最大零序电流 $3I_0$ 的变化曲线 1，如图 5 - 3 (b) 所示。为保证选择性，保护 1 零序电流保护 I 段的保护范围不超过本级线路的末端，因此，它的动作电流按以下原则整定：

(1) 躲过被保护线路末端接地短路时最大零序电流 $3I_{0,\max}$，即

$$I_{0,\mathrm{op}}^{\mathrm{I}} = K_{\mathrm{rel}}^{\mathrm{I}} \times 3I_{0,\max} \tag{5-6}$$

式中　$K_{\mathrm{rel}}^{\mathrm{I}}$——可靠系数，取 1.2～1.3。

在接地短路中，两相接地短路时的零序电流 $I_0^{(1,1)}$，可能大于单相接地短路时的零序电流 $I_0^{(1)}$，当网络正序阻抗和负序阻抗相等，即 $Z_1 = Z_2$ 时，则

$$3I_0^{(1)} = \frac{3E_1}{2Z_1 + Z_0}, \quad 3I_0^{(1,1)} = \frac{3E_1}{Z_1 + 2Z_0} \tag{5-7}$$

因此，当 $Z_0 > Z_1$ 时，$3I_0^{(1)} > 3I_0^{(1,1)}$，启动电流采用单相接地短路时的零序电流 $3I_{0,\max}^{(1)}$ 来整定；而当 $Z_1 > Z_0$ 时，$3I_0^{(1,1)} > 3I_0^{(1)}$，启动电流应采用两相接地短路时零序电流 $3I_{0,\max}^{(1,1)}$ 来整定。

(2) 躲过断路器三相触头不同时接通时所引起的最大零序电流 $3I_{0,\mathrm{ust}}$，即

$$I_{0,\mathrm{op}}^{\mathrm{I}} = K_{\mathrm{rel}}^{\mathrm{I}} \times 3I_{0,\mathrm{ust}} \tag{5-8}$$

式中　$K_{\mathrm{rel}}^{\mathrm{I}}$ 取 1.1～1.2。

断路器一相闭合或两相闭合时所产生的零序电流，可按系统两相或一相断线时零序等值序网计算，然后取其中最大值者。

1) 当断路器接通一相时，相当于两相断线，则

$$I_0 = \frac{|\dot{E}_1 - \dot{E}_2|}{2Z_{1\Sigma} + Z_{0\Sigma}} \tag{5-9}$$

2) 当断路器先接通两相时，相当于一相断线，则

$$I_0 = \frac{|\dot{E}_1 - \dot{E}_2|}{Z_{1\Sigma} + 2Z_{0\Sigma}} \tag{5-10}$$

式中　$\dot{E}_1$、$\dot{E}_2$、——断线两侧系统的等值相电动势，考虑最严重时，$\dot{E}_1$ 与 $\dot{E}_2$ 相位差为 180°；

$Z_{1\Sigma}$、$Z_{0\Sigma}$——从断线点看进去的网络的正序、零序综合阻抗。

在装有管型避雷器的线路上，为避免在避雷器放电动作时引起保护误动作，可在无时限零序电流速断保护接线中装有带小延时的中间继电器，这样可以在时间上躲过断路器三相触头不同期的时间，在整定动作电流时可不必考虑第二个条件。

3) 当被保护线路采用单相自动重合闸时，保护还应躲过非全相运行又发生系统振荡时所出现的最大 3 倍零序电流 $3I_{0,\mathrm{unc}}$，即

$$I_{0,\mathrm{op}}^{\mathrm{I}} = K_{\mathrm{rel}}^{\mathrm{I}} \times 3I_{0,\mathrm{unc}} \begin{cases} K_{\mathrm{rel}}^{\mathrm{I}} \geqslant 1.1 (3I_{0,\mathrm{unc}} \text{ 按实际摇摆计算}) \\ K_{\mathrm{rel}}^{\mathrm{I}} \geqslant 1.2 (3I_{0,\mathrm{unc}} \text{ 按 } 180° \text{ 摇摆角计算}) \\ \text{发电厂出线时 } K_{\mathrm{rel}}^{\mathrm{I}} \text{ 应比上述值更大} \end{cases} \tag{5-11}$$

在装有综合重合闸线路上，常采用两个零序电流保护 I 段。一个是灵敏零序 I 段，其动作电流按第一条和第二条要求整定。按此原则整定的灵敏 I 段不能躲过非全相振荡出现的零序电流 $3I_{0,\mathrm{unc}}$，为此，在单相自动重合闸时，自动将灵敏 I 段闭锁，需待恢复全相运行时再重新投入。为在非全相运行时，快速切除故障，再设置一个不灵敏的零序 I 段，其动作电流按第三条整定。通过设置两个零序电流保护 I 段，解决了全相与非全相运行下保护灵敏性和

选择性之间产生的矛盾。

零序电流保护Ⅰ段的保护最小范围要求不小于本保护线路长度的 $15\% \sim 20\%$，其整定的动作延时为 0s。

（二）带时限零序电流速断保护（零序电流保护Ⅱ段）

带时限零序电流速断保护（零序电流保护Ⅱ段）的作用与动作值计算原则与相间电流保护Ⅱ段的整定计算原则相同。

（1）零序电流保护Ⅱ段的动作电流应与相邻线路零序电流保护Ⅰ段相配合整定，即要躲过下段线路零序电流保护Ⅰ段范围末端接地短路时，流经本保护装置的最大零序电流。以图 5-4 所示的电网为例，保护 1 的零序电流保护Ⅱ段动作电流为

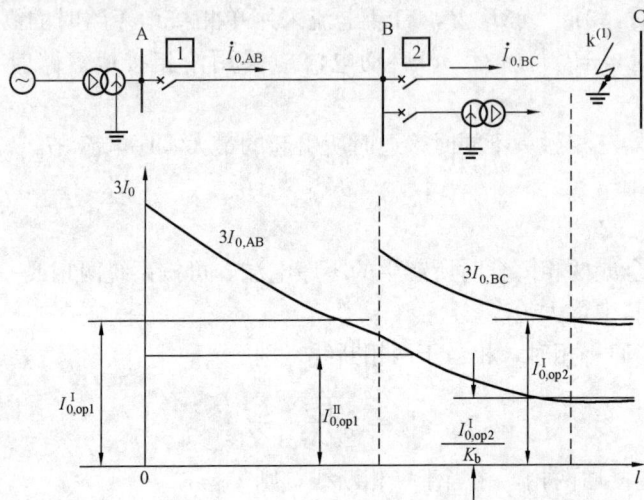

图 5-4 带时限零序电流速断保护的配置整定计算的说明

$$I^{\mathrm{II}}_{0,\mathrm{op1}} = \frac{K^{\mathrm{II}}_{\mathrm{rel}}}{K_{\mathrm{b,min}}} I^{\mathrm{I}}_{0,\mathrm{op2}} \qquad (5\text{-}12)$$

$$K_{\mathrm{b,min}} = \left(\frac{I_{0,\mathrm{BC}}}{I_{0,\mathrm{AB}}} \right)_{\mathrm{min}} \qquad (5\text{-}13)$$

式中 $I^{\mathrm{I}}_{0,\mathrm{op2}}$——相邻下一线路无时限零序电流速断保护动作电流；

     $K^{\mathrm{II}}_{\mathrm{rel}}$——可靠系数，取 1.1；

     $K_{\mathrm{b,min}}$——最小分支系数，等于下一线路 BC 零序电流保护Ⅰ段保护范围末端接地短路时，流经故障线路与被保护线路的零序电流之比的最小值。

当相邻线路有多条出线时，应取按式（5-12）计算的最大值者作为保护 1 的整定值，并进行灵敏系数的校检，即

$$K^{\mathrm{II}}_{\mathrm{s,min}} = \frac{3I_{0,\mathrm{min}}}{I^{\mathrm{II}}_{0,\mathrm{op1}}} \geqslant 1.3 \sim 1.5 \qquad (5\text{-}14)$$

式中 $I_{0,\mathrm{min}}$——被保护线路末端接地短路时，流过保护的最小零序电流。

（2）若灵敏系数校验不合格，可采用下面的措施：

1）按与下一线路带时限电流速断保护相配合进行整定，即

$$I_{0,op1}^{II} = \frac{K_{rel}^{II}}{K_{b,min}} I_{0,op2}^{II} \tag{5-15}$$

式中　$I_{0,op2}^{II}$——相邻线路保护 2 带时限电流速断保护动作电流。

2）按式（5-12）整定后，其灵敏系数校验电流不满足要求时，可保留此零序电流保护 II 段，同时增加一个按式（5-15）整定的零序电流保护 II 段。这样，装置中具有两个定值和时限不同的零序电流保护 II 段，一个定值较大，能在正常运行方式或最大运行方式下，以较短的延时切除本线路所发生的接地短路；另一个定值较小，有较长的延时，能保证在系统最小运行方式下线路末端发生接地短路时，具有足够的灵敏性。

（3）此外，根据上述原则整定的零序电流保护 II 段的动作电流若不能躲开非全相运行时的零序电流，则装有综合自动重合闸的线路出现非全相运行时应将该保护退出工作，或者装设两个零序电流保护 II 段，其中不灵敏的零序电流保护 II 段按躲过非全相运行时的最大零序电流整定。当线路在单相自动重合闸过程中和非全相运行时不退出工作，灵敏的零序电流保护 II 段按与相邻线路零序保护配合的条件整定，在线路进行单相重合闸过程中和非全相运行时退出工作。

零序电流保护 II 段动作时间整定有两点：

1）当零序电流保护 II 段整定值与相邻线路零序电流保护 I 段配合时，其动作延时取 0.5s，即

$$t_{01}^{II} = \Delta t = 0.5s \tag{5-16}$$

2）当零序电流保护 II 段整定值是按与相邻线路零序电流保护 II 段配合时，其动作延时为

$$t_{01}^{II} = t_{02,max}^{II} \tag{5-17}$$

式中　$t_{02,max}^{II}$——相邻线路零序 II 段的最大动作延时。

（三）零序过电流保护（零序电流保护 III 段）

零序过电流保护主要作为本线路零序电流保护 I 段和零序电流保护 II 段的近后备保护和相邻线路、母线、变压器接地短路的远后备保护。在中性点直接接地系统中的终端线路上，也可以作为接地短路的主保护。它的动作电流整定计算应当遵循以下原则：

（1）躲过相邻线路始端三相短路时，流过保护的最大不平衡电流，即

$$I_{0,op1}^{III} = K_{rel}^{III} I_{unb,max} \tag{5-18}$$

式中　K_{rel}^{III}——可靠系数，一般取 1.2~1.3；

　　　$I_{unb,max}$——相邻线路始端三相短路，零序电流滤过器中出现的最大不平衡电流，按式（5-5）计算。

（2）与相邻线路零序电流保护 III 段保护进行灵敏性配合，以保证动作的选择性，即本级线路的零序电流保护 III 段的保护范围不能超过相邻线路零序电流保护 III 段的保护范围。为此，零序电流保护 III 段的动作电流必须进行逐级配合。如图 5-4 所示线路 AB 保护 1 的零序电流保护 III 段的动作电流必须与相邻线路 BC 保护 2 零序电流保护 III 段进行选择性配合整定，即

$$I_{0,op1}^{III} = \frac{K_{rel}^{III}}{K_{b,min}} I_{0,op2}^{III} \tag{5-19}$$

式中　K_{rel}^{III}——可靠系数（又称配合系数），取 1.1~1.2；

$K_{b,min}$——分支系数;

$I_{0,op2}^{\text{III}}$——保护 2 零序电流保护Ⅲ段动作电流的二次值。

（3）躲过系统非全相运行时出现的最大三倍零序电流,即

$$I_{0,op1}^{\text{III}} = K_{rel}^{\text{III}} \times 3I_{0,unc} \tag{5-20}$$

式中 K_{rel}^{III}——可靠系数,取 1.2～1.3;

$I_{0,unc}$——系统非全相运行时流过保护的最大零序电流的二次值。

（4）对于 110kV 网络,该段应躲过线路末端变压器另一侧短路时可能出现的最大不平衡电流 $I_{unb,max}$,即

$$I_{0,op1}^{\text{III}} = K_{rel}^{\text{III}} I_{unb,max} \tag{5-21}$$

$$I_{unb,max} = K_{np} K_{st} K_{er} I_{k,max}^{(3)}$$

式中 K_{rel}^{III}——可靠系数,取 1.2～1.3;

K_{np}、K_{st}、K_{er}——各系数定义与取值同式（5-5）;

$I_{k,max}^{(3)}$——线路末端变压器另一侧短路时流过保护的最大短路电流。

零序过电流保护灵敏系数校验按下式进行

$$K_{s,min} = \frac{3I_{0,min}}{K_{TA} I_{0,op1}^{\text{III}}} \tag{5-22}$$

式中 $I_{0,min}$——灵敏系数校验点发生接地短路时,流过保护的最小零序电流。

当该保护作近后备保护时,校验点在被保护线路末端,要求灵敏系数 $K_{s,min} \geqslant 1.3～1.5$;当该保护作远后备保护时,校验点在相邻线路末端,要求灵敏系数 $K_{s,min} \geqslant 1.2$。

按上述原则整定的零序过电流保护,其启动电流一般都很小,因此,当本电压级电网发生接地短路时,同一电压级内各零序保护都可能启动,这时,为了保证各保护之间的选择性,其动作时限应按阶梯原则来整定。如图 5-5（a）所示的网络接线中,安装在受电端变

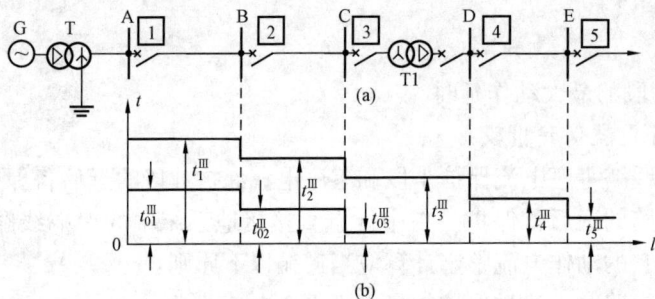

图 5-5 零序过电流保护的时限特性
(a) 网络接线图;(b) 时限特性

压器 T1 低压侧发生接地故障时,因为变压器为 Yd 接线,所以高压侧无零序电流,零序过电流保护 3 可以瞬时动作,不需要和保护 4 配合。所以零序过电流保护动作时限［如图 5-5（b）所示］,应从保护 3 开始逐级加大一时间级差,$t_{01}^{\text{III}} > t_{02}^{\text{III}} > t_{03}^{\text{III}}$,即

$$t_{0,(n-1)}^{\text{III}} = t_{0,n}^{\text{III}} + \Delta t \tag{5-23}$$

为了便于比较,将反应相间短路的过电流保护动作时限也画在图 5-5（b）上。显然,接地保护的动作时限,比相间短路保护动作时限缩短了,这是零序过电流保护的一个突出优点。

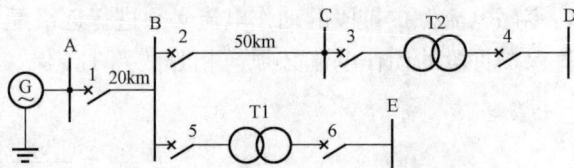

图 5-6 ［例 5-1］网络图

【例 5-1】 如图 5-6 所示网络,

已知电源等值电抗 $X_1 = X_2 = 5\Omega$，$X_0 = 8\Omega$；线路正序电抗 $x_1 = 0.4\Omega/\text{km}$，零序电抗 $X_0 = 1.4\Omega/\text{km}$；变压器 T1 额定参数：31.5MVA，110/6.6kV，$U_K = 10.5\%$。已知 BC 线路零序电流保护Ⅲ段时限为 $t_{02}^{\text{Ⅲ}} = 1.0\text{s}$，其他参数如图所示。试确定母线 B 短路时，AB 线路的零序电流保护Ⅰ段、Ⅱ段、Ⅲ段的动作电流、灵敏系数和动作时限。

解　（1）先计算各元件的各序电抗值

线路 AB　$X_1 = X_2 = 0.4 \times 20 = 8\Omega$，$X_0 = 1.4 \times 20 = 28$（Ω）

线路 BC　$X_1 = X_2 = 0.4 \times 50 = 20\Omega$，$X_0 = 1.4 \times 50 = 70$（Ω）

变压器 T1　$X_1 = X_2 = \dfrac{0.105 \times 110^2}{31.5} = 40.33$（Ω）

母线 B 短路时：

因为 $X_{1\Sigma} = X_{2\Sigma} = 13\Omega$，$X_{0\Sigma} = 36\Omega$，$X_{0\Sigma} > X_{1\Sigma}$，所以 $I_{k0}^{(1)} > I_{k0}^{(1,1)}$，故 AB 线路的零序电流保护Ⅰ段、Ⅱ段、Ⅲ段应按单相接地短路电流整定计算，按两相接地短路电流校验灵敏系数。单相接地短路时零序电流为

计算零序短路电流

$$I_{k0}^{(1,1)} = \frac{E_{\text{ph}}}{X_{1\Sigma} + \dfrac{X_{2\Sigma} X_{0\Sigma}}{X_{2\Sigma} + X_{0\Sigma}}} \times \frac{X_{2\Sigma}}{X_{2\Sigma} + X_{0\Sigma}}$$

$$= \frac{115\,000}{\sqrt{3} \times \left(13 + \dfrac{13 \times 36}{13 + 36}\right)} \times \frac{13}{13 + 36} = 780\,(\text{A})$$

$$3I_{k0}^{(1,1)} = 3 \times 780 = 2340\,(\text{A})$$

$$I_{k0}^{(1)} = \frac{115\,000}{\sqrt{3} \times (13 + 13 + 36)} = 1070\,(\text{A})$$

$$3I_{k0}^{(1)} = 3 \times 1070 = 3210\,(\text{A})$$

B 母线的最大三相短路电流为

$$I_{kb}^{(3)} = \frac{115\,000}{\sqrt{3} \times (5 + 8)} = 5110\,(\text{A})$$

C 母线短路时

$$X_{1\Sigma} = X_{2\Sigma} = 33\Omega, \quad X_{0\Sigma} = 106\,(\Omega)$$

零序电流为

$$3I_{k0}^{(1,1)} = \frac{3 \times 115\,000}{\sqrt{3} \times \left(33 + \dfrac{33 \times 106}{33 + 106}\right)} \times \frac{33}{33 + 106} = 813\,(\text{A})$$

$$3I_{k0}^{(1)} = \frac{3 \times 115\,000}{\sqrt{3} \times (33 + 33 + 106)} = 1160\,(\text{A})$$

（2）各段保护的整定计算及灵敏系数校验。

1）零序电流保护Ⅰ段

$$I_{\text{op1}}^{\text{I}} = K_{\text{rel}}^{\text{I}} \times 3I_{0 \cdot \text{max}} = 1.25 \times 3210 = 4010\,(\text{A})$$

单相接地短路时保护区的长度为

$$4010 = \frac{3 \times 115\,000}{\sqrt{3} \times [2 \times (5 + 8) + 2 \times 0.4l + 1.4l]}$$

$$l = 14.4 \text{km} > 0.5 \times 20 = 10 \text{km}$$

两相接地短路时保护区的长度为

$$4010 = \frac{3 \times 115\,000}{\sqrt{3} \times (5 + 0.4l + 16 + 2 \times 1.4l)}$$

$$l = 9 \text{km} > 0.2 \times 20 = 4 (\text{km})$$

零序电流保护 I 段动作时限为 $t_{0 \cdot 1}^{\mathrm{I}} = 0 \text{s}$。

2）零序电流保护 II 段

$$I_{\mathrm{op1}}^{\mathrm{II}} = K_{\mathrm{rel}}^{\mathrm{II}} I_{\mathrm{op2}}^{\mathrm{I}} = K_{\mathrm{rel}}^{\mathrm{II}} (K_{\mathrm{rel}}^{\mathrm{I}} 3 I_{0C \cdot \max})$$

$$= 1.15 \times 1.25 \times 1160 = 1670 (\text{A})$$

$$K_{\mathrm{sen}}^{\mathrm{II}} = \frac{3 I_{\mathrm{k0}}^{(1,1)}}{I_{\mathrm{op} \cdot 1}^{\mathrm{II}}} = \frac{2340}{1670} = 1.4 > 1.3$$

动作时限为 $t_{0 \cdot 1}^{\mathrm{II}} = \Delta t = 0.5 \text{s}$。

3）零序电流保护 III 段

因为是 110kV 线路，零序电流保护 III 段可以不考虑非全相运行情况，按躲开线路末端最大不平衡电流整定，即

$$I_{\mathrm{op1}}^{\mathrm{III}} = K_{\mathrm{rel}}^{\mathrm{III}} I_{\mathrm{unb} \cdot \max} = 1.25 \times 1.5 \times 0.5 \times 0.1 \times 5110 = 480 (\text{A})$$

近后备保护　$K_{\mathrm{sen}} = \dfrac{2340}{480} = 4.9 > 1.5$，满足要求。

远后备保护　$K_{\mathrm{sen}} = \dfrac{813}{480} = 1.69 > 1.3$，满足要求。

动作时限　$t_{0 \cdot 1}^{\mathrm{III}} = t_{0 \cdot 2}^{\mathrm{III}} + \Delta t = 1.0 + 0.5 = 1.5 (\text{s})$

第三节　中性点直接接地系统的零序方向电流保护

一、零序方向电流保护的工作原理

在中性点直接接地系统中发生接地短路时，零序功率的方向总是由故障点指向各个中性点的，即零序电流的方向是由故障点流向各个变压器的中性点。因此，在变压器接地数目比较多的复杂网络，必须考虑零序电流保护动作的方向性。在线路两侧或多侧有接地中性点时，必须在零序电流保护中增设功率方向元件，才能保证动作的选择性。如图 5-7（a）所示网络，两电源侧的变压器均中性点直接接地，当 k1 点发生接地短路时，零序网络和零序电流分布如图 5-7（b）所示。按选择性的要求，保护 1、2 动作切除故障，但零序电流 $i''_{0,\mathrm{k1}}$ 流过保护 3，可能引起保护 3 误动作，因此必须加装零序功率方向元件，将保护 3 闭锁。同理 k2 点发生接地故障时，零序网络和零序电流分布如图 5-7（c）所示，应该保护 3、4 动作切除故障，但零序电流 $i'_{0,\mathrm{k2}}$ 流过保护 2，保护 2 可能会误动作，因此保护 2 应装设零序功率方向元件将保护 2 闭锁，由保护 3 和 4 切除故障，保证了动作的选择性。

二、零序电压滤过器

零序功率方向继电器需要输入保护处的零序电流和零序电压，零序电流可通过零序电流滤过器提供，而零序电压则由零序电压滤过器提供。

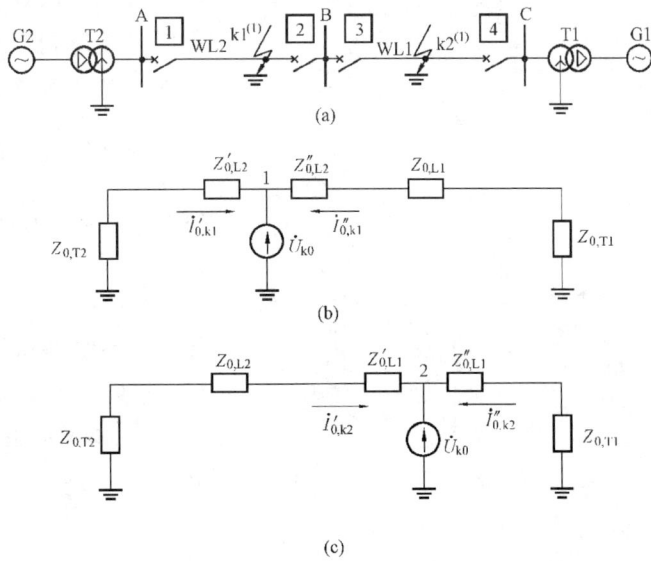

图 5-7　零序方向电流保护工作原理说明图

(a) 网络接线图；(b) k1 点短路零序网络；(c) k2 点短路零序网络

零序电压滤过器由三个单相电压互感器构成或由三相五柱式电压互感器构成。如图 2-23 (a) 所示，电压互感器一次侧的三相绕组接成星形接线并将中性点接地，接于被保护线路母线上，二次侧三相绕组接成开口三角形，其端子 m、n 上的电压与一次系统的三倍零序电压成正比，即

$$\dot{U}_{mn} = \dot{U}_a + \dot{U}_b + \dot{U}_c = \frac{1}{K_{TV}}(\dot{U}_A + \dot{U}_B + \dot{U}_C) = \frac{1}{K_{TV}}3\dot{U}_0$$

由于正序和负序电压为对称分量，其三相电压的相量和为零。因此，这种接线方式的电压互感器称为零序电压滤过器。

此外，若发电机的中性点经电压互感器或消弧绕组接地时，如图 2-23 (b) 所示，也可从它的二次绕组中 (m、n 端) 获取零序电压。还可以用加法器获得零序电压，如图 2-23 (d) 所示，图中 K 为比例系数。

三、接地短路时保护安装处零序电压与零序电流的相位关系

如图 5-8 (a) 所示的网络，当保护 1 正向 k1 点发生接地故障时，零序网络如图 5-8 (b) 所示。取保护安装点零序电流 $\dot{I}_{01}$ 参考方向为由母线指向线路，零序电压 $\dot{U}_{01}$ 参考方向由母线指向地。由图可知 $\dot{U}_{01}$、$\dot{I}_{01}$ 的关系可表示为

$$\left.\begin{array}{l} \dot{U}_{01} = -\dot{I}_{01}Z_{0,T1} \\[2mm] \dot{I}_{01} = -\dfrac{\dot{U}_{0,k}}{Z_{0,T1} + Z'_{0,L}} \end{array}\right\} \tag{5-24}$$

式中　$Z_{0,T1}$——变压器 T1 的零序阻抗；

　　　$Z'_{0,L}$——接地短路点至保护安装处线路之间的零序阻抗。

式 (5-24) 表明，零序功率方向继电器输入电压 $\dot{U}_{01}$ 和零序电流 $\dot{I}_{01}$ 之间相角决定于保

(a)

(b)

(c)

(d)　　　　　　　(e)

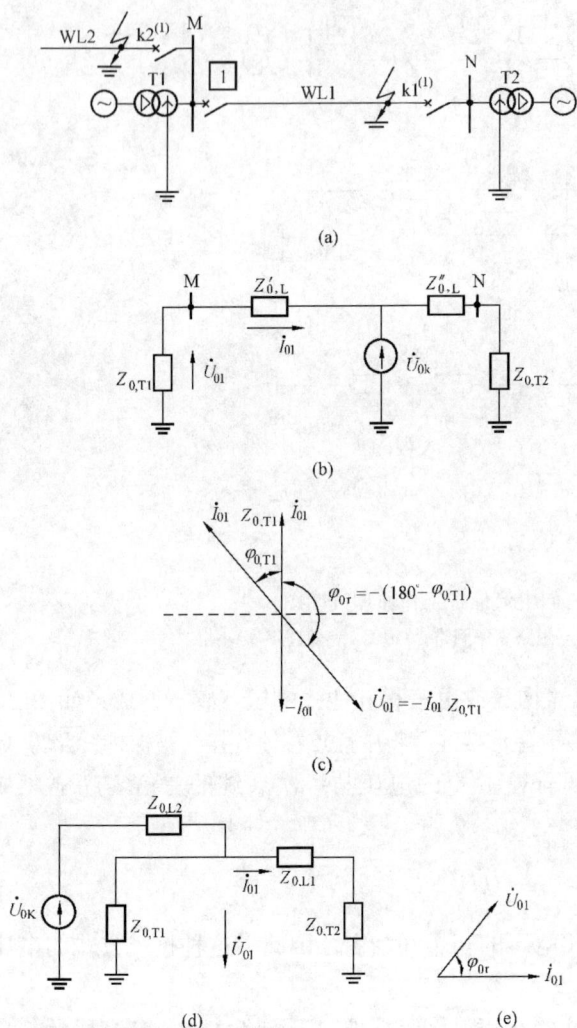

图 5-8　正反故障时，保护安装处零序
电压，零序电流的相位关系

(a) 网络接线；(b) 正向故障零序网络；(c) 正向故障时相量图；
(d) 反向故障时零序网络；(e) 反向故障时相量图

护安装处背后变压器的零序阻抗。根据式（5-24）做出 $\dot{U}_{01}$ 和 $\dot{I}_{01}$ 的相量图如图 5-8（c）所示。从图中可知 $\dot{I}_{01}$ 超前 $\dot{U}_{01}$ 相角 $\varphi_{0r} = -(180° - \varphi_{0,T1})$，通常 $\varphi_{0,T1}$ 为 $70° \sim 85°$，故零序电流超前零序电压的相位角一般为 $95° \sim 110°$。

当保护 1 背后 k2 点发生接地故障时，零序网络如图 5-8（d）所示。由图可知，保护安装处的零序电压 $\dot{U}_{01}$ 和零序电流 $\dot{I}_{01}$ 之间关系为

$$\dot{U}_{01} = \dot{I}_{01}(Z_{0,L1} + Z_{0,T2}) = \dot{I}_{01}Z_{0,\Sigma} \qquad (5-25)$$

式中　　$Z_{0,\Sigma}$——保护正向系统零序总阻抗。

由式（5-25）可做出背后故障时保护安装地点零序电压和零序电流之间相位关系，如图 5-8（e）所示。图中 $\varphi_{0,r}$ 为 $Z_{0,\Sigma}$ 的阻抗角，背后故障时，$\dot{U}_{01}$ 超前 $\dot{I}_{01}$ 角度为 $\varphi_{0,r}$。

四、零序功率方向继电器的接线

零序功率方向继电器的接线如图 5-9（a）所示，其电流线圈接于零序电流滤过器回路，输入电流 $\dot{I}_r = 3\dot{I}_0$，电压线圈接于电压互感器二次侧开口三角形绕组的输出端，输入电压为 $3\dot{U}_0$。

零序功率方向继电器只反应保护线路正方向接地短路时的零序功率方向，按规定的电流、电压正方向，当被保护线路发生正方向接地故障时，$3\dot{I}_0$ 超前 $3\dot{U}_0$ 约 $95° \sim 110°$，这时继电器应正确动作，并应在最灵敏的条件下，即继电器的最大灵敏角 φ_m 应为 $-95° \sim -110°$。

目前，电力系统中实际使用的零序功率方向继电器最大灵敏角 $\varphi_m = 70° \sim 85°$，即当从其正极性输入端的电流 $3\dot{I}_0$ 滞后于按正极性输入的电压 $3\dot{U}_0$ 的相角 $70° \sim 85°$，这时，继电器最灵敏。所以把 $3\dot{I}_0$ 和 $3\dot{U}_0$ 不加改变均从正极性端子输入继电器，则继电器将不工作在最灵敏状态下。由图 5-9（b）的相量图可以看出，如果把 $3\dot{U}_0$ 以反极性加到继电器正极性端子上，这时接入的电压为 $\dot{U}_r = -3\dot{U}_0$，加入电流为 $\dot{I}_r = 3\dot{I}_0$，$\dot{I}_r$ 滞后 $\dot{U}_r 70°$，即 $\varphi_r = 70°$，亦即

$\varphi_r = \varphi_m$，这样才能使继电器工作在最灵敏的条件下。

因此在实际工作中要注意功率方向继电器和电流、电压滤过器的接线要正确，即把继电器电流线圈中标有"·"号的端子与零序电流过滤器标有"·"号的同极性端子相连接，以得到继电器输入电流 $\dot{I}_r = 3\dot{I}_0$，把继电器电压线圈中不带"·"号的端子与电压滤过器中带有

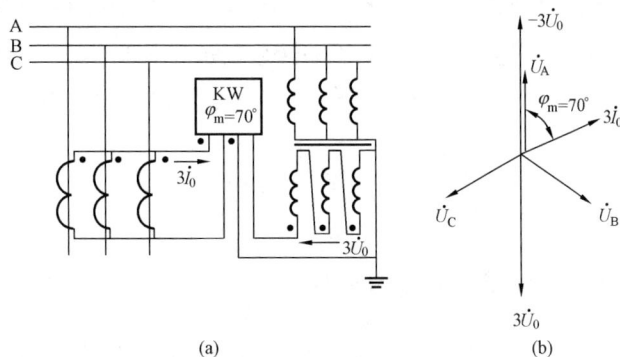

图 5-9　零序功率方向继电器接线及相量图

(a) 继电器接线；(b) 零序电流 $3\dot{I}_0$ 与零序电压 $3\dot{U}_0$ 的相量图

"·"号的异性端子相连接，以得到继电器的输入电压 $\dot{U}_r = -3\dot{U}_0$。

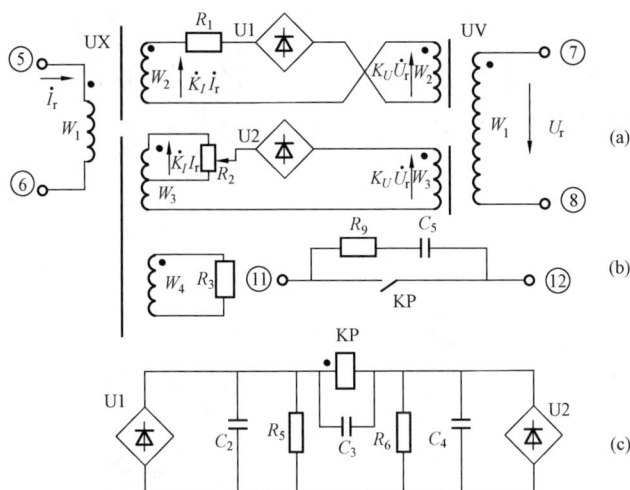

图 5-10　LG-12 型整流型功率方向继电器的原理接线图

(a) 交流回路；(b) 比较回路触点回路；(c) 幅值比较回路

当线路上发生接地故障时，接地点的零序电压最高，而离故障点越远，则零序电压就越低，当故障点发生在保护安装处附近时，接入继电器的零序电压很高，因此，零序功率方向继电器没有死区。

五、整流型零序功率方向继电器

图 5-10 为 LG-12 型功率方向继电器原理接线。它是专门用于接地保护的继电器。由电抗变换器 UX、电压变换器 UV、均压法幅值比较回路和极化继电器组成。

如图 5-10 所示，电抗变换器 UX 的二次侧有三个绕组，W_2 和 W_3 获得正比输入电流 $\dot{I}_r$ 的电压分量 $\dot{K}_I\dot{I}_r$，$\dot{K}_I$ 的阻抗角 φ_k 为 70°，即输出电压分量 $\dot{K}_I\dot{I}_r$ 超前 $\dot{I}_r$ 的相位角为 70°。W_4 经电阻 R_3 短接，用来获得 UX 所需转移阻抗 $\dot{K}_I$ 阻抗角 $\varphi_k = 70°$。

电压变换器 UV 二次侧有两个绕组 W_2 和 W_3，用来获得与 $\dot{U}_r$ 成正比的电压分量 $K_U\dot{U}_r$，因 K_U 为常数，故 $K_U\dot{U}_r$ 与 $\dot{U}_r$ 同相位。由 UX 的 W_2 和 UV 的 W_2 顺极性接成动作回路，得到动作电气量 $\dot{U}_A$，由 UX 的 W_3 和 UV 的 W_3 反极性接成制动回路，得到制动电气量 $\dot{U}_B$，即 $\dot{U}_A$ 和 $\dot{U}_B$ 为

$$\left.\begin{array}{l} \dot{U}_A = \dot{K}_I\dot{I}_r + K_U\dot{U}_r \\ \dot{U}_B = \dot{K}_I\dot{I}_r - K_U\dot{U}_r \end{array}\right\}$$

$$(5-26)$$

式中 K_U——电压变换器 UV 的变换系数，其幅角 $\varphi_U=0$；

　　　　$\dot{K_I}$——电抗变换器 UX 的转移阻抗，其幅角 $\varphi_I=70°$。

只有回路电压 U_A 大于制动回路电压 U_B 时，极化继电器 KP 才能动作，即方向继电器的动作条件为

$$| \dot{U}_A | > | \dot{U}_B |$$

即
$$| \dot{K_I}\dot{I}_r + K_U\dot{U}_r | \gtrless | K_U\dot{U}_r - \dot{K_I}\dot{I}_r |$$
$\left. \right\}$ (5-27)

根据幅值比较和相位比较的转换关系，式（5-27）可得

$$-90° \leqslant \arg \frac{K_U\dot{U}_r}{\dot{K_I}\dot{I}_r} \leqslant 90°$$ (5-28)

将 $\arg \dfrac{K_U}{\dot{K_I}}=\varphi_U-\varphi_I=-70°$ 代入式（5-28），可得方向继电器动作条件

$$-20° \leqslant \arg \frac{\dot{U}_r}{\dot{I}_r} \leqslant 160°$$ (5-29)

以电压 $\dot{U}_r$ 为基准，根据式（5-29）画出 $\dot{I}_r$ 相位相对于 $\dot{U}_r$ 变化的动作区，如图 5-11 所示。$\dot{I}_r$ 滞后 $\dot{U}_r$ 的相角 $\varphi_r=\varphi_m=70°$ 为最大灵敏角。

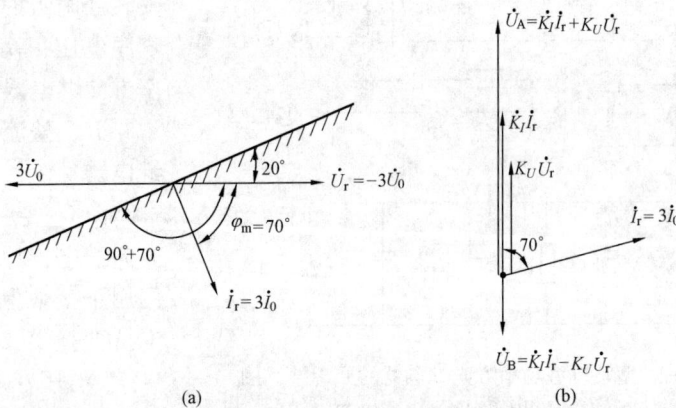

图 5-11 LG-12 型功率方向继电器的相量图
(a) 继电器动作区；(b) 工作相量图

六、三段式零序方向电流保护

三段式零序方向电流保护的原理接线如图 5-12 所示。它是由无时限零序方向电流速断、限时零序方向电流速断和零序方向过电流保护组成。

在同一方向上零序方向电流保护动作电流和动作时限的整定同前面介绍的三段式零序电流保护相同，零序电流元件的灵敏系数校验也与前面相同。只是由于零序电压分布的特点可知，在靠近保护安装处附近不存在方向元件死区，但远离保护安装地点发生接地短路时，流过保护的零序电流很小，零序电压也很低，方向元件有可能不动作，为此应分别检验方向元件的电流和电压灵敏度，检验式为

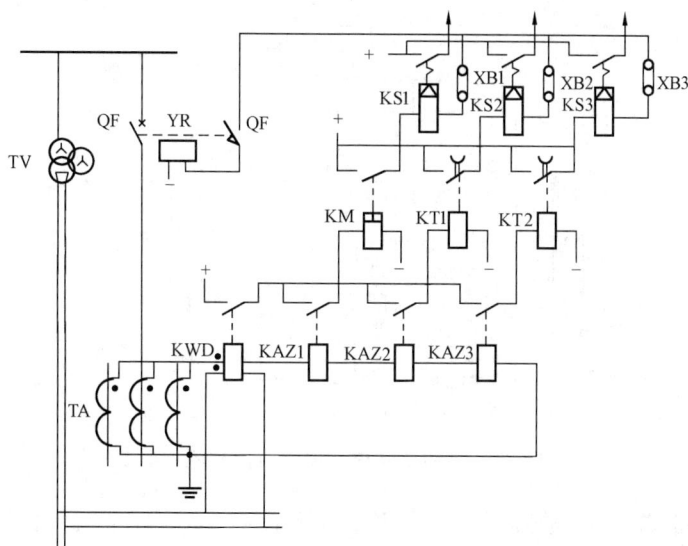

图 5 - 12　三段式零序方向电流保护原理接线图

$$
\left.
\begin{aligned}
K_{\text{s,m},U} &= \frac{3U_{0,\min}}{U_{\text{op},\min}} \geqslant 1.5 \\
K_{\text{s,m},I} &= \frac{3I_{0,\min}}{I_{\text{op},\min}} \geqslant 1.5
\end{aligned}
\right\}
\tag{5 - 30}
$$

式中　$3U_{0,\min}$、$3I_{0,\min}$——分别为相邻线路末端接地短路时，加在方向元件上的最小 3 倍零序
电压和电流；

$U_{\text{op},\min}$、$I_{\text{op},\min}$——分别为零序方向元件的最小动作电压和电流。

也可用下式校验方向元件的灵敏性

$$
K_{\text{s,m}} = \frac{1}{S_{0,\text{op}}}(3U_{0,\min} \times 3I_{0,\min}) \geqslant 1.5 \sim 2
\tag{5 - 31}
$$

式中　　　$S_{0,\text{op}}$——零序功率方向元件的动作功率；

$3U_{0,\min} \times 3I_{0,\min}$——保护区末端短路时，保护安装处的最小零序功率。

图 5 - 12 中，零序功率方向继电器 KWD 采取异极性相连接，即继电器电压线圈和电压
滤过器输出端采用非极性端子连接。KWD 的触点与三段电流继电器 KAZ1、KAZ2、KAZ3
触点分别构成三个"与门"回路输出。只有当功率方向继电器和对应段电流继电器同时动
作，才能分别启动各段的出口继电器。为便于分析保护装置动作情况，每段保护的跳闸出口
都串接有信号继电器 KS，同时为在运行中能够临时停用某段保护，在每段保护的跳闸出口
回路中串联了连接片 XB。

图 5 - 13 为另一种三段式零序电流方向保护原理框图。图中，1～5 为与门，6～10 为或
门，11～12 为否门（禁止门）；13～16 为时限元件，由时间继电器 KT1～KT4 构成；17 为
零序功率方向启动元件，即零序功率方向继电器 KWD；18 为零序电流启动元件，由
KAZ1～KAZ3 构成。

零序功率方向启动元件为三段保护共同使用，用连接片 XB1～XB3 实现与入口连接，
停用某段可打开对应连接片。

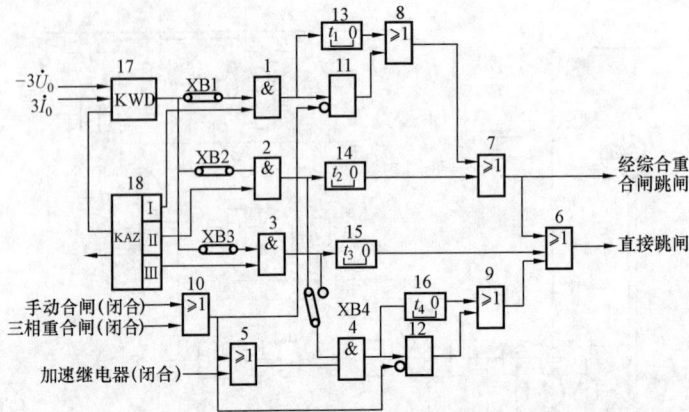

图 5-13　三段式零序方向电流保护原理框图

当被保护线路发生接地故障时，根据零序电流的大小，零序电流元件按 KAZ3（Ⅲ段）、KAZ2（Ⅱ段）、KAZ1（Ⅰ段）顺序启动，如零序方向元件判断为正方向故障，则分别经与门 3、2、1 启动时间回路，经 t_3、t_2、t_1 时限后，直接跳闸或经综合重合闸跳闸。

本装置有以下功能：

（1）为躲过因断路器 QF 三相触头不同时合闸时出现零序不平衡电流 $3\dot{i}_{0,unb}$，不管手动合闸还是自动合闸，均通过"或"门 5 及"禁止"门 11，闭锁零序Ⅰ段瞬时动作回路，引入延时 t_1，t_1 为 0.06～0.1s。

（2）设置了后加速回路，当手动或自动重合到永久性接地故障时加速跳闸。通过切换连接片 4XB，决定加速零序Ⅱ段还是加速零序Ⅲ段，可通过"与"门 4 加速动作于跳闸。

手动合闸或三相重合闸时经"禁止"门 12 引入延时 t_4，t_4 取 0.06～0.1s。若综合重合闸装有三相合闸判别元件，由于分相后的后加速继电器 KCP 已具有 0.06～0.1s 延时，故不经 t_4 加速跳闸。

（3）当保护动作后，在采用综合重合闸时，为防止灵敏的零序Ⅰ段及零序Ⅱ段在非全相振荡情况下误动，将Ⅰ段和Ⅱ段经综合重合闸跳闸，以便由综合重合闸对零序Ⅰ段和零序Ⅱ段闭锁。

第四节　中性点非直接接地系统的接地保护

在中性点非直接接地系统中发生单相接地时，由于接地故障电流很小，而且三相之间线电压仍然保持对称，对负荷供电没有影响，因此，在一般情况下允许带一个接地点继续运行一段时间（1～2h），不必立即跳闸。但是发生单相接地后，非接地的另外两相对地电压升高 $\sqrt{3}$ 倍，为防止扩大故障，保护应及时发出信号，以便值班运行人员采取措施，及时解除故障。

因此，在中性点非直接接地系统中发生单相接地时，一般只要求继电保护装置能无选择性地发出预告信号，不必跳闸；但对人身和设备的安全造成危险时，应有选择性地动作于断路器跳闸。

一、中性点不接地系统单相接地故障的特点

图 5 - 14（a）所示为中性点不接地系统。为分析方便，假定系统负荷为零，并忽略电源和线路上的电压降，系统的各相对地电容 C_0 相等。在正常运行时，中性点不接地系统三相对地电压是对称的，中性点对地电压为零，即 $\dot{U}_N = 0$。忽略电源和线路压降，各相对地电压为各相电动势。在三相对称电压作用下，产生的三相电容电流也是对称的，并超前对应相电压 90°，其相量图如图 5 - 14（b）所示。由于三相对称电压和三相对称电容电流之和都为零，所以系统正常运行时无零序电压和零序电流。

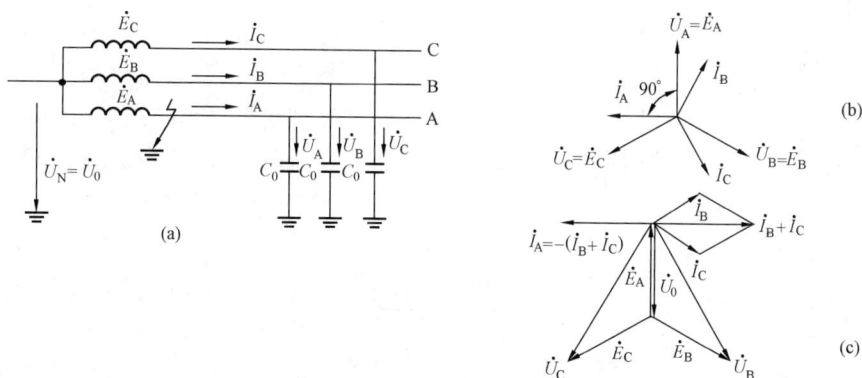

图 5 - 14　中性点不接地系统单相短路
（a）网络图；（b）、（c）电流、电压相量图

设在图 5 - 14（a）所示系统 A 相线路上发生金属性单相接地，则接地相对地电容 C_0 被短接，中性点对地电位升至 $\dot{U}_N = -\dot{E}_A$。线路各相对地电压、母线上零序电分别为

$$\left.\begin{array}{l} \dot{U}_A = 0 \\[4pt] \dot{U}_B = \dot{E}_B - \dot{E}_A = \sqrt{3}\dot{E}_A e^{-j150°} \\[4pt] \dot{U}_C = \dot{E}_C - \dot{E}_A = \sqrt{3}\dot{E}_A e^{j150°} \\[4pt] \dot{U}_0 = \dfrac{1}{3}(\dot{U}_A + \dot{U}_B + \dot{U}_C) = -\dot{E}_A = \dot{U}_N \end{array}\right\} \qquad (5 - 32)$$

式（5 - 32）说明，A 相接地后，B 相和 C 相对地电压升高 $\sqrt{3}$ 倍，此时三相电压之和不为零，出现了零序电压，其相量图如图 5 - 14（c）所示。两非故障相在电压 $\dot{U}_B$ 和 $\dot{U}_C$ 作用下，出现超前相电压 90° 的电容电流 $\dot{I}_B$ 和 $\dot{I}_C$，非故障相电流为 $\dot{I}_A$，即

$$\left.\begin{array}{l} \dot{I}_B = j\omega C_0 \dot{U}_B = j\sqrt{3}\omega C_0 \dot{E}_A e^{-j150°} \\[4pt] \dot{I}_C = j\omega C_0 \dot{U}_C = j\sqrt{3}\omega C_0 \dot{E}_A e^{j150°} \\[4pt] \dot{I}_A = -(\dot{I}_B + \dot{I}_C) = j3\omega C_0 \dot{E}_A \end{array}\right\} \qquad (5 - 33)$$

从接地点流回的接地电流 $\dot{I}_k$ 为

$$\dot{I}_k = -\dot{I}_A = \dot{I}_B + \dot{I}_C = -j3\omega C_0 \dot{E}_A \qquad (5 - 34)$$

用 E_{ph} 表示相电动势的有效值，则 $\dot{I}_B$、$\dot{I}_C$、$\dot{I}_k$ 的有效值为 $I_B = I_C = \sqrt{3}\omega C_0 E_{ph}$，$I_k = 3\omega C_0 E_{ph}$。

故障线路始端的零序电流为零，即

$$3\dot{I}_0 = \dot{I}_A + \dot{I}_B + \dot{I}_C = \dot{I}_A + (-\dot{I}_A) = 0$$

(a)

$$3\dot{I}_{03} = -(3\dot{I}_{01} + 3\dot{I}_{02} + 3\dot{I}_{0G})$$

(b)   (c)

图 5-15　单电源多线路中性点不接地电网
单相接地时电压、电流相量图

(a) 网络图及电流分布；(b) 非故障线路 WL1 电流和
母线电压相量图；(c) 故障线路 WL3 电流和母线电压相量图

由上可见，对于单条线路，当线路发生单相接地时，流过故障线路的零序电流为零，所以零序电流保护不能动作。

图 5-15 (a) 所示为单侧电源多线路系统，电源发电机及每条线路对地电容分别以 $C_{0,G}$、C_{01}、C_{02}、C_{03} 等集中电容表示。设线路 WL3 的 A 相接地短路，忽略负荷电流及电容电流在线路阻抗上的电压降，则系统 A 相对地电压均为零，各元件 A 相对地电容电流也都为零。各元件的 B 相和 C 相对地电压和电容电流升高 $\sqrt{3}$ 倍，这时系统的电容电流分布如图 5-15 (a) 所示。各元件 B 相和 C 相对地电容电流通过大地、故障点、电源和本元件构成回路。

1. 非故障线路保护安装处的各相电流及 3 倍零序电流

非故障线路 WL1 上 A 相电流为零，B 相和 C 相电流为本身的电容电流 $\dot{I}_{B1}$ 和 $\dot{I}_{C1}$，非故障线路始端反应的零序电流从母线指向线路，可表示为

$$3\dot{I}_{01} = \dot{I}_{B1} + \dot{I}_{C1} = -\mathrm{j}3\omega C_{01}\dot{E}_A \tag{5-35}$$

则非故障线路 WL1 上 3 倍零序电流有效值为

$$3I_{01} = 3\omega C_{01}E_{ph} \tag{5-36}$$

同理，可得非故障线路 WL2 上的 3 倍零序电流有效值为

$$3I_{02} = 3\omega C_{02}E_{ph} \tag{5-37}$$

其非故障线路 WL1 电流和母线电压相量图如图 5-15 (b) 所示。

2. 发电机端的零序电流

电源发电机 G 本身的 B 相和 C 相对地电容电流 $\dot{I}_{B,G}$ 和 $\dot{I}_{C,G}$ 经电容 $C_{0,G}$ 流向故障点而不经发电机的出口端。因为发电机 G 的 B 相和 C 相绕组中分别流出各条线路的同名相对地电容电流，而从 A 相流回经故障点的全部电容电流 $\dot{I}_k$。这时设置在发电机出口处的零序电流滤过器输出的零序电流仅为发电机本身的电容电流，因为各条线路的电容电流从 A 相绕组流入，又从 B 相和 C 相绕组流出，三相电流相量和为零，所以发电机端的零序电流为

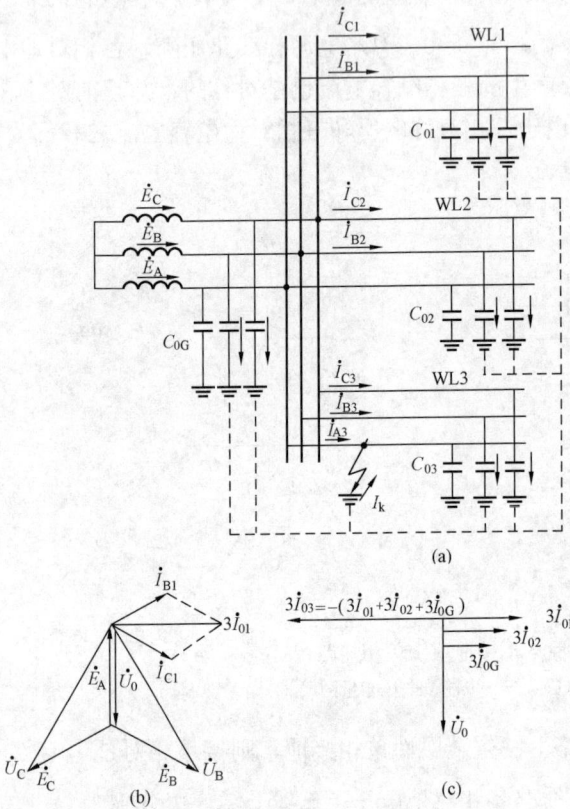

$$3\dot{I}_{0,G} = \dot{I}_{B,G} + \dot{I}_{C,G} = -j3\omega C_{0 \cdot G}\dot{E}_A \tag{5-38}$$

其有效值为
$$3I_{0,G} = 3\omega C_{0,G}E_{ph} \tag{5-39}$$

3. 故障线路保护处各相电流和三倍零序电流

故障线路 WL3 上，流有它本身的电容电流 $\dot{I}_{B3}$ 和 $\dot{I}_{C3}$，经故障点要流回全系统 B 相和 C 相对地电容电流的总和 $\dot{I}_k$，即

$$\dot{I}_k = (\dot{I}_{B1} + \dot{I}_{C1}) + (\dot{I}_{B2} + \dot{I}_{C2}) + (\dot{I}_{B3} + \dot{I}_{C3}) + (\dot{I}_{B,G} + \dot{I}_{C,G}) \tag{5-40}$$

其方向由线路指向母线，即故障线路始端 A 相电流 $\dot{I}_{A3} = -\dot{I}_k$，$\dot{I}_k$ 的有效值为

$$
\begin{aligned}
I_k &= 3I_{01} + 3I_{02} + 3I_{03} + 3I_{0G} \\
&= 3\omega C_{01}E_{ph} + 3\omega C_{02}E_{ph} + 3\omega C_{03}E_{ph} + 3\omega C_{0G}E_{ph} \\
&= 3\omega E_{ph}(C_{01} + C_{02} + C_{03} + C_{0G}) = 3\omega C_{0\Sigma}E_{ph}
\end{aligned}
\tag{5-41}
$$

式中　$C_{0\Sigma}$——全电网每相对地电容的总和。

故障线路 WL3 始端的零序电流为

$$
\begin{aligned}
3\dot{I}_{03} &= \dot{I}_{A3} + \dot{I}_{B3} + \dot{I}_{C3} = -\dot{I}_k + \dot{I}_{B3} + \dot{I}_{C3} \\
&= -(\dot{I}_{B1} + \dot{I}_{C1} + \dot{I}_{B2} + \dot{I}_{C2} + \dot{I}_{BG} + \dot{I}_{CG}) \\
&= -(3\dot{I}_{01} + 3\dot{I}_{02} + 3\dot{I}_{0G}) = j3\omega\dot{E}_A(C_{01} + C_{02} + C_{0G})
\end{aligned}
\tag{5-42}
$$

其有效值为

$$
\begin{aligned}
3I_{03} &= 3\omega E_A(C_{01} + C_{02} + C_{0G}) \\
&= 3\omega E_{ph}(C_{0\Sigma} - C_{03})
\end{aligned}
\tag{5-43}
$$

由上述可见，在故障线路上的零序电流，其数值等于全系统非故障元件对地电容电流的总和，其方向由线路指向母线，恰好与非故障线路上的零序电流方向相反，滞后于零序电压 $90°$，如图 5-15 （c）所示。

根据以上分析，可得出如下结论：

（1）在中性点不接地系统中发生单相接地时，系统各处故障相对地电压为零，非故障相对地电压升高至电网电压，系统中出现零序电压，其大小等于系统正常时的相电压。

（2）非故障线路保护安装处，流过本线路的零序电容电流，其方向由母线指向非故障线路，超前零序电压 $90°$。

（3）故障线路保护安装处，流过的是所有非故障元件的零序电容电流之和，数值较大，其方向由故障线路指向母线，滞后零序电压 $90°$。

（4）故障线路的零序功率与非故障线路的零序功率方向相反。

二、中性点不接地系统的接地保护

根据中性点不接地系统发生单相接地时出现的各种特征，可以构成三种保护方式。

1. 绝缘监视装置

利用中性点不接地系统发生单相接地时，系统出现零序分量电压的特点，构成绝缘监视装置，实现无选择性的接地保护。当系统中任一线路发生单相接地时，全系统都会出现零序电压，发出告警信号，因此，它发出的是无选择性信号。为找出故障线路，必须由值班人员顺序短时断开各条线路，并继之以自动重合闸将断开线路重新投入运行。当断开某一线路，零序电压信号消失，说明该线路即是故障线路。

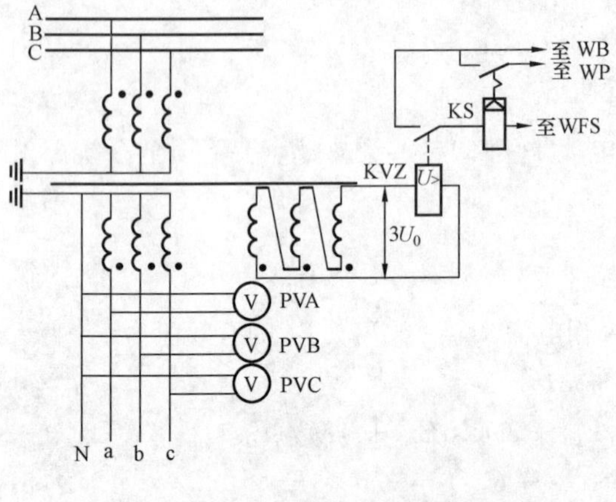

图 5-16　绝缘监视装置接线图
WB—辅助小母线；WP—"掉牌未复归"
光字牌小母线；WFS—预报信号小母线

如图 5-16 所示绝缘监视装置由一个过电压继电器接于三相五柱式电压互感器二次侧开口三角形绕组的输出端构成。电压互感器二次侧另外一个绕组接成星形，在它的引出线上接三只电压表或一只电压表加一个三相切换开关测量各相对地电压。

在正常运行时，系统三相电压对称，没有零序分量电压，所以三只电压表读数相等，过电压继电器不动作。当电网母线上任一条线路发生金属性单相接地时，接地相电压变为零，该相电压表读数为零，而其他两相对地电压升高至原来$\sqrt{3}$倍，所以电压表读数升高，同时出现零序电压，使过电压继电器动作，发出接地故障信号。值班人员通过选线操作，找出故障线路，采取措施，转移故障线路上的负荷，以便停电检查。

在系统正常运行时，由于电压互感器本身有误差以及高次谐波电压存在，在 TV 开口三角形绕组输出端有不平衡电压输出，因此，电压继电器的动作电压要躲过这一不平衡电压，一般取 15V。

2. 零序电流保护

利用单相接地时，故障线路零序电流大于非故障线路零序电流的特点，区分故障元件和非故障元件，构成有选择性的零序电流保护。根据需要零序电流保护可发出预告信号或作用于故障线路的断路器跳闸。

这种保护一般用在有条件安装零序电流互感器的电缆线路或经电缆引出的架空线路上。

对于架空线路采用零序电流滤过器的接线方式［接线如图 2-22（a）所示］，保护装置动作电流应整定为

$$I_{\mathrm{op,r}} = K_{\mathrm{rel}}(I_{\mathrm{unb}} + 3I_0/K_{\mathrm{TA}}) \tag{5-44}$$

式中　K_{rel}——可靠系数，它的大小与保护动作时间有关，如瞬时动作，为防止暂态电容电流的影响，K_{rel}一般取 4～5，如保护延时动作，可取 1.5～2；

　　　I_{unb}——正常负荷电流产生的不平衡电流；

　　　$3I_0$——其他线路接地时，本线路的三倍零序电流，由式（5-36）确定。

如按式(5-44)整定 $I_{\mathrm{op,r}}$ 不能躲开本级线路外部三相短路时所出现的最大不平衡电流时，则必须用延时保证选择性，其时限比下一条线路相间短路保护动作的时限大一个 Δt。

对于电缆线路，可采用零序电流互感器接线方式，如图 2-22（b）所示。正常运行时它的不平衡电流 I_{unb} 很小，可忽略不计，因此它的动作电流可按下式整定

$$I_{\mathrm{op,r}} = K_{\mathrm{rel}} \times 3I_0/K_{\mathrm{TA}} \tag{5-45}$$

式中各符号定义同式（5-44）。

灵敏系数按下式校验

$$K_{\mathrm{s,min}} = (3I_0/K_{\mathrm{TA}})/I_{\mathrm{op,r}}$$

或
$$K_{s,min} = \frac{3\omega(C_{0\Sigma} - C_0)E_{ph}}{K_{rel} \times 3\omega C_0 E_{ph}} = \frac{C_{0\Sigma} - C_0}{K_{rel}C_0} \tag{5-46}$$

上两式中　$C_{0\Sigma}$——各线路每相对地电容总和的最小值；

　　　　　$3I_0$——本线路单相接地时，流经保护安装处的 3 倍零序电流，它等于其他线路 3 倍零序电流之和，应取最小值。

在实用计算中可用经验公式计算各条线路本身的零序电容电流：

对电缆线路
$$3I_0 = \frac{U \times 35l_1}{350}A \tag{5-47}$$

对架空线路
$$3I_0 = \frac{Ul_2}{350}A \tag{5-48}$$

式中　U——系统额定相间电压，kV；

　　　l_1、l_2——电缆线路、架空线路的长度，km。

流过故障点的零序电流为
$$\sum 3I_0 = \frac{U(35\sum l_1 + \sum l_2)}{350}A \tag{5-49}$$

式中　$\sum l_1$、$\sum l_2$——该电压系统中所有（包括故障线路）电缆线路、架空线路的总长度，km。

根据规程规定，采用零序电流互感器时，$K_{s,min} \geq 1.25$；采用零序电流滤过器时，$K_{s,min} \geq 1.5$。显然，只有在出线较多时，才能满足保护的灵敏系数的要求。

在中性点不接地系统中，由于单相接地零序电流很小，所以对零序电流互感器和接地继电器要求都比较高，在机电型保护中，采用 LJ 型电缆式零序电流互感器与 DD-11 型接地电流继电器配合使用，一次启动电流可达 5A 以下。

3. 零序功率方向保护

在中性点不接地系统中，当出线较少情况下，非故障线路零序电流与故障线路零序电流差别可能不大，采用零序电流保护不能满足灵敏性要求，这时可采用零序功率方向保护。

零序功率方向保护的接线如图 5-17（a）所示，零序功率方向继电器的最大灵敏角为 90°，采用正极性接入方式，接入 $3\dot{U}_0$ 和 $3\dot{I}_0$，功率方向元件采用正弦型功率方向继电器 KWD，动作方程为

$$U_r I_r \sin\varphi_r \geq 0 \tag{5-50}$$

当系统发生单相接地时，故障线路的 $3\dot{I}_0$ 滞后 $3\dot{U}_0$ 90°，即 $\varphi_r = 90°$，继电器此时动作最灵敏；对于非故障线路，其 $3\dot{I}_0$ 超前 $3\dot{U}_0$ 90°，即 $\varphi_r = -90°$，继电器不动作，即实现了有选择性的电流保护。图 5-17（b）所示为零序功率方向继电器的动作范围。图中 $3\dot{I}_{0f}$ 为故障线

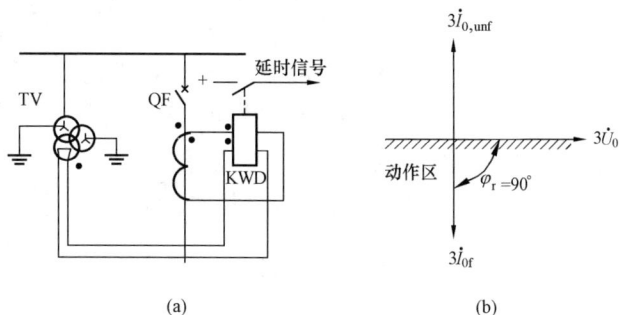

图 5-17　小接地电流系统零序功率方向保护的工作原理
(a) 接线图；(b) 零序方向元件的动作区

路 3 倍零序电流，$3I_{0,\text{unf}}$ 为非故障线路 3 倍零序电流。

三、中性点经消弧线圈接地系统的单相接地保护

中性点不接地系统，当发生单相接地时，流过故障点的电流为全系统零序电流的总和 $I_{C,\Sigma}$。若此电流数值很大，就会在接地点燃起电弧，引起间歇性弧光过电压，造成非故障相绝缘破坏，从而发展为相间故障或多点接地故障，扩大事故。因此，当 22～66kV 系统单相接地时，故障点的零序电容电流总和若大于 10A，10kV 系统大于 20A，3～6kV 系统大于 30A，则其电源中性点应采取经消弧线圈接地方式。

图 5-18（a）所示中性点经消弧线圈接地系统，消弧线圈为 L。当发生单相接地时，其零序电流分布与图 5-15（a）相似，不同的是在零序电压作用下，消弧线圈有一电感电流 $\dot{I}_L$ 经接地点流回消弧线圈。设消弧线圈的电感值为 L，则电感电流为

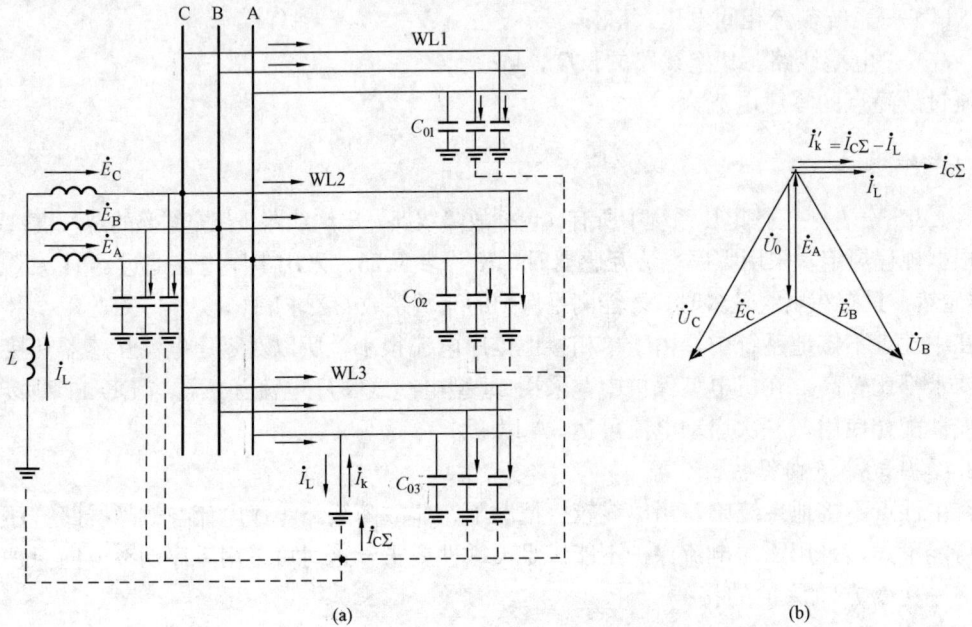

图 5-18　中性点经消弧线圈接地系统单相接地
(a) 网络图；(b) 零序电压、电流相量图

$$\dot{I}_L = \frac{\dot{E}_A}{j\omega L} = -\frac{j\dot{E}_A}{\omega L} \tag{5-51}$$

由图 5-18（a）可知，通过接地点的电容电流 $\dot{I}_k$ 为

$$\dot{I}_k = \dot{I}_L - \dot{I}_{C\Sigma} \tag{5-52}$$

将式（5-41），式（5-51）代入式（5-52）可得

$$\dot{I}_k = -j3\dot{E}_A\left(\omega C_{0\Sigma} - \frac{1}{3\omega L}\right) \tag{5-53}$$

由式（5-53）可知，选择电感 L 的大小，可使单相接地时流经故障点的电容电流 $\dot{I}_k$ 减小到零，因此称该电感线圈为消弧线圈。由于接地电流很小，所以中性点经消弧线圈接地系统也

属于小接地电流系统。

由前面分析可知，消弧线圈的作用就是用电感电流来补偿接地点的电容电流，根据对电容电流补偿程度不同，可以分为完全补偿、欠补偿和过补偿三种补偿方式。

（1）完全补偿。完全补偿是使 $\dot{I}_k = \dot{I}_L - \dot{I}_{C\Sigma} = 0$ 的补偿方式。从消除故障点的电弧，避免出现弧光过电压角度来看，这种补偿方式最好。但是从另一方面看来，却存在着严重缺点。因为完全补偿时，$\omega L = \dfrac{1}{3\omega C_{0\Sigma}}$，正是串联谐振的条件。在这种补偿方式下，如果正常运行时，三相对地电容不完全相等，则在消弧线圈开路的情况下，电源中性点对地之间有偏移电压，即零序电压 $\dot{U}_0$，其值为

$$\dot{U}_0 = -\frac{\dot{E}_A \times j\omega C_{0A} + \dot{E}_B \times j\omega C_{0B} + \dot{E}_C \times j\omega C_{0C}}{j\omega C_{0A} + j\omega C_{0B} + j\omega C_{0C}}$$

$$= -\frac{\dot{E}_A C_{0A} + \dot{E}_B C_{0B} + \dot{E}_C C_{0C}}{C_{0A} + C_{0B} + C_{0C}} \tag{5-54}$$

式中　$\dot{E}_A$、$\dot{E}_B$、$\dot{E}_C$——三相电源电动势；

C_{0A}、C_{0B}、C_{0C}——分别为 A、B、C 相对地的总电容。

此外，在断路器三相触点不同时闭合或断开时，也将短时出现一个数值更大的零序分量电压 $\dot{U}_0$，$\dot{U}_0$ 将在串联谐振回路中产生更大的电流，此电流在消弧线圈上又会产生更大的电压降，从而使电源中性点对地电压升高，这是不允许的。因此实际上不采用完全补偿方式。

（2）欠补偿。欠补偿就是使 $I_L < I_{C\Sigma}$ 的补偿方式，补偿后接地点的电流仍然是容性的，当系统运行方式改变时，例如某些线路因检修被迫切除或因短路跳闸时，系统零序电容电流会减小，致使可能得到完全补偿。所以欠补偿方式一般也不采用。

（3）过补偿。过补偿是使 $I_L > I_{C\Sigma}$ 的补偿方式。采用这种补偿方式后，接地点残余电流是感性的，这时即使系统运行方式发生改变，也不会产生串联谐振。因此这种补偿方式得到了广泛的应用。补偿程度用补偿度 p 表示，其值为

$$p = \frac{I_L - I_{C\Sigma}}{I_{C\Sigma}}$$

一般选择过补偿度值为 $p = (5\sim10)\%$。在过补偿情况下，通过故障线路保护安装处的电流为补偿以后的感性电流。此电流在数值上很小，在相位上超前 $\dot{U}_0$ 的相角为 $90°$，与非故障线路容性电流与 $\dot{U}_0$ 的关系相同。因此在过补偿的情况下，零序电流保护和零序功率方向保护已不适用。

四、用自适应式消弧线圈自动跟踪补偿电容电流

采用消弧线圈补偿，保证在最大运行方式下保证过补偿度的要求，必须选择消弧线圈的可调匝数位于较低的位置，要求满足下列条件

$$I_{L,\max} = (1+p)I_{C\Sigma,\max} \tag{5-55}$$

$$\frac{U_0}{\omega L_{\min}} = U_0(1+p) \times 3\omega C_{\Sigma,\max} \tag{5-56}$$

$$L_{\min} = \frac{1}{3\omega^2 C_{\Sigma,\max}(1+p)} \tag{5-57}$$

在出现其他运行方式时，由于 $I_{C\Sigma} < I_{C\Sigma,\max}$，因此在故障点的电感性残余电流将进一步增大。这是我们不希望的。为此人们提出了消弧线圈应能根据运行方式不同自动跟踪补偿电流的变化，并满足对补偿变化度要求，即

$$I_L = (1+p)I_{C\Sigma} \tag{5-58}$$

或

$$L = \frac{1}{3\omega^2 C_\Sigma (1+p)} \tag{5-59}$$

当消弧线圈具有可调抽头时，可以考虑的方案之一是在无接地故障正常运行时，该消弧线圈选取抽头的位置，满足式（5-57）所选的位置上时，可保证在任何运行方式下都不可能产生由串联谐振而引起的过电压。当发生单相接地时，系统出现零序电压，零序电压起动元件动作，随即将实时在线检测的各线路电容电流接入自动装置，计算出在该运行方式下的 $I_{C\Sigma}$ 或 C_Σ，然后按已设定的 p 值及式（5-58）和式（5-59）计算出 I_L 或 L 的数值，去自动选择执行消弧线圈抽头的调节，从而达到在任何运行方式下，均能保证对电容电流的最佳补偿，并在调解过程中不会出现危险的过电压。这种调节方式也适用于气隙可调式消弧线圈。这种调节方式的缺点是动作速度比较慢。

五、中性点经消弧线圈接地系统的接地保护

由上述分析可知，在中性点经消弧线圈接地系统中，一般采用过补偿方式运行，当线路发生单相接地时，无法采用零序功率方向保护来选择故障线路，而且由于残余电流不大，采用零序电流保护也很难满足灵敏性要求。因此在这类系统中，实现接地保护很困难，需要采用其他原理构成保护方式。

1. 反应稳态过程的接地保护

（1）采用绝缘监视装置。其工作原理同中性点不接地系统的绝缘监视相同。接线原理图仍如图5-16所示。

（2）零序电流保护。若中性点经消弧线圈接地系统发生单相接地，补偿后故障点的残余电流较大，能满足选择性和灵敏性要求时，可以采用零序电流保护。

（3）反应接地电流有功分量的保护。其特点是在消弧线圈两端并联接入一个电阻，在正常运行情况下，电阻由断路器断开，在线路发生接地故障的瞬间投入，使接地点产生一个有功分量电流，该有功分量电流作用于余弦型功率方向继电器，并动作，从而实现接地保护，同时有选择性地发出接地信号。保护动作后，电阻自动切除。这种保护方式缺点是，投入电阻时，接地电流加大，可能导致故障扩大；同时还需要增加电阻和断路器等一次设备，因此投资较大。另外由于零序过电流滤过器三个电流互感器的特性不同，二次负荷的不平衡，线路参数不平衡等原因，使在正常工作时有较大不平衡电流流过继电器，因此，容易使保护误动作。所以这种保护是不可靠的。

（4）反应高次谐波分量的保护。在电力系统中，5次谐波分量数值最大，它是由于电源电动势中存在高次谐波分量和负荷的非线性而产生，并随系统运行方式改变而变化。在中性点经消弧线圈接地的系统中，5次谐波电容电流不能被消弧线圈所补偿，所以可以不考虑消弧线圈存在的影响。它在中性点经消弧线圈接地系统中的分布与基波在中性点不接地系统中分布一致。因此，当发生单相接地时，故障线路上5次谐波零序电流基本上等于非故障线路上5次谐波电容电流之和，而非故障相线路上5次谐波零序电流基本上等于本身的5次谐波电容电流，在出线较多情况下，二者差别很大，所以5次谐波电流分量的接地保护能灵敏地

反应单相接地故障。

2. 反应暂态过程的接地保护

根据理论分析和实验结果可以得出中性点经消弧线圈单相接地的暂态过程与中性点不接地系统单相接地的暂态过程相同。根据单相接地暂态过程的特点，可以构成反应暂态过程的接地保护，一般反应暂态过程的接地保护方式有如下两种：

（1）反应暂态电流幅值接地保护。利用在暂态过程中接地电容电流首半波幅值很大的特点构成零序保护，考虑到暂态过程的迅速衰减，应采用速动继电器，并在启动后实现自保持。

（2）反应暂态零序分量首半波方向的接地保护。这种保护是应用反应暂态零序电流和零序电压首半波方向原理构成的。对于辐射形网络，非故障线路始端暂态零序电压和零序电流首半波方向相同，而接地故障线路暂态零序电流和零序电压首半波方向相反。根据这一特点，可以构成接地保护装置。

但是这些保护实际使用并不理想，目前还没有完善的接地保护装置应用于中性点经消弧线圈接地系统上，有待进一步研究解决。

第五节　对电力系统接地保护的评价和应用

一、对大电流接地系统保护的评价及应用

在大电流接地系统中，采用三相完全星形接线的相间电流保护来保护接地短路与采用专门的零序电流保护来保护接地短路相比较，后者有较突出的优点：

（1）灵敏性高。相间短路的过电流保护动作电流按躲过最大负荷电流来整定，电流继电器动作值一般为 $5\sim7A$，而零序过电流保护，按躲过最大不平衡电流来整定一般为 $0.5\sim1A$。由于发生单相接地短路时，故障相的电流与 3 倍零序电流 $3I_0$ 相等，因此，零序过电流保护的灵敏性高。对于电流速断保护，因线路的阻抗 $X_0=3.5X_1$，所以，在线路始末端接地短路的零序电流的差别比相间短路电流差别要大很多，从而零序电流速断的保护区要大于相间短路电流速断的保护区。

（2）延时时间短。对同一线路，因零序过电流保护的动作时限不必考虑与 Yd 接线变压器后保护的配合，所以，一般零序过电流保护动作时限要比相间短路过电流保护时限小。

（3）无时限电流速断和限时电流速断保护的保护范围受系统运行方式变化影响大，而零序电流保护受系统运行方式变化影响小。因为系统运行方式改变时，零序网络参数变动比正序网络小，一方面是线路零序阻抗远比正序、负序阻抗大；另一方面通过对变压器中性点接地方式的灵活及合理确定，更是保证零序网络参数稳定的重要原因。

（4）当系统发生振荡、短时过负荷等不正常运行情况时，零序电流保护不会误动作，而相间短路电流保护可能误动作，故必须采取措施予以防止。

（5）采用零序电流保护后，相间短路电流保护可采用两相星形接线方式，并可和零序电流保护合用一组电流互感器，这样既可节省设备，又能满足技术上要求，而且接线也简单。

（6）结构与工作原理简单。零序电流保护以单一的电流量作为动作量，而且每段只需同一个继电器便可以对三相中任一相接地故障作出反应，因而使用继电器数量少，回路简单，试验维护方便，容易保证整定实验质量和保持保护装置经常处于良好状态，所以其动作准确

率高于其他复杂保护。

由于零序电流保护具有以上优点，故在各级电压的大接地电流系统中得到广泛应用。因为在110kV及以上电压系统中，单相接地故障占全部故障80%～90%，而其他类型的故障也都是由单相接地引起的，所以采用专门的零序电流保护是十分必要的。但是零序电流保护也存在一些缺点，主要表现如下：

1) 对于短线路或运行方式变化大的系统，零序电流保护往往不能满足系统运行所提出的要求，如保护范围稳定或由于运行方式的改变需重新整定零序电流保护。

2) 随着单相重合闸广泛的应用，在综合重合闸动作过程中将出现非全相运行状态，再考虑系统两侧的电机发生摇摆，则可能出现很大的零序电流，因此影响零序电流保护正确工作。这时必须增大保护动作值或在重合闸动作过程中使之短时退出运行，待全相运行后再投入。

二、对小电流接地系统保护的评价

绝缘监视装置是一种无选择性的信号装置，它的优点是简单、经济，但在寻找接地故障过程中，不仅要短时中断对用户的供电，而且操作工作量大。这种装置广泛安装在发电厂和变电所母线上，用以监视本网络中的单相接地故障。

当中性点不接地系统中出现线路数较多，全系统对地电容电流较大时，可采用零序电流保护实现有选择性地接地保护；当灵敏系数不够时，可利用接地故障时故障线路与非故障线路电容电流方向不同的特点来实现零序功率方向保护。

在中性点经消弧线圈接地的系统中，仍可用零序电压保护原理构成的绝缘监视，但不能采用反应零序电流或零序电流方向构成有选择性地保护，可以利用零序电流的高次谐波分量构成高次谐波（5次）电流方向保护，或根据反映暂态电流的幅值，反映暂态零序电流首半波构成接地保护，其效果都不理想。目前，对中性点经消弧线圈接地系统中，实行有选择性地接地保护的课题还没有很好解决。

思 考 题 与 习 题

5-1 为什么反应接地短路的保护一般要利用零序分量而不是其他序分量？

5-2 什么是中性点非直接接地系统？在此种网络中发生单相接地故障时，出现的零序电压和零序电流有什么特点？它与中性点直接接地系统中，接地故障时出现的零序电压和零序电流在大小、分布及相位上都有什么不同？

5-3 在中性点直接接地系统中，接地保护有哪些？它们的基本原理是什么？

5-4 为什么零序电流速断保护的保护范围比反应相间短路的电流速断保护的保护范围长而且稳定、灵敏系数高？

5-5 如图5-19所示为中性点直接接地系统零序电流保护原理接线图。已知：正常时线路上流过的一次负荷电流为450A，电流互感器变比为600/5，零序电流继电器的动作电流 $I_{0,op}=3A$，问：

(1) 正常运行时，若电流互感器的极性有一个接

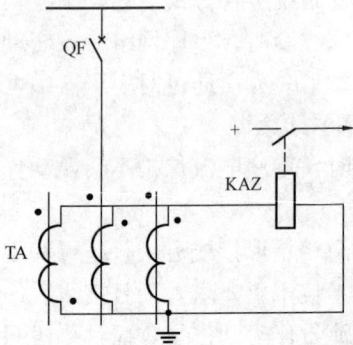
图5-19 题5-5的接线图

反，保护会不会误动作？为什么？

（2）若零序电流滤过器的三个电流互感器中有一个互感器二次断线，在正常负荷时，保护会不会误动作？为什么？

5-6　中性点经消弧线圈接地系统中，单相故障的特点及保护方式如何确定？

5-7　什么是欠补偿、过补偿及完全补偿？采用哪种补偿方式较好？为什么？

5-8　在中性点不接地系统中，采用有选择性零序电流保护，在接地故障时，它是靠什么电流动作的？当被保护线路本身无接地故障时，它应躲过多大电流才能保证不动作。

5-9　什么是绝缘监视，作用如何，如何实现？

5-10　什么是零序电流保护？直接接地系统中为什么要单设零序电流保护？在什么条件下要加装方向继电器组成的零序电流方向保护？

5-11　零序电流保护由哪几部分组成？零序电流保护有什么优点？

5-12　中性点直接接地系统中零序电流保护的时限特性和相间短路电流保护的时限特性有什么不同？为什么？

5-13　零序功率方向继电器的最大灵敏角为什么是 70°？

5-14　零序电流方向保护与综合重合闸配合使用时应注意什么问题？

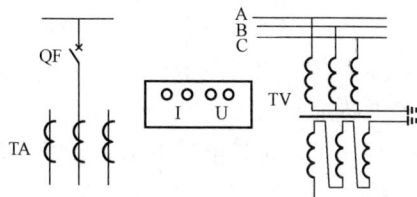

图 5-20　题 5-15 的设备图

5-15　将图 5-20 所示设备正确连接为零序电流方向保护的接线，并给 TV、TA 标上极性（继电器动作方向指向线路，最大灵敏角为 70°）。

5-16　如图 5-21 所示单侧电源网络，各断路器采用方向过电流保护，时限级差 $\Delta t = 0.5\text{s}$。试确定各过电流保护和零序过电流保护的动作时间。

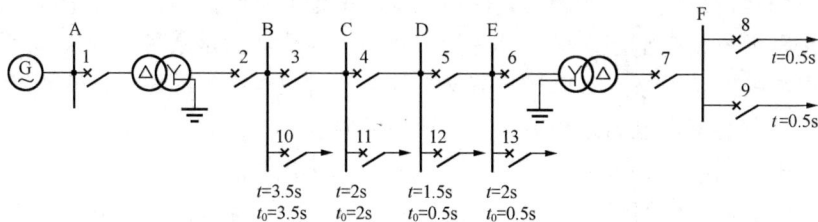

图 5-21　题 5-16 网络图

第六章　电网的距离保护

本章讲述了距离保护的基本工作原理，主要组成元件及动作时限，重点讲述了单相式阻抗继电器构成原理及其动作特性，介绍了运用幅值比较原理和相位比较原理在复平面上分析单相式阻抗继电器的动作特性以及用这两种原理构成各种单相式阻抗继电器的方法。要注意上述两种原理运用要领及它们的互换性。

讲述了阻抗继电器用于相间短路的基本接线方式 0°接线和用于接地保护的基本接线方式，即零序电流补偿法。

讲述了方向阻抗继电器产生死区的原因，清除死区的措施及引入极化电压的影响，讲述了影响距离保护正确动作的因素及其防止措施，主要分析了过渡电阻、分支电流、系统振荡、电压回路断线对测量阻抗的影响及防止措施，还简要介绍了多相补偿式阻抗继电器的工作原理及构成。

还讲述了阻抗继电器的整定计算及对距离保护的评价及应用范围。

第一节　距离保护的基本原理

随着电力系统的发展，出现了容量大、电压高、距离长、负荷重、结构复杂的网络，这时简单的电流、电压保护已不能满足电网对保护的要求。

在高压长距离重负荷线路上，线路的最大负荷电流有时可能接近于线路末端的短路电流，所以在这种线路上过电流保护是不能满足灵敏系数要求的。另外对于电流速断保护，其保护范围受电网运行方式改变的影响，保护范围不稳定，有时甚至没有保护区，过电流保护的动作时限按阶梯原则来整定，往往具有较长时限，因此，满足不了系统快速切除故障的要求。对于多电源的复杂网络，方向过电流保护的动作时限往往不能按选择性要求来整定，而且动作时限长，不能满足电力系统对保护快速性的要求。

为了解决上述问题，20 世纪 20 年代开始推广使用距离保护。它是一种可以满足高压电网发展要求的保护，在任何形式的电网中能够有选择性地切除故障，而且有足够的快速性和灵敏性。

一、距离保护的基本原理

所谓距离保护，就是指反应保护安装处至故障点的距离，并根据这一距离的远近而确定动作时限的一种保护装置。短路点越靠近保护安装处，其测量阻抗就越小，则保护的时限就越短；反之，短路点越远，其测量阻抗就越大，则保护动作时限就越长。这样，保证了保护有选择性地切除故障线路。

测量保护安装处至故障点的距离，实际上是测量保护安装处至故障点之间的阻抗。该阻抗为保护安装处的电压与电流的比值，即 $Z=\dot{U}/\dot{I}$。保护装置的动作时限是距离（或阻抗）的函数，即

$$t = f(Z_1 l) \tag{6-1}$$

式中　Z_1——被保护线路单位长度的正序阻抗；

　　　　l——保护安装处至短路点线路的长度。

如图 6-1（a）所示，当 k 点短路时，保护 2 的测量阻抗为 Z_k，保护 1 的测量阻抗是 $Z_{AB}+Z_k$。由于保护 1 的测量阻抗比保护 2 的测量阻抗大，所以保护 1 的动作时间比保护 2 长。这样，故障将由保护 2 切除，而保护 1 在故障切除后返回。这时选择性的配合是适当选择各个保护的动作阻抗和动作时间来实现的。

二、距离保护的时限特性

距离保护的动作时间 t 与保护安装处至故障点之间的距离 l 的关系 $t=f(l)$，称为距离保护的时限特性。为满足速动性、选择性和灵敏性要求，目前距离保护广泛采用三段动作范围的阶梯时限特性，如图 6-1（b）所示。这三段分别称为距离保护的Ⅰ、Ⅱ、Ⅲ段，与前面讲述的三段式电流保护相似。下面以图 6-1（b）中保护 1 说明三段距离保护动作范围的阶梯时限特性。

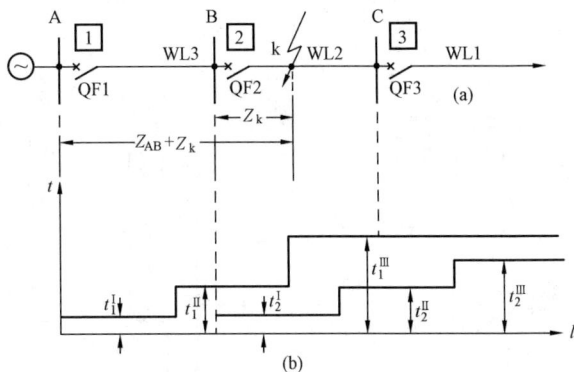

图 6-1　距离保护的作用原理图

（a）网络图；（b）时限特性

距离保护 1 的Ⅰ段是瞬时动作，其动作时限为 t_1^{I}，它是保护本身固有的动作时间，其保护范围最好能保护线路 AB 全长，即整定阻抗为 Z_{AB}。实际上，当线路 AB 末端短路和相邻 BC 线路出口短路时，电流相差不同，因为阻抗继电器有误差，电流、电压互感器有误差，所以当线路 BC 出口短路时，距离保护 1 的Ⅱ段会误动。为此，距离保护 1Ⅰ段的动作阻抗 $Z_{\text{op1}}^{\text{I}}<Z_{AB}$，引入一个小于 1 的可靠系数 $K_{\text{rel}}^{\text{I}}$，使

$$Z_{\text{op1}}^{\text{I}}=K_{\text{rel}}^{\text{I}}Z_{AB} \tag{6-2}$$

式中　$K_{\text{rel}}^{\text{I}}$——距离保护Ⅰ段可靠系数，当 Z_{AB} 为计算值时取 0.8，当 Z_{AB} 为测量值时取 0.85。

同理，保护 2 的Ⅰ段一次整定值为

$$Z_{\text{op2}}^{\text{I}}=K_{\text{rel}}^{\text{I}}Z_{BC} \tag{6-3}$$

按上述原则整定动作阻抗后，它与瞬时电流速断保护一样，只能保护线路全长的 80%～85%。为切除线路末端 15%～20% 范围内故障，需要设置距离保护Ⅱ段。

距离保护Ⅱ段整定值的选择相似于电流速断保护，即Ⅱ段整定值，以使保护范围不超出下一条线路（如有多条线路取最短者）距离保护第Ⅰ段的保护范围，则保护 1 的Ⅱ段一次侧整定值为

$$Z_{\text{op1}}^{\text{II}}=K_{\text{rel}}^{\text{II}}(Z_{AB}+Z_{BC}K_{\text{rel}}^{\text{I}}) \tag{6-4}$$

式中　$K_{\text{rel}}^{\text{II}}$——距离保护Ⅱ段的可靠系数，取 0.8。

为了获得选择性，距离保护 1 的Ⅱ段动作时限 t_1^{II} 应较保护 2 的Ⅰ段动作时间 t_2^{I} 多一个 Δt，即

$$t_1^{\text{II}}=t_2^{\text{I}}+\Delta t \tag{6-5}$$

距离保护Ⅰ段与Ⅱ段联合工作，构成本线路的主保护。为了作相邻线路的距离保护和断

路器拒动的远后备保护，还设有距离保护Ⅲ段，同时也作为本级线路距离保护Ⅰ段、Ⅱ段的近后备保护。

距离保护Ⅲ段动作阻抗应按躲过正常负荷阻抗整定，而动作时限按阶梯时限原则整定，应比所有相邻下一线路距离保护Ⅲ段动作时限最大者大一个 Δt，即

$$t_1^{\text{Ⅲ}} = t_{2,\text{max}}^{\text{Ⅲ}} + \Delta t \qquad\qquad (6\text{-}6)$$

三、三段式距离保护原理框图

距离保护的原理框图如图 6-2 所示。它由启动回路、测量回路和逻辑回路三部分组成。

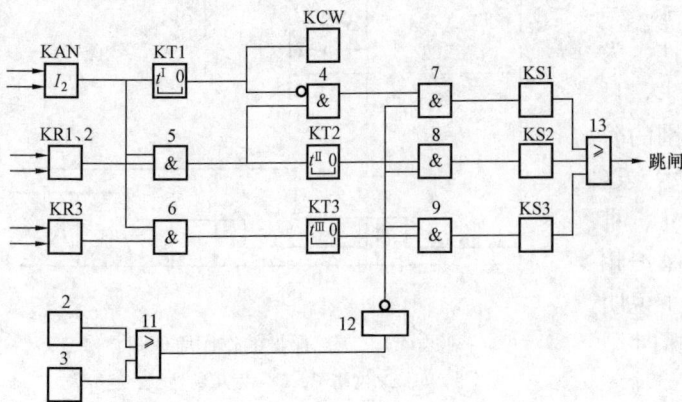

图 6-2　三段式距离保护构成单相原理框图

1. 启动回路

启动回路由启动元件组成，启动元件可以采用电流继电器、阻抗继电器、负序电流继电器或负序电流增量继电器，一般采用负序电流继电器。正常运行时，整套装置处于未启动状态，既使测量元件动作也不会误跳闸。启动部分在短路时启动整套保护装置，解除闭锁，允许阻抗继电器 KR1～KR3 通过与门 5 和 6 去

跳闸。启动元件同时启动时间继电器 KT1，在 0.1s（开放时间）内允许距离保护Ⅰ段跳闸。超过 0.1s，KT1 动作，一方面通过禁止门 4 闭锁距离保护Ⅰ段，另一方面启动切换继电器 KCW，对各段或各相有公用的阻抗继电器的距离保护装置，进行段别或相别切换。

2. 测量回路

测量回路的Ⅰ段和Ⅱ段，由公用阻抗继电器 1、2KR 组成，而第Ⅲ段由测量阻抗继电器 3KR 组成。测量回路的作用是通过测量阻抗来判断短路点至保护安装地点之间的距离，判断故障处于哪一段保护范围。

3. 逻辑回路

逻辑回路主要由门电路和时间电路构成。门电路包括与门（5、6、7、8、9）、非门（12）、禁止门（4）和或门（11、13）。时间电路由时间继电器 KT1～KT3 组成。逻辑回路的作用是对启动、测量回路送来的信号进行分析判断，作出正确的跳闸决定。

对三段式距离保护动作情况分析：

（1）正常运行时，所有元件均无信号输出，保护装置不动作。

（2）在Ⅰ段保护区内发生短路时，出现负序电流，负序电流继电器 KAN 启动，Ⅰ、Ⅱ、Ⅲ段阻抗继电器 KR1～KR3 均启动，与门 5、6 动作，由于 KT2、KT3 时限大，首先由不带时限的Ⅰ段保护通过禁止门 4、与门 7、信号继电器 KS1 和或门 13 去跳闸，而后各元件返回。

（3）当在Ⅱ段保护区内发生短路时，KAN 启动，KR3 启动，但 KR1、2 不启动，只有经过 0.1s KT1 动作后，一方面启动切换继电器 KCW 进行段别切换，一方面闭锁禁止门 4。

当动作阻抗定值切换到Ⅱ段后，KR1、2动作，通过与门5、KT2，与门8、KS2、或门13去跳闸。

（4）当在保护Ⅲ段保护范围内发生短路时，KAN启动，KR3启动，通过与门6动作，启动KT3，到达KT3整定时限$t^{\text{Ⅲ}}$时，通过与门9、KS3、或门13去跳闸。

（5）当发生电压互感器二次回路断线时，或发生电力系统振荡时，可通过电压互感器二次断线闭锁元件2或振荡闭锁元件3经非门12闭锁保护，防止保护误动作。KS1、KS2、KS3为距离Ⅰ、Ⅱ、Ⅲ段保护的信号元件，当相应段保护动作时，相应段的信号继电器动作，发出保护装置动作报警信号。

三段式距离保护与三段式电流保护主要差别表现在以下三个方面：

（1）测量元件采用阻抗元件，而不是电流元件。

（2）增加了两个闭锁元件。

（3）整套保护中每相均有启动元件，可以提高保护的可靠性。

第二节　单相式阻抗继电器的动作特性及构成原理

阻抗继电器是距离保护中的核心元件，它的作用是测量故障点到保护安装处之间的阻抗（距离），并与整定值进行比较，以确定保护是否动作。它主要用作测量元件，但也可用作启动元件和兼作功率方向元件。

一、阻抗继电器的分类

阻抗继电器按其构造原理不同，分为电磁型、感应型、整流型、晶体管型、集成电路型和微机型；根据比较原理不同，可分为幅值比较式和相位比较式两大类；根据输入量的不同，分为单相式、多相补偿式两大类。

单相式阻抗继电器只输入一个电压$\dot{U}_{\text{r}}$和一个电流$\dot{I}_{\text{r}}$。电压与电流的比值称为测量阻抗，即

$$Z_{\text{r}} = \frac{\dot{U}_{\text{r}}}{\dot{I}_{\text{r}}} = \frac{\dot{U}/K_{\text{TV}}}{\dot{I}/K_{\text{TA}}} = \frac{K_{\text{TA}}}{K_{\text{TV}}} Z_{\text{k}} \tag{6-7}$$

式中　　$\dot{U}$——保护安装处一次侧电压，即母线电压；

　　　　$\dot{I}$——被保护线路一次侧电流；

K_{TV}、K_{TA}——电压互感器的变比，电流互感器的变比；

　　　　Z_{r}——一次侧测量阻抗。

继电器动作决定于测量阻抗Z_{r}与整定阻抗Z_{set}相比较。继电器的整定阻抗是保护安装处至保护末端之间的模拟阻抗。当$Z_{\text{r}} \leqslant Z_{\text{set}}$时，阻抗继电器KR动作；当$Z_{\text{r}} > Z_{\text{set}}$时，KR不动作。

正常运行时，母线电压为$\dot{U}_{\text{N}}$，线路电流为负荷电流$\dot{I}_{\text{L}}$，这时阻抗继电器的测量阻抗Z_{rL}是负荷阻抗Z_{L}的二次值，即

$$Z_{\text{rL}} = \frac{\dot{U}_{\text{N}}/K_{\text{TV}}}{\dot{I}_{\text{L}}/K_{\text{TA}}} = \frac{K_{\text{TA}}}{K_{\text{TV}}} Z_{\text{L}} \tag{6-8}$$

由于母线电压 U_N 大于母线残压 U_{res}，负荷电流小于短路电流 $\dot{I}_k$，所以 $Z_{rL} > Z_{set}$，阻抗继电器不动作。

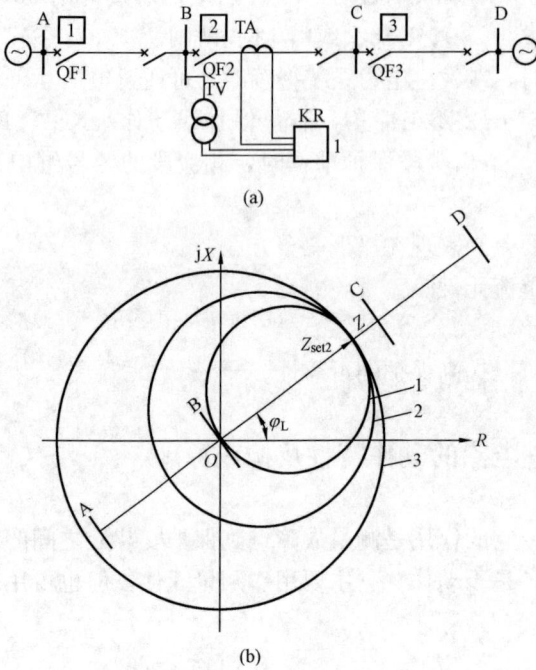

图 6-3　阻抗继电器的动作特性
(a) 网络图；(b) 阻抗特性图
1—方向阻抗继电器动作特性；2—偏移特性阻抗继电器动作特性；
3—全阻抗继电器动作特性

单相式阻抗继电器可用复数平面分析其动作特性。如图 6-3（a）中线路 BC 保护 2，将阻抗继电器的测量阻抗画在复平面上，如图 6-3（b）所示。将线路端 B 端置于平面原点，并以线路阻抗角 φ_L 将线路 AB、BC 绘于复平面上，其长度按二次阻抗值绘制。距离保护Ⅰ段阻抗继电器的整定阻抗 $Z_{set2} = 0.85 Z_{BC}$，即幅角为 φ_L 的直线 BZ。

当在被保护线路上发生短路时，阻抗继电器的正向测量阻抗在第Ⅰ象限的直线 BC 上变化；当在反方向非保护线路上短路时，继电器的测量阻抗在第Ⅲ象限的直线 BA 上变化。当短路发生在线路 BZ 范围内，阻抗继电器的测量阻抗的末端落在以幅角为 φ_L 的 BZ 直线上，则阻抗继电器动作。

为消除过渡电阻及互感器误差的影响，尽量简化继电器的接线，以便制造和调试，将阻抗继电器动作范围扩大为一个圆，如图 6-3（b）所示。圆 1 为方向阻抗继电器的动作特性圆，它是以整定阻抗 Z_{set2} 为直径的圆。圆 2 为偏移特性阻抗继电器的特性圆，它是坐标原点在圆内的偏移圆，整定阻抗 Z_{set2} 是圆直径中的一部分。圆 3 是全阻抗继电器特性圆，它是以整定阻抗 Z_{set2} 为半径的圆。当测量阻抗位于圆内时，阻抗继电器动作，故圆内为动作区；当测量阻抗在圆外时，阻抗继电器不动作，故圆外为不动作区；当测量阻抗位于圆周上时，阻抗继电器处于临界状态。

阻抗继电器动作特性除上述几种圆特性外，还有椭圆形、苹果形和四边形等特性。由于圆特性阻抗继电器易于实现，接线简单，故在高压线路上广泛应用。

二、比较两电气量幅值原理阻抗继电器的构成

按比较两电气幅值原理构成的阻抗继电器的原理框图如图 6-4 所示。测量电压 $\dot{U}_r$ 和测量电流 $\dot{I}_r$ 通过电压形成回路得出阻抗继电器的两个幅值比较电气量 $\dot{U}_A$ 和 $\dot{U}_B$。$\dot{U}_A$ 是动作量，$\dot{U}_B$ 是制动量，它们经整流滤波后接入幅值比较回路，由执行元件输出跳闸。继电器的动作方程为

$$| \dot{U}_A | \geqslant | \dot{U}_B | \qquad\qquad (6-9)$$

阻抗继电器动作特性不同，在于比较电气量 $\dot{U}_A$ 和 $\dot{U}_B$ 不同，相应的继电器电压形成回

路也不同，而幅值比较回路和执行回路是相同的。因此，下面主要分析各种动作特性时阻抗继电器的幅值比较电气量 $\dot{U}_A$ 和 $\dot{U}_B$ 以及它的电压形成回路。

（一）方向阻抗继电器

如图 6-5 所示，方向阻抗继电器的动作特性为一个圆，圆的直径为整定阻抗 Z_{set}，其圆周经过原点，动作区在圆内。当正方向短路时，测量阻抗 Z_r 在第 I 象限，如故障在保护范围内，Z_r 落在圆内，继电器动作；反方向短路时，测量阻抗在第 III 象限，继电器不动作。因此这种继电器具有方向性，其阻抗动作方程为

$$Z_r \leqslant Z_{set}\cos(\varphi_L - \varphi_r) \tag{6-10}$$

当阻抗继电器测量阻抗角 φ_r 为不同数值时，其动作值也不同；当 φ_r 等于整定阻抗角 φ_L 时，动作值最大，等于圆的直径，这时阻抗继电器的保护范围最大，工作最灵敏。故这时的测量阻抗角称为最大灵敏角，用 φ_m 表示。

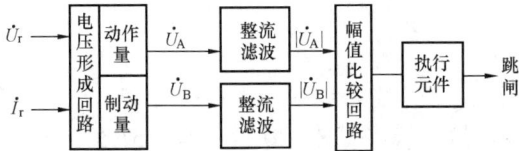

图 6-4　按幅值比较原理构成的
阻抗继电器原理框图

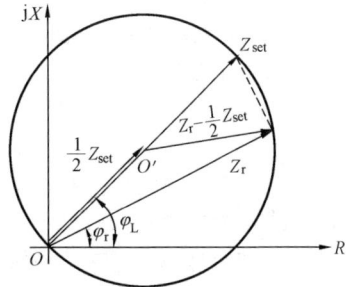

图 6-5　方向阻抗继电器的动作特性

为获得方向阻抗继电器进行比较的两电气量，写出幅值比较形式的方向阻抗继电器的动作阻抗方程，由图 6-5 可得

$$\left|\frac{1}{2}Z_{set}\right| \geqslant \left|Z_r - \frac{1}{2}Z_{set}\right| \tag{6-11}$$

将电流 $\dot{I}_r$ 乘以上式两边得到方向阻抗继电器的动作电压方程

$$\left|\frac{1}{2}Z_{set}\dot{I}_r\right| \geqslant \left|\dot{U}_r - \frac{1}{2}\dot{I}_r Z_{set}\right| \tag{6-12}$$

式（6-12）中电压有两种形式：一种是输入电流 $\dot{I}_r$ 在已知整定阻抗上的电压降 $\frac{1}{2}Z_{set}\dot{I}_r$；另一种是加在继电器端子上的测量电压 $\dot{U}_r$。对于 $\frac{1}{2}Z_{set}\dot{I}_r$ 电压降可用电抗变换器 UX 来获得，对于 $\dot{U}_r$ 可直接从母线电压互感器 TV 二次侧获得。根据式（6-11），比较两电气量幅值方向阻抗继电器的电压形成回路如图 6-6 所示。为了便于改变动作阻抗的整定值，一般需要经过一个中间变压器（电压变换器）UV 接入。根据式（6-12）中有两项 $\frac{1}{2}Z_{set}\dot{I}_r$，故电抗变换器 UX 有三个二次绕组，其中匝数 W_2、W_3 相等，获得两个电压分量 $\frac{1}{2}\dot{I}_r Z_{set}$；第三个二次绕组 W_4，用来调整继电器整定阻抗角。电压变换器 UV 则采用一个二次绕组。

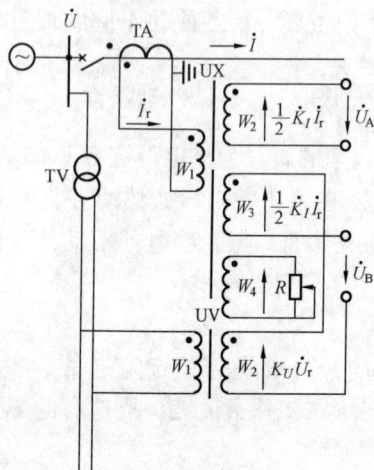

图 6-6　方向阻抗继电器的幅值
比较电压形成回路

电抗变换器二次侧两绕组电压用 $\frac{1}{2}\dot{K}_I\dot{I}_r$ 表示，电压变换器二次侧电压用 $K_U\dot{U}_r$ 表示，则方向阻抗继电器动作方程可写成

$$\left|\frac{1}{2}\dot{K}_I\dot{I}_r\right| \geqslant \left|K_U\dot{U}_r - \frac{1}{2}\dot{K}_I\dot{I}_r\right| \qquad (6-13)$$

故电压形成回路输出的用于比较幅值的两电气量是

$$\text{动作量}\qquad \dot{U}_A = \frac{1}{2}\dot{K}_I\dot{I}_r \left.\vphantom{\frac{1}{2}}\right\}$$
$$\text{制动量}\qquad \dot{U}_B = K_U\dot{U}_r - \frac{1}{2}\dot{K}_I\dot{I}_r \qquad (6-14)$$

以 K_U 除以式（6-14）两边可得

$$\left|\frac{1}{2}\frac{\dot{K}_I}{K_U}\dot{I}_r\right| \geqslant \left|\dot{U}_r - \frac{1}{2}\frac{\dot{K}_I}{K_U}\dot{I}_r\right| \qquad (6-15)$$

将式（6-15）与式（6-12）相比较，可知整定阻抗为

$$Z_{set} = \frac{\dot{K}_I}{K_U} \qquad (6-16)$$

由此可知，改变整定阻抗的大小，可以借助改变电抗变换器 UX 一次绕组匝数或改变电压变换器的变比，即改变 K_I 和 K_U 值来实现。

方向阻抗继电器动作具有方向性，它不仅能测量阻抗的数值而且同时又能判别短路故障的方向，因此在距离保护中广泛作为测量元件。

（二）偏移特性阻抗继电器

偏移特性阻抗继电器的动作特性如图 6-7 所示。它是由 $Z_{set1}+Z_{set2}$ 为直径的圆，坐标原点在圆内，正向整定阻抗为 Z_{set1}，偏移第Ⅲ象限的反向阻抗为 $-Z_{set2}$，圆内为动作区，特性圆半径为 $\left|\frac{1}{2}(Z_{set1}+Z_{set2})\right|$，圆心坐标 $Z_O = \frac{1}{2}(Z_{set1}-Z_{set2})$。幅值比较形式的动作阻抗方程为

$$\left|\frac{1}{2}(Z_{set1}+Z_{set2})\right| \geqslant \left|Z_r - \frac{1}{2}(Z_{set1}-Z_{set2})\right| \qquad (6-17)$$

以电流 $\dot{I}_r$ 乘以上式两边，得出偏移特性阻抗继电器动作特性方程为

$$\left|\frac{1}{2}(Z_{set1}+Z_{set2})\dot{I}_r\right| \geqslant \left|\dot{U}_r - \frac{1}{2}(Z_{set1}-Z_{set2})\dot{I}_r\right| \qquad (6-18)$$

根据式（6-17）可做出偏移特性阻抗继电器的比较幅值两电气量的电压形成回路，如图 6-8 所示。方程中有两项是已知阻抗上的电压降，采用有三个二次绕组的电抗变换器 UX 获得，其中 W_2 获得 $\frac{1}{2}(Z_{set1}+Z_{set2})\dot{I}_r$ 电压分量，W_3 获得 $\frac{1}{2}(Z_{set1}-Z_{set2})\dot{I}_r$ 电压分量，线圈匝数 $W_2 > W_3$，W_4 用于调整阻抗的阻抗角；测量电压通过电压变换器 UV 获得。

根据式（6-16）或式（6-18），整定阻抗可分别表示为

$$Z_{set1} = \frac{\dot{K}_{I1}}{K_U}, Z_{set2} = \frac{\dot{K}_{I2}}{K_U} \qquad (6-19)$$

则式（6-18）可表示成

$$\left| \frac{1}{2}(\dot{K}_{I1} + \dot{K}_{I2})\dot{I}_{r} \right| \gtrless \left| K_{U}\dot{U}_{r} - \frac{1}{2}(\dot{K}_{I1} - \dot{K}_{I2})\dot{I}_{r} \right| \qquad (6-20)$$

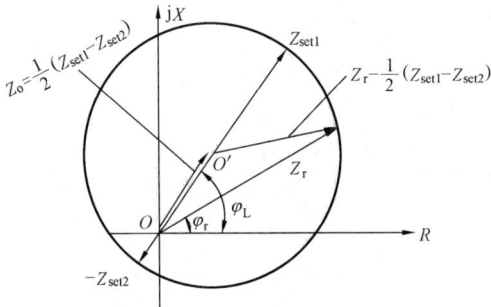

图 6-7 偏移特性阻抗继电器的动作特性

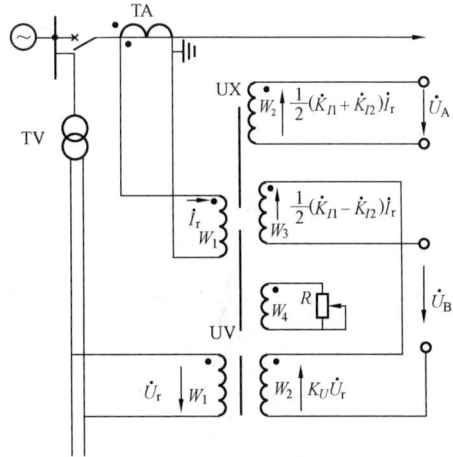

图 6-8 偏移特性阻抗继电器
的幅值比较电压形成回路

故电压形成回路输出的比较幅值两电气量分别为

动作量
$$\dot{U}_{A} = \frac{1}{2}(\dot{K}_{I1} + \dot{K}_{I2})\dot{I}_{r}$$
$$\qquad (6-21)$$
制动量
$$\dot{U}_{B} = K_{U}\dot{U}_{r} - \frac{1}{2}(\dot{K}_{I1} - \dot{K}_{I2})\dot{I}_{r}$$

偏移特性阻抗继电器动作特性的偏移情况可用偏移度 α 表示，其定义为在最大灵敏角方向，反向整定阻抗 $-Z_{\text{set2}}$ 与正向整定阻抗 Z_{set1} 之比的百分数，即

$$\begin{aligned}
\alpha &= \left| \frac{-Z_{\text{set2}}}{Z_{\text{set1}}} \right| \times 100\% \\
&= \left| -\frac{\frac{1}{2}(Z_{\text{set1}} + Z_{\text{set2}}) - \frac{1}{2}(Z_{\text{set1}} - Z_{\text{set2}})}{\frac{1}{2}(Z_{\text{set1}} + Z_{\text{set2}}) + \frac{1}{2}(Z_{\text{set1}} - Z_{\text{set2}})} \right| \times 100\% \\
&= \left| -\frac{(\dot{K}_{I1} + \dot{K}_{I2}) - (\dot{K}_{I1} - \dot{K}_{I2})}{(\dot{K}_{I1} + \dot{K}_{I2}) + (\dot{K}_{I1} - \dot{K}_{I2})} \right| \times 100\% \\
&= \frac{W_2 - W_3}{W_2 + W_3} \times 100\% \qquad (6-22)
\end{aligned}$$

式（6-22）中最后一步只适用于电压形成回路二次侧空载的情况。偏移特性阻抗继电器用作距离保护Ⅲ段的测量元件或启动元件。其偏移度 a 一般取 $10\% \sim 20\%$。

（三）全阻抗继电器

全阻抗继电器动作特性如图 6-9 所示。它是以整定阻抗 Z_{set} 为半径的圆，圆心在原点，动作区在圆内，测量阻抗在圆内任何象限时，继电器都能动作。它没有方向性，故称为全阻抗继电器。它的幅值比较形式阻抗动作方程为

$$| Z_{\text{set}} | \geqslant | Z_{r} | \qquad (6-23)$$

以电流 $\dot{I}_r$ 乘以式（6-23）两边，得出全阻抗继电器动作方程为

$$|Z_{set}\dot{I}_r| \geqslant |\dot{U}_r| \tag{6-24}$$

根据式（6-24），可得出全阻抗继电器幅值比较两电气量及其电压形成回路如图6-10所示。

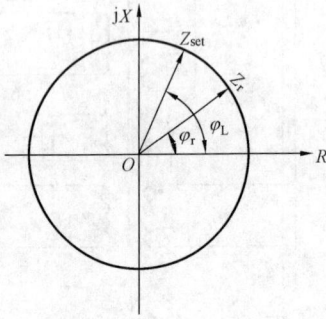

图 6-9　全阻抗继电
器动作特性

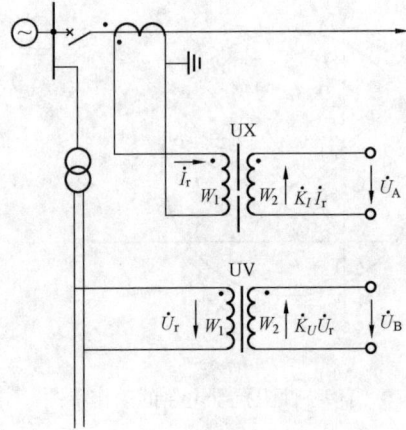

图 6-10　全阻抗继电器的幅值
比较电压形成回路

以 $Z_{set}=\dfrac{\dot{K}_I}{K_U}$ 代入式（6-24）可得

$$|\dot{K}_I\dot{I}_r| \geqslant |K_U\dot{U}_r| \tag{6-25}$$

故电压形成回路输出的用于比较幅值的两电气量分别为

$$\left.\begin{array}{l}动作量 \qquad\qquad \dot{U}_A = \dot{K}_I\dot{I}_r \\[4pt] 制动量 \qquad\qquad \dot{U}_B = K_U\dot{U}_r\end{array}\right\} \tag{6-26}$$

（四）抛球特性阻抗继电器

抛球特性阻抗继电器动作特性如图6-11所示。它是圆心在第Ⅰ象限的抛球圆，是以 $Z_{set1}-Z_{set2}$ 为直径的圆，坐标原点在圆外，动作区在圆内，圆半径为 $\dfrac{1}{2}(Z_{set1}-Z_{set2})$，圆心坐标为 $Z_O=\dfrac{1}{2}(Z_{set1}+Z_{set2})$。幅值比较形式阻抗动作方程为

$$\left|\frac{1}{2}(Z_{set1}-Z_{set2})\right| \geqslant \left|Z_r-\frac{1}{2}(Z_{set1}+Z_{set2})\right| \tag{6-27}$$

以电流 $\dot{I}_r$ 乘以式（6-27）两边，便得出抛球特性阻抗继电器动作方程为

$$\left|\frac{1}{2}(Z_{set1}-Z_{set2})\dot{I}_r\right| \geqslant \left|\dot{U}_r-\frac{1}{2}(Z_{set1}+Z_{set2})\dot{I}_r\right| \tag{6-28}$$

将 $Z_{set1}=\dfrac{\dot{K}_{I1}}{K_U}$，$Z_{set2}=\dfrac{\dot{K}_{I2}}{K_U}$ 代入式（6-28）可得

$$\left|\frac{1}{2}(\dot{K}_{I1}-\dot{K}_{I2})\dot{I}_r\right| \geqslant \left|K_U\dot{U}_r-\frac{1}{2}(\dot{K}_{I1}+\dot{K}_{I2})\dot{I}_r\right| \tag{6-29}$$

根据式（6-29）可得幅值比较两电气量电压形成回路如图6-12所示，其输出两电气量

分别为

动作量
$$\dot{U}_A = \frac{1}{2}(\dot{K}_{I1} - \dot{K}_{I2})\dot{I}_r$$

制动量
$$\dot{U}_B = K_U\dot{U}_r - \frac{1}{2}(\dot{K}_{I1} + \dot{K}_{I2})\dot{I}_r \tag{6-30}$$

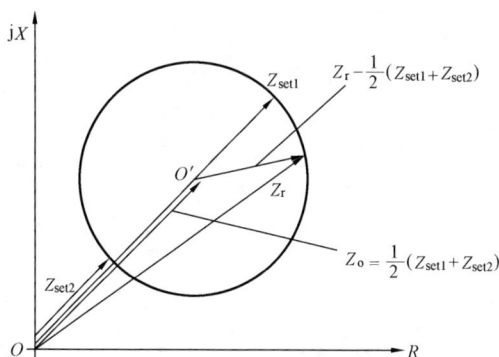

图 6-11　抛球特性阻抗继电器
的动作特性

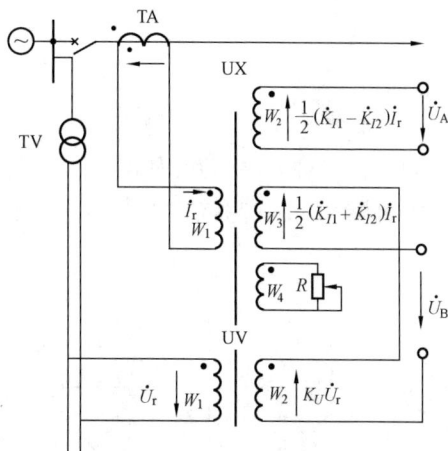

图 6-12　抛球特性阻抗继电器
的幅值比较电压形成回路

（五）具有直线特性的阻抗继电器

动作特性为直线的阻抗继电器在距离保护中具有特殊用途。几种直线特性阻抗继电器的动作特性和它的幅值比较形式如下所述。

1. 象限阻抗继电器

如图 6-13 所示，象限阻抗继电器的动作特性是与整定阻抗 Z_{set} 相垂直的直线，动作区在划有阴影线的一侧，其幅值比较形式动作阻抗方程为

$$|Z_r - 2Z_{set}| \geqslant |Z_r| \tag{6-31}$$

以 $Z_r = \dfrac{\dot{U}_r}{\dot{I}_r}$ 和 $Z_{set} = \dfrac{\dot{K}_I}{K_U}$ 代入式（6-31）可得

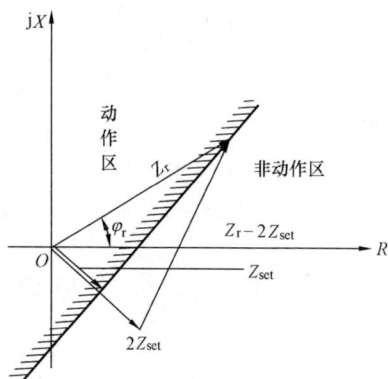

图 6-13　象限阻抗继电器动作特性

$$|K_U\dot{U}_r - 2\dot{K}_I\dot{I}_r| \geqslant |K_U\dot{U}_r| \tag{6-32}$$

根据式（6-32）可得出象限阻抗继电器幅值比较的两电气量为

动作量
$$\dot{U}_A = K_U\dot{U}_r - 2\dot{K}_I\dot{I}_r$$

制动量
$$\dot{U}_B = K_U U_r \tag{6-33}$$

2. 功率方向继电器

功率方向继电器动作特性如图 6-14 所示。它是通过坐标原点的一条直线，动作区在带阴影线的一侧，其动作阻抗方程为

$$|Z_r + Z_{set}| \geqslant |Z_r - Z_{set}| \tag{6-34}$$

将 $Z_r = \dfrac{\dot{U}_r}{\dot{I}_r}$ 及 $Z_{set} = \dfrac{\dot{K}_I}{K_U}$ 代入式 (6-34) 中，得出功率方向继电器的动作方程为

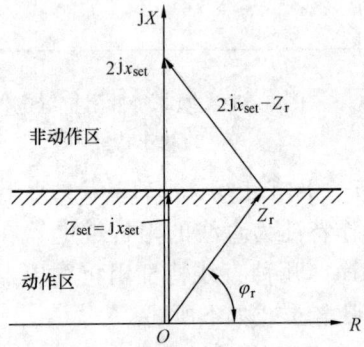

$$| K_U\dot{U}_r + \dot{K}_I\dot{I}_r | \gtrless | K_U\dot{U}_r - \dot{K}_I\dot{I}_r | \tag{6-35}$$

根据式 (6-35) 可得出功率方向继电器比较幅值的两个电气量为

动作量 $\qquad\qquad\qquad\qquad \dot{U}_A = K_U\dot{U}_r + \dot{K}_I\dot{I}_r$

制动量 $\qquad\qquad\qquad\qquad \dot{U}_B = K_U\dot{U}_r - \dot{K}_I\dot{I}_r$ $\qquad$ (6-36)

3. 电抗继电器

电抗继电器的动作特性如图 6-15 所示。它是平行于 R 轴的一条直线，动作区在直线带阴影的一侧，其动作阻抗方程为

$$| 2jX_{set} - Z_r | \gtrless | Z_r | \tag{6-37}$$

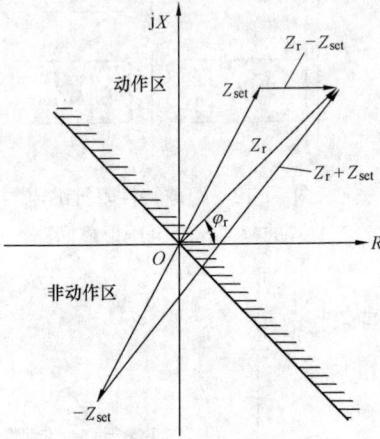

图 6-14 功率方向继电器的动作特性　　　图 6-15 电抗继电器动作特性

将 $Z_r = \dot{U}_r/\dot{I}_r$ 和 $Z_{set} = jX_{set} = jX_k/K_U$ 代入式 (6-37)，可得出电抗继电器动作电压方程为

$$| 2jX_k\dot{I}_r - K_U\dot{U}_r | \gtrless | K_U\dot{U}_r | \tag{6-38}$$

根据式 (6-38) 可得出电抗继电器比较幅值的两电气量为

动作量 $\qquad\qquad\qquad \dot{U}_A = 2jX_k\dot{I}_r - K_U\dot{U}_r$

制动量 $\qquad\qquad\qquad\quad \dot{U}_B = K_U\dot{U}_r$ $\qquad$ (6-39)

4. 电阻继电器

电阻继电器动作特性如图 6-16 所示。它是平行 jX 轴的一条直线，动作区在划有阴影线的一侧，其动作阻抗方程为

$$| 2R_{set} - Z_r | \gtrless | Z_r | \tag{6-40}$$

将 $Z_r = \dfrac{\dot{U}_r}{\dot{I}_r}$ 和 $R_{set} = R_k/K_U$ 代入式 (6-40)，可得出电阻继电器的动作电压方程为

$$| 2R_k\dot{I}_r - K_U\dot{U}_r | \gtrless | K_U\dot{U}_r | \tag{6-41}$$

根据式（6-41）可得出电阻继电器幅值比较形式的两电气量为

动作量　　　　　　　　　　$\dot{U}_A = 2R_k\dot{I}_r - K_U\dot{U}_r$

制动量　　　　　　　　　　$\dot{U}_B = K_U\dot{U}_r$　　　　　　　　　　（6-42）

三、比较两电气量相位原理的阻抗继电器的构成

比较两电气量相位原理的阻抗继电器构成框图如图 6-17 所示。输入测量电压 $\dot{U}_r$ 和测量电流 $\dot{I}_r$，经比较相位的两电气量电压形成回路，获得两比相电气量 $\dot{U}_C$ 和 $\dot{U}_D$，再接入满足动作要求的相位比较回路，若 $\dot{U}_C$ 超前 $\dot{U}_D$ 相位角为 $\theta = \arg\dfrac{\dot{U}_C}{\dot{U}_D}$，则阻抗继电器动作条件为

$$-90° \leqslant \arg\frac{\dot{U}_C}{\dot{U}_D} \leqslant 90° \qquad (6-43)$$

经执行元件输出，构成比较相位原理的阻抗继电器。

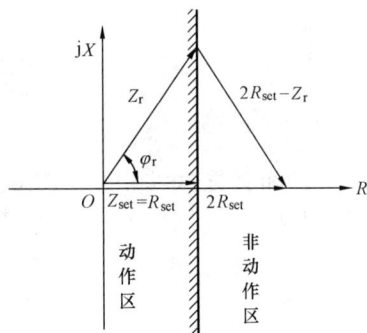

图 6-16　电阻继电器的动作特性　　　　　图 6-17　比较两电气量相位原理
　　　　　　　　　　　　　　　　　　　　　　　的阻抗继电器的构成框图

若已知比较幅值两电气量 $\dot{U}_A$ 和 $\dot{U}_B$，便可以由 $\dot{U}_A$ 和 $\dot{U}_B$ 转换为以比较相位的两个电气量 $\dot{U}_C$ 和 $\dot{U}_D$。根据第四章式（4-8）可得

$$\begin{aligned}\dot{U}_C &= \frac{1}{2}(\dot{U}_A - \dot{U}_B)\\[4pt]\dot{U}_D &= \frac{1}{2}(\dot{U}_A + \dot{U}_B)\end{aligned} \right\} \qquad (6-44)$$

根据幅值比较阻抗继电器动作条件 $|\dot{U}_A| \geqslant |\dot{U}_B|$，可得出相位比较阻抗继电器的动作条件为

$$\cos\varphi \geqslant 0 \qquad (6-45)$$

计及 $\theta = \arg\dfrac{\dot{U}_C}{\dot{U}_D}$，并将式（6-44）代入式（6-43）可得

$$-90° \leqslant \arg\frac{\dot{U}_A - \dot{U}_B}{\dot{U}_A + \dot{U}_B} \leqslant 90° \qquad (6-46)$$

由此可见，式（6-46）与式（6-43）完全等效。由于式（6-44）中系数 $\dfrac{1}{2}$ 对于比相没有意义，因此，根据式（6-46），比较相位两个电气量可写成如下形式

$$
\left.\begin{array}{l}
\dot{U}_C = \dot{U}_A - \dot{U}_B \\
\dot{U}_D = \dot{U}_A + \dot{U}_B
\end{array}\right\} \tag{6-47}
$$

（一）单相式阻抗继电器比较相位的两电气量及其电压形成回路

1. 方向阻抗继电器

将式（6-14）中两电气量 $\dot{U}_A$ 和 $\dot{U}_B$ 代入式（6-47）中可得比较相位的方向阻抗继电器的两电气量

$$
\left.\begin{array}{l}
\dot{U}_C = \dot{K}_I \dot{I}_r - K_U \dot{U}_r \\
\dot{U}_D = K_U \dot{U}_r
\end{array}\right\} \tag{6-48}
$$

计及 $Z_r = \dot{U}_r / \dot{I}_r$ 和 $Z_{set} = \dfrac{\dot{K}_I}{K_U}$，并按式（6-46）可得方向阻抗继电器的动作方程为

$$
-90° \leqslant \arg \frac{Z_{set} \dot{I}_r - \dot{U}_r}{\dot{U}_r} \leqslant 90° \tag{6-49}
$$

或

$$
-90° \leqslant \arg \frac{Z_{set} - Z_r}{Z_r} \leqslant 90°
$$

由式（6-49）可知，继电器动作特性反映了 $(Z_{set} - Z_r)$ 和 Z_r 之间的相位。图 6-18 所示为阻抗继电器在临界、内部故障、外部故障三种情况下相位比较动作特性。如图 6-18（a）所示，测量阻抗 Z_r 矢端在圆周上，动作在临界状态，$(Z_{set} - Z_r)$ 超前 Z_r 相位角 $\theta = 90°$；如图 6-18（b）所示，测量阻抗 Z_r 矢端在圆内，即内部故障时，$(Z_{set} - Z_r)$ 超前 Z_r 相位角 $\theta < 90°$，继电器动作；如图 6-18（c）所示，Z_r 矢端在圆外，即外部故障时，$(Z_{set} - Z_r)$ 超前 Z_r 相位 $\theta > 90°$，继电器不动作。

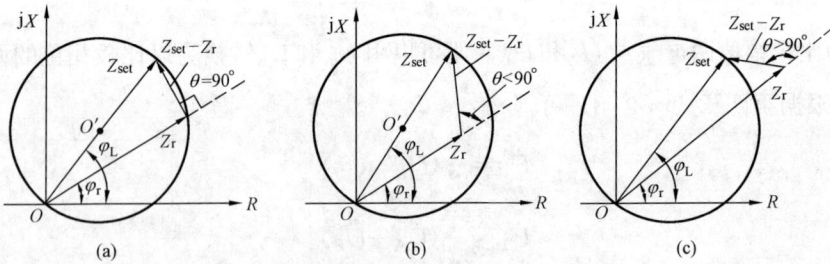

图 6-18　方向阻抗继电器的动作特性
（a）临界；（b）内部故障；（c）外部故障

由以上分析可见，方向阻抗继电器动作条件是 $-90° \leqslant \theta \leqslant 90°$，只与比较电气量 $\dot{U}_C$ 和 $\dot{U}_D$ 之间相位有关，而与它们大小无关。当短路点在保护范围内部和外部不同位置时，此相位角 θ 的改变主要是由于相量 $(Z_{set} - Z_r)$ 相位的改变，故取 Z_r 为参考相量。在比相电压中，称 $\dot{U}_C$ 为工作电压，$\dot{U}_D$ 为参考极化电压。

根据式（6-48），利用电抗变换器 UX 和电压变换器 UV 构成相位比较式方向阻抗继电器的两电气量 $\dot{U}_C$ 和 $\dot{U}_D$ 的电压形成回路的原理接线，如图 6-19 所示。电压变换器 UV 两个二次绕组 W_2 和 W_3 的匝数相等，即 $W_2 = W_3$。

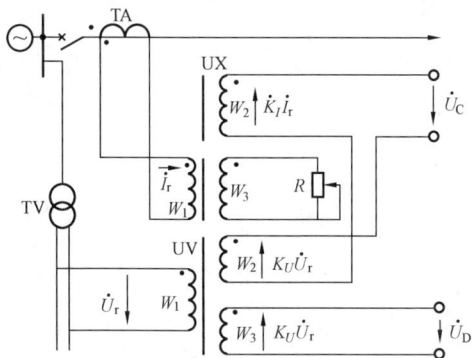

图 6-19　相位比较式方向
阻抗继电器电压形成回路

2. 偏移圆特性阻抗继电器

将式（6-21）中两电气量 $\dot{U}_A$、$\dot{U}_B$ 代入式（6-47）中，可得出相位比较偏移特性阻抗继电器的两电气量为

$$\left.\begin{aligned} \dot{U}_C &= \dot{K}_{I1}\dot{I}_r - K_U\dot{U}_r \\ \dot{U}_D &= \dot{K}_{I2}\dot{I}_r + K_U\dot{U}_r \end{aligned}\right\} \tag{6-50}$$

计及 $Z_r = \dot{U}_r/\dot{I}_r$，$Z_{set1} = \dot{K}_{I1}/K_U$，$Z_{set2} = \dot{K}_{I2}/K_U$，并按式（6-46），偏移特性阻抗继电器动作方程为

$$-90° \leqslant \arg\frac{Z_{set1} - Z_r}{Z_{set2} + Z_r} \leqslant 90° \tag{6-51}$$

根据式（6-51），可做出如图 6-20 所示偏移特性阻抗继电器在临界、内部故障、外部故障三种情况下的动作特性。显然，θ 的大小与方向阻抗继电器结论相同。

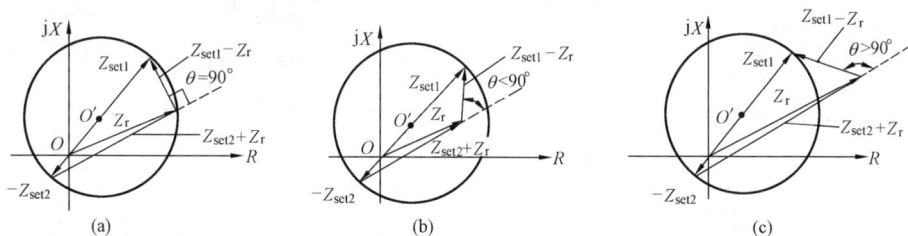

图 6-20　偏移特性阻抗继电器动作特性
（a）临界；（b）内部故障；（c）外部故障

根据式（6-50），利用 UX 和 UV 构成相位比较式偏移特性阻抗继电器两电气量 $\dot{U}_C$ 和 $\dot{U}_D$ 的电压形成回路原理接线图如图 6-21 所示。UX 两个二次绕组匝数不等，$W_2 > W_3$，而 UV 两个二次绕组匝数相等，即 $W_2 = W_3$。

3. 全阻抗继电器

将式（6-26）中 $\dot{U}_A$ 和 $\dot{U}_B$ 代入式（6-47），可得出相位比较式全阻抗继电器的两电气量为

$$\left.\begin{aligned} \dot{U}_C &= \dot{K}_I\dot{I}_r - K_U\dot{U}_r \\ \dot{U}_D &= \dot{K}_I\dot{I}_r + K_U\dot{U}_r \end{aligned}\right\} \tag{6-52}$$

计及 $Z_r = \dot{U}_r/\dot{I}_r$ 和 $Z_{set} = \dot{K}_I/K_U$，并按式（6-46），可得出全阻抗继电器的动作方程为

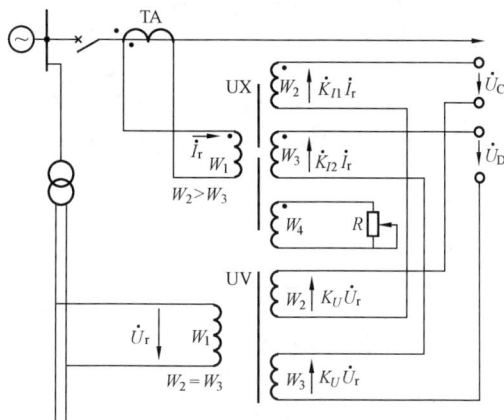

图 6-21　相位比较式偏移特性阻抗
继电器电压形成回路图

$$-90° \leqslant \arg \frac{Z_{set} - Z_r}{Z_{set} + Z_r} \leqslant 90° \tag{6-53}$$

根据式（6-53）可作出全阻抗继电器在临界、内部故障、外部故障三种情况下的动作特性，如图6-22所示。

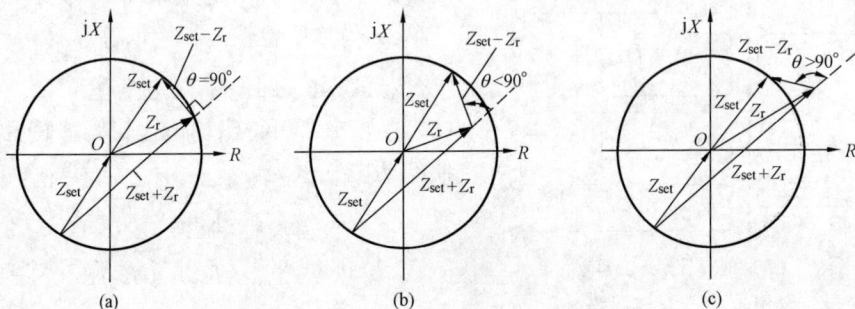

图6-22　全阻抗继电器的动作特性
(a) 临界；(b) 内部故障；(c) 外部故障

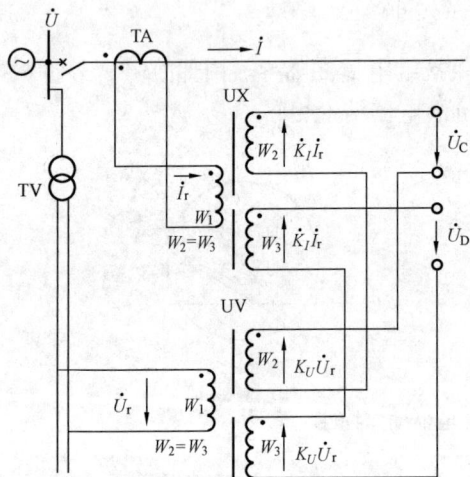

图6-23　相位比较式全阻抗继电器的两电气量电压形成回路

根据式（6-52）可利用 UX 和 UV 构成相位比较式全阻抗继电器两电气量 $\dot{U}_C$ 和 $\dot{U}_D$ 的电压形成回路。如图6-23所示，UX 和 UV 的两个二次绕组匝数分别相等，即 $W_2 = W_3$。

同理可得出抛球特性和各种直线特性的阻抗继电器比较相位的两电气量 $\dot{U}_C$ 和 $\dot{U}_D$，并列于表6-1中。

（二）相位比较回路

由相位比较电压形成回路获得两电气量 $\dot{U}_C$ 和 $\dot{U}_D$ 后，进入相位比较回路。比相回路用来鉴别被比较电气量 $\dot{U}_C$ 和 $\dot{U}_D$ 的相位，当满足式（6-43）时，比相回路有输出，继电器动作。下面介绍两种常见的相位比较回路。

表6-1　　　　　　　　　阻抗继电器幅值和相位比较两电气量转换表

继电器名称	比幅/比相 动作特性	比较幅值的电气量 动作条件 $|\dot{U}_A| \geqslant |\dot{U}_B|$	比较相位的电气量 动作条件 $-90° \leqslant \arg \dfrac{\dot{U}_C}{\dot{U}_D} \leqslant 90°$
方向阻抗继电器	图6-5/图6-18	$\dot{U}_A = \dfrac{1}{2}\dot{K}_I \dot{I}_r$ $\dot{U}_B = K_U \dot{U}_r - \dfrac{1}{2}\dot{K}_I \dot{I}_r$	$\dot{U}_C = \dot{K}_I \dot{I}_r - K_U \dot{U}_r$ $\dot{U}_D = K_U \dot{U}_r$
偏移特性阻抗继电器	图6-7/图6-20	$\dot{U}_A = \dfrac{1}{2}(\dot{K}_{I1} + \dot{K}_{I2})\dot{I}_r$ $\dot{U}_B = K_U \dot{U}_r - \dfrac{1}{2}(\dot{K}_{I1} - \dot{K}_{I2})\dot{I}_r$	$\dot{U}_C = \dot{K}_{I1}\dot{I}_r - K_U \dot{U}_r$ $\dot{U}_D = \dot{K}_{I2}\dot{I}_r + K_U \dot{U}_r$
全阻抗继电器	图6-9/图6-22	$\dot{U}_A = \dot{K}_I \dot{I}_r$ $\dot{U}_B = K_U \dot{U}_r$	$\dot{U}_C = \dot{K}_I \dot{I}_r - K_U \dot{U}_r$ $\dot{U}_D = \dot{K}_I \dot{I}_r + K_U \dot{U}_r$

续表

继电器名称	比幅/比相	比较幅值的电气量	比较相位的电气量
	动作特性	动作条件 $\|\dot{U}_A\| \geqslant \|\dot{U}_B\|$	动作条件 $-90° \leqslant \arg \dfrac{\dot{U}_C}{\dot{U}_D} \leqslant 90°$
抛球特性阻抗继电器	图6-11	$\dot{U}_A = \dfrac{1}{2}(\dot{K}_{I1} - \dot{K}_{I2})\dot{I}_r$ $\dot{U}_B = K_U\dot{U}_r - \dfrac{1}{2}(\dot{K}_{I1} + \dot{K}_{I2})\dot{I}_r$	$\dot{U}_C = \dot{K}_I\dot{I}_r - K_U\dot{U}_r$ $\dot{U}_D = K_U\dot{U}_r - \dot{K}_{I2}\dot{I}_r$
象限阻抗继电器	图6-13	$\dot{U}_A = K_U\dot{U}_r - 2\dot{K}_I\dot{I}_r$ $\dot{U}_B = K_U\dot{U}_r$	$\dot{U}_C = -\dot{K}_I\dot{I}_r$ $\dot{U}_D = K_U\dot{U}_r - \dot{K}_I\dot{I}_r$
功率方向继电器	图6-14	$\dot{U}_A = K_U\dot{U}_r + \dot{K}_I\dot{I}_r$ $\dot{U}_B = K_U\dot{U}_r - \dot{K}_I\dot{I}_r$	$\dot{U}_C = \dot{K}_I\dot{I}_r$ $\dot{U}_D = K_U\dot{U}_r$
电抗继电器	图6-15	$\dot{U}_A = 2jX_k\dot{I}_r - K_U\dot{U}_r$ $\dot{U}_B = K_U\dot{U}_r$	$\dot{U}_C = jX_k\dot{I}_r - K_U\dot{U}_r$ $\dot{U}_D = jX_k\dot{I}_r$
电阻继电器	图6-16	$\dot{U}_A = 2R_k\dot{I}_r - K_U\dot{U}_r$ $\dot{U}_B = K_U\dot{U}_r$	$\dot{U}_C = R_k\dot{I}_r - K_U\dot{U}_r$ $\dot{U}_D = R_k\dot{I}_r$

1. 脉冲比相回路

图6-24（a）所示为单脉冲比相回路原理框图，它由方波形成电路1、2，微分电路3，

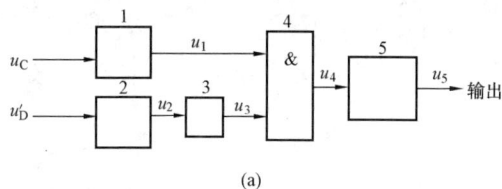

(a)

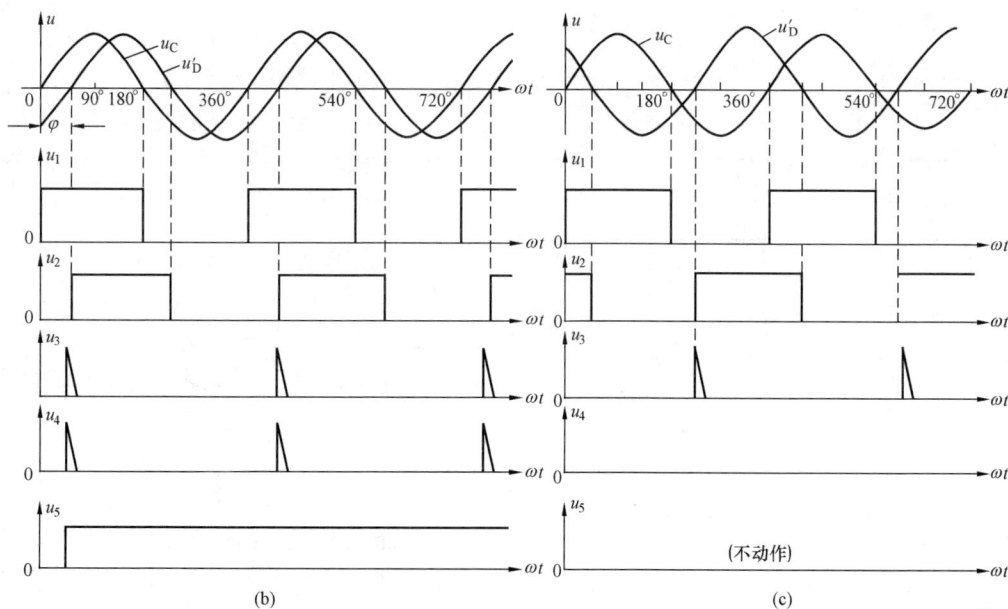

图6-24　脉冲比相回路及其波形分析

（a）原理框图；（b）$\varphi < 180°$ 时波形分析图；（c）$\varphi > 180°$ 时波形分析图

与门 4 和脉冲展宽电路 5 组成。其动作原理分析如图 6-24（b）所示，两比相电压 $\dot{U}_C$ 和 $\dot{U}'_D$ 进入方波形成回路变换为正方波 u_1 和 u_2，u_1 直接进入与门 4。当方波 u_1 和脉冲电压 u_3 同时进入与门 4，这时与门有输出，输出电压 u_4，经脉冲展宽电路将短脉冲展宽为长脉冲（大于 20ms）输出，这时比相电路动作。若方波电压 u_1 和脉冲电压 u_3 不同时出现，如图 6-24（c）所示，这时与门 4 无输出，比相电路不动作。

由于正脉冲 u_3 是在 u'_D 波形由负变正过零时刻出现，故从上述分析可知，u_1 与 u_3 同时出现的现象在两电压 u_1 和 u'_D 正半周相重叠的 $0°\sim180°$ 范围内发生，这时比相回路动作，因此，比相回路动作方程为

$$0°\leqslant\arg\frac{\dot{U}_C}{\dot{U}'_D}\leqslant180° \tag{6-54}$$

为满足阻抗继电器动作条件式（6-43），电压 U'_D 应滞后比相电压 $\dot{U}_D$ 90°，即 $\dot{U}'_D=\dot{U}_D e^{-j90°}$，因此

$$\arg\frac{\dot{U}_C}{\dot{U}'_D}=\arg\frac{\dot{U}_C}{\dot{U}_D}+90° \tag{6-55}$$

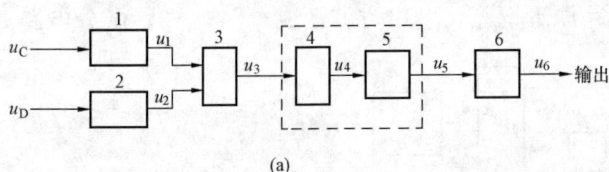

(a)

将式（6-55）代入式（6-54）可得式（6-43）。由此可见，图 6-24 中电压 $\dot{U}'_D$ 是比相电压 $\dot{U}_D$ 经移相 90° 后的输出电压。

脉冲比相回路的相位测量比较准确，但是缺点是抗干扰能力差，故应在交流测量回路中增加抗干扰措施。

2. 积分比相回路

积分比相回路测量出两工频电气量极性重叠的时间，并以此来判断比较两电气量的相位。

若两工频电气量 $\dot{U}_C$ 和 $\dot{U}_D$ 的相位差为 φ，则半个周期内有 $\varphi_C=\pi-|\varphi|$ 的角度范围内两工频电气量瞬时值极性相同，极性重叠时间为 $t_C=\dfrac{\pi-|\varphi|}{\omega}$。

图 6-25 所示为半波积分比相回路的原理框图和波形图。两个比相正弦交流量电压 u_C 和 u_D 经方波形成电路 1、2 转换成矩形脉冲电压 u_1 和 u_2，如图 6-25（b）所示。u_1、u_2 经与门 3 输出矩形脉冲电压 u_3，u_3 的

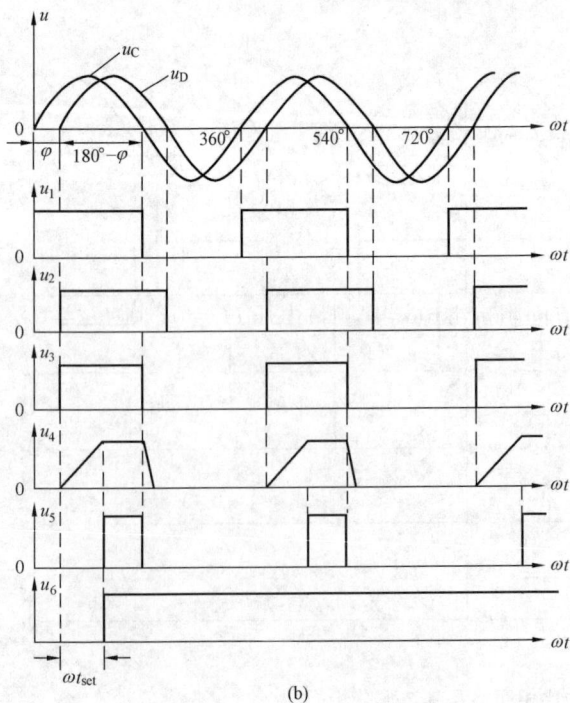

图 6-25　正半波积分比相电路

（a）方框图；（b）电压波形图

宽度为 u_1 和 u_2 重叠的时间。然后 u_3 进入时间测量电路（时间测量电路由积分器 4 和电平检测器 5 组成），积分器开始积分（电容开始充电），当达到检测整定时间 t_{set} 时，积分器输出电压 u_4 大于电平检测器整定电压 U_{set} 时，电平检测器输出脉冲电压 u_5，每隔 20ms 有一个间断脉冲电压 u_5 输出，再通过 20ms 展宽电路 6 将 u_5 展宽为一连续脉冲电压 u_6，则比相回路动作。

比相回路动作的条件是

$$\varphi_C > \varphi_{set} \tag{6-56}$$

式中　φ_C——半周期内两比相电气量极性重叠角；

φ_{set}——整定动作角，由整定动作时间 t_{set} 决定，$\varphi_{set} = \omega t_{set}$。

当两电气量相位差 $\varphi < 90°$ 时，$\varphi_C > \varphi_{set}$，比相回路动作，当 $\varphi > 90°$，$\varphi_C < \varphi_{set}$，比相回路不动作，将 $\varphi_C = \pi - |\varphi|$ 和 $\varphi_{set} = \omega t_{set}$ 代入式（6-56）可得

$$|\varphi| \leq \pi - \omega t_{set} \tag{6-57}$$

由于 $\varphi = \arg \dfrac{\dot{U}_C}{\dot{U}_D}$，则上式可写成

$$-(\pi - \omega t_{set}) \leq \frac{\dot{U}_C}{\dot{U}_D} \leq (\pi - \omega t_{set}) \tag{6-58}$$

由于比相回路要满足动作条件为

$$-90° \leq \arg \frac{\dot{U}_C}{\dot{U}_D} \leq 90°$$

所以，$\pi - \omega t_{set} = \dfrac{\pi}{2}$，解出 $t_{set} = 5ms$，即要求时间测定回路的动作时间整定为 5ms。

四、方向阻抗继电器的插入电压和极化电压

（一）插入电压及极化电压的作用

当在保护安装处正方向出口发生金属性短路时，其测量电压 $\dot{U}_r = 0$，幅值比较原理方向阻抗继电器的动作方程根据式（6-13）变为 $\left|\dfrac{1}{2}\dot{K}_I\dot{I}_r\right| = \left|-\dfrac{1}{2}\dot{K}_I\dot{I}_r\right|$，动作量等于制动量，所以继电器不动作；对于相位比较原理的方向阻抗继电器其测量电压 $\dot{U}_r = 0$，则 $\dot{U}_D = 0$，失去进行相位比较的参考电压，因此方向阻抗继电器无法工作，从而出现死区。为减小和消除死区，常采用在动作量和制动量中各引入一个与 $\dot{U}_r$ 同相位的极化电压或插入电压。

（1）采用记忆电路。图 6-26（a）所示为记忆回路接线图，将 $\dot{U}_r$ 接入对 50Hz 工频交流产生串联谐振的电路，从电阻 R 上引出电压 $\dot{U}_R$ 接入继电器，当发生相间短路时，测量电压 $\dot{U}_r$ 由正常值降为零，但该回路中电流不能突然消失，而产生按 50Hz 工频变化的振

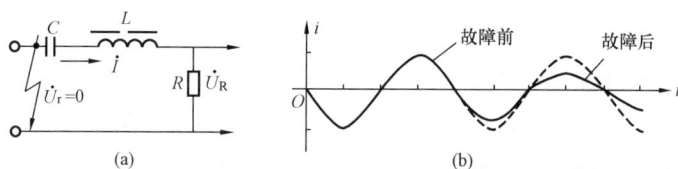

图 6-26　记忆回路

（a）原理接线图；（b）"记忆回路"中电流变化曲线

荡电流，经几个周波才逐渐衰减为零，其波形如图 6-26（b）所示。这个电流与短路前测量电压同相位，并且在衰减过程中维持相位不变，故称为"记忆回路"。利用这个电流在电阻上产生的压降 $\dot{U}_{R}$ 代替 $\dot{U}_{r}$ 进行幅值或相位比较，从而消除瞬时Ⅰ段保护正方向出口相间短路的死区。

（2）引入非故障相电压。在保护安装处正方向附近发生各种相间短路时，只有故障相的相间电压降为零，即 $\dot{U}_{r}=0$，而非故障相的相间电压仍然很高。若将非故障相电压引入作为极化电压，即可消除记忆作用消失后正方向两相短路的死区，另外，还可以防止反方向出口两相短路时发生误动作。

当引入插入电压 U_{th} 后，幅值比较方向阻抗继电器动作方程可表示为

$$\left|\dot{U}_{\text{th}}+\frac{1}{2}\dot{K}_{I}\dot{I}_{r}\right|\geqslant\left|\dot{U}_{\text{th}}+\left(K_{U}\dot{U}_{r}-\frac{1}{2}\dot{K}_{I}\dot{I}_{r}\right)\right| \tag{6-59}$$

当保护安装处正方向出口发生金属性短路时，$\dot{U}_{r}=0$，则式（6-59）成为

$$\left|\dot{U}_{\text{th}}+\frac{1}{2}\dot{K}_{I}\dot{I}_{r}\right|\geqslant\left|\dot{U}_{\text{th}}-\frac{1}{2}\dot{K}_{I}\dot{I}_{r}\right| \tag{6-60}$$

式（6-60）就是按幅值比较原理构成的功率方向阻抗继电器的动作方程。因此，这时方向阻抗继电器按功率方向继电器动作特性动作，从而消除了死区。

对于按相位比较原理构成的方向阻抗继电器，从式（6-49）动作方程中可知，必须有作为相位比较的参考电压 $\dot{U}_{r}$，才能消除死区，为此，在继电器相位比较电气量中引入与 $\dot{U}_{r}$ 同相位的带有记忆作用的极化电压 $\dot{U}_{p}$ 后，相位比较原理方向阻抗继电器的动作方程为

$$-90°\leqslant\arg\frac{Z_{\text{set}}\dot{I}_{r}-\dot{U}_{r}}{\dot{U}_{p}}\leqslant90° \tag{6-61}$$

当在保护安装处正方向出口发生金属性短路时，$\dot{U}_{r}=0$，于是，这时相位比较原理方向阻抗继电器动作方程为

$$-90°\leqslant\arg\frac{Z_{\text{set}}\dot{I}_{r}}{\dot{U}_{p}}\leqslant90° \tag{6-62}$$

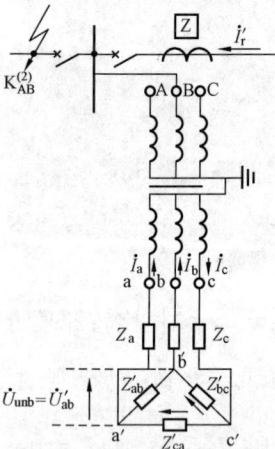

图 6-27　反方向出口短路时，接于方向阻抗继电器测量电压不等于零的说明

可见，方向阻抗继电器仍能正确动作，因而消除了正向出口短路时拒动现象。引入插入电压 $\dot{U}_{\text{th}}$ 和极化电压 $\dot{U}_{p}$ 的另一个作用是防止被保护线路反方向出口短路时，方向阻抗继电器发生误动现象，所以会引起在反方向出口短路时误动作，其原因如下：

如图 6-27 所示，在保护安装处反方向出口 K 处发生 AB 两相短路时，从理论上讲，故障相阻抗继电器测量电压 $\dot{U}_{r}$ 应等于零，即电压互感器 TV 二次侧电压 $U'_{\text{ab}}=0$，方向阻抗继电器不动作。但是由于 TV 二次各相联接导线的阻抗 Z_{a}、Z_{b}、Z_{c} 和负载阻抗 Z'_{ab}、Z'_{bc}、Z'_{ca} 不可能完全相等，所以 TV 二次侧故障相相间电压 U'_{ab} 不等于零，而且是一个大小和相位都不能确定的不平衡电压 $\dot{U}_{\text{unb}}$，当 $\dot{U}_{\text{unb}}$ 在最不利的相位状态时，方向阻抗继电器在反方向出口短路时，会产生误动作。

对于幅值比较方向阻抗继电器，根据式（6-12）的动作方程作出相量图如图 6-28（a）所示。这时，因为短路电流是从线路方向流向母线，故 $\dot{I}_r = -\dot{I}_r'$，测量电压 $\dot{U}_r = \dot{U}_{unb}$，两比较幅值电气量为

$$\left.\begin{aligned}\dot{U}_A &= -\frac{1}{2}Z_{set}\dot{I}_r'\\\dot{U}_B &= \dot{U}_{unb} - \left(-\frac{1}{2}Z_{set}\dot{I}_r'\right)\end{aligned}\right\} \quad (6-63)$$

从相量图中可以看出，这时 $|\dot{U}_A| > |\dot{U}_B|$，继电器误动作。当引入插入电压 $\dot{U}_{th}$ 后，在最大灵敏角条件下，$\dot{U}_{th}$ 与 $\frac{1}{2}Z_{set}I_r'$ 同相，且 $U_{th} > U_{unb}$，两比较幅值电气量分别为

$$\left.\begin{aligned}\dot{U}_A &= \dot{U}_{th} - \frac{1}{2}Z_{set}\dot{I}_r'\\\dot{U}_B &= \dot{U}_{th} + \dot{U}_{unb} - \left(\frac{1}{2}Z_{set}\dot{I}_r'\right)\end{aligned}\right\} \quad (6-64)$$

根据式（6-64）作出相量图如图 6-28（b）所示，这时 $|\dot{U}_A| < |\dot{U}_B|$，所以继电器不动作。

对于相位比较原理方向阻抗继电器，当反方向出口短路时，根据式（6-48），比较相位两电气量分别为：$\dot{U}_C = -Z_{set}\dot{I}_r' - \dot{U}_{unb}$，$\dot{U}_D = \dot{U}_{unb}$。$\dot{U}_{unb}$ 在最不利条件相位状态时，作出相量图如图 6-29（a）所示，这时比相角 $\theta > (-90°)$ 或（$\theta < 90°$），方向阻抗继电器误动作。若引入极化电压 $\dot{U}_p$，在最大灵敏角时，$\dot{U}_p$ 与 $Z_{set}\dot{I}_r'$ 同相位，这时比相两电气量分别为

$$\left.\begin{aligned}\dot{U}_C &= -Z_{set}\dot{I}_r' - \dot{U}_{unb}\\\dot{U}_D &= \dot{U}_p + \dot{U}_{unb}\end{aligned}\right\} \quad (6-65)$$

作出相量图如图 6-29（b）所示，这时比相角 $\theta < (-90°)$，方向阻抗继电器不动作。

由此可见，引入插入电压或极化电压可消除方向阻抗继电器在正方向出口发生金属性短路的死区和可靠地避免反方向出口发生金属性短路时保护误动作。

（二）插入电压及极化电压的获取

插入电压和极化电压应取自非故障的第三相电压，并应有记忆特性，即使是三相短路，虽然电压降为零，但由于插入电压和极化电压具有记忆特性可以短时存在。

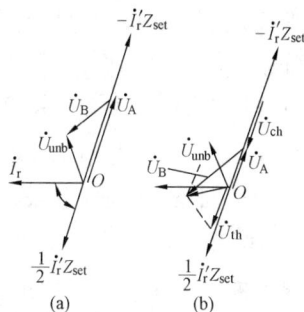

图 6-28　引入插入电压防止方向阻抗继电器误动作的说明图

（a）未引入 $\dot{U}_{th}$ 时，$|\dot{U}_A| > |\dot{U}_B|$，误动作；

（b）引入 $\dot{U}_{th}$ 后，$|\dot{U}_A| < |\dot{U}_B|$，不动作

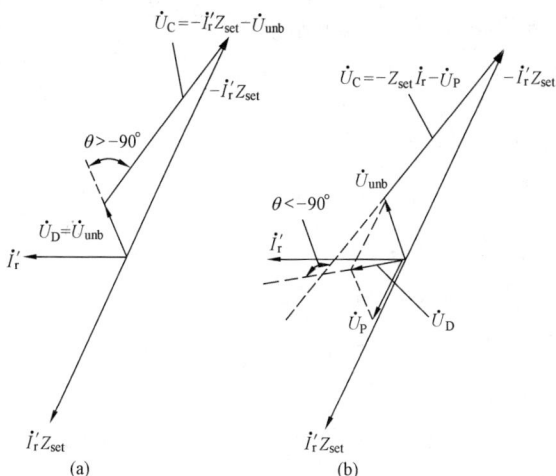

图 6-29　引入极化电压防止方向阻抗继电器误动作的说明图

（a）未引入 $\dot{U}_p$ 时，$\theta > -90°$，误动作；

（b）引入 $\dot{U}_p$ 后 $\theta < -90°$，不动作

要求插入电压和极化电压与测量电压同相位，并应有足够大的数值和维持时间，以保证阻抗元件第Ⅰ段可靠动作。

通过高值电阻 R_5（约 30kΩ）引入第三相电压。图 6-30（a）为 AB 相阻抗继电器通过高值电阻 R_5 接入第三相电压 $\dot{U}_C$ 获得插入电压或极化电压的原理接线图。图中 R_r、C_r、L_r 构成谐振记忆回路。电压变换器 UV2 一次绕组接于 R_r 两端，由 UV2 两个二次绕组获得插入电压 U_{th} 或极化电压 U_p。由于谐振回路中 $X_{Lr}=X_{Cr}$，故 U_{th} 或 U_p 与测量电压 U_r 同相位。

当保护安装处正、反方向出口发生三相短路时，$\dot{U}_r=0$，记忆回路以 f_0 为谐振频率自由振荡，若电网频率与谐振频率 f_0 相等，则 $\dot{U}_{th}$ 或 $\dot{U}_p$ 的相位维持不变，使阻抗继电器动作。

当 A、B 两相短路时，记忆回路等值电路如图 6-30（b）所示，这时的相量图如图 6-30（c）所示。图中虚线为正常工作时三相对称电压，实线为两相短路时电压相量。在电压 $\dot{U}_{AC}=\dot{U}_{BC}$ 作用下，产生电流 $\dot{I}_{R5}$。由于 R_5 阻值较大，所以 $\dot{I}_{R5}$ 基本上与 $\dot{U}_{AC}$（或 $\dot{U}_{BC}$）同相位。$\dot{I}_{R5}$ 在谐振回路内的分流为 $\dot{I}_C$ 和 $\dot{I}_L$。求出 $\dot{I}_C$ 即可得到 $\dot{I}_C$ 在 R_r 上形成的插入电压或极化电压。

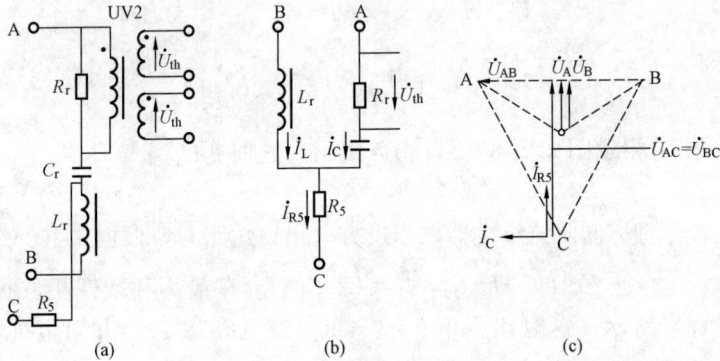

图 6-30 通过高阻值电阻引入第三相电压
（a）原理接线图；（b）A、B 两相短路时等效回路；（c）A、B 两相短路电压相量图

从图 6-30（b）和（c）可知

$$\dot{I}_C(R_r-jX_{Cr})=\dot{I}_L jX_{Lr}$$

因为

$$\dot{I}_L=\dot{I}_{R5}-\dot{I}_C$$

所以

$$\dot{I}_C(R_r-jX_{Cr})=(\dot{I}_{R5}-\dot{I}_C)jX_{Lr}$$

移相后

$$\dot{I}_C(R_r-jX_{Cr}+jX_{Lr})=\dot{I}_{R5} jX_{Lr}$$

按谐振条件有

$$X_{Cr}=X_{Lr}$$

所以

$$\dot{U}_{th}=\dot{I}_C R_r=j\dot{I}_{R5} X_{Lr} \tag{6-66}$$

式（6-66）表明，插入电压 $\dot{U}_{th}$ 超前电流 $\dot{I}_{R5}$ 90°，而 $\dot{I}_{R5}$ 与 $\dot{U}_{AC}$（或 $\dot{U}_{BC}$）同相，因此，$\dot{U}_{th}$ 的相位保持故障前电压 $\dot{U}_{AB}$ 的相位。若其值超过上述二次负载阻抗引起的不平衡电压 $\dot{U}'_{ab}$，即可使继电器保持正确动作，消除反方向近处短路时可能引起的误动作。

当正方向出口发生两相短路故障时，在记忆作用消失后，插入电压依然能使继电器正确工作，可靠地消除死区。

五、阻抗继电器的主要技术指标

前面所分析阻抗继电器的动作特性时，所得出的动作方程都是在理想的条件下得出的动作方程。即认为执行元件（极化继电器、零指示器）灵敏性很高，晶体三极管和二极管正向压降为零，因此继电器特性只与加入继电器的电压和电流比值（测量阻抗 Z_r 有关），而与电流大小无关。实际上考虑到继电器动作所消耗的功率时，方向阻抗继电器的动作方程应为

$$\left| \dot{U}_{th} + \frac{1}{2} \dot{K}_I \dot{I}_r \right| - \left| \dot{U}_{th} + \left(K_U \dot{U}_r - \frac{1}{2} \dot{K}_I \dot{I}_r \right) \right| \geqslant \dot{U}_0 \qquad (6-67)$$

式（6-67）中 U_0 表示继电器动作时克服功率消耗所必需的电压。当在最大灵敏角条件下，即 $\varphi_r = \varphi_m$ 时，式（6-67）中各相量均为同相位，各项可以采用代数相加或相减，式（6-67）可写成

$$\frac{K_I}{K_U} I_r - U_r \geqslant \frac{U_0}{K_U} \qquad (6-68)$$

以 I_r 除式（6-68）两边，计及 $Z_{op,r} = \dfrac{U_r}{I_r}$，$Z_{set} = \dfrac{K_I}{K_U}$，在临界动作条件下，测量阻抗正好等于动作阻抗，则式（6-68）变为

$$Z_{op,r} = Z_{set} - \frac{U_0}{K_U I_r} \qquad (6-69)$$

当 $U_r = 0$，$Z_{op,r} = 0$，则由式（6-69）可得出继电器最小动作电流 $I_{op,min}$ 为

$$I_{op,min} = \frac{U_0}{K_I}$$

由式（6-69）表明，阻抗元件处于临界动作时，其动作阻抗 $Z_{op,r}$ 并不等于其整定阻抗，且测量电流 $\dot{I}_r$ 越小，其差值越大，如图 6-31 方向阻抗继电器的 $Z_{op,r} = f(I_r)$ 曲线所示。这表明，当加入阻抗元件电流太小时，阻抗元件的实际保护范围要缩小，其结果可能导致阻抗元件在保护范围末端短路时拒绝动作。

为了使阻抗元件保护范围（整定阻抗）的误差不至于太大，规定了加入阻抗元件的电流必须使保护范围的误差不超过 10％。当阻抗元件动作阻抗 $\varphi_r = \varphi_m$ 时，使 $Z_{op,r} = 0.9 Z_{set}$ 时所对应的最小测量电流 I_r 称为阻抗元件的最小精确工作电流（简称精工电流），用 $I_{ac,min}$ 表示。从式（6-68）和图 6-31 中可看出，阻抗元件加入的 I_r 越大，

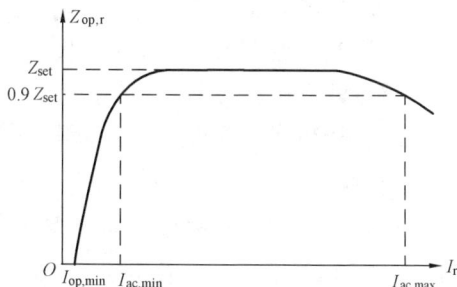

图 6-31　阻抗继电器动作阻抗与测量电流的关系曲线 $Z_{op,r} = f(I_r)$

则误差越小，动作阻抗越接近于整定阻抗；但如果加入 I_r 过大，可能导致阻抗元件内部电抗变压器铁芯饱和，而 $Z_{op,r}$ 随 I_r 增大而减小。因此，对阻抗元件的测量电流 I_r 最大值也要加以限制，如图 6-31 所示，使 $Z_{op,r} = 0.9 Z_{set}$ 时的最大测量电流称为最大精确工作电流，用 $I_{ac,max}$ 表示。

由于影响精确工作电流的因素很多，不同特性和形式的阻抗继电器的精确工作电流各不相同。在整流型方向阻抗继电器中，影响 $I_{ac,min}$ 的主要原因是整流二极管的正向压降和极化继电器的功率消耗。

将 $Z_{op,r} = 0.9 Z_{set}$，$Z_{set} = K_I / K_U$，$I_r = I_{ac,min}$ 代入（6-69）式可得出最小精工电流为

$$I_{ac,min} = \frac{U_0}{0.1K_I} \tag{6-70}$$

衡量阻抗元件的另一个性能指标是精工电压 U_{ac}，可用下式计算

$$U_{ac} = I_{ac,min}Z_{set} = \frac{U_0}{0.1K_I} \times \frac{K_I}{K_U} = \frac{U_0}{0.1K_U} \tag{6-71}$$

从式（6-71）中可见，整流型方向继电器的精工电压不受电抗变换器转移阻抗 K_I 大小变化影响，是一个常数，故 U_{ac} 是衡量阻抗继电器质量的一个指标。

第三节　阻抗继电器的接线方式

一、对阻抗继电器接线方式的要求

阻抗继电器的接线方式是指接入阻抗继电器的一定相别电压和一定相别电流的组合。不同的接线方式将影响继电器端子的测量阻抗，因此，阻抗继电器的接线方式必须满足下列要求：

（1）阻抗继电器的测量阻抗 Z_r 应与保护安装地点到短路点的距离成正比，而与电网的运行方式无关。

（2）阻抗继电器的测量阻抗 Z_r 应与短路类型无关，即保护范围不随故障类型改变而改变，以保证在不同类型故障时，保护装置都能正确动作。

常用的接线方式有两种，一种是反应相间短路故障的接线方式，它在各种相间短路情况下能满足上述要求；另一种是反应接地故障的接线方式，它在各类接地故障时和三相接地短路情况下能满足上述要求。

输入阻抗继电器的电流 $\dot{I}_r$ 应该是短路回路的电流，测量电压应是短路回路在保护安装处的残余电压 U_r。为了便于讨论，假设为金属性短路，忽略负荷电流，并假定电流互感器，电压互感器的变比都为1。

二、反应相间短路故障的阻抗继电器的接线

（一）阻抗继电器的 0°接线方式

采用线电压和两相电流差的接线方式，也称为 0°接线方式，接入继电器的电压 $\dot{U}_r$ 和电流 $\dot{I}_r$ 如表 6-2 所示。为反应各种相间短路，在 AB、BC、CA 相各接入一只阻抗继电器。

表 6-2　　　　　　　　　　　阻抗继电器 0°接线方式的电压和电流

阻抗继电器相别	接入电压 $\dot{U}_r$	输入电流 $\dot{I}_r$	反应故障类型
AB	$\dot{U}_{AB}$	$\dot{I}_A - \dot{I}_B$	$K^{(3)}$、$K_{AB}^{(2)}$、$K_{AB}^{(1,1)}$
BC	$\dot{U}_{BC}$	$\dot{I}_B - \dot{I}_C$	$K^{(3)}$、$K_{BC}^{(2)}$、$K_{BC}^{(1,1)}$
CA	$\dot{U}_{CA}$	$\dot{I}_C - \dot{I}_A$	$K^{(3)}$、$K_{CA}^{(2)}$、$K_{CA}^{(1,1)}$

（1）三相短路。三相短路是对称短路，三个阻抗继电器工作情况相同。以 AB 相阻抗继电器为例进行分析。如图 6-32 所示，被保护线路发生三相短路，短路点至保护安装处之间距离为 l 千米，线路单位长度正序电抗为 $Z_1\Omega/km$，则进入 AB 相阻抗继电器的电压和电流为

$$\dot{U}_r^{(3)}=\dot{U}_{AB}=\dot{U}_A-\dot{U}_B=\dot{I}_AZ_1l-\dot{I}_BZ_1l=(\dot{I}_A-\dot{I}_B)Z_1l$$

$$\dot{I}_r^{(3)}=\dot{I}_A-\dot{I}_B$$

三相短路时，阻抗继电器的测量阻抗为

$$Z_r^{(3)}=\frac{\dot{U}_r^{(3)}}{\dot{I}_r^{(3)}}=\frac{\dot{U}_{AB}}{\dot{I}_A-\dot{I}_B}=Z_1l \qquad (6-72)$$

（2）两相短路。设 A、B 两相短路，如图 6-33 所示。

这时 $\dot{I}_A=-\dot{I}_B$，输入 A、B 相继电器电压和电流分别为

图 6-32　三相短路时测量阻抗

$$\dot{U}_r^{(2)}=\dot{U}_{AB}=\dot{I}_AZ_1l-\dot{I}_BZ_1l=(\dot{I}_A-\dot{I}_B)Z_1l=2\dot{I}_AZ_1l$$

$$\dot{I}_r^{(2)}=\dot{I}_A-\dot{I}_B=2\dot{I}_A$$

所以 A、B 相的测量阻抗为

$$Z_r^{(2)}=\frac{\dot{U}_r^{(2)}}{\dot{I}_r^{(2)}}=\frac{\dot{U}_{AB}}{\dot{I}_A-\dot{I}_B}=\frac{2\dot{I}_AZ_1l}{2\dot{I}_A}=Z_1l \qquad (6-73)$$

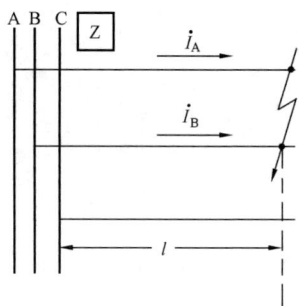

图 6-33　两相短路时的测量阻抗　　　　　图 6-34　A、B 两相接地短路

从式（6-73）可见，A、B 两相短路时测量阻抗与三相短路相同。但对 B、C 相和 C、A 相阻抗继电器，由于所加电压为非故障相和故障相的相间电压，数值较高，而电流只为一相的短路电流，故测量阻抗很大，即它不能正确测量短路点的距离。因此，必须接入三个阻抗继电器，分别反映 A、B，B、C，C、A 相的两相短路故障。

（3）两相接地短路。如图 6-34 所示为一中性点直接接地电网，当距离保护安装处 $l$km 处发生 AB 两相接地短路时，短路电流为 $\dot{I}_A$ 和 $\dot{I}_B$，并以大地和中性点形成回路。此时，可将 A 相和 B 相看成两个"导线—大地"的输电线路，设每 km 自感阻抗为 Z_L，互感阻抗为 Z_M，则故障相电压为

$$\left.\begin{aligned}\dot{U}_A=\dot{I}_AZ_Ll+\dot{I}_BZ_Ml\\\dot{U}_B=\dot{I}_BZ_Ll+\dot{I}_AZ_Ml\end{aligned}\right\} \qquad (6-74)$$

则 A、B 相阻抗继电器的测量阻抗为

$$Z_r^{(1.1)}=\frac{\dot{U}_A-\dot{U}_B}{\dot{I}_A-\dot{I}_B}=\frac{(\dot{I}_A-\dot{I}_B)(Z_L-Z_M)l}{\dot{I}_A-\dot{I}_B}=(Z_L-Z_M)l=Z_1l \qquad (6-75)$$

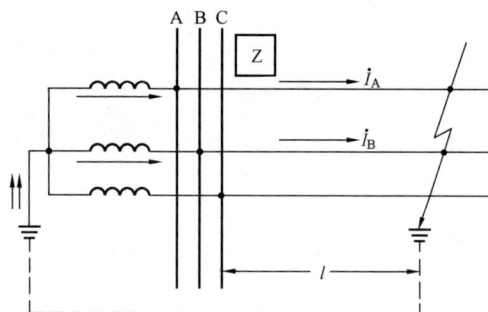

由式（6-75）可见，当发生 A、B 两相接地短路时，测量阻抗与三相短路时相同。从

以上分析中可知，当在同一地点发生各种相间短路时，测量阻抗都为 $Z_1 l$。这种接线方式基本上满足了上述要求。

（二）阻抗继电器 30°接线方式

反应相间短路故障接线方式还可以采用线电压和相电流接线方式，这种接线方式分为 $+30°$ 和 $-30°$ 接线方式。其接入继电器的电压和电流分别如表 6-3 所示。

表 6-3　　　　　　　　　　阻抗继电器±30°接线方式接入的电压电流

相　　别	−30°接线		+30°接线		反应故障类型
	$\dot{U}_r$	$\dot{I}_r$	$\dot{U}_r$	$\dot{I}_r$	
AB	$\dot{U}_{AB}$	$-\dot{I}_B$	$\dot{U}_{AB}$	$\dot{I}_A$	$k^{(3)}$、$k^{(2)}_{AB}$
BC	$\dot{U}_{BC}$	$-\dot{I}_C$	$\dot{U}_{BC}$	$\dot{I}_B$	$k^{(3)}$、$k^{(2)}_{BC}$
CA	$\dot{U}_{CA}$	$-\dot{I}_A$	$\dot{U}_{CA}$	$\dot{I}_C$	$k^{(3)}$、$k^{(2)}_{CA}$

（1）正常运行时。三相阻抗继电器所处情况相同，故只分析 A、B 相阻抗继电器，接入 A、B 相阻抗继电器的电压为

$$\dot{U}_r=\dot{U}_{AB}=(\dot{I}_A-\dot{I}_B)Z_L=\sqrt{3}\dot{I}_A e^{j30°}Z_L$$

式中　Z_L——每相负荷阻抗。

对于 $+30°$ 接线，$\dot{I}_r=\dot{I}_A$，其测量阻抗为

$$Z_{r(30°)}=\sqrt{3}Z_L e^{j30°} \tag{6-76}$$

对于 $-30°$ 接线，$\dot{I}_r=-\dot{I}_B=\dot{I}_A e^{j60°}$，其测量阻抗为

$$Z_{rL(-30°)}=\sqrt{3}Z_L e^{-j30°} \tag{6-77}$$

由式（6-76）和式（6-77）说明，正常运行时，测量阻抗在数值上是负荷阻抗的 $\sqrt{3}$ 倍。在相位上，对于 $+30°$ 接线，较负荷阻抗超前 30°，对于 $-30°$ 接线，较负荷阻抗滞后 30°。

（2）三相短路。三相短路与正常运行时相似，只是将负荷阻抗用短路点到保护安装处的正序阻抗 $Z_1 l$ 代替，即

$$\left.\begin{array}{l} Z_{r(+30°)}=\sqrt{3}Z_1 l e^{j30°} \\ Z_{r(-30°)}=\sqrt{3}Z_1 l e^{-j30°} \end{array}\right\} \tag{6-78}$$

（3）两相短路。当 A、B 两相短路时，进入 A、B 相阻抗继电器的电压为

$$\dot{U}_r=\dot{U}_{AB}=(\dot{I}_A-\dot{I}_B)Z_1 l=2\dot{I}_A Z_1 l$$

对于 $+30°$ 接线，$\dot{I}_r=\dot{I}_A$，则

$$Z_{r(+30°)}=2Z_1 l \tag{6-79}$$

对于 $-30°$ 接线，$\dot{I}_r=-\dot{I}_B=\dot{I}_A$，则

$$Z_{r(-30°)}=2Z_1 l \tag{6-80}$$

由式（6-79）、式（6-80）可知，两种接线的测量阻抗都等于短路点到保护安装处的正序阻抗的二倍，测量阻抗角 φ_r 等于线路正序阻抗角 φ_L。

由上述可见，采用 30°接线方式的阻抗继电器，当在线路上同一点发生不同类型相间短路时，不仅测量阻抗数值不同，而且相位也不相同。

对于采用30°接线的全阻抗继电器，由于全阻抗继电器动作阻抗与阻抗角 φ_r 无关，所以在同一点发生三相短路和二相短路时，测量阻抗不同，故其保护范围不同，即不能准确测量故障点距离，因此不宜做测量元件。

对于方向阻抗继电器，若采用30°接线，当两相短路和三相短路时有相同的保护范围。如图6-35所示，整定阻抗按距保护 $l\text{km}$ 处发生两相短路时的测量阻抗来选择，即 $Z_{set}=2Z_1l$。特性圆的直径为 Z_{set}，取灵敏角 $\varphi_m=\varphi_k$。当在 $l\text{km}$ 处发生三相短路时，阻抗继电器的测量阻抗为

$$\left.\begin{array}{l} Z_{r(+30°)}=\sqrt{3}Z_1le^{j30°} \\ Z_{r(-30°)}=\sqrt{3}Z_1le^{-j30°} \end{array}\right\} \tag{6-81}$$

Z_r 的末端落在特性圆上，如图6-35所示，说明采用30°接线时，方向阻抗继电器对同一点发生两相和三相短路时有相同的保护范围。因此它可以作测量元件使用。

随着输电线路长度增加，阻抗元件整定阻抗必然要加大，而随着线路输送功率增大，为可靠地躲过负荷阻抗又要求整定阻抗缩小。由上分析可知，若采用0°接线方式是不易满足的。如图6-36所示，对于用作输电线路送电端距离保护的启动元件（兼作距离Ⅲ段测量元件）的方向阻抗继电器，若采用0°接线方式，则在正常情况下，其动作阻抗为 $Z'_{op,r}$；但若采用-30°接线方式，其动作阻抗则为 $Z''_{op,r}$（此时正常情况下测量阻抗位于第Ⅳ象限），显然 $Z''_{op,r}<Z'_{op,r}$，故采用-30°接线方式能较好地躲开正常运行时输送较大功率所对应的较小负荷阻抗。

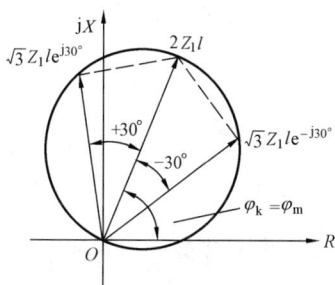

图6-35 方向阻抗继
电器动作特性

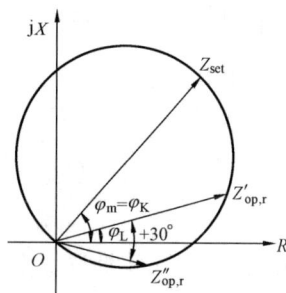

图6-36 送电端采用-30°接线与采用0°
接线在正常情况下动作阻抗的比较图

在输电线路受电端，采用+30°接线，可具有同样作用。如图6-37所示，若采用0°接线方式，负荷阻抗 Z_L 位于第Ⅱ象限，而采用+30°接线方式，则 $Z_Le^{j30°}$ 将逆时针方向转30°，显然，Z_L 的末端落在圆周上，则 $Z_Le^{j30°}$ 必然落在圆周外。因此，在受电端采用+30°接线提高了正常时躲开负荷阻抗的能力。

由以上分析可知，30°接线方式的阻抗继电器一般不适用于做测量元件而适用于做启动元件，在送电端宜采用-30°接线方式，在受电端宜采用+30°接线方式。

三、反应接地故障的阻抗继电器接线方式

在中性点直接接地电网中，当采用零序电流保护不能满足要求时，一般考虑采用接地距离保护。接地距离保护继电器的接入电压和电流如表6-4所示。其接线方式如图6-38所示。

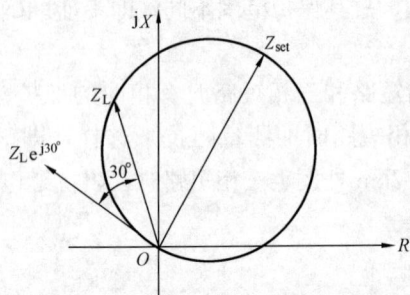

图 6-37　受电端采用+30°接线时阻抗继电
器具有躲开负荷阻抗的能力的说明图

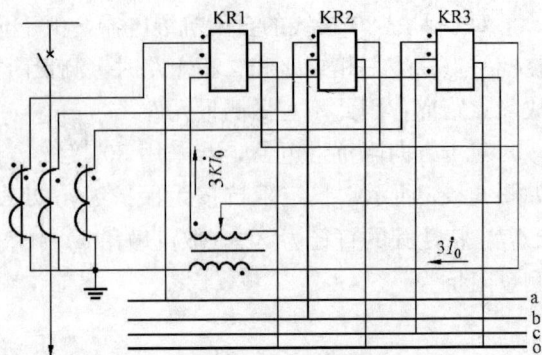

图 6-38　反应接地故障的阻抗
继电器的接线方式图

表 6-4　　　　　　　　　　　反应接地故障的阻抗继电器接入电压和电流

相　　别	接入电压 $\dot{U}_r$	输入电流 $\dot{I}_r$	反应故障类型
A	$\dot{U}_A$	$\dot{I}_A+3K\dot{I}_0$	$k_A^{(1)}$、$k_{AB}^{(1,1)}$、$k_{AC}^{(1,1)}$
B	$\dot{U}_B$	$\dot{I}_B+3K\dot{I}_0$	$k_B^{(1)}$、$k_{BC}^{(1,1)}$、$k_{AB}^{(1,1)}$
C	$\dot{U}_C$	$\dot{I}_C+3K\dot{I}_0$	$k_C^{(1)}$、$k_{AC}^{(1,1)}$、$k_{BC}^{(1,1)}$

下面分析在接地短路时，阻抗继电器的测量阻抗。

1. 单相短路时

设 A 相发生单相接地，保护安装处 A 相母线电压 $\dot{U}_A$，故障点处 A 相电压 $\dot{U}_{kA}$ 和短路电流 $\dot{I}_A$ 分别用对称分量表示为

$$\dot{U}_A=\dot{U}_{A1}+\dot{U}_{A2}+\dot{U}_{A0}$$
$$\dot{U}_{kA}=\dot{U}_{kA1}+\dot{U}_{kA2}+\dot{U}_{kA0}=0 \tag{6-82}$$
$$\dot{I}_A=\dot{I}_{A1}+\dot{I}_{A2}+\dot{I}_{A0}$$

根据各序网图，保护安装处母线上各相序分量与短路点各相序分量之间有如下关系

$$\left.\begin{array}{l}\dot{U}_{A1}=\dot{U}_{kA1}+\dot{I}_{A1}Z_1l\\\dot{U}_{A2}=\dot{U}_{kA2}+\dot{I}_{A2}Z_2l\\\dot{U}_{A0}=\dot{U}_{kA0}+\dot{I}_{A0}Z_0l\end{array}\right\} \tag{6-83}$$

将式 (6-83) 代入式 (6-82) 中可得

$$\dot{U}_A=\dot{U}_{A1}+\dot{U}_{A2}+\dot{U}_{A0}=(\dot{U}_{kA1}+\dot{U}_{kA2}+\dot{U}_{kA0})+Z_1l\left(\dot{I}_{A1}+\dot{I}_{A2}+\dot{I}_{A0}\frac{Z_0}{Z_1}\right)$$
$$=Z_1l\left(\dot{I}_A+\frac{Z_0-Z_1}{Z_1}\dot{I}_0\right)=Z_1l(\dot{I}_A+3K\dot{I}_0) \tag{6-84}$$

由式 (6-84) 可知 A 相阻抗继电器接入电压为

$$\dot{U}_r=\dot{U}_A$$
$$\dot{I}_r=\dot{I}_A+3K\dot{I}_0 \tag{6-85}$$

式中，$K=\dfrac{Z_0-Z_1}{3Z_1}$，一般认为零序阻抗角和正序阻抗角相等且是一实数，这样继电器测量阻抗为

$$Z_r = \frac{\dot{U}_r}{\dot{I}_r} = \frac{Z_1 l(\dot{I}_A + 3K\dot{I}_0)}{\dot{I}_A + 3K\dot{I}_0} = Z_1 l \tag{6-86}$$

式（6-86）说明，按式（6-85）接线，能正确测量到短路点的距离，并与按 0°接线的相间短路阻抗继电器有相同的测量值。

2. 两相接地短路时

根据对称分量法，设距保护安装处 l km 处线路发生 BC 两相接地短路，保护安装处 B、C 两相母线电压为

$$\dot{U}_B = a^2\dot{U}_{B1} + a\dot{U}_{B2} + \dot{U}_{B0} = a^2(\dot{U}_{k1} + \dot{I}_1 Z_1 l) + a(\dot{U}_{k2} + \dot{I}_2 Z_1 l)$$
$$+ (\dot{U}_{k0} + \dot{I}_0 Z_0 l)$$
$$= (a^2\dot{U}_{k1} + a\dot{U}_{k2} + \dot{U}_{k0}) + Z_1 l\left(a^2\dot{I}_1 + a\dot{I}_2 + \dot{I}_0 \frac{Z_0}{Z_1}\right)$$

$$\dot{U}_C = a\dot{U}_{C1} + a^2\dot{U}_{C2} + \dot{U}_{C0} = a(\dot{U}_{k1} + \dot{I}_1 Z_1 l) + a^2(\dot{U}_{k2} + \dot{I}_2 Z_1 l)$$
$$+ (\dot{U}_{k0} + \dot{I}_0 Z_0 l)$$
$$= (a\dot{U}_{k1} + a^2\dot{U}_{k2} + \dot{U}_{k0}) + Z_1 l\left(a\dot{I}_1 + a^2\dot{I}_2 + \dot{I}_0 \frac{Z_0}{Z_1}\right)$$

B、C 两相接地短路，$\dot{U}_{k1} = \dot{U}_{k2} = \dot{U}_{k0}$，所以 $a^2\dot{U}_{k1} + a\dot{U}_{k2} + \dot{U}_{k0} = 0$，$a\dot{U}_{k1} + a^2\dot{U}_{k2} + \dot{U}_{k0} = 0$ 因此，接入阻抗继电器的测量电压分别为

$$\dot{U}_B = Z_1 l\left(a^2\dot{I}_1 + a\dot{I}_2 + \dot{I}_0 \frac{Z_0}{Z_1}\right)$$
$$= Z_1 l\left(a^2\dot{I}_1 + a\dot{I}_2 + \dot{I}_0 + \dot{I}_0 \frac{Z_0 - Z_1}{Z_1}\right)$$
$$= Z_1 l(\dot{I}_B + 3K\dot{I}_0)$$

$$\dot{U}_C = Z_1 l\left(a\dot{I}_1 + a^2\dot{I}_2 + \dot{I}_0 \frac{Z_0}{Z_1}\right)$$
$$= Z_1 l\left(a\dot{I}_1 + a^2\dot{I}_2 + \dot{I}_0 + \dot{I}_0 \frac{Z_0 - Z_1}{Z_1}\right)$$
$$= Z_1 l(\dot{I}_C + 3K\dot{I}_0)$$

所以故障相阻抗继电器测量阻抗分别为

$$\left. \begin{aligned} Z_{Br}^{(1,1)} &= \frac{\dot{U}_B}{\dot{I}_B + 3K\dot{I}_0} = Z_1 l \\ Z_{Cr}^{(1,1)} &= \frac{\dot{U}_C}{\dot{I}_C + 3K\dot{I}_0} = Z_1 l \end{aligned} \right\} \tag{6-87}$$

由以上分析表明，不论是单相或两相接地短路时，故障相阻抗继电器都能正确测量短路点至保护安装处之间的线路阻抗。所以这种接线方式用于中性点直接接地电网作为接地距离保护中测量元件阻抗继电器的接线方式；也广泛地用在单相自动重合闸中，作为故障相的选相元件阻抗继电器的接线方式。

第四节　方向阻抗继电器

一、方向阻抗继电器的接线

下面介绍常用的整流型方向阻抗继电器，有按幅值比较原理构成和按相位比较原理构成两种。

（一）按幅值比较原理构成的方向阻抗继电器

根据式（6-11）可知幅值比较方向阻抗继电器动作方程为

$$|\dot{K}_I \dot{I}_r| \geqslant |2K_U \dot{U}_r - \dot{K}_I \dot{I}_r| \tag{6-88}$$

式（6-88）两边都加上（$\dot{U}_{th} - K_U \dot{U}_r$），其中 $\dot{U}_{th}$ 与 $\dot{U}_r$ 同相位，并不改变幅值比较特性。所以得到

$$\left.\begin{array}{l} \dot{U}_A = \dot{U}_{th} + (\dot{K}_I \dot{I}_r - K_U \dot{U}_r) \\ \dot{U}_B = \dot{U}_{th} - (\dot{K}_I \dot{I}_r - K_U \dot{U}_r) \end{array}\right\} \tag{6-89}$$

继电器动作方程为

$$|\dot{U}_A| \geqslant |\dot{U}_B| \text{ 或 } |\dot{U}_{th} + (\dot{K}_I \dot{I}_r - K_U \dot{U}_r)| \geqslant |\dot{U}_{th} - (\dot{K}_I \dot{I}_r - K_U \dot{U}_r)| \tag{6-90}$$

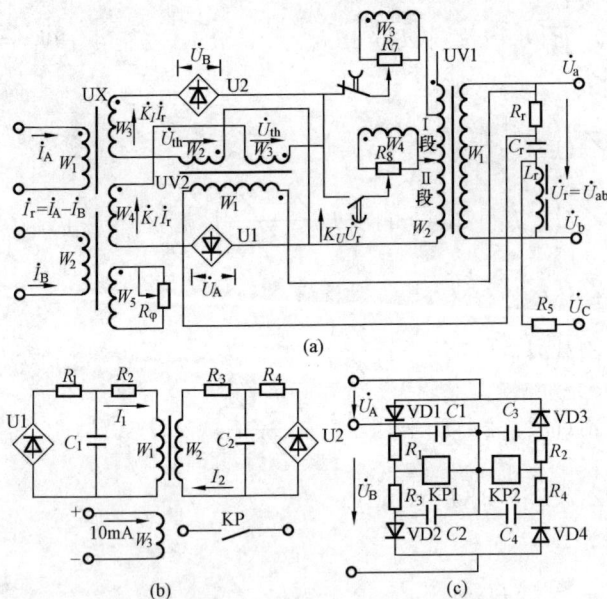

图 6-39　幅值比较原理整流型方向阻抗器原理图
(a) 交流回路；(b) 直接比较或整流比较回路；(c) 环形整流比较回路

图 6-39 (a) 为按幅值比较原理构成的方向阻抗继电器的原理接线交流回路。图中按 0°接线方式接线，比较电气量 $\dot{U}_A$ 和 $\dot{U}_B$ 按式（6-89）构成电压形成回路。方程中两个 $\dot{K}_I \dot{I}_r$ 分量由电抗变换器 UX 的两个匝数相等的二次绕组 W_3 和 W_4 获得。UX 一次侧有两个绕组 W_1 和 W_2，分别输入 $\dot{I}_A$ 和 $-\dot{I}_B$，而输入的测量电流 $\dot{I}_r = \dot{I}_A - \dot{I}_B$。$W_1$ 和 W_2 绕组匝数相等并有抽头，调节 W_1 和 W_2 的匝数可以改变转移电抗 $\dot{K}_I$ 的数值。第三个二次绕组 W_5 接入可调电阻 R_φ，用来改变整定阻抗角。

电抗变换器 UX 一次侧两个绕组 W_1、W_2 均有抽头，用以改变 $\dot{K}_I$ 大小，以便使 $\dot{K}_I$ 和 K_0 配合，得到不同整定阻抗 Z_{set}。当整定 UX 抽头为 100% 时，若 UX 一次绕组置于"全部匝数"的位置，整定阻抗 Z_{set} 为 2Ω，而 UX 一次绕组置于"$\frac{1}{2}$""$\frac{1}{4}$"…位置时，对应阻抗 Z_{set} 为 1Ω、0.5Ω…当 UX 的抽头选定，UV 的抽头改变时，可改变 Z_{set}。如若 UX 一次绕组置于"全部匝数"的位置，而 UV 的抽头为 10%，则整定阻抗为 20Ω。

电压变换器 UV1 的一次绕组 W_1 接于 TV 的 AB 相，即测量电压为 $\dot{U}_r = \dot{U}_{AB}$，UV1 有三个二次绕组即 W_2、W_3 和 W_4。其中 W_2 与 W_3 串联可获得距离 I 段的测量电压，W_2 和 W_4 串联可获得距离 II 段的测量电压。W_2 有抽头 9 个，UV1 一次侧额定电压 100V，其二次绕组 W_2 相邻抽头间匝数为总匝数的 10%。当抽头为 100% 时，其二次额定电压为 30V，抽头为 10% 时，其二次电压为 3V，其余类推。利用这些抽头可以改变 K_U，例如抽头位置放在 100% 时的 K_U 为抽头放在 10% 的 K_U 的 10 倍，而对应的整定阻抗，后者为前者的 10 倍。改变 UV1 二次电压抽头位置，其 K_U 可在 0.5%～99.5% 的范围内调节。另外接有微调电阻 R_7 和 R_8，以便细调整定阻抗值。

电压回路中 UV1 的一次侧并接有由 R_r、C_r 和 L_r 构成的谐振记忆回路，并通过高值电阻 R_5 接于第三相电压 $\dot{U}_C$。方程中两个插入电压 $\dot{U}_{th}$ 由具有两个匝数相等的二次绕组的中间电压变换器 UV2 获得，UV2 一次侧绕组接于谐振记忆回路中的电阻 R_r 两端。

按式（6-89）连接得出幅值比较电压 $\dot{U}_A$ 和 $\dot{U}_B$，动作量 $\dot{U}_A$ 接于整流桥 U1，制动量 $\dot{U}_B$ 接于整流桥 U2。UV1 二次回路中距离 I 段和 II 段电压的切换通过启动继电器控制的切换继电器 KCW 来进行，当被保护线路发生短路后，经 0.1s 时间将距离 I 段切换到距离 II 段。

继电器幅值比较回路中执行元件采用极化继电器 KP，整流比较回路的比较方式是直接比较方式，采用具有三个绕组的极化继电器，如图 6-39（b）所示。两电气量比较是通过极化继电器磁回路来实现的，绕组 W_1 接于动作量整流桥 U1 的输出端，W_2 接于制动量整流桥 U2 的输出端，$W_1 = W_2$，极化继电器在 $I_1 W_1 \geqslant I_2 W_2$ 条件下动作。绕组 W_3 是助磁绕组，由电厂或变电所的直流操作电源供给稳定的 10mA 直流电流。采用直流助磁的目的，在于提高极化继电器的灵敏性，从而提高阻抗继电器的灵敏性。但是，执行元件极化继电器经过助磁后，存在以下缺点。

（1）使保护装置接线更加复杂，因而降低了可靠性。

（2）影响极化继电器的特性，降低了返回系数。

（3）若保护装置所连接的 TV 装在线路侧，当线路短路故障切除后，继电器回路中的电压消失，阻抗继电器因有助磁而不能返回，导致重合闸不成功。

为了取消助磁，同时又能提高阻抗继电器的灵敏性，现在广泛采用如图 6-39（c）所示的环形整流比较回路。环形整流比较回路的工作原理在本章第二节中已做过介绍。当 $|\dot{U}_A| \geqslant |\dot{U}_B|$ 时，环形整流比较回路动作。

（二）按相位比较原理构成的方向阻抗继电器

按相位比较原理构成的方向阻抗继电器原理接线图如图 6-40 所示。设继电器接在 AB 相上。测量电压 $\dot{U}_r = \dot{U}_{AB}$，测量电流为 $\dot{I}_r = \dot{I}_A - \dot{I}_B$，按式（6-48），比较相位两电气量为

$$\left. \begin{array}{l} \dot{U}_C = \dot{K}_I \dot{I}_r - K_U \dot{U}_r \\ \dot{U}_D = \dot{U}_p \end{array} \right\} \qquad (6-91)$$

式中 $\dot{K}_I \dot{I}_r$ 和 $K_U \dot{U}_r$ 分别由 UX 和 UV 来获得，极化电压 $\dot{U}_p$ 由接于谐振记忆回路的中间电压变换器 UV2 获得，UV2 的二次绕组中间有抽头，构成匝数相等两部分，以获得两个相同的极化电压。阻抗继电器的相位比较回路采用极化继电器做执行元件的环形整流比较回路。接

入环形整流比相回路的两个电气量分别为

$$\left.\begin{aligned}\dot{E}_1 &= \dot{U}_1 + \dot{U}_2 = \dot{U}_p + (\dot{K}_I\dot{I}_r - K_U\dot{U}_r)\\ \dot{E}_2 &= \dot{U}_1 - \dot{U}_2 = \dot{U}_p - (\dot{K}_I\dot{I}_r - K_U\dot{U}_r)\end{aligned}\right\} \tag{6-92}$$

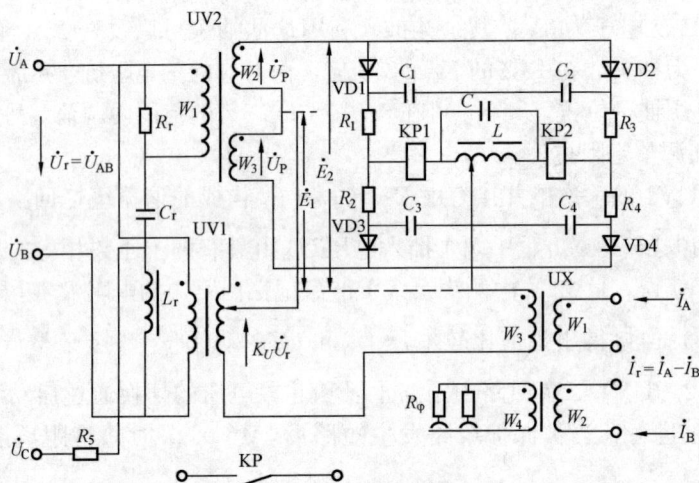

图 6-40　相位比较原理整流型方向阻抗继电器原理接线图

从图中可看出，为消除电压死区，继电器电压回路接于第三相电压 $\dot{U}_C$ 的谐振记忆回路。

二、方向阻抗继电器的工作特性

（一）方向阻抗继电器的稳态特性

稳态特性是指被保护线路发生短路，继电器记忆作用消失后的动作特性。对图 6-41 所示电网来分析继电器的动作特性。

对于采用幅值比较原理整流型方向阻抗继电器如图 6-41 所示其稳态特性由动作方程式 (6-90) 得出，式中插入电压 $\dot{U}_{th}$ 与测量电压 $\dot{U}_r$ 同相位。继电器的临界动作方程为

$$|\dot{U}_{th} - K_U\dot{U}_r + \dot{K}_I\dot{I}_r| = |\dot{U}_{th} + K_U\dot{U}_r - \dot{K}_I\dot{I}_r|$$

对上式两边用余弦定理展开并平方，得出

$$(U_{th} - K_UU_r)^2 + 2(U_{th} - K_UU_r)K_II_r\cos(\varphi_{set} - \varphi_r) + (K_II_r)^2$$
$$= (U_{th} + K_UU_r)^2 - 2(U_{th} + K_UU_r)K_II_r\cos(\varphi_{set} - \varphi_r) + (K_II_r)^2$$

整理得出

$$K_UU_r = K_II_r\cos(\varphi_{set} - \varphi_r) \tag{6-93}$$

由式 (6-93) 可作出继电器的特性圆如图 6-42 中的特性圆 1，它是通过坐标原点，直径为 Z_{set} 的圆。可见，引入插入电压 U_{th} 对阻抗继电器的方向圆特性没有影响。

对于按相位比较原理构成的方向阻抗继电器，如图 6-40 所示其稳态特性可由式 (6-55) 得出，式中极化电压 $\dot{U}_p$ 与测量电压 $\dot{U}_r$ 同相位，按式 (6-92) 得到接入环形比较回路的电气量 $\dot{E}_1$ 和 $\dot{E}_2$，执行元件极化继电器 KP 的动作条件是 $|\dot{E}_1| > |\dot{E}_2|$。

（1）当故障发生在保护范围的末端时。测量电压 $\dot{U}_r$ 的矢端落在特性圆周上，相量图如图 6-43 (a) 所示，这时比相角 $\theta = 90°$，$|\dot{E}_1| = |\dot{E}_2|$，继电器处于临界状态。

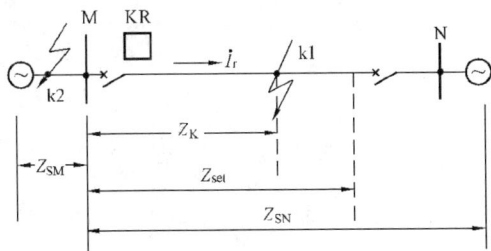

图 6-41　分析方向阻抗继电
器动作特性的电网图

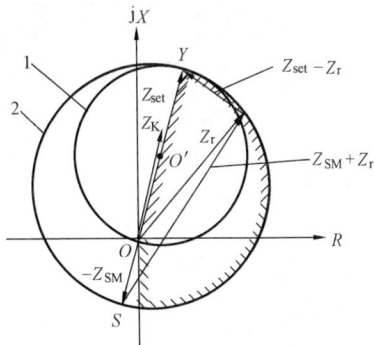

图 6-42　正向相间短路时方向阻
抗继电器的动作特性
1—稳态特性；2—暂态特性

（2）当故障发生在保护范围内部时。测量电压矢端在特性圆内，其相量图如图 6-43
（b）所示。这时比相角 $\theta < 90°$，$|\dot{E}_1| > |\dot{E}_2|$，继电器动作。

（3）当故障发生在保护范围外部时。测量电压矢端在特性圆外，其相量图如图 6-43
（c）所示。这时比相角 $\theta > 90°$，$|\dot{E}_1| < |\dot{E}_2|$，继电器不动作。

从图 6-43 中可知，方向阻抗继电器的稳态特性是以 Z_{set} 为直径并通过原点的圆，引入
极化电压及其记忆作用，均不影响方向阻抗继电器的稳态特性，图 6-40 所示方向阻抗继电
器的相位比较是通过环形整流比相电路转换为幅值比较方式来实现的，$|\dot{E}_1| \geqslant |\dot{E}_2|$ 的

动作条件是根据相位比较 $-90° \leqslant \arg \dfrac{\dot{U}_C}{\dot{U}_D} \leqslant 90°$ 动作条件得到的。

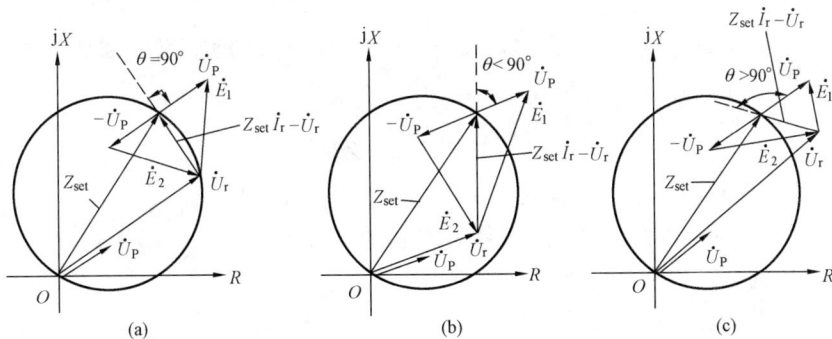

图 6-43　相位比较原理方向阻抗继电器的稳态特性分析
（a）$\theta = 90°$，临界状态；（b）$\theta < 90°$，继电器动作；（c）$\theta > 90°$，继电器不动作

（二）方向阻抗继电器的暂态特性

方向阻抗继电器的暂态特性是指故障后记忆作用未消失前的动作特性。在短路初始时
刻，记忆作用未消失时，极化电压 U_p 仍保持故障前母线的电压的相位，因此，这时阻抗继
电器的方程应为

$$-90°\leqslant \arg \frac{\dot{K}_I\dot{I}_r-K_U\dot{U}_r}{\dot{U}_{ML}}\leqslant 90° \qquad (6\text{-}94)$$

式中 $\dot{U}_{ML}$——短路前负荷状态下的母线电压。

显然式（6-94）中出现了 $\dot{U}_r$、$\dot{I}_r$ 和 $\dot{U}_{ML}$ 三个变量，不能用 $Z_r=\dfrac{\dot{U}_r}{\dot{I}_r}$ 一个变量来进行分析。

因此在继电器记忆动作消失之前，它的动作特性只能按给定系统、给定短路点和给定故障类型进行分析。

1. 正向三相短路时

如图 6-41 所示电网，图中各参量以按 M 处的 TA 和 TV 的变比折合到二次侧，在正方向 k1 点发生三相短路时，图中 Z_{SM} 为系统阻抗，Z_r 为保护安装处至短路点之间的阻抗，这时

$$Z_{set}\dot{I}_r-\dot{U}_r=Z_{set}\frac{\dot{E}_{SM}}{Z_{SM}+Z_r}-Z_r\frac{\dot{E}_{SM}}{Z_{SM}+Z_r}=\frac{Z_{set}-Z_r}{Z_{SM}+Z_r}\dot{E}_{SM} \qquad (6\text{-}95)$$

短路初瞬间极化回路电压仍是短路前负荷状态下的电压 $\dot{U}_L$，因此，这时方向阻抗继电器动作方程是

$$-90°\leqslant \arg \frac{Z_{set}-Z_r}{Z_{SM}+Z_r}\times \frac{\dot{E}_{SM}}{\dot{U}_L}\leqslant 90° \qquad (6\text{-}96)$$

将 $\dot{E}_{SM}$ 和 $\dot{U}_L$ 作为参变量式（6-96）可写成

$$-90°+\arg \frac{\dot{U}_L}{\dot{E}_{SM}}\leqslant \arg \frac{Z_{set}-Z_r}{Z_{SM}+Z_r}\leqslant 90°+\arg \frac{\dot{U}_L}{\dot{E}_{SM}} \qquad (6\text{-}97)$$

若故障前线路空载，则 $\dot{U}_L=\dot{E}_{SM}$，$\arg \dfrac{\dot{U}_L}{\dot{E}_{SM}}=0$，于是方向阻抗继电器的动作方程为

$$-90°\leqslant \arg \frac{Z_{set}-Z_r}{Z_{SM}+Z_r}\leqslant 90° \qquad (6\text{-}98)$$

式（6-98）在复数阻抗平面上，显然是一个以 Z_{set} 端点 Y 和 $-Z_{SM}$ 端点 S 连线 $\overline{YS}$ 为直径的圆，如图6-42中的所示特性圆 2。圆中划有阴影的部分为动作区。由于式（6-98）是在正向短路时推导出的，所以在坐标原点阻抗继电器也不会失去方向性。以上结论对两相短路故障相方向阻抗继电器也是同样适用。

2. 反向三相短路时

反向三相短路时，如图 6-41 所示电网在 k2 点发生三相短路时，这时短路电流由电源 $\dot{E}_N$ 供给，从线路流向母线，仍假定电流正方向为由母线指向线路，则继电器中的测量电流为负，测量阻抗 $Z_r=\dfrac{\dot{U}_r}{\dot{I}_r}$，系统阻抗 Z_{SN} 和系统电动势为 $\dot{E}_{SN}$，而 $\dot{E}_{SN}=\dot{U}_r-Z_{SN}\dot{I}_r=(Z_r-$

$Z_{SN})\dot{I}_r$，$Z_{set}\dot{I}_r-\dot{U}_r=(Z_{set}-Z_r)\dfrac{\dot{E}_{SN}}{Z_r-Z_{SN}}=\dfrac{Z_r-Z_{set}}{Z_{SN}-Z_r}$，仍用前面分析方法，得出

$$-90°+\arg\frac{\dot{U}_{\rm L}}{\dot{E}_{\rm SN}}\leqslant\arg\frac{Z_{\rm r}-Z_{\rm set}}{Z_{\rm SN}-Z_{\rm r}}\leqslant90°+\arg\frac{\dot{U}_{\rm r}}{\dot{E}_{\rm SN}} \qquad (6-99)$$

若短路前空载，则 $\dot{U}_{\rm L}=\dot{E}_{\rm SN}$，$\arg\dfrac{\dot{U}_{\rm L}}{\dot{E}_{\rm SN}}=0$，这时方向阻抗

继电器的动作特性为

$$-90°\leqslant\arg\frac{Z_{\rm r}-Z_{\rm set}}{Z_{\rm SN}-Z_{\rm r}}\leqslant90° \qquad (6-100)$$

按式（6-100）作出方向阻抗继电器在反方向短路时的暂态特性，如图 6-44 所示。动作特性以相量（$Z_{\rm SN}-Z_{\rm set}$）为直径的圆，位于第 I 象限中，若 k2 点发生金属性短路，继电器测量阻抗为 $-Z'_{\rm K}$，在第 III 象限，所以继电器不动作。

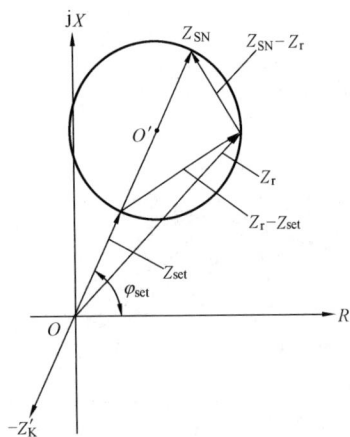

图 6-44　具有记忆作用方向阻抗
继电器反向短路时动态特性

由以上分析可以看出，电压极化回路具有记忆作用的方向阻抗继电器不仅可以消除正向出口三相短路的电压死区而且也可以防止反方向出口三相短路时误动作，并且从图 6-42 中可看出，暂态特性圆大于稳态特性圆，故动态特性具有能够较好地躲开短路点过渡电阻影响的能力。

第五节　距离保护的振荡闭锁装置

一、电力系统振荡对距离保护的影响

电力系统正常运行时，所有发电机都以同步转速旋转，这时并列运行的各发电机之间相位没有相对变化，系统各发电机之间的电动势相角差 δ 为常数，系统中各点电压和各回路的电流均不变。当电力系统由于某种原因受到干扰时（如短路、故障切除、电源的投入或切除等），这时并列运行的各同步发电机间电动势相角差 δ 将随时间变化，系统中各点电压和各回路电流也随时间变化，这种现象称为振荡。

振荡有同期振荡和非同期振荡两种。当系统受干扰后引起并列运行各发电机的电动势相角差 δ 的变化，但经过若干时间后，δ 变化过渡过程结束，δ 又重新恢复到原来数值或在新的数值下稳定运行，系统仍保持同步运行。这种不引起各并列运行发电机失去同步运行的功角 δ 的变化，称为同期振荡，同期振荡时 δ 最大值不大于 120°。

系统受干扰后，引起并列运行的各发电机间的功角 δ 从 0°～360° 范围内不断变化，使系统并列运行中各发电机失去同步，进入失步运行状态，这种情况称为非周期振荡。

在系统振荡时，系统中各点电压和各回路电流均随 δ 而变化，使阻抗继电器的测量阻抗也随 δ 变化而变化。因此，可能产生误动作。为此，要分析电力系统振荡时，各电气量变化的规律及其对阻抗继电器的影响，研究防止距离保护误动作的措施。

（一）电力系统振荡时电流、电压的变化

图 6-45（a）为两侧电源系统。当系统在全相运行中发生振荡时，三相处于对称状态，故可以按单相进行研究。设图 6-45（b）中 M 侧电动势为 $\dot{E}_{\rm M}$，电源阻抗为 $Z_{\rm SM}$，N 侧电动

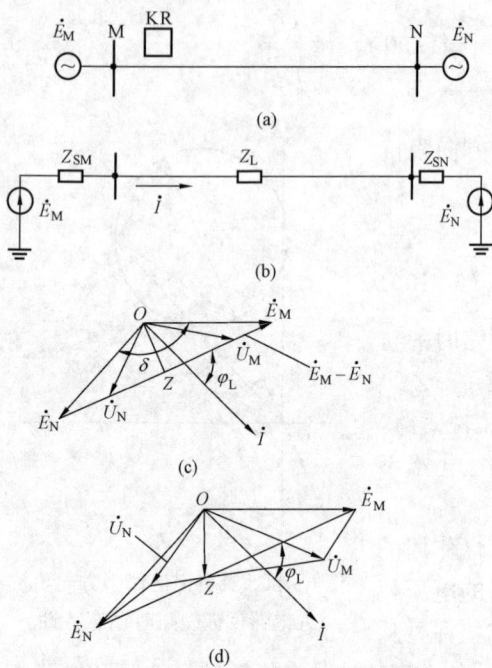

图 6-45 两侧电源振荡时等值电路及相量图
(a) 网络图；(b) 等值电路；(c) $\varphi_S=\varphi_L$ 时相量图；
(d) $\varphi_S\neq\varphi_L$ 时相量图

势为 $\dot{E}_N$，电源阻抗为 Z_{SN}，以 $\dot{E}_M$ 为参考相量，N 侧电动势 $\dot{E}_N$ 滞后 M 侧电动势 $\dot{E}_M$ 的相位角为 δ，则 $E_M=E_N$，$\dot{E}_M=\dot{E}_N e^{-j\delta}$。$Z_L$ 为线路阻抗，则振荡回路总阻抗为 $Z_\Sigma=Z_{SM}+Z_{SN}+Z_L$。线路电流方向由 M 侧指向 N 侧。振荡电流为

$$\dot{I}=\frac{\dot{E}_M-\dot{E}_N}{Z_\Sigma}=\dot{E}_M\left(1-\frac{\dot{E}_N}{\dot{E}_M}e^{-j\delta}\right)/Z_\Sigma$$

$$(6-101)$$

振荡电流 $\dot{I}$ 滞后电动势差 $\dot{E}_M-\dot{E}_N$ 的相角为

$$\varphi_L=\arctan\frac{X_\Sigma}{R_\Sigma} \qquad (6-102)$$

式 (6-101) 可表示成

$$I=\frac{E_M}{Z_\Sigma}\sqrt{1+\left(\frac{E_N}{E_M}\right)^2-2\frac{E_N}{E_M}\cos\delta}$$

$$(6-103)$$

振荡时，系统中性点的电位不变，仍然保持为零，但电网中其他各点电压随 δ 变化而变化。所以振荡时两侧母线电压为

$$\left.\begin{aligned}\dot{U}_M&=\dot{E}_M-\dot{I}\,Z_{SM}\\\dot{U}_N&=\dot{E}_N+\dot{I}\,Z_{SN}\end{aligned}\right\}$$

$$(6-104)$$

图 6-45 (c) 为系统阻抗角与线路阻抗角相等时的相量图。

以 $\dot{E}_M$ 为参考相量画在实轴上，$\dot{E}_N$ 滞后 $\dot{E}_M$ 相角为 δ，连接 $\dot{E}_M$ 和 $\dot{E}_N$ 得电动势差 $\Delta\dot{E}=\dot{E}_M-\dot{E}_N$ 相量，作振荡电流 $\dot{I}$ 滞后 $\Delta\dot{E}$ 相角为 φ_L（设系统阻抗角和线路阻抗角相等）。根据式 (6-104) 作出两侧母线电压 $\dot{U}_M$ 和 $\dot{U}_N$。它们的矢端一定要落在 $\dot{E}_M$ 和 $\dot{E}_N$ 的连线上。相量 $\dot{U}_M-\dot{U}_N$ 表示线路上的电压降，由原点向直线 MN 任一点连线就代表该点的电压相量。从原点作 $\dot{U}_M-\dot{U}_N$ 的垂线，垂足 Z 表示在振荡角 δ 下的最低电压点，该点称为在 δ 角下的振荡中心。当系统阻抗角和线路阻抗角相同且两侧电动势相等时，振荡中心不随 δ 角变化而改变，始终位于总阻抗 Z_Σ 的中点。当系统阻抗很大时，振荡中心可能落在系统或发电机内部，由图 6-45 (c) 中可看出，$\delta=180°$ 时，振荡中心电压为零，而此时的振荡电流最大，相当于在振荡中心发生三相短路。

图 6-45 (d) 为系统阻抗角 φ_s 不等于线路阻抗角 φ_L，$E_M=E_N$ 条件下的相量图。电压相量 $\dot{U}_M$ 和 $\dot{U}_N$ 的端点不可能落在 $\dot{E}_M$ 和 $\dot{E}_N$ 的连线上，从原点作 $\dot{U}_M-\dot{U}_N$ 的垂线，即可找到在某一 δ 角下的振荡中心及振荡中心电压。由此可见，其振荡中心随 δ 角改变而移动。

若两侧电动势有效值相等，即 $E_M=E_N$，振荡电流有效值 I 随 δ 的变化可根据 (6-103) 作出。如图 6-46 (a) 所示，在 δ 为 π 的偶数倍时，I 为零；在 δ 为 π 的奇数倍时，I 最大。

若当两侧电动势有效值不相等，即 $E_M > E_N$，根据式（6-101）可知，在 δ 为 π 的偶数倍时，I' 为最小，在 δ 为 π 的奇数倍时，I' 最大。I' 随 δ 变化的曲线如图 6-46（b）所示。当系统阻抗角不相等时，系统各点电压随 δ 的变化如图 6-46（c）所示。

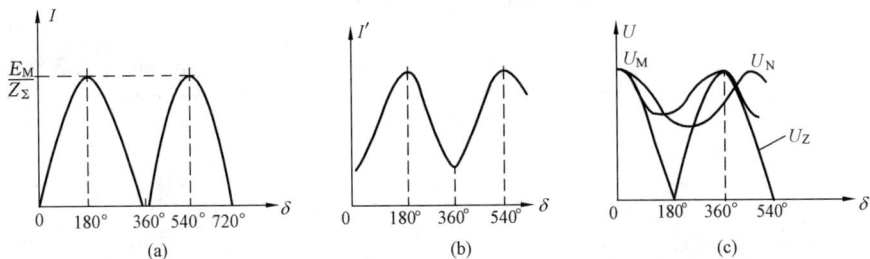

图 6-46　电网振荡时，振荡电流和各点电压的变化

（a）两侧电动势相等时振荡电流；（b）两侧电动势不相等时振荡电流；（c）振荡时各点电压

（二）振荡对保护的影响

以图 6-45（a）所示电网线路两侧电动势相等，M 侧线路 MN 上装设阻抗继电器 KR 进行分析，在系统振荡时的测量阻抗，根据式（6-101）、式（6-104）可得出

$$Z_{rM} = \frac{\dot{U}_r}{\dot{I}_r} = \frac{\dot{U}_M}{\dot{I}} = \frac{\dot{E}_M - \dot{I}\,Z_{SM}}{\dot{I}} = \frac{\dot{E}_M}{\dot{I}} - Z_{SM}$$

$$= \frac{1}{1 - e^{-j\delta}} Z_\Sigma - Z_{SM} \tag{6-105}$$

式中　　$1 - e^{-j\delta} = 1 - [\cos(-\delta) + j\sin(-\delta)] = 1 - \cos\delta + j\sin\delta$

利用三角公式　　　　　　　$\cos\delta = \cos^2\dfrac{\delta}{2} - \sin^2\dfrac{\delta}{2}$

$$\sin\delta = 2\cos\frac{\delta}{2}\sin\frac{\delta}{2}$$

所以　　$1 - e^{-j\delta} = 1 - \cos^2\dfrac{\delta}{2} + \sin^2\dfrac{\delta}{2} + 2j\cos\dfrac{\delta}{2}\sin\dfrac{\delta}{2}$

$$= \frac{2\sin\dfrac{\delta}{2}}{\sin\dfrac{\delta}{2} - j\cos\dfrac{\delta}{2}} = \frac{2}{1 - j\,\mathrm{ctg}\dfrac{\delta}{2}} \tag{6-106}$$

将式（6-106）代入式（6-105）可得出测量阻抗 Z_{rM} 为

$$Z_{rM} = \left(\frac{1}{2} Z_\Sigma - Z_{SM}\right) - j\,\frac{1}{2} Z_\Sigma\,\mathrm{ctg}\,\frac{\delta}{2} \tag{6-107}$$

式（6-107）中 Z_{rM} 在 $R - jX$ 复平面上为一直线，如图 6-47 所示。设全系统阻抗角都相同，将保护安装点 M 放在复数阻抗平面的坐标原点上，按系统阻抗角 φ_L 作出线路阻抗线 MN 和系统阻抗线 AM 和 BN，再从原点沿 MN 方向作出相量 $\left(\dfrac{1}{2}Z_\Sigma - Z_{SM}\right)$，再从其端点作相量 $\left(-j\,\dfrac{1}{2}Z_\Sigma\,\mathrm{ctg}\,\dfrac{\delta}{2}\right)$，它在不同 δ 角条件下，可能超前或滞后于相量 $\left(\dfrac{1}{2}Z_\Sigma - Z_{SM}\right)$，计算结果如表 6-5 所示。将后一相量端点与原点 O 连接即可得测量阻抗 Z_{rM}。

当 $\delta=0°$ 时，$Z_{rM}=-\infty$；当 $\delta=180°$ 时，$Z_{rM}=\dfrac{1}{2}Z_\Sigma-Z_{SM}$；当 $\delta=360°$ 时，$Z_{rM}=+\infty$。

由此可见，改变 δ 时，测量阻抗 Z_{rM} 在直线 SQ 上移动。分析表明，当 δ 改变时，不仅测量阻抗值在变化，而且测量阻抗的阻抗角也在变化。

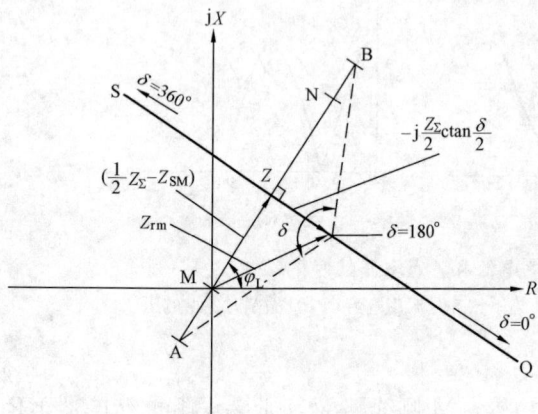

图 6-47　系统振荡时测量阻抗的变化

表 6-5		$j\dfrac{1}{2}Z_\Sigma \text{ctan}\dfrac{\delta}{2}$ 计算结果
δ	$\text{ctan}\dfrac{\delta}{2}$	$j\dfrac{1}{2}Z_\Sigma \text{ctan}\dfrac{\delta}{2}$
0°	∞	$j\infty$
90°	1	$j\dfrac{1}{2}Z_\Sigma$
180°	0	0
270°	-1	$-j\dfrac{1}{2}Z_\Sigma$
360°	$-\infty$	$-j\infty$

为求出不同安装地点测量阻抗的变化规律，将 Z_{SM} 看成变量，设 $m=Z_{SM}/Z_\Sigma$，为小于 1 的数，则式（6-107）可表示成为

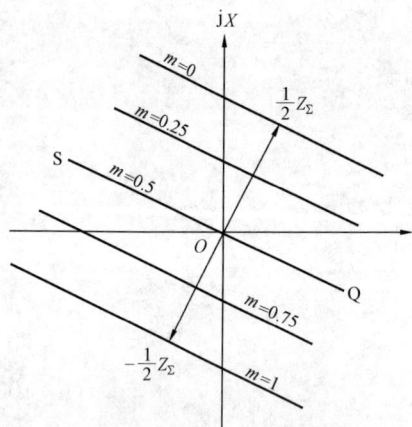

图 6-48　系统振荡时，不同安装
地点测量阻抗的变化

$$Z_{rM}=\left(\frac{1}{2}-m\right)Z_\Sigma-j\frac{1}{2}Z_\Sigma \text{ctan}\frac{\delta}{2}$$

$$(6-108)$$

式（6-108）中 m 为参变量，在不同的 m 值，即不同安装地点时，测量阻抗变化的轨迹为一组平行于 S、Q 的直线。如图 6-48 所示。

当 $m=\dfrac{1}{2}$ 时，直线通过坐标原点，即电气中心或振荡中心处的保护，其测量阻抗随 δ 的变化轨迹；当 $m<\dfrac{1}{2}$ 时，即为靠近 M 侧电源处测量阻抗变化直线；当 $m>\dfrac{1}{2}$ 时，即为靠近 N 侧电源处的测量阻抗变化轨迹。

直线 SQ 表现了在 $|\dot{E}_M|=|\dot{E}_N|$ 条件下，δ 角变化时阻抗继电器测量阻抗的变化规律，它与阻抗相量 Z_Σ 相垂直，且交于 Z 点，Z 点就是 $\delta=180°$ 时测量阻抗的矢端。

当两侧电动势幅值不等时，即 $|\dot{E}_M|\neq|\dot{E}_N|$，分析结果表明，测量阻抗的变化更复杂，其变化轨迹是位于 SQ 两侧的一族圆，如图 6-49 所示。

为了说明振荡时单相式阻抗继电器的动作行为，分析振荡时保护的影响，将 M 处的阻抗继电器的动作特性画在图 6-50 的阻抗平面上。其中曲线 1 是全阻抗继电器动作特性，曲线 2 是方向阻抗继电器动作特性；曲线 3 是椭圆形阻抗继电器动作特性。当系统振荡时，M

处阻抗继电器的测量阻抗矢端轨迹 SQ 与特性 1、2、3 相交。在 $\delta_1 \leqslant \delta \leqslant \delta_6$ 时，全阻抗继电器动作；在 $\delta_2 \leqslant \delta \leqslant \delta_5$ 时，方向阻抗继电器动作；在 $\delta_3 \leqslant \delta \leqslant \delta_4$ 时，橄榄形阻抗继电器动作。显而易见，系统振荡时全阻抗继电器受影响最大，方向阻抗继电器次之，橄榄形阻抗继电器影响最小。

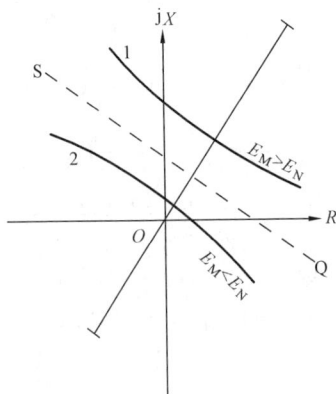

图 6-49　当两侧电动势幅值
不相等时，测量阻抗的变化

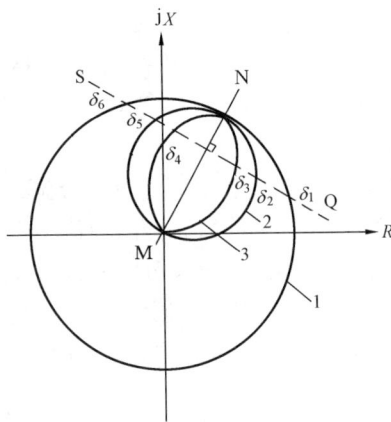

图 6-50　阻抗继电器受
振荡影响时的分析

振荡影响与保护安装地点有关，越靠近振荡中心受影响越大；与继电器整定值有关，一般而言，继电器整定值越小，受振荡影响也就越小，如图 6-50 所示。若 M 处阻抗继电器整定值 Z_{set} 小于 MZ 阻抗值，那么在振荡过程中阻抗继电器就不会动作。实际上 Z 点为振荡中心，也就是当阻抗继电器的保护范围不包括振荡中心时，阻抗继电器在振荡过程中就不会动作。

如系统振荡周期为 T_{set}（$0.15 \sim 0.35s$），则在振荡过程中阻抗继电器受振荡影响而动作的时间为

$$\Delta t_K = \frac{\Delta \delta}{360°} T_{set} \tag{6-109}$$

式中　　$\Delta \delta$——振荡时阻抗继电器动作边界对应功角的差值，对应于图 6-50 全阻抗继电器为
　　　　　　$\Delta \delta = \delta_6 - \delta_1$。

实践证明，保护装置动作时间只要大于 $1.5 \sim 2s$，则在振荡过程中，虽然继电器会动作，但是在保护出口回路动作之前阻抗继电器会返回，因而保证保护装置不会误动作，所以在距离保护 I 段（瞬时动作）、II 段（带 0.5s 延时）在振荡过程中可能会误动作，III 段（一般大于 1.5s 延时）可以从时间上躲开振荡的影响。

电力系统发生振荡时，不允许继电保护装置误动作，因为这种误动作可能将重要联络线断开，进一步扩大事故，因此，必须采取措施防止振荡时距离保护装置误动作。

二、距离保护振荡闭锁装置

为防止距离保护误动作，在距离保护中应装设振荡闭锁装置。当系统振荡时闭锁装置将保护闭锁，当系统短路时，保护装置开放。

（一）对振荡闭锁装置的基本要求

（1）不论是由于线路送电负荷超过静态稳定极限或由于大型发电机失去励磁等原因引起

静态稳定破坏，还是系统故障或系统操作等原因引起暂态稳定破坏产生振荡时，振荡闭锁装置必须将距离保护Ⅰ段、Ⅱ段闭锁（退出工作）。

（2）在被保护区内故障时，振荡闭锁装置必须将距离保护Ⅰ、Ⅱ段投入工作（开放闭锁）。

（二）振荡闭锁装置

根据系统振荡与短路故障时电气量不同特点来构成振荡闭锁装置。

（1）系统振荡时，电流和各点电压幅值作周期性变化，且变化速度较慢；而短路时电流突然增大，电压突然降低，其变化速度较快，故可以利用电气量变化速度，区别短路故障与振荡构成振荡闭锁装置。

（2）利用有无负序、零序电流区分振荡和短路故障。系统振荡时，三相是对称的，无零序分量和负序分量。而短路时总会出现负序或零序分量，即使三相对称短路，也往往由于各种不对称的原因在短路瞬间会出现负序分量。因此，可以利用负序、零序分量构成振荡闭锁装置。

（3）利用负序、零序电流增量元件构成振荡闭锁装置。该装置反应突变过程中负序、零序电流增量 ΔI，而不反映稳态过程中负序电流和一切稳态不平衡输出。所以能较好地躲过非全相运行所出现的稳态负序电流，可靠地防止系统振荡时由于负序电流滤过器不平衡输出的增大而引起距离保护误动作。同时，它还具有较高的灵敏性和较快的动作速度。

（三）振荡闭锁装置

1. 利用电气量变化速度不同构成振荡闭锁装置

如图 6-51（a）所示为利用电气量变化速度不同构成振荡闭锁装置原理框图。图中

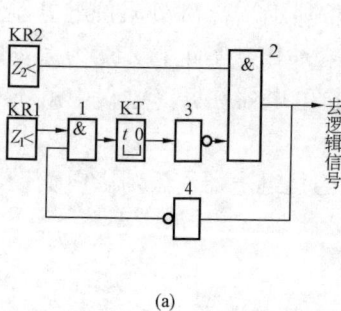

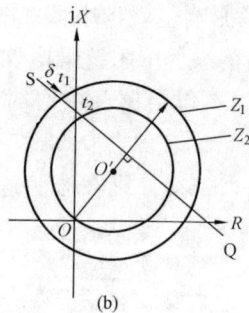

图 6-51 利用电气量变化速度不同构成振荡闭锁装置
(a) 原理接线框图；(b) 阻抗元件动作特性

KR1、KR2 阻抗继电器的特性如图 6-51（b）所示，为同心圆 1 和 2。KR2 为阻抗距离保护第Ⅰ、Ⅱ段的测量元件，KR1 为振荡闭锁元件（也可以兼作第Ⅲ段测量元件）。振荡时测量阻抗从 S 进入阻抗特性圆 1 到进入特性圆 2 所需要的时间为 $\Delta t = t_2 - t_1$，而图 6-51（a）中延时元件 KT 的延时为 $t < \Delta t$。

当系统振荡时，首先阻抗元件 KR1，进入特性圆 1 而动作并启动延时回路，经 t 秒后，非门 3 先关闭与门 2，当阻抗元件 KR2 的测量阻抗经 Δt 将进入其特性圆 2 发生误动时，与门 2 已被关闭，无法启动逻辑回路输出跳闸信号。而当系统发生短路故障时，KR1、KR2 几乎同时动作，KR2 抢先经过与门 2 输出信号，启动逻辑元件输出跳闸信号，非门 3 不能关闭与门 2。

2. 利用短路时出现负序分量或零序分量特点构成振荡闭锁装置

利用负序分量构成振荡闭锁装置原理框图如图 6-52 所示。图中元件 1 为负序电压（电流）滤过器；元件 2 为双稳态触发器；KT1 为延时元件，延时时间为 $t_1 = 5 \sim 8s$，用于延时复归双稳态触发器；KT2 为短时记忆回路，记忆时间 $t_2 = 0.1 \sim 0.2s$，在负序分量出现后，在 $0 \sim t_2$ 期间记忆并开放，因而允许保护动作，即为短时开放电路，开放时间应小于振荡时阻抗元件 KR 的测量阻抗进入其动作圆的时间 t；KR 为阻抗测量元件，在短路时和振荡时

均可动作。

当保护范围内短路时产生负序分量 U_2 (I_2)，双稳态触发器 2 有输出，这时阻抗元件 KR 会动作，满足与门 3 开放条件，启动逻辑回路使故障线路断路器跳闸，延时复归元件 KT1 经 t_1 后复归双稳态触发器 1，准备好再次动作。但记忆元件 KT2 无输入所以也无输出，故与门 3 不开放，不能启动逻辑元件，因而保护不会误动作。

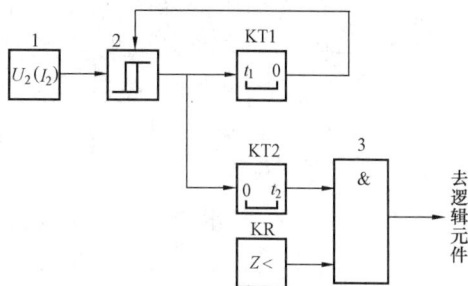

图 6-52 利用负序分量构成振荡闭锁装置

当保护范围外短路引起系统振荡时，外部短路时先出现负序分量 U_2 (I_2)，双稳态触发器 2 有输出，记忆元件 KT2 输出信号至与门 3，当系统振荡一定时间 t 后，阻抗元件测量阻抗将进入动作圆并动作，这时，因整定 $t>t_2$，记忆元件 KT2 的信号已消失，与门 3 只有阻抗元件 KR 的输入而无负序分量 U_2 (I_2) 的信号，不满足开放条件，故不可能启动逻辑元件，保护不会误动作。

这个闭锁装置的缺点是在 $t_1=5\sim8s$，即双稳态触发器在短路后 $5\sim8s$ 内不能复归，在这段时间若线路上又发生内部短路，则保护不能动作于跳闸。

3. 负序（零序）分量增量元件构成振荡闭锁装置

图 6-53（a）为由负序（零序）电流增量元件启动的振荡闭锁装置原理接线图。它是由三相式负序电流滤过器，零序变流器 TAN、整流桥、100Hz 滤过器和执行元件极化继电器 KST 等组成。其中整流桥 U1 和 U2 组成最大值输出器，取负序电流的最大输出，提高启动元件的灵敏性和系统三相短路时启动的可靠性。C_1 是微分电容，它与执行继电器 KST 绕组的电阻构成微分电路。在系统正常运行或系统发生振荡时，即使负序电流滤过器有较大不平衡输出电压，但因其变化缓慢，整流后的直流不能通过电容 C_1，执行继电器 KST 不动作。当系统短路时，负序（零序）电流突然出现，微分电路立即有输出，KST 动作。

图 6-53（b）为振荡闭锁装置的直流控制回路，现对图中有关继电器作用说明如下：

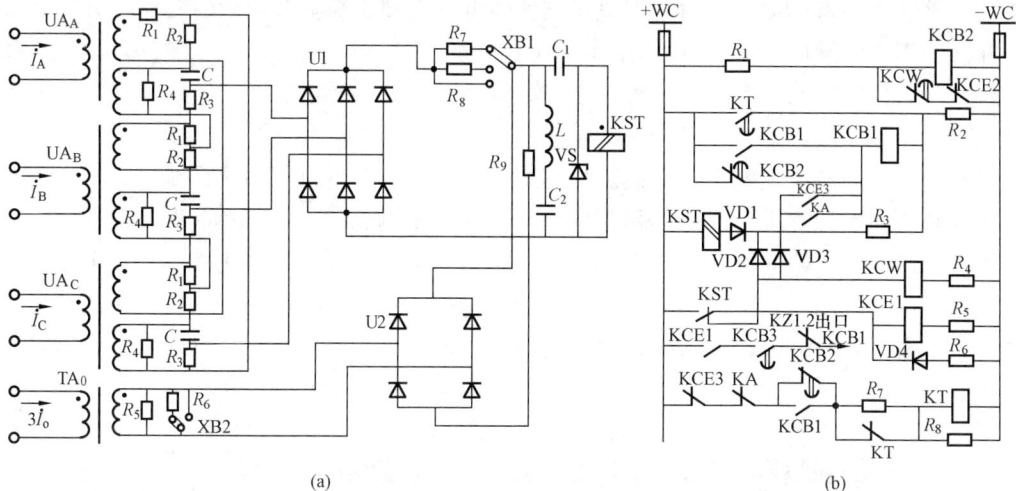

(a)　　　　　　　　　　　　　(b)

图 6-53 负序（零序）电流增量元件启动振荡闭锁装置接线图

(a) 交流回路图；(b) 直流控制回路图

　　　KST——负序（零序）电流增量启动继电器，且有切换触点和自保持绕组；

　　KCE1——KST 的重动继电器，用以增大触点容量，当 KST 动作后，KCE1 立即动作，其触点接通距离保护Ⅰ、Ⅱ段阻抗继电器的出口跳闸回路，开放保护；

　　KCB1——振荡闭锁执行继电器，正常时不励磁，其动断触点控制距离保护Ⅰ、Ⅱ段的出口跳闸回路；

　　KCB2——闭锁开放继电器，控制振荡闭锁开放时间；

　　　KCW——Ⅰ、Ⅱ段切换继电器，正常时励磁，失磁后经 0.12～0.15s 复归；

　　　　KT——振荡闭锁装置整组复归时间继电器；

　　KCB3——装置总闭锁继电器，在电压互感器二次回路断线失压时，实行对保护闭锁。

　　对保护装置的动作分析如下：

　　（1）正常运行时。在正常运行时，KST 的保持绕组由动断触点和二极管 VD2 短接，KST 动合触点断开 KCE1 继电器回路。Ⅰ、Ⅱ段阻抗继电器的定值切换继电器 KCW 励磁，其延时返回触点断开，使 KCB2 的延时返回触点断开振荡闭锁执行继电器 KCB1 回路，使Ⅰ、Ⅱ段阻抗继电器跳闸回路中 KCE1 触点断开，KCB1 动断触点闭合，使保护闭锁。

　　（2）内部短路故障时。当保护线路保护范围内发生短路时，电流增量元件 KST 动作并自保持，快速启动重动继电器 KCE1，其触点 KCE1 闭合，由于此时跳闸回路中总闭锁继电器 KCB2 的动合触点和振荡闭锁执行继电器 KCB1 的动断触点仍处在正常接通状态，故保护开放。这时若故障发生在距离Ⅰ段，保护范围内时，Ⅰ段阻抗元件立即动作，接通距离Ⅰ段出口跳闸回路。若故障发生在距离Ⅱ段保护范围内，KST 动作后，则只有等待 KCW 切换后，距离Ⅱ段阻抗元件才动作，由于距离Ⅱ段的重动继电器 KCE2 动作，控制振荡开放时间（0.25～0.35s），继电器仍处于励磁状态，KCB1 不会动作，保证距离Ⅱ段能出口跳闸，切除故障。

　　（3）保护区外故障时。如果短路发生在相邻线路，KST 动作并自保持，KCE1 动作，振荡闭锁装置使保护开放一个短时间，这时因故障发生在保护区外，故阻抗继电器 KR1、2 不动作，待 0.12～0.15s 后，切换继电器 KCW 动断触点返回后，KCB2 被短接，KCB2 延时复归。其动断触点启动闭锁执行继电器 KCB1 并自保持，KCB1 的动断触点断开距离保护Ⅰ、Ⅱ段的出口跳闸回路，将保护闭锁。KCB1 延时返回时间为 0.13～0.15s，因此，振荡闭锁装置开放保护时间为 0.25～0.3s。这时若相邻线路故障切除后引起系统振荡，但因保护已被重新闭锁，故保护装置不会误动作。

　　（4）当系统静态稳定破坏后的振荡过程中再发生短路时。例如由于系统因大机组失去励磁或因为其他原因使静态稳定破坏引起振荡时，这时相电流继电器 KA 和距离Ⅲ段阻抗启动元件的重动继电器 KCE3 动作，振荡闭锁执行继电器 KCB1 立即启动并自保持，KCB1 在距离Ⅰ、Ⅱ段出口跳闸回路中的动断触点断开，将保持闭锁。若振荡过程中再发生短路，由电流增量启动元件 KST 动作并自保持，由于保护Ⅲ段不经振荡闭锁控制，故在整定的时间上可躲开振荡周期，所以振荡过程中发生短路只能由第Ⅲ级保护延时切除。

　　振荡闭锁装置要求在系统振荡与故障可靠消除后再复归。系统的振荡和故障是否消除，由电流继电器 KA 和距离第Ⅲ段重动继电器 KCE3 的动断触点来判断。当这两个触点返回闭合时，则振荡和故障已消除，这时接通整套装置复归时间继电器 KT，由 KT 的终止触点短接振荡闭锁执行继电器 KCB1 和 KST 的保持绕组，使其复归。

时间继电器 KT 绕组回路中的 KCB1 动合触点和 KCB2 动断触点并联，其作用是防止 KST 在 KT 终止触点短接 KCB1 和 KST 的绕组后重新励磁。在短接 KCB2 的绕组的动断触点 KCW 尚未断开前，KCB2 继电器还来不及励磁时，KCB2 可能再次动作。因此，KT 回路中必须有 KCB2 动断触点，固定住 KT 的动作状态，使 KT 不至于因 KCB2 的再励磁重复动作，而无法使振荡闭锁整组复归。

第六节　距离保护电压回路的断线闭锁

一、电压回路断线失压的产生

电压互感器在运行中可能发生故障导致其二次回路断线，如 TV 二次侧熔断器一相或两相甚至三相熔断，或二次侧快速自动开关跳闸等，造成电压回路断线失压。这时阻抗元件失去电压而电流回路中仍有负荷电流流过，故可能造成误动作。为了避免距离保护在上述情况下误动作，必须设置电压回路断线的闭锁装置，当电压回路断线时，将距离保护闭锁住，并发出断线信号。

二、对电压回路断线失压闭锁装置的要求

对电压回路断线失压闭锁装置的要求是：

（1）当电压二次回路发生各种可能导致距离保护阻抗元件误动作故障时，断线闭锁装置均应动作，将距离保护闭锁，并发出相应的信号。

（2）一次系统发生短路故障时，不应闭锁保护和不发出断线失压信号。

（3）断线失压闭锁装置的动作时间应小于保护装置的动作时限，以便在保护误动作之前实现闭锁。对于利用负序电流或负序和零序电流增量元件启动的距离保护，由于电压回路断线失压时，上述电流增量元件不会动作，从而对距离保护进行可靠闭锁，因此，不需要按本条件考虑。

（4）断线闭锁装置动作后，应由运行人员手动将其复归，以免在处理电压回路断线过程中，外部发生短路时，导致保护误动作。

三、断线失压闭锁装置的构成

利用电压回路断线后出现零序电压而动作，构成 TV 二次回路断线闭锁装置。

当电压互感器二次回路发生接地故障时，二次侧出现零序电压；当发生相间短路时，故障相熔断器熔断或自动开关跳闸后也会出现零序电压。因此，可利用 TV 二次侧出现零序电压构成 TV 断线失压闭锁装置。但是当系统一次侧发生接地短路时，电压互感器 TV 二次侧也会出现零序电压，为使断线失压闭锁元件不动作，可以利用 TV 二次侧开口三角形绕组端口出现的零序电压来闭锁。只有在 TV 二次侧星形绕组断线时，开口三角形绕组端口没有零序电压。这样可以根据当 TV 二次侧星形绕组出现零序电压而开口三角侧无零序电压来判断电压二次回路断线失压情况。

图 6-54 是根据上述原理构成的断线失压保护装置原理接线图。由电容 C_a、C_b、C_c 构成序电压滤过器，取得零序电压 $3\dot{U}_0$，通过整流桥 U1 和滤波电容 C_1 接入执行元件极化继电器 KP 的动作绕组 W_1，从 TV 二次侧开口三角形绕组输出端取得零序电压 $3\dot{U}_0'$，经整流桥 U2 和滤波电容 C_2 接入执行元件极化继电器 KP 的制动绕组 W_2。KP 的动断触点接通保

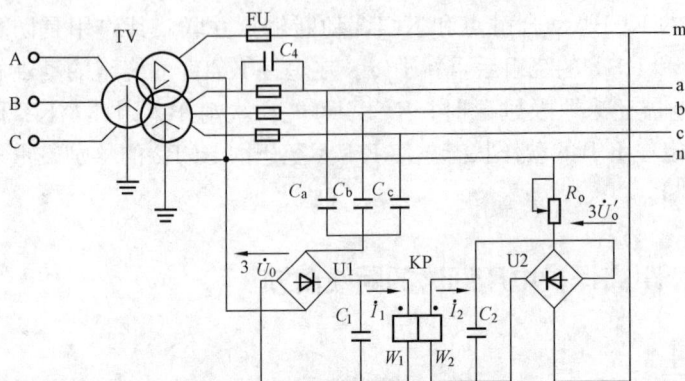

图 6-54　TV 断线闭锁装置原理接线图

护操作电源，动合触点发出断线失压信号。

当 TV 二次回路断线失压时，零序电压滤过器输出端有 $3\dot{U}_0$，而开口三角形绕组输出端无零序电压，即 $3\dot{U}_0' = 0$。KP 只有动作绕组 W_1 中有电流 I_1 通过，继电器动作，其动断触点断开，将保护闭锁，其动合触点闭合发出 TV 断线失压信号。

当一次系统发生接地短路时，电压互感器 TV 二次侧电压滤过器和开口三角形侧均出现零序电压，满足 $I_1W_1 = I_2W_2$，所以执行元件极化继电器 KP 不动作。

当 TV 二次侧发生相间短路时，在熔断器熔丝没有熔断时，W_1 上无零序电压，KP 不动作，只有熔丝熔断后，KP 才能动作。当三相熔丝同时熔断，KP 也不会动作，为此在一相熔断器两端并联一只电容器，以保证在这种情况下使 W_1 获得零序电压，使 KP 动作。这类装置采用极化继电器作执行元件，它具有结构简单、动作迅速、灵敏性高优点，但当 TV 开口三角侧断线时，KP 不动作，也不发出信号，这时若一次系统发生接地短路故障，KP 将动作，错误地将保护闭锁。

第七节　影响距离保护正确动作的因素

影响距离保护正确动作的因素主要有：①故障点的过渡电阻；②故障点与保护安装处之间的分支电流；③系统振荡；④电压回路断线；⑤电流互感器和电压互感器的误差（变比误差、相角误差）；⑥串联电容补偿的影响。

其中第③和④已在本章第五节和第六节做过介绍。关于第⑤条，通常在计算阻抗继电器动作阻抗时用可靠系数给予考虑，而不采取其他措施，下面仅对第①和②条进行分析讨论。

一、短路点过渡电阻对距离保护的影响及减少影响的方法

电力系统发生的短路一般都不是金属性短路，而是在短路点存在过渡电阻。在相间短路时，其主要是电弧电阻，在接地短路时，杆塔接地电阻是过渡电阻的主要部分。

在前面都是按金属性短路分析阻抗继电器的测量阻抗的，实际上由于短路点存在过渡电阻，它使短路电流减小，母线残压升高，使测量阻抗值增大，不利于保护的启动，严重时甚至引起距离保护无选择性动作。

如图 6-55（a）所示的单侧电源线路。线路 WL1 和 WL2 都装设两段方向阻抗继电器构成的距离保护。当线路 WL2 始端 QF2 处出口发生带过渡电阻 R 短路时，断路器 QF2 处阻抗元件测量阻抗 $Z_{r2} = R$，而断路器 QF1 处阻抗保护元件的测量阻抗为 $Z_{r1} = Z_{AB} + R$。

如图 6-55（b）所示，测量阻抗 Z_{r1} 和 Z_{r2} 均落在断路器 QF1 处和 QF2 处保护的第 Ⅱ 段的动作圆内和 QF2 处保护第 Ⅰ 段特性圆外。这时如两处阻抗保护的第 Ⅱ 段的动作时间相等，

即 $t_{set1}^{II}=t_{set2}^{II}$，将导致保护 1 和 2 以相同时限断开断路器 QF1 和 QF2。造成无选择性动作。若整定延时产生误差使 $t_{set1}^{II}<t_{set2}^{II}$，则断路器 QF1 将无选择性跳闸，QF2 不能跳闸。如过渡电阻增大到 R'，则保护 1 和 2 的第 I、II 段均不动作，只能由保护 1 和 2 的第 III 段保护动作跳闸，使保护速动性变差，甚至发生无选择性动作。

图 6-56（a）所示双侧电源线路，在线路 WL2 始端经过渡电阻 R 短路，$\dot{I}'_k$ 和 $\dot{I}''_k$ 分别表示两侧电源供给的短路电流，则流经过渡电阻电流为 $\dot{I}_k=\dot{I}'_k+\dot{I}''_k$。变电所 A 母线和 B 母线残压分别为：$\dot{U}_A=\dot{I}'_k Z_{AB}+\dot{I}_k R$，$\dot{U}_B=\dot{I}_k R$。则保护 1 和 2 的测量阻抗为

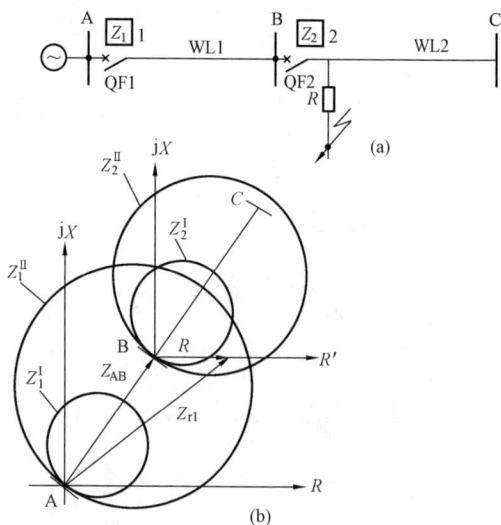

图 6-55 单侧电源线路测量阻抗
Z_r 受过渡电阻 R 的影响
（a）网络图；（b）动作特性分析图

$$Z_{r1}=\frac{\dot{U}_A}{\dot{I}'_k}=\frac{I_k}{I'_k}Re^{j\alpha}+Z_{AB} \quad (6-110)$$

$$Z_{r2}=\frac{\dot{U}_B}{\dot{I}'_k}=\frac{I_k}{I'_k}Re^{j\alpha} \quad\quad (6-111)$$

式中 α——$\dot{I}_k$ 超前 $\dot{I}'_k$ 的角度，$\alpha=\arg\dfrac{\dot{I}_k}{\dot{I}'_k}$。

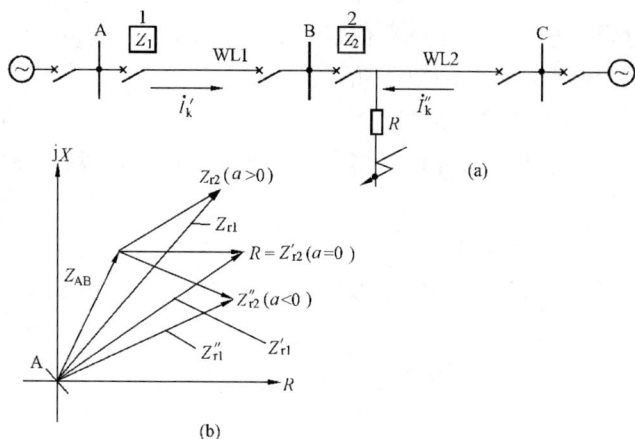

图 6-56 双侧电源线路测量阻抗 Z_r 受过渡电阻 R 的影响
（a）网络图；（b）动作特性分析图

当 $\dot{I}_k$ 超前 $\dot{I}'_k$ 时，α 为正值，测量阻抗 Z_{r1} 和 Z_{r2} 的电抗部分增大。反之，α 为负值，则 Z_{r1} 和 Z_{r2} 的电抗部分减小。如图 6-56（b）所示。从图中可见，保护 2 的测量阻抗在它的第 I、II 段整定特性圆外，故保护 2 不动作，可能由保护 1 第 II 段来切除故障，造成无选择性

跳闸。

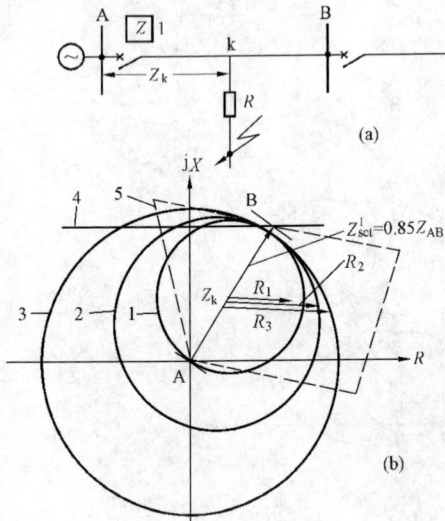

图 6 - 57　过渡电阻对不同动作
特性的阻抗继电器的影响

(a) 网络图；(b) 动作特性分析图

1—方向阻抗继电器特性；2—偏移特性阻抗继电器特性；

3—全阻抗继电器特性；4—电抗继电器特性；

5—四边形方向阻抗继电器特性

由上述分析可见，短路过渡电阻可能导致保护不正确动作，过渡电阻越大，对保护影响也越大，但由于过渡电阻一般随短路时间增长而增大的特性，而距离保护第 I 段动作时间很小，故受过渡电阻影响相对较小。因此，短路过渡电阻对距离保护第 II 段测量阻抗影响较大。

过渡电阻对不同特性阻抗继电器影响程度也不同。例如图 6 - 57 (a) 所示网络上，在保护 1 的距离 I 段保护范围内 k 点经过渡电阻 R 短路时，阻抗继电器的测量阻抗为 $Z_{r1} = Z_k + R$。当距离保护 I 段的测量元件分别采用方向阻抗继电器、偏移特性阻抗继电器和全阻抗继电器时，为使在保护正方向的保护范围相同，其整定阻抗均为 $Z_{set}^I = 0.85 Z_{AB}$，它们的特性如图 6 - 57 (b) 所示，从图中可看出，当过渡电阻超过 R_1，方向阻抗继电器不能动作，当过渡电阻超过 R_2，则偏移特性阻抗继电器不能动作，当过渡电

阻超过 R_3，全阻抗继电器不能动作。显然 $R_3 > R_2 > R_1$，说明方向阻抗继电器受过渡电阻影响最严重。

从图 6 - 57 中可看出，四边形特性方向阻抗继电器躲过过渡电阻影响性能最好。电抗继电器完全不受过渡电阻的影响，但是在负荷状态下能启动，而且无方向性。

目前减小过渡电阻影响的方法有以下两种。

1. 采用承受过渡电阻能力强的阻抗元件

采用受过渡电阻影响小的阻抗元件，如全阻抗继电器，四边形特性继电器，电抗型继电器等。

2. 采用瞬时测量装置

过渡电阻主要是电弧电阻。对电弧电阻研究表明，当电弧电流在数百安以上时，电弧电阻 R 可由下式求得

$$R = 1050 \frac{l_{ea}}{I_{ea}} \qquad\qquad (6 - 112)$$

式中　l_{ea}——电弧长度，m；

I_{ea}——电弧电流有效值，A。

故障后电弧长度 l_{ea} 和电弧电流 I_{ea} 的大小是随时间变化的，在短路开始瞬间，I_{ea} 最大，l_{ea} 电弧长度最小，故电弧电阻 R 最小，此后，由于短路电流衰减，气流和电动力作用，使电弧长度 l_{ea} 拉长，电弧电阻 R 增大，经 0.1~0.15s 后，R 急剧上升。

根据过渡电阻的上述特点可知，过渡电阻对距离保护第 I 段的影响不大，而对带有

0.5s 时限延时的距离保护 Ⅱ 段来说，因电弧电阻增大，导致距离 Ⅱ 段不能动作，为了减小过渡电阻对距离 Ⅱ 段的影响，通常采用瞬时测定装置。用瞬时测定装置把距离 Ⅱ 段测量元件最初动作状态（这时过渡电阻很小）通过启动元件将动作固定下来，当电弧电阻增大时，即使距离 Ⅱ 段的测量元件返回，保护仍能以 t^{II} 时限动作于跳闸。

瞬时测量装置的原理接线如图 6-58 所示。KA 和 KR 分别为距离保护 Ⅱ 段的启动元件和阻抗测量元件，KT 为距离保护 Ⅱ 段的时间元件，KM 为中间继电器。在阻抗保护第 Ⅱ 段范围内发生带过渡电阻短路时，短路瞬间元件 KA、KR 均动作，其动合触点闭合，同时启动 KT 和 KM，且 KM1 动合触点闭合使 KM 保持动作状态。其另一动合触点 KM2 闭合，其出口准备跳闸。在 KT 其动合触点延时闭合期间，因过渡电阻的影响，测量阻抗增大，可能会落到特性圆外，元件 KT 也延时返回，但元件 KA 灵敏性很高而不会返回，故 KT 一直保持带电，直到达到保护第 Ⅱ 段的延时 t^{II}，KT 延时触点闭合发出跳闸信号。

但瞬时测量装置仅用于单电源辐射形网络的第 Ⅱ 段距离保护中，在某些情况下，如单回线与平行线路（或环形网络）连接时，则不能采用瞬时测定装置，否则将导致距离保护误动作。如图 6-59 所示网络，保护 1 若采用瞬时测量装置，当故障正好发生在保护 3 第 Ⅰ 段范围而落在保护 5 第 Ⅱ 段范围时，保护 3 从第 Ⅰ 段时限断开 QF3 后，由于保护 1 装有瞬时测量装置，因此，保护 1 并不返回，而保护 1 和保护 5 都以相同第 Ⅱ 段时限动作，断开 QF1、QF5，从而造成距离保护无选择性动作。

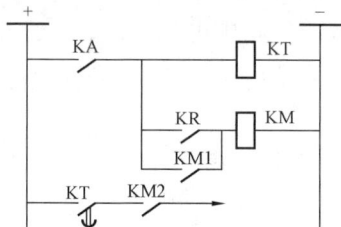

图 6-58　瞬时测定装置
的原理接线图

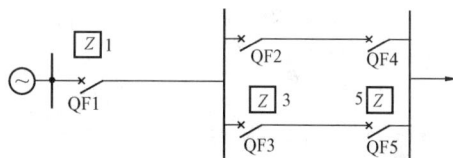

图 6-59　采用瞬时测量装置可能
出现无选择性动作的说明图

二、分支电流的影响

1. 助增电流的影响

当保护安装处与短路点之间连接有其他分支电源时，将使通过故障线路的电流大于流过保护装置的电流，因此，阻抗元件感受的阻抗比没有分支电源供给助增电流时要大。

如图 6-60 所示，当线路 BC 上 k 点发生短路时，故障线路电流 $\dot{I}_{\mathrm{Bk}} = \dot{I}_{\mathrm{AB}} + \dot{I}_{\mathrm{DB}}$，而流过保护装置的电流为 $\dot{I}_{\mathrm{AB}}$，这

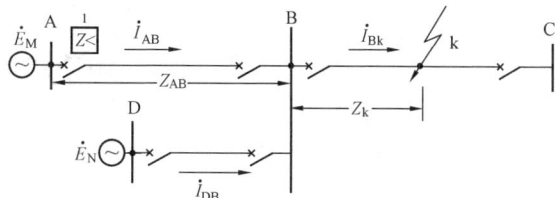

图 6-60　助增电流对阻抗继电器工作的影响

种使故障电流增大的现象称为助增效应。保护装置 1 的第 Ⅱ 段阻抗继电器的测量阻抗为

$$Z_{\mathrm{r1}} = \frac{\dot{I}_{\mathrm{AB}} Z_{\mathrm{AB}} + \dot{I}_{\mathrm{Bk}} Z_{\mathrm{k}}}{\dot{I}_{\mathrm{AB}}} = Z_{\mathrm{AB}} + \frac{\dot{I}_{\mathrm{Bk}}}{\dot{I}_{\mathrm{AB}}} Z_{\mathrm{k}} = Z_{\mathrm{AB}} + K_{\mathrm{b}} Z_{\mathrm{k}} \qquad (6\text{-}113)$$

式中，$K_b = \dfrac{I_{Bk}}{I_{AB}}$，称为分支系数，其值大于1。一般情况下认为 $\dot{I}_{Bk}$ 与 $\dot{I}_{AB}$ 同相位，故 K_b 为实数。

从式（6-113）可看出，由于 $\dot{I}_{DB}$ 的存在，使保护1的第Ⅱ段测量阻抗增大了，缩短了保护区的长度，降低了保护灵敏系数。但并不影响与下一级线路保护装置第Ⅰ段配合的选择性。助增电流对保护1第Ⅰ段没有影响。为保证保护1第Ⅱ段保护区长度，在整定计算保护1第Ⅱ段动作阻抗时，引入大于1的分支系数 K_b，适当增大保护的动作阻抗，这样可以抵消由于助增电流的影响，使保护区缩短的影响。在引入分支系数时，K_b 应为各种可能运行方式下的最小值 $K_{b,min}$。避免在 K_b 最大值时距离保护第Ⅱ段失去选择性。

另外，在保护1的距离Ⅲ段需作为相邻线路末端短路的后备保护时，考虑到助增电流的影响，在校验灵敏系数时，所引入分支系数应为最大运行方式下的数值，即 $K_{b,max}$。

2. 汲出电流的影响

如果保护安装处与短路点之间连接的不是分支电源而是负荷，如图6-61所示单回线与平行线路相连的电网中，短路点 k 在平行线上时，由于有汲出电流影响，使流过保护装置的电流比故障线路电流大，这时阻抗继电器感受

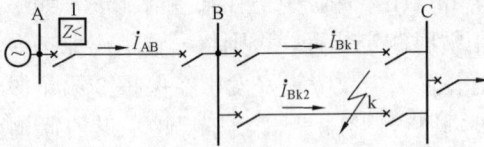

图6-61　汲出电流对阻抗继电器工作的影响

的阻抗比没有汲出电流时要小。线路 AB 电流为 $\dot{I}_{AB}$，故障线路中电流为 $\dot{I}_{Bk2}$，非故障线路电流为 $\dot{I}_{Bk1}$，$\dot{I}_{Bk1}$ 称为汲出电流。流过故障线路的电流 $\dot{I}_{Bk2} = \dot{I}_{AB} - \dot{I}_{Bk1}$。则保护1第Ⅱ段阻抗继电器的测量阻抗为

$$Z_{r1} = \frac{\dot{I}_{AB}Z_{AB} + \dot{I}_{Bk2}Z_k}{\dot{I}_{AB}} = Z_{AB} + \frac{\dot{I}_{Bk2}}{\dot{I}_{AB}}Z_k = Z_{AB} + K_b Z_k \tag{6-114}$$

式中　K_b——分支系数，$K_b = \dot{I}_{Bk2}/\dot{I}_{AB}$ 此种情况，$K_b < 1$。

由式（6-114）可看出，由于 $\dot{I}_{BK1}$ 的存在使保护1第Ⅱ段测量阻抗减小，这说明保护1第Ⅱ段保护范围要伸长，有可能伸到相邻线路第Ⅱ段保护范围，造成无选择性动作。因此，在整定计算保护1第Ⅱ段动作阻抗时，引入分支系数 K_b，并且其分支系数应取实际可能的最小值 $K_{b,min}$。

第八节　距离保护的整定计算

目前，电力系统中的相间距离保护多采用三段式阶梯时限特性，在进行整定计算时，要计算各段的启动阻抗，动作时限和进行灵敏性校验，同时还应计算振荡闭锁装置的启动数值。

一、距离保护各段的整定计算

如图6-62所示电网为例，说明相间距离保护整定计算的原则。设线路

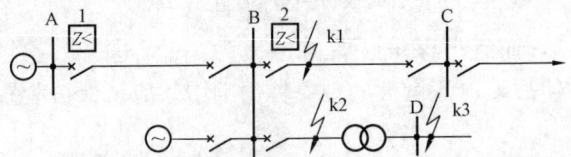

图6-62　距离保护整定计算网络图

AB、BC 均装有三段式距离保护，对保护 1 各段进行整定计算。

1. 距离保护第一段整定计算

保护 1 第 I 段动作阻抗，按躲过相邻下一元件首端（如图 6-62 中 k_1、k_2 点）短路的条件来选择，即

$$Z_{op1}^{I} = K_{rel}^{I} Z_{AB} = K_{re}^{I} Z_1 l_{AB} \quad (\Omega) \tag{6-115}$$

式中 K_{rel}^{I}——距离保护第 I 段的可靠系数取 0.8～0.85；

Z_1——被保护线路单位长度的阻抗，Ω/km；

l_{AB}——被保护线路的长度，km。

对于线路—变压器组，距离保护 I 段动作阻抗应按躲过变压器低压侧短路的条件选择，即

$$Z_{op1}^{I} = K_{rel}^{I} Z_{AB} + K_{rel,T}^{I} Z_T \quad (\Omega) \tag{6-116}$$

式中 $K_{rel,T}^{I}$——可靠系数，一般取 0.75；

Z_T——变压器的正序阻抗，可用下式计算

$$Z_T = \frac{U_k\%}{100} \frac{U_{NT}^2}{S_{NT}} \quad (\Omega) \tag{6-117}$$

式中 $U_k\%$——变压器短路电压百分值；

U_{NT}、S_{NT}——分别为变压器的额定电压及额定容量。

距离保护第 I 段动作时限 $t_1^{I} = 0$，实际上 t_1^{I} 取决于各继电器本身动作时间，一般不超过 0.1s，应大于避雷器的放电时间。

距离保护第 I 段的灵敏系数用保护范围表示，即要求大于被保护线路全长的 80%～85%。

2. 距离保护第 II 段整定计算

保护 1 第 II 段动作阻抗按以下两个条件选择。

（1）与相邻线路 BC 保护 2 第 I 段整定值配合，即按躲过下一线路保护第 I 段末端短路，并考虑分支电流的影响，有

$$Z_{op1}^{II} = K_{rel}^{II} Z_{AB} + K'^{II}_{rel} K_{b,min} Z_{op2}^{I} \tag{6-118}$$

式中 K_{rel}^{II}——可靠系数，一般取 0.8～0.85；

K'^{II}_{rel}——可靠系数，一般取 ≤0.8；

Z_{op2}^{I}——相邻线路距离保护 2 第 I 段动作阻抗；

$K_{b,min}$——分支系数最小值，为相邻线路第 I 段保护范围末端短路时流过故障线路电流与被保护线路电流之比的最小值。

保护 1 第 II 段动作时限比相邻线路保护 2 的第 I 段时限大一个阶梯时限 Δt，一般取 $t_1^{II} = 0.5s$。

（2）与相邻变压器纵差保护配合，即躲过线路末端变压器后 K_3 点短路，有

$$Z_{op1}^{II} = K_{rel}^{II} Z_{AB} + K_{rel,T}^{II} K_{b,min} Z_T \tag{6-119}$$

式中 K_{rel}^{II}、$K_{rel,T}^{II}$——可靠系数，取 $K_{rel}^{II} = 0.8～0.85$，$K_{rel,T}^{II} \leq 0.7$；

$K_{b,min}$——相邻变压器另侧母线，如图 6-62 中 D 母线短路时，流过变压器的短路电流与被保护线路电流之比值。

距离保护第 II 段灵敏系数按下式校验

$$K_{S,min}^{II} = \frac{Z_{op1}^{II}}{Z_{AB}} \geqslant 1.3 \sim 1.5 \tag{6-120}$$

若灵敏系数不满足要求，可按与相邻线路距离保护第Ⅱ段相配合的条件整定动作阻抗，即

$$Z_{op1}^{II} = K_{rel}^{II} Z_{AB} + K_{rel}'^{II} K_{b,min} Z_{op2}^{II} \tag{6-121}$$

式中　K_{rel}^{II}、$K_{rel}'^{II}$——可靠系数，取 $K_{rel}^{II} = 0.8 \sim 0.85$，$K_{rel}'^{II} \leqslant 0.8$；

　　　　Z_{op2}^{II}——相邻线路相间距离保护第Ⅱ段动作阻抗值。

这时，保护1距离Ⅱ段动作时限为

$$t_1^{II} = t_2^{II} + \Delta t \tag{6-122}$$

3. 距离保护第Ⅲ段整定计算

（1）躲过被保护线路的最小负荷阻抗当采用阻抗继电器作为保护1距离第Ⅲ段的测量元件时，为保证在正常情况下，距离Ⅲ段测量元件不动作，保护1距离第Ⅲ段动作阻抗按躲过被保护线路最小负荷阻抗整定，最小负荷阻抗按下式计算

$$Z_{L,min} = \frac{(0.9 \sim 0.95) U_N / \sqrt{3}}{I_{L,max}} \tag{6-123}$$

式中　U_N——被保护线路的额定电压；

　　　$I_{L,max}$——被保护线路的最大事故负荷电流。

保护1相间距离保护第Ⅲ段动作阻抗 Z_{op1}^{III} 按以下两种情况整定计算：

1）当采用全阻抗继电器作测量元件时其动作阻抗为

$$Z_{op1}^{III} = \frac{Z_{L,min}}{K_{rel}^{III} K_{re} K_{ss}} \tag{6-124}$$

2）当采用方向阻抗继电器（采用0°接线方式），其动作阻抗为

$$Z_{op1}^{III} = \frac{Z_{L,min}}{K_{rel}^{III} K_{re} K_{ss} \cos(\varphi_m - \varphi_L)} \tag{6-125}$$

式中　K_{rel}^{III}——距离保护第Ⅲ段可靠系数，取 $1.2 \sim 1.3$；

　　　K_{re}——阻抗继电器的返回系数，一般取 $1.1 \sim 1.25$；

　　　K_{ss}——电动机（或负荷）自启动系数，由负荷性质决定，一般取 $1.5 \sim 3$；

　　　φ_m——阻抗元件（线路）的最大灵敏角，取 $60° \sim 85°$；

　　　φ_L——线路负荷阻抗角。

第Ⅲ段的动作时限应大于系统振荡时的振荡周期，且与相邻元件第Ⅲ段保护的动作时限之间应按阶梯原则配合，即

$$t_1^{III} = t_{2,max}^{III} + \Delta t \tag{6-126}$$

式中　$t_{2,max}^{III}$——相邻线路距离Ⅲ段的动作时限最大值。

（2）与相邻线路距离保护第Ⅱ段的配合

$$Z_{op1}^{III} = K_{rel}^{III} Z_{AB} + K_{rel}'^{III} K_{b,min} Z_{op2}^{II} \tag{6-127}$$

式中　K_{rel}^{III}——距离保护第Ⅲ段可靠系数，取 $0.8 \sim 0.85$；

　　　$K_{rel}'^{III}$——距离保护第Ⅲ段可靠系数，取 $K_{rel}'^{III} \leqslant 0.8$；

　　　Z_{op2}^{II}——相邻线路距离保护第Ⅱ段动作阻抗。

这时，距离保护第Ⅲ段动作时间按如下考虑：

1）当保护第Ⅲ段动作范围未超出相邻变压器另侧母线时，应与相邻线路不经振荡闭锁距离保护第Ⅱ段动作时间配合，即

$$t_1^{\text{Ⅲ}} = t_2^{\text{Ⅱ}} + \Delta t \qquad (6\text{-}128)$$

式中　$t_2^{\text{Ⅱ}}$——相邻线路不经振荡闭锁的距离保护第Ⅱ段的动作时间。

2）当保护第Ⅲ段动作范围伸出变压器另侧母线时，应与相邻变压器短路后备保护相配合，即

$$t_1^{\text{Ⅲ}} = t_{\text{T}}^{\text{Ⅲ}} + \Delta t \qquad (6\text{-}129)$$

式中　$t_{\text{T}}^{\text{Ⅲ}}$——相邻变压器相间短路后备保护动作时间。

取以上（1）、（2）计算值中最小值为第Ⅲ段距离保护动作阻抗。

（3）距离保护第Ⅲ段的灵敏系数校验。当作本线路近后备保护时，有

$$K_{\text{S,min}}^{\text{Ⅲ}} = \frac{Z_{\text{op1}}^{\text{Ⅲ}}}{Z_{\text{AB}}} \geqslant 1.3 \sim 1.5$$

当作相邻线路远后备保护时，有

$$K_{\text{S,min}}^{\text{Ⅲ}} = \frac{Z_{\text{op1}}^{\text{Ⅲ}}}{Z_{\text{AB}} + K_{\text{b,max}} Z_{\text{BC}}} \geqslant 1.2 \qquad (6\text{-}130)$$

式中　$K_{\text{b,max}}$——相邻线路末端短路时，实际可能最大的分支系数。

当灵敏系数不满足要求时，若相邻元件为线路，可与相邻线路距离保护第Ⅲ段动作阻抗相配合，其值为

$$Z_{\text{op1}}^{\text{Ⅲ}} = K_{\text{rel}}^{\text{Ⅲ}} Z_{\text{AB}} + K'^{\text{Ⅲ}}_{\text{rel}} K_{\text{b,min}} Z_{\text{op2}}^{\text{Ⅲ}} \qquad (6\text{-}131)$$

$$K_{\text{rel}}^{\text{Ⅲ}} = 0.8 \sim 0.85$$

$$K'^{\text{Ⅲ}}_{\text{rel}} = 0.8$$

式中　$Z_{\text{op2}}^{\text{Ⅲ}}$——相邻线路距离保护第Ⅲ段动作阻抗。

这时，距离保护第Ⅲ段动作时间为

$$t_1^{\text{Ⅲ}} = t_2^{\text{Ⅲ}} + \Delta t$$

若相邻元件为变压器，则与变压器相间短路后备保护相配合，第Ⅲ段动作阻抗为

$$Z_{\text{op1}}^{\text{Ⅲ}} = K_{\text{rel}}^{\text{Ⅲ}} Z_{\text{AB}} + K'^{\text{Ⅲ}}_{\text{rel}} K_{\text{b,min}} Z_{\text{op,T}}^{\text{Ⅲ}}$$

$$K_{\text{rel}}^{\text{Ⅲ}} = 0.8 \sim 0.85, K'^{\text{Ⅲ}}_{\text{rel}} \leqslant 0.8 \qquad (6\text{-}132)$$

式中　$Z_{\text{op,T}}^{\text{Ⅲ}}$——变压器相间后备保护最小动作范围对应的阻抗值。$Z_{\text{op,T}}^{\text{Ⅲ}}$要根据后备保护类型进行计算，若后备保护为电流保护，则

$$Z_{\text{op,T}}^{\text{Ⅲ}} = \frac{\sqrt{3} E_{\text{ph}}}{2 I_{\text{op}}^{\text{Ⅲ}}} - Z_{\text{S,max}} \qquad (6\text{-}133)$$

若后备保护为电压保护，则

$$Z_{\text{op,T}}^{\text{Ⅲ}} = \frac{U_{\text{op}}^{\text{Ⅲ}}}{\sqrt{3} E_{\text{ph}} - U_{\text{op}}^{\text{Ⅲ}}} Z_{\text{S,min}} \qquad (6\text{-}134)$$

式中　$Z_{\text{S,max}}$、$Z_{\text{S,min}}$——归算至保护安装处的最大、最小电源阻抗；

$\qquad\quad E_{\text{ph}}$——保护安装处等效电源相电动势；

$\qquad\quad I_{\text{op}}^{\text{Ⅲ}}$、$U_{\text{op}}^{\text{Ⅲ}}$——变压器相间电流或电压保护动作值。

这时，相间保护第Ⅲ段动作时间为

$$t_1^{\text{Ⅲ}} = t_{\text{T}}^{\text{Ⅲ}} + \Delta t \qquad (6\text{-}135)$$

式中　$t_T^{\mathbb{II}}$——变压器后备保护动作时间。

当灵敏系数不满足要求时,可采用四边形特性方向阻抗继电器和直线特性的阻抗继电器。

二、振荡闭锁元件的整定

1. 启动元件的整定

距离保护振荡闭锁启动元件的启动方式有多种,无论采用何种方式,都必须满足启动元件的整定值能够保证在本线路末端及保护区末端不对称短路时有足够的灵敏性以及三相短路时能够可靠动作。

对负序和零序增量元件或负序分量启动元件,在本线路末端发生金属性不对称短路时要求最小灵敏系数 $K_{S,min} \geqslant 4$,在距离Ⅲ段动作区末端金属性不对称短路时,要求 $K_{S,min} \geqslant 2$。

在实际应用时,通常在保证躲过最大不平衡电流的前提下,选用较灵敏的整定抽头即可。

2. 振荡闭锁开放时间的整定

振荡闭锁启动后开放时间长短首先应保证距离Ⅱ段能可靠动作,从这一点看,要求开放时间越长越好,从躲过短路故障后紧接着发生系统振荡角度看,则要求开放时间越短越好。因此,综合以上两个因素,振荡闭锁开放的时间,在保持距离Ⅱ段可靠动作前提下,时限越短越好。通常取 0.15～0.4s。

3. 振荡闭锁装置整组复归时间的整定

振动闭锁启动后,应该在确认故障已经消除,振荡已经停止后复归,整组复归时间的整定应大于相邻线路可能最长的重合闸周期与重合于永久性故障的最长的再次跳闸时间之和,一般取 6～9s。

4. 相电流继电器的整定

在振荡闭锁装置中的相电流继电器的整定值应躲过正常运行时的最大负荷电流。当电流互感器 TV 二次侧额定电流为 5A 时,一般整定为 6～8A。

三、阻抗继电器动作阻抗 $Z_{op,r}$ 的计算及整定方法

阻抗继电器动作阻抗 $Z_{op,r}$ 可由保护装置一次动作阻抗 Z_{op} 按下式计算

$$Z_{op,r} = \frac{K_{con}K_{TA}}{K_{TV}}Z_{op} \qquad (6-136)$$

式中　K_{con}——接线系数,对距离Ⅰ、Ⅱ段测量元件,当采用0°接线方式时,$K_{con}=1$;对距离Ⅲ段测量元件,采用30°接线方式,$K_{con}=\sqrt{3}$(若距离Ⅰ、Ⅱ段测量元件采用30°接线方式,则对全阻抗继电器,$K_{con}=\sqrt{3}$,对方向阻抗继电器,$K_{con}=2$);

　　　　K_{TA}——电流互感器的变比;

　　　　K_{TV}——电压互感器的变比。

利用式 (6-136) 求得 $Z_{op,r}$ 后,选择电压变换器 UV 和电抗变换器 UX 整定端子板的整定位置的方法以调整阻抗继电器的动作阻抗值。

如已知 $Z_{op,r}^{I}=24\Omega$,线路短路阻抗角为 $\varphi_{kl}=70°$,要整定第Ⅰ段测量元件方向阻抗继电器的 UX 和 UV 的整定端子位置。首先将 UX 的最大灵敏角整定端子板的位置置于 70°,将 UX 的 K_I 整定端子板置于 2Ω 位置,使 $K_I=2\Omega$,然后按下列步骤计算 UV 的整定值,继

电器的整定阻抗为

$$Z_{\text{set,r}}^{\text{I}}=\frac{K_{\text{I}}^{\text{I}}}{K_{\text{U}}^{\text{I}}}$$

所以

$$K_{\text{U}}^{\text{I}}=\frac{K_{\text{I}}^{\text{I}}}{Z_{\text{set,r}}^{\text{I}}} \tag{6-137}$$

又因为

$$\varphi_{\text{m}}=\varphi_{\text{KL}}$$

所以

$$Z_{\text{op,r}}^{\text{I}}=Z_{\text{set,r}}^{\text{I}}$$

则

$$K_{\text{U}}^{\text{I}}=\frac{K_{\text{I}}^{\text{I}}}{Z_{\text{op,r}}^{\text{I}}}=\frac{2}{2.4}=0.835$$

得出 K_{U}^{I} 后，将距离 I 段测量元件 UV 的粗调整定板放在 80% 处，再在继电器的电流回路内通入 5A 额定电流，将在继电器电压回路的电压调至对应 2.4Ω 的相应电压值（电压和电流相位差固定在 $70°$），然后调节 UV 定值微调电阻，使继电器可靠动作，则第 I 段整定结束，第 III、II 段按此法同样计算及整定。

四、距离保护整定计算举例

【例 6-1】 在图 6-63 所示网络中，采用三段式距离保护，各段测量元件均采用方向阻抗继电器，而且均采用 $0°$ 接线方式。已知线路正序阻抗 $Z_1=0.4\Omega/\text{km}$，线路阻抗角 $\varphi_{\text{k}}=70°$，线路 AB、BC 最大负荷电流 $I_{\text{L,max}}=450\text{A}$，负荷的功率因数 $\cos\varphi=0.8$，负荷自启

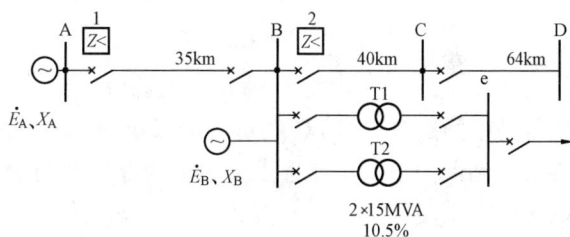

图 6-63 〔例 6-1〕的计算网络

动系数 $K_{\text{ss}}=1.5$；保护 2 距离 III 段的动作时限 $t_2^{\text{III}}=1.5\text{s}$；变压器装有差动保护。

已知 $E_{\text{A}}=E_{\text{B}}=115/\sqrt{3}\,\text{kV}$，$X_{\text{B,max}}=\infty$，$X_{\text{B,min}}=30\Omega$，$X_{\text{A}}=10\Omega$，变压器参数为 $2\times15\text{MVA}$，$110/6.6\text{kV}$，$U_{\text{k}}\%=10.5\%$。

试求保护 1 距离 I、II、III 段的动作阻抗，灵敏系数与动作时限，求各段阻抗继电器的动作阻抗及其 UX、UV 整定端子板的端子位置。

解 距离保护 1 各段动作阻抗的一次值、灵敏系数及动作时限如下。

1. 距离 I 段

$$Z_{\text{op}}^{\text{I}}=K_{\text{rel}}^{\text{I}}Z_1 l_{\text{AB}}=0.85\times0.4\,\underline{/70°}\times35=11.9\,\underline{/70°}\,(\Omega)$$

2. 距离 II 段

（1）与保护 2 的距离 I 段配合

$$Z_{\text{op2}}^{\text{I}}=K_{\text{rel}}^{\text{I}}Z_1 l_{\text{BC}}=0.85\times0.4\,\underline{/70°}\times40=13.6\,\underline{/70°}\,(\Omega)$$

$$Z_{\text{op1}}^{\text{II}}=K_{\text{rel}}^{\text{II}}(Z_1 l_{\text{AB}}+K_{\text{b,min}}Z_{\text{op2}}^{\text{I}})$$

$$=0.8\times(0.4\,\underline{/70°}\times35+1\times13.6\,\underline{/70°})=22.1\,\underline{/70°}\,(\Omega)$$

（2）与变压器的速断保护配合

$$Z_{\text{op1}}^{\text{II}}=K_{\text{rel}}^{\text{II}}Z_1 l_{\text{AB}}+K_{\text{rel,T}}^{\text{II}}K_{\text{b,min}}Z_{\text{T,min}}$$

$$Z_{\text{T,min}}=\frac{1}{2}Z_{\text{T}}=\frac{1}{2}\times\frac{U_{\text{k}}\%U_{\text{N}}^2}{100S_{\text{N}}}=\frac{10.5\times110^2}{2\times100\times15}=42.35\,(\Omega)$$

$$Z_{\text{T,min}}=42.35\,\underline{/70°}\,（设变压器阻抗角为 70°）$$

$$K_{b,min} = 1$$

所以　　　　$Z_{op1}^{II} = 0.8 \times 0.4 \underline{/70°} \times 35 + 0.7 \times 1 \times 42.35 \underline{/70°} = 40.6 \underline{/70°}$　(Ω)

为保证选择性，取上述两项计算结果中最小者为距离 II 段的动作阻抗，即

$$Z_{op1}^{II} = 22.1 \underline{/70°}　(\Omega)$$

校验灵敏系数

$$K_{Sm}^{II} = \frac{Z_{op1}^{II}}{Z_1 l_{AB}} = \frac{22.1 \underline{/70°}}{0.4 \underline{/70°} \times 35} = 1.58 > 1.3，满足要求$$

（3）距离 III 段。本题距离保护第 III 段测量元件采用方向阻抗继电器，故按先躲过最小负荷阻抗，求正常运行时的动作阻抗，对应负荷阻抗角 $\varphi_L = 37$°时动作阻抗

$$Z_{op1}^{III} = \frac{0.9 U_N / \sqrt{3}}{K_{rel}^{III} K_{re} K_{ss} I_{L,max} \cos(\varphi_m - \varphi_L)}$$

$$= \frac{0.9 \times 115 / \sqrt{3}}{1.25 \times 1.15 \times 1.5 \times 0.45 \cos(70° - 37°)}$$

$$= 73.4 (\Omega)$$

$$Z_{op1}^{III} = 73.4 \underline{/70°}$$

本题中线路 AB 与 BC 的负荷情况相同，故上述动作阻抗也是保护 2 距离 III 段的动作阻抗。考虑到保护 1 的距离 III 段灵敏性与保护 2 的配合，即保护 1 的距离 III 段保护范围应小于保护 2 距离 III 段保护范围，按式（6-127）计算

取　$Z_{op2}^{III} = 73.4 \underline{/70°}$

则　　　　　　　$Z_{op1}^{III} = K_{rel}^{III} Z_{AB} + K_{rel}'^{III} K_{b,min} Z_{op2}^{III}$

$$= 0.85 \times 0.4 \underline{/70°} \times 35 + 0.8 \times 1 \times 73.4 \underline{/70°}$$

$$= (11.9 + 58.72) \underline{/70°} = 70.62 \underline{/70°}$$

作线路 AB 的近后备保护时，校验灵敏系数用式（6-124）计算

$$K_{S,min,1}^{III} = \frac{Z_{op1}^{III}}{Z_{AB}} = \frac{70.62 \underline{/70°}}{14 \underline{/70°}} = 5.04 > 1.5，满足要求$$

作相邻线路 BC 的远后备保护时，用下式计算

$$K_{S,min,1}^{III} = \frac{Z_{op1}^{III}}{Z_{AB} + K_{b,max} Z_{BC}}$$

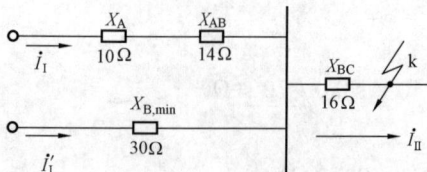

图 6-64　计算分支系数 $K_{b,max}$ 的等值电路

式中，$K_{b,max}$ 为考虑助增电流对线路 BC 的影响的分支系数，这时应取可能的最大值 $K_{b,max}$，即 $X_B = X_{B,min} = 30\Omega$，计算 $K_{b,max}$ 的等值电路如图 6-64 所示。

$$K_{b,max} = \frac{I_{II}}{I_I} = \frac{I_1 + I_1'}{I_1} = 1 + \frac{I_1'}{I_1} = 1 + \frac{X_A + X_{AB}}{X_{B,min}}$$

$$= 1 + \frac{10 + 14}{30} = 1.8$$

所以　$K_{S,min,1}^{III} = \frac{Z_{op,L}^{III}}{Z_{AB} + K_{b,max} Z_{BC}} = \frac{70.62 \underline{/70°}}{14 \underline{/70°} + 1.8 \times 0.4 \underline{/70°} \times 40} = 1.65 > 1.2，满足要求$

动作时限

$$t_1^{\text{Ⅲ}}=t_2^{\text{Ⅲ}}+\Delta t=1.5+0.5=2\text{（s）}$$

3. 求距离保护 1 各段阻抗继电器的动作阻抗及 UX 和 UV 整定端子板的端子位置

根据式（6-136），求得保护 1 继电器各段动作阻抗为

$$Z_{\text{op,r}}^{\text{Ⅰ}}=\frac{K_{\text{com}}K_{\text{TA}}}{K_{\text{TV}}}Z_{\text{op}}^{\text{Ⅰ}}=\frac{1\times600/5}{110/0.1}\times11.9\underline{/70°}=1.3\underline{/70°}\text{（Ω）}$$

$$Z_{\text{op,r}}^{\text{Ⅱ}}=\frac{1\times600/5}{110/0.1}\times22.1\underline{/70°}=2.4\underline{/70°}\text{（Ω）}$$

$$Z_{\text{op,r}}^{\text{Ⅲ}}=\frac{1\times600/5}{110/0.1}\times70.62\underline{/70°}=7.704\underline{/70°}\text{（Ω）}$$

将保护 1 各段阻抗继电器的灵敏角整定端子板均置于 $\varphi_{\text{m}}=\varphi_{\text{k}}=70°$ 位置，然后先选择 UX 的 K_I 整定端子板的端子位置，再根据需要的 $Z_{\text{op,r}}$（即 $Z_{\text{set,r}}$），应用式（6-137）求得 UV 的 K_U 整定端子板位置。即

距离Ⅰ段　$K_I=1\text{Ω}$，$K_U=\dfrac{1}{1.3}=0.769$

距离Ⅱ段　$K_I=2\text{Ω}$，$K_U=\dfrac{1}{2.4}=0.835$

距离Ⅲ段　$K_I=2\text{Ω}$，$K_U=\dfrac{2}{7.7}=0.26$

根据上述计算结果，将各段阻抗继电器 UX 的 K_I 整定端子板分别置于 1、2、2Ω 位置，将 UV 的 K_U 端子板分别置于 70%、6%、0.9%；80%、3%、0.5%；20%、6%的位置。

【例 6-2】　如图 6-65 所示网络中，各线路均装有距离保护，试对点 1 处的距离保护Ⅰ、Ⅱ、Ⅲ段进行整定计算，即求各段动作阻抗 $Z_{\text{op1}}^{\text{Ⅰ}}$、$Z_{\text{op1}}^{\text{Ⅱ}}$、$Z_{\text{op1}}^{\text{Ⅲ}}$，动作时限 $t_1^{\text{Ⅰ}}$、$t_1^{\text{Ⅱ}}$、$t_1^{\text{Ⅲ}}$ 和校验其灵敏系数，即求 $l_{\text{p,min}}\%$，$K_{\text{S,min}}^{\text{Ⅱ}}$、$K_{\text{S,min}}^{\text{Ⅲ}}$。已知线路 AB 最大负荷电流 $I_{\text{L,max}}=350\text{A}$，$\cos\varphi=0.9$，所有线路阻抗 $Z_1=0.4\text{Ω/km}$，阻抗角 $\varphi_{\text{L}}=70°$，自启动系数 $K_{\text{ss}}=1$，正常时，母线最低电压 $U_{\text{M,min}}=0.9U_{\text{N}}$，其他数据已注在图中。

图 6-65　[例 6-2] 的网络图

解　1. 有关元件正序阻抗计算

线路　$Z_{\text{AB}}=Z_1 l_{\text{AB}}=0.4\times30=12\text{（Ω）}$

$Z_{\text{BC}}=Z_1 l_{\text{BC}}=0.4\times60=24\text{（Ω）}$

变压器阻抗　　$Z_{\text{T}}=U_{\text{k}}\%\dfrac{U_{\text{N}}^2}{S_{\text{N}}}=0.105\times\dfrac{115^2}{31.5}=44.1\text{（Ω）}$

2. 距离Ⅰ段整定计算

（1）动作阻抗　　$Z_{\text{op1}}^{\text{Ⅰ}}=K_{\text{rel}}^{\text{Ⅰ}}Z_{\text{AB}}=0.85\times12=10.2\text{（Ω）}$

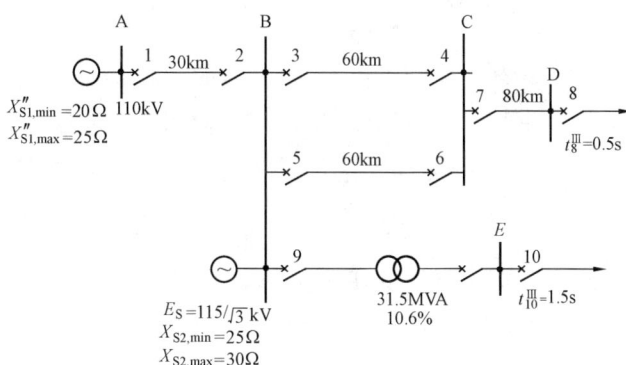

（2）动作时间 $\qquad$ $t_1^{\mathrm{I}} = 0\mathrm{s}$

（3）灵敏性校验 $\qquad$ $l_{\mathrm{p,min}} = \dfrac{Z_{\mathrm{op1}}^{\mathrm{I}}}{Z_{\mathrm{AB}}} \times 100\% = 85\%$

3. 距离Ⅱ段整定计算

（1）动作阻抗。按下列两个条件选择：

1）与相邻线路保护 3（或保护 5）Ⅰ段配合

$$Z_{\mathrm{op1}}^{\mathrm{II}} = K_{\mathrm{rel}}^{\mathrm{II}}(Z_{\mathrm{AB}} + K_{\mathrm{b,min}}Z_{\mathrm{op3}}^{\mathrm{I}}) = 0.8 \times (12 + 1.19 \times 0.85 \times 24) = 29(\Omega)$$

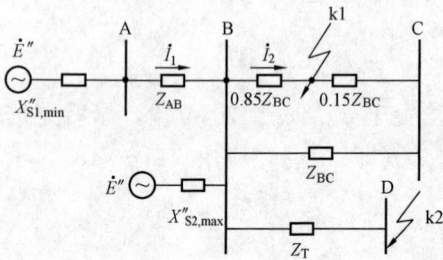

图 6-66 计算Ⅱ段定值时 $K_{\mathrm{b,min}}$ 的等值电路

$K_{\mathrm{b,min}}$ 为保护 3 Ⅰ段末端发生短路时对保护 1 而言的最小分支系数，如图 6-66 所示，当保护 3 Ⅰ段末端 k1 点短路时，分支系数按下式计算

$$K_{\mathrm{b}} = \dfrac{I_2}{I_1} = \dfrac{X_{\mathrm{S1}} + Z_{\mathrm{AB}} + X_{\mathrm{S2}}}{X_{\mathrm{S2}}} \times \dfrac{(1+0.15)Z_{\mathrm{BC}}}{2Z_{\mathrm{BC}}}$$

$$= \left(\dfrac{X_{\mathrm{S1}} + Z_{\mathrm{AB}}}{X_{\mathrm{S2}}} + 1\right) \times \dfrac{1.15}{2}$$

由上式可看出，为使 K_{b} 最小，则 X_{S1} 应取最小值、X_{S2} 取最大值，而相邻线路并列平行二分支应投入，因而

$$K_{\mathrm{b,min}} = \left(\dfrac{20+12}{30} + 1\right) \times \dfrac{1.15}{2} = 1.19$$

2）按躲开相邻变压器低压侧出口 k2 点短路整定，即与相邻变压器瞬动保护（差动保护）相配合。

$$Z_{\mathrm{op1}}^{\mathrm{II}} = 0.7(Z_{\mathrm{AB}} + K_{\mathrm{b,min}}Z_{\mathrm{T}})$$

$K_{\mathrm{b,min}}$ 为在相邻变压器出口 k2 点短路时对保护 1 的分支系数，由图 6-67 所示，当 k2 点短路时

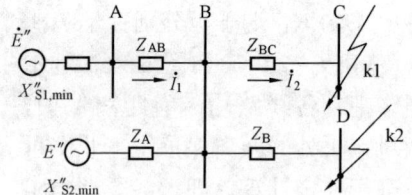

图 6-67 校验Ⅲ段灵敏系数时，求 $K_{\mathrm{b,max}}$ 的等值电路

$$K_{\mathrm{b,min}} = \dfrac{X_{\mathrm{S1,min}} + Z_{\mathrm{AB}}}{X_{\mathrm{S2,max}}} + 1 = \dfrac{20+12}{30} + 1 = 2.07$$

于是 $\quad Z_{\mathrm{op1}}^{\mathrm{II}} = 0.7 \times (12 + 2.07 \times 44.1) = 72.2(\Omega)$

以上二者计算结果中取较小者，即 $Z_{\mathrm{op1}}^{\mathrm{II}} = 29\Omega$。

（2）灵敏性校验

$$K_{\mathrm{S,min}}^{\mathrm{II}} = \dfrac{Z_{\mathrm{op1}}^{\mathrm{II}}}{Z_{\mathrm{AB}}} = \dfrac{29}{12} = 2.42 > 1.5，满足要求$$

（3）动作时限，与相邻Ⅰ段瞬时保护配合

$$t_1^{\mathrm{II}} = t_3^{\mathrm{I}} + \Delta t = t_5^{\mathrm{I}} + \Delta t = t_9^{\mathrm{I}} + \Delta t = 0.5 \text{ (s)}$$

4. 距离Ⅲ段的整定计算

（1）动作阻抗。按躲开最小负荷阻抗整定

$$Z_{\mathrm{op1}}^{\mathrm{III}} = \dfrac{Z_{\mathrm{L,min}}}{K_{\mathrm{rel}}^{\mathrm{III}} K_{\mathrm{ss}} K_{\mathrm{re}}} = \dfrac{170.1}{1.2 \times 1 \times 1.15} = 123.7 \text{ (}\Omega\text{)}$$

$$Z_{\mathrm{L,min}} = \dfrac{U_{\mathrm{N1,min}}}{I_{\mathrm{L,max}}} = \dfrac{0.9 \times 115/\sqrt{3}}{0.35} = 170.1 \text{ (}\Omega\text{)}$$

这里 $K_{\mathrm{rel}}^{\mathrm{III}} = 1.2$，$K_{\mathrm{ss}} = 1$，$K_{\mathrm{re}} = 1.15$

取方向阻抗继电器的最灵敏角 $\varphi_{\mathrm{m}} = \varphi_{\mathrm{L}} = 70°$，当 $\cos\varphi_{\mathrm{L}} = 0.9$，$\varphi_{\mathrm{L}} = 25.8°$ 时，故整定阻抗

为

$$Z_{op1}^{III} = \frac{Z_{op1}^{III}}{\cos(\varphi_m - \varphi_L)} = \frac{123.7}{\cos(70° - 25.8°)} = 172.5(\Omega)$$

（2）灵敏性校验。当本线路末端短路时

$$K_{S,min}^{III} = \frac{Z_{op1}^{III}}{Z_{AB}} = \frac{172.5}{12} = 14.4 > 1.5，满足要求$$

当相邻元件短路时有以下几种情况。

1）相邻线路末端短路时

$$K_{S,min}^{III} = \frac{Z_{op1}^{III}}{Z_{AB} + K_{b,max} Z_{BC}}$$

式中 $K_{b,max}$ 为相邻线路 BC 末端短路时对保护 1 的最大分支系数。如图 6-72 所示，按下式计算

$$K_{b,max} = \frac{I_2}{I_1} = \frac{X_{S1,max} + Z_{AB}}{X_{S2,min}} + 1 = \frac{25 + 12}{25} + 1 = 2.48$$

于是

$$K_{S,min}^{III} = \frac{172.5}{12 + 2.48 \times 24} = 2.4 > 1.2，满足要求$$

2）相邻变器低压侧出口 k2 点短路时。

此时

$$K_{b,max} = \frac{I_2}{I_1} = 2.48（与线路时相同）$$

故灵敏系数小

$$K_{S,min}^{III} = \frac{Z_{op1}^{III}}{Z_{AB} + K_{b,max} X_T} = \frac{172.5}{12 + 2.48 \times 44.1} = 1.42 > 1.2，满足要求$$

（3）动作时间

$$t_1^{III} = t_8^{III} + 3\Delta t = 0.5 + 3 \times 0.5 = 2（s）$$
$$t_1^{III} = t_{10}^{III} + 2\Delta t = 1.5 + 2 \times 0.5 = 2.5（s）$$

取其中时间最长者，即 $t_1^{III} = 2.5s$。

第九节　多相补偿式阻抗继电器

前面讨论的单相阻抗继电器，输入量都只有一个电压和一个电流，它只能反应一定相别的故障，不能反应各种相别的故障，属于第 I 类阻抗继电器。为反应各种相别的短路故障，必须采用多个单相阻抗继电器才能反应多相故障，使整个保护接线复杂化了。

为使距离保护简化，采用多相补偿式阻抗继电器，它的输入测量电压和测量电流都是多相的。通常是三相电压和三相电流。它属于第 II 类阻抗继电器，其特性不能用单一的测量阻抗 Z 的函数来分析，只能在给定条件下按继电器的动作方程进行分析。

一、相间短路多相补偿阻抗继电器

相间多相补偿式阻抗继电器可以反应相补偿电压，也可以反应相间比较电压。反应相补偿电压的三相补偿电压为

$$\left.\begin{aligned} \dot{U}'_A &= \dot{U}_A - \dot{I}_A Z_{set} \\ \dot{U}'_B &= \dot{U}_B - \dot{I}_B Z_{set} \\ \dot{U}'_C &= \dot{U}_C - \dot{I}_C Z_{set} \end{aligned}\right\} \tag{6-138}$$

式中　$\dot{U}_A$、$\dot{U}_B$、$\dot{U}_C$——分别为保护安装处母线电压；

$\qquad \dot{U}'_A$、$\dot{U}'_B$、$\dot{U}'_C$——三相补偿电压；

$\qquad Z_{set}$——整定阻抗（补偿阻抗），即由母线到保护范围末端的阻抗。

当发生不对称短路时，相应的正序和负序补偿电压为

$$\left.\begin{array}{l}\dot{U}'_1 = \dot{U}_1 - \dot{I}_1 Z_{set} \\[2mm] \dot{U}'_2 = \dot{U}_2 - \dot{I}_2 Z_{set}\end{array}\right\} \tag{6-139}$$

图 6-68 所示，在空载线路上，不同地点发生 B、C 两相直接短路时的相电压分布图。此电压分布图是在假定阻抗均匀分布，且线路阻抗角与系统阻抗角相同的条件下画出的。由于 B、C 两相直接短路，短路点故障相相电压 $\dot{U}_{Bk} = \dot{U}_{Ck} = -\dfrac{\dot{U}_A}{Z} = -\dfrac{\dot{E}_A}{Z}$，$\dot{U}_{BC,k} = 0$。故障相相间电压的大小则由电源电动势 $\dot{E}_{BC}$ 逐渐下降到短路点的 $\dot{U}_{BC,k} = 0$。从图 6-68 中可看出，所有外部短路（母线 M 与 Z 点之间为内部）时，补偿电压 $\dot{U}'_A$、$\dot{U}'_B$、$\dot{U}'_C$ 都代表了保护范围末端 Z 点的实际电压。在内部 k3 点短路时，补偿电压不等于保护范围末端 Z 点的电压，因为电源 $\dot{E}_M$ 供给的电流 $\dot{I}$ 只能流到 k3 点，不能再继续流到 Z 点，为求补偿电压，可将分布线延长到 Z 点，这时补偿电压不代表系统中任何点的真实电压。

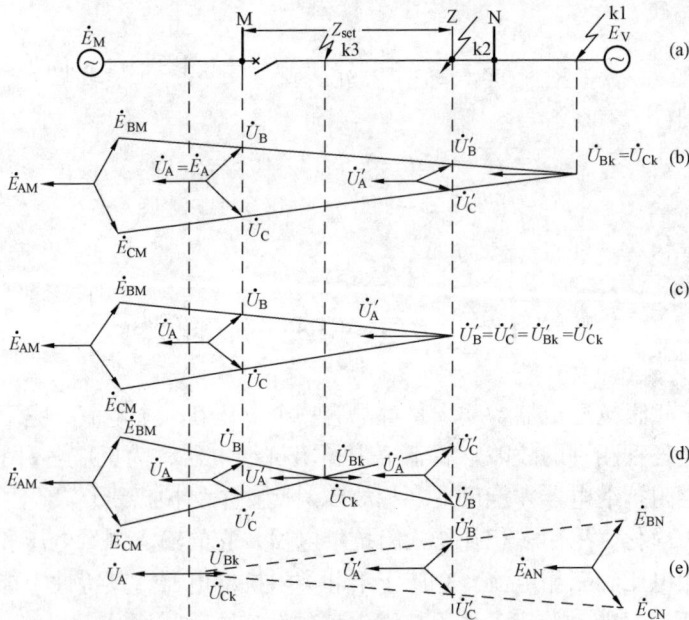

图 6-68　BC 两相金属性短路相电压分布图

（a）系统图；（b）区外短路；（c）保护区末端短路；（d）保护区内短路；（e）反方向短路

图 6-69 所示为空载线路两相直接短路时，正、负序电压分布图，满足式（6-139）。在短路点处有 $\dot{U}_{1k} = \dot{U}_{2k} = \dfrac{\dot{E}}{2}$。在所有外部短路时，补偿电压 $\dot{U}'$ 等于保护区末端 Z 点的电压 $\dot{U}_Z$，即 $\dot{U}' = \dot{U}_Z$，而在保护区内部短路时，$\dot{U}' \neq \dot{U}_Z$。为求 $\dot{U}'$，可将电压分布曲线延长到

Z 点。

从图 6-68 和图 6-69 中可得出判别保护区内和区外短路的三个条件：

（1）反应补偿电压相序。所有外部短路三个补偿电压相序为正，而内部短路相序为负。

（2）比较两补偿电压相位。例如，所有外部短路电压 $\dot{U}'_{AB}$ 滞后 $\dot{U}'_{CB}$，而内部短路时，$\dot{U}'_{AB}$ 超前 $\dot{U}'_{CB}$。

（3）比较 $\dot{U}'_1$ 和 $\dot{U}'_2$ 的幅值。内部短路时，$|\dot{U}'_2| > |\dot{U}'_1|$；而外部短路时，$|\dot{U}'_2| < |\dot{U}'_1|$。动作条件为

$$|\dot{U}'_2| > |\dot{U}'_1| \tag{6-140}$$

根据以上各种短路故障的补偿电压特征，利用这些特征可构成多相补偿阻抗继电器。幅值比较式相间多相

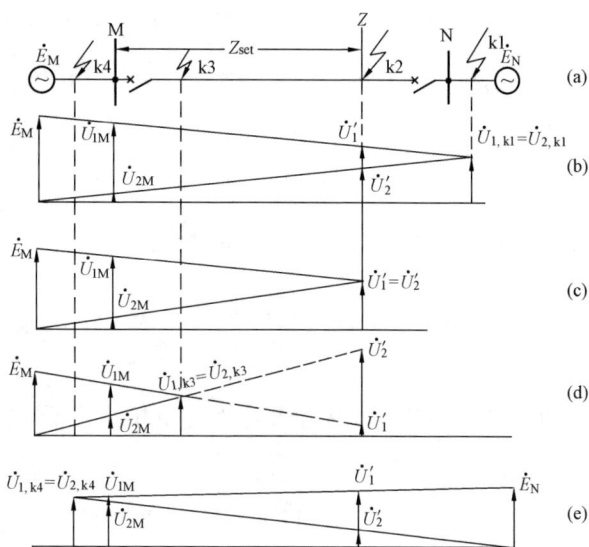

图 6-69　BC 两相直接短路时正、负序电压分布
(a) 网络图；(b) 正方向外部短路；(c) 保护区末端短路；
(d) 保护区内部短路；(e) 反方向短路

补偿阻抗继电器原理框图，如图 6-70 所示。它是由电压形成回路，三相式正序、负序滤过器和环流法构成的比幅回路等组成。电压形成回路通过电压变换器 UV1、UV2、UV3，电抗变换器 UX1、UX2、UX3，分别取得三个补偿电压。

$$\begin{rcases} \dot{U}'_a = \dot{U}_a - Z_{set}\dot{I}_a \\ \dot{U}'_b = \dot{U}_b - Z_{set}\dot{I}_b \\ \dot{U}'_c = \dot{U}_c - Z_{set}\dot{I}_c \end{rcases} \tag{6-141}$$

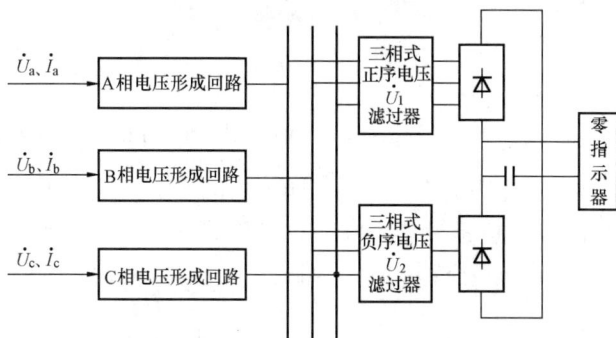

图 6-70　幅值比较式相间多相补偿阻抗继电器原理框图

此三相补偿电压经三相正序滤过器和三相负序滤过器，分别取得正序和负序补偿电压

$$\begin{rcases} \dot{U}'_1 = \dot{U}_1 - Z_{set}\dot{I}_1 \\ \dot{U}'_2 = \dot{U}_2 - Z_{set}\dot{I}_2 \end{rcases} \tag{6-142}$$

然后，将其送至按环流法接线的幅值比较回路，当满足

$$|\dot{U}_1 - Z_{set}\dot{I}_1| \geqslant |\dot{U}_2 - Z_{set}\dot{I}_2| \tag{6-143}$$

时，继电器动作。

二、接地短路多相补偿阻抗继电器

1. 单相接地短路多相补偿阻抗继电器

如图 6-71 所示，在母线 M 处，接地补偿阻抗继电器的三个补偿电压为

$$\left.\begin{array}{l} \dot{U}'_A = \dot{U}_A - (\dot{I}_A + K\dot{I}_0)Z_{set} \\ \dot{U}'_B = \dot{U}_B - (\dot{I}_B + K\dot{I}_0)Z_{set} \\ \dot{U}'_C = \dot{U}_C - (\dot{I}_C + K\dot{I}_0)Z_{set} \end{array}\right\} \tag{6-144}$$

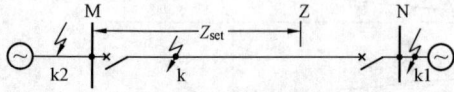

图 6-71　多相补偿阻抗继电器保护区示意图

式中　$\dot{U}'_A$、$\dot{U}'_B$、$\dot{U}'_C$——各相补偿后电压；

　　　　$\dot{U}_A$、$\dot{U}_B$、$\dot{U}_C$——保护安装处母线电压；

　　　　$\dot{I}_A$、$\dot{I}_B$、$\dot{I}_C$——各相电流；

　　　　K——零序电流补偿系数；

　　　　Z_{set}——整定阻抗（补偿阻抗）。

在图 6-71 中，当 A 相 k 点发生单相接地短路时，由于 $\dot{I}_B = 0$，$\dot{I}_C = 0$，$\dot{U}_B \approx \dot{E}_B$，$\dot{U}_C \approx \dot{E}_C$，$\dot{U}_A = (\dot{I}_A + K\dot{I}_0)Z_k$，则式（6-144）可改写成

$$\left.\begin{array}{l} \dot{U}'_A = (\dot{I}_A + K\dot{I}_0)Z_k - (\dot{I}_A + K\dot{I}_0)Z_{set} \\ \dot{U}'_B = \dot{E}_B - K\dot{I}_0 Z_{set} \\ \dot{U}'_C = \dot{E}_C - K\dot{I}_0 Z_{set} \end{array}\right\} \tag{6-145}$$

对（6-145）式整理后得

$$\left.\begin{array}{l} \dot{U}'_A = (\dot{I}_A + K\dot{I}_0)(Z_k - Z_{set}) \\ \dot{U}'_B = \dot{E}_B - K\dot{I}_0 Z_{set} \\ \dot{U}'_C = \dot{E}_C - K\dot{I}_0 Z_{set} \end{array}\right\} \tag{6-146}$$

（1）当在保护区内 k 点发生单相短路时，$Z_k < Z_{set}$，$\varphi_k = \varphi_{set}$，根据式（6-146）作出相量图如图 6-72 所示。补偿电压 $\dot{U}'_A$、$\dot{U}'_B$、$\dot{U}'_C$ 和零序电流（$-\dot{I}_0$）四个相量落在半平面内。

（2）在保护区外 k1 点发生 A 相金属性接地短路时，$Z_k > Z_{set}$，$\varphi_k = \varphi_{set}$，根据式（6-146）作图，$\dot{U}'_A$、$\dot{U}'_B$、$\dot{U}'_C$、$-\dot{I}_0$ 的相量关系如图 6-73 所示，补偿电压 $\dot{U}'_A$、$\dot{U}'_B$、$\dot{U}'_C$ 和零序电流 $-\dot{I}_0$ 分布在 360°范围内。

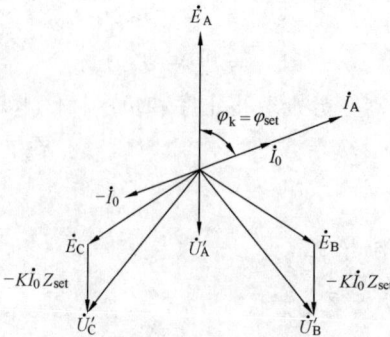

图 6-72　保护区内 k 点 A 相金属性短路时的相量图

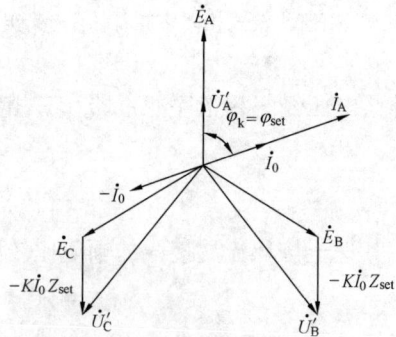

图 6-73　保护区外 k1 点 A 相金属性短路时的相量图

（3）反方向 k2 点发生 A 相直接接地短路时，式（6-145）中整定阻抗 Z_{set} 中电流（$\dot{I}_A + K\dot{I}_0$）反向，且 $\varphi_k = \varphi_{set}$，根据式（6-145）作图，$\dot{U}'_A$、$\dot{U}'_B$、$\dot{U}'_C$，$\dot{I}$ 的相量关系如图

6-74 所示。由图可见，补偿电压 $\dot{U}'_A$、$\dot{U}'_B$、$\dot{U}'_C$ 和 $-\dot{I}_0$ 也都分布在 360° 范围。

由以上分析可见，只有在保护区内短路时 $\dot{U}'_A$、$\dot{U}'_B$、$\dot{U}'_C$ 和 $-\dot{I}_0$ 在分布在半平面（180°）范围内。根据这个原理构成多相补偿阻抗继电器如图 6-75 所示。

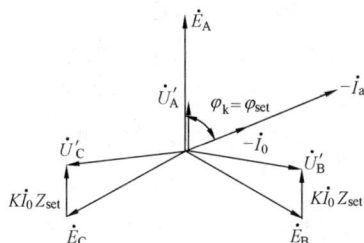

图 6-74 保护反方向 k2 点短路
A 相金属性短路时的相量图

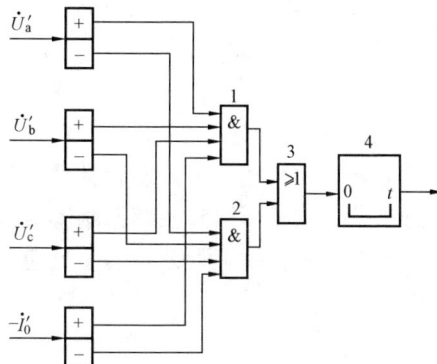

图 6-75 接地多相补偿阻抗
继电器原理框图

在正常运行，系统振荡及发生相间短路时，$\dot{I}_0=0$，$\dot{U}_0=0$，而且 $\dot{U}'_A+\dot{U}'_B+\dot{U}'_C=0$，上式关系对每一瞬时都成立，即任何瞬间，三个电压瞬时值极性不同，故继电器不动作。

当在保护区内发生接地短路时，$\dot{U}'_A$、$\dot{U}'_B$、$\dot{U}'_C$ 和 $-\dot{I}_0$ 四者即为正（或负）时，与门 1、2 才有输出，或门 3 每半个周波输出一个脉冲，经延时返回元件 KT 展宽为连续信号输出。

2. 两相接地短路时

两相接地短路 $\dot{U}'_1$、$\dot{U}'_2$ 补偿电压见图 6-76所示，边界动作条件仍然是 $\dot{U}_{1k}=\dot{U}_{2k}$，与两相直接短路相同，但是在靠近保护安装处一定距离内范围短路时，由于 $|\dot{I}_1|>|\dot{I}_2|$，正序电压分布线下倾斜率较大，负序电压分布线上升斜率小，结果可能出现 $|\dot{U}'_2|<|\dot{U}'_1|$，使距离保护拒动，这是两相接地短路特有现象。为确定这个保护拒动区域，可由下列式子联立求解：

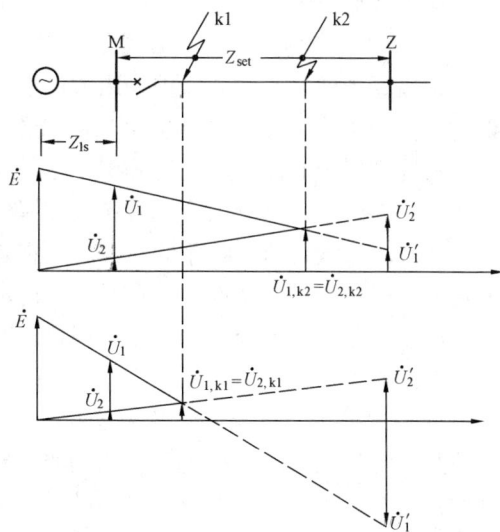

图 6-76 BC 两相接地短路时 $\dot{U}'_1$、$\dot{U}'_2$ 的分析

动作边界条件 $\qquad\qquad -\dot{U}'_1=\dot{U}'_2$

短路点边界条件 $\qquad \dot{U}_{1k}=\dot{U}_{2k}=\dot{U}_{0k}=-\dot{I}_0(Z_{0s}+Z_{0L})$

$$\dot{I}_1+\dot{I}_2+\dot{I}_0=0$$

正序补偿电压 $\qquad \dot{U}'_1=\dot{U}'_{1k}-\dot{I}_1(Z_{set}-Z_{1L})$

负序补偿电压 $\dot{U}'_2 = \dot{U}'_{2k} - \dot{I}_2(Z_{set} - Z_{2L})$

式中 Z_{0s}——电源零序阻抗；

Z_{0L}、Z_{1L}、Z_{2L}——短路点到保护安装处的线路零、正、负序阻抗。

联解以上各式可得保护拒动区域为

$$Z_{1L} = (Z_{set} - 2Z_{0s})/(1 + 2K_0)$$

其中 $K_0 = Z_{01}/Z_{1L}$

由此可见，只有在 $Z_{set} > 2Z_{0s}$ 时，多相阻抗继电器才出现两相接地短路拒动区域。

由以上分析可知，相间短路多相补偿阻抗继电器，必须存在负序分量才能动作，因此，它不反映过负荷，三相短路和系统振荡等对称状态，而且继电器动作与故障相别无关，动作具有方向性，两相短路没有死区，为了反应三相短路，在保护装置中必须增加一个单相式方向阻抗继电器。

第十节　自适应距离保护的基本原理

虽然自适应距离保护是近期提出的一个研究课题，但是在常规距离保护中实际应用自适应原理解决了不少问题，微机保护为自适应原理的实现创造了有利条件。

自适应距离保护与常规距离保护的主要区别在于增加了自适应控制回路，自适应控制回路主要作用是根据被保护线路和系统有关部分所提供的输入识别系统所处的状态，进一步做出自适应的控制决策。

1. 在自动重合闸过程中的自适应控制

在距离保护中，I 段的保护采用方向阻抗继电器以保证在反方向发生断路故障时保护不会误动作。为了消除方向阻抗继电器在线路正方向出口处发生短路故障时存在的动作"死区"以及提高保护的性能，广泛采用记忆回路和引入非故障相电压的方法，收到了良好的效果。但在 220kV 及以上电压等级的输电线路的距离保护电压通常是由线路侧电压互感器上引入的。若故障线路两端断路器断开后，在自动重合闸过程中，由于线路上的电压消失，即继电器中的记忆回路作用消失，在线路正向出口处发生短路故障时距离保护会拒绝动作。为了解决这一问题，在重合闸过程中采用自动改变阻抗继电器特性的自适应方法，将方向阻抗特性改为偏移阻抗特性。

2. 消除过渡电阻影响的自适应控制

短路点的过渡电阻对不同动作特性的阻抗元件产生不同的影响。在单侧电源的线路上，短路点有过渡电阻时，由于继电器装设处所测量到的总是电阻分量，因此不影响电抗继电器的正确动作。但是在双侧电源条件下，阻抗元件测量到的过渡电阻的阻抗将会出现感性或容性分量，从而可能引起保护动作范围的缩短或超越。过渡电阻引起的动作范围的缩短和超越于系统参数、两侧电动势夹角、过渡电阻值、故障点位置、负荷大小、方向以及功率因数等因素有关。为防止超越可采用电抗零序阻抗继电器，其动作特性如图 6-15 所示。

3. 消除分支电流影响的自适应控制

如图 3-23 所示的网络，线路 A 侧定时限过电流保护的整定值应能覆盖最长的相邻线路而不管是否有来自其他线路或 B 母线上的电源馈入电流。在某种程度上，目前所有保护系统都必须适应电力系统的变化。这个目标常常是通过继电器的整定值在可能出现的各种电力系统情况下都正确的方法来实现的。例如目前传统的电流保护和距离保护常用的方法是通过整定计算时引入分支系数来适应电力系统运行方式的变化。

如图 3-23 所示的系统，计算 AB 线路 A 侧距离保护的分支系数公式为

$$K_b = \frac{\dot{I}_{k1} + \dot{I}_{k2}}{\dot{I}_{k1}} \qquad (6-147)$$

式中　　K_b——分支系数；

$\dot{I}_{k1}$、$\dot{I}_{k2}$——A 和 B 电源向短路点提供的短路电流。

在计算时引入分支系数，但是它仍然无法使保护能预料系统可能发生的意外故障及运行方式，也就是说整定值并不是最好的。因为，对 AB 线路 A 侧进行距离 II 段整定计算时，为了保证保护动作选择性，应取最小的分支系数。上述表明引入分支系数在某种程度上就是应用了自适应性，只不过这种自适应性还不完善。

由于自适应继电保护要求继电器必须适应正在变化的系统，就必须有分层配置的带有通信线路的计算机继电保护，应能与变电所的其他设备或远方变电所的计算机网络进行通信。

第十一节　对距离保护的评价及应用范围

对距离保护的评价，应根据对继电保护的四个基本要求来评定：

（1）选择性。根据距离保护的工作原理可知，它可以在多电源复杂网络中保证有选择性动作。

（2）快速性。距离保护第 I 段是瞬时动作，但是只能保护线路全长 80%～85%，尚有 15%～20% 的线路保护范围内的短路靠 0.5s 时限的距离 II 段来切除。因此对于 220kV 及以上电网根据系统稳定运行的要求，要求全长无时限切除线路上任一点的短路，这时距离保护就不能作主保护应用了。

（3）灵敏性。距离保护不但反应故障时电流增大，同时反应故障时电压降低，因此灵敏性比电流电压保护高。更主要的是距离保护第 I 段保护范围不受系统运行方式改变的影响，而其他两段保护范围受系统运行方式改变影响也较小。

（4）可靠性。距离保护受各种因素的影响，如系统振荡，短路点的过渡电阻和电压回路断线等，因此在保护中需采取各种防止或减少这些因素影响的措施。需要用复杂的阻抗继电器和较多的辅助继电器，使整套保护装置比较复杂，因此，可靠性相对比电流保护低。目前，采用整流型距离保护，使阻抗继电器部分大为简化，整套装置的调试也较感应型距离保护简单。

距离保护目前应用较多的是保护电网的相间短路。对于大接地电流电网中的接地故障可由简单的阶段式零序电流保护装置切除，或者采用接地距离保护。通常在 35kV 电网中，距离保护作为复杂网络相间短路的主保护；在 110～220kV 的高压电网和 330～500kV 的超高压电网中，相间短路距离保护和接地短路距离保护主要作为全线速动的主保护的相间短路和接地短路的后备保护，对于不要求全线速动的高压线路，距离保护可作为线路的主保护。

思 考 题 与 习 题

6-1　什么叫距离保护？它与电流保护的主要区别是什么？

6-2　试比较方向阻抗继电器、偏移特性阻抗继电器、全阻抗继电器在构成原则上有什么区别；按绝对值比较方式列出它们的特性方程，在 R-X 复数平面上画出有相同整定阻抗的动作特性圆，进而画出它们的原则性接线图。

6-3　什么叫测量阻抗、动作阻抗、整定阻抗？它们之间有什么不同？

6-4　有一方向阻抗继电器，其整定阻抗为 $Z_{set}=8\underline{/60°}\ \Omega$，若测量阻抗 $Z_r=7.2\underline{/30°}\ \Omega$，问该继电器能否动作？为什么？

6-5　对偏移特性阻抗继电器是否要加记忆回路和引入第三相电压？

6-6　何谓方向阻抗继电器的最大灵敏角？为什么要调整最大灵敏角等于线路阻抗角？如何调整？

6-7　何谓阻抗继电器的精确工作电流？为什么要求短路时加于继电器的电流要大于精确工作电流？

6-8　影响方向阻抗继电器动作特性的因素有哪些？

6-9　何谓阻抗继电器的0°和30°接线方式？为什么相间距离保护的测量元件常采用0°接线方式？在什么情况下采用−30°接线？

6-10　过渡电阻对距离保护Ⅰ段影响大，还是对Ⅱ段影响大，为什么？

6-11　过渡电阻对长线距离保护影响大，还是对短线距离保护影响大，为什么？

6-12　为什么在整定距离Ⅱ段时要考虑最小分支系数，而在校验Ⅲ段灵敏性时要考虑最大分支系数？

6-13　电力系统振荡对距离保护有什么影响？哪一种影响最大？

6-14　电压互感器二次回路断线对阻抗继电器有什么影响，如何防止？

6-15　试分析说明三种特性圆的阻抗继电器中，哪一种受过渡电阻影响最大？哪一种受系统振荡影响最大？

6-16　如图6-77所示110kV线路 k 点发生金属性两相短路时，试求保护1的阻抗继电器的测量阻抗（写成复数形式）。已知线路的阻抗 $R_1=0.33\Omega/km$，$X_1=0.41\Omega/km$，短路点至安装处的距离 l 为10km。采用0°接线，电流互感器变比 $K_{TA}=600/5$，电压互感器变比为 $K_{TV}=110\,000/100$）。

6-17　如图6-78所示，已知各线路首端均装有距离保护，线路正序阻抗 $Z_1=0.4\Omega/km$，试计算保护1的距离Ⅰ、Ⅱ段的动作阻抗，距离Ⅱ段的动作时限及校验距离Ⅱ段的灵敏性。

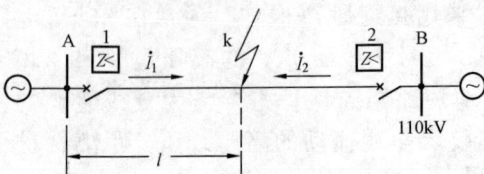

图 6-77　习题 6-16 网络图　　　　　　　图 6-78　习题 6-17 网络图

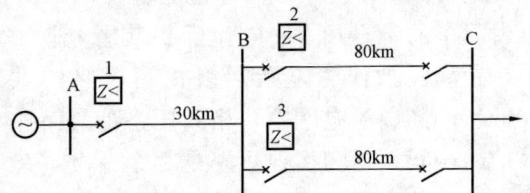

6-18　如图 6-79 所示网络中采用三段式距离保护为相间短路保护，各参数为：线路单位正序阻抗 $Z_1 = 0.4\Omega/\mathrm{km}$，线路阻抗角为 $\varphi_L = 65°$，AB、BC 线最大负荷电流为 400A，负荷功率因数 $\cos\varphi_C = 0.9$，已知 $K_{\mathrm{rel}}^{\mathrm{I}} = K_{\mathrm{rel}}^{\mathrm{II}} = 0.8$，$K_{\mathrm{rel}}^{\mathrm{III}} = 1.2$，电源电动势 $E = 115\mathrm{kV}$，电源内阻 $Z_{\mathrm{SA,max}} = 10\Omega$，$Z_{\mathrm{SA,min}} = 8\Omega$，$Z_{\mathrm{SB,max}} = 30\Omega$，$Z_{\mathrm{SB,min}} = 15\Omega$。归至 115kV 的各变压器阻抗为 84.7Ω，容量每台 $S_T = 15\mathrm{MVA}$。其余参数如图示。当各阻抗保护测量元件采用方向阻抗继电器时，求保护 1 各段整定值和灵敏性。

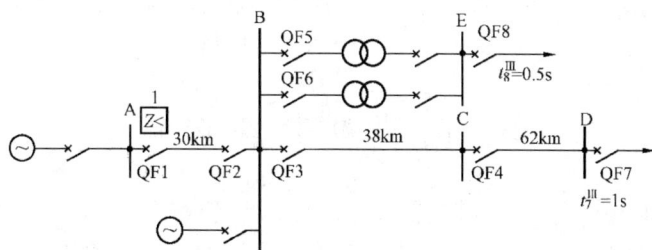

图 6-79　习题 6-18 网络图

6-19　如图 6-80 所示网络，已知正序阻抗 $Z_1 = 0.4\Omega/\mathrm{km}$，线路阻抗角 $\varphi_k = 70°$；A、B 变电所装有反应相间短路的两段式距离保护，其中距离 I、II 段的测量元件均采用方向阻抗继电器和 0° 接线方式。

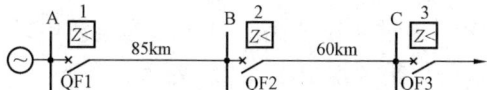

图 6-80　习题 6-19 网络图

试求 A 变电所距离保护的各段整定值，并讨论：

1）在线路 AB 上距 A 侧 65km 处和 75km 处发生金属性相间短路时，A 变电所距离保护各段动作情况。

2）在距 A 侧 40km 处发生接地电阻 $R = 16\Omega$ 相间弧光短路时，A 变电所各段动作情况。

3）若 A 变电所的电压为 115kV 通过变电所的负荷功率因数 $\cos\varphi = 0.8$，为使 A 变电所的距离 III 段不误动作，最大允许负荷电流为多大？

6-20　如图 6-45（a）所示双端电源网络，母线 M 侧装有 0° 接线的方向阻抗继电器，其整定阻抗 $Z_{\mathrm{set}} = 6\Omega$，$\varphi_{\mathrm{set}} = 70°$，且 $|\dot{E}_M| = |\dot{E}_N|$，又知道电源阻抗 $Z_M = 2\,\underline{/70°}\ \Omega$，$Z_N = 3\,\underline{/70°}\ \Omega$，线路阻抗 $Z_l = 2\,\underline{/70°}\ \Omega$。试求：

（1）震荡中心位置，并在复平面上画出测量阻抗震荡轨迹。

（2）继电器误动作的角度（δ_1, δ_2）。

（3）当系统震荡周期 $T = 1.5\mathrm{s}$ 时，继电器误动作的时间。

第七章　电网的差动保护

本章主要讲述了线路纵联差动保护的基本原理、接线及整定计算，还讲述了平行线路横联差动保护的工作原理、接线及整定计算，并简要介绍了平行线路的电流平衡保护的工作原理及接线，最后介绍了电流平衡继电器（LP-1 型）的构成及工作原理。

第一节　纵联差动保护

前面所讨论的电流、电压等保护装置，由于在动作值整定上必须与相邻元件的保护相配合才能满足动作的选择性要求，因此不能实现全线路瞬时切除故障，即使距离保护第Ⅰ段，最多也只能切除被保护线路全长的 80%～85%；在双侧电源线路，瞬时切除故障范围就更减小，大约只有线路全长的 60%，被保护线路其余部分短路时，只能由延时保护来切除。这在高压大容量系统中往往不能满足系统稳定运行的要求。同时在短线路上由于受到过渡电阻等因素的影响，距离保护第Ⅰ段的保护范围很小，甚至接近为零。

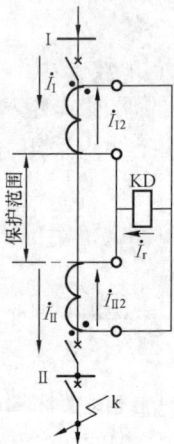

图 7 - 1　线路纵差
保护原理接线图

带辅助导线的纵联差动保护，仅比较被保护线路两端（侧）电流的大小和相位，不反应相邻线路上发生的短路故障，不需要在时间上与相邻线路的保护相配合，所以在整个被保护线路上发生故障时，都可以瞬时切除故障。

带辅助导线的纵联差动保护不仅广泛用于高压电网的短线路上作为线路主保护，而且在发电机、变压器、母线和大型电动机的保护中也广泛应用。

此外，在平行线路上，比较两回线电流的方向与大小，可以构成横联差动保护和电流平衡保护。

一、纵联差动保护的基本原理

线路纵联差动保护（纵差保护）的动作原理是基于比较被保护线路始端和末端电流的大小和相位的原理构成的。为此，在线路两端安装了具有相同型号和变比的电流互感器，它们的二次绕组用电缆（又称为二次辅助导线）连接起来，其连接方式应该使正常运行时或外部发生短路故障时，继电器中没有电流，而在被保护线路内部短路故障时，其电流等于流向故障点的短路电流。按环流法接线如图 7 - 1 所示，可以满足上述要求。图 7 - 1 为环流法接线的纵差保护（单相）原理接线图。将线路两端电流互感器二次侧带·号的同极性端子（远离保护线路两端）连接在一起。把线路两端电流互感器二次侧不带·号的端子连接在一起，差动继电器 KD 接在差流回路上。

由图 7 - 1 中可见，当线路正常运行或外部发生短路故障时，在理想情况下，差动继电器 KD 流过大小相等、方向相反的两个电流它们互相抵消，所以流过继电器 KD 中的电流 $\dot{I}_{\rm r}$ 为零，即

$$\dot{I}_r = \dot{I}_{I2} - \dot{I}_{II2} = \frac{1}{K_{TA}}(\dot{I}_I - \dot{I}_{II}) = 0 \qquad (7-1)$$

当线路发生内部故障时，如图 7-2（a）所示为单侧电源，（b）为双侧电源时的工作情况。

对于单侧电源，流过继电器 KD 中电流为

$$\dot{I}_r = \dot{I}_{I2} = \frac{\dot{I}_{Ik}}{K_{TA}} \qquad (7-2)$$

当 I_r 大于继电器 KD 的动作电流 $I_{op,r}$ 时，差动继电器 KD 立即动作，断开电源侧的断路器。

对于双侧电源线路，流入继电器中电流 $\dot{I}_r$ 为

$$\dot{I}_r = \dot{I}_{I2} + \dot{I}_{II2} = \frac{\dot{I}_k}{K_{TA}} \qquad (7-3)$$

式中　$\dot{I}_k$——流入短路点的总短路电流。

如 $I_r > I_{op,r}$，则继电器 KD 立即动作，将故障线路两端断路器断开。

从以上分析看出，纵差保护装置的保护范围是线路两端电流互感器之间的距离。在保护范围外短路，保护不动作，故不需要与相邻元件的保护在动作值和动作时限上相互配合，因此它可以实现全线路瞬时切除故障，但它不能作为相邻线路的后备保护。

在理想情况下，在正常运行和外部故障时，如忽略被保护线路的电容电流，则流经电流互感器的一次侧电流相等，$\dot{I}_I = \dot{I}_{II}$ 或 $\dot{I}_{Ik} = \dot{I}_{IIk}$，则电流互感器二次侧电流也认为相等，即 $\dot{I}_{I2} = \dot{I}_{II2}$，这时流入继电器 KD 中电流 $\dot{I}_r = 0$，实际上由于线路两端电流互感器特性不完全相同，将导致在二次回路中电流不相等。继电器 KD 中将流过不平衡电流 $\dot{I}_{unb}$，即

$$\dot{I}_r = \dot{I}_{I2} - \dot{I}_{II2} = \dot{I}_{unb} \qquad (7-4)$$

図7-2　线路纵差保护范围内短路工作情况
（a）单侧电源；（b）双侧电源

二、不平衡电流

1. 稳态不平衡电流

在纵差保护中，在正常运行和外部故障时，由于线路两端的电流互感器的励磁特性不完全相同，流入差动继电器中的电流为不平衡电流，如图 7-3 所示为电流互感器的励磁特性及不平衡电流的变化曲线。当一次电流较小时，电流互感器不饱和，线路两端电流互感器 1 和 2 的特性曲线 $I_2 = f(I_1)$ 的差别不明显，当一次电流较大时，铁芯开始饱和，于是励磁电流明显增大。当一次电流很大时，电流互感器高度饱和，励磁电流急剧增大。由于线路两端电流互感器励磁特性不同，即两铁芯饱和程度不同，造成两个二次电流有较大差别。铁芯饱和程度越深，电流差别越大，即不平衡电流越大。设电流互感器二次电流为

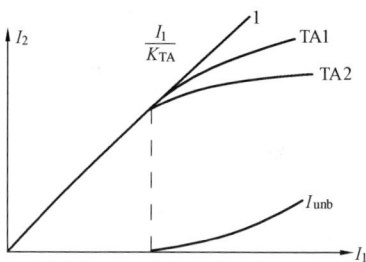

图 7-3　TA 励磁特性和不平衡电流

$$\left. \begin{aligned} \dot{I}_{I2} &= \frac{1}{K_{TA}}(\dot{I}_I - \dot{I}_{Im}) \\ \dot{I}_{II2} &= \frac{1}{K_{TA}}(\dot{I}_{II} - \dot{I}_{IIm}) \end{aligned} \right\} \qquad (7-5)$$

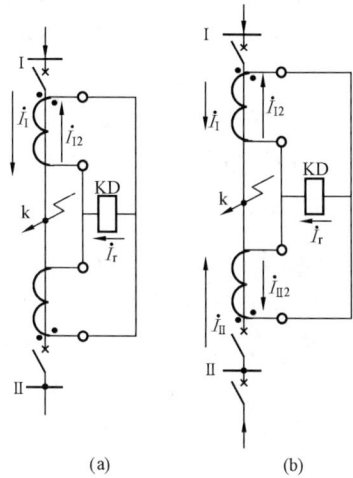

式中 $\dot{I}_{\mathrm{I}\mathrm{m}}$、$\dot{I}_{\mathrm{II}\mathrm{m}}$——分别为两端电流互感器的励磁电流。

在正常运行和保护区外故障时，流入差动继电器中电流为

$$\dot{i}_{\mathrm{r}}=\dot{I}_{\mathrm{I}2}-\dot{I}_{\mathrm{II}2}=\frac{1}{K_{\mathrm{TA}}}(\dot{I}_{\mathrm{II}\mathrm{m}}-\dot{I}_{\mathrm{I}\mathrm{m}})=\dot{i}_{\mathrm{unb}} \tag{7-6}$$

由此可见，不平衡电流为两端电流互感器励磁电流之差。因此，凡是引起励磁电流增大的各种因素，都是使不平衡电流增大的原因。为减小差动保护中的不平衡电流 $\dot{i}_{\mathrm{unb}}$，差动保护采用特制的，特性完全相同的 D 级电流互感器。当发生外部故障时，流过电流互感器一次侧电流为 $\dot{i}_{\mathrm{k,max}}$，设差动保护中，一端电流互感器误差为零，另一端电流互感器误差为最大，即 $K_{\mathrm{err}}=10\%$，则差动保护中最大不平衡电流为

$$\dot{i}_{\mathrm{unb,max}}=K_{\mathrm{err}}\dot{i}_{\mathrm{k,max}}/K_{\mathrm{TA}} \tag{7-7}$$

当采用特性相同的 D 级电流互感器，则线路两端电流互感器的误差不会很大，式 (7-7) 中引入了一个同型系数 K_{st}，则

$$\dot{i}_{\mathrm{unb,max}}=K_{\mathrm{st}}K_{\mathrm{err}}\dot{i}_{\mathrm{k,max}}/K_{\mathrm{TA}} \tag{7-8}$$

式中 K_{st}——同型系数，当采用同型号电流互感器时，取 0.5，否则取 1。

因此，减小稳态不平衡电流的方法是选用型号、特性完全相同的 D 级电流互感器，并按 10% 误差曲线进行校验。

2. 暂态过程对不平衡电流的影响

以上讨论的是在周期性稳态短路电流作用下的不平衡电流，因为差动保护是瞬时动作的，所以必须研究在保护区外短路时暂态过程中对不平衡电流的影响。

在暂态过程中，短路电流含有指数规律衰减的非周期分量，由于非周期分量大部分是变化缓慢的直流量，所以很难传变到电流互感器二次侧，大部分成为励磁电流，该电流在铁芯中产生非周期分量磁通，使铁芯单方向严重饱和，从而使不平衡电流急剧增大，如图 7-4 (a)、(b) 所示。图中为外部短路时一次侧短路电流 i_{k} 的波形和不平衡电流 i_{unb} 的波形。从图 7-4 (b) 中可以看出，在暂态过程中起始段，直流分量很大，铁芯高度饱和，一次侧交流分量不能传变到二次侧，所以不平衡电流不大，在暂态过程结束时，铁芯饱和消失，电流互感器转入正常工作状态，不平衡电流又减小了，所以最大不平衡电流发生在暂态过程时间的中段。减小暂态过程中最大不平衡电流，有两种方法：一是在差动回路中接入具有快速饱和特性的中间变流器 UA；二是在差动回路中串联电阻，如图 7-5 (b) 所示。接入电阻可以减小流入差动继电器 KD 的不平衡电流，并加速衰减，但效果不明显，故只用于小容量的发电机和变压器的差动保护上。

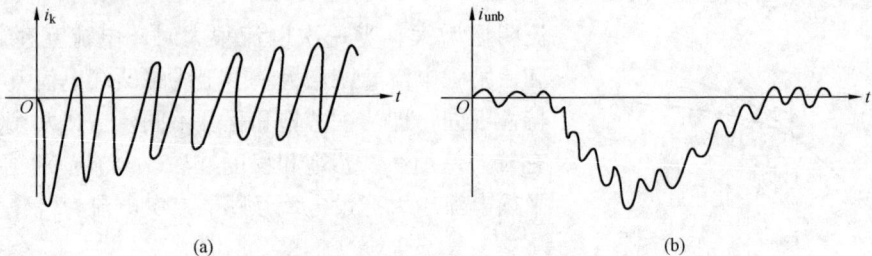

图 7-4 外部短路暂态不平衡电流的波形图

(a) 短路电流 i_{k} 的变化；(b) 不平衡电流 i_{unb} 的变化

三、环流法接线纵差保护的整定计算

纵差保护是基于比较被保护线路两端电流相量的幅值和相位。纵差保护是瞬时保护，应按躲过保护区外短路时最大不平衡电流来整定差动继电器的动作电流，即

$$I_{op,r} = K_{rel} I_{unb,max} \qquad (7\text{-}9)$$

式中　K_{rel}——可靠系数，取 $1.2 \sim 1.3$。

当正常运行时，为防止电流互感器二次回路一相断线而导致保护误动作，$I_{op,r}$ 应大于被保护线路可能流过最大负荷电流 $I_{L,max}$，即

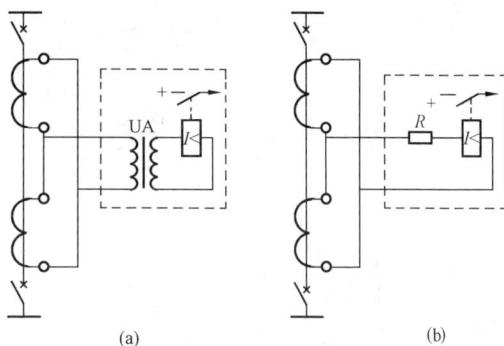

图 7-5　防止非周期分量影响的措施
（a）接入速饱和变流器 UA；（b）接入电阻 R

$$I_{op,r} = K_{rel} I_{L,max} / K_{TA} \qquad (7\text{-}10)$$

并且应装设断线监视装置，当发生断线时，闭锁保护及时发出信号，K_{rel} 取 $1.2 \sim 1.3$。继电器整定值选以上两条件中最大值者。

保护装置灵敏系数 $K_{S,min}$，可按单侧电源供电情况下，保护范围末端最小短路电流 $I_{k,min}$ 来计算，并要求满足下式

$$K_{S,min} = \frac{I_{k,min}}{I_{op}} \geqslant 1.5 \sim 2 \qquad (7\text{-}11)$$

要提高纵差保护的灵敏系数，就要避开最大不平衡电流的影响和降低保护装置的动作电流，同时，还要克服辅助导线的参数（电阻、电容）对保护的影响。可以采用带有制动特性的差动继电器，这种继电器可以减小动作电流。还可以采用 BCD-14 型线路纵差保护继电器，这种继电器在导引线中串入高电阻和执行元件，采用波宽鉴别电路。BCD-14 型继电器还增设了负序电压和相间低电压闭锁元件。

由于这种保护执行元件是波宽鉴别（积分比相）电路构成，不需要躲过最大不平衡电流，故灵敏性高。在外部短路时，由于高电阻克服了导引线电阻的影响，同时导引线上几乎承受的是单一极性电压，故保护性能受导引线分布电容的影响也较小。

线路纵差保护不受负荷电流的影响，不反应系统振荡，具有良好的选择性，在一般情况下，灵敏性也较高，能快速切除全线故障，故可以作为全线速动的主保护。但是由于需要辅助引线，通常应用于 $8 \sim 10$ km 以内的短线路上。国外线路纵差保护已应用于 20km 甚至更长线路。

第二节　平行线路横联方向差动保护

为了提高电力系统的并联运行的稳定性和增加传输容量，电力系统中常采用平行双回线运行方式。平行线路指的是参数基本相同，且平行供电的双回线路。每回线两端均装设断路器，不论哪一回线路发生故障，保护应有选择性地切除故障线路，而非故障线路仍正常运行供电。采用横差保护可以完成上述任务。

一、横联方向差动保护工作原理

横联方向差动保护（简称横差保护）。它是基于反应两回线路中电流之差的大小及方向

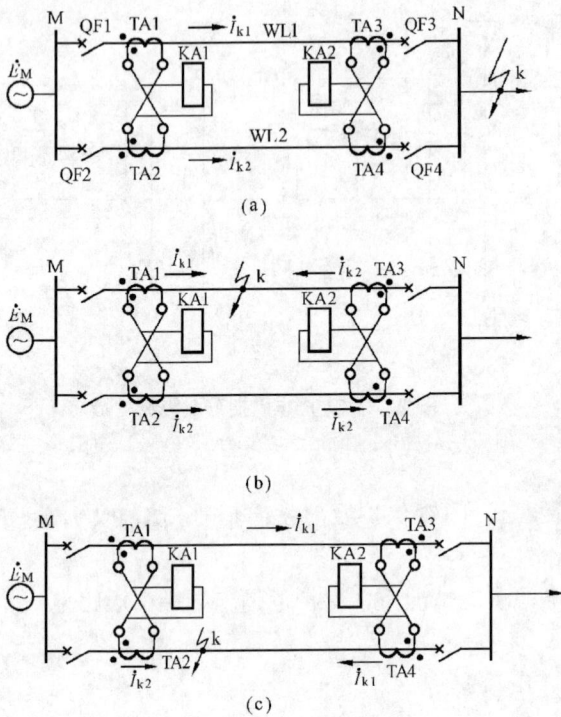

图 7-6　横差保护原理说明

(a) 正常及外部短路时; (b) 线路 WL1 上内部短路时;

(c) 线路 WL2 上内部短路时

的一种保护。下面以单侧电源供电网络为例说明其工作原理。如图 7-6 所示，在平行线路上，两端断路器 QF1～QF4 处装有相同型号、变比的电流互感器 TA1～TA4，M 端 TA1 和 TA2（N 端 TA3 和 TA4）二次绕组异性端相连接，构成环流法接线方式，从两连线之间差动回路上接入电流继电器 KA1（或 KA2）。

如图 7-6 (a) 所示，当正常运行或外部短路时，线路 WL1 和 WL2 流过相同的电流，KA1(KA2) 中流过不平衡电流 $\dot{I}_{unb}$ 或最大不平衡电流 $I_{unb,max}$，整定电流继电器 KA1(KA2) 的动作电流 $I_{op,r} > I_{unb,max}$，则在正常运行或外部短路时，保护装置不会误动作。

如图 7-6 (b) 所示，在线路 WL1 内部发生短路故障时，则通过线路 WL1 和 WL2 的短路电流 $\dot{I}_{k1}$ 和 $\dot{I}_{k2}$ 的大小与它们由母线 M 到故障点

之间的阻抗值成反比。显然，$I_{k1} > I_{k2}$，流入继电器 KA1 和 KA2 中电流分别为

$$\left.\begin{array}{l} I_{r1} = \dfrac{1}{K_{TA}}(I_{k1} - I_{k2}) > I_{op1} \\[3mm] I_{r2} = \dfrac{1}{K_{TA}}(2I_{k2}) > I_{op2} \end{array}\right\} \tag{7-12}$$

所以电流继电器 KA1、KA2 动作，使断路器 QF1、QF3 跳闸。

如图 7-6 (c) 所示，当在线路 WL2 内部发生短路时，则短路电流 $I_{k2} > I_{k1}$，通入继电器 KA1 和 KA2 中电流为

$$\left.\begin{array}{l} I_{r1} = \dfrac{1}{K_{TA}}(I_{k2} - I_{k1}) > I_{op1} \\[3mm] I_{r2} = \dfrac{1}{K_{TA}}(2I_{k1}) > I_{op2} \end{array}\right\} \tag{7-13}$$

所以继电器 KA1 和 KA2 动作，断路器 QF2 和 QF4 跳闸。

以上分析表明，差动电流继电器 KA1、KA2 只能判别平行线路内、外部故障，但不能选择出哪一条线路故障。从图 7-6 (b) 和 (c) 中可明显看出，不同线路内部故障，KA1、KA2 中通过的电流方向不同，因此，可用功率方向元件来选择故障线路。如图 7-7 所示，功率方向元件的极化（电压）回路接于母线电压互感器二次侧，工作电流接于差动回路中。根据图中标示极性。当线路 WL1 发生短路故障时，电流元件 KA1、KA2 和功率方向元件 KP1、KP4 动作，将 QF1、QF2 跳闸，切除故障线路 WL1；当 WL2 上发生短路故障时，

KA1、KA2 和 KP2、KP3 动作，将 QF3、QF4 跳闸，切除线路 WL2。当保护动作断开一回线后，平行线路只剩下一回线路运行，横联差动保护要误动作，应立即退出工作。因此，各端保护的正电源由本端的两断路器的动合辅助触点进行闭锁。即当一台断路器跳闸后，保护就自动退出运行。

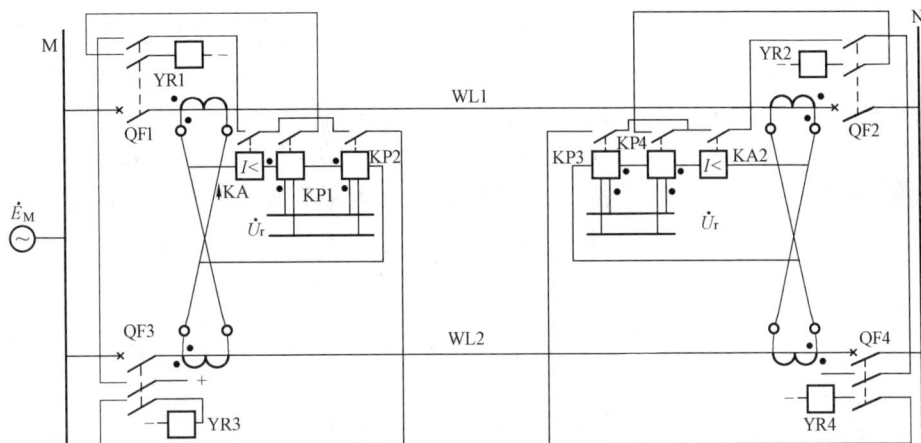

图 7-7　平行线路横差保护单相原理接线图

如果平行线路两端都有电源，横差保护仍能正确动作。

横差保护装置中的电流继电器是保护的启动元件，功率方向继电器是保护的选择元件，根据这种保护的工作原理，可以构成反应相间短路的横差保护，也可构成反应接地故障的横差保护。前者启动元件接入同名的相差电流，方向元件采用 90°接线，启动元件与方向元件为按相启动方式，保护采用两相式接线。后者启动元件接于两回路的零序差动回路，功率方向元件通入零序差动电流，加入零序电压。

二、横差保护的相继动作区和死区

（一）相继动作区

以图 7-8 所示单侧电源、双回路为例来讨论保护的相继动作问题。

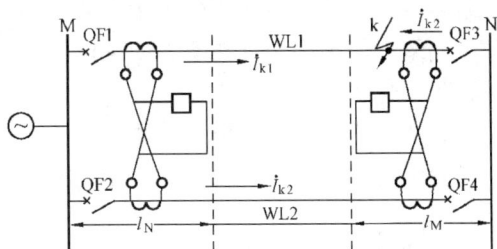

图 7-8　横差方向保护相继动作区

当在线路 WL1 上 N 端附近 L_M 区域内 k 点发生短路时，流过 WL1 的短路电流 I_{k1} 与流过 WL2 的短路电流 I_{k2} 近似相等，此时 M 端保护差动回路中的电流 $I_r = \frac{1}{K_{TA}}(I_{k1} - I_{k2})$ 很小，近似为零，其值小于启动元件动作电流值 I_{op1}，故 M 端保护不动作，而 N 端保护的差动回路中电流为 WL2 两倍的二次短路电流，即 $I_r = \frac{2}{K_{TA}}I_{k2}$，大于 I_{op2}，所以 N 端保护动作，QF3 跳闸。当 QF3 跳闸后，故障并未切除，短路电流重新分布，$I_{k2} = 0$，故障点全部短路电流通过保护 1，于是 M 端保护 1 的差动回路中电流为 $I_r = I_{k1}/K_{TA}$，大于启动元件动作电流 I_{op1}，故保护 1 动作，QF1 跳闸。这样，k 点故障分别由 N 端、M 端保护先后动作。使 QF3 先跳闸，而后 QF1 跳闸切除故障线路的情况，称为相继动作。在靠近 N 端变电所母线的一段区

域 l_M 内发生故障时，首先 N 端保护先动作，继之 M 端保护才动作的这段区域 l_M 称为 M 端保护的相继动作区，同样，对 N 端保护在靠近 M 端变电所附近也存在一段相继动作区 l_N。

由以上分析可知：

(1) 相继动作是由于发生故障一端保护的启动元件不能动作而引起的。

(2) 相继动作并非无选择性动作，而是导致保护动作切除故障的时间延长一倍。

(3) 相继动作区总是在保护安装处的对端，双端有电源的平行线路上，横差保护同样也存在相继动作区。

设线路全长为 l，线路单位长度正序阻抗为 Z_1，在相继动作区 l_M 边界上短路时，流过 M 端保护的差电流为 $(I_{k1}-I_{k2})$，刚好等于保护装置启动元件的动作电流 I_{op}，根据 WL1、WL2 中流过短路电流 I_{k1}、I_{k2} 与其母线 M 至短路点 k 的阻抗成反比，即

$$\frac{I_{k1}}{I_{k2}}=\frac{(l+l_M)Z_1}{(l-l_M)Z_1}=\frac{l+l_M}{l-l_M}$$

经整理可得

$$l_M=\frac{I_{k1}-I_{k2}}{I_{k1}+I_{k2}}l=\frac{I_{op}}{I_k}l \tag{7-14}$$

式中 $I_{op}=I_{k1}-I_{k2}$——M 端保护的动作电流；

         $I_k=I_{k1}+I_{k2}$——短路点总短路电流。

相继动作区常用百分数 m_M 表示为

$$m_M=\frac{l_M}{l}\times100\%=\frac{I_{op}}{I_k}\times100\% \tag{7-15}$$

通常要求在正常运行方式下，$(m_N+m_M)<50\%$。横联差动保护中功率元件也有相继动作区，因为方向元件动作功率小，故其相继动作区比启动元件相继动作区小，一般不进行计算。零序横差保护的动作电流较小，故其相继动作区也较小。

(二) 横联差动保护的死区

反应相间短路的横差保护中功率方向元件采用 90°接线。当在保护安装处附近发生三相对称短路时，由于母线残压接近于零，则当加于功率方向继电器的功率小于其动作功率时，功率方向继电器不动作。功率方向继电器在靠近母线的一段不动作的区域称为死区。保护的死区位于本保护的相继动作区之内。通常要求死区的长度不超过全线路长度的 10%。

三、横联差动保护的整定计算

横差保护的电流启动元件的动作电流应按下面三个条件来整定，并选其中最大值作为整定值。

(1) 按躲过外部短路时流过保护装置的最大不平衡电流 $I_{unb,max}$ 来整定，即动作电流为

$$I_{op,r}=K_{rel}I_{unb,max}=K_{rel}(I'_{unb,max}+I''_{unb,max}) \tag{7-16}$$

式中 K_{rel}——可靠系数，取 1.5；

         $I'_{unb,max}$——由 TA 误差引起的最大不平衡电流；

         $I''_{unb,max}$——由两回路参数不同引起的不平衡电流。

$I'_{unb,max}$ 和 $I''_{unb,max}$ 分别用下式计算

$$\left.\begin{array}{l} I'_{unb,max}=0.1K_{np}K_{st}\dfrac{0.5I_{k,max}}{K_{TA}} \\[3mm] I''_{unb,max}=CK_{np}\dfrac{I'_{k\cdot max}}{K_{TA}} \end{array}\right\} \tag{7-17}$$

$$C=\left|\frac{(R_2-R_1)+\mathrm{j}(X_2-X_1)}{(R_1+R_2)+\mathrm{j}(X_2+X_1)}\right| \tag{7-18}$$

式中　　0.1——考虑一组电流互感器有 10% 误差；

K_{np}——考虑非周期分量的系数，取 $K=2$；

K_{st}——TA 的同型系数，两回线的 TA 型号相同时，取 0.5，不同型号时取 1；

$0.5I_{\mathrm{k,max}}$——外部三相短路时，流经一组电流互感器的最大短路电流周期分量；

C——两回路电流差额比例系数；

$I'_{\mathrm{k\cdot max}}$——外部短路时流经双回路最大短路电流周期分量；

$R_1+\mathrm{j}X_1$——线路 WL1 的阻抗；

$R_2+\mathrm{j}X_2$——线路 WL2 的阻抗。

（2）按躲过单回线运行时最大负荷电流 $I_{\mathrm{L,max}}$ 来整定，即

$$I_{\mathrm{op,r}}=\frac{K_{\mathrm{rel}}}{K_{\mathrm{re}}K_{\mathrm{TA}}}I_{\mathrm{L,max}} \tag{7-19}$$

式中　　K_{rel}——可靠系数，取 1.2～1.3；

K_{re}——返回系数，取 0.85。

保护装置动作电流之所以要按这一条件整定，是为了防止由检修、误操作等原因引起另一回线对端断路器断开时，导致本端保护误动作。因为在上述情况下，本端保护差动回路中流过单回线运行时最大负荷电流 $I_{\mathrm{L,max}}$，功率方向元件动作，选择正在运行的线路。若不使 $I_{\mathrm{op}}>I_{\mathrm{L,max}}$，则将导致两回线路均被断开。

要求在单回线运行时，保护的启动元件于外部短路故障切除后能可靠返回，防止当另一回线投入运行时，保护装置将正在运行的线路误断开，所以在式（7-19）中引入返回系数。

（3）当相继动作区内发生不对称短路时，电流继电器应躲过对侧断路器跳闸后流过本侧保护的非故障相最大电流 $I_{\mathrm{unf,max}}$，即

$$I_{\mathrm{op,r}}=\frac{K_{\mathrm{rel}}}{K_{\mathrm{TA}}}I_{\mathrm{unf,max}} \tag{7-20}$$

式中　　K_{rel}——可靠系数，取 1.2～1.3。

现以图 7-8 为例说明上述整定原则的根据。设在 M 端保护相继动作区 l_{m} 内，线路 WL1 靠近 N 端 K 点发生不对称短路后，N 端横差保护首先动作，断路器 QF3 跳闸后，M 端线路 WL1 的故障相中仍有故障电流流过，而非故障相中电流值为零。M 端保护中，故障相的启动元件和方向元件欲使 QF1 跳闸，与此同时，M 端线路 WL2 上非故障相亦有负荷电流通过。所以，在 M 侧线路 WL2 上非故障相横差保护的启动元件和方向元件可能错误地判断为本线路有故障而抢先动作，断路器 QF3 跳闸后，M 端横差保护立即退出工作。线路 WL1 上的故障只有靠本线路的后备保护动作切除。造成两平行线路全部停电，这种情况是不允许的。

根据以上三个计算结果，选其中最大值作为启动元件的动作电流。

对于中性点非直接接地电网中横差保护，如果两回线参数相同，保护动作电流按式（7-19）整定。对中性点直接接地电网中横差保护采用三相式接线或采用附有一套零序横差保护的两相式接线。

（1）接地短路有较高的灵敏性。零序横差保护只需要躲过外部故障时最大不平衡电流

$I_{\text{unb,max}}$ 整定，而多数情况下，$I_{\text{unb,max}} < \dfrac{I_{\text{L,max}}}{K_{\text{TA}}}$。

（2）利用零序横差方向保护来闭锁反应相间短路的横差保护，从而提高了相间短路保护的灵敏系数。零序横差保护启动元件中动作电流应躲过内部相间短路时流入零序横差回路中最大不平衡电流 $I_{0,\text{unb,max}}$，即

$$I_{\text{op,r}} = K_{\text{rel}} I_{0,\text{unb,max}} \tag{7-21}$$

式中　K_{rel}——可靠系数，取 $1.2\sim1.3$。

四、灵敏系数校验

因为线路两端保护的对侧都有相继动作区，所以保护的灵敏系数要以下述两种情况来校验。

（1）发生在保护区内部故障时，应保证至少有一端保护具有足够的灵敏性。为此，要求两端保护装置在有相同的灵敏性点处发生短路故障时，应有足够的灵敏性，这样当短路点向一端移动时，靠近故障点端的保护灵敏性必然增高，另一端由于离故障点远，保护灵敏性必然下降。此时，靠近短路故障点一端保护装置是瞬时动作，对端保护装置可能瞬动或相继动作。

若两回线参数相同时，相同灵敏性点位于任一回线的中点，如图 7-9 所示，在 k 点短路时，M、N 端保护装置的灵敏系数分别为

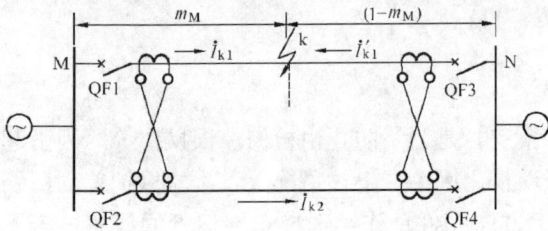

图 7-9　横差保护相同灵敏点的示意图

$$\left.\begin{aligned} K_{\text{SM}} &= \frac{I_{\text{k1}} - I_{\text{k2}}}{I_{\text{op}}} \\ K_{\text{SN}} &= \frac{I'_{\text{k1}} + I_{\text{k2}}}{I_{\text{op}}} \end{aligned}\right\} \tag{7-22}$$

因为 $K_{\text{SM}} = K_{\text{SN}}$，所以有 $I_{\text{k1}} - I_{\text{k2}} = I'_{\text{k}} + I_{\text{k2}}$，可得

$$I_{\text{k1}} = I'_{\text{k1}} + 2I_{\text{k2}} \tag{7-23}$$

在 MNKM 环路上用基尔霍夫第二定律（KVL）可得

$$I_{\text{k1}} m_{\text{M}} l Z_1 - I'_{\text{k1}} (1 - m_{\text{M}}) l Z_1 - I_{\text{k2}} l Z_1 = 0 \tag{7-24}$$

式中　m_{M}——相同灵敏性点 K 至 M 端母线长度占一回线全长 l 的百分数；

　　　Z_1——每千米的正序阻抗，Ω/km。

将式（7-24）整理后代入式（7-23）后，可得

$$m_{\text{M}} = \frac{I'_{\text{k1}} + I_{\text{k2}}}{I_{\text{k1}} + I'_{\text{k1}}} = \frac{I'_{\text{k1}} + I_{\text{k2}}}{2(I'_{\text{k1}} + I_{\text{k2}})} = \frac{1}{2} \tag{7-25}$$

当两回线阻抗不相等时，相同灵敏性点位置偏离线路中点，在此情况下，用图解法，如图 7-10 所示。图 7-10 中曲线 1 和曲线 2 的交点 M 的坐标 $OP = m_{\text{M}}$，即相同灵敏性点的位置，交点 M 的纵坐标 OR，即为两端保护装置差回路中流过的相同的电流 I_{k}。因此，线路两端保护的灵敏性系数应按下式计算并要求大于或等于 2，即

$$K_{\text{sm}} = \frac{I_{\text{k}}}{I_{\text{op}}} = \frac{I_{\text{k1}} - I_{\text{k2}}}{I_{\text{op}}} \geqslant 2 \tag{7-26}$$

式中电流 I_k 应选取最不利运行方式下，考虑到不同类型短路时，流入保护装置最小的一次差电流值。

(2) 当线路一端相继动作区内发生短路，而另一端断路器已断开时，平行线路中短路电流重新分布，在此情况下，保护装置灵敏系数应按线路末端短路，近短路点端的断路器已断开时流入保护装置的最小一次差电流值 I_k 计算，要求

$$K_{sm} = I_k / I_{op} \geq 1.5 \qquad (7-27)$$

如果灵敏度不满足要求，可以选用复合的过电流和低电压启动元件。

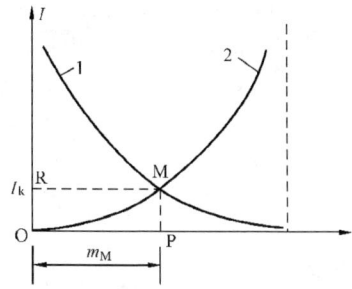

图 7-10 用图解法求相同灵敏度点
1—M 端保护一次差电流随短路点位置变化曲线；2—N 端保护一次差电流随短路点位置变化曲线

五、横差保护装置接线图

图 7-11（a）为用于小接地电流电网中平行线路横联方向差动保护装置原理接线图。保护装置采用两相式接线，方向元件选用双向动作的功率方向继电器，采用 90°接线。为消除非故障相电流的影响，启动元件 5、6 和方向元件 7、8 均采用按相启动接线。保护操作电源的闭锁由断路器 QF1 和 QF2 的合闸位置继电器 9、10 完成。由于任一出口继电器动作，将短接相应合闸位置继电器的绕组，使保护装置失去操作电源。为保证断路器 QF 可靠跳闸，保护出口继电器采用带有电流保持绕组的中间继电器，如图 7-11（b）所示。

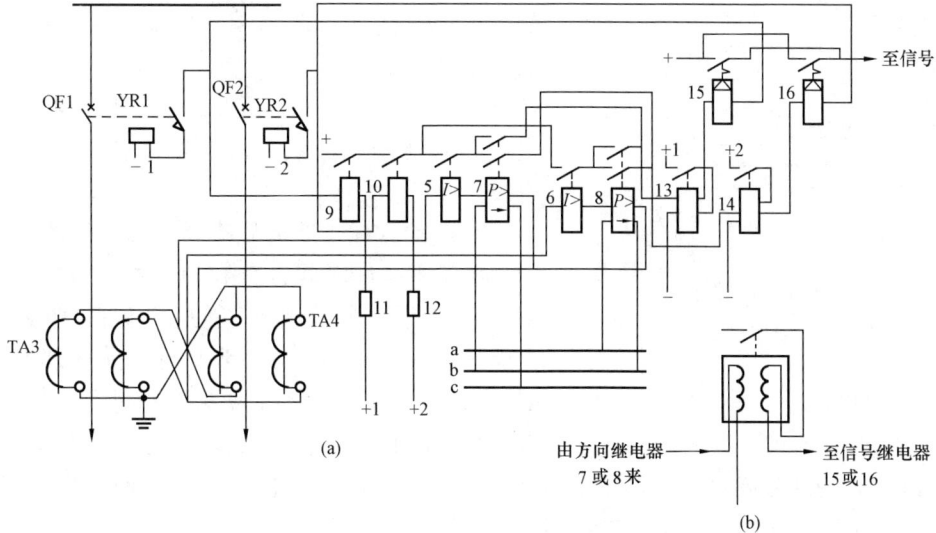

图 7-11 横差保护装置原理接线图
（a）接线图；（b）带保护绕组的中间继电器

+1、−1 及+2、−2—断路器 QF1、QF2 的操作电源；5、6—A、C 相电流启动元件；7、8—双向动作功率方向继电器；9、10—QF1 及 QF2 的合闸位置继电器；11、12—电阻；13、14—出口继电器；15、16—信号继电器

六、保护的优、缺点及应用范围

横差保护的主要优点是能够快速地、有选择性地切除平行线路上的故障，并且接线简单。缺点是在相继动作区内发生短路故障时，切除故障时间将延长一倍；选用感应型功率方

向继电器的保护有死区；双回线中有一回线停止运行时，保护要退出工作。为了对双回线的横差保护及相邻线路保护进行后备保护，以及单回线运行时作为主保护，通常，在双回线上还需装设一套接于双回线电流上的三段式电流保护或距离保护。零序横差保护具有较高的灵敏性和较小的相继动作区。横差方向保护，目前广泛应用于 66kV 及以下电网。

第三节　平行线路的电流平衡保护

一、电流平衡保护的工作原理

平行线路的电流平衡保护是横差保护的另一种形式。是基于比较平行线路的两回线中电流绝对值大小而工作的。在正常运行或外部发生短路时，平行线的两回线中电流相等，保护不动作。在平行线路内部发生短路故障时，故障线路中流过的短路电流大于非故障线路中流过的短路电流，保护装置根据这一点正确地选择出故障线路，并将其切除。

图 7 - 12 为电流平衡保护原理接线图，图中 1、2 为两个电流平衡继电器。每个电流平衡继电器有三个绕组，其中 W_{op} 为工作绕组，W_{res} 为制动绕组，W_v 为电压握持绕组（又称为电压制动绕组）。工作绕组 W_{op} 接至本回线路电流互感器的二次绕组上，故本回线的电流就是工作电流，产生动作转矩。制动绕组 W_{res} 接至另一回线的电流互感器二次绕组，故另一回线的电流就是制动电流，产生制动转矩。一般制动绕组匝数比动作绕组匝数多一些。电压握持绕组 W_v 接于母线电压互感器二次绕组，它总是产生制动转矩。显然，这个制动转矩与电压大小有关。

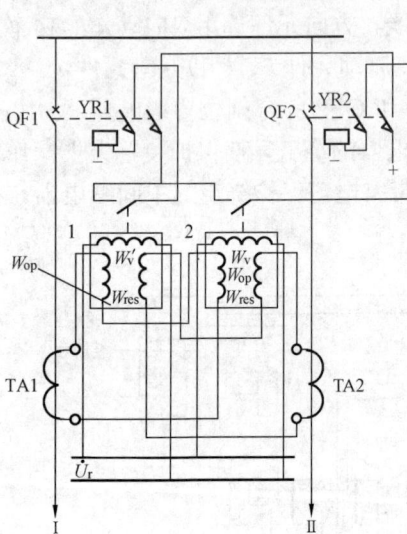

图 7 - 12　电流平衡保护
（单相）原理接线图

在正常运行或外部故障时，两回线路中电流相同。由于平衡继电器的工作安匝数小于制动安匝数，即 $W_{op} < W_{res}$。所以，制动转矩大于工作转矩，两个电流平衡继电器不动作。当平行线路内部发生故障时，例如线路 WL1 上发生故障，显然，线路 WL1 中的故障电流要大大超过线路 WL2 中的故障电流，所以继电器 1 中工作绕组电流将大大超过制动绕组电流，继电器 1 动作，将断路器 QF1 断开，切除故障。相反，继电器 2 中通过工作绕组中电流，小于通过制动绕组的电流，故继电器 2 不动作。从而有选择性地切除故障。

电压握持绕组 W_v 的作用是在正常运行时，利用电压制动原理防止因某种原因而使对端断路器跳开。这时，由双回线变成单回线运行的情况下，在正常负荷电流作用下而使保护误动作。如图 7 - 12 所示，当线路 WL1 负荷侧断路器断开时，通过继电器 2 的制动绕组 W_{res} 的制动电流为零，而工作绕组 W_{op} 中通过正常负荷电流，使保护动作将断路器 QF2 断开，但此时母线上电压是正常工作电压，握持绕组 W_v 上所加电压很高，故 W_v 产生较大制动转矩，因而防止了继电器 2 误动作。当保护区内部发生故障时，母线电压降低，W_v 产生制动转矩减小，故保证了继电器能可靠动作。

电流平衡保护是比较双回线路的电流来判别故障的，所以，当某一回线路停止运行时，保护就不能正常工作，应退出运行，这样它与横差方向保护一样，也要采用操作电源闭锁。

在单侧电源双回线路上，平衡保护只能装设在电源侧，而不能装设在受电侧。因为在任一回线短路时，流过受电侧两个继电器工作绕组和制动绕组中的电流大小相等，保护将不动作。在这种情况下，受电侧通常应装设横差方向保护。

二、电流平衡继电器

电流平衡继电器有整流型、晶体管型、感应型三种，感应型继电器已停止生产，下面只介绍整流型电流平衡继电器（LP-1 型电流平衡继电器）。

整流型电流平衡继电器是用均压法幅值比较回路比较平行线两回线路中电流绝对值大小的，其原理接线如图 7-13 所示。继电器有三个输入量。工作电流 I_{op} 通过电抗变换器 UX1 的一次绕组 $1W_1$，由 UX1 的二次绕组 $1W_2$、整流桥 U2、电阻 R_1 构成工作回路，电阻 R_1 上产生动作电压 U_{op}，制动电流 I_{res} 通过电抗变换器 UX2 一次绕组 $2W_1$ 中，由 $2W_2$ 输出；经整流桥 U1 整流后在 R_2 上产生制动电压 U_{res}。由母线电压互感器供电的握持电压（制动电压）加到电压变换器

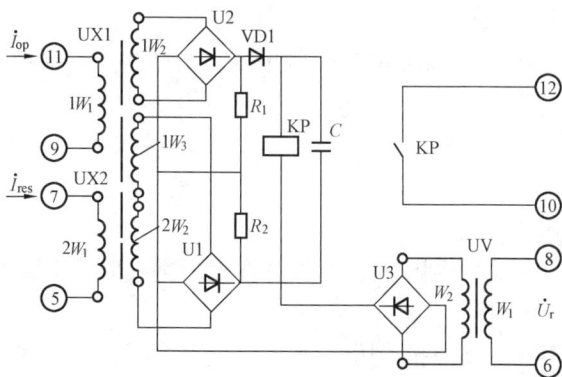

图 7-13　整流型电流平衡继电器
（LP-1 型）的原理接线图

UV 一次绕组 W_1 上，经 UV 变换和 U3 整流后，其输出端与 U1 并接组成最大值输出器，U1 和 U3 直流侧并接输出值决定于其中最大值者，整流输出值较小者被自动闭锁。动作量与制动量进行均压比较，均压比较元件是极化继电器 KP，VD1 是隔离二极管，当动作电压 U_{op} 大于制动电压 U_{res} 时，极化继电器 KP 中才有电流通过，当制动电压大于动作电压时电流截止，即正常运行及外部故障时，极化继电器 KP 中无电流通过。C 是滤波电容，滤掉交流部分，用以防止极化继电器 KP 动作时触点发生抖动。

电抗变换器 UX1 的另一个二次绕组 $1W_3$ 与 UX2 的二次绕组 $2W_2$ 同极性串联，其作用有两条：

（1）在正常运行及外部故障时，由于 $\arg\dfrac{I_{op}}{I_{res}}=0°$，从而增大了制动量，使继电器可靠地不动作。

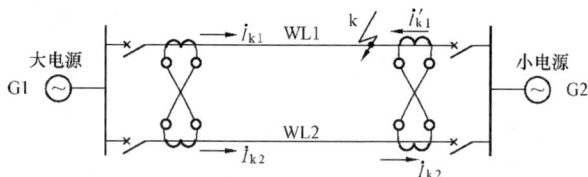

图 7-14　近小电源内部短路时电流的分布

（2）提高在接近小电源端内部短路时电流平衡保护的灵敏系数。如图 7-14 所示，在小电源端附近 k 点发生短路故障时，短路电流主要由大电源供给，小电源端短路电流 I'_{k1} 略大于 I_{k2}，但二者近似反相。对

检出故障线路 WL1 的平衡继电器（$I_{op} = I'_{k1}$，$I_{res} = I_{k2}$）而言，由于 $\arg \dfrac{\dot{I}_{op}}{\dot{I}_{res}} = 180°$，从而减小了制动量，提高了继电器的灵敏系数。

三、对电流平衡保护的评价

电流平衡保护的主要优点是它与横差方向保护比较，只有相继动作区而没有死区，如在保护装置附近发生短路时，两回线中流过短路电流相差最大，使保护装置动作最灵敏。它动作迅速，灵敏度高并且接线简单。

保护的缺点是只能应用于单电源线路有电源一侧的双回线路上，不能用在单电源供电平行线路的受电侧。

电流平衡保护的其他应用场合与横差方向保护相同，通常应用在 35kV 及以上电压级的电网上。

思 考 题 与 习 题

7-1　分别画出纵差保护在被保护线路外部、内部发生短路故障时的电流分布，并说明其工作原理。

7-2　纵差保护中不平衡电流是由于什么原因产生的？不平衡电流在暂态过程中具有哪些特性？它对保护装置有什么影响？

7-3　在纵差保护中动作电流的整定计算中应考虑哪些因素？为什么？

7-4　为什么纵差保护能保护线路全长？电流保护和距离保护为什么不能实现全线速动保护功能？

7-5　解释横差方向保护的相继动作区和死区的含义。

7-6　电流保护和横差方向保护的异同点有哪些？

7-7　说明横差方向保护的工作原理，为什么能有选择性地切除故障线路？为什么在直流操作电源中采用闭锁接线？

7-8　说明电流平衡保护的工作原理及适用场合。

第八章 电 网 高 频 保 护

本章主要讲述了高频保护的工作原理及其构成，介绍了高频载波通道的构成原理和载波通道主要元件的名称及其功用。重点讲述了方向高频保护和相差高频保护的基本工作原理，讨论了闭锁角的计算及相继动作的问题，还简要介绍了微波通道的概念。

第一节 高频保护的工作原理及分类

一、高频保护的工作原理

在高压输电线路上，为保证电力系统并列运行的稳定性和提高输送功率，要求继电保护装置无时限地快速动作，切除线路上任一点发生的短路故障。在第七章中讨论的线路纵联差动保护的工作原理是反应比较被保护线路两端的电气量，而不反应保护区外部的短路故障，动作参数的选择不必与相邻元件和相邻线路的保护相配合，它能无时限地切除在被保护线路全长所发生的短路故障。但是，由于它必须敷设与线路相同长度的辅助导线，受技术经济条件限制，只能用在线路长度不超过10km的短线路上和具有集中阻抗的发电机、变压器、母线上。因此，为了快速切除高压远距离输电线路上的故障，必须采用高频保护。

高频保护是在线路纵联差动保护原理基础上，利用现代通信中的高频通信技术，在电力线路上输送载波高频信号的高频通道和微波通道来代替辅助导线，构成高频保护和微波保护。高频保护与线路纵差保护原理相似，它是将线路两端的电流相位或功率方向转变为高频信号，然后利用输电线路本身构成高频电流的通道或微波通道将此信号传送到对端，在线路两端保护装置中进行电流相位或功率方向比较。

高频保护不反应保护范围外的故障，在参数选择上不需要与下一级线路配合，因此，可以达到无时限地有选择性地切除内部的短路故障。目前，高频保护是220kV及以上电压级复杂电网的主保护方式。在110～220kV输电线路上高频保护的动作时间为50ms左右，在330kV及以上的输电线路上动作时间在40ms以下。

二、高频保护的分类

（1）按反应工频电气量和非工频电气量分两大类。反应工频电气量的有高频方向保护，是根据比较被保护线路两端的功率方向的原理构成的方向比较式高频保护；有距离高频保护，是由距离保护与高频收发信机结合而构成的一类保护，也属于比较式高频保护；还有电流相位差动保护，是根据比较被保护线路两端工频电流相位的原理而构成的一类保护，简称为相差高频保护。

反应非工频电气量的有高频电流保护，反应暂态过程的高频保护，脉冲数字式高频保护。

（2）按通道工作频率分为电力载波（50～300kHz）通道的高频保护；微波（3000～30 000MHz）保护。

（3）按高频信号作用分为闭锁信号、允许信号及跳闸信号。

（4）按高频通道工作方式可分为线路正常运行时长期发信工作方式及只有在线路故障时才启动发信的故障启动发信方式。

（5）按对高频信号的调制方式可分为幅度调制和频率调制。

（6）按两端高频信号的频率的异同可分为单频制和双频制。

三、高频保护的构成

高频保护由继电部分和通信部分构成。继电部分，对反应工频电气量的高频保护，是在原有保护原理上发展起来的，所以保护原理与原有保护原理相似，而对于不反应工频电气量的高频保护来说，则继电部分根据新原理构成。

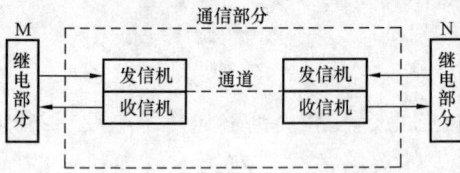

图 8-1　高频保护结构方框图

通信部分由收发信机和通道组成。构成高频保护的方框图，如图 8-1 所示。下面以反映工频电气量的高频保护为例，说明继电部分和通信部分的工作情况。继电部分根据被反应的工频电气量性质的高频信号（这高频信号通过通道，从线路一端传送到另一端，对端收信机收到高频信号后，将该高频信号还原成继电部分所需的工频信号通过继电部分进行比较），决定保护装置是否动作。这高频信号也称为载波信号，这种通信方式也称为载波通信，其通道也称为载波通道。

第二节　高　频　通　道

继电保护的高频通道有三种，有电力输电线路的载波通道，微波通道及光纤通道。下面分别介绍。

一、输电线路高频通道

利用输电线路载波通信方式构成的高频通道称为输电线路高频通道。输电线路是按照传输电力要求设计建造的，以输电线路作为高频保护的通道传输高频信号，必须对输电线路进行高频加工。

（一）输电线路高频通道的构成方式

输电线路高频通道的载波频率范围在 $50\sim300kHz$，当频率小于 $50kHz$ 时，受工频电压干扰大，而各加工设备的构成困难，当频率高于 $300kHz$ 时，高频能量衰减大为增加。

高频收发信机与输电线路连接方式有两种，一种是将高频收发信机连接在一相导线与大地之间，称为"相—地"制高频通道。另一种是将高频收发信机连接在两相导线之间，称为"相—相"制高频通道。"相—相"制高频通道的衰耗小，但所需加工设备多，投资大；"相—地"制高频通道传输效率低，但所需加工设备少，投资较小。因此，国内外一般都采用"相—地"制高频通道。

（二）"相—地"制电力载波高频通道的主要设备

"相—地"制高频通道的原理接线，如图 8-2 所示。高频通道应能有效地区分高频与工频电流，并使高压一次设备与二次设备隔离；限制高频信号电流只在本线路内流通，不能传到外线路；高频信号电流在传输中衰耗应最小。为此，应装设加工结合设备，如图 8-2

所示。

高频通道中主要加工设备有：

1. 高频阻波器

在电力系统继电保护中广泛采用高频保护专用的高频阻波器。串联在线路两端，其作用是防止本线路高频信号电流传递到外线路。它由电感线圈和电容器组成并联谐振回路，其并联阻抗 Z 和频率 f 的关系曲线如图 8-3 所示。当其谐振频率 f_0 为选用的载波频率时，它呈现出最大阻抗，约为 1000Ω 以上，阻止谐振频率 f_0 的高频信号电流通过，从而使高频电流限制在被保护线路内，不至于流入相邻线路上去。而对于工频电流（50Hz），高频阻波器阻抗仅为 0.04Ω，不影响工频电流在输电线路上传输。

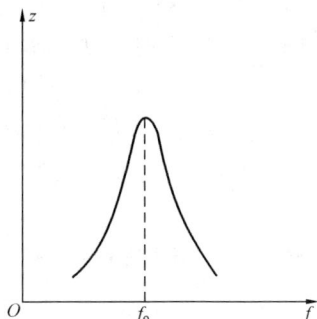

图 8-2 "相—地"制高频通道原理接线

1—输电线（一相导线）；2—高频阻波器；3—耦合电容；4—连接滤波器；5—高频电缆；6—保护间隙；7—接地开关；8—高频收、发信机

图 8-3 阻波器阻抗与频率关系曲线

2. 耦合电容（结合电容）

耦合电容是高压小容量电容器，能承受线路的高电压，其作用是对工频电流呈现很大阻抗，能阻止工频电压侵入高频收发信机，而对高频电流呈现小阻抗，高频电流可顺利通过。它与连接滤波器共同组成带通滤波器，只允许此带通频率（$40\sim500$kHz）内的高频电流通过。

3. 连接滤波器

连接滤波器由一个可调空心变压器和电容器组成。它与耦合电容器共同组成带通滤波器。带通滤波器在线路一侧的阻抗应与输电线路波阻抗（约为 400Ω）匹配，而在电缆一侧的阻抗，应与高频电缆波阻抗（约为 100Ω）相匹配，以免高频信号的电磁波在传送过程中的反射而引起的高频能量附加损耗，使高频收信机收到高频信号功率最大。为了实现阻抗匹配，可选择空心变压器变比约为 $2:1$。同时，连接滤波器还可以使高频收信机与高压输电线隔离，以保证收发信机与人身安全，它还可以作耦合电容器接地之用。

4. 高频电缆

高频电缆采用单芯同轴电缆。它用来连接室内继电保护屏、高频收发信机到室外变电所的连接滤波器，这段距离通常有 $250\sim300$m 长，个别情况可达 700m 长，高频电缆的波阻抗一般为 100Ω 左右。必须指出，由于工作频率高，采用普通电缆将引起很大功率损耗，因此不允许采用普通电缆。

5. 保护间隙

保护间隙是高频通道的辅助设备，作为过电压保护用，当线路上遭受雷击产生过电压时，通过放电间隙击穿接地，以保护收发信机不致被击毁。

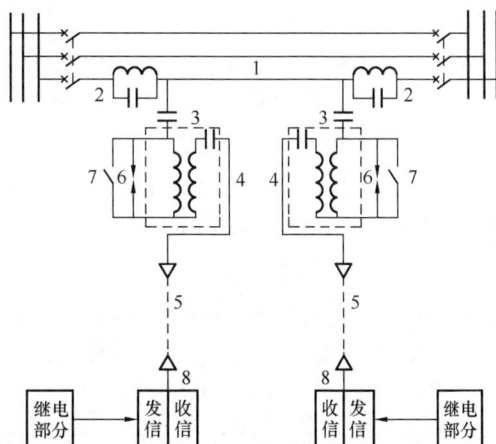

6. 接地开关

接地开关也是高频通道的辅助设备，在检修或调整高频收发信机和连接滤波器时，用它来进行安全接地，以保证设备和人身的安全。

7. 高频收、发信机

高频收发信机由高频收信机和高频发信机两部分组成。它是用来发送和接收高频信号。发信机工作由继电保护部分来控制，通常是电力系统发生短路故障时，保护启动之后它才发出信号，但也有采用长期发信方式的。发信机发出高频信号，通过高频通道输送到对端收信机接收，也可以被自己一端收信机接收。高频收信机收到由本端或对端所发送的高频信号，经过比较判断之后，确定继电保护动作跳闸或闭锁。

高频收发信机有电子管型、晶体管型、集成电路型的，其一般构成原理框图如图8-4所示。

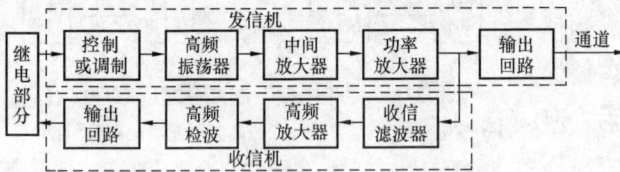

图8-4　高频收、发信机原理框图

收、发信机一般由3个主要部分组成，有高频振荡器、中间放大器和功率放大器。高频振荡器的作用是产生一定频率的高频电流，通常采用石英稳频的LC自激振荡器。中间放大器的作用是将振荡器输出的高频信号电压放大，以满足下一级功率放大器工作所需要的电压。然后再进行功率放大，以得到足够的功率输出。功率放大器一般采用推挽式功率放大器。

收信机由收信滤波器、功率放大、检波和直流输出放大等主要部分组成。功率放大器的作用是将通道经收信滤波器传递来的高频信号电流放大，然后再进行检波，检波后的正半波电压或直流电压经过输出回路送入继电保护部分。

上述高频阻波器、耦合电容、连接滤波器和高频电缆等设备统称为高压线路的高频加工设备。

二、微波通道

由于电力系统载波通信和远动化的日益发展，现在电力输电线路载波频率已经不够分配。为此，在电力系统中还采用微波通道。微波指超短波中的分米波、厘米波和毫米波，我国继电保护的微波通道用的微波频率一般为2000MHz，6000～8000MHz。

微波通道示意图如图8-5所示。它由定向天线1，连接电缆2和收发信机3所组成。微波信号由一端发信机发出，经连接电缆送到天线发射，经过空间传播，送到线路对端天线，被接收后由电缆送到收信机中。微波信号是直线传播的，由于地球是一个球体，使微波的直线传播距离受到限制，一般平原地区，一个50m高的微波天线通信距离为50km左右。超过这个距离，就要增设微波中继站来输送。

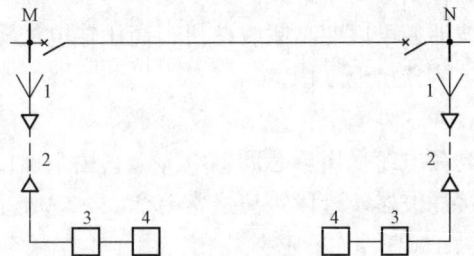

图8-5　微波通道示意图

1—定向天线；2—连接电缆；3—收发信机；4—继电部分

微波通道不受输电线路的影响，无论内部或外部故障，微波通道都可以传送信号。微波通道的频带宽，不仅可以传送简单的逻辑信号，还可以将交流电流整个波形传递到双端，构成电流差动微波保护。

微波通道主要问题是投资大。只有在与通信、保护、远动、自动化技术等综合利用微波通道时，经济上才是合理的。

三、光纤通道

光纤通道现在已在继电保护中应用。由光纤通道构成的保护称为光纤继电保护。图 8-6 为光纤通道示意图，它由光发送器，光纤和光接收器等部分构成。

图 8-6 光纤通道示意图

1. 光发送器

光发送器的作用是将电信号转变为光信号输出，一般由砷化镓或砷镓铝发光二极管或钕铝石榴石激光器构成。发光二极管的寿命可达百万小时，它是一种简单而又很可靠的电光转换元件。

2. 光接收器

光接收器的作用是将接收的光信号转换为电信号输出，通常采用光电二极管构成。

3. 光纤

光纤用来传递光信号，它是一种很细的空心石英丝或玻璃丝，直径仅为 $100\sim200\mu m$。光在光纤中传播。

光纤通道容量大，可以节约大量有色金属材料，敷设方便，抗腐蚀不受潮，不怕雷击，不受外界电磁干扰，可以构成无电磁感应和很可靠的通道。但不足的是，通信距离不够长，用于长距离时，需要用中继器及其附加设备。

四、高频通道的衰耗和裕度

1. 高频通道的衰耗

输电线路载波通道由输电线路、加工设备和收发信机组成。所谓通道衰耗是指载波信号通过上述设备时信号的衰耗。如输电线路，在波的传输过程中，波幅按指数规律衰减。高频阻波器投入运行后，由于背后母线上接有众多电气设备（如母线、变压器等），它们对地电容很大，因此，母线高频等效阻抗很小，并且阻抗性质随运行方式改变而变化，可能是容性的也可能是感性的。而阻波器工作点在谐振频率 f_0 附近，可能工作在感性状态也可能工作在容性状态。若母线高频等效阻抗和阻波器阻抗性质不同时，可能导致电抗部分互相抵消，使分支路阻抗下降，流经阻波器的高频电流增大，引起分流损耗。连接滤波器的电感电容元件也要产生损耗。

高频通道的总衰耗在工程计算中采用经验公式计算，即

$$b = KL\sqrt{f} + 0.4N_1 + 0.2N_2 + K_t N_3 + BL_{ge} + \Delta b' (\text{NP}) \tag{8-1}$$

$$\Delta b' = \ln\left|\frac{Z_L + Z_{rgL}}{\sqrt{Z_L + Z_{rgL}}}\right| \tag{8-2}$$

式中 K——每千米输电线路衰减系数，可查表 8-1；

      L——输电线路长度，km；

f——高频电流频率，kHz；

N_1——线路终端数；两个终端 $N_1=2$，若"T"字接线，$N_1=3$；

N_2——并联载波机台数；

N_3——分支线数；

K_t——分支线衰减系数，取 $0.4 \sim 0.8$NP；

B——每千米高频电缆衰减系数，查表 8-2；

L_{ge}——电缆长度，km；

$\Delta b'$——不匹配衰耗；

Z_L——负荷阻抗；

Z_{rgL}——高频电缆的波阻抗。

表 8-1   **不同电压等级线路的 K 值**

线路电压（kV）	K	线路电压（kV）	K
35	1.4×10^{-3}	220	0.75×10^{-3}
110	1.0×10^{-3}	$400 \sim 500$	0.83×10^{-3}

表 8-2   **高频电缆的衰耗系数 B 值**

工作频率（kHz）	50	100	150	200	250	300
PK-2 型同轴电缆（NP/km）	0.25	0.28	0.32	0.36	0.40	0.45
HZQ 型同轴电缆（NP/km）	0.15	0.2	0.24	0.28	0.35	0.42

2. 通道的裕度

输电线路高压系统的断路器操作，短路故障，遭受雷击，电晕和绝缘子放电等情况都可能通过耦合电容和连接滤波器对高频收发信机产生干扰信号。为了挡住干扰信号，在收信机输入回路中加一门槛电压。为了保证收信机可靠工作，发信机发出的信号减去衰耗，还要考虑留有一定的裕度。这个裕度称为通道裕度。用下式表示

$$\Delta b = P_G - (b + P_R) \quad \text{NP} \tag{8-3}$$

式中 P_G——发信电平；

       P_R——收信电平；

       b——通道总衰耗。

根据运行经验，通道裕度 Δb 一般应大于 $0.7 \sim 1$NP，考虑到导线覆冰的介质损失，使输电线路衰耗增加，所以在易结冰地区，$\Delta b \geqslant 1 \sim 1.5$NP。

五、高频通道的工作方式

高频通道工作方式有正常时无高频电流，正常时有高频电流和移频信号三种工作方式。

1. 正常时无高频电流工作方式

正常运行时，高频通道中无高频电流通过，只有当电力系统故障时，发信机才由启动元件发信，通道中才有高频电流传输。这种方式称为"故障启动发信方式"。其优点是对邻近通道影响小，可以延长收发信机的寿命。缺点是必须要有启动元件，而且要定时检查通道是否完好。目前，电力系统广泛采用这种接线方式。

2. 正常时有高频电流的工作方式

正常运行时，通道经常有高频电流通过。因此，这种方式又称为"长期发信方式"。长期发信方式的优点是通道中的工作状态可得到经常监视，可靠性高。此外，无须发信启动元件，使保护简化，并可提高保护的灵敏性。其缺点是增大了通道间相互干扰并降低了收发信机的使用年限。

3. 移频方式

在正常运行时，发信机发出频率为 f_1 的高频电流，用以监视通道及闭锁高频保护。当线路发生故障时，保护装置停止发出频率 f_1 的高频电流，而另发出频率为 f_2 的高频电流，这一方式称为"移频方式"。移频方式能经常监视通道情况，提高了通道工作的可靠性。

按传输高频信号的性质，高频通道分为直接比较方式和间接比较方式两种。

直接比较方式是将线路两端的工频交流电气量转换成高频信号直接送到对端去，在两端的保护装置中直接进行比较，以决定保护是否动作。如电流相位差动高频保护属于这一类比较方式。

间接比较方式是线路两端保护装置只各自反应本端的交流电气量，高频通道只是将两端保护对短路故障的判断结果的高频信号传送到对端去。然后两端根据本端和对端保护对短路判断的结果进行间接比较，以决定保护是否动作。如方向高频保护就属于这一比较方式。

间接比较方式发出的高频信号只是正向故障或反向故障两种信号，故可以利用"有"或"无"高频信号两种方式表示，因此，对通道要求比较简单。直接比较方式则不然，对通道要求比较严格。

应当指出，高频信号和高频电流是两个不同的概念。一种是收信机收到指定频率的高频电流为有高频信号；另一种是收信机接收到指定频率的高频电流为无高频信号。

六、高频信号的作用及工作方式

高频信号的作用是当线路内部故障时，将保护开放，允许保护跳闸；当线路外部故障时，将保护闭锁。按高频信号的作用可分为闭锁信号、允许信号及跳闸信号。

1. 闭锁信号

闭锁信号是禁止保护跳闸的信号。当线路发生内部故障时，两端不发闭锁信号，通道中无闭锁信号，保护作用于跳闸，因此，无闭锁信号是保护跳闸的必要条件。闭锁信号与继电保护部分的动作信号之间具有"否"逻辑关系，其逻辑图如图 8-7（a）所示，图中元件 1 为继电保护部分，元件 2 为禁止门。当线路外部故障时，通道中存在高频闭锁信号，两端保护不动作。为保证外部故障时保护不动作，两端保护必须等待通道中确定无闭锁信号送来时才能发出跳闸信号。因此，这种方式使保护的时间延长。这种方式只要求外部故障时才传送高频电流，而内部故障时不传送高频电流，因此，线路故障对传送闭锁信号无影响。这种方式，可靠性高，所以在以输电线路作高频通道时，广泛采用故障启动发信方式。

2. 允许信号

允许信号是允许保护动作于跳闸的高频信号。有允许信号是保护跳闸的必要条件，允许信号与继电保护部分的动作信号之间有"与"的逻辑关系，如图 8-7（b）所示。元件 3 为与门元件。只有本端继电保护启动又有允许信号存在，保护装置才能动作于跳闸。

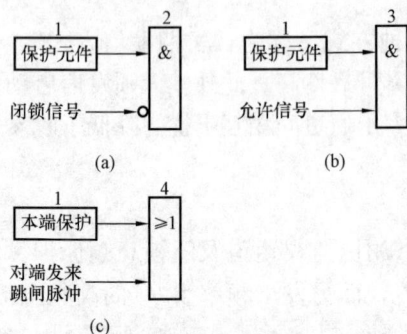

图 8-7 高频信号作用的
逻辑关系示意图

(a) 闭锁信号逻辑图；(b) 允许信号逻辑图；

(c) 跳闸信号逻辑图

3. 跳闸信号

跳闸信号是线路对端发来的直接使保护动作于跳闸的高频信号。只要收到对端发来的跳闸信号，不管本端保护是否动作，保护必须启动并动作于跳闸，因此，跳闸信号是保护跳闸的充分条件。它与继电保护的动作信号之间有"或"的逻辑关系，其逻辑图如图 8-7（c）所示，图中元件 4 为或门元件。

采用闭锁信号，要求两端保护元件动作时间和灵敏系数要很好配合，因此保护结构复杂，动作速度慢。采用允许信号的主要优点是动作速度快，在主保护双重化的情况下，可以利用一套闭锁信号，另一套用允许信号。采用跳闸信号的优点是能从一端判定内部故障，缺点是抗干扰能力差，多用于线路变压器组上。

七、两端发信机工作频率的确定

按线路两端发信机工作频率的异同，高频通道有单频制和双频制两种。

（一）单频制

高频通道中只有一个工作频率，线路两端工作频率相同，线路两端发信机发出的高频电流都能为两端的收信机所接收。单频制的主要优点是继电保护所占用的频带较窄，调试方便。因此，在输电线路作高频通道的条件下，高频通道多数采用单频制，可以减少通道拥挤。但是单频制也存在一些问题要解决，如下面三个问题：

1. 频拍现象

由于两端收信机都能收到两端发出的高频电流，这两个高频电流的幅值和频率实际上变化接近相同，因此，这时收信机收入端的高频电流会出现频拍现象。所谓频拍现象是指两个幅值相等而频率不同，但很接近的正弦波迭加时出现下述现象，设定线路两端送来高频信号电压分别为

$$u_1 = U_M \sin\omega_1 t \\ u_2 = U_M \sin\omega_2 t \Bigg\} \qquad (8-4)$$

则收信机输入端的合成电压为

$$u = u_1 + u_2 = U_M(\sin\omega_1 t + \sin\omega_2 t)$$

$$= 2U_M \cos\frac{\omega_1 - \omega_2}{2}t \cdot \sin\frac{\omega_1 + \omega_2}{2}t \qquad (8-5)$$

由式（8-5）可知，u 是一个脉动电压，其包络线的频率为 $(\omega_1 - \omega_2)/2$，波形如图 8-8 所示。当两端发信机频率很接近时，$\omega_1 \approx \omega_2$，则收信机频率为 $(\omega_1 + \omega_2)/2 \approx \omega_1 \approx \omega_2$。但是它的幅值为 $2U_M \cos\frac{\omega_1 - \omega_2}{2}t$，随时间在 $0 \sim 2U_M$ 之间变化，出现间断点，其波形不是通道中连续的发信高频电流。这种频拍现象，会引起高频保护误动作。

2. 高频信号传送时间

高频电流在通道中传输需要一定时间，可用下式计算

$$t_1 = \frac{l}{v} = \frac{l}{3 \times 10^5} \quad (\text{s}) \qquad (8-6)$$

式中　l——高频通道的长度，km；

　　　v——高频电流传播速度，为光速 $3 \times 10^5 \text{km/s}$。

用工频电角度表示

$$a = \omega t_1 = 2\pi f t_1 = 360° \times 50 \times \frac{l}{3 \times 10^5} = \frac{l}{100} \times 6°$$
$$(8-7)$$

由上式可知，当线路长度为 100km 时，高频电流在通道传送时间相当于工频电角度 6°，这对直接比较方式高频保护将产生影响。

3. 高频电流的反射

高频电流从发信机端传送到对端，又从对端反射回来，反射回来的高频电流经历的时间是本端到对端时间的两倍，即有 2a 电角度的时间延迟，这对直接比较式高频保护将产生不良影响。

（二）双频制

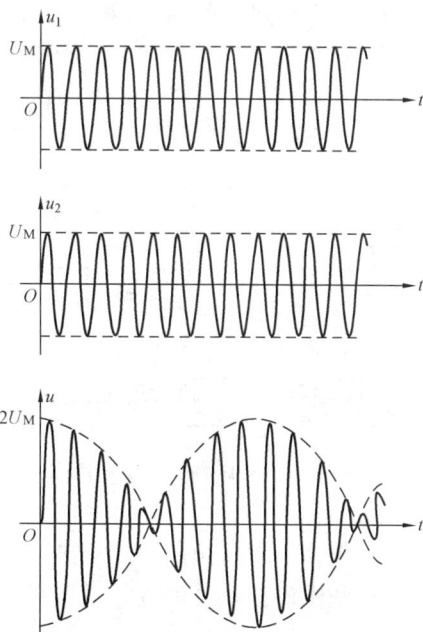

图 8-8　频拍现象

在高频通道中有两个工作频率，即两端发信机工作频率不同，线路任一端收信机只能收到对端发来的高频信号，而不能收到本端发出的高频信号。这样就不会出现频拍现象了。解决了高频电流在通道传送过程中出现的时间延迟和反射信号的不良影响的问题。但是双频制的缺点是频带宽，增加了通道拥挤的困难。

第三节　方向高频保护

一、高频闭锁方向保护的基本原理

高频闭锁方向保护是通过高频通道间接比较被保护线路两端的功率方向，以判断是被保护范围内部故障还是外部故障。保护采用故障时发信方式，并规定线路两端功率从母线流向线路时为正方向，由线路流向母线为负方向。

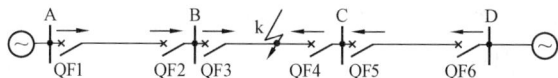

图 8-9　高频闭锁方向保护原理示意图

当系统发生故障时，若功率方向为正，则高频发信机不发信，若功率方向为负，则发信机发信。如图 8-9 所示，在被保护线路两端都装有功率方向元件。当线路 BC 的 k 点发生短路时，对于线路 AB 和 CD，是保护范围外部发生故障，靠近故障点的一端保护 2 和 5，不应动作，其功率方向是由线路流向母线，故功率为负，所以保护 2 和 5 应发出高频闭锁信号，通过高频通道送到线路对端保护 1 和 6，虽然对端 1 和 6 的功率方向是从母线流向线路，功率方向为正，但收到对端发来的高频闭锁信号，故这一端保护 1 和 6 也不会动作。对于故障线路 BC，两端保护 3 和 4 处功率方向都是从母线流向线路，功率方向为正，两端保护 3 和 4 都不发闭锁信号，故两端高频收信机都收不到高频闭锁信号，断路器 QF3 和 QF4 无延时跳闸。

这种在外部故障时，由靠近故障点一端的保护发出闭锁信号，由两端高频收信机接收后将保护闭锁，故称为高频闭锁方向保护。

二、高频闭锁方向保护的基本构成

高频闭锁方向保护的基本构成如图 8-10 所示。线路两端保护结构相同，图 8-10 中为半套保护装置，整套保护装置均由启动元件 KA、功率方向元件 KW、记忆元件 KT1、时间元件 KT2、与门 1 和禁止门 2、3 及收、发信机组成。

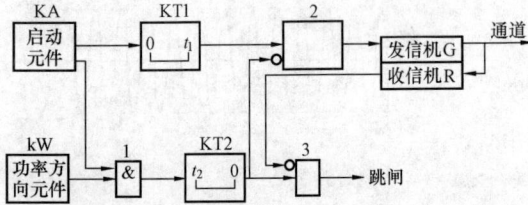

在正常运行情况下，启动元件不动作，发信机不发信，跳闸回路不开放。当线路内部发生短路故障时，线路两端的启动元件和功率方向元件均动作，与

图 8-10 高频闭锁方向保护构成原理方框图

门 1 有输出，经时间元件 KT2 延时 t_2 时间后有输出，通过禁止门 2 将由启动元件启动发信机的发信状态停止，收信机收不到信号，禁止门 3 开放，接通跳闸回路，跳开线路两端断路器。

当发生外部故障时，近故障点端的短路功率从线路指向母线，功率方向元件不启动，不满足与门 1 动作条件，禁止门 2 开放。启动元件由于无方向性启动，通过记忆元件 KT1、禁止门 2 瞬时启动发信机发信，高频信号经通道传送到对端，对端收信机和本端收信机都收到高频信号，本端收信机输出信号将禁止门 3 闭锁，禁止跳闸。远故障点端（对端）虽然启动元件和功率方向元件都能启动，满足与门 1 的动作条件，但须经延时 t_2 时间才能动作，在时间元件 KT2 动作之前，收信机已收到近故障点端发信机送来的高频信号，将禁止门 3 闭锁。

记忆元件 KT1 的作用是防止外部故障切除后，近故障点端的保护元件先返回停止发信，而对端的启动元件和功率方向元件后返回，造成保护误动作跳闸。记忆元件 KT1 的记忆时间 t_1 应大于一端的启动元件返回时间与另一端启动元件和功率方向元件返回时间的差值。

时间元件 KT2 的动作时间按下式整定

$$t_2 = \Delta t + t_x + t_y \qquad (8-8)$$

式中　Δt——本端功率方向元件和启动元件与对端启动元件的动作时间之差；

　　　t_x——高频信号从对端传送到本端所需时间；

　　　t_y——裕度时间。

三、高频闭锁方向保护的启动方式

1. 电流元件启动

电流元件启动的高频闭锁方向保护构成框图如图 8-11 所示。图中 KA1、KA2 为电流启动元件，KW 为功率方向元件。KA1 的灵敏性较高，用以启动发信；KA2 灵敏性较低，用以启动跳闸回路。采用两个电流元件的原因是当外部故障时，远故障点端的保护感受到的情况与内部故障一样，此时主要依靠近故障点端保护发出高频信号，将远故障点端保护闭锁，防止其误动作。因此，外部故障时，保护正确动作的必要条件是近故障点端的发信机必须启动发信。如果远故障点端跳闸回路启动，而近故障点端发信机又未启动发信，将导致保护误动作，因此，两端的电流启动元件的灵敏性必须要配合好。所以采用两个电流启动元件，用灵敏性高的 KA1 可靠地启动发信，用灵敏性低的元件 KA2 启动跳闸回路，即可避免这种误动作。

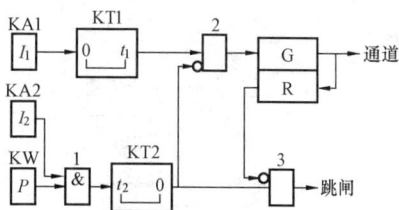

图 8-11　电流元件启动的高频闭锁方向保护构成框图

启动元件 KA1 的动作电流按躲开正常运行时最大负荷电流整定，即

$$I_{op1} = \frac{K_{rel}K_{ss}}{K_{re}} I_{L,max} \qquad (8-9)$$

式中　K_{rel}——可靠系数，取 1.2；

　　　K_{ss}——自启动系数，取 1~1.5；

　　　K_{re}——返回系数，取 0.85。

启动元件 KA2 的动作电流按与 KA1 作灵敏性配合整定。一般取 KA2 的动作电流 $I_{op2} = (1.5~2) I_{op1}$，并按线路末端短路进行灵敏系数校验，要求灵敏系数大于等于 2。

2. 方向元件启动

方向元件启动的高频方向保护构成框图如图 8-12 (a) 所示。图中 KW1 为反方向短路方向启动元件。用以启动发信。KW2 为正方向短路方向启动元件，用以启动跳闸回路。线路两端 P_-、P_+ 的动作区（灵敏系数）的配合，如图 8-12 (b) 所示。N 端及方向启动元件 P_{N-} 的动作区应超过 M 端正方向启动元件 P_{M+} 的动作区；同样，M 端的方向启动元件 P_{M-} 的动作区应超过 N 端的方向启动元件 P_{N+} 的动作区。P_{M+} 和 P_{N+} 的动作区都必须包括并适当超过全线路。这样，若

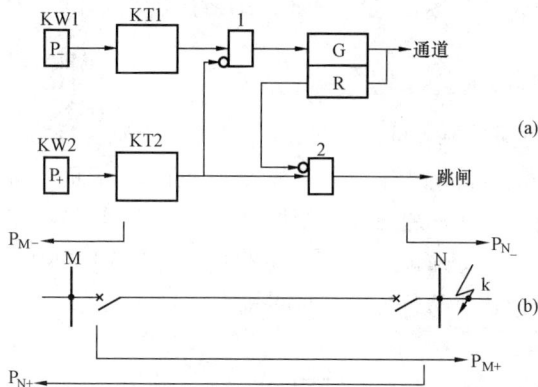

图 8-12　方向元件启动的高频闭锁方向保护构成框图
(a) 构成框图；(b) 两端保护正、反方向启动元件的动作区

当线路外部 k 点发生短路时，则 P_{N-} 启动发信机，将 M 端保护闭锁。

在高频闭锁方向保护中，广泛采用负序功率方向继电器作为方向元件。因为负序功率方向继电器能反应各种短路故障，因为对称短路最初瞬间也会有负序分量出现。保护无动作死区，而且在正常情况下和系统振荡时不会误动作。

3. 远方启动

远方启动的高频闭锁方向保护框图如图 8-13 所示，除保护的电流元件 KA 启动外，收信机收到对端的高频信号后，经延时元件 KT3、或门 1、禁止门 2 也可启动发信，这种启动方式称为远方启动。

当外部故障时，近故障点端保护启动元件不启动，而对端保护的启动元件启动，短时发信，则近故障点端的保护可由远方启动发信，将对端保护闭锁。时间元件 KT2 的整定值必须大于高频信号在线路上往返一次所需的时间，一般取 $t_2 = 20$ms。这样，在外部故障时，

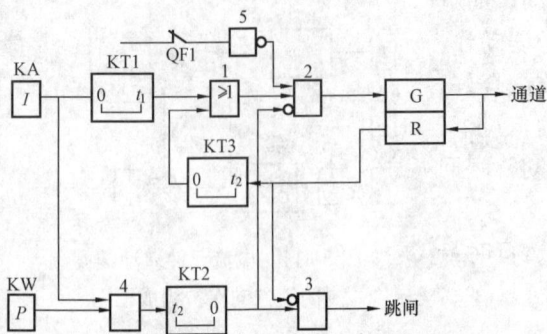

图 8-13　远方启动的高频闭锁方向保护构成框图

远故障点端的收信机才能在 t_2 时间内收到近故障点端用远方启动方式发出的高频闭锁信号，将保护可靠闭锁。

延时元件 KT3 瞬时启动，经固定时间 t_3 延时返回。当两端发信机被远方启动发信后，均自发自收，形成闭环。设置时间元件 KT3 可使远方启动发信，持续时间 t_3，然后自动解环停信。t_3 按大于外部短路可能持续的最长时间整定，一般取 5～8s。这是因为在外部故障切除前，若近故障点端的发信机由远方启动的高频发信机停止发信，对端保护因收不到高频闭锁信号而误动作。

采用远方启动方式，只需设一个启动元件，可以提高保护的灵敏性，但采用远方启动方式，其动作较慢，在单端电源线路内部故障时，受电端保护由远方启动发信，电源端保护可能被闭锁而无法动作跳闸，这是远方启动的缺点。但如果受电端断路器已跳开，由该端断路器动断辅助触点 QF1 将禁止门 2 长期闭锁，收信机不能远方启动，则电源端保护可在 KT2 延时后跳闸。

四、高频闭锁方向保护举例

图 8-14 所示为一负序功率高频闭锁方向保护原理框图。KW1 和 KW2 分别为反方向和正方向负序功率方向元件。反向功率负序元件 KW1 用以启动发信，正向功率负序元件 KW2 用以停止发信，并与负序电流启动元件 KAN 一道启动跳闸回路，以防止因 KW2 故障或受干扰误启动，引起保护误动作。为保证外部故障时优先发出闭锁信号，KW1 的灵敏性应高于 KW2 的灵敏性，而 KW1 的动作时间应比 KW2 的动作时间短。

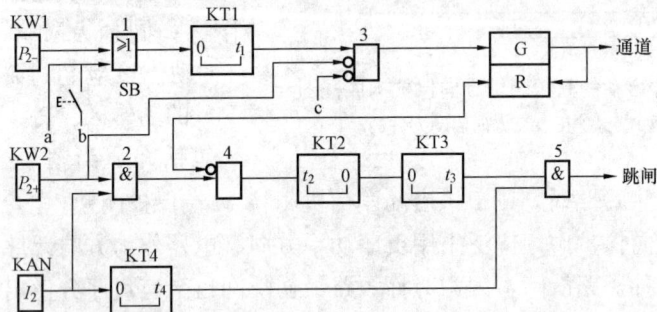

图 8-14　负序功率高频闭锁方向保护原理框图

高频闭锁方向保护能反映各种短路故障，记忆元件 KT3 可将三相短路初瞬间出现的负序分量固定 40～60ms。只要负序分量出现的时间大于正向负序功率方向元件 KW2 的动作时间及时间元件 KT2 的动作时间 $t_2 = 7$ms 之和，保护即能可靠跳闸。记忆元件 KT4 用来将三相短路初瞬间出现的负序电流固定 150ms。

反方向负序功率方向元件 KW1 返回后，经时间元件 KT1 延时 $t_1 = 100$ms 才停止发信，t_1 应大于 t_3。这样，当外部故障时，在远故障点的正向负序功率元件 KW2 返回前，保证能收到近故障点端送来的闭锁信号，因而可防止保护误动作。

时间元件 KT2 的动作时间 $t_2 = 7\text{ms}$，用来保证外部故障时，远故障点端保护能收到对端送来的闭锁信号。并通过禁止门 4 将跳闸回路闭锁，以防止保护误动作，下面对高频闭锁方向保护的工作情况进行分析：

1. 正常运行时

线路正常运行时，没有负序分量，故负序功率方向元件 KW1、KW2 都不会动作，保护不会动作。

2. 发生外部故障时

当发生外部故障时，近故障点端保护反向负序功率元件 KW1 启动。通过或门 1、记忆元件 KT1，瞬时启动发信机 G 发出高频信号向对端传送，同时被本端收信机 R 接收，从而使线路两端保护闭锁。近故障点端的正向负序功率方向元件 KW2 不启动，禁止门 3 不会被闭锁，发信机 G 不会停止发信。同时与门 2 无输出，跳闸回路不启动。

远故障点端保护的反向负序功率元件 KW1 不启动，发信机 G 不发信。正向负序功率方向元件 KW2 及电流元件 KAN 启动，与门 2 有输出。在尚未收到对端传送来的高频信号时，禁止门 4 有输出，但时间元件 KT2 要延时 7ms 后才能动作。在这段时间内，一定能收到对端送来的高频信号，将禁止门 4 闭锁，时间元件 KT2 返回，跳闸回路不启动。

外部故障切除后，近故障点端保护的反向负序功率方向元件 KW1 及电流元件 KAN 返回。由于记忆元件 KT1 延时 100ms 才能返回，使发信机继续发信 100ms。远故障点端保护的正向负序功率方向元件 KW2 及电流元件 KAN 也在外部故障切除后返回。由于在故障切除后 100ms 内尚能收到对端传送来的高频信号，从而防止了外部故障切除后，远故障点端的正向负序功率方向元件 KW2 比对端的反向负序功率方向元件 KW1 后返回引起保护误动作。

3. 发生内部故障时

当发生内部故障时，两端保护动作情况相同。反向负序功率方向元件 KW1 不启动，不发高频信号。正向负序功率方向元件 KW2 及电流启动元件 KAN 启动，与门 2 有输出，禁止门 4 由于未收到高频信号而开放，经过 KT2 延时 t_2 时间后，记忆元件 KT3 瞬时启动，与门 5 有输出，保护动作于跳闸。由于记忆元件 KT3 和 KT4 的记忆作用，使内部故障短路时，只要有 30ms 的负序功率出现，就能使正向负序功率方向元件 KW2 启动（20～30ms），并经 KT2 延时 7ms，启动跳闸回路，使断路器可靠跳闸。

内部故障切除后，两端正向负序功率元件 KW2 和电流元件 KAN 立即返回。正向动作回路经 KT3 延时返回。负序电流闭锁回路经 KT4 延时返回。保护恢复到再次动作状态。

4. 手动操作发出高频信号

手动操作发出高频信号时，按下按钮 SB，经或门 1、记忆元件 KT1、禁止门 3，使发信机发信，以检查通道是否完好。若在手动发信同时，发生内部故障，则正向负序功率方向元件 KW2 启动，闭锁禁止门 3，停止发信。由于电流元件 KAN 启动，保护能动作于跳闸，即不会因检查通道而影响保护正常工作。

5. 短路功率换向时

在图 8-15 所示网络中，在线路 WL1 保护的相继动作区内 k 点发生短路时，在断路器 QF1 断开前，通过线路 WL2 的功率方向从 N 端指向 M 端，如图 8-15 实线方向所示。线路

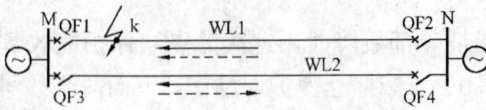

图 8-15 短路功率换向示意图

WL2 的 M 端保护的反向功率方向元件启动发信。N 端保护的正向功率方向元件启动，但受到 M 端送来的高频闭锁信号，保护不会动作。由于 k 点处于线路 WL1 的相继动作区，故 QF1 先断开，QF1 断开后，通过线路 WL2 的功率换向，为从 M 端流向 N 端，如图中虚线方向所示。如果功率换向前，功率正方向端（N）的正向功率方向元件返回时间大于功率换向后功率正方向端（M）正向功率方向元件的动作时间，则功率换向后，将使闭锁信号中断，线路 WL2 的 M 端收不到闭锁信号，误动作跳开 QF3。因此，必须保证正向功率方向元件的动作时间小于反向功率方向元件的返回时间。这样，当短路功率换向时，两端信号才能相互衔接，不出现中断，保证保护不误动作。

6. 非全相运行

采用单相重合闸的高压线路，在重合闸过程中将出现非全相运行，这时，负序功率高频闭锁方向保护的情况与保护用电压互感器装设的位置有关。下面分析在线路一端断开一相为例，电压互感器装设的位置对负序功率闭锁方向保护的影响。

如图 8-16（a）所示，非全相运行（设 A 相断开）电网，如图 8-16（b）所示为其负序等值电路，在 M 端断开一相，$\dot{U}'_{2M}$ 为 M 端电压互感器接于线路侧时的负序电压。$\dot{U}_{2N}$ 为 N 端电压互感器接于母线侧时的负序电压。$\dot{U}_{2M}$ 为 M 端电压互感器接于母线侧的负序电压。$\dot{I}_{2N}$，$\dot{I}_{2M}$ 为线路两端正向负序电流。

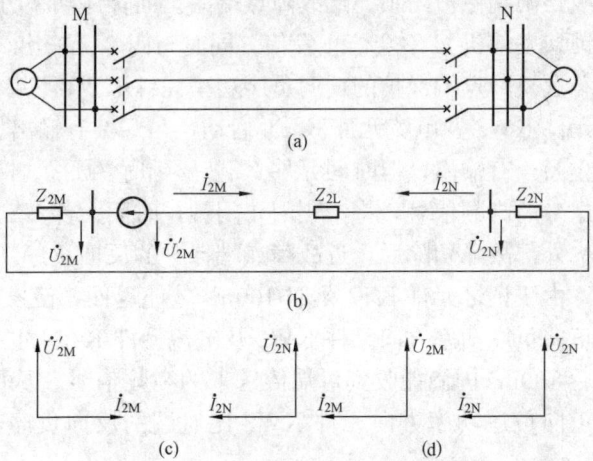

图 8-16 非全相运行对负序功率高频
闭锁方向保护的影响
(a) 网络图；(b) 负序网络图；(c) TV 接于线路两端负序相量图；
(d) TV 接于母线两端负序相量图

当电压互感器 TV 接于母线侧时有

$$\left.\begin{array}{l}\dot{U}_{2M}=-\dot{I}_{2M}Z_{2M}\\\dot{U}_{2N}=-\dot{I}_{2N}Z_{2N}\end{array}\right\} \tag{8-10}$$

线路两端负序电流和负序电压相位关系如图 8-16（d）所示，负序电流均超前负序电压，相当于内部故障。两端正向负序功率方向元件启动，保护动作于跳闸。

当电压互感器接于线路侧时，有

$$\left.\begin{array}{l}\dot{U}'_{2M}=\dot{I}_{2M}(Z_{2L}+Z_{2N})\\\dot{U}_{2N}=-\dot{I}_{2N}Z_{2N}\end{array}\right\} \tag{8-11}$$

两端负序电压和负序电流的相位关系如图 8-16（c）所示，M 端的 $\dot{I}_{2M}$ 滞后 $\dot{U}'_{2M}$，相当于 M 端的外部故障。M 端反向负序功率方向元件启动发信，将两端保护闭锁。因此，为避免在单相重合闸过程中负序功率高频闭锁方向保护误动作，应将电压互感器 TV 接于线路侧。

7. 外部停止发信

图 8-14 中端子 C 为外部停止发信用，若一次系统为线路变压器组，如图 8-17 所示。当变压器高压侧断路器 QF2 检修时，变压器发生故障。这个故障对线路来说是外部故障。线路 QF2 的保护端发信，将 QF1 端保护自锁，故障无法切除。若利用变压器出口继电器触点，由 QF2 端保护的 C 端接入信号，将禁止门 3 闭锁，停止发信机发信，QF1 端的保护因收不到闭锁信号而动作于跳闸。

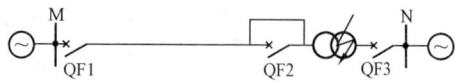

图 8-17　线路变压器组外部停信应用示意图

图 8-14 中 a 端子为外部发信用。通过端子 a 可利用本端发信机与对端收信机构成"远方跳闸方式"。

第四节　高频闭锁距离保护

高频闭锁方向保护只能作为本线路的全线快速保护，不能作为变电站母线和下一级线路的后备保护，为了作为相邻线路的后备保护，可以在距离保护上加设高频部分，构成高频闭锁距离保护。距离保护所用的元件，如启动元件和方向阻抗测量元件，在高频闭锁方向保护中同样需要，因此，可以共用这些元件将高频闭锁方向保护和距离保护组合在一起。通常借用距离保护（或零序保护）的启动元件和方向阻抗测量元件，另外加设高频收发信机和高频闭锁装置（由接口继电器、逻辑回路及出口继电器回路组成），构成高频闭锁距离（或高频闭锁零序）保护装置。这样，高频闭锁距离保护装置既能在内部故障时快速地切除被保护范围内的任一点故障，又能在外部故障时，作为下一级线路和变电站母线的后备保护。它兼有两种保护的优点，并且能简化整个保护接线。目前，高频闭锁距离保护是超高压输电线上广泛采用的一种主保护之一。

一、高频闭锁距离保护的工作原理

高频闭锁距离保护主要由启动元件、距离元件和高频收发信机等构成。如图 8-18 所示，为短时发信，单频率高频闭锁距离保护的原理框图。

（1）启动元件。启动元件的主要作用是在故障时启动发信机。它由距离保护本身的启动元件兼任，在二段式距离保护中，通常采用负序电流元件，负序电压元件作启动元件，而在三段式距离保护中，则采用第三段距离元件作启动元件，启动元件一般是无方向性的。在图 8-18 中，采用负序电流元件 KAN 启动。

（2）距离元件。距离元件的作用是判断故障方向，以控制发信机是否停止发信。因此，距离元件必须具有方向性，并能保护线路的全长。通常采用第 II 段距离元件作为高频闭锁距离保护的距离元件。在距离保护中，通常采用一个距离继电器，通过切换方式来作为保护的第 II 段。当高频部分退出工作时，应将距离元件切换到第 I 段，恢复距离保护第 I 段正常工作。

（3）高频收发信机。高频收发信机同高频闭锁方向保护相同。

图 8-18 中只画出与高频保护有关部分。图中为距离保护简化的两段式距离保护装置。I、II 段距离保护的测量元件 Z^I、Z^{II} 合用一组阻抗继电器 KR，由切换继电器 KCW 实现切换。负序电流元件 KAN 既是振荡闭锁回路的启动元件，也是当距离保护独立工作时距离

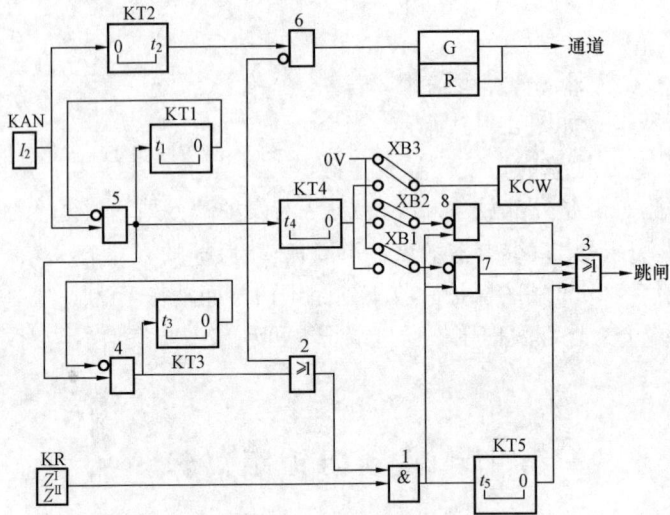

图 8 - 18　高频闭锁距离保护原理框图

保护的启动元件。它的作用是定时（由 KT4 提供延时 t_4）启动切换继电器 KCW 与闭锁瞬时动作于跳闸回路。

当三个连接片 XB1、XB2 和 XB3 均在上方位置时（如图 8 - 18 中位置），保护按高频闭锁距离保护方式工作，此时通过 XB3，经 KCW 将阻抗继电器切换在第Ⅱ段。当三个连接片 XB1、XB2 和 XB3 均在下方位置时，保护按距离保护方式独立工作。

1. 内部故障时

当被保护线路内部发生短路故障时，两端负序电流元件 KAN 启动。一路经时间元件 KT2 及禁止门 6 启动发信机向对端保护发出高频闭锁信号，另一路经禁止门 5、4 或门 2 为与门 1 动作准备条件。与此同时，阻抗继电器 KR(Z^{II}) 动作后与门 1 开放，一方面准备发保护跳闸信号，另一方面闭锁禁止门 6，使本端发信机停止发信。同样，对端阻抗测量元件 Z^{II} 也动作，使对端也停止发信。于是收信机收不到闭锁信号，禁止门 8 开放，经或门 3 保护瞬时动作于跳闸。时间元件 KT2 延时 $t_2 = 7s$ 返回，即高频信号只允许发 7s 时间。

2. 外部故障时

当故障点发生在本端阻抗继电器 Z^{II} 保护范围以外时，两端的负序电流动启动元件 KAN（I_2）均动作，分别启动发信机，发出高频闭锁信号。两端阻抗继电器 Z^{II} 均不动作，与门 1、禁止门 8 均不开放，保护装置不会误动作。

当故障点发生在本端阻抗继电器 Z^{II} 保护范围内时，两端负序电流元件 KAN 均动作，分别启动该发信机发出高频信号，并开放振荡闭锁回路，本端阻抗继电器 Z^{II} 也动作，与门 1 开放，准备跳闸和通过禁止门 6 停止本端发信机。但对端阻抗继电器 Z^{II} 不动作，对端发信机继续发出高频信号，所以本端禁止门 8 被闭锁，两端断路器不会误跳闸。若下一级线路的保护或断路器拒绝动作时，本端保护按 t^{II} 时限跳闸，一般取 $t^{II} = 0.5s$。

当电力系统振荡时，由于无负序电流启动，负序电流启动元件 KAN(I_2) 不会动作，距离元件虽然可能会误动作，但与门 1 不开放，断路器不会误跳闸。

距离保护单独运行时，三个连接片均在下方位置，距离阻抗继电器工作在第Ⅰ段。如故障发生在第 I 段保护范围内，阻抗继电器 KR(Z^{I}) 动作，电流启动元件 KAN(I_2) 也动作。与门 1 开放，禁止门 7 也开放，断路器跳闸，切除故障。

如果故障发生在距离保护第 II 段保护范围内，此时 KAN(I_2) 元件动作，禁止门 4、5 开放，由延时动作的时间元件 KT3 提供 $t_3=0.2$s 的振荡闭锁开放时间。在第一个 0.1s 时间内，KCW 尚未切换，阻抗继电器工作在第 I 段。当第 I 段工作时间已过去，时间元件 KT4 动作，经 KCW 将阻抗继电器切换到第 II 段（Z^{II}），同时禁止门 7 闭锁，保护瞬时动作跳闸回路。开放 KT2 时间回路。II 段距离保护开放时间为由 0.2s 振荡闭锁时间剩下 0.1s。若在 II 段保护范围内故障，则与门 1 一经动作后，由或门 2 自保持振荡闭锁的开放状态。等待到达时间 t^{II} 后，立即使断路器跳闸。

从以上分析表明，高频闭锁保护和距离保护共同构成了高频闭锁距离保护。它能瞬时从被保护线路两端切除故障；当输电线路外部故障时，其距离保护第 III 段仍然能起到后备保护作用。因此，它保留了高频保护和距离保护的优点，简化了保护装置。但由于两种保护接线互相连在一起。当距离保护检修时，高频保护也必须退出工作，这是它的主要缺点。

目前我国生产的高频闭锁距离装置有 ZQ-1、GBJ-2、GBJ-2/G、PXH-15 和 GJLZ-20 等型号的。

二、高频闭锁零序方向保护

零序电流方向保护对接地故障反应灵敏，延时短，零序功率方向元件无死区，电压互感器二次回路断线不会误动作，接线简单、可靠、系统振荡时也不会误动作，所以不需要采取防止振荡闭锁措施，实现用高频闭锁方案比距离保护更方便。

高频闭锁零序电流方向保护用零序电流保护第 III 段测量元件即零序电流继电器 KAZ1(I_{0III}) 启动发信，用第 II 段测量元件 KAZ2(I_0^{II}) 和零序功率方向元件 KWD(P_0) 共同启动跳闸回路。当内部故障时，两端保护测量元件 KAZ1 启动发信，两端保护的测量元件 KAZ2 和功率方向元件零序功率继电器 KWD 启动后停止发信，并启动跳闸回路，两端断路器跳闸。

当外部故障时，近故障点端保护的测量元件 KAZ1 启动发信，而零序功率方向继电器 KWD 不启动，故跳闸回路不启动，远故障点端保护的测量元件 KAZ1 和功率元件 KWD 均启动，收到对端传送来的高频信号将保护闭锁。

第五节 电流相差高频保护

一、相差高频保护的基本工作原理

电流相差差动高频保护（简称为相差高频保护）是根据直接比较线路两端电流相位而确定保护是否动作的原理构成的。如图 8-19 所示双电源网络，假设线路两端电动势同相位，系统中各元件阻抗角相同。假定电流正方向是从母线流向线路，则电流从线路流向母线则为负。因此，装于线路两端的电流互感器极性如图 8-19（a）所示。

当 MN 线路内部 k1 点发生短路故障时，线路两端电流都从母线流向线路，两端电流相位差 $\varphi=0°$，其方向为正，如图 8-19（b）所示。

当 k2 点发生短路故障时，即外部故障时，靠近故障点 k2 端的短路电流 $\dot{I}_{N,k2}$ 由线路流向母线，与规定方向相反故为负，而远离故障点端 M 端的短路电流 $\dot{I}_{M,k2}$ 方向由母线流向线

(a)

(b)

(c)

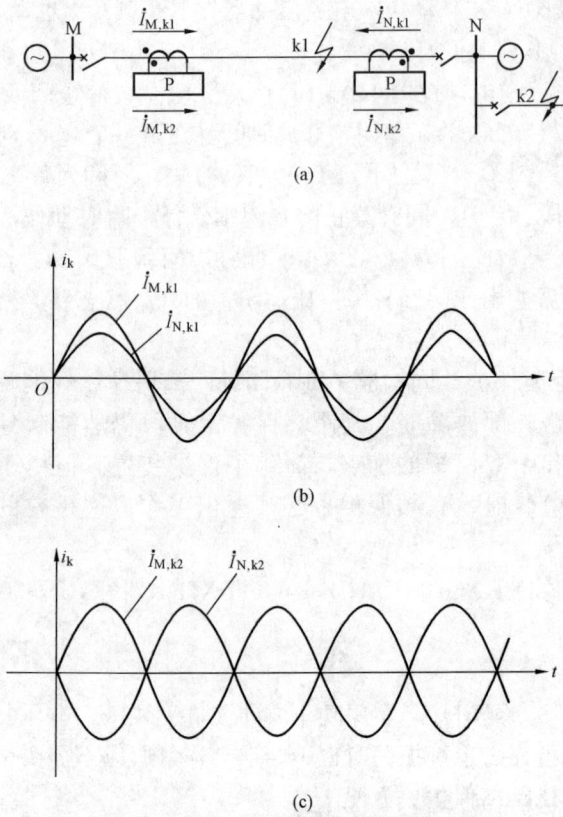

图 8-19　相差高频保护工作原理

(a) 网络图；(b) 内部故障时两端电流波形；

(c) 外部故障时两端电流波形

路为正，它们之间相角差 $\varphi=180°$，如图 8-19（c）所示。因此，可以根据线路两端电流之间相位差 φ 的不同来判断线路是内部故障还是外部故障。

为了实现线路两端电流相位比较，必须把线路对端电流用高频信号传送到本端并保持原工频电流的相位，与本端高频电流直接比较，构成比相系统，由比相系统给出比较结果。

采用高频通道经常无电流，而在外部故障时发出闭锁信号的方式构成故障时发信单频调幅制相差高频保护。在线路故障时，启动元件启动发信机发信，在短路电流正半周时，由操作元件控制发信机发出高频信号，而在负半周时则不发出高频信号，如此不断交替进行。

当被保护线路内部发生故障时，由于两端电流相位相同，两端电流相位差 $\varphi=0°$，两端发信机在工频电流正半周时同时发出高频信号，在工频负半周时同时停信，两端收信机收到的高频信号具有 $180°$ 的间断角，如图

8-20（a）所示。间断角大于比相元件整定的动作角，使保护动作于跳闸。

当被保护线路外部故障时，如图 8-20（b）所示，两端电流相位差为 $180°$。则线路两端发信机交替工作，M 端发信时，N 端停信；M 端停信时，N 端发信。两端收信机收到的高频信号是连续的，间断角 $\varphi=0°$。显然间断角小于比相元件的动作角。因此，保护不动作。

二、相差高频保护的构成

相差高频保护装置主要由高频收、发信机、操作元件、启动元件和比相元件等构成。

操作元件的作用是将输电线路中 50Hz 工频电流转变成 50Hz 的方波电流，对发信机中高频电流进行调制（继电保护中称为操作），此工频方波电流称为操作电流。

对操作电流的要求是：

(1) 能反应所有类型的故障。

(2) 线路内部故障时，两端操作电流相位差 $\varphi=0°$ 或 $\varphi\approx0°$。

(3) 线路外部故障时，两端操作电流相位差 $\varphi=180°$ 或 $\varphi\approx180°$。

为满足上述要求，通常将三相电流综合成单一电流作为操作电流，最普遍的是将正序电流和负序电流的复合相序电流 $\dot{I}_1+K\dot{I}_2$ 作为操作电流。$\dot{I}_1+K\dot{I}_2$ 由复合相序电流滤过器取得。在 $\dot{I}_1+K\dot{I}_2$ 中，正序电流 $\dot{I}_1$ 能反应各种短路故障，$K\dot{I}_2$ 能反应不对称短路。$\dot{I}_1$ 虽然能

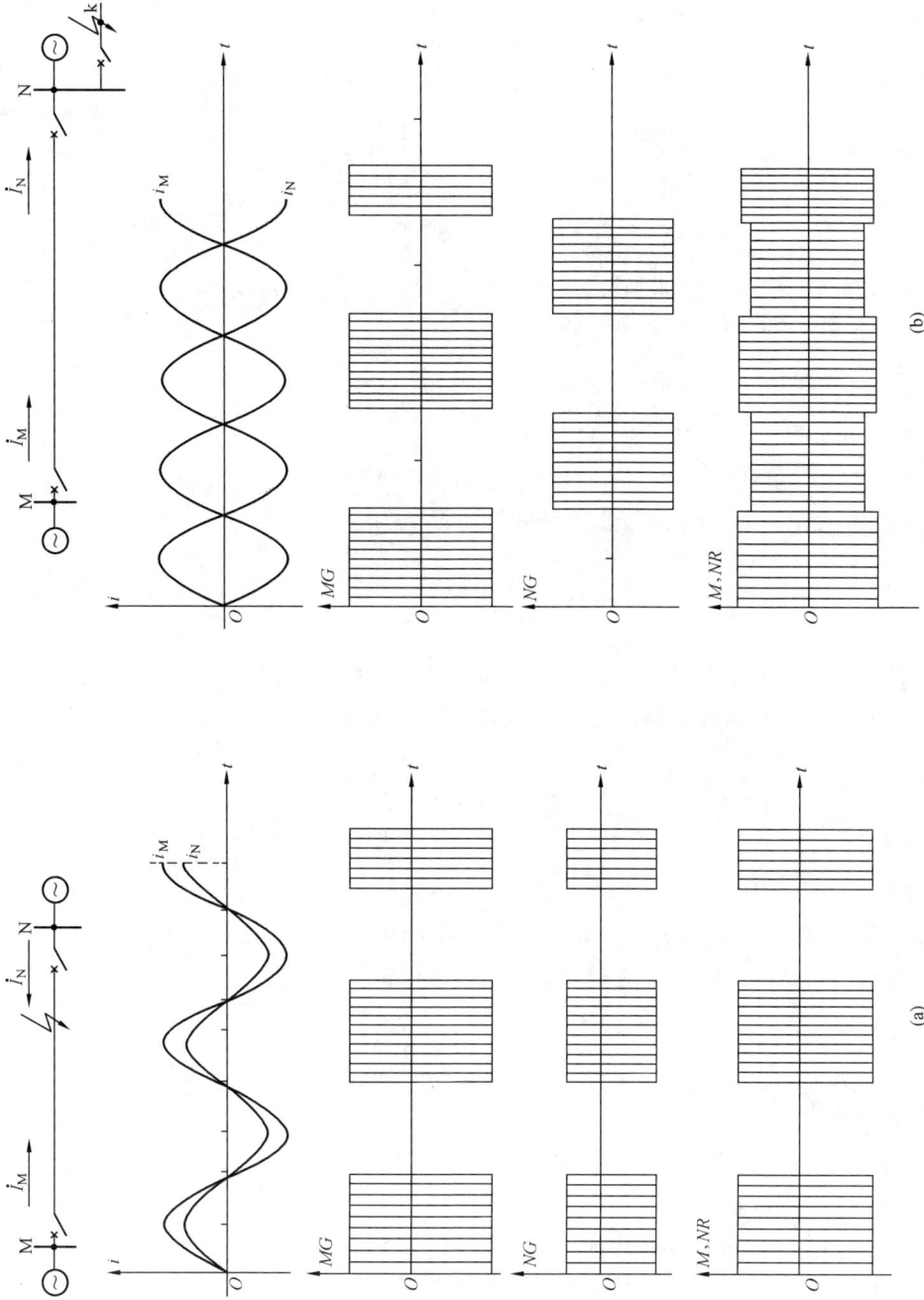

图 8 - 20　相差高频保护工作情况示意图
(a) 内部故障；(b) 外部故障

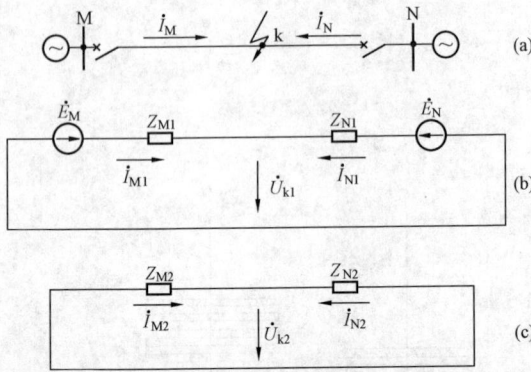

图 8-21　内部不对称短路时线路两端电流相位

(a) 系统图；(b) 正序网络图；(c) 负序网络图

反应各种短路，但是当内部故障时，两端正序电流相位并非相同；有时相差很大，不利于保护工作。而内部故障时，两端负序电流基本上同相，有利于保护动作。

如图 8-21（a）、（b）所示，线路 MN 内部 k 点发生不对称短路时，两端正序电流分别为

$$\left.\begin{array}{l} \dot{I}_{M1} = \dfrac{\dot{E}_M - \dot{U}_{k1}}{Z_{M1}} \\[3mm] \dot{I}_{N1} = \dfrac{\dot{E}_N - \dot{U}_{k1}}{Z_{N1}} \end{array}\right\} \qquad (8-12)$$

式中　　$\dot{I}_{M1}$、$\dot{I}_{N1}$——线路 MN 两端正序电流；

Z_{M1}、Z_{N1}——线路两端系统正序阻抗；

$\dot{U}_{k1}$——短路点正序电压。

若忽略 Z_{M1} 和 Z_{N1} 的相位差，则 $\dot{I}_{M1}$ 和 $\dot{I}_{N1}$ 之间相位差角为

$$\varphi = \arg \frac{\dot{E}_M - \dot{U}_{k1}}{\dot{E}_N - \dot{U}_{k1}} \qquad (8-13)$$

对于高压重负荷线路，两端电动势 $\dot{E}_M$ 和 $\dot{E}_N$ 之间相位差较大，因此 φ 值也较大。

由图 8-21（c）所示负序网络图可知，两端负序电流为

$$\left.\begin{array}{l} \dot{I}_{M2} = -\dfrac{\dot{U}_{k2}}{Z_{M2}} \\[3mm] \dot{I}_{N2} = -\dfrac{\dot{U}_{k2}}{Z_{N2}} \end{array}\right\} \qquad (8-14)$$

若忽略 Z_{M2} 和 Z_{N2} 的相位差，则 $\dot{I}_{M2}$ 与 $\dot{I}_{N2}$ 同相位，与两端电动势的相位差无关，为了使内部发生不对称短路时，两端的操作电流接近于同相，且保证线路内部任何一处发生各种类型短路时，都有 $\dot{I}_1 + K\dot{I}_2 \neq 0$，则 K 值通常取 6~8。

在 $\dot{I}_1 + K\dot{I}_2$ 为正半周时，允许发高频信号，在负半周时不允许发高频信号。

三、启动元件

相差高频保护的启动元件有以下作用：

(1) 正常情况下，禁止发信机发信，将保护闭锁。

(2) 系统故障时，启动发信机发信，并开放比相元件。

(3) 空载投入线路时，防止电容充电电流使保护误动作。启动元件应能反应各种短路故障，并具有足够的灵敏性。采用负序电流元件反映不对称短路故障，负序电流元件具有接线简单、灵敏性高、不反应系统振荡等优点。采用接于一相电流的相电流元件反应对称短路故障，当相电流元件灵敏性不够时，可采用阻抗元件。

图 8-22 所示为启动元件原理框图。启动元件由负序电流元件 $KAN(I_2)$ 和相电流元件

KAP(I_1) 构成。负序电流元件有高整定值和低整定值，低整定值的元件灵敏性高，用以启动发信，并通过延时返回的时间元件 KT1，保证在 $t_1 = 5\sim7$s 时间内发信机连续发信。KT1 的作用是防止当外部故障时低定值元件先于高定值元件返回，导致保护误动作。

负序高定值元件启动后经或门

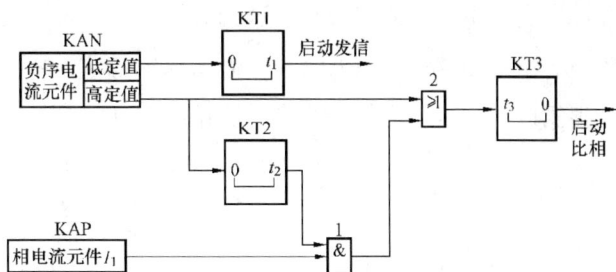

图 8-22　相差高频保护启动元件原理框图

2、延时元件 KT3，延时 $t_3 = 10$ms 启动比相回路，它的作用是防止故障初瞬间短路电流波形畸变，使比相元件不能正确比相而引起保护误动作。相电流元件与负序高定值元件、记忆元件 KT2 一起构成对称短路故障的启动元件。KT2 的作用是将对称故障发生瞬间负序高定值元件的动作记忆一段时间，$t_2 = 10$ms，保证在对称短路故障时，可靠启动比相元件。相电流启动元件的启动电流应躲过线路最大负荷电流与合闸空载线路的电容电流。并保证线路末端对称短路时有足够的灵敏性。

为防止外部故障时，有一端发信机不发信而造成保护装置跳闸，在实际保护中还可以增加以采用远方启动方式启动发信机。

四、比相元件

（一）对比相元件的基本要求

对比相元件的要求是：外部故障时应可靠不动作，而内部故障时应灵敏动作。这个要求的两个方面是矛盾的，一般要先满足外部故障时可靠不动作，再满足内部故障的灵敏性动作要求。

为了保证外部故障时比相元件不动作，必须使外部故障时两端操作电流相位差 φ 满足下式要求，即

$$|\varphi| \geqslant 180° - \beta \qquad\qquad (8-15)$$

式中　β——闭锁角。

保证内部故障时，比相元件动作条件为

$$|\varphi| \leqslant 180° - \beta \qquad\qquad (8-16)$$

比相元件闭锁角动作范围如图 8-23 所示。以 M 端电流 $\dot{i}_M$ 为基准，若 N 端电流 $\dot{i}_N$ 落在阴影区内，则有 $|\varphi| \geqslant 180° - \beta$，比相元件不动作；若 $\dot{i}_N$ 落在阴影区外，则有 $|\varphi| < 180° - \beta$，比相元件动作。阴影区为闭锁区，无阴影区部分为比相元件的动作区。闭锁角由下列因素决定：

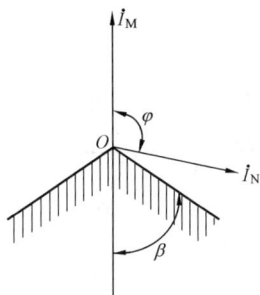

图 8-23　比相元件闭锁角与动作范围

（1）两端电流互感器的误差。线路外部故障时，即使两端一次电流相位差为 180°，则两端电流互感器二次侧电流相位差也并非 180°，因为电流互感器按 10% 误差曲线选择，其角度误差不大于 7° 电角。一般取 TA 的相位误差角 $\varphi_{TA} = 7°$。

（2）两端操作元件角度误差 φ_C，一般取 $\varphi_C = 15°$。

（3）高频电流从线路一端传送到另一端所需延时决定相角差 α，一般取 $\alpha=6°\times\dfrac{l}{100}$。

（4）考虑未计及误差等因素，取一个裕度角 φ_{yd}，一般取 $\varphi_{yd}=15°$。

根据以上因素，取外部故障时线路两端高频信号最大相角差为闭锁角 β，按下式计算

$$\beta=\varphi_{TA}+\varphi_C+\varphi_{yd}+\alpha$$

$$=7°+15°+15°+6°\times\frac{l}{100}=37°+6°\times\frac{l}{100} \tag{8-17}$$

一般规定闭锁角 β 为 $45°\sim60°$。由此确定 β，在外部故障时，保护不该动作，在内部故障时，保护灵敏动作，按最不利条件进行相应的校验判断。

（二）比相元件构成原理

1. 时间积分比相元件

图 8-24 所示为按时间积分原理构成的比相元件原理框图，由时间元件 KT1、KT2 和出口回路构成。

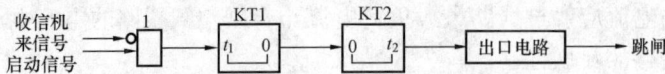

图 8-24　时间积分比相元件原理框图

时间元件 KT1 的作用是时间测定，当线路外部故障时，收信机送来连续或间断时间 (t_λ) 不长的信号，如果信号间断时间小于 t_1 的整定时间（假定闭锁角为 $60°$，则 $t_1=3.3\text{ms}$），则时间元件 KT1 无输出，比相元件不动作。若为内部故障，收信机送来间断时间较长（大于 $t_1=3.3\text{ms}$）的信号，则积分时间电路有每一个周期输出一个脉冲，该间断信号通过 KT2（KT2 为脉冲展宽的电路，脉冲展开完时，$t_2=22\text{ms}$）展宽成连续信号。保证断路器可靠跳闸。

在外部故障转换或切除外部故障的暂态过程中，系统出现暂态分量，使线路两端电流波形发生畸变。使收信机的输出波形的间断角有可能大于闭锁角，使保护误动作。采用二次比相的方法可避免这种误动作，因而可以提高比相元件的可靠性。

2. 二次比相元件

图 8-25 所示为二次比相元件原理框图。二次比相元件要求收信机收到高频信号宽度不能过小（不小于 10ms）；收信机收到高频信号的间断时间也不能过长（不大于 11ms）；前后两次出现的信号间断角均大于整定的闭锁角。

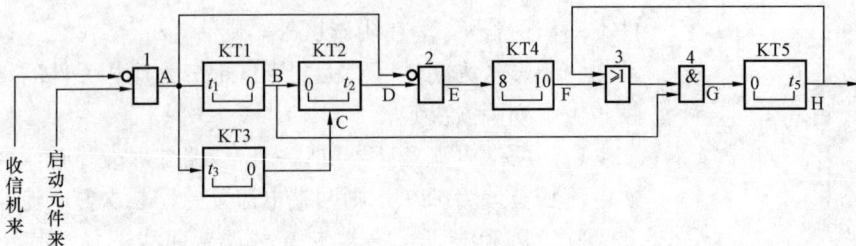

图 8-25　二次比相元件原理框图

收信机输出信号间断时间大于 11ms 时，比相元件不应动作，设置 KT3，在收信机输出信

号间断时间内，禁止门 1 有输出，若信号间断时间大于 $t_3 = 11ms$，则 KT3 有输出，将 KT2 闭锁，比相元件不动作。当收信机输出信号宽度小于 10ms，比相元件不应当动作，设置 KT4，在收信机收到高频信号的时间内，禁止门 1 闭锁，2 开放，若信号宽度小于时间元件 KT4 动作时间（$t_4 = 8ms$），在禁止门 2 开放时间内，时间元件 KT4 尚未动作，比相元件不会动作。

下面分析图 8 - 25 所示比相元件的工作情况。

（1）内部故障时，信号间断时间等于时间元件 KT1 的整定值，$t_1 = 3.3ms$，且信号宽度正常时，比相元件能动作。此时比相元件各点电位波形如图 8 - 26 所示。当 t_0 时刻线路内部发生短路故障时，启动元件动作，t_1 时刻收信机传递送来信号出现间断，禁止门 1 有输出，A 点呈高电位，开始第一次积分比相，取闭锁角 $\beta = 60°$ 对应时间为 3.3ms。至 t_2 时刻，时间元件 KT1 动作，B 点出现窄脉冲，实现第一次比相。由于信号间断时间为 3.3ms，小于时间元件 KT3 整定时间 11ms，所以 KT3 不动作，C 点电位一直为零。至 t_2 时刻，时间元件 KT2 瞬时动作，并记忆 12ms，D 点在 t_2 至 t_4（12ms）间呈低电位。由于 $t_2 \sim t_4$ 间，收信机有信号输出，禁止门 1 被闭锁，2 被开放，E 点呈现高电位。到 t_3 时刻，时间元件 KT4 动作，F 点呈现高电位，至 t_4 时刻由于 D、E 点信号复归，时间元件 KT4 开始返回。t_5 时刻出现第二个信号间断，于 $t_5 \sim t_6$ 间进行第二次比相，t_6 时刻 B 点又输出窄脉冲，由于时间元件 KT4 尚未返回，F 点仍呈现高电位，或门 3 有输出，当 B 点出现窄脉

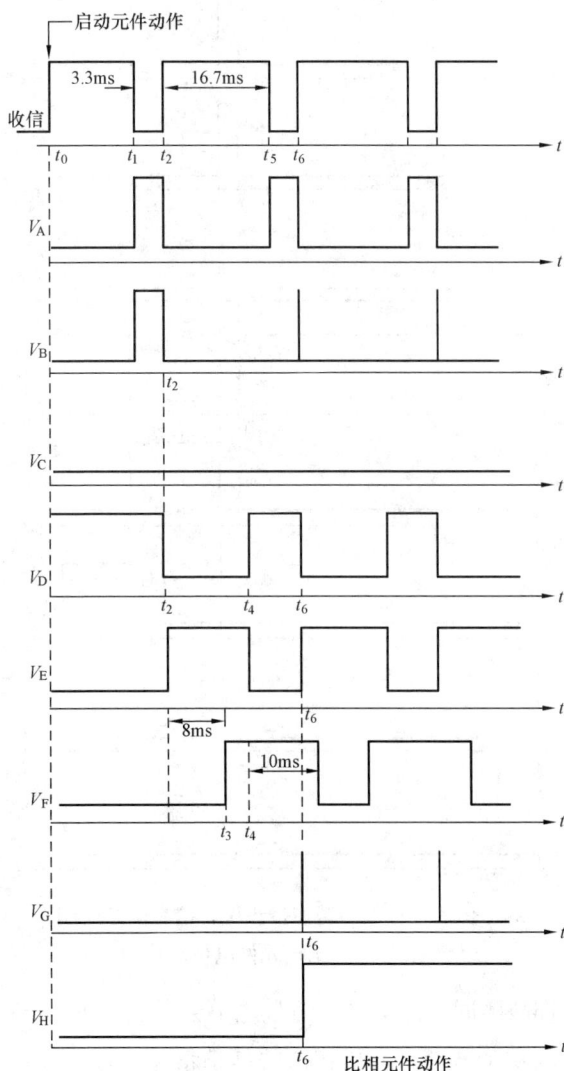

图 8 - 26　内部故障时，信号间断时间等于时间元件 t_1 整定值时比相元件电位波形图

冲（t_6 时刻），与门 4 有输出，G 点输出窄脉冲，时间元件 KT5 动作将脉冲展宽，H 点输出高电位，经或门 3 自保持，比相元件动作。

（2）当外部故障转换过程中，信号间断大于 3.3ms 时，比相元件各点电位波形如图 8 - 27 所示。

设 t_0 时刻发生外部故障，启动元件动作，在外部故障转换中 $t_1 \sim t_3$ 间出现大于 3.3ms（如 5ms）的信号间断。t_2 时刻，时间元件 KT1 动作，B 点输出一个宽度为 1.7ms（$t_2 - t_3$）

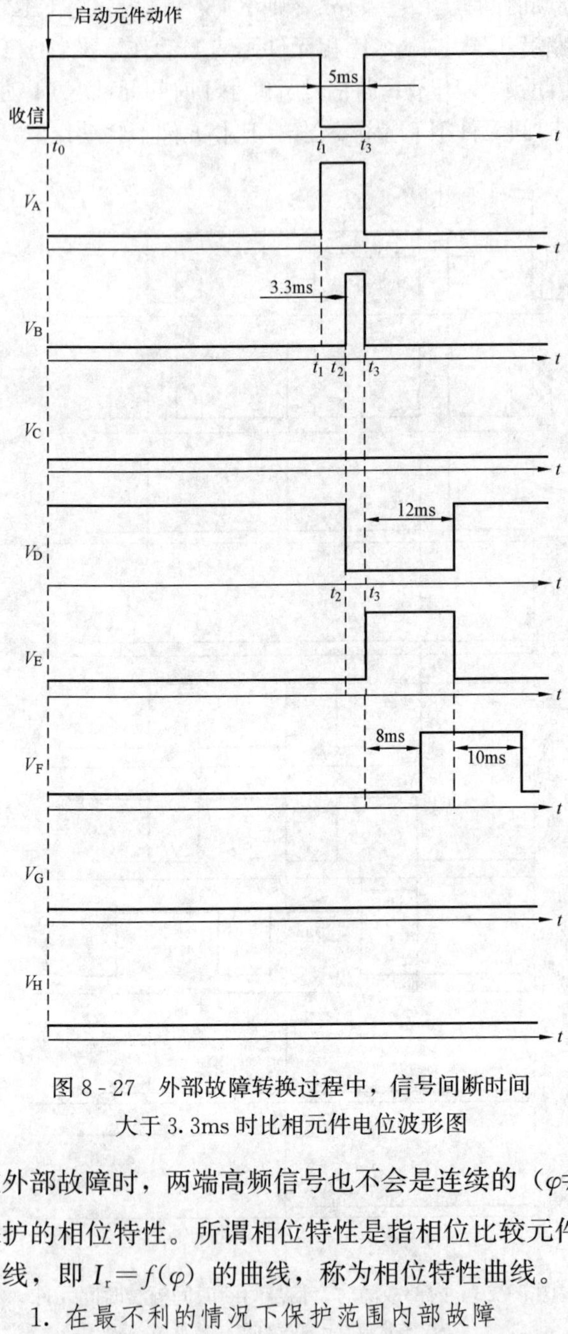

图 8-27 外部故障转换过程中,信号间断时间
大于 3.3ms 时比相元件电位波形图

脉冲,在 $t_2 \sim t_3$ 间,由于 F 点无信号,或门 3 无输出,与门 4 动作的条件不满足,因此,比相元件不动作。

(3) 当发生内部短路故障时,保护动作于三相跳闸停信,此时,若断路器尚未断开或失灵拒动,比相元件能继续处于动作状态。如图 8-25 可知,当收信机收不到信号而无信号输出时,禁止门 1 开放,时间元件 KT3 动作后,将时间元件 KT2 闭锁,但由于比相元件有输出,并通过或门 3 自保持,当收信机无信号输出而故障仍然存在时,禁止门 1 一直开放到有输出,时间元件 KT1 有输出,与门 4 满足动作条件,自保持未被破坏,比相元件继续动作,直到故障被切除,启动元件返回,禁止门 1 无输出,时间元件 KT1 无输出,与门 4 不满足动作条件,自保持被解除,使比相元件复归。

(三) 相差保护的相位特性和相继动作区

在电力系统实际运行中,由于线路两端电动势的相位差、系统阻抗角的不同,电流互感器的误差,以及高频信号在通道上传送的时间延迟等因素影响,使在保护范围内部故障时,两端高频信号不能完全重叠($\varphi \neq 0°$),在外部故障时,两端高频信号也不会是连续的($\varphi \neq 180°$)。因此,需要进一步分析相差高频保护的相位特性。所谓相位特性是指相位比较元件中电流 $\dot{I}_r$ 和高频信号的相位角 φ 的关系曲线,即 $I_r = f(\varphi)$ 的曲线,称为相位特性曲线。

1. 在最不利的情况下保护范围内部故障

在内部对称短路时,复合滤过器输出的只有正序电流,即三相短路电流,如图 8-28 所示。短路前线路两端电动势 $\dot{E}_M$ 和 $\dot{E}_N$ 存在相角差 δ,根据系统稳定运行的要求,δ 角一般不超过 $70°$,取 $\delta = 70°$。设短路点靠近 N 端,则 $\dot{I}_M$ 滞后 $\dot{E}_M$ 的角度由发电机、变压器和线路的总阻抗决定,一般取 $\varphi_k = 60°$。在 N 端,电流 $\dot{I}_N$ 的角度决定于发电机和变压器的阻抗。一般由于它们的电阻很小,故取 $\varphi'_k = 90°$,这样线路两端电流相位差 $\delta_{ph} = \varphi_k - \varphi'_k = 90° - 60° = 30°$,若 $\dot{E}_M$ 超前 $\dot{E}_N$ 为 $70°$,则 $\dot{I}_M$ 和 $\dot{I}_N$ 之间相位差为 $70° + 30° = 100°$,考虑到电流互感器的角度误差 δ_{TA} 取 $7°$，保护装置本身误差 $\delta_p = 15°$，高频信号在传输过程中引起的角度误差 $\delta_L = \dfrac{l}{100} \times 6°$，考虑上述各种因素的影响，M 端和 N 端高频信号之间相位差最大可以达到 φ_{max} 为

$$\varphi_{max} = 70° + 7° + 30° + 15° + \frac{l}{100} \times 6° = 122 + \delta_L$$

对于 M 端　　　　　　　　　　　$\left.\begin{array}{l} \varphi_{max} = 122° + \delta_L \\ \varphi_{max} = 122° - \delta_L \end{array}\right\}$ 　　　　(8 - 18)
对于 N 端

　　因为上述各种因素影响，收信机中高频信号间断时间要缩短，因而使相位比较回路在最不利情况下，即收信机收到高频信号具有 $122° + \delta_L$ 的相位差时，保护也应该可靠动作。

　　在内部不对称短路时，利用 K 倍 $\dot{I}_2$ 分量，只要 K 值取得足够大，就可以保证两端相位基本相同，因为两端负序电流 $\dot{I}_2$ 是由故障点负序电压产生，其相位差仅由线路两端阻抗角、电流互感器和保护装置本身误差所引起。故当线路内部不对称短路时，由于利用负序电流，可以大大减小相位误差，提高保护的灵敏性。因此，在选择系数 K 时，应使 $\dot{I}_2$ 分量在滤过器中占主要地位，一般选 $K = 6 \sim 8$。实际上在高压网络中发生三相短路可能性很小，因此，实际上保护的工作条件比上述最不利工作条件情况要好些。

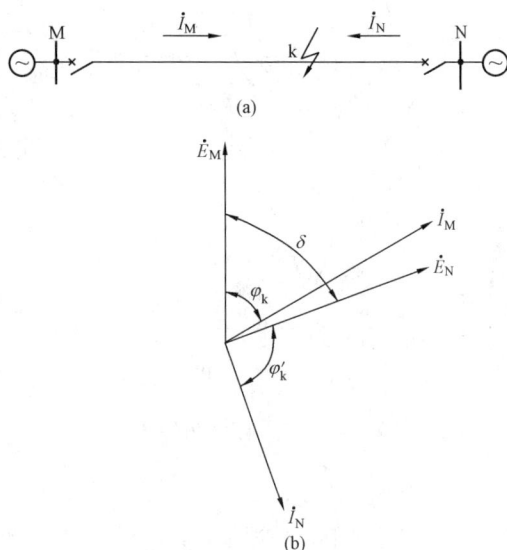

图 8 - 28　内部对称短路时两端电流相位关系
(a) 系统图；(b) 线路两端短路电流相量图

　　2. 保护范围外部的故障

　　在保护范围外部故障时，暂不考虑线路分布电容的影响，两端线路电流 $\dot{I}_M$ 和 $\dot{I}_N$ 的相位差为 $180°$。而超高压远距离线路多采用分裂导线，线路分布电容较大，电容电流也随之增

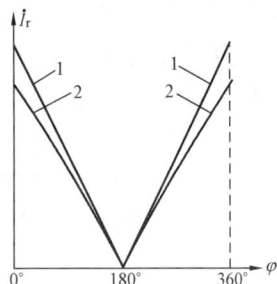

图 8 - 29　相差高频保护的相位特性曲线

大，可能导致保护误动作，为此可在负序电流滤过器中加补偿器，补偿后负序电流不含电容电流，在这种情况下可以不考虑分布电容电流的影响。根据内部故障分析，考虑到电流互感器和保护装置的误差，以及传递高频信号的延迟，线路两端高频信号不会相差 $180°$ 电角。在最不利条件下，可能达到 $180° \pm (122° + \delta_L)$。因此，收信机收到高频信号将不是连续的，亦即高频信号有间断，在相位输出回路中有一个较小的电流 $\dot{I}_r$ 输出，流入继电器 K。如图 8 - 29 所示，在理想条件下，相位特性曲线是图中所示直线 1，实际上，由于整流桥本身是一个非线性元件，加上电流互感器的误差等因素的影响，因此，相位

特性应是曲线 2。

3. 相位特性

根据图 8-29 的相位特性曲线 $I_r = f(\varphi)$ 确定继电器的动作电流 $I_{op,r}$ 和闭锁角 β 如图 8-30 所示。设继电器动作电流为 $I_{op,r}$，将它画在相位特性曲线上，则它与相位特性曲线有两个交点，在交点之下，继电器电流 $I_r < I_{op,r}$，继电器不动作，对应横坐标角度为 β，称为闭锁角，在交点上方，$I_r > I_{op,r}$，是继电器动作范围，对应横坐标角度为 φ_{op}，称 φ_{op} 为保护的动作角。

闭锁角的选定必须满足在外部故障时，保护不动作，而在内部故障时保护能可靠动作。将一切不利因素考虑在内，线路两端高频信号相位差可达

$$\varphi_{max} = 180° \pm (\delta_{TA} + \delta_P + \delta_L)$$
$$= 180° \pm \left(22° + \frac{l}{100} \times 6°\right) \quad (8-19)$$

因为此时保护不应动作，所以必须整定闭锁角

$$\beta > 22° + \frac{l}{100} \times 6° \quad 取$$

$$\beta = 22° + \frac{l}{100} \times 6° + \varphi_{yd} \quad (8-20)$$

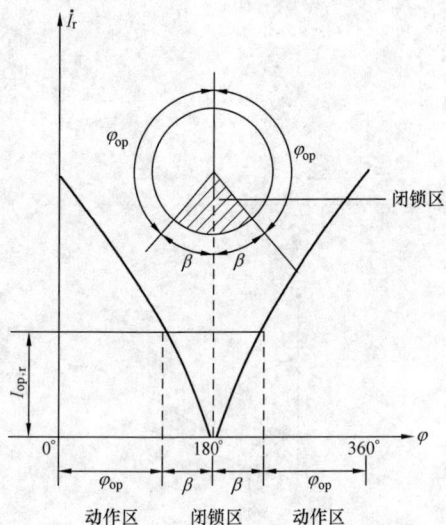

图 8-30 动作电流和闭锁角的选择

式中 　l——线路长度，km；

　　　φ_{yd}——裕度角，一般取 15°。

上述表明，线路越长，闭锁角整定值越大。当整定闭锁角后，还需要校验保护装置在内部故障时的灵敏性。根据以前分析，在最不利情况下，对位于电动势相位超前的 M 端，相位差可达 $\varphi_M = 122° + \frac{l}{100} \times 6°$，对于 N 端，则 $\varphi_N = 122° - \frac{l}{100} \times 6°$，为保证保护装置可靠动作，要求 φ_M 和 φ_N 均小于保护装置的动作角 φ_{op}，并留有一定的裕度。

4. 保护的相继动作区

由式（8-20）可知，当线路越长，闭锁角 β 的整定值越大，而动作角 φ_{op} 则越小。当在保护范围内部故障时，当线路长度超过一定距离时，就可能出现 M 端高频相位差 $\varphi_M > \varphi_{op}$ 的情况，此时，M 端保护将不能动作，相反，N 端收到高频信号的相位差 φ_N 是随着线路长度增加而减少，因此，N 端的相位差 $\varphi_N < \varphi_{op}$，N 端保护仍然能可靠动作。当 N 端保护跳闸的同时，立即停止自己发信机发出高频信号，在 N 端停信以后，M 端的收信机只能收到它自己所发的高频信号，由于这个信号是间断的，因此，M 端的保护也立即跳闸。保护装置的这种情况，即当一端保护动作跳闸以后，另一端的保护才能再动作于跳闸，称之为相继动作。

按相继动作切除线路内部故障，使保护动作时间增大，这对保护不利，这是相差高频保护的一个缺点。

五、相差高频保护原理框图举例

图 8-31 所示为相差高频保护原理框图，以此图说明保护装置的整体结构及系统工作原理。

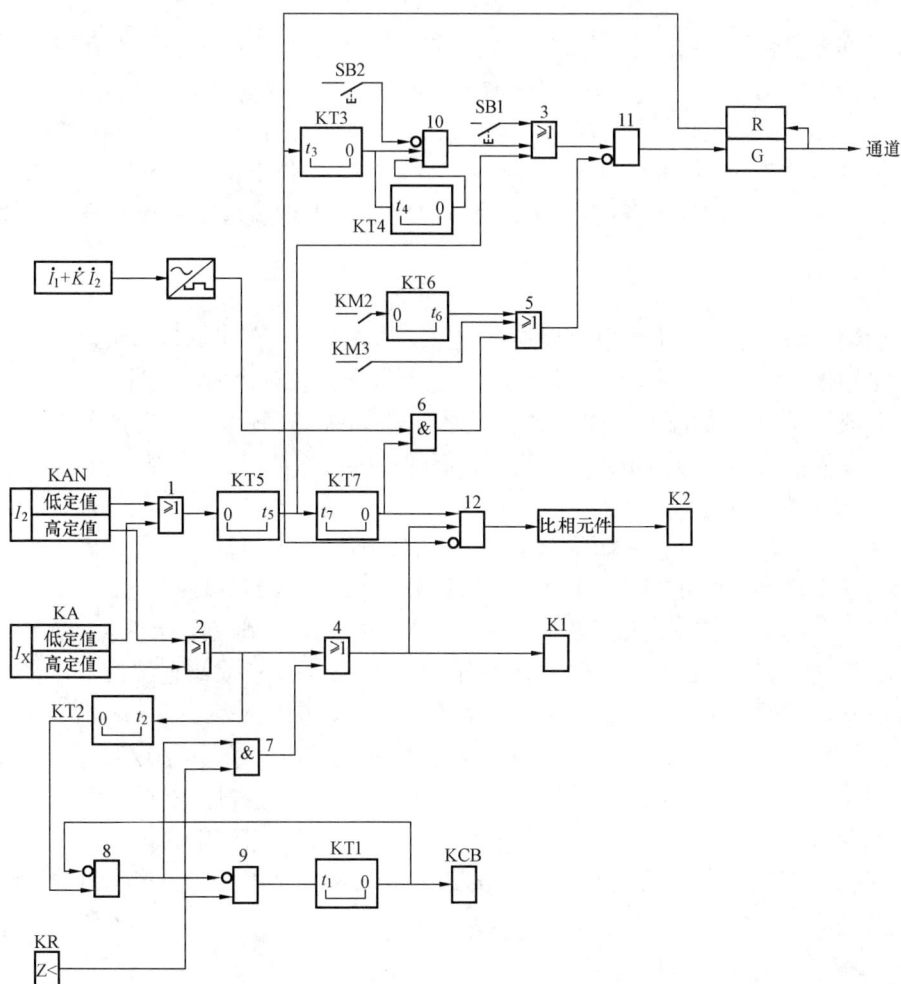

图 8-31 相差高频保护原理框图举例

（一）保护的组成元件

1. 启动元件

启动元件由负序电流元件 $KAN(I_2)$，相电流元件 $KA(I)$ 及阻抗元件 $KR(Z)$ 构成。I_2 反应不对称短路，I 和 Z 反应对称短路，I_2 和 I 又都分为低定值元件和高定值元件。低定值元件用于启动发信，高定值元件用于启动比相，并启动保护的开放继电器 K1。

两个低定值元件启动后，通过或门 1、记忆元件 KT5、或门 3、禁止门 11 启动发信机。低定值元件返回后，经时间元件 KT5 延时 $t_5 = 0.3s$ 停信，用以防止外部故障切除后，两端启动元件返回时间不等，使后返回端保护误动作。

两个高定值元件启动后，通过或门 2、4 启动保护开放继电器 K2，并启动比相元件。对称短路时，阻抗元件 KR 启动，KA 高定值元件启动（对称短路瞬间出现负序电流，I_2 高定值元件也启动），经或门 2，记忆元件 KT2，禁止门 8，与阻抗元件 KR 的输出一起，通过与门 7、或门 4 启动保护开放继电器 K1 及比相元件。记忆元件 KT2 将高定值元件输出信号固定 $t_2 = 200ms$，以便可靠启动保护比相。

2. 操作元件

操作元件由复合电流滤过器和方波形成回路将工频电流 $\dot{I}_1 + K\dot{I}_2$ 形成方波作为操作电流。在工频操作电流正半周时，与门 6 有输出，经或门 5 将禁止门 11 闭锁，停止发信。与门 6 另一输入端是由低定值元件启动后，经或门 1，时间元件 KT2、KT7 送来的信号。因此在启动元件启动 5ms（时间元件 KT7 延时）后，才能操作发信机。这样，本端发信机在低定值元件启动后，立刻发出宽度为 5ms 的高频信号，使对端远方启动回路能迅速发挥作用，启动发信，防止区外故障时保护误动作。

3. 比相元件

线路两端保护，在每一工频电流周期内均为正半周发信，负半周停信且进行比相。在本端工频负半周停信比相时间内，若收信机收到高频信号并有输出时，禁止门 12 将闭锁，比相元件不开放，反之，禁止门 12 将开放。因此，相差保护高频电流作用是闭锁保护。采用高低定值启动元件共同启动比相元件是为了提高保护的可靠性。

4. 远方启动发信回路

（1）区外故障，如果只有一端发信机启动发信，通过远方启动使对方发信机发信，由于对端启动元件未启动，禁止门 11 开放，收信机收到信号后，通过时间元件 KT3、禁止门 10、或门 3、禁止门 11 使发信机发出连续信号，将保护闭锁，避免了保护误动作。

（2）若一端交流回路断线，则远方启动回路启动对端发信机发出连续信号，将断线端保护闭锁，以防止其误动作。

（3）用于检查通道，收信机收到对端送来的高频信号时，禁止门 12 闭锁，禁止比相，同时经时间元件 KT3、禁止门 10、或门 3、禁止门 11 启动发信机，然后自发自收，形成闭环，并连续发信。经 KT4 延时 $t_4 = 10\text{s}$ 后有输出，将禁止门 10 闭锁，停止发信，实现解环。时间元件 KT3 作用是使远方启动具有 2ms 的延时，以躲过通道上的干扰信号的影响，防止发信机频繁启动。

5. 停信控制继电器 KM3 和 KM2

高频相差保护设有线路其他保护动作停信继电器 KM2 及断路器三相跳闸停信继电器 KM3。当线路内部故障时，若线路其他保护先于相差高频保护动作，启动停信继电器 KM2，通过时间元件 KT6（$t_6 = 0.2\text{ms}$）、或门 5，将禁止门 11 闭锁，停止发信，加速对端相差高频保护动作。当线路断路器三相跳闸后，停信继电器 KM3 启动，将禁止门 11 闭锁，禁止发信机发信，如果空载线路从一端投到故障上，由于对端断路器处于三相跳闸情况，停信继电器 KM3 启动，将发信机回路闭锁。这样，合闸端不能通过远方将对端发信机启动发信，因此只能收到本端发出的信号，使保护动作于跳闸。

（二）保护装置运行情况分析

1. 正常运行时

正常运行时，两端保护启动元件不启动，发信机不发信，因此比相元件不开放，保护不动作。

2. 外部故障时

（1）外部不对称短路故障时。在外部不对称短路故障时，负序低定值元件启动，经或门 1、时间元件 KT5、或门 3、禁止门 11 瞬时启动发信。经 $t_7 = 5\text{ms}$，与操作电流一起通过与门 6、或门 5、禁止门 11 对发信机进行操作，使之在操作电流正半周时发信，负半周停信。

负序高定值元件启动,通过或门 2、4 启动开放继电器 K1,同时与负序低定值元件输出信号一起,开放比相元件。由于外部故障时,收信机收到的是连续高频信号,高频信号间断角小于闭锁角,比相元件不输出,保护不动作。

(2) 外部对称短路时,阻抗元件 KR 启动,同时负序高定值元件 KAN 及相电流元件 KA 启动,并经过 KT2 瞬时固定($t_2 = 200\text{ms}$),与门 7 有输出,经或门 4 启动开放继电器 K1 及比相元件,同上,外部故障高频信号连续,比相元件不输出,保护不动作。

3. 内部故障时

内部故障时,启动元件动作情况同外部故障时相同,开放继电器 K1 启动,由于收到高频信号间断角大于闭锁角,比相元件启动,启动保护出口继电器动作于跳闸。

当远距离重负荷线路受电端发生三相短路时,如图 8-28(a)所示,在最不利情况下,M 端收信机收到两端高频信号相位差 $\varphi_M = 122° + \delta_L$,对于 N 端为 $\varphi_N = 122° - \delta_L$,如线路长度为 200km,则 M 端收到高频信号相位差 $\varphi_M = 122° + 12° = 134°$,信号间断角为 $180° - 134° = 46°$ 小于闭锁 $\beta = 60°$,保护不动作,而 N 端收到高频信号为 $\varphi_N = 122° - 12° = 110°$,间断角为 $180° - 110° = 70°$ 大于闭锁角 $\beta = 60°$,保护动作于跳闸,N 端跳闸停信后,M 端相继动作跳闸。

在单端电源线路内部故障时,若受电端低定值元件能启动,操作元件能正确动作,则两端保护都能动作于跳闸。但是当受电端启动元件不启动,操作元件又无输出时,受电端由电源端远方启动发出连续信号,将电源端保护闭锁,故障不能切除,这是保护的缺点。当线路一端合于内部故障时,在线路另一端断路器断开情况下,跳闸停信继电器 KM2 将发信回路闭锁。因此,合闸端只能收到本端高频信号,并动作于跳闸。

4. 系统振荡与非全相运行

当系统振荡与非全相运行时,线路两端电流相位差仍为 180°,保护不会误动作,因此,保护与单相自动重合闸配合时,在重合闸过程中非全相运行状态不会使保护误动作。在非全相运行过程中发生内部故障,保护灵敏性降低,有时可能拒动,但一般仍能动作。

5. 通道检查

检查通道时,无须呼唤对方值班人员操作,只要按下发信按钮 SB1,便可通过或门 3、禁止门 11 发信。对端收到信号后,经时间元件 KT3、或门 3,禁止门 11 启动发信,并自保持。若检查端能收到对端信号,说明通道情况正常。两端经时间元件 KT4 延时 $t_4 = 10\text{ms}$ 后,自动解环停信,恢复正常状态。

6. 交流电压回路断线

阻抗启动元件在交流电压回路断线时,可能误动作,使控制比相元件的回路处于不正常状态,为此,需要采用交流回路电压断线闭锁措施。当电压回路断线使阻抗元件 KR 误动作时,禁止门 9、时间元件 KT1 启动断线闭锁继电器 KCB,发出"电压回路异常"信号。时间元件 KT1 延时 $t_1 = 10\text{ms}$ 是为了防止内部相间短路时,阻抗元件先于高定值元件启动,将禁止门 8 闭锁,使保护拒动。

六、对相差高频保护的评价

相差高频保护适用于 200km 以内的 110～220kV 输电线路,特别是装有单相自动重合闸或综合重合闸的线路上更有利。在 220kV 以上长距离线路上不宜采用这种装置。

（一）相差保护的主要优点

（1）相差保护不反应系统振荡，因为振荡时，流过线路两端电流是同一个电流，与外部故障时情况一样。同时，振荡过程中无负序电流，启动元件不启动，因此，保护装置中不需要设置振荡闭锁装置，使保护构造简单，同时也提高了保护的可靠性。

（2）相差保护在非全相运行时不会误动作，这是因为此时线路两端通过同一负序电流，相位差为180°。在使用单相重合闸或综合重合闸时的超高压输电线路上，相差高频保护这一优点对系统安全运行有很大好处，保护无须加非全相闭锁装置，简化接线。同时在系统振荡过程中，被保护线路发生故障或在线路单相跳闸后非全相运行过程中线路内部发生故障时，相差高频保护能瞬时切除故障。

（3）相差高频保护工作状态不受电压回路影响，因为相差高频保护均反应电流量，无电压回路，因此，其工作状态不受电压回路断线影响。

（二）相差高频保护的主要缺点

（1）受负载电流影响。在线路重负荷时，发生内部故障时其两端电流相位差较大，因此不能保证相差高频保护正确动作。

（2）在线路较长时，保护范围内部故障时，相差高频保护有可能工作在相继动作状态，增加了切除故障时间。

（3）相差高频保护不能作为相邻线路的后备保护。

第六节　微　波　保　护

微波保护是以微波通道传输线路两端电流相位，并比较两端电流相位动作的输电线路纵联保护。微波通道是解决高频通道日益拥挤问题的一种有效办法。它能传送大量信息而且工作可靠。

（一）微波保护的工作原理

微波保护与高频保护的差别主要是通信方式不同。而它们的保护原理是相同的，因此，微波保护也可以分为方向微波保护、距离微波保护和相差微波保护等。

（二）电流相位差动微波保护

电流相位差动微波保护（简称电流相差微波保护）与电流相差高频保护的原理相同。所不同的是使用通道不同，由于微波通道可以提供更多通道，因此，保护可以按分别比较各相电流的相位方式构成。图8-32所示为电流相差微波保护原理框图。图中元件作用如下：

（1）元件1为电流—电压变换器（I/U），变二次相电流为电压。

（2）元件2为方波形成器，将工频操作电压进行放大限幅变为电压方波。

（3）元件3为时间元件KT3，补偿信号传输引起的两端比相电流的相位差。

（4）元件4为电压—频率变换器，将方波电压变换为相位的调频信号。

（5）元件5为接口，是继电保护与载波机之间接口电路，达到有效传输信号的目的。

（6）元件6为频率—电压变换器，将收到的调频信号还原成方波，经整形后送到相位比较元件进行比相。

（7）元件7为整形元件，对方波信号进行整形。

（8）元件8为相位比较元件，用来判断是内部故障还是外部故障。

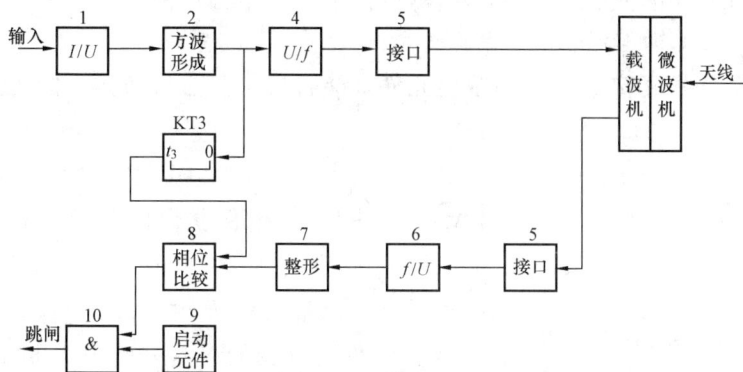

图 8-32 电流相差微波保护（一相）原理框图

（9）元件 9 为启动元件，用来提高保护装置的可靠性。

（10）元件 10 为与门，对相位比较元件的输出和启动元件的输出进行逻辑判断。

可见，相差微波保护的动作原理与相差高频保护的原理完全相同。

（三）电流差动微波保护

电流差动微波保护是根据比较线路两端电流的相量或波形原理构成，它与短距离线路上采用的有辅助导线纵联差动保护原理相同，不同的是利用微波通道代替辅助导线，将一端电流的波形完全不断的传到对端，进行比较各端电流的相位。这种利用微波通道的电流差动保护，称为电流差动微波保护。它在原理上比电流相位差动保护更优越，特别是应用于具有分支线路的网络。但它对通信的要求很高，需要采取有效的抗干扰措施。

思 考 题 与 习 题

8-1 试述高频保护的基本工作原理。高频保护能否单端运行？为什么？

8-2 常用高频保护有几种？分别说明它们的工作原理。

8-3 高频信号的频率为何取 50～300kHz？频率过高或过低有什么影响？

8-4 什么叫闭锁信号、允许信号和跳闸信号？

8-5 试述高频通道各构成元件的作用及工作原理。

8-6 相差高频保护和高频闭锁方向保护为什么采用两个灵敏系数不同的启动元件？

8-7 什么叫远方启动，它有什么作用？

8-8 什么叫高频保护的闭锁角，如何选择闭锁角？

8-9 在什么情况下，相差高频保护出现相继动作？当线路一端跳开后，采用什么措施使对端保护迅速动作？

8-10 相差高频保护的操作电流为何采用 $\dot{I}_1 + K\dot{I}_2$？

8-11 试分析高频闭锁方向保护在线路内部和外部短路故障时的工作情况。电力系统发生振荡对高频闭锁方向保护的选择性有影响吗？

8-12 什么叫做高频距离保护，它与距离保护有什么差别？

8-13 试比较高频闭锁方向保护与高频闭锁距离保护有什么异同点？

8-14 说明高频闭锁距离保护中各启动元件的特点和应用范围。

8-15 试简述微波保护的主要优缺点。

8-16 高频闭锁距离保护中的距离元件，能否按距离Ⅰ段整定，能否采用全阻抗继电器？

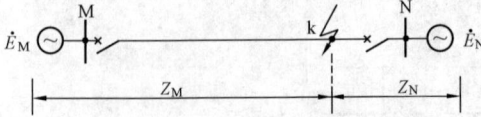

图 8-33 题 8-17 的网络图

8-17 在图 8-33 中，线路 MN 上装设相差高频保护。已知 M 端电动势 $\dot{E}_M = \dot{E}_N e^{j60°}$，$Z_N = |Z_N| e^{j80°}$，$Z_M = |Z_M| e^{j70°}$，当线路长度为 250km，电流互感器与操作元件滤过器的误差分别为 7° 和 15°，闭锁角为 60°。试问：当线路受电端 k 点发生三相短路时，保护能否正确动作？

8-18 有一条 300km 的输电线路，采用高频保护，试确定保护的闭锁角。

第九章　输电线路的自动重合闸

本章讲述了自动重合闸的作用及基本要求，重点介绍了单侧电源、双侧电源的三相一次自动重合闸的工作原理和接线及整定计算，并讲述了重合闸装置与保护装置的配合，提高系统供电的可靠性。最后简要介绍了单相自动重合闸与综合自动重合闸的工作原理。

第一节　自动重合闸的作用及其基本要求

一、自动重合闸的作用

运行经验表明，在电力系统的故障中，输电线路（尤其是架空线路）的故障占绝大部分，而且绝大多数是暂时性的，例如雷击过电压引起的绝缘子闪烁，大风引起的短时碰线，通过鸟类身体放电及树枝等物掉落在导线上引起的短路等，这些故障，当被继电保护装置迅速切除后，故障点的电弧即行熄灭，绝缘强度重新恢复，这时如果把断开的线路重新投入，往往可恢复正常供电。因此称这类故障是暂时性故障。此外，线路上也可能发生永久性故障，例如，线路倒杆、断线、绝缘子击穿或损坏等引起的故障，在故障被继电保护切除后，如重新投入，线路会再次被保护装置切除。

对于暂时性故障，线路被断开后再进行一次重合闸以恢复供电，显然提高了供电的可靠性。当然，重新合上断路器的工作也可由运行人员手动操作进行，但在手动操作时，停电时间较长，用户的电动机多数可能停转，这样重新合闸所取得的效果并不明显，对于高压和超高压线路可能会引起系统不稳定。为此，在电力系统中广泛采用自动重合闸装置（简称AAR）来代替人工手动合闸。当断路器跳闸后，它能自动将断路器重新合闸。

自动重合闸装置本身不能判断故障的性质是暂时性的还是永久性的，因此，在重合之后，可能成功（恢复供电），也可能不成功。根据运行资料统计表明，输电线自动重合闸成功率在 $60\%\sim90\%$ 之间。

自动重合闸的作用可归纳为如下几点。

（1）在线路上发生暂时性故障时，迅速恢复供电，从而提高了供电的可靠性。

（2）对于有双侧电源的高压输电线路，可提高系统并列运行的稳定性。

（3）在电力网设计过程中，装设自动重合闸装置的，可暂缓架设双回线路以节约投资。

（4）对于断路器本身由于机构不良，或继电保护误动作而引起的误跳闸，自动重合闸能起到纠正作用。

由于自动重合闸本身的投资低，工作可靠，采用自动重合闸后可避免因暂时性故障停电所造成的损失，因此，规程规定，在 1kV 及以上电压的架空线路或电缆与架空线的混合线路上，只要装设断路器，一般都应装设自动重合闸装置。在用高压熔断器保护的线路上，可采用自动重合熔断器。但是，采用自动重合闸后，当重合到永久性故障时，系统再次受到短路电流的冲击，可能引起电力系统振荡。同时断路器在短时间内连续两次切断短路电流，这就恶化了断路器的工作条件。对于油断路器，其实际切断容量将比额定切断容量有所降低。

因而在短路电流较大的电力系统中，装设油断路器的线路不允许使用自动重合闸装置。

二、自动重合闸的类型

自动重合闸装置按其功能可分为以下三种类型。

1. 三相重合闸

所谓三相重合闸是指不论在输、配电线上发生单相短路还是相间短路时，继电保护装置均将线路三相断路器同时跳开，然后启动自动重合闸再同时重新合三相断路器的方式。若暂时性故障，则重合闸成功；否则保护再次动作，跳开三相断路器。这时，是否再重合要视情况而定。目前，一般只允许重合闸动作一次，称为三相一次自动重合闸装置。在特殊情况下，如无人值班的变电所的无遥控单回线，无备用电源的单回线重要负荷供电线，断路器遮断容量允许时，可采用三相二次重合闸装置。

2. 单相重合闸

在110kV及以上的大接地电流系统中，由于架空线路的线间距离较大，故相间故障机会很少，而单相接地短路的机会却比较多，占总故障的90%左右。因此，在输电线路上，当不允许采用快速非同期三相重合闸，而采用检查同期重合闸，在因恢复供电时间太长，满足不了系统稳定运行要求时，可以采用单相重合闸方式工作。

单相重合闸，是指线路发生单相接地故障时，保护动作只断开故障相的断路器，然后进行单相重合。如故障是暂时性的，则重合成功，如果是永久性故障，而系统又不允许非全相长期运行，则重合后，保护动作使三相断路器跳闸，不再进行重合。

当采用单相重合闸时，如果发生相间短路，则一般都跳三相断路器，且并不进行三相重合；如果因任何其他原因断开三相断路器，则也不再进行重合。

3. 综合重合闸

综合重合闸是将单相重合闸和三相重合闸综合在一起，当发生单相接地故障时，采用单相重合闸方式工作；当发生相间短路时，采用三相重合闸方式工作。综合考虑这两种重合闸方式的装置称为综合重合闸装置。

综合重合闸装置经过转换开关的切换，一般都具有单相重合闸、三相重合闸、综合重合闸和直跳（线路上发生任何类型的故障时，保护可通过重合闸装置的出口，断开三相，不再重合闸）等四种运行方式。在110kV及以上的高压电力系统中，综合重合闸已得到广泛应用。

三、对自动重合闸装置的基本要求

1. 动作迅速

自动重合闸装置在满足故障点去游离（介质强度恢复）所需的时间和断路器消弧室及断路器的传动机构准备好再次动作所需时间条件下，自动重合闸装置的动作时间应尽可能短。因为从断路器断开到自动重合闸发出合闸脉冲时间越短，用户的停电时间也可以相应缩短，从而可减轻故障对用户和系统带来的不良影响。重合闸动作的时间，一般采用0.5～1s。

2. 在下列情况下，自动重合闸装置不应动作

（1）手动跳闸时不应重合。当运行人员手动操作或遥控操作使断路器跳闸时，不应自动重合。

（2）手动合闸于故障线路时，继电保护动作使断路器跳闸后，不应重合。因为在手动合闸前，线路上没有电压，如合闸到已存在有故障线路上，则线路故障多属于永久性故障。

3. 不允许多次重合

自动重合闸的动作次数应符合预先规定的次数。如一次重合闸应保证只重合一次，当重合到永久性故障时再次跳闸后就应不再重合，因为在永久性故障时，多次重合将使系统多次遭受冲击，还可能会使断路器损坏，扩大事故。

4. 动作后自动复归

自动重合闸装置动作后应能自动复归，准备好下次再动作。对于 10kV 及以下电压级别的线路，如无人值班时也可采用手动复归方式。

5. 用不对应原则启动

一般自动重合闸可采用控制开关位置与断路器位置不对应原则启动重合闸装置，对综合自动重合闸，宜采用不对应原则和保护同时启动。

6. 与继电保护相配合

自动重合闸能与继电保护相配合，在重合闸前或重合闸后加速继电保护动作，以便更好地与继电保护装置相配合，加速故障切除时间，提供电的可靠性。

四、自动重合闸的配置原则

技术规程规定自动重合闸的配置原则是：①1kV 及以上架空线路及电缆与架空混合线路，在具有断路器的条件下，当用电设备允许且无备用电源自动投入时，应装设自动重合闸装置；②旁路断路器和兼作旁路母联断路器或分段断路器，应装设自动重合闸装置；③低压侧不带电源的降压变压器，可装设自动重合闸装置；④必要时，母线故障也可采用自动重合闸装置。

根据自动重合闸运行的经验可知，线路自动重合闸的配置和选择应根据不同系统结构、实际运行条件和规程要求具体确定。一般选择自动重合闸类型可按下述条件进行：

（1）110kV 及以下电压的系统单侧电源线路一般采用三相一次重合闸装置。

（2）220、110kV 及以下双电源线路用合适方式的三相重合闸能满足系统稳定和运行要求时，可采用三相自动重合闸装置。

（3）220kV 线路采用各种方式三相自动重合闸不能满足系统稳定和运行要求时，采用综合重合闸装置。

（4）330～500kV 线路，一般情况下应装设综合重合闸装置。

（5）在带有分支的线路上使用单相重合闸时，分支线侧是否采用单相重合闸，应根据有无分支电源，以及电源大小和负荷大小确定。

（6）双电源 220kV 及以上电压等级的单回路联络线，适合采用单相重合闸；主要的 110kV 双电源单回路联络线，采用单相重合闸对电网安全运行效果显著时，可采用单相重合闸。

第二节　单侧电源线路三相一次自动重合闸

在我国电力系统中，三相一次重合闸方式使用非常广泛。目前我国电力系统中重合闸装置有电磁型、晶体管型和集成电路型三种，它们的工作原理和组成部分完全相同，只是实施方法不同。

一、电磁型三相一次自动重合闸装置

目前各厂家生产的直流一次重合闸继电器型号较多，电磁型常用的有 DH-2A（DH-1）、DH-3（DCH-1）、DH-4 等。其内部元件结构基本相似，内部接线略有不同。

图 9-1 为单侧电源电磁型三相一次自动重合闸装置原理接线图。它属于电气式三相一次重合闸，自动复归方式，与继电保护配合可组成自动重合闸前加速或自动重合闸后加速保护。图 9-1 虚线框内 DH-3 型重合闸继电器，它主要由电容器 C（约 $4\mu F$）、电阻 R_4（$3.4M\Omega$），时间继电器 KT 和带有自保持绕组的中间继电器 KM 组成。

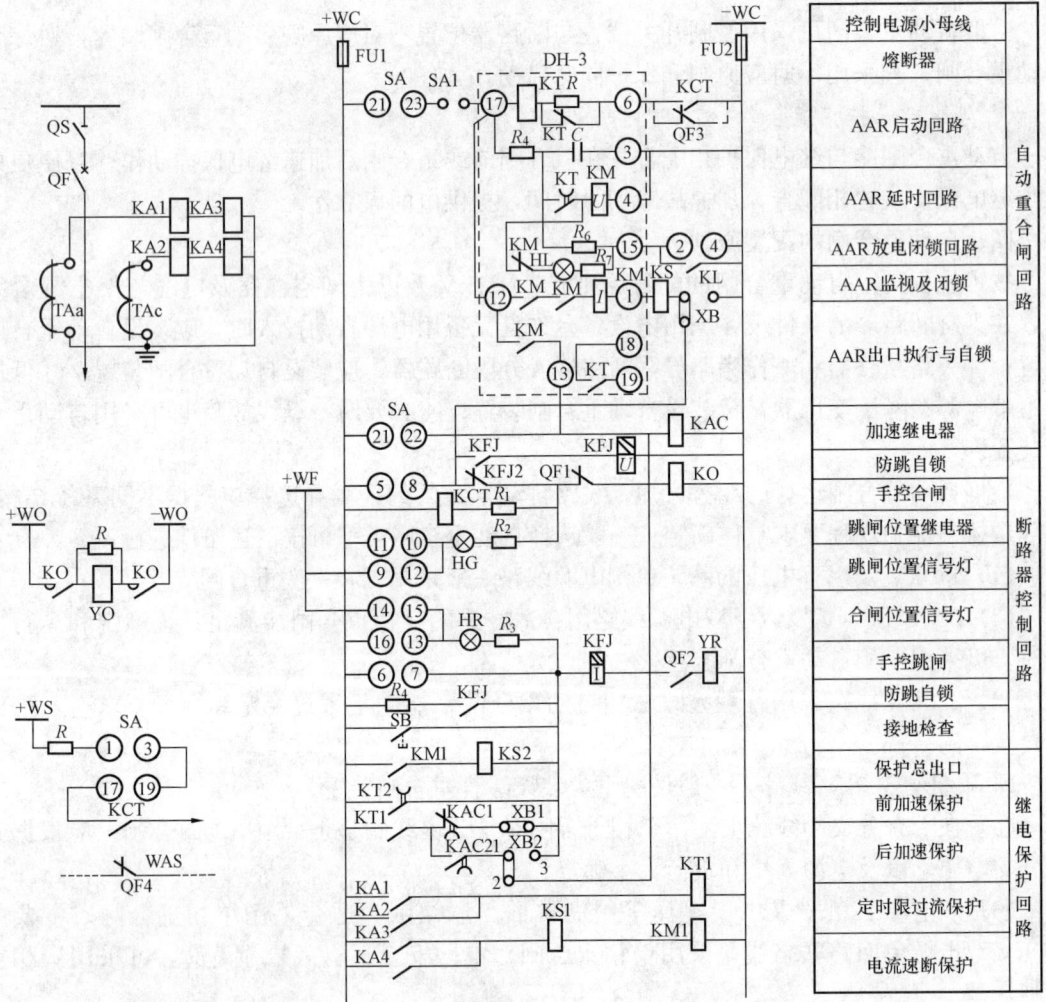

图 9-1　用 DH-3 型重合闸继电器组成一次式 AAR 装置的原理接线图

中间继电器 KCT 是跳闸位置继电器，其线圈串在断路器合闸接触器 KO 的回路里，当断路器处于跳闸位置时，它通过断路器的辅助触点 QF3 动作，启动 AAR 装置，对于 3～10kV 就地控制线路可直接由断路器辅助触点 QF 启动 ARD 装置。电阻 R_1 的作用是限制跳闸位置继电品 KCT 动作时流入合闸接触器线圈中的电流，以防止断路器误合闸。中间继电器 KFJ 是防止断路器多次重合的防跳继电器。

图中电流继电器 KA1、KA2 和时间继电器 KT1 组成线路定时限过电流保护，KA3、KA4 组成线路无时限速断保护，保护总出口继电器是 KM1，KAC 是 AAR 的加速保护动作继电器，它通过与连接片 XB1 或 XB2 相配合，实现前加速保护或后加速保护。图中 SA1 为转换开关用以投入或解除 AAR 装置，SA 为控制开关。SA 触点通断情况见表 9‑1，触点 KL 来自不允许重合闸的闭锁继电器，给电容 C 放电并使 AAR 闭锁。

表 9‑1 对应图 9‑1 中控制开关 SA 的通断情况

操作状态		跳后	预合	合闸	合后	预跳	跳闸
触点通断状态	1—3	—	×	—	×	—	—
	2—4	×	—	—	—	×	—
	5—8	—	—	×	—	—	—
	6—7	—	—	—	—	—	×
	9—10	—	×	—	×	—	—
	9—12	—	—	—	×	—	—
	10—11	×	—	—	—	×	×
	13—14	—	—	—	—	×	—
	14—15	×	—	—	—	—	×
	13—16	—	—	×	×	—	—
	17—19	—	—	×	×	—	—
	21—22	—	×	—	—	×	—
	21—23	—	—	×	×	—	—

注 1. ×表示触点接通，—表示触点断开。
2. 此表为 LW2‑Z‑1a，4，6a，40，20，20/F₈ 型控制开关。

（一）AAR 装置的工作原理

（1）在正常运行时，断路器处于合闸状态，控制开关 SA 在合闸后位置，SA㉑—㉓触点闭合，转换开关 SA1 接通，则电容 C 经 R_4 充电，充电电压为 220V（或 110V）的直流操作电源电压。充电到电源电压的时间为 15～25s。

（2）断路器因继电保护动作或其他原因跳闸时，断路器辅助触点 QF3 闭合，这时控制开关位置在合闸后位置，断路器在跳闸位置，二者位置不对应，绿灯 HG 闪光表示自动跳闸，同时跳闸位置继电器 KCT 启动，动合触点闭合启动 AAR 装置的时间继电器 KT（延时调整到重合闸动作时限 $t_{AAR}=0.5～5s$），经 t_{AAR} 后，KT 延时触点闭合，电容 C 对中间继电器 KM 的电压线圈放电，使 KM 动作，接通合闸接触器 KO 绕组（由正控制电源＋WC→SA㉑—㉓→1SA→DH‑3 的端子⑰—⑫→KM 的两个动合触点→KM 的电流线圈→信号继电器的绕组→连接片 XB→防跳继电器的动断触点 KFJ2→断路器的辅助动断触点 QF1→合闸接触器线圈 KO→负控制电源—WC），将断路器自动重合闸一次。由于 KM 电流线圈自保持作用，即使 KM 电压线圈电压消失也能使 KM 可靠动作，直到断路器可靠合闸，其动断触点 QF1 断开为止。

如果线路是暂时性故障，则自动重合闸成功。这时控制开关位置和断路器位置是对应的，故绿灯 HG 闪光与事故音响信号随之自行解除，红灯 HR 发平光。由于 QF1 触点断开，跳闸位置继电器 KCT 绕组失电返回，时间继电器 KT 也失电释放返回。电容 C 又经 R_4 充电，约 15～25s 后，C 两端电压充到电源电压，准备下次再动作，实现了 AAR 装置的自动复归。在断路器重合闸时，信号继电器 KS 绕组得电，其触点接通预告信号装置的光字牌，将光字牌闪灯点亮，指示出"重合闸 AAR 动作"，表明自动重合闸装置已经动作。

（3）线路上存在永久性故障时，断路器在 AAR 动作合闸后被继电保护装置动作再次跳闸，此时虽然继电器 KCT 和 KT 又重复启动，但中间继电器 KM 不能动作，因为电容 C 两端电压尚未充电到 KM 的动作值，此时即使持续时间再久，C 两端电压也不会充到 KM 动作值，因为当 KT 延时触点闭合后，电阻 R_4 和 KM 电压绕组串联分压后加到电容 C 两端电压只能达到几伏（R_4 约 $3.4M\Omega$，而 KM 电压绕组的电阻约 $2.1k\Omega$），这样保证了 AAR 只能动作一次。

（4）用控制开关 SA 手动跳闸，将 SA 由合闸后位置转向预跳位置，SA②—④触点闭合，电容 C 经过电阻 R_6（500Ω）迅速放电，使电容两端电压迅速下降，同时，SA㉑—㉓触点断开，切断了 AAR 的正电源，同时 SA⑥—⑦触点闭合接通断路器的跳闸绕组 YR，使断路器跳闸。

当松开 SA 手柄后，它自动复位到跳闸后位置，SA②—④触点仍闭合，将电容器 C 彻底放电，此时虽然 KCT 启动，KT 启动，但由于 KM 电压绕组两端电压很低达不到动作电压，同时由于 SA㉑—㉓触点断开使 AAR 失去正电源，故 AAR 不能动作。

（5）用控制开关手动合闸。将 SA 由跳闸后位置转向预合时，SA②—④断开，切断电容器 C 放电回路。SA⑨—⑩触点闭合，绿灯 HG 闪光，表示操作有效，合闸回路完好，SA㉑—㉒触点闭合，启动加速继电器 KAC，其延时释放的动合触点瞬时闭合，为加速跳闸准备。然后将控制开关转向合闸位置，SA⑤—⑧触点闭合，启动加速继电器 KAC，其延时释放的动合触点瞬时闭合，为加速跳闸做准备。然后将控制开关 SA 转向合闸位置，SA⑤—⑧触点闭合，接通合闸接触器（+WC→SA⑤—⑧→KFJ2→QF1→KO 绕组→—WC），使断路器合闸。如合闸到永久性故障线路上，则和重合闸合到永久性故障情况一样，这时重合闸装置不动作，由于已经启动了加速继电器 KAC，故能使断路器快速跳闸。

（6）防止多次重合与重合闸装置闭锁。断路器控制回路中采用了防跳继电器 KFJ，即使 DH-3 的中间继电器 KM 的触点黏住，也不会发生多次重合闸，因为在断路器跳闸的同时，启动了防跳继电器 KFJ 的电流绕组，其动断触点 KFJ2 断开，动合触点 KFJ1 闭合。并且通过粘住的 KM 触点使 KFJ 电压绕组自保持，KFJ 的动断触点 KFJ2 一直处于断开状态，切断了合闸回路，从而防止了多次重合闸。

有些情况不允许重合闸，应将 AAR 装置闭锁。如母线发生短路，母线保护装置动作，或自动按频率减负荷装置（ADLD）动作，线路断路器跳闸后，此时不允许再重合闸，而应将 AAR 装置闭锁。通常利用保护或自动减负荷装置的出口闭锁继电器 KL 触点，接通电容器 C 的放电回路，放掉所储存的电能，使断路器跳闸后，无法再重合闸。

（7）利用按钮 SB 进行接地检查。在小接地电流系统中，为了查找接地点，可采用选线操作，逐一切断各条馈电线路，观察三相电压平衡关系。切断线路时，可按下按钮 SB，使其断路器跳闸，然后再通过 AAR 装置将断路器重合，以便迅速恢复供电。

（二）AAR 装置与继电保护的配合

在电力系统中，继电保护和自动装置配合使用可以简化保护装置，加速切除故障，提高供电的可靠性。AAR 装置与继电保护装置配合方式有自动重合闸前加速和自动重合闸后加速两种。

1. 自动重合闸前加速

重合闸前加速简称"前加速"，多用于单侧电源供电的干线式线路中。

"前加速"保护由无时限电流速断保护组成。图 9-2 所示为 AAR 装置"前加速"保护原理接线图。假定在每条线路上均装有电流速断保护和定时限过电流保护，其动作时限按阶梯原则选择。在靠近电源的线路 WL3 上装设 AAR 装置，为了使无选择性电流速断保护范围不至于扩展太大，其动作电流按躲过相邻变压器低压侧的最大短路电流来整定。

当任何一条线路发生故障时，第一次由保护 3 的无时限电流速断保护瞬时无选择性地动作切除故障。重合闸后第二次切除故障按保护 3 的整定动作时限 t_3 有选择性地切除故障。

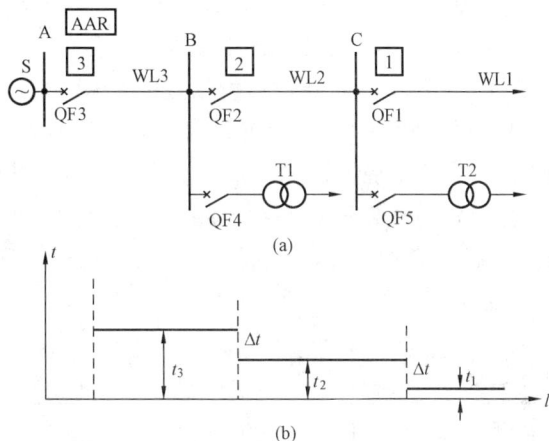

图 9-2　ARD 装置前加速保护原理接线图
（a）网络接线；（b）时间配合关系

"前加速"保护接线如图 9-3 所示。利用加速继电器 KAC 的常闭触点 KAC1 和连接片 XB1 接通端点，XB2 连接端点 1、2，接通加速继电器 KAC 的动合延时打开触点 KAC2 实现"前加速"保护。

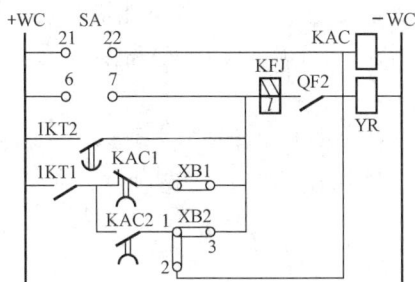

图 9-3　前加速保护的接线示意图

当线路故障，过电流保护 KA1、KA2 动作，KT1 绕组得电，其动合触点 1KT1 瞬时闭合，通过加速继电器触点 KAC1 和连接片 XB1 接通断路器的跳闸线圈 YR 使断路器 QF3 瞬时无选择性跳闸。随后 AAR 启动，其中 KAC1 触点瞬时断开，动合（延时断开）触点 KAC2 瞬时闭合接通加速继电器 KAC 绕组使其自保持。如暂时性故障则重合成功，如永久性故障则只有通过时间继电器 1KT 触点 1KT2 延时闭合接通跳闸线圈 YR 使断路器跳闸，故第二次跳闸是有选择性的。

前加速保护主要用于 35kV 及以下的网络。"前加速"方式的优点在于能快速切出故障，使暂时性故障来不及发展成永久性故障而且设备少。能保证发电厂和变电所重要母线电压在 $0.6\sim0.7U_N$ 以上，从而保证了厂用电和重要用户的电能质量。如果重合闸装置或断路器 QF3 拒绝合闸，则将扩大停电范围，甚至在最末一级线路上故障时，都会使连接在这条线路上的所有用户停电。

2. 重合闸后加速保护动作

重合闸后加速保护简称为"后加速"。后加速保护是指第一次线路故障时，按有选择性地方式动作，如果重合到永久性故障，第二次跳闸按无选择性方式跳闸。如图 9-4 所示，后加速保护方式时必须在每条线路上都装有选择性保护和自动重合闸装置。当任一条线路发生故障，首先由故障线路的保护有选择性地动作将故障切除，然后由故障线路的 AAR 装置重合，同时将选择性保护延时部分退出工作，如果是暂时性故障，则重合成功。如果是永久性故障，则故障线路无选择性瞬时将故障再次切除。

重合闸装置后加速保护接线如图 9-5 所示，将连接片 XB1 断开，XB2 连接端子 1 和 3。当线路故障时，KA1、KA2 启动其触点接通 KT1 绕组，1KT1 触点闭合，但后面没有通路（XB1 打开、KAC2 断开），只有通过 1KT2 触点延时闭合接通跳闸绕组 YR，断路器有选择性方式跳闸，随后 AAR 装置重合闸，暂时性故障则重合成功，永久性故障则 KA1、KA2 再次启动，KT1 绕组得电，1KT1 触点闭合，此时加速继电器在 AAR 装置动作时已经启动，故其动合触点 KAC2 已经闭合，通过 XB2 接通跳闸绕组 YR，断路器无选择性瞬时跳闸。

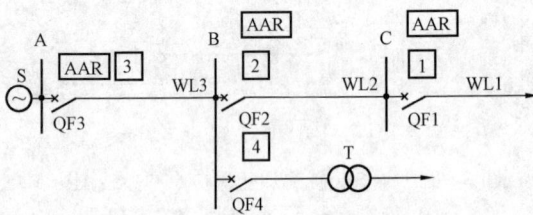

图 9-4　重合闸 AAR 装置后加速保护动作原理说明图　　图 9-5　后加速保护的接线示意图

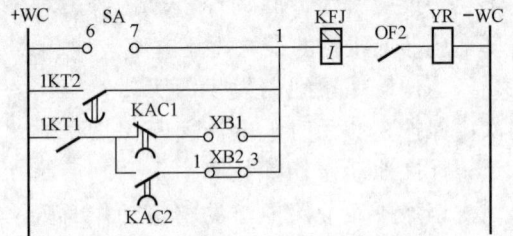

采用后加速的优点是第一次跳闸是有选择性的方式动作不会扩大事故。在重要的高压网络中一般都不允许无选择性动作，应用这一工作方式尤其适合。同时这种方式再次断开永久性故障时间加快，有利于系统的并联运行稳定性。其主要缺点是第一次故障可能带时限，如果主保护拒动，而由后备保护来跳闸，则时间可能比较长。每个断路器上都需要装设一套 AAR 装置，与前加速相比较复杂。

在 35kV 以上高压网络中，通常都装有性能较好的保护（如距离保护），所以第一次有选择性动作的时限不会很长（瞬动或延时 0.5s），故"后加速"方式在这种网络中广泛采用。

二、三相一次自动重合闸的工作原理

图 9-6 所示为单侧电源线路电源侧三相一次自动重合闸的原理框图。自动重合闸装置主要由重合闸启动元件、重合闸延时元件、一次合闸脉冲和放电元件、手动跳闸闭锁、手动合闸于故障时保护加速跳闸元件和执行元件等组成。这些元件是广义的，可以是各种类型的继电器。

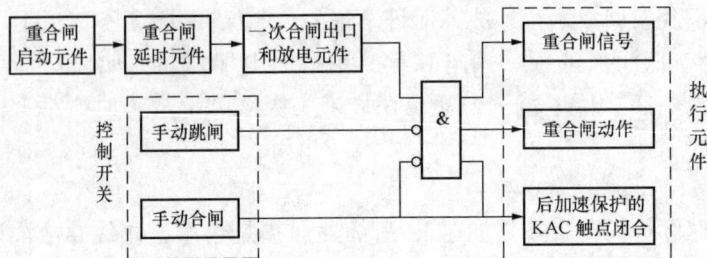

图 9-6　三相一次自动重合闸工作原理框图

工作原理如下：

（1）重合闸启动元件。当断路器 QF 的继电保护装置动作跳闸或其他非手动原因跳闸后，重合闸均应启动。一般可采用断路器辅助常闭触头 QF3 或用合闸位置继电器 KCT 的触点构成，在正常情况下，当 QF 由合闸位置变为跳闸位置时，马上发出启动指令。

（2）重合闸延时元件。启动元件发出指令后，延时元件开始计时，达到预定延时 0.8～1s 后，发出一个短暂的合闸命令。这延时就是重合闸时间。

（3）一次合闸脉冲和放电元件。当延时到达后，马上发出一个合闸脉冲指令，并且开始计时，准备整组复归，复归时间为 15～25s。在这段时间内即使再有重合闸时间元件发出命令，它也不再发出合闸的第二个命令。此元件的作用是保证只重合一次。在电磁型重合闸装置，在重合一次后使一个充满电的电容器放电，下次重合要等到电容器再次充满电才能进行，充电时间需要 15～20s 的时间。这样保证只能重合一次。在微机自动重合闸装置中是利用计数器计数和清零代替电容器充电和放电。

（4）控制开关。控制开关是指手动操作把手和有关的控制回路（包括手动跳闸或手动合闸）。手动跳闸为防止不必要合闸，可以利用控制开关和断路器 QF 辅助触点闭锁重合闸。

当手动合闸时，为防止合闸于永久性故障时，继电保护跳闸后再次重合于永久性故障，同样利用控制开关的手动合闸辅助触头闭锁重合闸。

（5）执行元件。完成断路器的重合闸操作以及发信号。另外，为保证重合或手动合闸于永久性故障的情况下与继电保护配合能加速切除故障。在重合或手动合闸后短时闭合加速继电器 KAC 的触点，以实现重合闸后加速保护动作再次跳闸，切出故障线路。

三、单端电源线路自动重合闸的整定计算

1. AAR 装置的动作时限

从减少停电时间和减轻电动机自启动要求考虑，AAR 的动作时限越短越好，实际上要考虑下面两个条件：

（1）AAR 的动作时限必须大于故障点去游离的时间，以使故障点绝缘强度能可靠地恢复。

（2）AAR 的动作时限必须大于断路器及其操作机构准备好重合闸的时间。这时间包括断路器触头周围介质绝缘强度恢复及灭弧室充满油的时间，以及操作机构恢复原位做好重合闸准备的时间。

一般情况下，断路器及其操作机构准备好重合闸的时间都大于故障点介质去游离的时间，因此，AAR 的动作时限 t_{AAR} 只按条件 2 考虑即可。

对于不对应启动方式

$$t_{AAR} = t_{os} + t_s \qquad (9-1)$$

对于继电保护启动方式

$$t_{AAR} = t_{os} + t_{off} + t_s \qquad (9-2)$$

式中　t_{os}——操作机构准备好合闸时间，对电磁操作机构取 0.3～0.5s；

t_{off}、t_s——断路器的跳闸时间与储备时间，通常 t_s 取 0.3～0.4s。

对于 35kV 以下线路，当由上述条件计算出 t_{AAR} 小于 0.8s 时，一般取 t_{AAR} 为 0.8～1.0s。

2. AAR 装置的返回时限

AAR 的返回时限，即其准备动作的时间，这时间是指 AAR 装置中电容器 C 充电到中

间继电器 KM 动作电压的时间，并应满足下面两个条件。

（1）重合到永久性故障线路上时，即使由继电保护装置以最大动作时限（后备保护的时限）再次跳闸，也不至于引起断路器多次重合。

（2）考虑到断路器切断能力的恢复，必须保证在重合闸成功之后，AAR 的返回时限大于断路器能够进行一个"跳—合"闸的间隔时间。一般的间隔时间为 8～10s。对于采用 DH（DCH）型重合闸继电器的 AAR 装置，其中电容 C 充电到中间继电器 KM1 动作电压时间为 15～25s 以上，完全能满足上述两个条件。因此，可不必计算这项内容。

3. 加速继电器 KAC 的复归时限

用于重合闸后加速保护的加速继电器 KAC 的复归时间一般采用 0.3～0.4s；用于前加速保护的加速继电器 KAC 的复归时限应大于线路保护动作时限与断路器本身跳、合闸时间之和，即

$$t_{KAC} = t_{lp} + t_{on} + t_{off} + t_s \tag{9-3}$$

式中　t_{lp}、t_s——线路保护装置动作时限与储备时间；

　　　t_{on}、t_{off}——断路器的合闸时间与跳闸时间。

显然，选用 0.4s 延时返回的 DZS-14B 型中间继电器，必须进行自锁，见图 9-1 中连接片 XB2，以便延长其返回时限，直到第二次跳闸为止。

第三节　双侧电源线路的三相一次自动重合闸

一、双侧电源线路重合闸的特点

双侧电源线路是指两个或两个以上电源间的联络线，正常运行时线路传输一定的功率。这样两端有电源的线路上实现重合闸时除应满足第一节中提出各项要求外，还必须考虑双侧电源线路的特点。

1. 时间的配合

在输电线路上发生故障时，线路两侧保护可能以不同的时限断开两侧断路器。如在靠近线路一侧发生短路，近故障点一侧属于第Ⅰ段保护范围，而离故障点较远的另一侧则属于第Ⅱ段动作保护范围。因此，当本侧断路器跳闸后，在重合闸前，必须保证对侧的断路器确已断开，故障点有足够去游离时间，才能将本侧断路器首先合闸，以使重合闸成功。所以双电源重合闸的动作时间，还应考虑双侧保护的动作时间的影响，它的动作时间比单侧电源的重合闸时间长，即

$$t_{AAR} = t_{os} + t_s + t_{off} + t_{op,max} + t'_{off} \tag{9-4}$$

式中　$t_{op,max}$——远故障侧保护动作时间最大值；

　　　t'_{off}——远故障侧断路器跳闸时间；

t_{os}、t_s、t_{off} 的含义同式（9-2）中的定义。

2. 同期问题

在某些情况下，当线路发生故障被继电保护断路器断开后，线路两侧电源间电动势角摆开，有可能使两侧电源之间失去同步。为此，重合闸时，对后合闸一侧断路器应考虑两侧电源是否同步，以及是否允许非同步合闸的问题。因此，在两侧电源的线路上，应根据电网的接线方式和具体运行情况，采用不同重合闸方式。

二、双侧电源线路重合闸的主要方式

（一）三相快速重合闸

在现代高压输电线路上，采用快速自动重合闸装置是提高系统并列运行的稳定性和提高供电可靠性的有效措施。所谓快速重合闸，就是当线路上发生故障时，继电保护装置能瞬时使线路两侧的断路器断开并接着重合。快速重合闸从短路开始到重新合上断路器的整个时间大约为 0.5～0.6s，在这样短的时间内两侧电源的电动势角来不及摆开到危及系统稳定破坏的角度，故能保持系统的稳定，恢复正常运行。

采用快速自动重合闸方式必须具备下列条件：

（1）线路两侧的断路器都装有能瞬时动作的全线速动的继电保护装置，如高频保护等。

（2）线路两端必须装设可以进行快速重合闸的断路器，如快速低压断路器。

（3）线路两侧断路器重新合闸时的两侧电动势的相角差不会导致系统稳定破坏。

（二）非同期自动重合闸

非同期重合闸就是当线路两侧断路器跳闸以后，不管线路两侧电源是否同步，一般不需附加条件，即可进行重合，在合闸瞬间两侧电源可能同步亦可能不同步，非同期合闸后，系统将自行拉入同步。采用非同期重合闸的条件是：

（1）当线路两侧电源电动势之间的相差角 δ 为 180°合闸时，所产生的最大冲击电流不超过规定的允许值。当线路两侧电源电动势的幅值相等时，所出现的最大冲击电流的周期分量为

$$I = \frac{2E}{Z_\Sigma} \sin \frac{\delta}{2} \tag{9-5}$$

式中　　Z_Σ——系统的总阻抗；

　　　　δ——两侧电源电动势的相角差，最严重情况时为 180°；

　　　　E——发电机电动势有效值，对同步发电机的电动势取 $1.05U_N$，U_N 为发电机的额
　　　　　　定电压。

规定由上式计算所得的，通过发电机、变压器等元件的最大冲击电流周期分量不应超过表 9-2 的规定值。

表 9-2　　　　　　　　　　　　　最大冲击电流周期分量允许值

汽轮发电机	水 轮 发 电 机		同步调相机	电力变压器
	有纵横阻尼回路	无纵横阻尼回路		
$I \leqslant \frac{0.65}{X''_d} I_N$	$I \leqslant \frac{0.6}{X''_d} I_N$	$I \leqslant \frac{0.6}{X'_d} I_N$	$I \leqslant \frac{0.84}{X''_d} I_N$	$I \leqslant \frac{100}{U_k\%} I_N$

注　I_N—各元件的额定电流；X''_d，X'_d—发电机的纵轴次暂态电抗，暂态电抗的标幺值；$U_k\%$—电力变压器的短路电
　　压百分值。

（2）采用非同步重合闸后，在两侧电源由非同步运行拉入同步的过程中，系统处在振荡状态，在振荡过程中对重要负荷的影响要小，对继电保护的影响也必须采取措施躲过。

（三）检查同期重合闸

当两侧电源的线路上既没有条件实现快速重合闸，又不可能采用非同期重合闸时，应该采用检查同期重合闸。

1. 检查同期重合闸的特点

检查同期重合闸的特点是当线路短路，两侧断路器跳闸后，先让一侧的断路器合上，另一侧断路器在重合前，应进行同步条件检查，只有在断路器两侧电源满足同步条件时，才允许进行重合，这种重合闸方式不会产生很大冲击电流，合闸后系统也能很快拉入同步。

2. 检查同期重合闸的工作原理

检查同期重合闸方式，要在单端供电线路重合闸接线的基础上增加附加条件来实现的。如图 9-7（a）所示，在线路两侧断路器上，除装设单端电源线路自动重合闸 AAR 外，在线路的一侧（M 侧）还装有低电压元件 KV，用以检查线路有无电压。此电压继电器的整定值，通常取 $0.5U_N$，另一侧（N 侧）则装设检查同步的元件 KY。

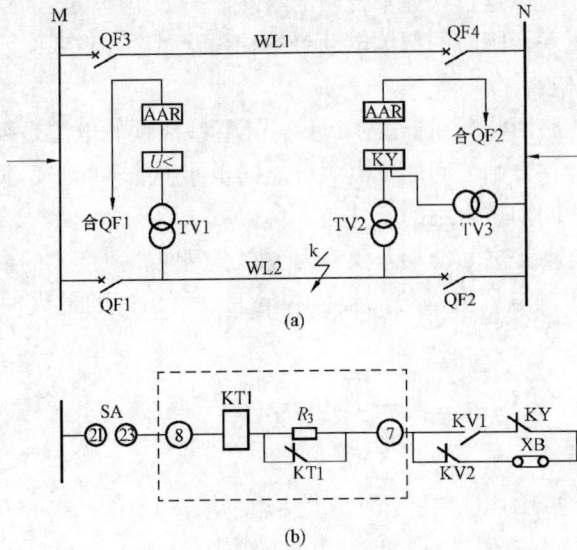

图 9-7 检查同步方式重合闸原理接线图
(a) 重合闸方式原理图；(b) 启动回路

如图 9-7（b）所示，当断路器处于合闸位置时，控制开关 SA㉑—㉓接通，利用连接片 XB 可以进行重合闸方式的切换。当 XB 接通时，为检查无电压工作方式，当线路无电压时，KV 动作，其动断触点 KV2 闭合，启动时间元件 KT1，经整定时间便可以合闸。XB 断开时，为检查同步重合方式，这时线路和母线均有电压，继电器 KV 触点 KV1 闭合，当线路和母线的电压同步或在一定的允许值范围时，同步元件 KY 的动断触点闭合启动重合闸的时间元件，经整定时间后，便可以合闸。

当线路发生故障时，两侧断路器被继电保护断开后，线路失去电压，这时 M 侧断路器 QF1 在检查线路无电压后，首先进行重合。如重合至永久性故障时，M 侧断路器被继电保护再次动作跳闸，重合不成功。而对于对侧断路器 QF2 被跳开，N 侧线路无电压，只有母线有电压，故检查同步继电器 KY 因只有一侧有电压而不能动作，即重合闸不启动。如果 QF1 重合至暂时性故障，则 M 侧重合成功，N 侧在检查同步继电器加入母线电压和线路电压，符合同步条件故 QF2 进行重合，于是线路恢复正常供电。

由此可见，检查线路无电压一侧的断路器 QF1 如果重合不成功，就要连续两次切断短路电流。这样检查无电压一侧的断路器 QF1 工作条件要比检查同步一侧的断路器 QF2 恶劣。为了解决这个问题，通常是在线路两侧都装设同步检定的继电器，利用连接片定期切换其工作方式，使两侧断路器轮换使用每种方式，以使工作条件接近相同。另外，在正常运行条件下，当某种原因（误碰跳闸机构、保护误动作等）使检查线路无电压一侧（如 M 侧）误跳闸时，由于对侧（N 侧）断路器还在合闸位置，线路上有电压而不能实现重合。这是一个很大缺点。为了解决这个问题，通常是在检查无电压一侧也同时投入检查同步的继电器，两者触点并联工作，当线路有电压时，KV1 闭合，检查同步继电器仍能工作，这样便可以将误跳闸的继电器重新合闸。

因此，在实际应用检查同步的重合闸方式时，线路一侧应投入检查同步继电器和低电压继电器，而另一侧只投入检查同步继电器。两侧的投入方式可以定期轮换。

3. 同步检查继电器工作原理

同步检查继电器一般采用有触点的电磁型继电器，其内部接线如图 9-8 所示。继电器有两组绕组，分别从母线侧和线路侧电压互感器二次侧接入同名相的电压。两组绕组在铁芯中所产生的磁通方向相反，因此铁芯中总磁通 $\dot{\phi}_\Sigma$ 反应两个电压所产生的磁通之差，也就是反应两侧电源的电压差 $\Delta \dot{U}$。

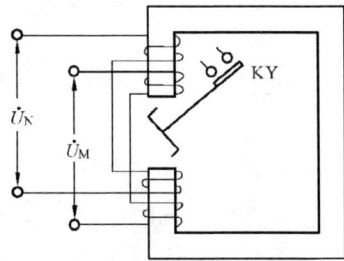

当 $\Delta \dot{U} = 0$，$\dot{\phi}_\Sigma = 0$，继电器 KY 动断触点闭合，允许 图9-8　同步检查继电器的内部接线
重合闸继电器动作。

当 $\Delta \dot{U} \neq 0$ 时，$\dot{\phi}_\Sigma \neq 0$，当 $\dot{\phi}_\Sigma$ 达到一定值后产生的电磁力矩使动断触点打开，重合闸继电器不能启动。

两侧电源电压差 $\Delta \dot{U}$ 的大小与两侧电源电压的相位、幅值和频率直接有关。当两侧电源电压 $\dot{U}_M$、$\dot{U}_N$ 的相位、频率都相同，而幅值不同时，$\Delta \dot{U} \neq 0$，如图 9-9（a）所示；当两侧电源电压幅值相同，而相位不同时，$\Delta \dot{U} \neq 0$，如图 9-9（b）所示；当两侧电源电压幅值相同，而频率不同时，$\Delta \dot{U}$ 有时不等于零。

$\Delta \dot{U}$ 大小与相位关系（频率关系），从图 9-9 中可知

$$\Delta U = 2U\sin\frac{\delta}{2} = 2U\sin\frac{\omega_s t}{2} \qquad (9-6)$$

式中　ω_s——两侧电源电压的角频率之差；

t——时间；

δ——两侧电源电压间相角差。

由式（9-6）可见，ΔU 将随 δ（或 ω_s）增大而增大。δ 增加，ϕ_Σ 也按式（9-6）关系增大，则作用在继电器舌片上的电磁力矩加大，当 δ 增大到一定数值后，电磁力吸动舌片，把继电器动断触点打开，将重合闸装置闭锁使之不能动作，继电器启动值的整定范围为 $20° \sim 40°$。

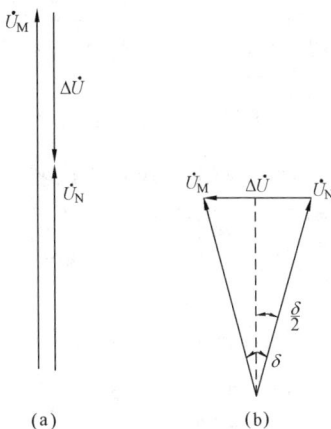

图 9-9　$\Delta \dot{U}$ 与两侧电源电压相位和幅值的关系

(a) $\dot{U}_M$ 与 $\dot{U}_N$ 同相位，但幅值不等；

(b) $\dot{U}_M$ 与 $\dot{U}_N$ 幅值相等，但相位不同

因此，只有当两侧电压的幅值差、频率差和相位差三个条件都在一定的允许值范围时，同步检查继电器 KY 的动断触点才闭合，且 ω_s 越小，触点闭合时间就越长。设 t_{KY} 为其触点闭合的时间，t_{AAR} 为重合闸整定时间，t_{KT} 为重合闸时间继电器的整定时限，只有 $t_{KY} > t_{KT}$ 时，重合闸继电器 KT 的延时触点才能达到整定时限闭合，使重合闸 AAR 动作。若 $t_{KY} < t_{KT}$，则在 KT 延时触点闭合之前，重合闸回路被 KY 触点断开，KT 绕组失去电压，其延时触点中途返回，重合闸不动作。

若三个条件中只要有一个条件不满足，KY 的动断触点都是断开的，重合闸继电器根本无法启动。由此可见，要想检查同期 AAR 装置启动，除 KY 的动断触点闭合外，还必须使 $t_{KY} > t_{KT}$，即 KY 和 KT 必须配合恰当，才能使重合闸启动。

第四节　单相自动重合闸与综合自动重合闸

在 220～500kV 中性点直接接地电网中，广泛使用单相自动重合闸或综合自动重合闸装置。

一、单相自动重合闸

单相自动重合闸，要求保护只跳开单相，然后重合闸只自动重合单相。普通的三相自动重合闸只管合闸，不管跳闸，线路发生故障时，由继电保护直接作用于断路器跳闸机构使三相断路器跳闸。对于单相自动重合闸则要求在单相接地短路时，只跳开故障相，因此，必须对故障相进行判断，从而确定跳哪一相，完成这一任务的元件称为选相元件。单相重合闸必须设置故障选相元件，而且还必须考虑潜供电流的影响和非全相运行状态的影响。

（一）选相元件

选相元件的作用是当线路发生单相接地短路时选出故障相。对选相元件的基本要求是，首先保证选择性，即选相元件与继电保护相配合只跳开发生故障的那一相，而接于另外两相的选相元件不动作，其次是在故障相线路末端发生单相接地短路时，保证该相的选相元件有足够的灵敏性。

根据电网接线和运行特点，常用选相元件有以下几种。

（1）相电流选相元件。在系统的三相线路各装设一个过电流继电器，其启动电流按躲过线路最大负荷电流和单相接地非故障相电流来整定。这种选相元件适用于装在线路的电源端，并仅在短路电流较大的线路上才能采用，对于长距离重负荷线路不能采用，一般作为阻抗选相元件消除死区的辅助选相元件。

（2）相电压选相元件。在系统三相线路上均装设一个低电压继电器作为相电压选相元件，其动作电压按躲过正常运行及非全相运行时母线可能出现的最低电压来整定。这种选相元件适用于装设在小电源侧或单侧电源受电侧，因为这一侧如果用电流选相元件，不能满足选择性和灵敏性的要求。在很短线路上也可采用，但要检验灵敏性。通常也只作为辅助选相元件。

（3）阻抗选相元件。用三个低阻抗继电器分别接于三个相电压和经零序补偿的相电流上，以保证继电器的测量阻抗与短路点到保护安装处的正序阻抗成正比。

对于故障相和非故障相，其测量阻抗的差别很大，因此，阻抗选相元件能明确地选择故障相，它比以上两种选相元件具有更高的选择性和灵敏性，因此在复杂电网中得到广泛的应用。阻抗选相元件可以采用全阻抗继电器、方向阻抗继电器或带偏移特性的阻抗继电器，目前多采用带有记忆作用的方向阻抗继电器。

（4）相电流差突变量选相元件。上述三种选相元件虽然在电力系统中广泛应用，但它仍然不是理想的选相元件。相电流差突变量选相元件是利用短路时，电气量发生突变这一特点构成的。在我国电力系统中，最初用它作为非全相运行时的振荡闭锁元件。近年来，在超高压电网络中被用作综合重合闸的选相元件。微机型成套线路保护装置中均采用具有此类原理的选相元件。

这种选相元件要求在线路三相上各装设一个反映电流突变量的电流继电器。这三个电流继电器所反映的电流分别是

$$\mathrm{d}\dot{I}_{BC} = \mathrm{d}(\dot{I}_B - \dot{I}_C)$$

$$\mathrm{d}\dot{I}_{CA} = \mathrm{d}(\dot{I}_C - \dot{I}_A)$$

$$\mathrm{d}\dot{I}_{AB} = \mathrm{d}(\dot{I}_A - \dot{I}_B)$$

每一个电流突变量继电器的原理接线图如图 9-10 所示。它由电抗变换器、突变量过滤器、整流滤波器、触发器和脉冲展宽回路构成。

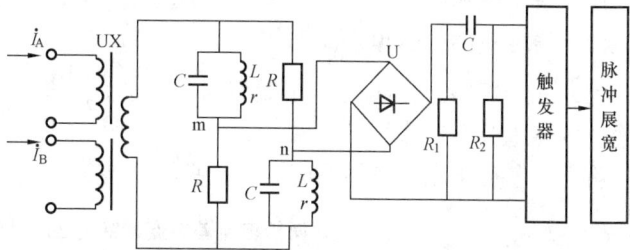

图 9-10 相电流差突变量继电器原理接线图

电抗变换器 UX 一次侧输入两相电流差（例如 $\dot{I}_A - \dot{I}_B$），而二次侧的输出端接于由 R、L、C 组成电桥电路的突变量过滤器，L、C 的参数调谐至对工频产生并联谐振，由于电感绕组内阻 r 的存在，并其等值阻抗为一数值很高的纯电阻，组成电桥电路的两臂。突变量过滤器的输出电压 $\dot{U}_{mn}$ 经全波整流和经由 C_1、R_2 组成的增量电路后，接入执行元件触发器（或极化继电器）。由于突变量继电器动作只能输出很短脉冲，故在触发器后加上脉冲展宽回路。采用增量回路的目的是躲开正常运行情况下由于频率变化，电桥回路调谐不准确以及电流中其他谐波分量在突变量过滤器输出端产生不平衡输出引起的不利影响。

在正常运行或短路进入稳态后，突变量电桥的四臂平衡，所以其输出端电压 $U_{mn}=0$。而在线路发生短路瞬间，突变量电桥有电压 $\dot{U}_{mn}$ 输出，经增量电路使执行元件动作。

下面根据突变量电流继电器工作原理，分析各种短路时，三个两相电流差的突变量电流继电器的工作情况。

（1）单相（如 A 相）接地短路。A 相接地短路时，只有 A 相电流发生变化，而 B 相和 C 相电流基本不变，所以，凡与故障相相关的突变量继电器有输出，即

$$\mathrm{d}\dot{I}_{AB} = \mathrm{d}(\dot{I}_A - \dot{I}_B) > 0, \dot{U}_{mn} > 0$$

$$\mathrm{d}\dot{I}_{BC} = \mathrm{d}(\dot{I}_B - \dot{I}_C) = 0, \dot{U}_{mn} = 0$$

$$\mathrm{d}\dot{I}_{CA} = \mathrm{d}(\dot{I}_C - \dot{I}_A) > 0, \dot{U}_{mn} = 0$$

可见，除 $\mathrm{d}\dot{I}_{BC}$ 的继电器不动作外，其余两个继电器都动作。同理当 B（或 C）相接地短路时，$\mathrm{d}\dot{I}_{CA}$（或 $\mathrm{d}\dot{I}_{AB}$）的元件不动作，其余两个元件均动作。

（2）B、C 两相短路。当线路 B、C 两相短路时，$\dot{I}_B$、$\dot{I}_C$ 均发生变化，而 $\dot{I}_A$ 基本不变，所以有

$$d\dot{I}_{AB} = d(\dot{I}_A - \dot{I}_B) > 0, \dot{U}_{mn} > 0$$

$$d\dot{I}_{BC} = d(\dot{I}_B - \dot{I}_C) > 0, \dot{U}_{mn} > 0$$

$$d\dot{I}_{CA} = d(\dot{I}_C - \dot{I}_A) > 0, \dot{U}_{mn} > 0$$

可见，三个两相差突变量继电器都动作。同理，AB、CA 两相两种短路时，三个两相电流差突变量继电器也都会动作。

（3）B、C 两相接地短路。当 B、C 两相接地短路时，$\dot{I}_B$、$\dot{I}_C$ 均发生变化，$\dot{I}_A$ 基本不变。所以三个两相电流差突变量元件都会动作。同理，在其他两种两相接地短路时，三个两相电流差突变量继电器也都会动作。

（4）三相短路。当线路三相短路时，$\dot{I}_A$、$\dot{I}_B$、$\dot{I}_C$ 均发生突变，所以三个两相差电流突变量继电器也都会动作。

将上述各种不同类型短路时，三个两相电流差突变量继电器动作情况用表 9-3 表示。

表 9-3　　　　　　　　　　　**两相电流差突变量继电器的动作情况**

继电器	单相短路			两相短路或两相接地			三相短路	备 注
	$k^{(1)}$			$k^{(2)}$, $k^{(1,1)}$			$k^{(3)}$	
	$k_A^{(1)}$	$k_B^{(1)}$	$k_C^{(1)}$	k_{AB}	k_{BC}	k_{CA}		
$d\dot{I}_{BC}$	−	+	+	+	+	+	+	"+" 表示动作
$d\dot{I}_{CA}$	+	−	+	+	+	+	+	"−" 表示不动作
$d\dot{I}_{AB}$	+	+	−	+	+	+	+	

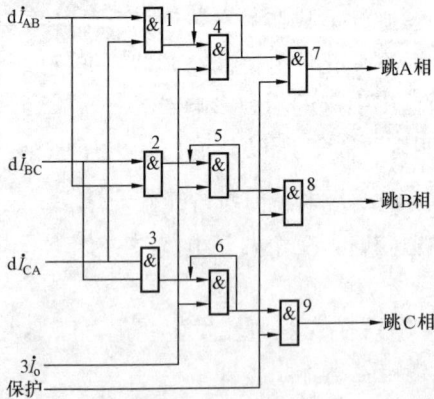

图 9-11　由相电流差突变量继电器
构成选相元件接线图

为了构成单相接地短路故障的选相元件，三个继电器应连接成图 9-11 所示，当线路 A 相发生接地短路时，$d(\dot{I}_A - \dot{I}_B)$ 和 $d(\dot{I}_C - \dot{I}_A)$ 动作有输出，只有与门 1 开放，而发生 B 相单相短路时，与门 2 开放，发生 C 相单相短路时，与门 3 开放。在其他相间短路时，与门 1、与门 2、与门 3 均开放。利用这一特点可以选出故障相。达到选相目的。$3\dot{I}_0$ 的元件是接地故障判别元件。当发生不接地的相间故障时，保护不经选相元件而直接接通三相跳闸回路。当单相接地故障 [如 $K_A^{(1)}$] 时，与门 1、与门 4 开放，其信号送至与门 7，若此时保护也动作，与门 7 开放，并有输出，接通 A 相跳闸回路。当发生两相接地故障时，所有与门元件都开放，接通 A 相、B 相和 C 相跳闸回路。

由于两相电流差突变量元件只在暂态过程中动作，而在短路尚未切除但已进入稳态，它

会返回，为了保证选相正确，可靠地切除故障相，在选相逻辑电路，见图 9-11 中采用自保持措施，自保持电路如图 9-11 中与门 4、5、6 的反馈箭头所示。

采用两相电流差突变量继电器作为选相元件时，在全相正常，非全相负荷状态以及电力系统振荡时，选相元件都不会误动作，因此，它可以作为非全相运行发生故障时加速保护动作的启动元件。

（二）潜供电流和恢复电压对 AAR 的影响

当线路的故障相两侧断路器跳闸后，由于非故障相与故障相之间存在电容与互感，虽然短路相电源已被切断，但故障点弧光通道中仍有一定的电流通过，这个电流称为潜供电流。潜供电流是因为相间电容和互感影响由非故障相向故障点提供的，如图 9-12（a）所示的输电线上，当 C 相发生暂时性接地故障时，C 相两侧断路器会跳闸，这时短路电流虽然被切断，但 A、B 两相仍处在工作状态。由于各相之间存在着电容，所以 A、B 两相将通过电容 C_{AC}、C_{BC} 和对地电容 C_0 向 k 点提供电流。同时由于各相之间存在互感 M，所以 A、B 两相的负荷电流，也将通过互感 M 的电磁耦合，在 C 相中感应电动势。此感应电动势也向短路点提供电流。这两部分电流总和构成潜供电流，如图 9-12（b）所示。潜供电流为

$$\dot{I} = \dot{I}_A + \dot{I}_B = \frac{(\dot{U}_A + \dot{U}_B)\omega C_0 C}{2C + C_0}$$

式中　C——线路相间电容；

C_0——线路每相对地电容；

$\dot{U}_A$、$\dot{U}_B$——非故障相 A、B 的电压。

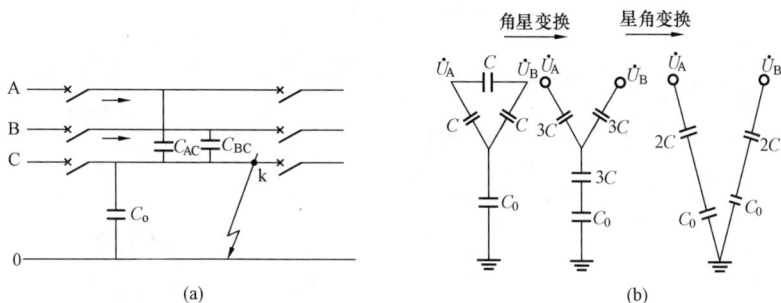

图 9-12　潜供电流的影响
（a）潜供电流的产生；（b）潜供电流的计算

由于潜供电流的存在，将使短路时弧光通道的去游离受到严重阻碍，而单相自动重合闸只有在故障点电弧熄灭，且绝缘强度恢复以后，才有可能成功。另外在潜供电流熄灭瞬间，断开相 C 相电压立即上升。这个电压亦由两部分组成，一是非故障相 A、B 相电压通过电容耦合形成的电压，另一是 A、B 相负荷电流通过互感产生的互感电动势。这两部分电压存在，使故障相短路点的对地电压可能升得较高，从而使弧光重燃，再次出现弧光接地现象，使弧光复燃的短路点对地电压，简称恢复电压。

可见由于潜供电流和恢复电压的影响，短路处的电弧不能很快熄灭，弧光通道去游离受到严重阻碍。自动重合闸只有在故障点电弧熄灭、绝缘强度恢复才有可能成功。因此，单相

重合闸的动作时间必须充分考虑它们的影响。

潜供电流的大小与线路参数有关，线路电压越高、负荷电流越大，则潜供电流越大，单相重合闸动作时间越长，为了保证单相重合闸有良好的效果，要正确选择单相重合闸的动作时间，一般都应比三相重合闸时间长。

此外，单相重合闸方式将导致系统非全相运行。这时非全相运行产生的序分量将对电力系统中的设备、继电保护和附近的通信设施产生影响，必须做相应的考虑，以消除这些影响所带来的不良后果。

二、综合自动重合闸

我国在 220kV 及以上的高压电力系统中，广泛应用综合自动重合闸装置，它是由单相自动重合闸和三相自动重合闸综合在一起构成的装置。适用于中性点直接接地电网，具有单相重合闸和三相重合闸的两种性能。在相间短路时，保护动作跳开三相断路器，然后进行三相重合闸，在单相接地短路时，保护和重合闸装置配合只断开故障相，然后进行单相重合闸。

综合自动重合闸除必须装设选相元件外，还应该装设故障判别元件（简称判别元件），用它来判别故障是接地故障还是相间故障。由于在单相接地故障时，某些高压线路保护（如相差高频保护）也会动作，使三相跳闸，如果综合自动重合闸不装设判别元件，就会在发生单相接地故障时发生跳三相的后果。

判别元件一般由零序电流继电器和零序电压继电器构成。线路发生相间短路时，判别元件不动作，由继电保护启动三相跳闸回路使三相断路器跳闸。接地短路时，判别元件启动，继电保护在选相元件判别短路是单相短路，还是两相接地短路后，将决定跳单相还是跳三相。判别元件与继电保护、选相元件配合的逻辑电路如图 9 - 13 所示。

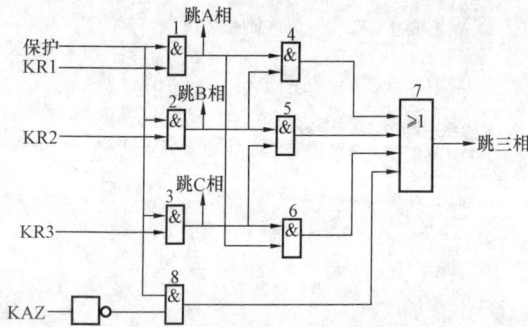

图 9 - 13　保护、选相和判别元件的配合逻辑图

图 9 - 13 中 KR1、KR2、KR3 为三个反应 A、B、C 单相接地短路的阻抗继电器作为选相元件，零序电流继电器 KAZ 作为判别是否发生接地短路的判别元件。

当线路发生相间短路时，没有零序电流，判别元件 KAZ 不动作，继电保护通过与门 8 跳三相断路器。当线路发生接地短路故障时，故障线路上有零序电流，判别元件 KAZ 动作，与门 1、2、3 中之一开放，跳单相断路器，如果两个选相元件动作，则说明发生了两相接地短路，与门 4、5、6 中之一开放，保护将跳三相断路器。

（一）综合自动重合闸运行方式

根据电力系统要求，综合自动重合闸运行方式有以下几种。

（1）综合自动重合闸方式。线路上发生单相接地短路时，实行单相自动重合闸，当重合到永久性故障时，断开三相并不再进行自动重合；线路上发生相间短路时，实行三相自动重合闸，当重合到永久性故障时，断开三相并不再进行自动重合。

（2）三相自动重合闸方式。线路上无论发生任何形式的短路故障，均实行三相自动重合闸，当重合到永久性故障时，断开三相并不再进行重合。

（3）线路上发生单相接地短路时，实行单相自动重合闸，当合闸到永久性故障时，断开三相不再进行重合。

（4）直跳方式。线路上发生任何形式的故障时，均断开三相不再进行自动重合闸。此方式也称为停电方式。

（二）综合自动重合闸与继电保护的配合

在综合自动重合闸装置中，为满足与各种保护之间的配合，一般设有四个端子，即 M、N、Q、R 端子。

（1）M 端子接非全相运行中可能误动作的保护，如距离Ⅰ、Ⅱ段和零序保护Ⅰ、Ⅱ段，在非全相运行中当不采用其他措施时，应将它们闭锁。

（2）N 端子接非全相运行中仍然继续工作的保护，如相差高频保护。

（3）Q 端子接入的保护不论什么类型的故障，都必须切除三相，然后进行三相重合闸保护，如母线保护。

（4）R 端子接入的保护只要求直跳三相断路器，而不再重合闸的保护，如长延时的后备段保护。

在构成综合自动重合闸装置时，除考虑上述问题以外，还要考虑选相元件拒动、高压断路器的性能问题（如高压断路器气压或液压下降），以及系统不允许非全相运行时重合闸拒动等问题。

思 考 题 与 习 题

9-1　电网中重合闸的配置原则是什么？

9-2　自动重合闸的基本类型有哪些？它们分别适用于什么网络？

9-3　说明各种重合闸方式的基本内容及应用条件。

9-4　电力系统对自动重合闸的基本要求是什么？

9-5　电力线路为什么要装设自动重合闸装置？

9-6　单相重合闸中选相元件的作用和类型是什么？

9-7　综合重合闸用的接地相选相元件为什么要加入零序电流补偿？

9-8　什么叫重合闸前加速和后加速？为什么高压网络中应采用重合闸后加速的工作方式？

9-9　单侧电源自动重合闸的动作时间整定应考虑哪些因素？

9-10　什么叫自动重合闸的不对应启动原则？

9-11　手动重合闸到永久性故障线路上，重合闸为什么不动作？

9-12　快速自动重合闸为什么对电力系统稳定有利？

9-13　自动重合闸的主要构成部件有哪些？各起什么作用？

9-14　哪些情况下需要对重合闸进行闭锁？

9-15　试说明综合自动重合闸中 M、N、Q、R 四个端子的作用。

9-16　为什么双侧电源 AAR 的无压检定侧还要增设同步检查继电器 KY？

9-17　装设非同步重合闸的限制条件有哪些？

9-18　潜供电流的性质和对 AAR 动作时间有什么影响？

第十章　电力变压器保护

本章讲述了变压器可能发生的故障类型及不正常运行状态,这是分析、设计变压器保护的基础,重点讲述了变压器纵差动保护的基本工作原理。保护的特点、接线及整定计算。分析了差动保护中产生不平衡电流的原因及防止不平衡电流的措施,也分析了励磁涌流产生的原因、特点,以及在差动保护中克服励磁涌流的影响。重点介绍了 BCH-2 型和 BCH-1 型差动继电器的构造及特性。

本章还讲述了其他变压器保护装置,如气体保护、零序保护、相间短路的后备保护及过负荷保护等等。

第一节　电力变压器的故障、异常工作状态及其保护方式

电力变压器是电力系统中大量使用的重要电气设备,它的安全运行是电力系统可靠工作的必要条件。虽然它无旋转部件,结构简单,运行可靠性较高,但在实际运行中仍然会发生故障和不正常的工作状态。

变压器的故障可分为油箱内部故障和油箱外部故障。油箱内部故障有,绕组的相间短路、绕组的匝间短路、直接接地系统侧绕组的接地短路。变压器发生内部故障是很危险的,因为故障点的高温电弧不仅会烧坏绕组绝缘和铁芯,而且可能由于绝缘材料和变压器在高温电弧作用下强烈气化引起油箱爆炸。油箱外部故障主要有,油箱外部绝缘套管,引出线上发生相间短路或一相碰接箱壳(或称直接接地短路)。

变压器的异常工作状态有过负荷;由外部短路引起的过电流;油箱漏油引起的油位下降;外部接地短路引起中性点过电压;绕组过电压或频率降低引起的过励磁;变压器油温升高和冷却系统故障等。

对于上述故障和异常工作状态及容量等级和重要程度,根据 DL 400—1991《继电保护和安全自动装置技术规程》的规定,变压器应装设如下保护:

(1) 为反应油箱内部各种短路故障和油面降低,对于 0.8MVA 及以上的油浸式变压器和户内 0.4MVA 以上变压器应装设气体保护。

(2) 为反应变压器绕组和引出线的相间短路,以及中性点直接接地电网侧绕组和引出线的接地短路及绕组匝间短路,应装设纵差保护或电流速断保护。对于 6.3MVA 及以上并列运行变压器和 10MVA 及以上单独运行变压器,以及 6.3MVA 及以上的厂用变压器,应装设纵差保护;对于 10MVA 以下变压器且过电流时限大于 0.5s 时,应装设电流速断保护;对于 2MVA 以上变压器,当电流速断保护的灵敏系数不满足要求时,则宜于装设纵差动保护。

(3) 为反应外部相间短路引起的过电流和作为气体、纵差保护(或电流速断保护)的后备保护,应装设过电流保护。例如,复合电压启动过电流保护或负序过电流保护,适用于升压变压器。过电流保护适用于降压变压器。

（4）为反应大电流接地系统外部接地短路，应装设零序电流保护。

（5）为反应过负荷应装设过负荷保护。

（6）为反应变压器过励磁应装设过励磁保护。

第二节　变压器的差动保护

差动保护能正确区分被保护元件保护区内、外故障，并能瞬时切除保护区内的故障。变压器差动保护用来反应变压器绕组，引出线及套管上各种短路故障，是变压器的主保护。如图 10-1 所示，变压器纵差保护单相原理接线图与线路纵差保护相比，变压器差动保护互感器二次侧采用环流法接线，并广泛用在三绕组和多绕组变压器上。

差动保护装置为了获得动作的选择性，差动继电器 KD 的动作电流 $I_{\mathrm{op,r}}$ 必须大于在差动回路中出现的最大不平衡电流 $I_{\mathrm{unb,max}}$。由于变压器各侧电压等级不同，绕组接线方式不同，电流互感器型式及变比也不同，以及变压器的励磁涌流等原因，使变压器差动保护的不平衡电流较大，而不平衡电流越大，则保护的灵敏系数也就越低。因此，分析变压器差动保护的不平衡电流产生的原因和减小它对保护的影响是差动

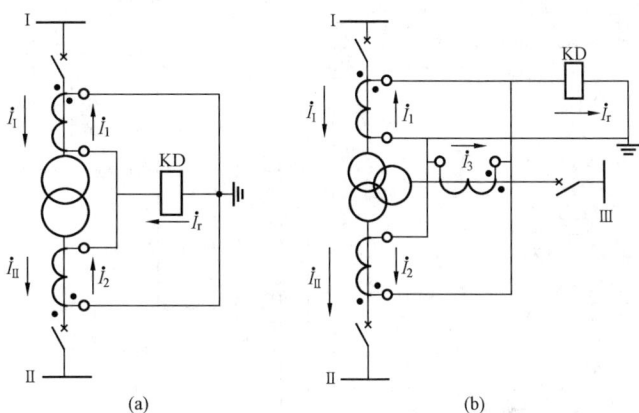

图 10-1　变压器差动保护单相原理接线图
(a) 两绕组变压器；(b) 三绕组变压器

保护的主要问题，为简便起见，下面以 Yd11 型接线的两绕组变压器为例进行说明。

一、不平衡电流产生的原因及减小不平衡电流的方法

（一）稳态情况下的不平衡电流

1. 变压器正常运行时由励磁电流引起的不平衡电流

变压器正常运行时，励磁电流为其额定电流的 3%～5%。当外部短路时，由于变压器电压降低，此时的励磁电流更小，因此，在整定计算中可以不考虑。

2. 由于变压器各侧电流相位不同引起的不平衡电流

在电力系统中大、中型变压器采用 Yd11 接线的很多，变压器一、二次侧线电流相位差为 30°，如果两侧电流互感器采用相同接线方式，即使 $\dot{I}_1$ 和 $\dot{I}_2$ 的数值相等，其不平衡电流为 $I_{\mathrm{unb1}}=2I_1\sin15°=0.518I_1$。因此，必须补偿由于两侧电流相位不同而引起的不平衡电流。具体方法是将 Yd11 接线的变压器星形接线侧的电流互感器接成三角形接线，三角形接线侧的电流互感器接成星形接线，这样可以使两侧电流互感器二次连接臂上的电流 I_{AB2} 和 I_{ab2} 相位一致，如图 10-2（a）所示，变压器 Yd11 接线的电流相量图如图 10-2（b）所示。按图 10-2（a）接线进行相位补偿之后，高压侧保护臂中电流比该侧互感器二次侧电流大 $\sqrt{3}$ 倍，为使正常负荷时两侧保护臂中电流接近相等，故高压侧电流互感器变比应增大 $\sqrt{3}$ 倍考虑。

在实际接线中，必须严格注意变压器与两侧电流互感器的极性要求，要防止发生差动继电器的电流相别接错，极性接反现象。在变压器差动保护投入前要做一次接线检查，在运行后，如测量不平衡电流值过大不合理时，应在变压器带负荷时，测量互感器一、二次侧电流相位关系，判别接线是否正确。

3. 由于电流互感器计算变比与选用的标准变比不同而引起的不平衡电流

图 10-2（a）中变压器两侧电流加以相位补偿后，为使差动回路中不平衡电流为零，则两侧电流互感器流入连接臂中电流必须相等，而且在正常运行时应等于二次额定电流 5A，于是可按下式求出电流互感器的变比。

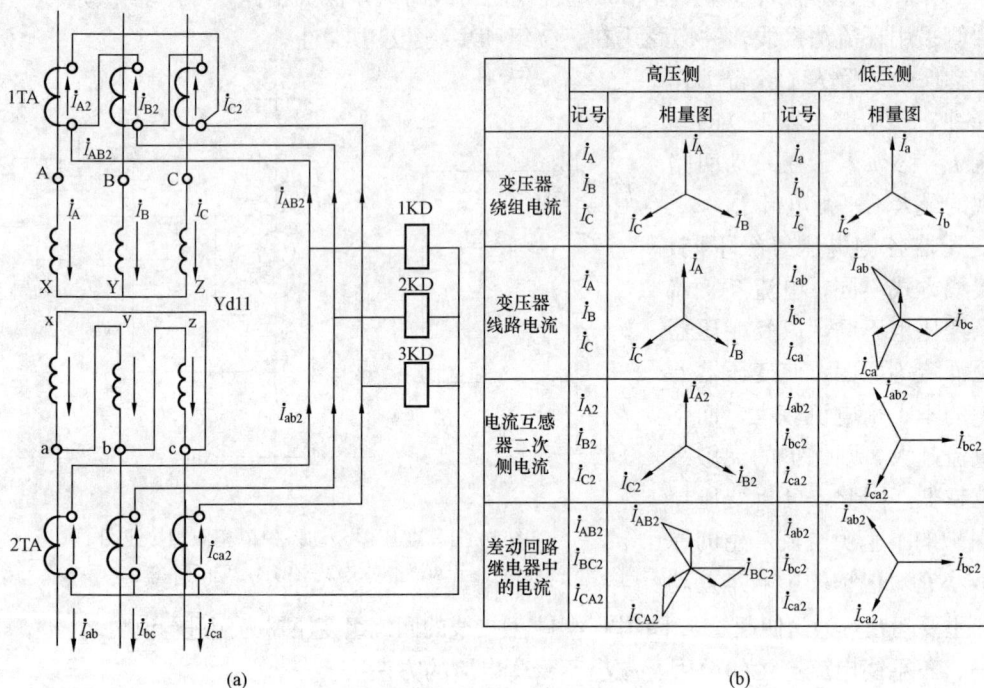

	高压侧		低压侧	
	记号	相量图	记号	相量图
变压器绕组电流	$\dot{I}_A$ $\dot{I}_B$ $\dot{I}_C$		$\dot{I}_a$ $\dot{I}_b$ $\dot{I}_c$	
变压器线路电流	$\dot{I}_A$ $\dot{I}_B$ $\dot{I}_C$		$\dot{I}_{ab}$ $\dot{I}_{bc}$ $\dot{I}_{ca}$	
电流互感器二次侧电流	$\dot{I}_{A2}$ $\dot{I}_{B2}$ $\dot{I}_{C2}$		$\dot{I}_{ab2}$ $\dot{I}_{bc2}$ $\dot{I}_{ca2}$	
差动回路继电器中的电流	$\dot{I}_{AB2}$ $\dot{I}_{BC2}$ $\dot{I}_{CA2}$		$\dot{I}_{ab2}$ $\dot{I}_{bc2}$ $\dot{I}_{ca2}$	

图 10-2　Yd11 接线的变压器两侧电流互感器的接线及电流相量图

变压器星形接线侧按三角形接线的电流互感器变比为

$$K_{TAd} = \frac{I_{TN,y}}{5}\sqrt{3} \qquad (10-1)$$

变压器角形接线侧按星形接线的电流互感器的变比为

$$K_{TAy} = \frac{I_{TN,d}}{5} \qquad (10-2)$$

式中　$I_{TN,y}$、$I_{TN,d}$——变压器星形接线侧和角形接线侧的额定电流。

按上式计算值选取的相邻较大的标准变比。这样，在正常运行时电流互感器二次电流不会超过 5A。必须指出，由于实际所选电流互感器的变比不同于计算值，势必在差动回路中出现不平衡电流值。

【例 10-1】　计算 31.5MVA，110±2×2.5％/11kV，Yd11 型变压器在额定负荷下差动保护中各电压侧保护臂中的电流，计算数据列于表 10-1 中。

表 10 - 1 计算变压器差动保护臂中电流

项　目	各　侧　数　据	
额定电压（kV）	110（104.5）	11
额定电流（A）	$\dfrac{31\,500}{\sqrt{3} \cdot 110}=165（174）\,A$	$\dfrac{31\,500}{\sqrt{3} \cdot 11}=1650$
互感器接线方式	三角形接线	星形接线
互感器计算变比	$\sqrt{3} \cdot 165/5=\dfrac{286}{5}$	$\dfrac{1650}{5}=330$
互感器选择变比	300/5	2000/5
保护臂中电流（A）	$\dfrac{165}{300/5} \cdot \sqrt{3}=4.76（5.02）$	$\dfrac{1650}{200/5}=4.13$

注 括号内数值是在 $-2 \times 2.5\%$ 抽头电压时的计算值。

表 10 - 1 所示算例中，$I_{unb2}=4.76-4.13=0.63A$，占额定负荷的 13%，当该不平衡电流大于 5% 时，应采取补偿措施。常用补偿措施有以下几方面。

（1）采用自耦变流器（或称自耦变压器）UT（通常置于电流较小的保护臂中）来变换保护臂中的电流，如图 10 - 3（a）所示。UT 的变比按下式计算

$$K_{UT} = \frac{I_{\triangle(2)}}{I_{Y(2)}} = \frac{K_T K_{TAd}}{\sqrt{3} K_{TAy}} \tag{10 - 3}$$

式中　K_{TAd}、K_{TAy}——变压器星形侧、三角形侧电流互感器的标准变比；

　　　K_T——变压器的变比；

　　　$I_{\triangle(2)}$、$I_{Y(2)}$——变压器三角形侧、星形侧保护臂中的电流，有 $I_{Y(2)} > I_{\triangle(2)}$。

（2）利用带中间速饱和变流器 UA 差动继电器的平衡绕组 W_b 进行磁动势补偿，如图 10 - 3（b）所示。通常将 W_b 置于电流较小的保护臂中，使 $I_{\triangle(2)}W_b=[I_{Y(2)}-I_{\triangle(2)}]W_d$，$W_d$ 为差动绕组，即差动绕组 W_d 中不平衡电流 $[I_{Y(2)}-I_{\triangle(2)}]$ 在 UA 铁芯中产生的磁动势被平衡绕组 W_b 中电流 $I_{\triangle(2)}$ 所产生的磁动势所补偿。如果能完全补偿，则 UA 二次绕组 W_2 中不感生不平衡电流。当 W_d 匝数确定后，W_b 的计算值为

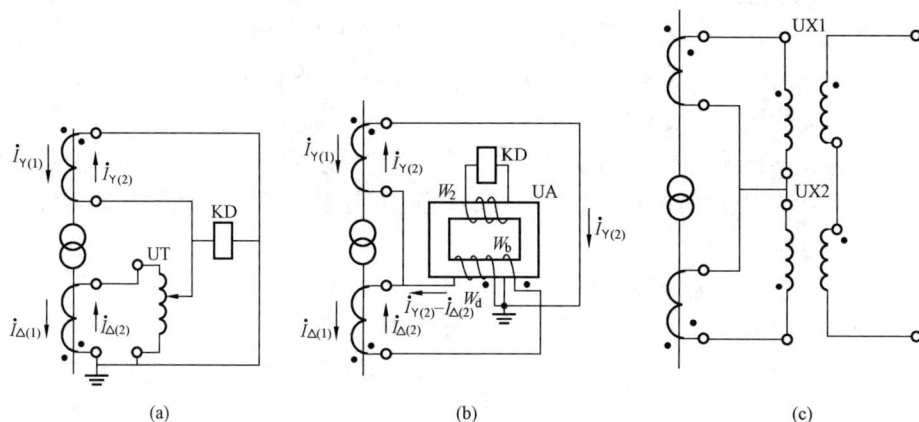

图 10 - 3　补偿电流互感器计算变比与标准变比不同而引起不平衡电流的单相原理图
（a）用自耦变压器 UT 改变差动臂中电流；（b）用中间变流器 UA 进行磁动势补偿；
（c）用改变电抗变压器绕组抽头和铁芯气隙大小调节平衡

$$W_{b} = \frac{I_{Y(2)} - I_{\triangle(2)}}{I_{\triangle(2)}} W_{d,set} \tag{10-4}$$

式中 $W_{d,set}$——为差动绕组整定匝数；$I_{\triangle(2)} < I_{Y(2)}$。

（3）若差动继电器采用电抗变压器 UX1 和 UX2 接入各侧保护臂中，而两只 UX 二次绕组串接差动输出时，图 10-3（c）所示，可以调节 UX 绕组抽头、铁芯气隙的大小来减小差动输出的不平衡电流。

由于自耦变流器 UT、中间速饱和变流器 UA 和电抗变压器 UX 的绕组匝数不能平滑调节，所以选用的整定匝数与计算匝数不可能完全一致。因此，差动回路中仍残留一部分不平衡电流，在整定保护动作值时要考虑躲过这部分不平衡电流。

4. 由变压器调压引起的不平衡电流

当系统运行方式改变时，需要调节变压器调压分接头以保证系统电压水平。在表 10-1 算例中，高压侧保护臂电流是按调压主接头电压计算的，表中括号内数值是 $-2 \times 2.5\%$ 抽头电压时的计算值，这时不平衡电流为 $I_{unb} = 5.02 - 4.13 = 0.89A$，由此可见，当调压分接头位置改变时，在差动回路中引起很大不平衡电流。该不平衡电流的大小与调压范围 ΔU 及变压器一次电流成正比，可由下式计算，即

$$I_{unb} = \pm \Delta U \frac{\sqrt{3} I_{Y(1)}}{K_{TAd}} \tag{10-5}$$

对于不带负载调压的变压器 $\Delta U = \pm 5\%$；对于带负载调压的变压器，调压范围 ΔU 较大，各类产品不一，最大的 $\Delta U = \pm 15\%$。

在运行中不可能随变压器分接头改变而重新调整差动继电器的参数，因此，ΔU 引起的不平衡电流要在整定计算时考虑躲过。

5. 由于各侧电流互感器误差不同引起的不平衡电流

变压器各侧电压等级和额定电流不同，因而采用的电流互感器型号不同，它们的特性差别较大，故引起较大的不平衡电流。可以采用下面的措施减小不平衡电流。

（1）选用高饱和倍数差动保护专用的 D 级电流互感器，并在外部短路最大短路电流下按 10% 误差曲线校验互感器二次负荷。

（2）合理选用互感器二次连接导线截面使二次负荷减小，并尽量使各侧差动保护臂阻抗相近，以减小不平衡电流。为减小二次负荷，可以选用二次侧额定电流为 1A 的电流互感器，因它的允许负荷比二次侧额定电流为 5A 的电流互感器大 25 倍。

（3）采用铁芯具有小气隙的电流互感器，可以减少铁芯剩磁的影响，并且使磁路特性决定于气隙大小，以减小非线性误差，从而改善互感器的工作条件，使两侧互感器特性趋于一致，减小不平衡电流。

保护用电流互感器的选择和二次负荷都是以电流互感器 10% 误差曲线为依据的。在实际短路时，变压器两侧电流互感器都会出现饱和现象，只是励磁阻抗减小，励磁电流增大程度不同，差动回路的不平衡电流要小于互感器未饱和时情况。可能出现的最大不平衡电流可按上述假设条件计算

$$I_{unb} = \frac{\sqrt{3} K_{err} K_{st}}{K_{TAd}} I_{k,max} \tag{10-6}$$

式中 K_{err}——电流互感器 10% 误差，取 0.1；

K_{st}——电流互感器同型系数,对发电机线路纵差保护取 0.5;对变压器、母线差动保护取 1;

$I_{k,max}$——流经变压器 Y 侧最大短路电流。

（二）暂态过程中的不平衡电流

差动保护要躲过外部短路时暂态过程中的不平衡电流 i_{unb},其波形如图 10-4 (a) 所示,其中含有很大非周期分量,偏于时间轴一侧铁芯中磁感应强度沿着部分磁滞回线变化,ΔB 变化很小,速饱和变流器的二次绕组 W_2 中感应电动势很小,故防止保护误动作。而且不平衡电流最大值出现的时间较迟,是因为励磁回路具有很大电感。

图 10-4 (b) 是内部短路时的电流的波形,短路电流 i_k 虽然在初瞬也具有一定成分的非周期分量,但衰减很快,只是短暂地延迟了周期分量的传变。非周期分量衰减后,速饱和变流器一次绕组中只有短路电流周期分量通过,此时铁芯中 ΔB 变化很大,在 W_2 中感生较大电动势,使差动继电器可靠动作。

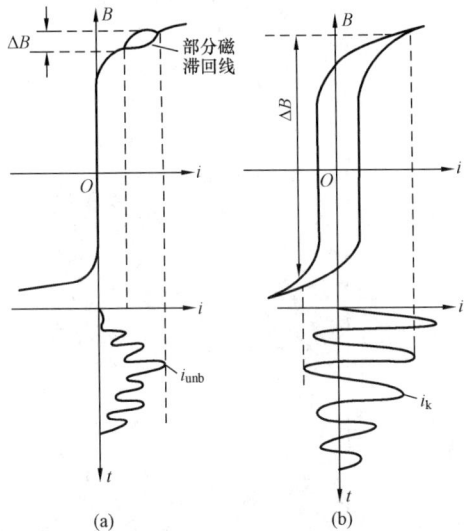

图 10-4 中间速饱和变流器工作原理说明图
(a) 外部短路时;(b) 内部短路时

考虑到非周期分量的影响,引入非周期分量系数 K_{np},不采取措施消除其影响,$K_{np}=1.5\sim2$,当采用速饱和变流器时可取 $K_{np}=1\sim1.3$。

综合考虑暂态和稳态的影响,总的不平衡电流为

$$I_{unb,com} = (K_{err}K_{st}K_{np} + \Delta U + \Delta f_s)\frac{\sqrt{3}I_{k,max}}{K_{TAd}} \qquad (10-7)$$

式中 Δf_s——变比误差,可取 0.05。

减小不平衡电流的主要方法有:

（1）对中、小型电力变压器、允许加大动作电流和稍带延时躲过暂态不平衡电流的影响。

（2）在差动回路中接入中间速饱和电流器 UA,如图 10-3 (b) 所示。UA 的铁芯具有速饱和特性,它对含有较大非周期分量的外部短路暂态不平衡电流有抵制作用,而不含有非周期分量的交变分量能顺利通过。

（3）当采用上述措施仍不能满足灵敏性要求时,或根据被保护元件具体情况需要进一步提高差动保护灵敏性时,可采用具有制动特性的差动继电器。制动方案有磁力制动和幅值比较制动。

（三）变压器励磁涌流及其特点

当变压器空载投入和外部故障切除后电压恢复时,可能出现数值很大的励磁电流,这种暂态过程中出现的变压器励磁电流称为励磁涌流,其数值可达额定电流的 6~8 倍。

在稳定运行时,铁芯中的磁通应滞后于外加电压 90°,如图 10-5 (a) 所示。如果在空载合闸初瞬（$t=0$）时正好电压瞬时值 $u=0$,初相角 $\alpha=0°$,此时,铁芯中的磁通应为负最大值 $-\phi_m$。但是由于铁芯中的磁通不能突变,因此将出现一个非周期的分量磁通 ϕ_{np},其幅

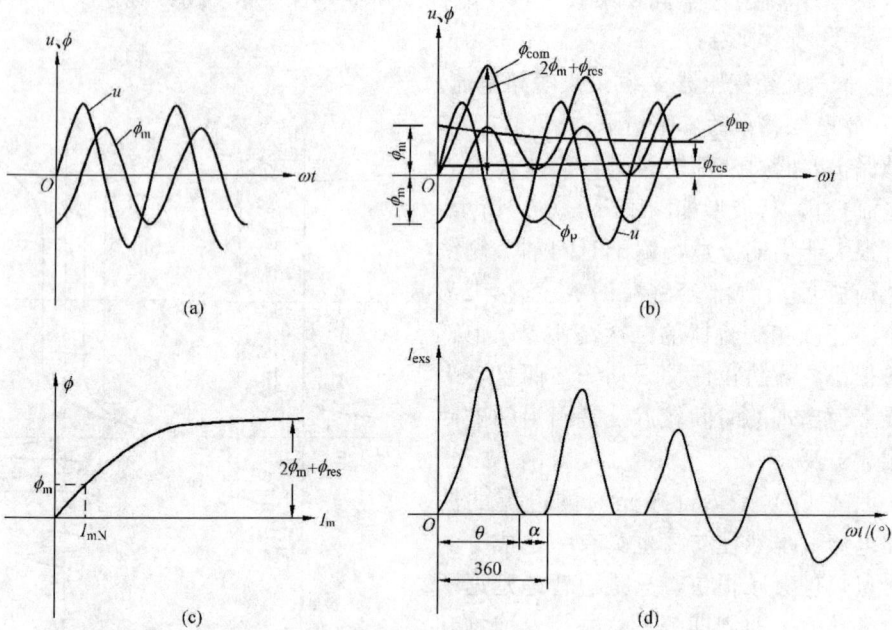

图 10 - 5 变压器励磁涌流的产生及电流变化曲线

(a) 稳态时，电压与磁通关系；(b) $t=0$，在 $u=0$ 瞬间空载合闸时，电压与磁通关系；

(c) 变压器铁芯的磁化曲线；(d) 励磁涌流 I_{exs} 电流波形

值为 $+\phi_m$。这样经过半个周期以后，铁芯中的磁通就达到 $2\phi_m$，如果铁芯中原来还存在剩余磁通 ϕ_{res}，则总磁通 $\phi_{com}=2\phi_m+\phi_{res}$，如图 10 - 5（b）所示。这时变压器的铁芯严重饱和，励磁电流 I_{exs} 将剧烈增大。I_{exs} 中包含有大量的非周期分量和高次谐波分量，如图 10 - 5（d）所示。励磁涌流的大小和衰减时间与外加电压的相位、铁芯中剩磁的大小与方向，电源容量的大小，回路阻抗以及变压器容量有关。例如，正好在电压瞬时值为最大时合闸，就不会出现励磁涌流，对三相变压器而言，无论何时瞬间合闸，至少有两相要出现程度不同的励磁涌流。大型变压器励磁涌流的倍数较中、小型变压器的励磁涌流倍数小。对于中、小型变压器经 0.5~1s 后，其值一般不超过 0.25~0.5 倍额定电流，大型变压器要经 2~3s，变压器容量越大，衰减越慢，完全衰减则要花几十秒时间。

由上面分析可知励磁涌流具有以下特点：

（1）包含有很大成分的非周期分量，约占基波的 60%，涌流偏向时间轴的一侧。

（2）包含有大量的高次谐波，且以二次谐波为主，约占基波 30%~40% 以上。

（3）波形之间出现间断角 α，α 可达 80° 以上。

表 10 - 2 给出一组励磁涌流的实验数据。

表 10 - 2 　　　　　　　　　　励磁涌流中谐波分量（用百分数表示）

试验次数	1	2	3	4
基　　波	100	100	100	100
二次谐波	36	31	50	23
三次谐波	7	6.9	3.4	10

续表

试验次数	1	2	3	4
四次谐波	9	6.2	5.4	—
五次谐波	5	—	—	—
直流分量	66	80	62	73

根据励磁涌流的特点，可以采取下列措施防止励磁涌流的影响。

（1）采用具有速饱和铁芯的差动继电器。

（2）利用二次谐波制动而躲开励磁涌流。

（3）按比较波形间断角来鉴别内部故障和励磁涌流的差动保护。

由于速饱和变流器躲过非周期分量性能不够理想，目前，中、小型变压器广泛采用加强型速饱和变流器（BCH-2 型）构成的变压器差动保护。BCH-2 型（DCD-2，DCD-2M 型）差动继电器，是在速饱和变流器基础上，再加上短路绕组，以改善躲过非周期分量的性能。

二、采用 BCH 型差动继电器构成的差动保护

（一）BCH-2 型差动继电器构成的差动保护

BCH-2 型差动继电器由带短路绕组的三柱式速饱和变流器和 DL-11/0.2 型电流继电器组合而成。图 10-6 是它的原理结构图。图 10-7 是它的内部电路图。铁芯中间 B 的柱截面是边缘柱截面的二倍，其上绕有一个差动绕组 W_d，两个平衡绕组 W_{bI}、W_{bII} 以及短路绕阻一部分 W'_k，短路绕组另一部分 W''_k 绕在左边芯柱 A 上，而且两者通过端子 9 呈同向串联。在右边芯柱 C 上绕有二次绕组 W_2，它通过端子 10、11、12 与 DL-11/0.2 型电流继电器相连接。除二次绕组 W_2 以外，其他绕组都有抽头，可以对继电器的参数进行阶段性的调整。两个平衡绕组 W_{bI}、W_{bII} 均为 19 匝，并

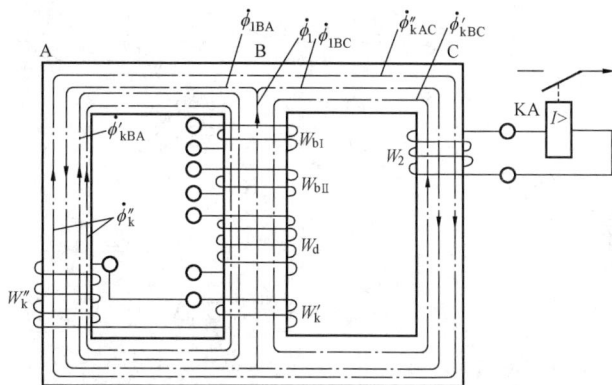

图 10-6 BCH-2 型差动继电器的结构图

分为两段，即 0、1、2、3 抽头段和 0、4、8、12、16 抽头段。差动绕组 W_d 共 20 匝，它有 5、6、8、10、13、20 等匝抽头。短路绕组 W'_k 和 W''_k 分别为 28、56 匝，各有 2：1 的抽头，各抽头点匝数见图 10-7 所示。在使用时每段整定板上必须拧入一个螺钉，否则绕组将开路或短路。其中短路绕组的作用，主要是用来消除励磁涌流的影响，它的作用原理如下：

当差动保护区内发生短路故障时，短路电流反映到差动绕组 W_d，流经 W_d 的电流 $\dot{I}_1$ 接近于正弦波电流，因为短路电流中非周期分量衰减很快，$\dot{I}_1$ 流经 W_d 在芯柱 B 中产生交变磁通 $\dot{\phi}_1$，它分成 $\dot{\phi}_{1BA}$ 和 $\dot{\phi}_{1BC}$，分别通过芯柱 A 和 C。$\dot{\phi}_1$ 在中间芯柱 B 的短路绕组 W'_k 中产生感应电动势生成电流 $\dot{I}_k$，这个电流流过 W'_k 和 W''_k 时分别产生 $\dot{\phi}'_k$ 和 $\dot{\phi}''_k$，从图 10-6 可见，$\dot{\phi}'_k$ 通过右侧柱 C 的磁通 $\dot{\phi}'_{kBC}$ 与 $\dot{\phi}_{1BC}$ 方向相反，在 C 柱中起去磁作用，而 $\dot{\phi}''_k$ 通向 C 柱的磁通 $\dot{\phi}''_{kAC}$ 与 $\dot{\phi}_{1BC}$ 方向相同，在 C 柱中起增磁作用。于是通过 C 柱贯穿于 W_2 的总磁通为

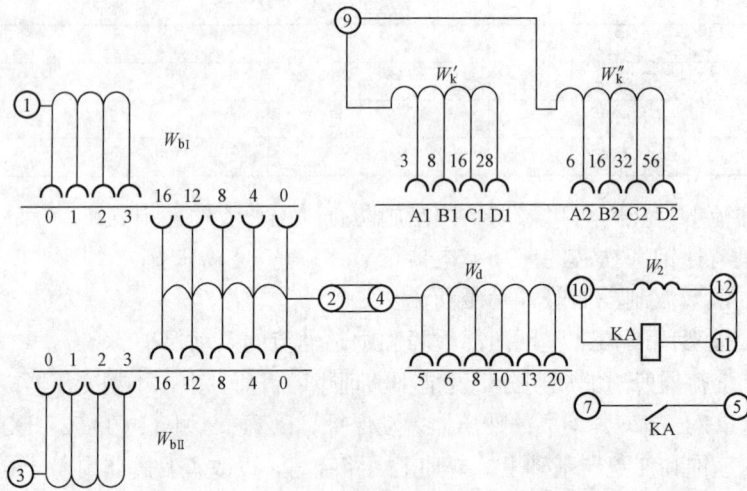

图 10 - 7　BCH - 2 型差动继电器内部的电路图

$$\dot{\phi}_C = \dot{\phi}_{1BC} - \dot{\phi}'_{kBC} + \dot{\phi}''_{kAC} \tag{10 - 8}$$

式（10 - 8）中前两项 $\dot{\phi}_{1BC} - \dot{\phi}'_{kBC}$ 实际上是 B 柱综合磁动势在 C 柱中所产生的磁通，因此

$$\dot{\phi}_C = \frac{\dot{I}_1 W_d - \dot{I}_k W'_k}{R_A /\!/ R_C + R_B} \cdot \frac{R_A}{R_A + R_C} + \frac{\dot{I}_k W''_k}{R_A + R_B /\!/ R_C} \cdot \frac{R_B}{R_B + R_C}$$

$$= \frac{(\dot{I}_1 W_k - \dot{I}_k W'_k) R_A}{R_A R_B + R_B R_C + R_C R_A} + \frac{\dot{I}_k W''_k R_B}{R_A R_B + R_B R_C + R_C R_A}$$

令式中 $(R_A R_B + R_B R_C + R_C R_A)/R_A = R_m$，则

$$\dot{\phi}_C = \frac{\dot{I}_1 W_d - \dot{I}_k W'_k}{R_m} + \frac{\dot{I}_k W''_k}{R_m} \cdot \frac{R_B}{R_A} \tag{10 - 9}$$

式中　R_A、R_B、R_C——分别为铁芯柱 A、B、C 上各支路的磁阻。

将 $\dot{I}_k$ 折算到 W_d 侧，并以 $\dot{I}'_k$ 表示，即 $\dot{I}'_k W_d = \dot{I}_k W'_k$，于是式（10 - 9）可改写成

$$\dot{\phi}_C = \frac{\dot{I}_1 W_d}{R_m} - \frac{\dot{I}'_k W_d}{R_m} + \frac{\dot{I}'_k W_d}{R_m} \left(\frac{W''_k R_B}{W'_k R_A} \right) \tag{10 - 10}$$

在一般情况下，选取 W'_k 与 W''_k 相同标号抽头，维持 $W''_k/W'_k = 2$，且因 B 柱截面为 A 柱截面两倍，故 $R_A = 2R_B$，即 $\dot{\phi}_C$ 中后两项去磁与增磁相等，这说明在保护区内部故障时，短路绕组的存在不影响差动绕组中交变电流向二次绕组 W_2 的传递，不会改变继电器的动作安匝数和保护的灵敏性。只要流过它的电流产生的磁动势达到 60 ± 4 安匝时，就可以保证接于 W_2 上的电流继电器能可靠动作。

在变压器空载投入或外部短路切除后，电压突然恢复时，励磁涌流将以不平衡电流形式流入差动绕组 W_d，由于其中含有很大成分非周期分量，使铁芯迅速饱和，磁阻增大，R_m 将更加增大，单就从这一因素可以从式（10 - 10）中看出，会使 $\dot{\phi}_C$ 大大减小，而且铁芯饱和后磁路磁阻增大，由 A 柱到 C 柱磁路长，漏磁增大，从而使 A 柱到 C 柱的助磁磁通显著减小，而 B 柱到 C 柱磁路短，漏磁相对较小，故由 B 柱到 C 柱的去磁磁通减小并不显著，但仍有较大去磁作用，因而使 C 柱贯穿于 W_2 的总磁通减少得更加显著，使 DL - 11/0.2 型电流继电器不易动作，

这说明短路绕组的存在加强了躲过非周期分量的影响，即可靠地消除了励磁涌流的影响。

当保持 $W_k''/W_k'=2$，W_k' 和 W_k'' 的匝数成比例增大，显然，$\dot{\phi}_{k,BC}'$ 和 $\dot{\phi}_{k,AC}''$ 也相应增大。这时 $\dot{\phi}_{k,BC}'$ 的去磁作用相对 $\dot{\phi}_{k,AC}''$ 的增磁作用更为显著。所以当短路绕组的插孔由 A_2-A_1 移向 B_2-B_1 时，其去磁作用越来越强，即直流助磁特性曲线越来越陡，如图 10-8 所示。躲过非周期分量性能越来越好。

BCH-2 型差动继电器的直流助磁特性曲线用 $\varepsilon=f(k)$ 表示。它反映继电器躲开直流分量的能力。图 10-8 中横轴为偏移系数 $K=I_{DC}/I_{ac,DC}$，表示通入继电器直流分量电流 I_{DC} 占有直流分量时的交流动作电流 $I_{ac,DC}$ 的大小，纵轴坐标为相对动作电流 $\varepsilon=I_{ac,DC}/I_{ac}$，表示有直流分量时动作电流 $I_{ac,DC}$ 比无直流分量时，交流动作电流 I_{ac} 提高的倍数。从图中可以看出，通入继电器的直流成分越多，其交流动作电流被提高的越大，继电器越不易动作，躲过励磁涌流的性能就越好。

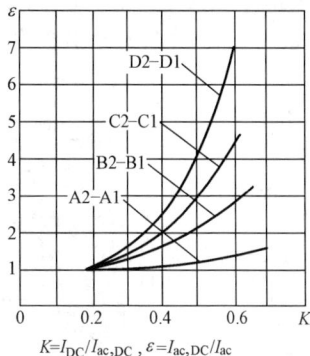

图 10-8　BCH-2 型差动继电器的直流助磁特性曲线

$K=I_{DC}/I_{ac,DC}$, $\varepsilon=I_{ac,DC}/I_{ac}$

若单独增大 W_k'，即减小 W_k''/W_k' 比值时，十分明显，去磁磁通 $\phi_{k,BC}'$ 增大时，即使 W_d 中流过纯交流分量时，亦需要较大 $\dot{I}_d$ 才能使继电器动作，当取不同匝数比时，继电器动作安匝如表 10-3 所示。当减少 W_k''/W_k' 比值时，在增大动作电流同时，也提高了躲过非周期分量的性能。

表 10-3　　　　　　　　　　短路绕组接入不同匝数比所对应的动作安匝

短路绕组整定板上插孔位置	A2—A1　B2—B1 C2—C1　D2—D1	B2—C1	A2—B1	B2—D1
W_k''/W_k'	2	$\frac{16}{16}=1$	$\frac{6}{8}=0.75$	$\frac{16}{28}=0.57$
动作安匝	60	80	100	120

应当注意，在内部短路时，由于短路电流中亦含有一定的非周期分量，只有非周期分量衰减到一定的程度时，差动继电器才能动作，这就延缓了保护动作时限，因此，以尽量采用短路匝数少些为宜，最后应以空载试投不误动作为准。

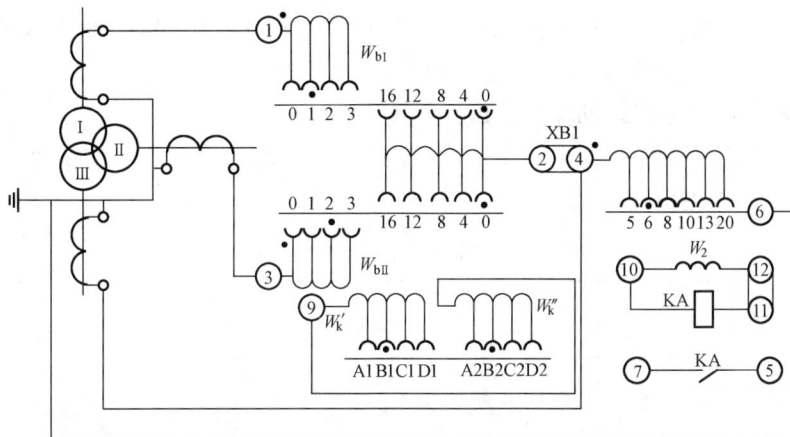

图 10-9　三绕组变压器采用 BCH-2 型继电器的差动保护单相原理图

图 10 - 9 所示为采用 BCH - 2 型继电器构成的三绕组变压器差动保护单相原理接线图，两个平衡绕组 W_{bI}、W_{bII}，分别接于差动回路二次电流较小的两臂。图 10 - 10 所示为采用 BCH - 2 型差动继电器组成变压器差动保护三相电路图。

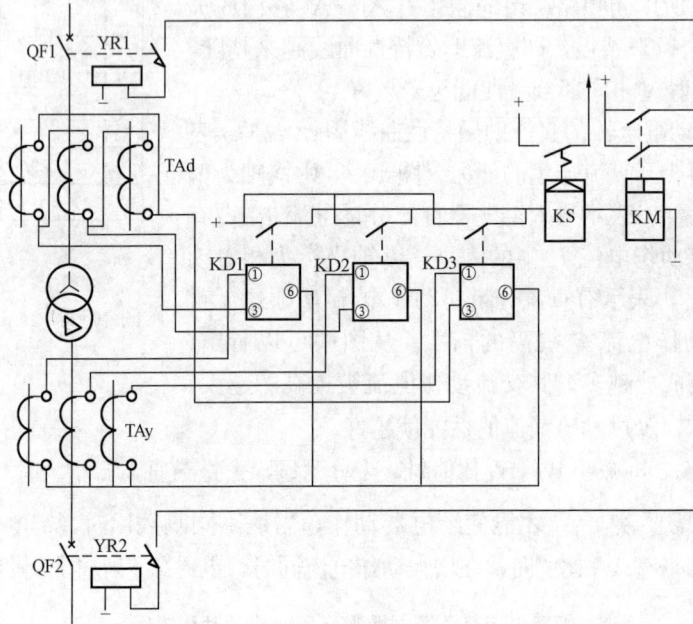

图 10 - 10　由 BCH - 2 型继电器组成变压器差动保护三相电路图

KD1~KD3—BCH - 2 型差动继电器；KS—DX 型信号继电器；

KM—DZ 型出口中间继电器；TAd、TAy——一、二次侧电流互感器

（二）　由 BCH - 2 型继电器组成变压器差动保护的整定计算

应用 BCH - 2 型差动继电器构成双绕组变压器差动保护的三相交流侧的接线如图 10 - 10 所示。现结合一个实例来说明其整定计算。

【例 10 - 2】　某工厂总降压变电所由无限大容量系统供电，其中变压器的参数为 SFL_1-10000/60 型，60/10.5kV，Yd11 接线，$U_k\% = 9$。已知 10.5kV 母线上三相短路电流在最大运行方式下 $I_{k2,max}^{(3)} = 3950A$，在最小运行方式下为 $I_{k2,min}^{(3)} = 3200A$，归算到 60kV 分别为 691A 与 560A，10kV 侧最大负荷电流为 $I_{L,max} = 450A$，归算到 60kV 侧为 78.75A，拟采用 BCH - 2 型差动继电器构成变压器差动保护，试进行整定计算。

解　（1）计算变压器一次侧，二次侧额定电流，选出电流互感器的变比，计算电流互感器二次连接臂中的电流，其计算结果列于表 10 - 4 中。

表 10 - 4　　　　　　　　　　　例题中变压器各侧有关计算数据

数据名称	各侧数据	
	60kV	10.5kV
变压器的额定电流	$I_{TN,Y} = \dfrac{S_{TN}}{\sqrt{3}U_{N1}} = \dfrac{10\,000}{\sqrt{3}\times 60} = 96.2$ （A）	$I_{TN,d} = \dfrac{10\,000}{\sqrt{3}\times 10.5} = 550$ （A）
电流互感器的接线方式	△	Y

数　据　名　称	各　侧　数　据	
	60kV	10.5kV
电流互感器变比计算值	$K_{TAd} = \dfrac{I_{TN,Y}}{5}\sqrt{3} = \dfrac{96.2\times\sqrt{3}}{5} = \dfrac{166.6}{5}$	$K_{TAy} = \dfrac{I_{TN,d}}{5} = \dfrac{550}{5}$
选择电流互感器标准变比	$K_{TAd} = \dfrac{200}{5}$	$K_{TAy} = \dfrac{600}{5}$
电流互感器二次连接臂电流	$I_1 = \dfrac{I_{TN,Y}}{K_{TAd}}\sqrt{3} = \dfrac{96.2}{200/5}\times\sqrt{3} = 4.165$（A）	$I_2 = \dfrac{550}{600/5} = 4.583$（A）

从表 10-4 可以看出，$I_2 > I_1$，所以选较大者 10.5kV 侧为基本侧。平衡绕组 W_{bI} 接于 10.5kV 的基本侧，平衡绕组 W_{bII} 接于 60kV 侧。

（2）计算差动保护基本侧的动作电流，在决定一次动作电流时应满足下列三个条件：

1）躲过变压器励磁涌流的条件

$$I_{op1} = K_{rel}I_{TN,d} = 1.3\times 550 = 715(\text{A})$$

2）躲过电流互感器二次断线不应误动作的条件

$$I_{op1} = K_{rel}I_{L,max} = 1.3\times 450 = 585(\text{A})$$

3）躲过外部穿越性短路最大不平衡电流的条件

$$I_{op1} = K_{rel}I_{unb,max} = K_{rel}(K_{st}K_{err} + \Delta U + \Delta f_s)I''^{(3)}_{k2,max}$$
$$= 1.3\times(1\times 0.1 + 0.05 + 0.05)\times 3950 = 1027(\text{A})$$

式中　K_{rel}，K_{st}——可靠系数与电流互感器的同型系数，K_{rel} 取 1.3，K_{st} 取 1；

$I_{TN,d}$，$I_{L,max}$——变压器于基本侧的额定电流与最大负荷电流；

ΔU，Δf_s——改变变压器分接头调压引起的相对误差与整定匝数不同于计算匝数引起的相对误差。ΔU 取 0.1，Δf_s 取初步 0.05 进行计算；

$I''^{(3)}_{k2,max}$——在最大运行方式下，变压器二次母线上短路，归算于基本侧的三相短路电流次暂态值。

选取上述条件计算值中最大的作为基本侧的一次动作电流，即 I_{op1} 取 1027A。

差动继电器基本侧的动作电流为

$$I_{op,r} = \frac{I_{op1}K_{con}}{K_{TAy}} = \frac{1027\times 1}{600/5} = 8.56(\text{A})$$

式中　K_{TAy}，K_{con}——基本侧的电流互感器变比与其接线系数。

（3）确定 BCH-2 型差动继电器各绕组的匝数。该继电器在保持 $W''_k/W'_k = 2$ 时其动作安匝数为

$$W_{op} = \frac{AN}{I_{op,r}} = \frac{60\pm 4}{8.56} = 7(\text{匝})$$

为了平衡得更精确，使不平衡电流影响更小，可将接于基本侧平衡绕组 W_{bI} 作为基本侧动作匝数的一部分，选取差动绕组 W_d 与平衡绕组 W_{bI} 的整定匝数 $W_{d,set} = 6$ 匝，$W_{bI,set} = 1$ 匝，即 $W_{op,set} = W_{d,set} + W_{bI,set} = 6 + 1 = 7$（匝）。

确定非基本侧平衡绕组 W_{bII} 的匝数

$$I_1(W_{bII} + W_{d,set}) = I_2(W_{bI,set} + W_{d,set})$$

$$W_{bII} = \frac{I_2}{I_1}(W_{bI,set} + W_{d,set}) - W_{d,set} = \frac{4.583}{4.165}\times(1+6) - 6 = 1.7(\text{匝})$$

选整定匝数 $W_{bII,set} = 2$ 匝，其相对误差为

$$\Delta f_{s} = \frac{W_{bII} - W_{bII,set}}{W_{bII} + W_{d,set}} = \frac{1.7 - 2}{1.7 + 6} = -0.0395$$

要求相对误差的绝对值不超过 0.05，显然不平衡电流不能完全消除，还会剩下一部分不平衡电流。

因 $|\Delta f_s| < 0.05$，故不必重新计算动作电流值。

确定短路绕组匝数，即确定短路绕组的插头的插孔。它有四组插孔，见图 10-7 所示。从图 10-8 直流助磁特性曲线可知，短路绕组匝数越多，躲过励磁涌流的性能越好，但当内部故障电流中有较大非周期分量时，BCH-2 型继电器动作时间要延长。因此，对励磁涌流倍数大的中、小容量变压器，当内部故障时短路电流非周期分量衰减较快，对保护动作时间要求较低，故多选用插孔 C2-C1 或 D2-D1。另外应考虑电流互感器的型式，励磁阻抗小的电流互感器，如套管式，吸收非周期分量较多，短路绕组应选用较多匝数的插孔。所选插孔是否合适，应通过变压器空载投入试验确定。本题宜选用 C1-C2 插孔拧入螺钉，接通短路绕组。

（4）灵敏性检验。本例题为单电源应以最小运行方式下 10kV 侧两相短路反应到电源侧进行校验，10.5kV 侧母线两相短路归算到 60kV 侧流入继电器的电流为

$$I_{k2,r}^{(2)} = \frac{\sqrt{3}}{2} \times \left(\frac{\sqrt{3} I''^{(3)}_{k2,min}}{K_{TAd}} \right) = \frac{1.5 \times 560}{200/5} = 21(A)$$

60kV 电源侧 BCH-2 型继电器的动作电流为

$$I_{op,r} = \frac{AN}{W_{d,set} + W_{bII,set}} = \frac{60}{6+2} = 7.5(A)$$

则差动保护装置的最小灵敏系数为

$$K_{s,min}^{(2)} = \frac{I_{k2,r}^{(2)}}{I_{op,r}} = \frac{21}{7.5} = 2.8 > 2$$

可见，满足灵敏性要求。各绕组整定结果如图 10-7 中插孔涂黑点表示。

三、采用带制动特性差动继电器构成的差动保护

由于 BCH-1 型差动继电器具有制动特性，其躲过外部短路不平衡电流的性能比 BCH-2 型继电器好，但躲过励磁涌流的能力不如 BCH-2 型继电器。对带负荷调压的变压器多侧电源三绕组变压器，采用 BCH-2 型继电器构成纵差保护，其灵敏系数可能不满足要求，此时可采用带制动特性的差动继电器。

（一）BCH-1 型差动继电器工作原理

BCH-1 型差动继电器的构造原理如图 10-11 所示。其速饱和变流器铁芯，差动绕组 W_d、平衡绕组 W_{bI}、

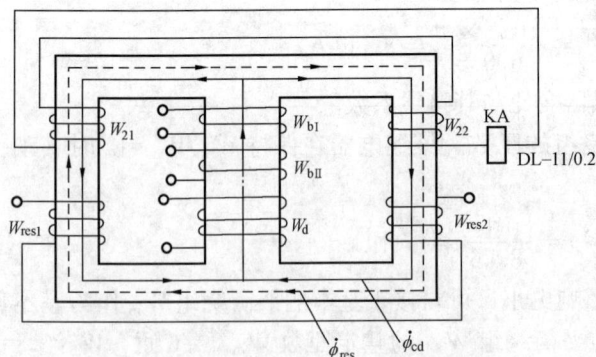
图 10-11 BCH-1 型继电器结构原理图

W_{bII} 及执行部分都与 BCH-2 型继电器相同。但它没有短路绕组，而在铁芯两边柱上分别绕有制动绕组 W_{res1} 和 W_{res2}（其匝数均为制动绕组总匝数的 $\frac{1}{2}$），两个制动绕组反向串联，制动绕组中通过电流时产生的磁通，只沿两边柱形成回路，两个二次绕组 W_{21}，W_{22} 同向串联后

接执行元件 DL-11/0.2 型电流继电器。在制动磁通的作用下，两个二次绕组中产生的电动势互相抵消，而差动绕组所产生的磁通，在二次绕组产生的电动势相加。差动绕组接入差动电流回路，而制动绕组接入差动保护臂中。

当不考虑制动绕组的作用时，BCH-1 型继电器相当于一个普通的速饱和变流器，若考虑到制动绕组的作用，在差动保护外部短路时，穿越性短路电流流过制动绕组产生的制动磁通使铁芯饱和。这种交流助磁效应使磁阻增大，减弱了差动绕组与二次绕组之间的传变能力，使得外部短路时产生的最大不平衡电流的交流分量难以传变到二次侧，这样可靠地躲开了外部短路时不平衡电流的影响。

当制动绕组 W_{res} 中无电流时，使继电器动作需要通入差动绕组的最小电流 $I_{op,ro}$ 称为继电器的最小动作电流。当通入制动绕组中的制动电流 I_{res} 增加时，铁芯饱和程度也增加，使继电器的动作电流 $I_{op,r}$ 也随之增加，$I_{op,r}$ 与 I_{res} 的关系曲线称为继电器的制动特性曲线。如图 10-12 所示。当制动电流较小时，铁芯没有饱和，动作电流变化不大，故制动特性曲线起始部分变化较平缓。当制动电流较大时，铁芯饱和严重，继电器动作电流增加很快，使制动特性曲线上翘。

而且制动匝数越多，曲线上翘越多。从原点作制动曲线的切线，此切线与横轴间夹角为 α，则 $\tan\alpha=K_{res}=I_{op,r}/I_{res}$ 称为继电器的制动系数。为保证继电器可靠动作，取 $K_{res}=0.5\sim0.6$。K_{res} 不是常数，它与 α 有关，图 10-12（b）中曲线 1 为 $\alpha=90°$（或 270°）时最小制动特性曲线，曲线 2 为 $\alpha=0°$（或 180°）时最大制动特性曲线。

(a)

(b)

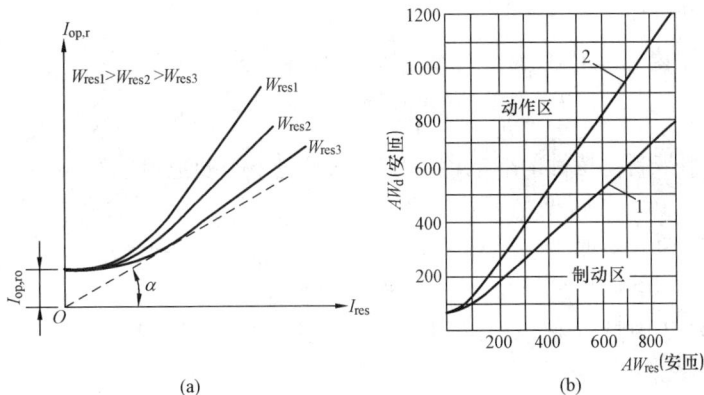

图 10-12 BCH-1 型差动继电器制动特性曲线

（二）BCH-1 型差动继电器工作特性

用 BCH-1 型继电器构成变压器纵差保护的单相原理接线如图 10-13、图 10-14 所示。

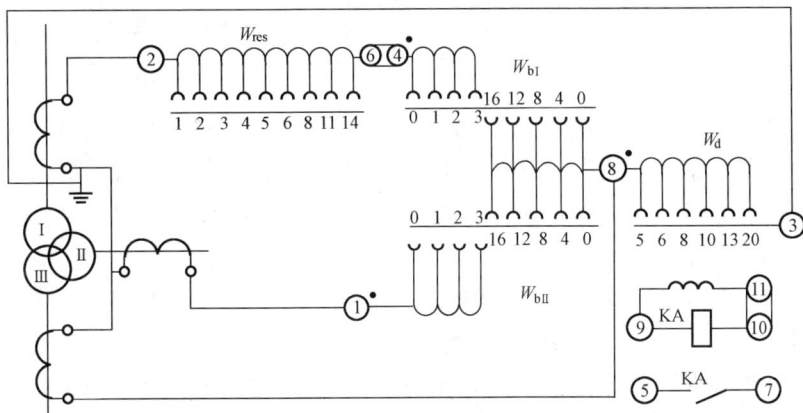

图 10-13 三绕组变压器采用 BCH-1 型继电器构成变压器差动保护单相原理接线图

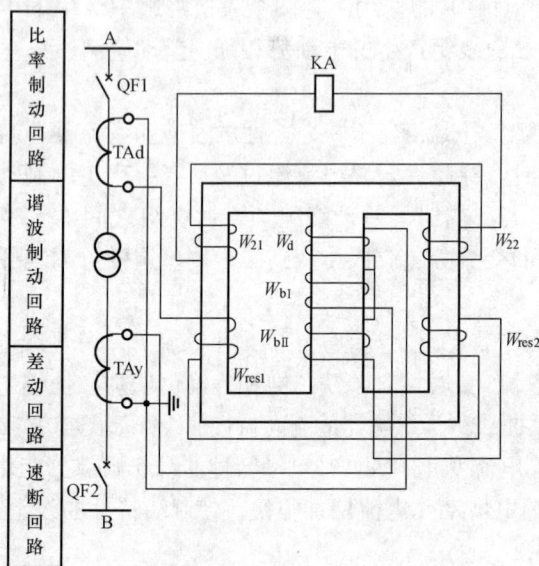

图 10 - 14　BCH - 1 型继电器用于双绕组变压器
差动保护的单相原理接线图

图 10 - 14 中继电器的制动绕组及不平衡绕组 $W_{bⅡ}$ 接入 A 侧差动臂，平衡绕组 $W_{bⅠ}$ 接入 B 侧差动臂。差动绕组 W_d 接入差动回路。平衡绕组的作用同 BCH - 2 型继电器相同，下面通过分析制动绕组作用，说明继电器的工作特性。

在图 10 - 15 中，曲线 1 为不平衡电流 I_{unb} 与外部短路电流 I_k 的关系。水平线 2 为无制动作用时继电器的动作电流曲线，显然，继电器动作电流是与短路点位置无关的常数。曲线 3 为制动特性曲线，且位于直线 1 之上，交水平线 2 于 a 点。从图中可见，在任何外部短路电流作用下，继电器的动作电流都大于相应的不平衡电流，故继电器不会误动作。而当内部短路时，当短路电流增大时，继电器的动作电流相应降低，所以采用带制动特性的继电器不仅可以躲过不平衡电流的影响，还可以提高保护的灵敏性，现结合图 10 - 15 说明如下：

（1）当保护区内部故障且 A 侧无电源时，制动绕组中无电流流过（$I_{res} = 0$），故其动作电流为 $I_{op,ro}$，差动绕组中是 A 侧供给的短路电流。这种情况下保护最灵敏。

（2）当保护区内部故障且 A、B 供给的短路电流相等时，$I_{res} = \frac{1}{2} I_d$，即制动绕组中电流是差动绕组中电流的一半，这个关系如图 10 - 15 中直线 5 所示。直线 5 与制动特性曲线 3 交于 b 点，此点纵坐标就是继电器的动作电流 $I_{op,r0}$。在 b 点右侧，直线 5 位于曲线 3 之上，继电器能动作。

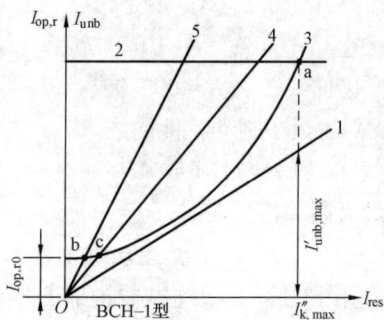

图 10 - 15　BCH - 1 型继电器
工作特性说明

（3）当保护区内部故障且 B 侧无电源时，制动绕组与差动绕组中电流相等，$I_{res} = I_d$，这是继电器动作最不利的情况，如图 10 - 15 中直线 4。它与制动特性曲线 3 交于 c 点，c 点对应的继电器动作电流为 $I_{op,r2}$。在 c 点之右，直线 4 始终在曲线 3 之上，继电器能动作。

由以上分析可见，在变压器差动保护区内故障时，带制动特性继电器的动作电流在 $I_{op,r0} \sim I_{op,r2}$ 之间，在制动特性曲线起始部分变化缓慢，动作电流变化范围不大，比无制动作用继电器的动作电流小得多，即提高了灵敏性。

BCH - 1 型继电器的制动绕组应接入哪一侧，遵循原则是要保证外部短路时制动作用最大，而内部短路时制动作用最小。据此，对于双绕组变压器，制动绕组应接在无电源或小电源侧。对于三绕组变压器，当三侧都有电源时，一般将继电器制动绕组接于穿越性短路电流最大一侧，使外部故障时，制动绕组有最大的制动作用。对于单侧或双侧电源的三绕组变压器，制动绕组一般接于无电源那一侧以提高变压器内部故障时保护的灵敏性。

BCH-1型和BCH-2型差动继电器构成差动保护的共同缺点是：①是由于采用速饱和变流器延缓了保护动作时间；②是整定计算复杂。BCH-2型比BCH-1型的灵敏性低，但是躲过励磁涌流能力强。

四、谐波制动的变压器差动保护

图10-16所示为由LCD-15型差动继电器构成变压器差动保护原理接线图。该保护由比率制动部分、差动部分、二次谐波制动部分、差动电流速断部分及极化继电器所组成。若将执行元件极化继电器换成零指示器，则构成了一种晶体管型继电器。

（一）比率制动回路

图10-16中比率制动回路如图10-17所示，实际上是一比率制动式差动继电器。它由电抗变换器UX1、UX4，整流桥U1、U4，稳压管VS，电容C_1、C_4和极化继电器KP所组成。

电容C_1和UX1的二次绕组组成工频串联谐振电路，当差动回路通过基波电流时，C_1输出高电压。C_4为滤波电容。UX1和UX2的二次绕组匝数相同，UX1一次绕组W_d称为差动绕组；UX4有两个相同匝数的一次绕组W_{res1}和W_{res2}称为制动绕组，两绕组极性如图10-17所示。差动绕组是

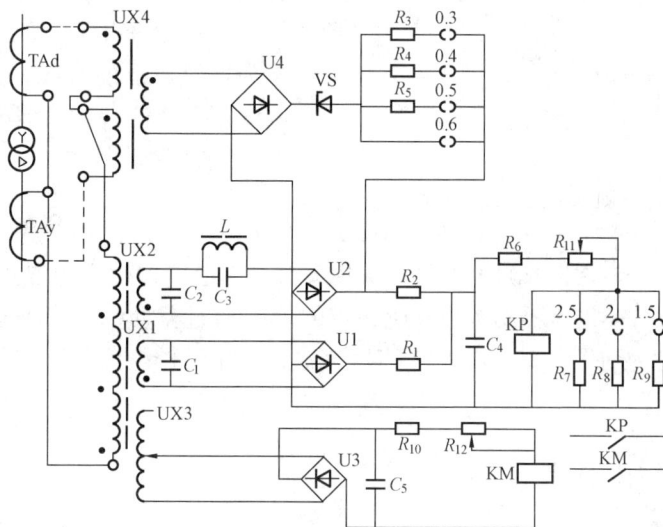

图10-16 LCD-15型继电器构成的变压器差动保护

制动绕组匝数的两倍，即$W_d = 2W_{res1} = 2W_{res2}$。差动绕组接在差动回路中，而两个制动绕组接在两个差动臂中。正常运行以及外部短路时，流过W_d的电流为$I_d = I'_1 - I'_2 = I_{unb}$，是不平衡电流，数值很小。流过制动绕组$W_{res}$的电流$\dot{I}_{res} = \dot{I}'_1 + \dot{I}'_2$，即$I_d < I_{res}$，故继电器不动作。当发生内部故障时，差动绕组电流$\dot{I}_d = \dot{I}'_1 + \dot{I}'_2$，为短路点的总的短路电流，数值较大，而制动绕组电流$\dot{I}_{res} = \dot{I}'_1 - \dot{I}'_2$比较小，即$I_d > I_{res}$，继电器灵敏动作。

UX1一次侧流过I_d，UX4一次侧流过I_{res}，则在电抗变换器二次侧产生两个相应交流电压，并分别经过两个全波

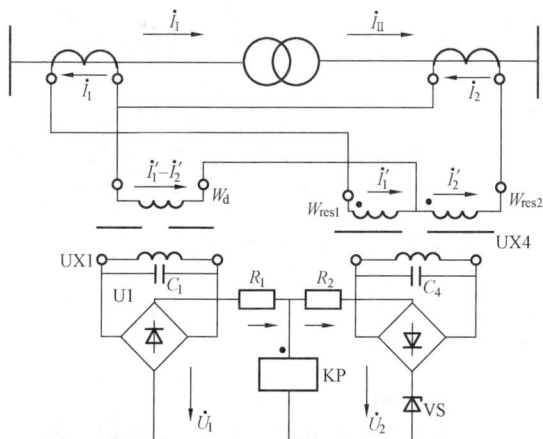

图10-17 整流型比率制动式差动继电器

整流桥 U1 和 U4 整流后，输出直流电压 U_1 和 U_2 分别称为工作电压和制动电压。U_1 和 U_2 分别与 I_d 和 I_{res} 成正比，即 $U_1 = K_1 I_d$，$U_2 = K_2 I_{res}$。

1. 当不考虑稳压管 VS 作用时的制动特性

当工作电压 U_1 和制动电压 U_2 加到极化继电器上，分别产生电流 I_1 和 I_2 为 $I_1 = U_1/R_1 = K_1 I_d/R$，$I_2 = U_2/R_2 = K_2 I_{res}/R_2$。如不考虑极化继电器动作所消耗的功率时，在理想条件下，继电器动作条件为 $I_1 - I_2 = 0$，由此可得出

$$I_{op,r} = I_d = mI_{res} = \frac{R_1 K_2}{R_2 K_1} I_{res} \qquad (10\text{-}11)$$

当差动绕组电流 I_d 满足上式时，继电器则刚好动作，此时的差动电流 I_d 称为动作电流 $I_{op,r}$。式（10-11）在直角坐标系中为一直线，如图 10-18 中虚线 1，这时的制动特性为通过原点的直线、斜率 m，改变 R_1、R_2、K_1、K_2 可改变制动特性斜率。继电器的动作电流 $I_{op,r}$ 与制动电流 I_{res} 之比称为制动系数，即

$$K_{res} = \frac{I_{op,r}}{I_{res}} = m \qquad (10\text{-}12)$$

若考虑极化继电器的功率损失时，则继电器动作边界条件为 $I_1 - I_2 = I_0$，式中 I_0 是为克服极化继电器功率损耗所必需的。I_0 通过差动绕组产生动作电流 $I_{op,r0}$，$I_{op,r0}$ 是无制动电流时的动作电流。$I_{op,r0}$ 在 UX1 二次侧产生动作电压 $U_{op,r0}$，所以 I_0 可表示为

$$I_0 = \frac{U_{op,r0}}{R_1} = \frac{K_1 I_{op,r0}}{R_1} \qquad (10\text{-}13)$$

此时动作方程为

$$\left.\begin{array}{l} I_1 - I_2 = I_0 \\[2mm] \dfrac{K_1}{R_1} I_d - \dfrac{K_2}{R_2} I_{res} = \dfrac{K_1}{R_1} I_{op,r0} \\[2mm] I_d = I_{op,r0} + mI_{res} \end{array}\right\} \qquad (10\text{-}14)$$

式（10-14）中 I_d 正好使继电器刚能动作，故称为动作电流，故式（10-14）可表示成

$$I_{op,r} = I_{op,r0} + mI_{res} \qquad (10\text{-}15)$$

式（10-15）表明，实际情况下制动特性为不通过原点的直线，如图 10-18 中直线 2。显然这时 $K_{res} \neq m$。

2. 当考虑稳压管 VS 的作用时

当考虑到稳压管 VS 的作用时，制动电压只有克服稳压管 VS 的反向击穿电压时才能起到制动作用。制动电压在极化继电器中产生电流 I_2 为 $I_2 = (U_2 - U_w)/R_2$，U_w 为稳压管反向击穿电压，可用流过制动绕组的制动电流 I_{res0} 在 UX4 二次侧产生的电压 $U_w = K_2 I_{res0}$ 表示，由此可得到

$$\left.\begin{array}{l} I_d = I_{op,r0} + \dfrac{R_1 K_2}{R_2 K_1}(I_{res} - I_{res0}) \\[2mm] I_{op,r} = I_{op,r0} + m(I_{res} - I_{res0}) \end{array}\right\} \qquad (10\text{-}16)$$

式（10-16）所表示的制动特性，可用图 10-18 中折线 ABC 表示。代表无制动作用时的动作电流 $I_{op,r0}$，ON 为开始有制动作用时的制动电流 I_{res0}。在制动电流小于 I_{res0} 时，继电器无

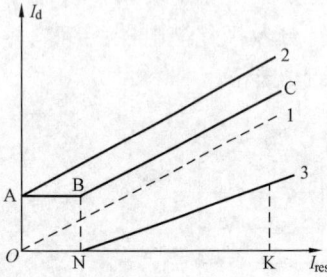

图 10-18　制动特性

制动作用。其目的是为了提高内部故障时的灵敏性。一般取 $I_{res0} = (0.5-1)I_{TN}/K_{TA}$。$I_{res0}$ 决定于稳压管 VS 的反向击穿电压 U_w。

对于某个继电器来说，I_{res0} 是一个确定值，不需要整定。需要整定的是无制动作用时的动作电流 $I_{op,r0}$ 应大于此时的不平衡电流，即

$$I_{op,r0} = K_{rel} I_{unb,N}/K_{TA} \qquad (10-17)$$

式中　$I_{unb,N}$——额定电流条件下的不平衡电流。

图 10-18 中曲线 3 为对应不同短路电流时的不平衡电流，K 点是对应纵坐标是外部短路时，最大短路电流通过时产生的最大不平衡电流，为使在最大不平衡电流时不误动作，则继电器一次侧动作电流值为

$$I_{op} = K_{rel}(K_{st}K_{np}K_{err} + \Delta U + \Delta f_s)I_{k,max} \qquad (10-18)$$

所以虚线 1 的斜率 m 或制动系数 K_{res} 应按下式计算

$$K_{res} = \frac{I_{op}}{I_{k,max}} = K_{rel}(K_{st}K_{np}K_{err} + \Delta U + \Delta f_s) \qquad (10-19)$$

按式（10-19）选取制动特性曲线 BC 的斜率 K_{res} 可使继电器在外部短路时通过最大短路电流时不误动作。

（二）2 次谐波制动回路

如图 10-16 所示，2 次谐波制动回路由电抗变换器 UX2，电容 C_2、电抗 L、电容 C_3 和电阻 R_2 组成。电抗变换器 UX2 二次绕组与电容 C_2 组成 100Hz 谐振回路，以便从电容 C_2 两端取出 2 次谐波电压，再经电抗 L 和电容 C_3 组成对 50Hz 的阻波器，除去其中的基波分量，并通过整流器 U2 输出一个 2 次谐波制动量加在极化继电器上，以防止变压器空载投入的误动作。

（三）差动电流速断回路

差动电流速断回路由 UX3、U3 和 C_5 组成。UX3 二次侧输出一个与差动电流 I_d 成正比的电压，经 U3 整流，C_5 滤波后加在执行元件 KM 上，当输出电压达到整定值时，中间继电器 KM 动作接通跳闸回路。可以利用 UX3 的二次绕组分接头改变动作值。

（四）制动绕组的接入方式

UX4 一次侧制动绕组接入方式应遵循的原则是在变压器外部短路出现最大不平衡电流时，继电器能可靠制动；而在内部故障时，又有较高的灵敏性。为此，UX4 一次侧制动绕组应根据以下情况接线：

（1）对于单侧电源双绕组变压器，应将 UX4 的两个一次绕组顺向串联或仅用其中一个绕组接于负荷侧差动臂中。当发生外部短路时，能可靠动作；当发生内部短路时，无制动作用，有较高的灵敏性。

（2）对于双侧电源的双绕组变压器，UX4 的两个一次绕组分别接于两个负荷侧的差动臂中，其连接应保证正常运行时产生的总磁动势为两侧磁动势之和。当发生外部故障时，制动作用最大；而当发生内部故障时作用最小。

（3）对于单电源的三绕组变压器，UX4 的两个一次绕组应分别接在两负荷侧的差动臂中。

（4）对于双电源的三绕组变压器，应将 UX4 的两个一次绕组接于负荷侧和小电源侧的差动臂中。

（5）对于多侧电源的三绕组变压器，各侧均接入制动绕组，采用 LCD - 11 型继电器。

（五）差动保护的整定计算

整定计算的任务是确定防止外部故障时保护动作的比率制动特性。即确定保护的最小动作电流，制动特性的转折点电流及制动特性的斜率。以双绕组变压器为例说明整定计算的原则和步骤。

1. 选择自耦电流变换器变比

首先计算变压器各侧额定电流 I_{TN}，选择各侧电流互感器的变比 K_{TA}，计算各侧差动臂中的电流，选择自耦变换器变比 K_{UT}，最后计算变比误差 Δf_s。

2. 确定保护最小动作电流 $I_{op,r,min}$

保护最小动作电流按躲开最大负荷时不平衡电流 $I_{unb,max}$ 来整定，即 $I_{op,r0} = K_{rel} I_{unb,max}$。对运行中变压器，可实测 $I_{unb,max}$。通常取 $I_{op,r0} = (0.2 \sim 0.5) I_{TN}$。

3. 确定保护制动特性转折点电流 I_{res0}

保护继电器制动特性转折点电流 I_{res0} 按保证外部故障时保护不误动作及提高内部故障灵敏性要求确定为 $I_{res0} = (1 \sim 1.2) I_{TN}$。

4. 确定制动系数 K_{res} 和制动特性的斜率 m

由式（10 - 19）可得制动系数为

$$K_{res} = \frac{I_{op}}{I_{res}} = K_{rel}(K_{st} K_{np} K_{err} + \Delta U + \Delta f_s) \tag{10 - 20}$$

式中　K_{st}——TA 的同型系数，取 1；

K_{err}——TA 的最大相对误差，取 0.1；

K_{np}——非周期分量系数，取 1.5～2.0；

ΔU——变压器调压引起的误差，取调压范围的 1/2；

Δf_s——变比误差，取实际计算值；

K_{rel}——可靠系数，取 1.3。

由图 10 - 18 中可见直线 BC 的斜率 m 为

$$m = \tan\alpha = \frac{I_{op,r} - I_{op,r0}}{I_{res} - I_{res0}} = \left(K_{res} - \frac{I_{op,r0}}{I_{res}}\right) \Big/ \left(1 - \frac{I_{op,r0}}{I_{res}}\right)$$

在确定 K_{res}、$I_{op,r0}$、I_{res0} 后，m 随 I_{res} 大小变化，因而不便整定，常取 $m = K_{res}$，m 确定后，按 $I_{op,r0}$（标幺值）$\geq K_{res}$ 校验 $I_{op,r0}$。

5. 校验灵敏性

$$K_{s,\,min} = \frac{I_{k,\,min}^{(2)}}{I_{op}} \geqslant 2 \tag{10 - 21}$$

式中　$I_{k,min}^{(2)}$——保护区内部两相短路时的最小短路电流；

I_{op}——对应制动电流时的动作电流。

6. 差动电流速断动作电流

按躲开变压器空载投入时出现的最大励磁涌流的 1.5～2 倍整定。对于 Yd 接线的变压器。

$$I_{op} = (1.5 \sim 2) I_{exs} \tag{10 - 22}$$

五、鉴别波形间断角原理的差动保护

励磁涌流波形有较大的间断角，而内部短路故障时，电流基本上是正弦波形。据此，可

采用鉴别波形间断角大小的方法躲
过励磁涌流。鉴别波形间断角的差
动保护原理框图如图 10 - 19 所示。
电抗变换器 UX1、UX2 的一次绕
组则分别接于变压器两侧电流互感
器的二次侧。UX1 和 UX2 各有两
个二次绕组，其中一个反极性串
联，构成制动回路。制动回路输出
电压经整流桥 U1 整流及滤波后形
成直流制动电压 U_{res}。两个电抗变
换器的另一个二次绕组顺极性串
联，构成差动回路。差动回路输出

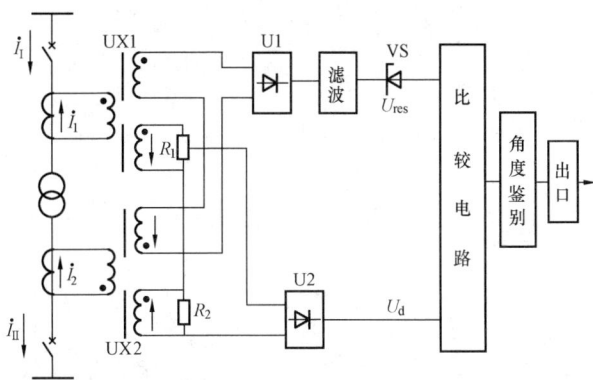

图 10 - 19 鉴别波形和间断角原理的差动保护框图

电压经整流桥 U2 整流后，形成脉动的差动电压 U_d。调整电阻 R_1，在正常情况下，差动电
压最小。改变 R_2 可以改变 UX2 的一次电流与其二次电压之间的相角差，使之等于 UX1 的
一次电流及二次电压间的相角差。

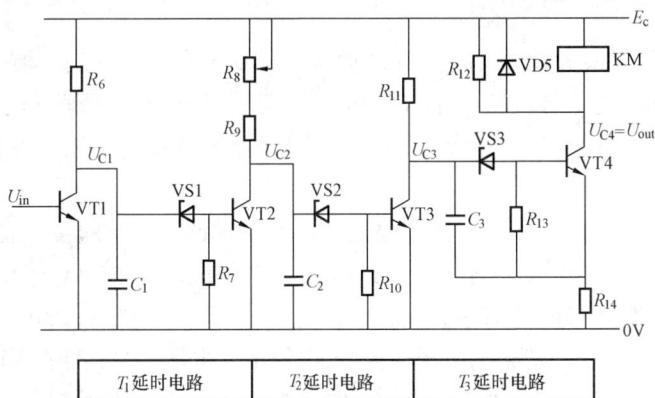

图 10 - 20 鉴别间断角的电路图

鉴别间断角的电路如图
10 - 20所示。第一级为抗干扰
延时电路，其作用是抗干扰和
躲过不平衡电流中的高次谐波
分量，由三极管 VT1 截止，
C_1 开始充电到稳压管 VS1 击
穿的时间 T_1 来实现，T_1 大约
为 2.5ms。第二级为延时记忆
电路，由 VT2、C_2 以及 VS2
构成，其时限决定于 R_8、R_9
与 C_2 充电到 VS2 的击穿电压
时间 T_2，$T_2 = T_1 + 3.3ms$，作

为判断间断角用。第三级延时电路 VT3，C_3、R_{11}、VS3 构成，其延时大约 $T_3 = 22\sim24ms$，
为防止外部短路时误动作，并对输出脉冲展宽。

变压器励磁涌流的间断角 α 一般为 120°～180°（6.6～10ms）。角度鉴别回路临界动作的
间断角称为闭锁角 β，当 $\alpha > \beta$ 时，角度鉴别电路输出 U_{out} 为"1"态信号，闭锁角 β 通常取
60°（3.3ms）。

图 10 - 22 给出了鉴别间断角电路输入电压 U_{in} 波形间断角大于 60°和小于 60°两种情况
下，三极管 VT1～VT4 集电极电压的波形图。

保护的动作情况分析如下：

(1) 当变压器正常运行时，如图 10 - 19 所示。由负荷电流形成的制动电压 U_{res} 小于稳压
管 VS 的反向击穿电压，所以比较电路上无制动电压。在正常负荷时，差动电压 U_d 很小，
可调整比较电路的门槛电压 $U_m > U_d$，如图 2 - 21（a）所示，则正常运行时，VT1 导通，
VT2 截止，VT3 导通，VT4 截止，角度鉴别电路输出 U_{out} 为"1"态，保护不动作。

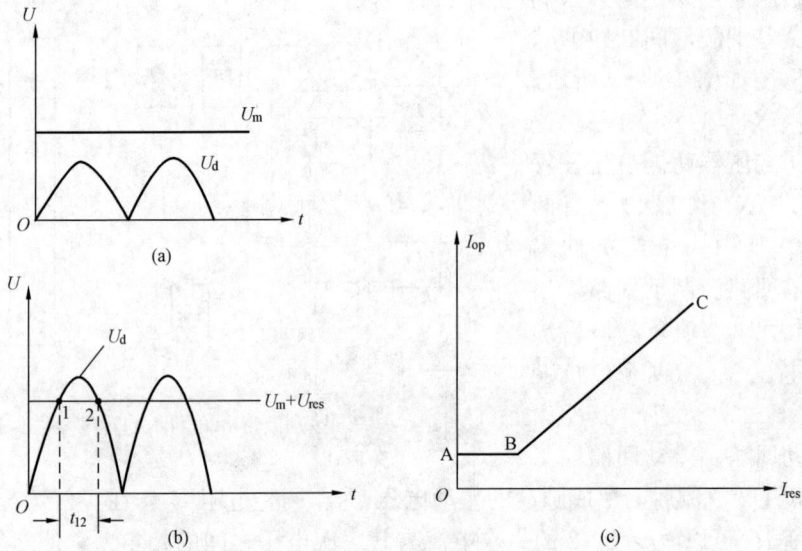

图 10-21 各种情况下差动电压 U_d 与制动电压 U_{res} 的比较

(a) 正常运行时；(b) 外部短路时；(c) 继电器的制动特性

(2) 当外部故障时，不平衡电流增大，差动电压 U_d 增大，但穿越性短路使制动电压 U_{res} 也增大，如图 10-21 (b) 所示，在点 1、2 之间，$U_d > U_{res}$，但 t_{12} 小于 T_1，因此角度鉴别电路不动作，由于制动电压随穿越性短路电流增大而增大，因此保护具有比率制动特性，如图 10-21 (c) 所示。

(3) 当内部故障时，差动回路中流过变压器两侧短路之和，而制动回路中流过变压器两侧短路电流之差，因此差动电压 U_d 大于制动电压 U_{res}。这时输入电压波形间断角小于闭锁角 β (60°)，三极管 VT1~VT4 工作状态如图 10-22 (a) 所示。在 t_0 瞬间三极管 VT1 由导通变为截止，C_1 开始充电，经 2.5ms 后，其充电电压达到 VS1 的击穿电压，VT2 由截止变为导通，C_2 通过 VT2 瞬间放电至 0V，于是三极管 VT3 由导通变为截止，C_3 开始充电，到达 t_1 时刻，$U_d \leqslant (U_{res} + U_m)$，VT1 开始恢复导通状态，$C_1$ 瞬间放电至 0V，VT2 又恢复截止状态，C_2 开始充电，在 C_2 充电电压达到 VS2 的击穿电压之前，VT3 仍保持截止状态，C_3 继续充电。到 t_2 时刻，$U_d \geqslant (U_{res} + U_m)$，VT1 又开始截止，$C_1$ 又开始充电。当 C_1 充电电压尚未达到 VS1 的击穿电压时，VT2 仍处在截止状态，C_2 继续充电，由于 $T_2 = T_1 + 3.3ms$（3.3ms 相当于 60°），因此至 t_3 时刻，C_1 已充电至 VS1 反向击穿电压，而 C_2 尚未充电至 VS2 反向击穿电压。此时 VT2 已导通，C_2 又被瞬时放电至 0V，VT3 继续保持截止状态，使 C_3 继续充电，当 C_3 充电至 t_4 时刻（$T_3 = 22 \sim 24ms$），其充电电压达到 VS3 反向击穿电压，使 VT4 立即导通，启动出口中间继电器 KM1 保护动作。

当出现励磁涌流时，输入电压波形间断角大于闭锁角 (60°)。各三极管 VT1~VT4 的工作状态如图 10-22 (b) 所示。在 t_0 瞬间，$U_d > (U_{res} + U_m)$，三极管 VT1 由导通变为截止，C_1 开始经 R_6 充电，大约经过 2.5ms，C_1 的充电电压达到稳压管 VS1 的反向击穿电压，VS1 导通给 VT2 提供基极电流，VT2 由截止变为导通，C_2 通过 VT2 立即放电至 0V，VT3 由导通变为截止，C_3 通过 R_{11} 和 R_{14} 开始充电。到 t_1 时刻，$U_d \leqslant (U_{res} + U_m)$，VT1 开始恢

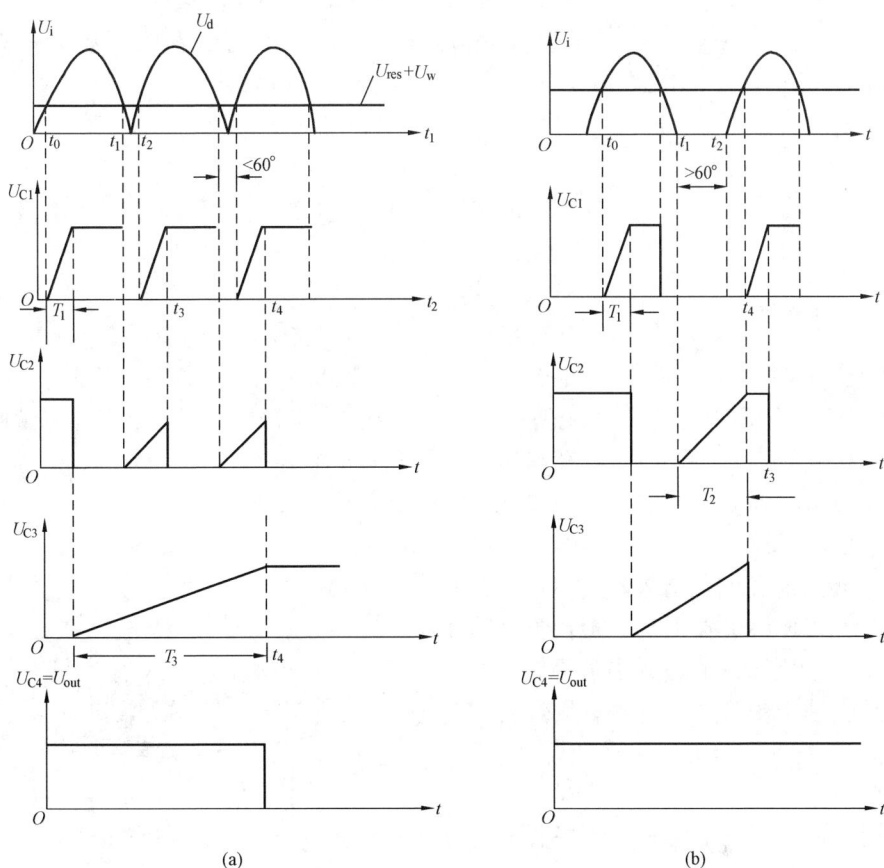

图 10-22 间断角鉴别电路各三极管集电极电压波形

(a) 间断角＜60°；(b) 间断角＞60°

复导通状态，C_1 通过 VT1 瞬间放电至 0V，VT2 开始恢复截止状态，使 C_2 开始充电，在 C_2 充电至稳压管 VS2 击穿电压以前，VT3 仍保持截止状态，C_3 继续充电，到 t_2 时刻，VT1 第二次截止，C_1 又充电，当 C_1 充电电压达到 VS1 击穿电压前，VT2 仍保持截止状态，C_2 继续充电。由于 $T_2 = T_1 + 3.3ms$，因此，在 C_1 充电到 VS1 反向击穿电压之前的 t_3 瞬间，C_2 已充电到 VS2 反向击穿电压；VT3 导通，C_3 立即放电至 0V，这样 VT4 始终保持截止状态，使保护出口不动作，即躲过了励磁涌流。

第三节 变压器气体保护

变压器差动保护虽然能保护变压器内部和外部故障，动作迅速，灵敏系数高，但接线复杂，多用于大容量重要的变压器作主保护。它并不能保护所有内部故障，如变压器油面降低，匝间短路等，因为匝间电流常小于动作电流，因此，常采用气体保护作为主保护，对变压器内部故障全面保护。

在油浸式变压器油箱内发生故障时，由于故障点的局部高温使变压器油温升高油内空气被排出形成上升气泡，若故障点产生电弧，则变压器油和其他绝缘材料分解出大量气体，这些气

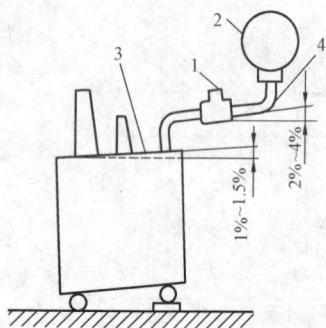

图 10 - 23　气体继电器安装示意图
1—气体继电器；2—油枕；3—变
压器顶盖；4—连接管道

体自油箱流向油枕上部，故障越严重，产生气体越多，流向油枕气流速度越快。利用这种气体实现的保护称为气体保护。

一、气体继电器的工作原理

气体保护的测量元件是气体继电器。如图 10 - 23 所示，气体继电器安装在变压器油箱与油枕间的连接管道上。为使气体能够顺利进入气体继电器和油枕，变压器的顶盖与水平面之间夹角应有 1%～1.5% 的坡度。连接管道应有 2%～4% 的坡度。

开口杯挡板式气体继电器的结构如图 10 - 24 所示。在上部有一个附带永久磁铁 4 的开口杯 5，下部有一面附带永久磁铁 11 的挡板 10。在正常情况下，继电器充满油，开口杯在油的浮力和重锤 6 作用下，处于上翘位置，永久磁铁 4 远离干簧触点 15，干簧触点 15 断开，挡板 10 在弹簧 9 作用下，处于正常位置，其附带的永久磁铁 11 远离干簧触点 13，干簧触点 13 可靠断开。

当变压器内部发生轻微故障时，产生少量气体，汇集在气体继电器上部，迫使气体继电器内油面下降，使开口油杯露出油面，因物体在气体中比在油中受到的浮力小，因此开口杯失去平衡，绕轴落下，永久磁铁 4 随之落下，接通干簧触点 15，发出轻气体动作信号。当变压器漏油时，同样由于油面下降而发出轻瓦斯信号。

当变压器内部发生严重故障时，油箱内产生大量气体，变压器油箱和油枕之间连导管中出现强烈的油流，当油流流速达到整定速度值时，油流对挡板冲击力克服弹簧的作用力，挡板被冲动，永久磁铁靠近干簧触点 13，使干簧触点 13 闭合，发出跳闸脉冲，断开变压器各电源侧的断路器。

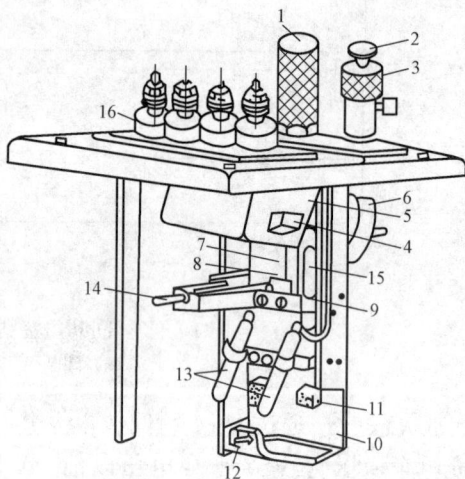

图 10 - 24　开口杯挡板式气体继电器结构图
1—罩；2—顶针；3—气塞；4—永久磁铁；5—开口杯；
6—重锤；7—探针；8—开口销；9—弹簧；10—挡
板；11—永久磁铁；12—螺杆；13—干簧触点
（重气体用）；14—调节杆；15—干簧触
点（轻气体用）；16—套管

二、气体保护的接线

图 10 - 25 为气体保护接线图，当气体继电器 KG 轻气体触点（上触点）闭合，通过信号继电器 KS1，延时发出预告信号；重气体触点（下触点）闭合后，经信号继电器 KS2、连接片 XB 接通中间继电器 KM，作用于断路器跳闸，切除变压器。

为避免气体继电器下触点受油流冲击出现跳动现象造成失灵，出口中间继电器 KM 具有自保持功能，利用 KM 第三对触点进行自锁，见图 10 - 25 (a) 以保证断路器可靠跳闸，其中按钮 SB 用于解除自锁，如不用按钮，也可用断路器 QF1 辅助动合触点实现自动解除自锁。但这种办法只有出口中间继电器 KM 距高压配电室的断路器距离较近时才可采用，否则连线太长不经济。连接片 XB 用以将气体继电器下触点切换到信号灯，使重气体保护退出工作。

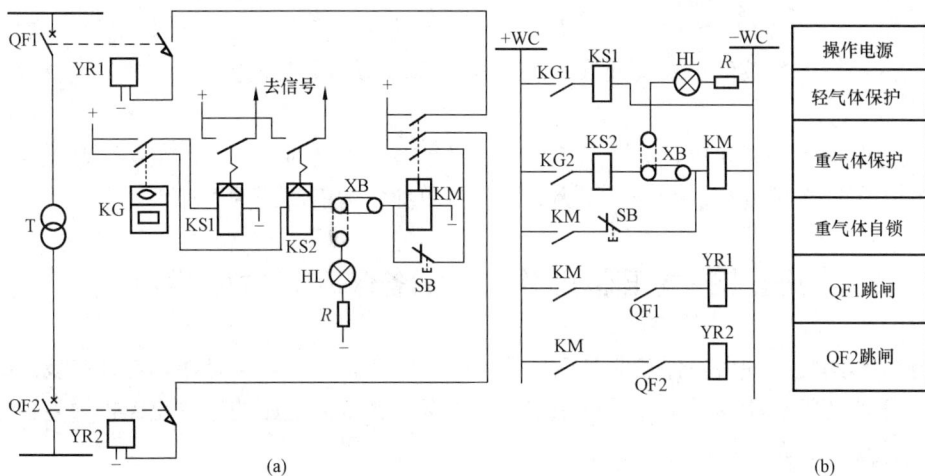

图 10-25 变压器气体保护原理接线图

(a) 原理接线图；(b) 原理展开图

气体保护动作后，应从气体继电器上部排气口收集气体。根据气体数量、颜色、化学成分，可燃性等，判断保护动作的原因和故障的性质。

气体保护和差动保护均为变压器的主保护，在较大容量的变压器上要同时采用，气体保护接线简单，灵敏性高动作迅速，但它只能反映油箱内部故障，不能保护油箱外的引出线和套管上的故障，只能靠差动保护动作于跳闸，因此，气体保护不能单独作为变压器的主保护。

第四节 变压器的电流速断保护

对于容量较小的变压器，可在电源侧装设电流速断保护。它与气体保护互相配合，可以保护变压器内部和电源侧套管及引出线上全部故障。

电流速断保护原理接线如图 10-26 所示。电源侧为直接接地系统时，保护采用完全星形接线，如非直接接地系统，则采用两相不完全星形接线。保护动作于跳开两侧断路器。

保护动作电流按以下两个条件计算，选择其中较大者。

(1) 按躲过变压器负荷侧母线上 k1 点 (见图 10-26) 短路时流过保护的最大短路电流计算，即

$$I_{op} = K_{rel}I_{k1,\,max} \qquad (10-23)$$

式中 K_{rel}——可靠系数，对 DL-10 型继电器，取 1.3～1.4；

$I_{k1,\,max}$——外部 (k1 点) 短路时流过保护的最大三相短路电流。

(2) 按躲过变压器空载投入时的励磁涌流计

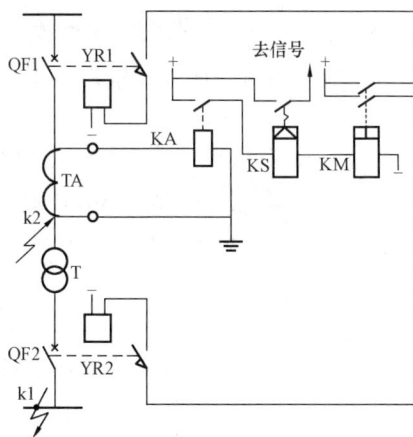

图 10-26 变压器电流速断保护单相原理接线图

算，通常取其动作电流 I_{op} 大于 $3\sim5$ 倍的变压器额定电流 I_{TN}，即

$$I_{op} = (3 \sim 5)I_{TN} \tag{10-24}$$

保护的灵敏系数按保护安装处（k2 点）最小两相短路电流校验，即

$$K_{s, min} = I_{k2, min}^{(2)}/I_{op} \geqslant 2 \tag{10-25}$$

电流速断保护接线简单，动作迅速，但当系统容量不大时，保护区很小，甚至伸不到变压器内部，不能保护变压器的全部。因此它不能单独作为变压器的主保护。

第五节　变压器相间短路的后备保护及过负荷保护

变压器相间短路的后备保护既是变压器主保护的后备保护，又是相邻母线或线路的后备保护。变压器相间短路的后备保护可采用过电流保护、带低电压的过电流保护、复合电压启动的过电流保护，负序过电流保护等。

如果变压器过负荷运行时间过长，势必影响绕组绝缘寿命，因此还必须设过负荷保护。

一、过电流保护

变压器过电流保护的单相原理接线同图 10-26 相似，只是在电流继电器 KA 后串接一个时间继电器 KT 即可。保护装置动作电流 I_{op} 按躲开变压器的最大负荷电流 $I_{TL,max}$ 整定，即

$$I_{op} = \frac{K_{rel}}{K_{re}} I_{TL,max} \tag{10-26}$$

式中　K_{rel}——可靠系数，取 $1.2\sim1.3$；

　　　K_{re}——返回系数，取 0.85。

变压器最大负荷电流按下述情况考虑：

（1）对并列运行的变压器，应考虑切除一台变压器后的负荷电流，当各台变压器容量相同时，可按下式计算

$$I_{TL, max} = \frac{m}{m-1} I_{TN} \tag{10-27}$$

式中　m——并列运行变压器的最少台数；

　　　I_{TN}——每台变压器的额定电流。

（2）对降压变压器应考虑负荷中电动机自启动时的最大电流，即

$$I_{TL, max} = K_{ss} I_{TN} \tag{10-28}$$

式中　K_{ss}——自启动系数，其值与负荷性质及用户与电源间的电气距离有关，对于 110kV 降压变电站的 $6\sim10$kV 侧，取 $K_{ss}=1.5\sim2.5$；35kV 侧取 $K_{ss}=1.5\sim2.0$。

保护装置的灵敏系数按下式校验

$$K_{s, min} = \frac{I_{k, min}^{(2)}}{I_{op}} \tag{10-29}$$

式中　$I_{k, min}^{(2)}$——最小运行方式下，在灵敏系数校验点发生两相短路时，流过保护装置的最小两相短路电流。

近后备保护，取变压器低压侧母线作为校验点，要求 $K_{s,min}=1.5\sim2$；作为远后备保护，取相邻线路末端为校验点，要求 $K_{s,min}\geqslant1.2$。

保护动作时限应比相邻元件过电流保护中最大时限者大一个阶梯时限 Δt。

二、低电压启动的过电流保护

低电压启动的过电流保护原理接线图如图 10 - 27 所示。保护启动元件由电流继电器和低电压继电器构成。

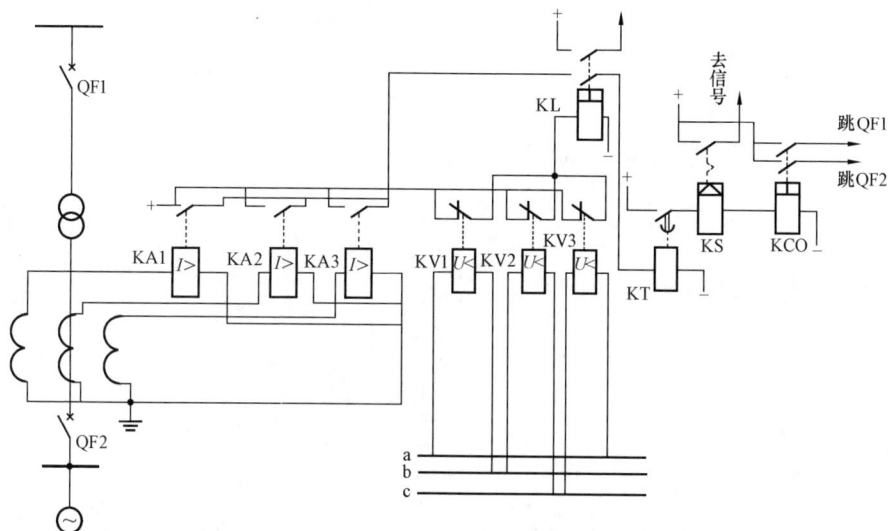

图 10 - 27　低电压启动过电流保护原理接线图

电流继电器 KA1、KA2、KA3 的一次动作电流按躲开变压器额定电流来整定，即

$$I_{op} = \frac{K_{rel}}{K_{re}} I_{TN} \tag{10 - 30}$$

由式（10 - 30）可见，其动作电流比过电流保护动作电流小，因此提高了保护的灵敏性。

低电压继电器 KV1～KV3 的动作电压按躲开正常运行时的最低工作电压整定。一般取 $U_{op} = 0.7U_{TN}$（U_{TN} 为变压器的额定电压）。

电流元件的灵敏系数按式（10 - 29）校验，电压元件的灵敏参数按下式校验。

$$K_{s,min} = \frac{U_{op}}{U_{k,max}} \tag{10 - 31}$$

式中　$U_{k,max}$——最大运行方式下，灵敏系数校验点短路时，保护安装处的最大电压。

图 10 - 27 中设置了闭锁中间继电器 KL，当电压互感器二次回路断线时，低压继电器动作，启动闭锁中间继电器 KL，发出电压回路断线信号。

三、复合电压启动的过电流保护

1. 工作原理

复合电压启动的过电流保护一般用于升压变压器、系统联络变压器及过电流保护灵敏系数达不到要求的降压变压器。其保护的原理接线图如图 10 - 28 所示。电流启动元件由接于相电流的继电器 KA1～KA3 构成，电压启动元件由反应不对称短路的负序电压继电器 KVN（内附有负序电压滤过器 U2）和反应对称短路接于相间电压的低电压继电器 KV 构成。只有电流启动元件和电压启动元件都动作时才能启动时间继电器 KT。

当正常运行时，电流启动元件和电压启动元件都不动作，故保护装置不动作。

当变压器发生不对称短路时，故障相电流继电器动作，同时负序电压继电器 KVN 动

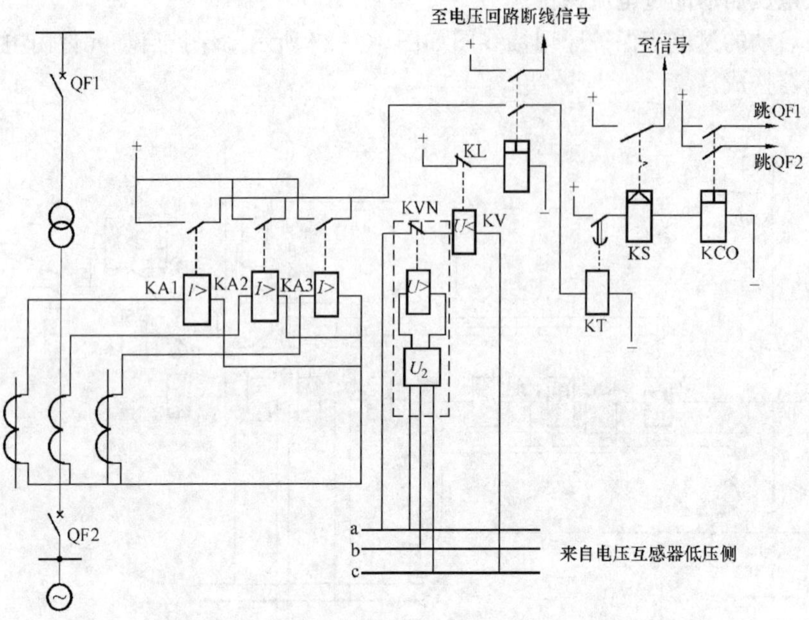

图 10 - 28　复合电压启动过电流保护原理接线图

作，其动断触点打开，切断低压继电器 KV 的电压回路，KV 动断触点闭合，使闭锁中间继电器 KL 动作，其动合触点闭合，(此时电流继电器已动作) 启动时间继电器 KT，经过 KT 的延时，其触点闭合，启动出口继电器 KCO，使变压器各侧断路器跳闸。当发生三相对称短路时，由于短路瞬间也会出现短时的负序电压，使负序电压继电器 KVN 启动，使低压继电器 KV 动作，当负序电压消失后，KV 接于相间电压上，因此只有母线电压高于 KV 的返回电压方可使 KV 返回。但三相短路时母线电压均很低，小于 KV 的返回电压，故 KV 保持动作状态，此时相当于低电压启动的过电流保护。

2. 整定计算

(1) 电流继电器动作电流按式 (10 - 30) 整定。

(2) 负序电压继电器的一次动作电压按躲过正常运行时的不平衡电压整定，根据运行经验可取 $U_{op2} = 0.06U_N$ (U_N 为电源额定相间电压)。

(3) 接在相间电压上的低电压继电器的一次动作电压，按躲过电动机自启动的条件整定。对于火力发电厂的升压变压器，还应考虑能躲过发电机失磁运行时的最低运行电压，一般可取 $U_{op} = (0.5 \sim 0.6)U_N$。

(4) 灵敏性按后备保护范围末端两相金属性短路情况下校验，要求灵敏系数不小于 1.2。

1) 电流元件

$$K_{s,min} = \frac{I_{k,min}^{(2)}}{I_{op}} \tag{10 - 32}$$

式中　$I_{k,min}^{(2)}$——后备保护范围末端两相金属性短路时流过保护装置的最小短路电流。

2) 负序电压元件

$$K_{s,min} = \frac{U_{k,min,2}^{(2)}}{U_{op2}} \tag{10 - 33}$$

式中 $U_{\mathrm{k,min,2}}^{(2)}$——后备保护范围末端两相金属性短路时，保护安装处的最小负序电压。

3）相间电压元件 KV 的灵敏系数按式（10-31）整定。

复合电压的过电流保护，采用负序电压继电器的整定值较小，对于不对称短路提高了灵敏性。对于对称短路，KV 的返回电压为其启动电压的 1.15～1.2 倍，因此，电压元件比低电压过电流保护灵敏系数可提高 1.15～1.2 倍。对于大容量变压器，由于变压器额定电流较大，电流元件的灵敏系数可能不满足要求，为此，可选用负序电流及单相式低电压启动的过电流保护。

四、负序电流及单相式低电压启动的过电流保护

负序电流及单相式低电压启动的过电流保护原理接线图如图 10-29 所示。它由负序电流滤过器 I2 及电流继电器 KA2 组成负序电流保护，反应不对称短路，由电流继电器 KA1 和电压继电器 KV 组成单相低电压启动的过电流保护，反映三相短路。

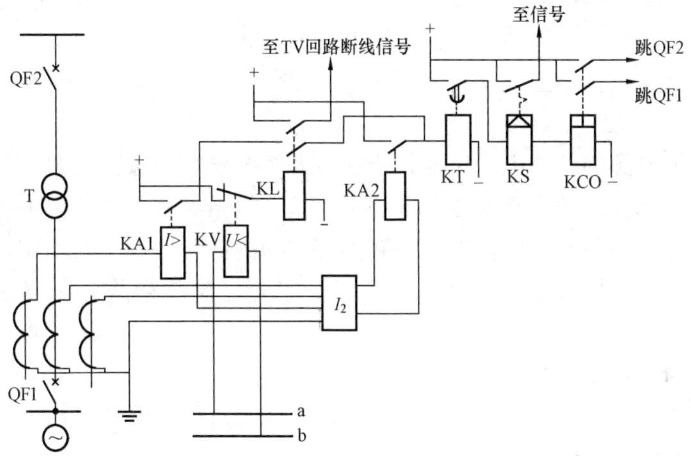

图 10-29 负序电流及单相低电压启动的过电流保护原理接线图

电流继电器和电压继电器的整定计算及灵敏性系数校验按式（10-30）～式（10-33）计算。

电流继电器的动作电流按以下条件选择：

（1）躲开变压器正常运行时负序电流滤过器输出的最大不平衡电流，其值一般为（0.1～0.2）I_{TN}。

（2）躲过线路一相断线时出现的负序电流。

（3）与相邻元件的负序电流保护在灵敏系数上配合。

负序电流保护的灵敏系数按下式验算

$$K_{\mathrm{s,min}} = \frac{I_{\mathrm{k2,min}}}{I_{\mathrm{op2}}} \geqslant 1.2 \tag{10-34}$$

式中 $I_{\mathrm{k2,min}}$——远后备保护范围末端不对称短路时，流过保护的最小负序电流。

五、相间短路后备保护的配置原则

变压器防止外部相间短路的后备保护的配置与被保护变压器电气主接线方式及各侧电源情况有关。当变压器油箱内部故障，应跳开各侧断路器，当油箱外部故障时应只跳开近故障点的变压器断路器，使变压器其余侧继续运行。

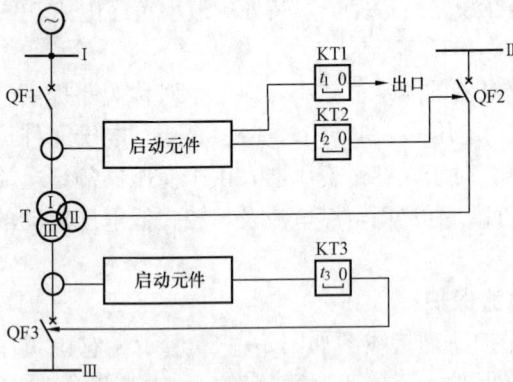

图 10-30　单侧电源三绕组变压器相间
短路后备保护的配置

（1）对于双绕组变压器，相间短路的后备保护应装于主电源侧，根据主接线情况可带一段或两段时限，较短时限用于缩小故障影响范围，较长时限用于断开各侧断路器。

（2）对于单相电源的三绕组变压器（或自耦变压器），相间短路后备保护宜装于主电源侧及主负荷侧，如图 10-30 所示，装于负荷侧的过电流保护以 t_3 时限跳开 QF3，t_3 按该母线所连接元件保护中最大动作时限大一个阶梯时限 Δt。主电源侧保护带有两级时限 t_1 和 t_2，以较小的时限 $t_2(t_2 = t_3 + \Delta t)$ 跳开变压器未装保护侧 Ⅱ 的断路器 QF2，以较大的时限 $t_1(t_1 = t_2 + \Delta t)$ 跳开变压器各侧断路器。当上述配置方式不能满足灵敏系数要求时，可在所有各侧都配置保护装置。

（3）对于多侧电源的三绕组变压器，应在各侧都配置后备保护装置。对动作时限最小的保护，应加装方向元件，动作功率方向取为由变压器指向母线。各侧保护均动作于跳开本侧断路器。在加装方向保护的一侧，加装一套不带方向的后备保护，其动作时限应比三侧保护中的最大时限大一个阶梯时限 Δt，保护动作后，跳开三侧断路器，作为变压器内部故障的后备保护。

六、变压器的过负荷保护

变压器过负荷在多数情况下是三相对称的，因此，过负荷保护只用一个电流继电器接于一相电流，经延时作用于信号。

过负荷保护的安装侧，应根据保护能反映变压器各绕组可能过负荷的情况来选择。

1. 双绕组变压器

对双绕组升压变压器应装在发电机电压侧，对双绕组降压变压器应装设在高压侧。

2. 三绕组变压器

对一侧无电源的三绕组升压变压器应装于发电机电压侧和无电源侧。对三侧有电源的三绕组升压变压器，三侧均应装设。对仅一侧有电源的三绕组降压变压器，若三侧绕组容量相等，只装于电源侧；若三侧绕组的容量不等，则装于电源侧及绕组容量较小侧。对两侧都有电源的三绕组降压变压器，三侧均应装设各侧的过负荷保护。

装于各侧过负荷保护，均应经过同一时间继电器作用于信号。过负荷保护动作电流按式（10-30）整定。式中 K_{rel} 取 1.05，K_{re} 取 0.85。保护的动作时限应考虑后备保护最长动作时间，一般取 9~10s。

第六节　变压器的零序保护

在 110kV 及以上中性点直接接地的电网中，接地故障的概率很大，因此对中性点直接接地电网中的变压器，在其高压侧应装设接地（零序）保护，用来反映接地故障，并用作变压器主保护的后备保护及相邻元件接地故障的后备保护。

变压器高压绕组中性点是否接地运行与变压器绝缘水平有关。220kV 及以上的大型变压器，高压绕组采用分级绝缘，其中性点绝缘水平不同。

（1）绝缘水平低，如 500kV 系统中，中性点绝缘水平为 38kV 的变压器，其中性点必须接地运行。

（2）绝缘水平高，如 220kV 电网中性点绝缘为 110kV 的变压器，其中性点可直接接地运行，也可在系统中不失去中性点接地的条件下不接地运行。

电网中发生接地短路时，零序电流大小及分布与电网中中性点接地数目和位置有关，对中性点绝缘水平较高的分级绝缘变压器和全绝缘变压器，可安排一部分变压器中性点接地运行，另一部分变压器中性点不接地运行，以保证电网在各种运行方式下，变压器中性点接地数目和位置尽量不变，才能保持零序保护的动作范围稳定，且有足够的灵敏性。

一、中性点直接接地变压器的零序电流保护

中性点直接接地变压器需要装设零序电流保护，其原理接线图如图 10 - 31 所示。保护用零序电流互感器 TAN。接在中性点引出线上，其额定电压可选低一级，其变比根据短路电流引起的热稳定和电动力动稳定条件来选择。

为缩小接地故障的影响范围及提高后备保护的快速性，通常在中性点处配置两段式零序电流保护。每段各带两级时限。零序 I 段作为变压器及母线的接地故障后备保护，其动作电流与引出线零序电流保护 I 段在灵敏系数上配合整定，以较短延时（t_1）作用于跳开母联断路器或分段断路器 QF；以较长延时（t_2）作用于跳开变压器。零序 II 段作为引出线接地故障的后备保护，零序

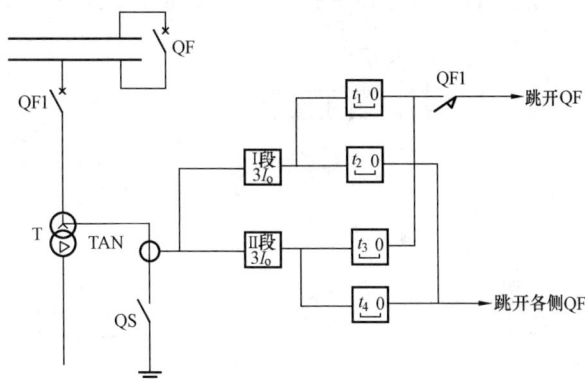

图 10 - 31 中性点直接接地运行的变压器零序电流保护原理接线图

电流保护 II 段动作电流和时限应与相邻元件零序保护的后备段相配合，第一级短延时（t_3）与引出线零序后备段动作延时配合，第二级长延时（t_4）比第一级延长一个阶梯时限 Δt。

零序电流保护 I 段动作电流为

$$I_{op0}^{I} = K_{co}K_{b}I_{op,ol}^{I} \tag{10 - 35}$$

式中　K_{co}——配合系数，取 1.1～1.2；

　　　K_{b}——零序电流分支系数，其值等于在最大运行方式下，相邻元件零序电流保护 I 段保护范围内末端发生接地短路时，流过本保护的零序电流与流过相邻元件保护的零序电流之比；

　　　$I_{op,ol}^{I}$——相邻元件零序电流保护 I 段动作值。

第一级时间 $t_1=0.5～1s$，第二级时间 $t_2=t_1+\Delta t$。

零序电流保护 II 段动作电流为

$$I_{op0}^{II} = K_{co}K_{b}I_{op,ol}^{II} \tag{10 - 36}$$

式中　$I_{op,ol}^{II}$——相邻元件零序电流保护 II 段动作值。

第一级延时时间 t_3 应比相邻元件零序保护后备段最大时限 t_{ol}^{II} 大一个 Δt，即 $t_3 = t_{ol}^{II} + \Delta t$，第二级延时时间 $t_4 = t_3 + \Delta t$。

为防止断路器 QF1 在断开状态下（变压器未与系统并联之前），在变压器高压测发生接地短路时误将母联断路器 QF 跳闸，故在 t_1 和 t_3 出口回路中串接 QF1 动合辅助触点将保护闭锁。

对自耦变压器和高、中压侧及中性点都直接接地的三绕组变压器，其高、中压侧均应装设零序保护。当有选择性要求时，应增设功率方向元件。

二、中性点可能接地或不接地变压器的零序保护

110kV 及以上中性点直接接地电网中，如低压侧有电源的变压器中性点可能接地运行或不接地运行，对外部单相接地短路引起的过电流，以及失去接地中性点引起电压升高应按变压器绝缘情况装设相应的保护。

（一）全绝缘变压器

如图 10-32 所示，全绝缘变压器应装设零序电流保护作为中性点直接接地运行时的保护，还应装设零序电压保护，作为变压器中性点不接地运行时的保护。

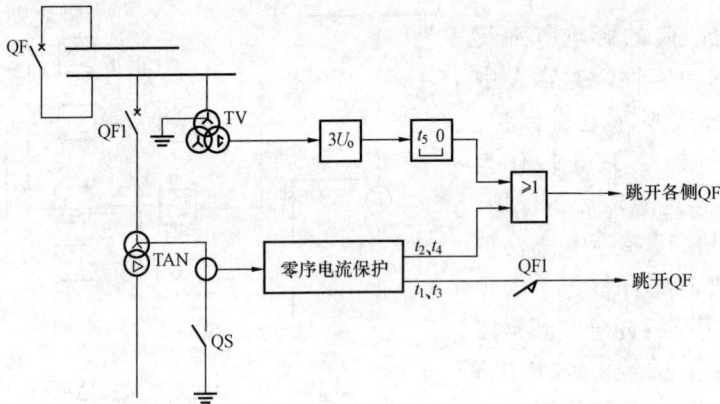

图 10-32　全绝缘变压器零序电流保护原理框图

若有几台变压器在高压母线上并列运行时，当发生接地短路故障后，中性点接地运行的变压器由其零序电流保护动作先被切除。当电网失去中性点时，中性点不接地运行变压器由其零序电压保护动作而断开。零序电压继电器动作电压按躲过部分接地电网发生单相接地短路时，保护安装处可能出现的最大零序电压整定，一般可取 $U_{op0} = 180V$。

由于零序电压保护是在中性点接地变压器全部断开后才动作的，因此保护动作时限 t_5 不需要与电网中其他接地保护的动作时限相配合，可以整定得很小，为躲开电网单相接地短路暂态过程的影响，保护通常取 $t_5 = 0.3 \sim 0.5s$ 的延时。

（二）分级绝缘变压器

（1）分级绝缘变压器，其中性点绝缘的耐压强度较低，若中性点未装设放电间隙，为防止中性点绝缘在工频过电压下损坏，不允许在无接地中性点的情况下带接地故障点运行。因此，当发生接地故障时，应先切除中性点不接地的变压器，然后切除中性点接地的变压器。图 10-33 所示为具有三级延时的零序电流和零序电压保护原理框图。图中仅画出变压器 1T

的接地保护，变压器 T2 的接地保护与 T1 相同。保护由零序电流元件 $3\dot{I}_0$ 和零序电压元件 $3\dot{U}_0$ 构成保护的启动元件。保护带有三级延时 t_1、t_2、t_3。延时 t_1 最小，作用于跳开分段断路器或母联断路器；$t_2 > t_1$，作用于跳开中性点不接地变压器；$t_3 > t_2$，作用于跳开中性点接地的变压器。

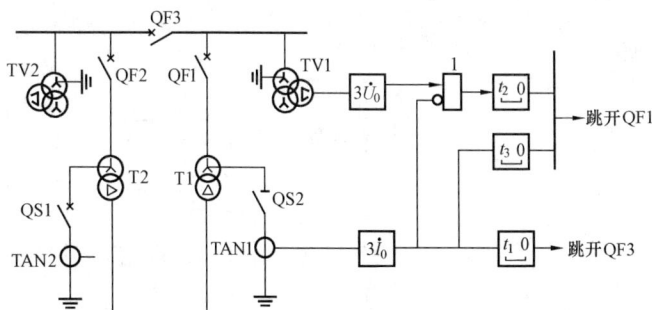

图 10-33　具有三级延时的零序电流和零序电压保护原理框图
1—禁止门；$3\dot{U}_0$—零序电压启动元件；$3\dot{I}_0$—零序电流启动元件

对于中性点接地的变压器，当系统发生接地故障时，零序电流元件 $3\dot{I}_0$ 启动，经 t_1 延时跳开 QF3（分段式母联断路器），同时禁止门 1 将零序电压元件 $3\dot{U}_0$ 启动回路断开。若中性点不接地变压器以 t_2 延时切除后，故障仍存在，则保护经 t_3 延时跳开本变压器。

对于中性点不接地的变压器，当系统发生接地故障时，零序电流元件 $3\dot{I}_0$ 不启动，禁止门 1 开放。零序电压元件 $3\dot{U}_0$ 启动，经禁止门 1 启动时间元件 KT2，经其整定延时 t_2，跳开本变压器，由于 t_2 小于 t_3，故先跳开中性点不接地变压器。

零序电压元件的动作电压按躲开正常运行时的最大不平衡电压整定，不平衡电压可由实测得出，若无实测数据，可取二次动作电压为 5V。零序动作电流按式（10-35）计算，还应与中性点不接地变压器的零序电压元件在灵敏系数上相合，以保证先切除中性点不接地变压器，故动作电流为

$$\left.\begin{array}{l} I_{0,\mathrm{op}} = K_{\mathrm{co}} 3 I_0 \\ 3 I_0 = \dfrac{U_{0,\mathrm{op}}}{X_{0\mathrm{T}}} \end{array}\right\} \tag{10-37}$$

式中　K_{co}——配合系数，取 1.1；

　　　$U_{0,\mathrm{op}}$——零序电压元件的启动电压；

　　　$X_{0\mathrm{T}}$——变压器的零序电抗。

保护动作时限 t_1 应按比相邻线路零序电流保护后备段最大时限大一个阶梯时限 Δt，即 $t_1 = t_{0l,\max} + \Delta t$，$t_2 = t_1 + \Delta t$，$t_3 = t_2 + \Delta t$。

（2）中性点只装放电间隙或同时装设避雷器和放电间隙时，按规定应装设零序电流保护作为变压器中性点直接接地运行时的保护，并增设一套反应间隙放电电流的零序电流保护和一套零序电压保护作为变压器不接地运行的保护，零序电压保护作为间隙放电电流的零序电流保护的后备保护，其原理框图如图 10-34 所示。

当系统发生单相接地短路时，中性点接地（隔离开关 QS 闭合）运行的变压器由其零序电流保护（同图 10-31）动作于切除。若此时高压母线上已没有中性点接地的变压器时，中性点将发生过电压，导致放电间隙击穿。中性点不接地运行的变压器将由反映间隙放电电流的零序电流保护瞬时动作切除变压器，如果中性点过电压值不足以使放电间隙击穿，则可由零序电压元件 KT5 延时 $t_5 = 0.3 \sim 0.5\mathrm{s}$ 将中性点不接地运行的变压器切除。延时 t_5 是为了躲开电网单相接地短路暂态过程的影响。

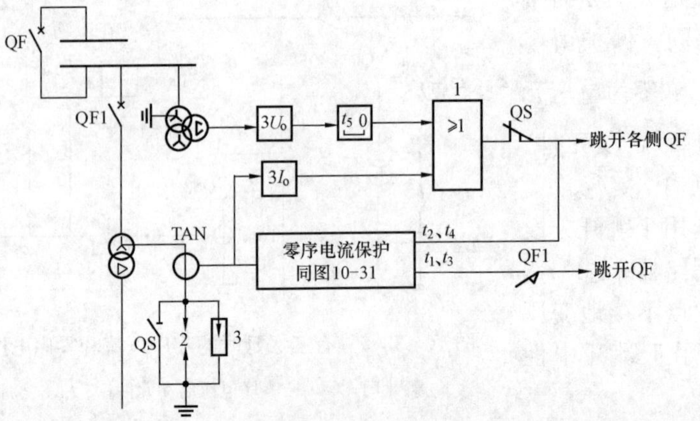

图 10-34　中性点装有放电间隙的分级绝缘变压器的零序保护原理框图
1—逻辑或门；2—放电间隙；3—避雷器

放电间隙的大小应根据变压器中性点绝缘水平及电网的零序和正序阻抗之比 X_0/X_1 来调整。放电间隙应在危及变压器中性点绝缘的冲击电压和工频电压下可靠击穿，在实际可能的 X_0/X_1 值下，在系统单相暂态电压作用下，放电间隙不被击穿，避免不必要的频繁放电。

零序电压元件 $3\dot{U}_0$ 的动作电压应低于变压器中性点绝缘耐压水平，且大于在系统发生单相接地短路时，中性点直接接地运行的变压器尚未被其零序电流保护切除情况下的母线零序残压。可取 $3\dot{U}_0$ 的动作电压 $U_{op0}=180\text{V}$ （当 $X_0/X_1 \leqslant 3$）。

零序电流元件 $3\dot{I}_0$ 的动作电流可根据间隙放电电流的经验数值来整定，通常取一次动作电流值为 100A。变压器中性点处的零序电流互感器变比，一般按变压器额定电流的 $1/2 \sim 1/3$ 选取。

第七节　变压器的过励磁保护

一、变压器过励磁及其危害

现代大型变压器额定工作磁密一般为 $B_N=(1.7 \sim 1.8)T$，而饱和磁密 $B_S=(1.9 \sim 2.0)T$。两者相差不多，可见现代大型变压器极易饱和，铁芯饱和后励磁电流急剧增大造成过励磁。

变压器铁芯饱和后，一方面使漏磁通增多，漏磁通通过油箱和其他金属构件时，产生附加涡流损耗，使这些部件发热造成温升过高，严重时造成局部变形和损伤周围绝缘介质促使其老化。另一方面由于饱和后励磁电流中含有很多高次谐波分量，涡流损耗与频率平方成正比。因此造成过励磁时变压器严重过热。

变压器一次侧电压 U_1 可用下式表达，即

$$U_1 = 4.44 f W_1 BS \qquad (10-38)$$

对于给定变压器，其一次侧绕组 W_1、铁芯截面 S 都是常数，令 $K=1/4.44W_1S$，则变压器磁密 B 为

$$B = K\frac{U_1}{f} \qquad (10-39)$$

式（10-39）表明变压器工作磁密 B 与电压和频率的比值成正比，当电压升高或频率降低

时，都会使铁芯饱和。

二、变压器的过励磁保护

1. 变压器过励磁的原因

（1）电力系统由于发生事故而解列，造成系统中某一部分因大量甩负荷使变压器电压升高，或由于发电机自励磁引起过电压。

（2）由于发电机铁磁谐振过电压，使变压器过励磁。

（3）发电机组启动，机组切除过程中误操作引起过励磁。

（4）在正常运行情况下，突然甩负荷也会引起变压器过励磁。因为励磁调节系统与原动机调速系统都是由惯性环节组成，突然甩负荷后电压迅速上升，而频率上升缓慢，则电压频率比 U_1/f 上升，从而使变压器过励磁。

2. 过励磁保护

图 10 - 35 所示，以测量电压频率比 U_1/f 为依据的过励磁保护原理框图。图中 UV 为中间电压变换器，其输入端接电压互感器二次侧；输出端接 R、C 串联回路。电容 C 两端电压 U_C 经整流滤波后，接执行元件。电容两端电压 U_C 为

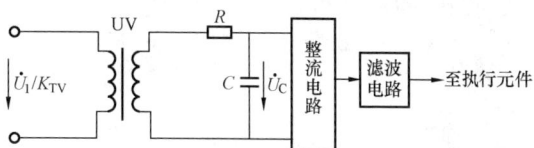

图 10 - 35 变压器过励磁保护原理框图

$$U_C = \frac{U_1}{K_{TV} K_{UV} \sqrt{(2\pi f RC)^2 + 1}} \tag{10 - 40}$$

式中　K_{TV}——电压互感器的变比；

　　　K_{UV}——电压变换器的变比。

选择 R、C 数值，使 $(2\pi f RC)^2 \geqslant 1$，并令 $K' = \dfrac{1}{K_{TV} K_{TU} 2\pi RC}$，则式（10 - 40）可表示为

$$U_C = K' \frac{U_1}{f} = \frac{K'}{K} B \tag{10 - 41}$$

式（10 - 41）表明，U_C 反应了工作磁密 B 随电压频率比 U_1/f 而变化，当 U_C 达到整定值，执行元件动作。过励磁保护的整定，可以按饱和的磁密 B_{sat} 整定。

思 考 题 与 习 题

10 - 1　电力变压器的不正常工作状态和可能发生的故障有哪些？一般应装设哪些保护？

10 - 2　差动保护的不平衡电流是怎样产生的？

10 - 3　变压器励磁涌流有哪些特点？目前差动保护中防止励磁涌流影响的方法有哪些？

10 - 4　变压器比率制动的差动继电器绕组的接法的原则是什么？

10 - 5　试述变压器气体保护的基本工作原理，为什么差动保护不能代替气体保护？

10 - 6　试述 BCH - 2 型、BCH - 1 型差动继电器的工作原理，比较它们的异同点，各适用什么场合？

10 - 7　变压器后备保护可采取哪些方案？各有什么特点？

10 - 8　对变压器中性点可能接地或不接地运行时，为什么要装设两套零序保护（即零

序电流和零序电压保护)？它们是如何配合工作的？

10-9　为什么复合电压启动过电流保护的灵敏系数比一般过电流保护高，为什么在大容量变压器上采用负序电流保护？

10-10　一台双绕组降压变压器，容量为15MVA，电压比为35kV±2×2.5%/6.6kV，短路电压U_k%=8，Yd11接线，差动保护采用BCH-2型继电器，求BCH-2型继电器差动保护的整定值。已知6.6kV侧最大负荷电流为1000A，6.6kV侧外部短路时最大三相短路电流为9420A，最小三相短路电流为7300A（已归算到6.6kV侧）；35kV侧电流互感器变比为600/5，6.6kV侧电流互感器变比为1500/5；可靠系数K_{rel}=1.3。

10-11　某台双绕组降压变压器，容量为20MVA，电压比为110±2×2.5%/11kV，Yd11接线，U_k=10.5%，归算到平均电压10.5kV的系统最大电抗和最小电抗分别为0.44Ω和0.22Ω，10kV侧最大负荷电流为900A，变压器采用BCH-2型继电器构成纵差保护，试对该保护进行整定计算。已知K_{rel}=1.3。

第十一章　同步发电机的继电保护

本章讲述了发电机故障、不正常运行状态及其各种保护方式,全面详细地介绍了发电机的继电保护装置,重点讲述了发电机的纵差保护、定子绕组匝间短路保护和单相接地保护的工作原理,保护装置的接线及其整定计算。

第一节　发电机故障、不正常运行状态及其保护方式

同步发电机是电力系统中最重要的设备,它的安全运行对保证电力系统的正常工作和电能质量起着决定性的作用。同时发电机本身也是一个十分贵重的电器元件,因此,应该针对各种不同的故障和不正常运行状态,装设性能完善的继电保护装置。

发电机的故障类型主要有:

(1) 定子绕组相间短路。定子绕组的相间短路对发电机的危害最大会产生很大的短路电流使绕组过热,故障点的电弧将破坏绝缘、烧坏铁芯和绕组,甚至导致发电机着火。

(2) 定子绕组匝间短路。定子绕组匝间短路时,被短路的部分绕组内将产生大的环流,从而引起故障处温度升高,绝缘破坏,并有可能转变成单相接地和相间短路。

(3) 定子绕组单相接地。发生这种故障时,发电机电压网络的电容电流将流过故障点,当电流较大时,会使铁芯局部熔化,给修理工作带来很大的困难。

(4) 励磁回路一点或两点接地。当励磁回路一点接地时,由于没有构成接地电流通路,因此对发电机没有直接的危害。如果再发生另一点接地,就会造成励磁回路两点接地短路,可能烧坏励磁绕组和铁芯。此外,由于转子磁通的对称性破坏,还会引起机组的强烈振动。

发电机的不正常运行状态主要有:

(1) 励磁电流急剧下降或消失。发电机励磁系统故障或自动灭磁开关误跳闸,引起励磁电流急剧下降或消失。在此情况下,发电机由同步转入异步运行状态,并从系统吸收无功功率。系统无功不足时,将引起电压下降,甚至使系统崩溃。同时,引起定子电流增加和转子过热,威胁发电机安全。

(2) 外部短路引起定子绕组过电流。

(3) 负荷超过发电机额定容量而引起的过负荷。

以上 (2) (3) 两种不正常运行状态都将引起发电机定子绕组温度升高,加速绝缘老化,缩短机组寿命,也可能发展成为发电机内部故障。

(4) 转子表层过热。电力系统发生不对称短路或发电机三相负荷不对称时,将有负序电流流过定子绕组,在发电机中产生对转子的两倍同步转速旋转的磁场,从而在转子中感应出倍频电流。此电流可能造成转子局部灼伤,严重时会使保护环受热松脱。特别是大型机组,这种威胁更加突出。

(5) 定子绕组过电压。调速系统惯性较大的发电机(如水轮发电机)因突然甩负荷,转

速急剧上升，发电机电压迅速升高，造成定子绕组绝缘击穿。

此外，发电机异常运行状态还有发电机失步、发电机逆功率、非全相运行以及励磁回路故障或强励磁时间过长而引起的转子绕组过负荷等。

针对上述故障类型和异常运行状态，按规程规定，发电机应装设以下继电保护装置。

（1）纵联差动保护。对于 1MW 以上的发电机的定子绕组及其引出线的相间短路，应装设纵联差动保护。

（2）定子绕组接地保护。对于直接接于母线的发电机定子绕组单相接地故障，当单相接地电流大于或等于 5A（不考虑消弧绕组的补偿作用）时，应装设动作于跳闸的零序电流保护；当接地电流小于 5A 时，则装设作用于信号的接地保护。对于发电机变压器组，容量在 100MW 以上发电机应装设保护区为 100% 的定子接地保护；容量在 100MW 以下的发电机应装设保护区不小于 90% 的定子接地保护。

（3）定子绕组匝间短路保护。定子绕组为双星形接线且中性点引出六个端子的发电机，通常装设单元件式横差保护，作为匝间短路保护。对于中性点只有三个引出端子的大容量发电机的匝间短路保护，一般采用零序电压式或转子二次谐波电流式保护装置。

（4）发电机外部相间短路保护。为了防御外部短路引起的过电流，并作为发电机主保护的后备保护，根据发电机容量的大小，可采用下列保护方式：

1）过电流保护，用于 1MW 以下的小型发电机。

2）复合电压启动的过电流保护，用于 1MW 以上的发电机。

负序电流及单相式低电压启动的过电流保护，用于 500MW 及以上的发电机。

（5）定子绕组过负荷保护。定子绕组非直接冷却的发电机，应装设定时限过负荷保护。对于大型发电机的定子绕组的过负荷保护，一般由定时限和反时限两部分组成。

（6）定子绕组过电压保护。对于水轮发电机和 200MW 及以上的汽轮发电机，应装设过电压保护。

（7）转子表层过负荷保护。50MW 及以上的发电机，应装设定时限负序过负荷保护。100MW 及以上的发电机，应装设由定时限和反时限两部分组成的负序过负荷保护。

（8）励磁回路一点及两点接地保护。水轮发电机一般只装设励磁回路一点接地保护，小容量机组可采用定期检测装置。

100MW 以下的汽轮发电机，对一点接地故障，可以采用定期检测装置；对于两点接地故障，应装设两点接地保护装置。对于转子水内冷发电机和 1000MW 及以上的汽轮发电机，应装设励磁回路一点接地和两点接地保护装置。

（9）失磁保护。对于 100MW 以下不允许失磁运行的发电机，当采用直流励磁机时，在自动灭磁开关断开后应联动断开发电机断路器；当采用半导体励磁系统时，则应装设专用的失磁保护。100MW 以下但对电力系统有重大影响的发电机和 100MW 及以上的发电机，也应装设专用的失磁保护。

（10）逆功率保护。对于汽轮发电机主汽门突然关闭，为防止汽轮机遭到损坏，对大容量的发电机组可考虑装设逆功率保护。

除此之外，有的发电机还设有失步保护、低频保护、断水保护、非全相运行保护等装置。

第二节　发电机的纵差保护

一、发电机相间短路及其保护要求

发电机纵差保护是发电机定子绕组及其引出线相间短路的主保护，它应能快速而灵敏地切除内部所发生的故障。同时，在正常运行及外部故障时，又应保证其动作的选择性和工作的可靠性。在保护范围内发生相间短路时，应瞬间断开发电机断路器和自动灭磁开关。一般中、小型机组的纵差保护采用带速饱和变流器的电磁型差动继电器构成，大容量的发电机采用带比率制动特性的差动继电器。

二、发电机的纵差保护

发电机的纵差保护是利用比较发电机中性点侧和引出线侧电流幅值和相位的原理构成的，因此在发电机中性点侧和引出线侧装设特性和变比完全相同的电流互感器来实现纵差保护。两组电流互感器之间为纵差保护的保护范围。电流互感器二次绕组按照循环电流法接线，即如果两组电流互感器一次侧的极性分别以中性点侧和母线侧为正极性，则二次侧同极性相连接。差动继电器和两侧电流互感器的二次绕组并联。保护的单相原理接线图如图 11-1 所示。

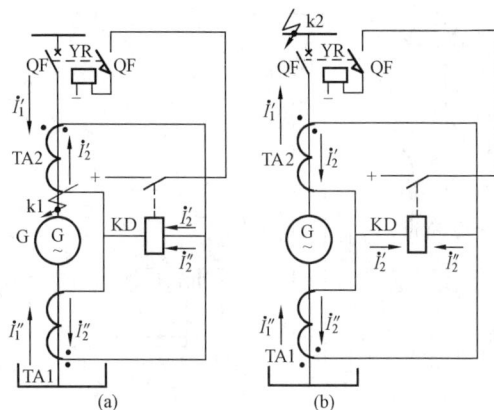

图 11-1　发电机纵差保护单相原理接线图
(a) 内部故障情况；(b) 正常运行及外部故障情况

发电机内部故障时，如图 11-1（a）中的 k1 点短路，两侧电流互感器的一、二次侧电流如图所示，差动继电器中的电流相加（$\dot{i}_d = \dot{i}_2' + \dot{i}_2''$）。当 $\dot{i}_d$ 大于继电器动作电流 i_{op} 时，继电器即动作跳闸。在正常运行或保护区外部短路时，流过继电器的电流为两侧电流之差（$\dot{i}_d = \dot{i}_2' - \dot{i}_2''$），如图 11-1（b）所示（短路点为 k2）。在循环电流回路两臂引线阻抗相同、两侧电流互感器特性完全一致和铁芯剩磁一样的理想情况下，两侧二次电流相等（$\dot{i}_2' = \dot{i}_2''$），流过继电器的电流 $\dot{i}_d$ 为零。但实际上差动继电器中流过不大的电流，此电流称为不平衡电流。

纵差保护在原理上不反应负荷电流和外部短路电流，只反应发电机两侧电流互感器之间的保护区内的故障电流，因此纵差保护在时限上不必和其他保护配合，可以瞬时动作于跳闸。

发电机纵差保护的启动电流的整定按照下述两个原则整定：

（1）在正常运行情况下，电流互感器二次回路断线时保护不应误动。如图 11-1 所示，假定电流互感器 TA2 的二次引出线发生了断线，则电流 $\dot{i}_2'$ 被迫变为零，此时，在差动继电器中将流过电流 $\dot{i}_2''$，当发电机在额定容量运行时，此电流即为发电机额定电流变换到二次侧的数值，可用 I_{NG}/K_{TA} 表示。在这种情况下，为防止差动保护误动作，应整定保护装置的启动电流大于发电机的额定电流，引入可靠系数 K_{rel}（一般取 $K_{rel}=1.3$），则保护装置和继电器的启动电流分别为

$$I_{op} = K_{rel} I_{NG}$$

$$I_{op,r} = K_{rel} I_{NG}/K_{TA} \qquad (11-1)$$

这样整定之后，在正常运行情况下任一相电流互感器二次侧断线时，保护将不会误动作。但如果在断线后又发生了外部短路，则继电器回路中要流过短路电流，保护仍然要误动。为防止这种情况的发生，在差动保护中一般装设断线监视装置，当断线后，它动作发出信号，运行人员接到信号后即应将差动保护退出工作。断线监视继电器的启动电流按照躲开正常运行时的不平衡电流整定，原则上越灵敏越好。一般根据经验，整定值通常选择为

$$I_{op,r} = 0.2 I_{NG}/K_{TA} \qquad (11-2)$$

为了防止断线监视装置在外部故障时由于不平衡电流的影响而误发信号，它的动作时限应大于发电机后备保护的时限。

具有断线监视装置的发电机纵差保护的原理接线如图11-2所示。

保护装置采用三相式接线（KD1～KD3 为差动继电器），在差动回路的中线上接有断线监视的电流继电器 KA，当任何一相电流互感器回路断线时，它都能动作，经过时间继电器 KT 延时发出信号。另外，为了使差动保护的范围能包括发电机引出线（或电缆）

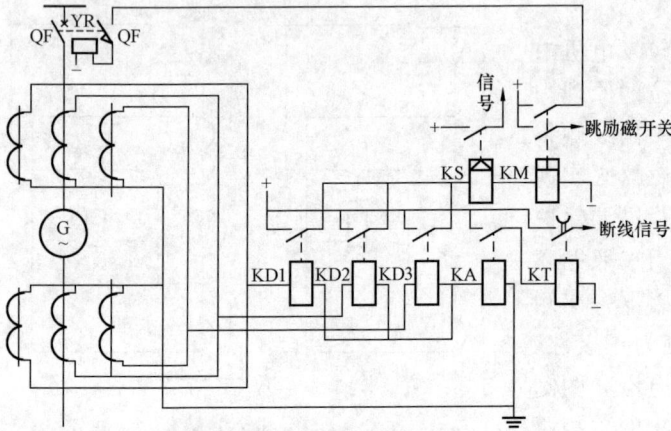

图 11-2   具有断线监视装置的发电机纵差保护原理接线图

在内，所使用的电流互感器应装在靠近断路器的地方。

（2）保护装置的启动电流按躲开外部故障时的最大不平衡电流整定，继电器的启动电流应为

$$I_{op,r} = K_{rel} I_{unb,max}$$

根据式（10-7）对不平衡电流的分析，代入上式，则

$$I_{op,r} = 0.1 K_{rel} K_{np} K_{st} I_{k,max}/K_{TA} \qquad (11-3)$$

当采用具有速饱和铁芯的差动继电器时，非周期分量 $K_{np}=1$。当电流互感器型号相同时，$K_{st}=0.5$；可靠系数一般取为 $K_{rel}=1.3$。

对于汽轮发电机，其出口处发生三相短路的最大电流约为 $I_{K,max} \approx 8 I_{NG}$，代入式（11-3），则差动继电器的启动电流为

$$I_{op,r} = (0.5 \sim 0.6) I_{NG}/K_{TA} \qquad (11-4)$$

对于水轮发电机，由于电抗的数值比汽轮发电机大，其出口处发生三相短路的最大短路电流约为 $I_{K,max} \approx 5 I_{NG}$，则差动继电器的启动电流为

$$I_{op,r} = (0.3 \sim 0.4) I_{NG}/K_{TA} \qquad (11-5)$$

对于内冷的大容量发电机组，其电抗数值也较上述汽轮发电机为大，因此差动继电器的启动电流也较汽轮发电机的小。

综上可见，按照躲开不平衡电流条件整定的差动保护，其启动值都远较按照躲开电流互感器二次回路断线的条件为小，因此，保护的灵敏性就高。但是这样整定之后，在正常运行

情况下发生电流互感器二次回路断线时，在负荷电流的作用下，差动保护就可能误动作，就这一点来看可靠性较差。因此，目前对于纵差保护的整定值是否需要考虑电流互感器的二次回路断线，还存在争议。运行经验证明，只要加强对差动回路的维护和检查，例如采取防振措施，检修时测量差动回路的阻抗等，在实际运行中防止电流互感器二次回路断线还是可能的。

当差动保护的整定值小于额定电流时，可以不装设电流互感器回路断线的监视装置。当保护装置采用带有速饱和变流器的差动继电器时，也可以利用差动绕组和平衡绕组的适当组合和连接，构成高灵敏系数的纵差保护接线。

纵差保护虽然是发电机内部相间短路最灵敏的保护，但是在中性点附近经过渡电阻相间短路时，仍存在一定的死区。由于定子绕组的电动势和匝数成正比，靠近中性点短路时，定子电动势随定子绕组匝数的减少而减少，虽然定子绕组的电抗和匝数平方成正比，比定子电动势减少得更快，但是当经过渡电阻短路时，短路电流可能很小，使保护不能动作。

三、比率制动式纵差保护

对于大容量的发电机（100MW 及以上），当故障发生在发电机中性点附近时，为了减少纵差保护的死区，要求将动作电流降低，并保证在区外短路时不误动作。为此，目前推荐采用性能更好的比率制动式差动保护。

图 11 - 3 为整流型比率制动式差动继电器纵差保护单相原理接线图及其特性曲线。

图中 W_{op} 是继电器差动回路的工作绕组，W_{res1}、W_{res2} 是制动绕组，两者的关系是 $W_{op}=2W_{res1}=2W_{res2}$；$\dot{I}_{op}$ 是差动保护的工作电流，$\dot{I}_{res}$ 是制动电流，在正常运行时，$\dot{I}_{op}=\dot{I}_1-\dot{I}_2=0$，$\dot{I}_{res}=\frac{1}{2}(\dot{I}_1+\dot{I}_2)$。

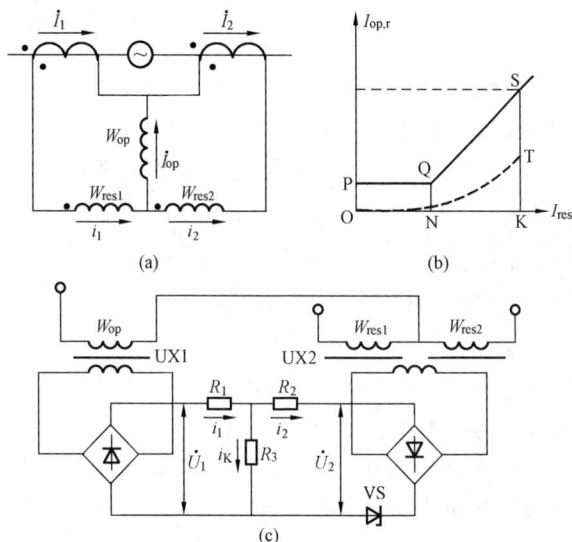

图 11 - 3　比率制动差动继电器纵差保护单相
原理接线图及其特性曲线
（a）原理接线图；（b）制动特性；（c）比较电路图

在外部短路时必有 $\dot{I}_1=\dot{I}_2$，所以有

$$\dot{I}_{op}=\frac{\dot{I}_1-\dot{I}_2}{K_{TA}}=0$$

$$\dot{I}_{res}=\frac{1}{K_{TA}}\times\frac{1}{2}(\dot{I}_1+\dot{I}_2)=\frac{\dot{I}_1}{K_{TA}}=\frac{\dot{I}_{KO}}{K_{TA}} \tag{11 - 6}$$

式中　$\dot{I}_{KO}$——外部短路电流。

在内部短路时，$\dot{I}_{op,r}$ 是由系统供给的短路电流，方向与图 11 - 3（a）所标正向相反，所以有

$$\dot{I}_{op,r}=\frac{\dot{I}_1+\dot{I}_2}{K_{TA}}=\frac{\dot{I}_{KI}}{K_{TA}} \tag{11 - 7}$$

式中　$\dot{I}_{KI}$——内部短路电流。

从上面分析可以看出，外部短路时，工作电流 $i_{op} = 0$。工作安匝理论上为零（实际上有一定的不平衡电流），制动电流为外部短路电流，制动安匝很大，继电器能可靠制动；内部短路时，工作电流正比于短路电流，工作安匝很大，制动电流正比于两侧电流之差，制动安匝很小，继电器将灵敏地动作。

这种继电器的制动特性如图 11 - 3（b）中的折线 PQS 所示。其中 OP 表示当制动电流 $I_{res} = 0$ 时，继电器开始动作的最小动作电流 $I_{op,r,min}$，此后随 I_{res} 的增大，动作电流 $I_{op,r}$ 随之增大。在最大外部短路电流 $I_{KO,max}$ 下，制动电流 $I_{res} = \dfrac{I_{KO,max}}{K_{TA}}$。由于电流互感器的误差，虽然一次 $I_1 = I_2$，但是二次侧 $i_1 \neq i_2$，故出现不平衡电流（图中以 KT 表示）。图中虚线 OT 为在不同的外部短路电流下差动回路的不平衡电流，OT 低于 PQS 制动特性曲线，以保证继电器在穿越性短路时不误动。定义动作电流 $I_{op,r}$ 与制动电流 I_{res} 之比为制动系数 K_{res}，即

$$K_{res} = \frac{I_{op,r}}{I_{res}}$$

由于这一比率系数决定着继电器的制动特性，故称比率制动式差动继电器。当差动电流大于继电器动作电流时，继电器动作。

图 11 - 3（b）中 OP 为继电器最小动作电流 $I_{opr,min}$，ON 为制动特性的转折点，以 I_{res0} 表示。当 $I_{res} < I_{res0}$ 时，继电器没有动作；当 $I_{res} > I_{res0}$ 时，继电器呈现出制动作用，其特性由 QS 的斜率决定，由于 QS 不通过坐标原点，所以在不同的 I_{res} 作用下的 K_{res} 不是一个常数，这给继电器的调试带来一定麻烦。

比率制动的差动保护的整定计算如下：

（1）最小动作电流 $I_{op,r,min}$ 应大于最大负荷电流下的不平衡电流，这个不平衡电流可由实测决定，一般取 $I_{op,r,min} = (0.1 \sim 0.2) I_{NG}/K_{TA}$。

（2）比率制动特性拐点 Q。一般取发电机的额定电流即 $PQ = I_{res0} = I_{NG}/K_{TA}$。

（3）制动特性的最高点 S。S 点由最大外部短路电流的最大不平衡电流决定。

一般：

$$I_{unb,max} = (0.10 \sim 0.15) I_{K,max}/K_{TA} \tag{11 - 8}$$

P、Q、S 三点确定之后，连 QS 直线，其斜率即为制动系数。

（4）保护灵敏系数校验。保护的灵敏系数为

$$K_{s,min} = I_{K,min}/(I_{op,r} K_{TA}) \tag{11 - 9}$$

式中 $I_{K,min}$——单机孤立运行时的机端两相金属性短路周期分量短路电流。

一般要求灵敏系数大于 2.0。

图 11 - 3（c）所示为比率制动继电器的比较电路。图中，UX1 的一次侧 W_{op} 为工作绕组，UX2 的一次侧 W_{res1}、W_{res2} 为制动绕组，它们的二次侧按照环流比较法接线，R_3 表示比较电路输出端的等值电阻，其中包括触发器的输入电阻。

当触发器的门槛电压整定好后，R_3 是常数，设此时触发器的翻转电流为 i_k（整定值），则继电器的动作条件为

$$i_k = i_1 - i_2$$

令

$$U_1 = i_1 R_1 + i_k R_3$$

$$U_2 = i_2 R_2 - i_k R_3 + U_{VS}$$

则
$$U_1 = \frac{R_1}{R_2}(U_2 - U_{VS}) + \left(\frac{R_1 R_3}{R_2} + R_1 + R_3\right)i_k$$

式中　U_{VS}——稳压管 VS 的反向击穿电压。

当 $U_2 < U_{VS}$ 时，VS 没有击穿导通，制动电压 U_2 不起作用，相当于 $R_2 = \infty$，故有 $U_1 = (R_1 + R_3)i_k$。这就是没有制动作用时的继电器动作电压值，相当于特性曲线的 P 点。调整 R_1 或改变触发器的门槛电压，就能使得制动特性 OP 增大或减小，即差动保护的最小动作电流增大或减小。

当 $U_2 \geqslant U_{VS}$ 后，开始有制动作用，动作电压 U_1 与制动电压 U_2 的相互关系表征着制动特性 OS 的斜率，其斜率由 R_1/R_2 的大小决定，与 R_3 无关，但是这里应该注意，调整 R_1 将同时改变制动特性的起始点 P，因此在只要求改变制动特性斜率时，应通过调整 R_2 来达到。

四、标积制动式纵差保护

比率制动式纵差保护的动作判据为

$$|\dot{I}_1 - \dot{I}_2| > K_{res}|\dot{I}_1 + \dot{I}_2| \tag{11-10}$$

其中 $|\dot{I}_1 - \dot{I}_2|$ 为发电机两端电流差作为动作量，$|\dot{I}_1 + \dot{I}_2|$ 为发电机两端电流和作为制动量（设电流由发电机流向系统为正）。为满足独立运行发电机的纵差保护灵敏系数不小于 2.0，式（11-10）中制动系数 K_{res} 不应大于 0.5，将式（11-10）两侧平方并整理后可得

$$|\dot{I}_1 - \dot{I}_2|^2 > \frac{4K_{res}^2}{1-4K_{res}^2}|\dot{I}_1||\dot{I}_2|\cos\theta \text{ 或 } |\dot{I}_1 - \dot{I}_2|^2 > K'_{res}|\dot{I}_1||\dot{I}_2|\cos\theta \tag{11-11}$$

其中 $K'_{res} = \dfrac{4K_{res}^2}{1-4K_{res}^2}$，称为标积制动系数，$\theta$ 为 $\dot{I}_1$、$\dot{I}_2$ 间的相位差。

式（11-11）为标积式纵差保护判据，其等号左侧为纵差保护动作量，右侧两电流幅值与夹角余弦的乘积通常称为"标积"，它是纵差保护制动量。当发电机纵差保护区外短路时 $\dot{I}_1 = \dot{I}_2$，$\theta = 0°$，所以制动量很大，可靠制动；当保护区内短路时，若设 $\dot{I}_2$ 反向，$\theta = 180°$，标积为 $|\dot{I}_1||\dot{I}_2|\cos 180° = -|\dot{I}_1||\dot{I}_2|$，即制动量为负，呈现动作作用，加上 $|\dot{I}_1 - \dot{I}_2|^2$ 为很大的动作量，使保护灵敏动作。推荐选用标积制动系数 $K'_{res} = 0.5 \sim 1.5$，通常取 1.0。无论标积制动式纵差保护对相间短路的灵敏性多高，它对定子绕组匝间短路和分支开焊也毫无作用。且不能像比率制动式纵差保护通过接线方式（不完全纵差接线）来扩充其保护功能。因为，内部短路时，各分支电流的相位是不确定和未知的，所以式（11-11）中的 $\dot{I}_1$ 和 $\dot{I}_2$ 必须是全相电流，决不可以采用部分相电流。

第三节　发电机定子绕组匝间短路保护

同步发电机定子绕组的匝间短路，包括同一分支匝间和同一相不同分支匝间的短路。发生匝间短路时，短路环中的电流可能很大，若不及时处理，故障处的温度升高，使绝缘损坏，很可能导致定子绕组单相接地或发展成相间短路。对于这种故障，纵差保护不能反映。因此，在发电机（尤其是大型机组）应该装设匝间短路保护。保护动作后，断开发电机断路器和自动灭磁开关。横差保护只装设在定子绕组为双星形接线的发电机上。

双星形接线的定子绕组匝间短路有两种情况：一种是同一绕组内部发生匝间短路，如图 11-4（a）所示。此时由于两个分支绕组的电动势不等，将有环流 $\dot{I}_k$ 产生，短路的匝数越

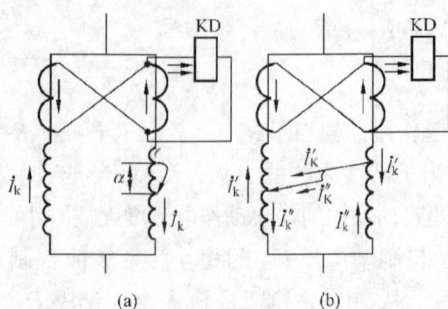

图 11 - 4　发电机定子绕组的匝间短路

(a) 同一绕组内部的匝间短路时的电流分布；
(b) 同相的两个绕组间的匝间短路时的电流分布

多环流越大，短路匝数越少环流越小；另一种是同相的两个分支绕组间发生匝间短路，如图 11 - 4（b）所示。当两绕组在不同的电位点发生短路时，由于短路形成的两个回路中都存在电动势差，因此两个回路将分别出现环流 i'_k 和 i''_k（i'_k 和 i''_k 因两回路电动势差数值相同、回路阻抗相同而数值相等）。电动势差越大，环流越大。两绕组的等电位点短路时，就没有环流。

一、单继电器式横差保护

根据定子绕组匝间短路的特点，横差保护有两种接线方式。一种方式是比较每相两个分支绕组的电流之差。这种方式每相需装设两个差接的电流互感器和一个继电器，三相共需六个电流互感器和三个继电器。由于这种方式接线复杂且流过继电器的不平衡电流较大，故实际上很少应用。另一种接线方式是在两组星形接线的中性点连线上装一个电流互感器，将一组星形接线绕组的三相电流之和与另一组星形接线绕组的三相电流之和进行比较。这种方式由于只用一个电流互感器，不存在两个电流互感器的误差不同所引起的不平衡电流问题，因而启动电流小，灵敏高，加上接线简单，故得到广泛的采用。单继电器式横差保护的原理接线，如图 11 - 5 所示。

正常运行时，由于每相的两个分支绕组感应电动势相等，各供应相电流的一半，故两组星形绕组里的三相电流对称且平衡，两个中性点电位相等，故装在中性点连线上的电流互感器 TA 中没有电流流过，电流继电器 KA 不会动作。当一个绕组发生匝间短路，或者在同相的两个绕组间发生匝间短路时，该相的两个分支绕组间就有环流流过，从而电流互感器 TA 一次侧有电流

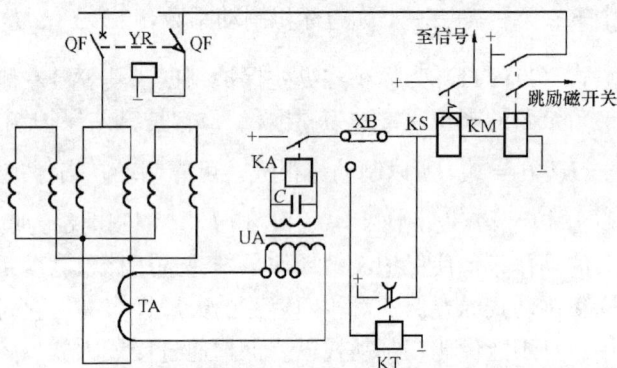

图 11 - 5　单继电器式横差保护的原理接线图

流过，接于 TA 二次侧的电流继电器 KA 在电流超过其动作电流值时就会动作，中间继电器 KM 因而启动，使发电机断路器和励磁开关跳闸，并进行事故停机。

由于三次谐波电压三相同电位，三相电压之和不为零，故当发电机存在三次谐波电动势时，双星形接线的两个中性点上都会出现三次谐波电压。如果两个中性点上的三次谐波电压不相等，中性点连线上就会出现三次谐波电流，横差保护就有可能误动作，因此必须加装三次谐波电流滤过器，用以滤除三次谐波电流。

采用 DL - 11/b 型横差电流继电器时，三次谐波滤过器和电流继电器装在同一外壳内。改变不饱和中间变流器 UA 的变比，可以改变保护动作电流值（中间变流器一次绕组有三个抽头，可以分段调整保护的动作电流值）。电容器 C 的作用是滤过三次谐波。由于容抗的大小和频率成反比，通过三次谐波电流时的容抗比通过基波电流时要小，因此当电容和电流继

电器绕组并联时，三次谐波电流会被电容支路所分流，从而起到三次谐波滤过器的作用。电容量的选择应满足：三倍工频即 150Hz 时继电器的动作电流比 50Hz 时的动作电流大 10 倍，从而可以基本上消除三次谐波电流对保护装置的影响。

横差保护的动作电流，根据运行经验可以整定为 20%～30% 发电机额定电流 I_{NG}，即

$$I_{op} = (0.2 \sim 0.3)I_{NG} \tag{11-12}$$

根据上述原则整定时，还需在发电机额定负荷情况下，实测中间变流器 UA 一次绕组侧的不平衡电流，其值不应大于整定值的十分之一。否则应该检查不平衡电流过大的原因并加以消除，必要时应提高保护的整定值。

电流互感器 TA 的变比 K_{TA} 按照动稳定的要求选择，即

$$K_{TA} = 0.25I_{NG}/5 \tag{11-13}$$

运行经验表明，基于上述原理的单继电器式横差保护可能在转子回路两点接地故障时误动作。这是因为发电机同一相的两个分支绕组，不是位于同一个定子槽中，当转子回路两点接地时，由于磁场的对称性遭到破坏，使同一相的两个分支绕组感应电动势不相等，以致两个中性点间出现了电位差，产生环流使保护误动作。然而由于转子两点接地时，磁场的不对称会引起定子对转子的磁拉力随转子的转动做周期性的变化，这将导致发电机产生异常的甚至非常强烈的振动，严重时甚至折断地脚螺丝，因而在此时发电机应由转子两点接地保护动作跳闸。横差保护这时动作跳闸也是许可的，因为此时发电机已经有必要切除。基于上述考虑，目前已不再采用转子两点接地保护动作时闭锁横差保护的措施。不过为了防止转子回路偶然瞬时两点接地时横差保护误动作，装设了时间继电器 KT。当转子发生一点接地时，用连接片 XB 将横差保护切换至延时回路，保护经过 0.5～1s 的延时将发电机跳闸。

横差保护虽然能够保护发电机绕组的匝间短路，但是当同一绕组匝间短路的匝数较少，或同相的两个分支绕组电位相近的两点发生匝间短路时，由于环流较小，保护可能不动作，因此在这种情况下，横差保护存在死区。

二、反应转子回路二次谐波电流原理匝间短路保护

发电机定子绕组匝间短路时，将在转子回路感应二次谐波电流。发电机正常对称运行时，转子电流无二次谐波成分。因此，可以利用转子二次谐波电流构成匝间短路保护。图 11-6 为二次谐波式匝间短路保护原理框图。

为了得到二次谐波电流，在转子回路中接入专用的电流变换器 UX。匝间短路保护继电器接到 UX 的二次侧，它由二次侧谐波过滤器和电流继电器组成。为了防止外部不对称短路引起的保护误动，采用了负序功率方向闭锁元件 KWH，它由负序电压滤过器、负序电流滤过器、相敏元件等组成。

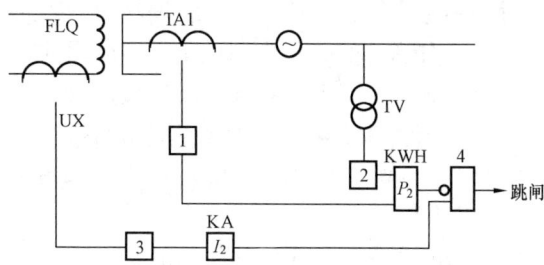

图 11-6　二次谐波式匝间短路保护原理图
1、2、3—负序电流、电压滤过器及二次谐波滤过器；
KWH—负序功率方向继电器；KA—二次谐波电流继电器

定子绕组匝间短路后，当转子二次谐波电流大于保护装置的启动电流时，匝间短路保护继电器动作。此时，负序功率由发电机流向系统，故 KWH 不动作，KWH 不发出闭锁信号，从而保护无延时送出跳闸脉冲。由于负序电流取自机端电流互感器，因此在

内部两相短路时，匝间短路保护继电器也动作，KWH 不发出闭锁信号。此时，匝间短路保护兼作内部两相短路保护。负序电流也可取自中性点侧的电流互感器。

当发电机外部不对称短路时，转子回路也会出现二次谐波电流，匝间短路保护继电器可能误动作，此时负序功率由外部流向发电机，KWH 动作，发出闭锁信号，使保护闭锁。

负序功率方向闭锁转子二次谐波电流匝间短路保护，在结构上比较简单。灵敏系数较高，一般用于大型机组的定子绕组匝间短路保护。

此外，对于大型发电机组，还可以采用负序功率方向闭锁的零序电压匝间短路保护。

三、定子绕组零序电压原理的匝间短路保护

图 11-7 所示为由负序功率闭锁的纵向零序电压匝间短路保护原理示意图。

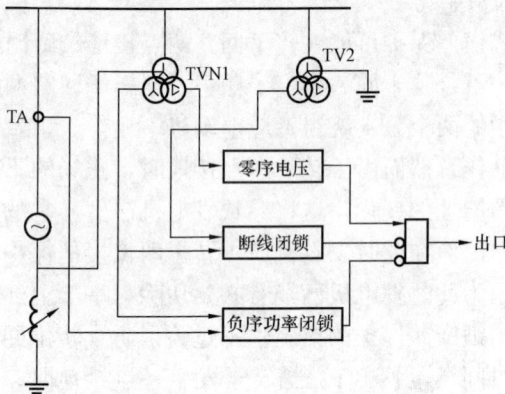

图 11-7 由负序功率闭锁的纵向零序电压匝间短路保护原理示意图

图中 TVN1 为专用的全绝缘电压互感器，其一次绕组中性点直接与发电机中性点相连而不接地。所以，该电压互感器二次绕组不能用来测量相对地电压，其开口三角绕组安装了具有三次谐波滤过器的高灵敏性过电压继电器。

当发电机正常运行和外部发生相间短路时，理论上 TVN1 的开口三角绕组没有输出电压；即 $3U_0 = 0$。

当发电机内部或外部发生单相接地故障时，虽然一次系统出现了零序电压，即一次侧三相对地电压不再平衡，中性点电位升高为 U_0，但是 TVN1 一次侧中性点并不接地，所以即使它的中性点电位升高，三相对中性点的电压仍然完全对称，故开口三角绕组输出电压 $3U_0$ 也等于零。

只有当发电机内部发生匝间短路或者对中性点不对称的各种相间短路时，破坏了三相对中性点的对称，产生了对中性点的零序电压，即 $3U_0 \neq 0$，使零序电压匝间短路保护正常动作。

为防止低定值零序电压匝间短路保护在外部短路时误动作，设有负序功率方向闭锁元件。因为三次谐波不平衡电压随外部短路电流增大而增大，为提高匝间短路保护动作灵敏性，就必须考虑闭锁措施。采用负序功率闭锁是个成熟的措施，因为发电机内部相间短路以及定子绕组分支开焊，负序源位于发电机内部，它所产生的负序功率一定由发电机流出。而当系统发生各种不对称运行和不对称故障时，负序功率由系统流入发电机，这是一个明确的特征量，利用它和零序电压构成匝间短路是可取的。

为防止 TVN1 一次熔断器熔断而引起保护误动作，还必须设有电压闭锁装置，如图 11-7 所示。

本保护的零序动作电压 $U_{0,\mathrm{op}}$ 由正常运行负荷工况下的零序不平衡电压 $U_{0,\mathrm{unb}}$ 决定，$U_{0,\mathrm{unb}}$ 中的成分主要是三次谐波电压，为此，在零序电压继电器中采用滤过比高的三次谐波滤波器和阻波器。一般负荷工况下的基波零序不平衡电压（二次侧值）为百分之几伏，所以 $U_{0,\mathrm{op}}$ 整定为 1V 左右。外部短路时，$U_{0,\mathrm{unb}}$ 急剧增长，但有负序功率方向元件闭锁，不会引起误动作。

国内上述有闭锁的零序电压匝间短路保护 $U_{0,\mathrm{op}}$ 整定为 1V 左右；国外进口机组没有负序功率方向元件闭锁的保护一般整定为 $U_{0,\mathrm{op}} = 3$V 左右。当然整定值越高死区也就越大。

可以看出，本保护方案由零序电压、负序功率方向和电压断线闭锁三部分组成，装置比较复杂，灵敏性也不算高，因此只是在不能装设单元件横差保护的情况下才采用此方案。

另外，值得提出的是，一次中性点与发电机中性点的连线如发生绝缘对地击穿，就成为发电机定子绕组单相接地故障，如果定子接地保护动作于跳闸，无疑就扩大了故障范围。

第四节　发电机定子绕组单相接地保护

由于定子绕组与铁芯之间绝缘的破坏而造成定子绕组单相接地故障，这是发电机常见的故障之一。由于发电机中性点不接地和经高阻抗接地，定子绕组单相接地并不引起大的故障电流，过去很长时间 100MW 以下的发电机的定子接地保护只发信号而不立即跳闸停机。

多年的运行实践和事故教训表明，5A 的定子接地电流不能认为是安全电流。因此为确保大型发电机的安全，不使单相接地故障发展成为相间或匝间短路，应该使单相接地故障处不产生电弧或者接地电弧瞬间熄灭，这个不产生电弧的最大接地电流被定义为发电机单相接地安全电流，发电机接地电流允许值如表 11-1 所示。

在上述安全电流下，定子接地保护动作只发信号而不跳闸，但应及时处理，不再继续运行，因为如果再发生另一点接地故障，将对发电机将造成更大的危害。

表 11-1　　发电机接地电流允许值

发电机额定电压 (kV)	发电机容量 (MW)		接地电流允许值 (A)
6.3 及以下	≤50		4
10.5	汽轮发电机	50～100	3
	水轮发电机	10～100	
13.8～15.75	汽轮发电机	125～200	2（氢冷发电机为 2.5）
	水轮发电机	40～225	
18～20	300～600		1

一、发电机定子绕组单相接地的特点

目前发电机中性点都是不接地或经消弧绕组接地的，因此，当发电机内部单相接地时，流经接地点的电流仍为发电机所在电压网络对地电流之总和，而不同之处在于故障点的零序电压将随发电机内部接地点的位置而改变。如图 11-8 所示，假设 A 相接地发生在定子绕组距中心点 α 处，α 表示中性点到故障点的绕组占全部绕组匝数的百分数，则故障点各电动势为 $\alpha\dot{E}_A$，$\alpha\dot{E}_B$，$\alpha\dot{E}_C$，而各相对地电压分别为

$$\dot{U}_{kA} = 0$$
$$\dot{U}_{kB} = \alpha\dot{E}_B - \alpha\dot{E}_A$$
$$\dot{U}_{kC} = \alpha\dot{E}_C - \alpha\dot{E}_A \tag{11-14}$$

因此故障点的零序电压为

$$\dot{U}_{k0(\alpha)} = \frac{1}{3}(\dot{U}_{kA} + \dot{U}_{kB} + \dot{U}_{kC}) = -\alpha\dot{E}_A \tag{11-15}$$

式（11-14）表明，故障点的零序电压将随着故障点位置的不同而改变。由此可作出发电机内部单相接地的零序等值网络，如图 11-8 所示。

图中 C_{0G} 为发电机每相的对地电容，$C_{0\Sigma}$ 为发电机以外电压网络每相对地的等值电容。由此即可求出发电机的零序电容电流和网络的零序电容电流分别为

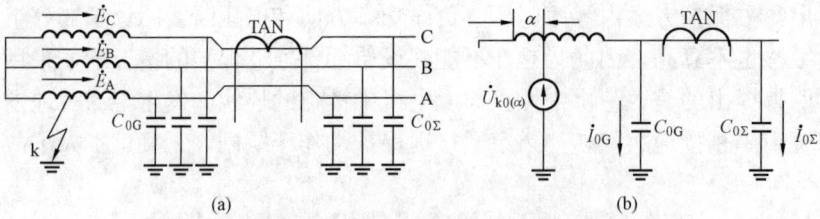

图 11-8　发电机内部定子绕组单相接地时零序的电流分布

（a）网络图；（b）零序等值网络

$$3\dot{I}_{0G} = j3\omega C_{0G}U_{k0(\alpha)} = -j3\omega C_{0G}\alpha\dot{E}_A$$

$$3\dot{I}_{0\Sigma} = j3\omega C_{0\Sigma}U_{k0(\alpha)} = -j3\omega C_{0\Sigma}\alpha\dot{E}_A \tag{11-16}$$

则故障点总的接地电流即为

$$3\dot{I}_{k0(\alpha)} = -j3\omega(C_{0G}+C_{0\Sigma})\alpha\dot{E}_A \tag{11-17}$$

其有效值为 $3\omega(C_{0G}+C_{0\Sigma})\alpha E_{ph}$，式中 E_{ph} 为发电机的相电动势，一般在计算时，常用发电机网络的平均额定相电压 U_{ph} 来代替，即表示为 $3\omega(C_{0G}+C_{0\Sigma})\alpha U_{ph}$。

流经故障点的接地电流也与 α 成比例，因此当故障点位于发电机出线端子附近时，$\alpha\approx 1$，接地电流为最大，其值为 $3\omega(C_{0G}+C_{0\Sigma})U_{ph}$。

发电机定子绕组单相接地故障电流的允许值，应采用制造厂的规定值，如无规定值时，可以参照表 11-1 所列的数据。

当发电机内部单相接地时，流经发电机零序电流互感器 TAN 一次侧的零序电流，如图 11-8（b）所示。为发电机以外电压网络的对地电容电流 $3\omega C_{0\Sigma}\alpha U_{ph}$。而当发电机外部单相接地时，如图 11-9 所示，流过零序电流互感器的零序电流为发电机本身的对地电容电流。

当发电机内部单相接地时，实际上无法直接获得故障点的零序电压。而只能借助于机端电压互感器来进行测量。由图 11-7 可知，当忽略各相电流在发电机内阻抗上的压降时，机端各相的对地电压应为

$$\dot{U}_{kA} = (1-\alpha)\dot{E}_A$$

$$\dot{U}_{kB} = \dot{E}_B - \alpha\dot{E}_A$$

$$\dot{U}_{kC} = \dot{E}_C - \alpha\dot{E}_A \tag{11-18}$$

其相量关系如图 11-10 所示。

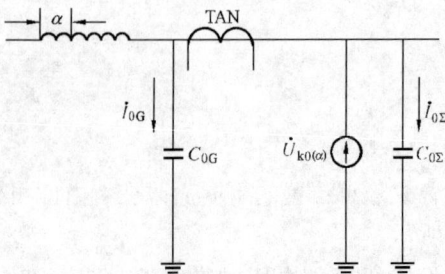

图 11-9　发电机外部单相接地零序等值网络

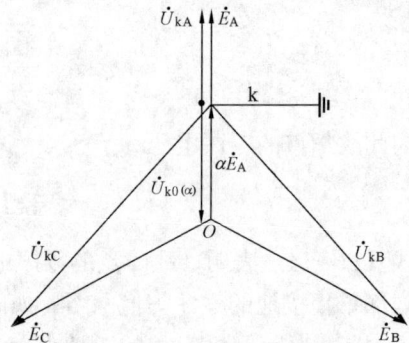

图 11-10　发电机内部单相接地时，机端电压相量图

由此可求得机端的零序电压为

$$\dot{U}_{k0} = \frac{1}{3}(\dot{U}_{kA} + \dot{U}_{kB} + \dot{U}_{kC}) = -\alpha\dot{E}_A = \dot{U}_{k0(\alpha)} \tag{11-19}$$

其值和故障点的零序电压相等。

二、零序电流及零序电压的定子绕组单相接地保护

1. 利用零序电流构成的定子接地保护

对直接连接在母线上的发电机，当发电机电压网络的接地电容电流大于表的允许值时，不论该网络是否装有消弧绕组，均应装设动作于跳闸的接地保护。当接地电容电流小于允许值时，则装设作用于信号的接地保护。

在实现接地保护时，应做到当一次侧的接地电流即零序电流大于允许值时即动作于跳闸，因此，就对保护所用的零序电流互感器提出了很高的要求。一方面是正常运行时，在三相对称负荷电流的作用下，在二次侧的不平衡电流输出应该很小，另一方面是接地故障时，在很小的零序电流作用下，在二次侧应有足够大的功率输出，以使保护装置能够动作。

零序电流互感器的等值电路如图 11-11 所示。

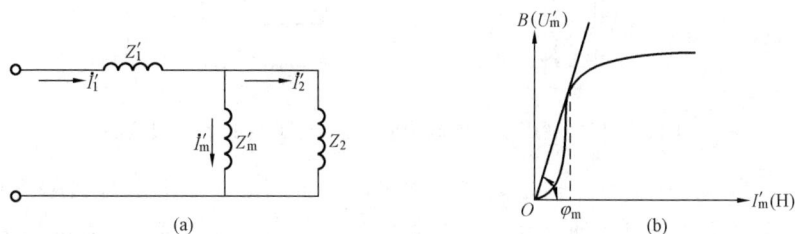

图 11-11　零序电流互感器的等值电路及磁化曲线
(a) 零序电流互感器的等值电路；(b) 零序电流互感器铁芯的磁化曲线

图中所示各参数已经折合到二次侧，其中 Z_1' 为零序电流互感器一次绕组的漏抗，Z_m' 为励磁阻抗，Z_2 代表二次绕组的漏抗和所接继电器阻抗之和。当一次电流 I_1' 一定时，电流互感器的输出功率为

$$S = I_2'^2 Z_2 = \left(\frac{Z_m'}{Z_m' + Z_2} I_1'\right)^2 Z_2$$

输出量大功率的条件应是 $\dfrac{\partial S}{\partial Z_2} = 0$，解此方程式得到 $Z_2 = Z_m'$，因此，最大功率为

$$S_{max} = \frac{1}{4} I_1'^2 Z_m'$$

由此可见，尽量提高零序电流互感器的励磁阻抗，然后设计选取继电器的阻抗，使 $Z_2 = Z_m'$，就可以提高保护的灵敏性。在实际中我国采用的是高磁导率的优质硅钢片来制作零序电流互感器，可以获得较高的励磁阻抗。

接于零序电流互感器上的发电机零序电流保护，其整定值的选择原则如下。

(1) 躲过外部单相接地时，发电机本身的电容电流以及由于零序电流互感器一次侧导线排列不对称而在二次侧引起的不平衡电流。

(2) 保护装置的一次动作电流应小于发电机定子绕组单相接地故障电流的允许值。

(3) 为防止外部相间短路产生的不平衡电流引起接地保护的误动作，应该在相间保护动

作时将接地保护闭锁。

（4）保护装置一般带有 1～2s 的时限，用以躲开外部单相接地瞬间，发电机暂态电容电流的影响。

反映零序电流的单相接地保护原理接线图如图 11-12 所示。

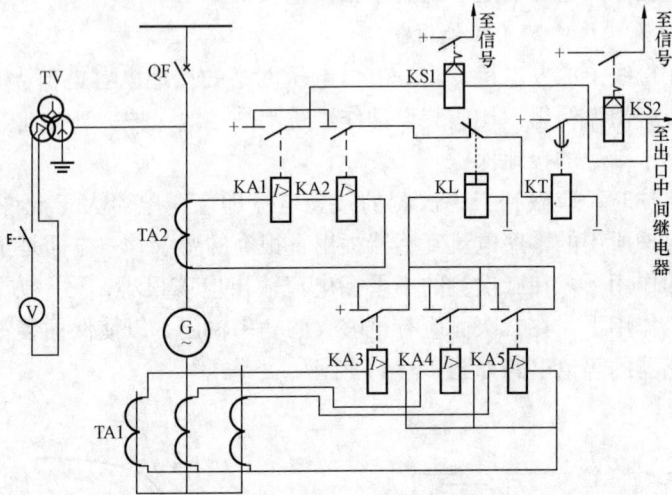

图 11-12　利用零序电流构成的定子接地保护原理接线图

图中 TA2 为零序电流互感器，其二次绕组侧接了两个电流继电器 KA1 和 KA2。电流继电器 KA1 用来保护两点接地（其中一点在发电机内部）的故障。当发电机纵联差动保护采用三相式接线时，可以不用继电器 KA1。电流继电器 KA2 用来作为发电机的单相接地保护的启动元件，其触点与闭锁中间继电器 KL 的动断触点相串联来启动时间继电器 KT。闭锁继电器 KL 由发电机的过电流保护控制，当外部故障，过电流保护动作时启动闭锁继电器 KL，KL 动作触点断开将接地保护闭锁，这样接地保护的整定值可不必躲开外部相间故障时的不平衡电流，但计算时必须考虑和过电流保护的动作值相对应的不平衡电流。时间继电器 KT 的整定值约为 1～2s，动作时启动出口中间继电器，断开断路器及励磁开关，并进行事故停机。为了检查发电机接到母线前是否有故障存在，在发电机出口电压互感器的开口三角绕组侧装设了电压表。由于零序电压的数值和接地故障点离中性点位置的远近有关，因此根据电压表的读数可以大致判断接地点的位置。例如，当发电机出线端金属性接地时，电压表的指示值最大（100V），接地点离中性点越近，电压表指示值越小。

当发电机定子绕组的中性点附近接地时，由于接地电流很小，保护将不能动作，因此零序电流保护不可避免地存在一定的死区。为了减小死区的范围，就应该在满足发电机外部接地时动作选择性的前提下，尽量降低保护的启动电流。

2. 利用零序电压构成的定子接地保护

一般大、中型发电机在电力系统中大都是采用发电机变压器组的接线方式，在这种情况下，发电机电压网络中，只有发

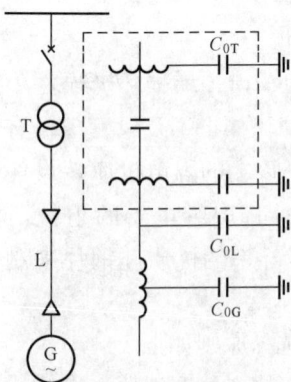

图 11-13　发电机变压器组接线中发电机电压系统的对地电容分布

电机本身、连接发电机与变压器的电缆以及变压器的对地接地电容（分别以 C_{0G}、C_{0L}、C_{0T} 表示），其分布可用图 11-13 来说明。

当发电机单相接地后，接地电容电流一般小于允许值。对于大容量的发电机变压器组，若接地后的电容电流大于允许值，则可以在发电机电压网络中装设消弧绕组予以补偿。由于上述三相电容电流的数值基本上不受系统运行方式变化的影响，因此，装设消弧绕组后，可以把接地电流补偿到很小的数值。在上述两种情况下，均可以装设作用于信号的接地保护。

发电机内部单相接地的信号装置，一般是反应于零序电压而动作，其原理接线图如图 11-14 所示，过电压继电器连接于发电机电压互感器二次侧开口三角绕组的输出电压上。

由于在正常运行时，发电机相电压中含有三次谐波，因此在机端电压互感器接成开口三角的一侧也有三次谐波电压输出，此外，当变压器高压侧发生接地故障时，由于变压器高、低压绕组之间有电容存在，因此，在发电机端也会产生零序电压。为了保证动作的选择性，保护装置的整定值应躲开正常运行时的不平衡电压（其中包括三次谐波电压），以及变压器高压侧接地时在发电机端所产生的零序电压。根据运行经验电压继电器的启动电压为 15～30V。

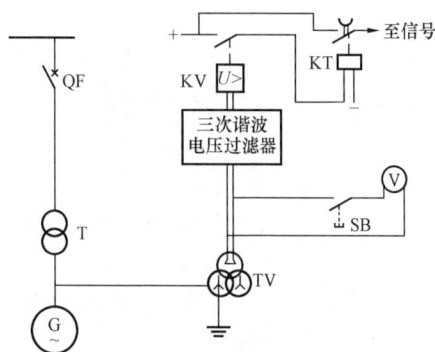

图 11-14　反应零序电压的
发电机定子绕组接地保护

利用零序电压构成的定子接地保护原理图如图 11-14 所示。

按照以上条件整定的保护，由于整定值较高，当在中性点附近接地时，有 15%～30% 的死区。为了减少死区，可以采取下列措施来降低启动电压。

（1）加装如图 11-14 所示的三次谐波电压过滤器。

（2）对于高压侧中性点直接接地的电网，利用保护装置的延时来躲开高压侧的接地故障。

（3）在高压侧中性点非直接接地的电网，利用高压侧的零序电压将发电机接地保护闭锁或利用它对保护实现制动。

采用上述措施后，继电器的动作电压值可以取 5～10V，保护范围可以提高到 90% 以上，但是，在中性点附近仍有 5%～10% 的死区。对于大容量机组，由于振动较大而产生机械损伤或发生漏水等原因，可能使中性点附近的绕组发生接地故障，如果不及时发现，有可能发展成严重的匝间、相间或两点接地短路。因此，要求 100MW 以上的发电机应装设保护区为 100% 的定子接地保护。

三、发电机 100% 定子绕组单相接地保护

发电机 100% 定子绕组的接地保护种类很多，现介绍其中利用三次谐波电压构成的 100% 定子绕组接地保护。该保护由两部分构成，一部分为零序电压保护，它可以保护 85%～90% 的定子绕组。另一部分利用发电机的三次谐波电压构成，它用来消除零序电压保护的死区，从而实现保护 100% 定子绕组的接地保护。为了可靠起见，两部分的保护区有一段重叠。

第二部分的工作原理是利用发电机中性点和出线端的三次谐波电压在正常运行和接地故

障时变化相反的特点构成。正常运行时，发电机中性点的三次谐波电压比发电机出线端的三次谐波电压大；而在发电机内部定子接地故障时，出线端的三次谐波电压却比中性点的三次谐波电压大。利用其变化的特点，使发电机出口的三次谐波电压成为动作量，而使中性点的三次谐波电压成为制动量，利用绝对值比较原理，当发电机出口三次谐波电压大于中性点三次谐波电压时继电器动作。这样保护就会在正常时制动，在定子绕组接地时动作。

由于发电机转子和定子之间的气隙磁通密度的非正弦分布和铁磁饱和的影响，在定子绕组中感应的电动势除基波分量外，还含有百分之几的三次谐波电动势 E_3。

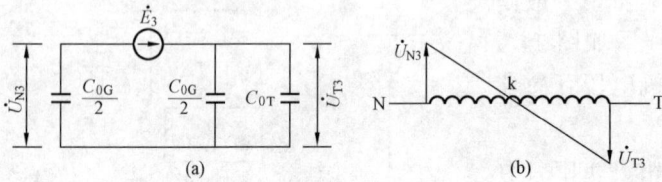

图 11 - 15　发电机三次谐波电压
(a) 发电机三次谐波电压的等值电路；
(b) 定子绕组对地三次谐波电压的分布

如果把发电机的对地电容等值地集中在发电机的中性点 N 和机端 T，每端为 $\frac{1}{2}C_{0G}$；并将发电机机端出线、升压变压器、厂用变压器等其他元件的每相对地电容电流 C_{0T} 也等值地放在机端，则正常运行时的等值电路如图 11 - 15（a）所示。

利用等值电路，根据分压原理，可以求得中性点的三次谐波电压

$$U_{N3} = \frac{C_{0G} + 2C_{0T}}{2(C_{0G} + C_{0T})}E_3 \tag{11 - 20}$$

机端三次谐波电压

$$U_{T3} = \frac{C_{0G}}{2(C_{0G} + C_{0T})}E_3 \tag{11 - 21}$$

中性点三次谐波电压和机端三次谐波电压之比为

$$\frac{U_{N3}}{U_{T3}} = \frac{C_{0G} + 2C_{0T}}{C_{0G}} > 1 \tag{11 - 22}$$

由此可知，正常运行时发电机中性点的三次谐波电压 U_{N3} 总是大于机端三次谐波电压 U_{T3}。只有当发电机出线端开路时，$C_{0T} = 0$，这时才有 $U_{N3} = U_{T3}$。发电机定子绕组对地三次谐波电压的分布如图 11 - 15（b）所示。k 点电位相当于地电位，大约位于定子绕组中部附近。

当发电机中性点经消弧绕组接地时，发电机三次谐波电压的等值电路如图 11 - 16 所示。

图中，L 为消弧绕组的电感。等值电路图中采用 $3L$ 是因为中性线上的电流是三相零序电流之和，它在消弧绕组上的压降为 $3I_0\omega L$，而图 11 - 16 画的是单相图，取消弧绕组的电感为实际值的三倍，可以保持压降 $3I_0\omega L$ 不变，因而是等值的。

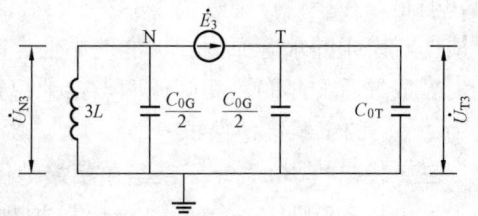

图 11 - 16　发电机中性点经消弧
绕组接地时三次谐波电压等值电路

假设消弧绕组采取完全补偿方式，即感抗等于容抗。则所有容抗并联后和消弧绕组的感抗相等，即

$$3L\omega = \frac{1}{\omega(C_{0G} + C_{0T})} \tag{11-23}$$

此时发电机中性点侧对三次谐波的等值电抗 X_{N3} 为感抗 j3ω（3L）和容抗 $\dfrac{1}{j3\omega\dfrac{C_{0G}}{2}}$ 的并联值，即

$$X_{N3} = j\frac{3\omega(3L)\left(\dfrac{-2}{3\omega C_{0G}}\right)}{3\omega(3L) - \dfrac{2}{3\omega C_{0G}}} \tag{11-24}$$

将式（11-23）带入式（11-24）整理后得到

$$X_{N3} = -j\frac{6}{\omega(7C_{0G} - 2C_{0T})}$$

此时发电机端对三次谐波的等值电抗 X_{T3} 为电容 $\dfrac{C_{0G}}{2}$ 和 C_{0T} 的容抗并联值，即

$$X_{T3} = -j\frac{2}{3\omega(C_{0G} + 2C_{0T})} \tag{11-25}$$

由于在电抗 X_{N3} 和 X_{T3} 上流的是同一电流，两个电抗上的电压降落之比等于两个电抗之比，因此，发电机中性点的三次谐波电压 U_{N3} 和发电机端三次谐波电压 U_{T3} 之比为

$$\frac{U_{N3}}{U_{T3}} = \frac{X_{N3}}{X_{T3}} = \frac{9(C_{0G} + 2C_{0T})}{7C_{0G} - 2C_{0T}} > 1 \tag{11-26}$$

在发电机出线端开路是，$C_{0T} = 0$，则

$$\frac{U_{N3}}{U_{T3}} = \frac{9}{7} \tag{11-27}$$

由此可以知道，发电机定子绕组发生中性点经消弧绕组接地时，中性点侧的三次谐波电压比机端电压的三次谐波电压要大。

但是发电机定子绕组发生单相接地时，情况正好相反。设单相接地故障发生在距离中性点 α 处（如图 11-17 所示）。

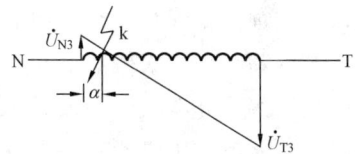

图 11-17　距中性点 α 处单相接地时对地三次谐波电压的分布

此时不论发电机中性点是否经消弧绕组接地，总有如下关系：

中性点三次谐波电压

$$U_{N3} = \alpha E_3 \tag{11-28}$$

机端三次谐波电压

$$U_{T3} = (1 - \alpha)E_3 \tag{11-29}$$

故中性点的三次谐波电压 U_{N3} 和机端三次谐波电压 U_{T3} 之比为

$$\frac{U_{N3}}{U_{T3}} = \frac{\alpha E_3}{(1 - \alpha)E_3} = \frac{\alpha}{1 - \alpha} \tag{11-30}$$

式中　α——由故障点至中性点间的绕组匝数占全部绕组匝数的百分数。

此时，中性点三次谐波电压 U_{N3} 和机端三次谐波电压 U_{T3} 随接地点的位置 α 的变化曲线如图 11-18 所示。

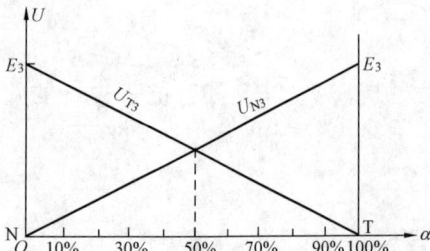

图 11-18　U_{N3} 和 U_{T3} 随 α 变化的曲线

由图 11-18 可知，发电机中性点单相接地时

$$U_{N3} = 0, U_{T3} = E_3$$

发电机机端接地时

$$U_{N3} = E_3, U_{T3} = 0$$

中性点的三次谐波电压 U_{N3} 随 α 的增大而增大；而机端的三次谐波电压随 α 的增加而减小。当定子绕组中部（$\alpha = 50\%$）接地时，$U_{N3} = U_{T3} = \frac{1}{2}E_3$。因此，当 $\alpha < 50\%$ 时，即当定子绕组中部和中性点之间的绕组发生单相接地时，机端三次谐波电压 U_{T3} 总是大于中性点三次谐波电压 U_{N3}。因此利用 U_{T3} 作为动作量，U_{N3} 作为制动量构成定子接地保护时，可以对靠近中性点的 50% 定子绕组实现接地保护，且接地点越接近中性点，U_{T3} 比 U_{N3} 大得越多，保护越灵敏。

将利用三次谐波电压的接地保护和利用零序电压的接地保护结合起来，就可以构成 100% 定子接地保护，其原理接线图如图 11-19 所示。

图中 UX1 和 UX2 为电抗变换器，UX1 的一次绕组接在发电机端的电压互感器 TV1 的开口三角绕组侧，反应机端的三次谐波电压 U_{T3}。电容 C_1 和 UX1 的一次绕组并联，组成对三次谐波电压的并联谐振电路。并联谐波电路能对谐振频率的电压起选频放大作用，故能放大机端的三次谐波电压。同理，接在发电机中性点侧的电压互感器 TV 二次侧的 UX2，由于其一次绕组和电容 C_3 组成并联谐振电路，也能放大中性点侧的三次谐波电压 U_{N3}。UX1 和 UX2 的二次电压

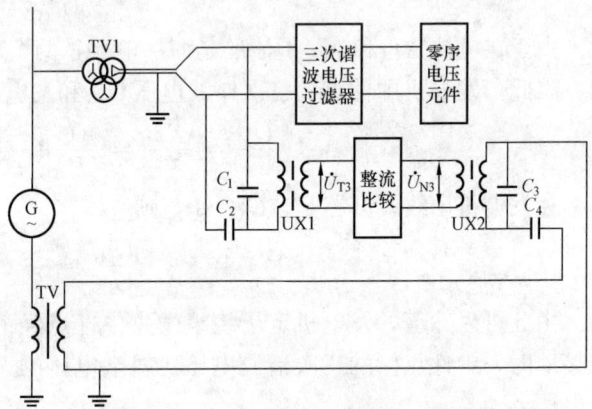

图 11-19　零序电压和三次谐波电压相结合
构成 100% 定子接地保护原理接线图

分别反应 U_{T3} 和 U_{N3}，经过整流滤波后即可以进行绝对值的比较。图中电容 C_2、C_4 对基波起到阻波的作用，这是因为容抗 $\frac{1}{\omega C}$ 和频率成反比，基波频率低，使容抗增大的缘故。

零序电压保护部分由接在机端电压互感器的开口三角接线侧的三次谐波电压滤过器和零序电压元件组成。

三次谐波电压的保护区约为 30%，零序电压保护区约为 85%，两者结合就可以保护全部的定子绕组。

第五节　发电机励磁回路接地保护

发电机正常运行时，转子的转速很高，离心力极大，承受的电负荷又重，一次励磁绕组绝缘容易破坏。绕组导线碰接铁芯，就会造成转子一点接地故障。发电机励磁回路的一点接

地是比较常见的故障，由于不会形成电流通路，所以对发电机无直接危害。但发生一点接地后，励磁回路对地电压升高，例如当负极接地，励磁绕组正极对地绝缘电压即增加到工作励磁电压；正极接地，励磁绕组负极对地绝缘电压也增加至工作励磁电压。因此，当转子发生一点接地后，如发电机仍然继续运行，遇上励磁绕组其他点绝缘水平降低时，就可能造成转子第二点接地。

励磁回路两点接地后构成短路电流通路，可能烧坏转子绕组和铁芯。由于部分励磁绕组被短接，破坏了气隙磁场的对称性，引起机组振动，特别是多机组振动更严重。此外，转子两点接地还可能使汽轮发电机组的轴系统和汽缸磁化。

因此，通常在 1MW 以上的水轮发电机只装设励磁回路一点接地保护，并动作于信号，以便安排停机。1MW 以下的水轮发电机宜装设定期检测装置。对于 100MW 以下的汽轮发电机，一点接地故障采用定期检测装置，发生一点接地后，再投入两点接地保护装置，带时限动作于停机。转子水内冷

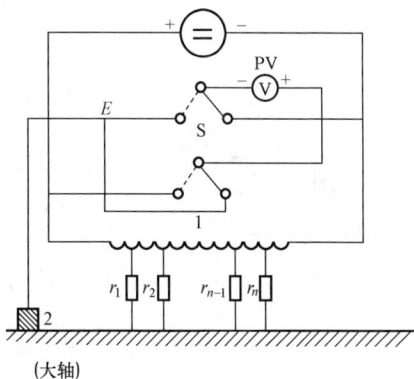

图 11 - 20　转子绝缘检测装置

或 100MW 及以上的汽轮发电机应装设励磁回路一点接地保护装置（带时限动作于信号）和两点接地保护装置（带时限动作于停机）。

一、励磁回路一点接地保护

1. 绝缘检测装置

用一个电压表定期测量励磁回路正负极对地电压，其接线图如图 11 - 20 所示。

图中元件 1 为励磁绕组，元件 2 为大地炭刷。励磁绕组对地存在着绝缘电阻，设这些绝缘电阻对地均匀分布，如图中的 r_1，r_2，…，r_n。当励磁绕组绝缘良好时，正极对地电压等于负极对地电压。如果正极接地，则负极对地电压为工作励磁电压；如果负极接地，则正极对地电压为工作励磁电压。如果励磁绕组其他点接地，一般情况下，正极对地电压不等于负极对地电压，而且所测得的电压低于工作励磁电压。但是如果励磁绕组中部接地，则所测得的正极对地电压将等于负极对地电压。因此这种方法不能发现励磁绕组中部接地，而存在死区。利用图中的切换开关 S 和电压表 PV 可以进行上述各种测量。

2. 叠加直流电压式一点接地保护

叠加直流电压式转子一点接地保护装置的原理接线图如图 11 - 21 所示。

图中电压变换器 UV 将交流电源电压变换成适当的电压，再经过全波整流变换成直流电压叠加在励磁绕组回路上。回路中还串有继电器 K，其电阻为 R_K；R_{mE} 为发电机正常运行时励磁绕组对地绝缘电阻，假设集中于励磁绕组的中部。

正常运行时，继电器中流过的电流为

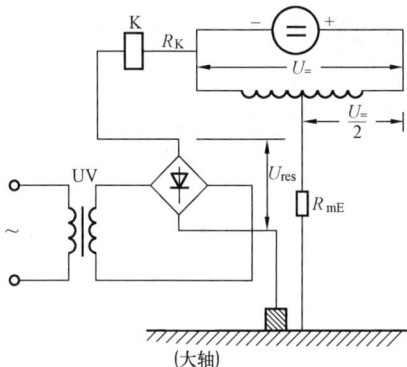

图 11 - 21　叠加直流电压式转子
一点接地保护原理接线图

$$I_r = \frac{U_r + \frac{1}{2}U_=}{R_K + R_{mE}} \qquad (11 - 31)$$

当励磁绕组对地绝缘降低时，继电器中流过的电流为

$$I'_r = \frac{U_r + \frac{1}{2}U_=}{R_K + R'_{mE}} \tag{11 - 32}$$

由于励磁绕组绝缘电阻 R'_{mE} 比 R_{mE} 小，故电流 I'_r 大于 I_r，因此继电器将在励磁绕组对地绝缘电阻降低到一定值时动作。

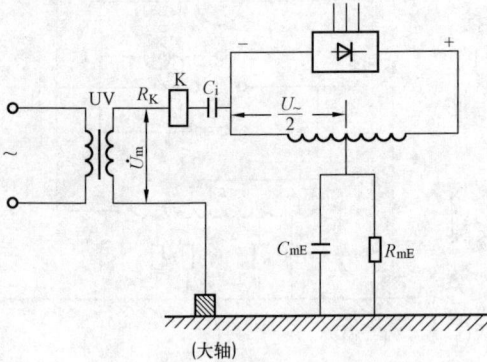

这类保护的优点是不受励磁绕组对地电容和励磁电压中交流分量的影响，保护无死区；但是对于励磁绕组对地绝缘电阻 R_{mE} 本身就很低的发电机，如双水内冷发电机，由于 R_{mE} 太小，将使正常运行时流过继电器的电流 I_r 大于保护的整定值，以致保护正常运行时就处于动作状态，因此对于这类发电机，不能应用这种保护。

3. 叠加交流电压式一点接地保护

叠加交流电压式转子一点接地保护装置的原理图如图 11 - 22 所示。

图中 C_{mE} 为励磁绕组对地电容，R_{mE} 为励

图 11 - 22　叠加交流电压式转子
一点接地保护原理接线图

磁绕组对地电阻。$U_\sim$ 为励磁绕组整定交流分量。C_i 为隔直电容，其作用是使励磁电压产生的直流电流不会流经交流电源回路。K 为继电器，其阻抗为 R_K。UV 为电压变换器，主要起到隔离作用，将交流电源和转子回路隔开，并将交流电压降低到保护装置所需的电压。

正常运行时，流过继电器的电流为

$$\dot{I}_\sim = \frac{\dot{U}_m + \frac{1}{2}\dot{U}_\sim}{R_K - jX_{Ci} - j\dfrac{R_{mE}X_{mE}}{R_{mE} - jX_{mE}}} \tag{11 - 33}$$

式中　$-j\dfrac{R_{mE}X_{mE}}{R_{mE} - jX_{mE}}$——$C_{mE}$ 的容抗和 R_{mE} 并联后的阻抗。

当励磁绕组对地绝缘降低时，流过继电器的电流将增大，从而使保护动作。

这种保护的优点是消耗功率小，没有死区。缺点是流过继电器的电流受励磁绕组对地电容和励磁电压中交流分量的影响。

另外，励磁回路一点接地保护除了按照上述方法构成外还有测量转子绕组对地导纳式、电桥叠加式等。

4. 叠加交流电压测量励磁回路对地导纳的一点接地保护

利用叠加交流电压测量励磁回路对地导纳原理的一点接地保护，仅反应励磁回路对地电导的变化，而与其对地电容无关，并且对不同地点保护的灵敏度不变，因此，该保护适用于大型机组。

利用导纳继电器的叠加交流电压测量励磁回路对地导纳的一点接地保护原理如图11-23所示，图中，UA1、UA2 为中间变流器，整流器 U1、U2 和电阻 R_1、R_2 组成两电气量幅值比较回路，R_n 和 R_m 是整定电阻，L 和 C 组成 50Hz 带通滤波器。其中 C 还起隔直作用，

励磁回路对地分布绝缘电阻和分布电容以集中参数 R_y 和 C_y，对应电导 $g_y=1/R_Y$，$b_y=\omega c_y$。

50Hz 交流电压 $\dot{U}$ 经附加电阻 R_b，滤波器 L、C 和变流器 UA1 的一次绕组 W_1 叠加到励磁绕组与地之间，构成测量回路，测量回路电流为 $\dot{I}$。电压 $\dot{U}$ 同时加到整定电阻 R_n、R_m，变流器 UA1 的一次绕组 W_2 和 UA2 的一次绕组 W_3、W_4 所构成的整定回路上。整定回路电流为 $\dot{I}_n$ 和 $\dot{I}_m$。

设 UA1 和 UA2 每个一次绕组与二次绕组匝数比为 K，并将其漏抗略去不计，将 W_2、W_3 和 W_4 的有效电阻归入 R_n 和 R_m 之中。规定保护装置的动作方程为

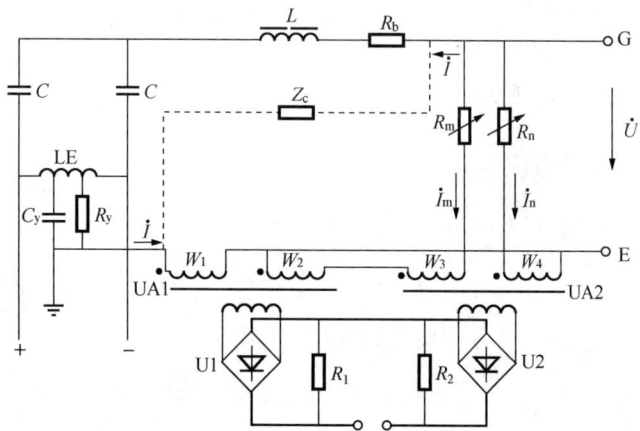

图 11-23　叠加交流电压测量励磁回路对地
导纳的一点接地保护原理图

$$\left|\frac{1}{K}(\dot{I}-\dot{I}_m)\right| \leqslant \left|\frac{1}{K}(\dot{I}_n-\dot{I}_m)\right| \tag{11-34}$$

将 $\dot{I}=\dfrac{\dot{U}}{Z}$，$\dot{I}_m=\dfrac{\dot{U}}{R_m}$，$\dot{I}_n=\dfrac{\dot{U}}{R_n}$，$Y=\dfrac{1}{Z}$，$g_m=\dfrac{1}{R_m}$，$g_n=\dfrac{1}{R_n}$ 代入式（11-34）可得用导纳表示的上述动作方程，即

$$|Y-g_m| \leqslant |g_n-g_m| \tag{11-35}$$

而动作的边界条件为

$$|Y-g_m| = |g_n-g_m| \tag{11-36}$$

式（11-36）中，当 R_m 和 R_n 整定好，g_m 和 g_n 为常数。Y 是图 11-23 中 G、E 两端的测量导纳，其等效电路图如图 11-24 所示。

测量导纳 Y 随励磁回路的对地电导和容纳而变化，式（11-36）表示测量导纳 Y 的轨迹在导纳复平面上是一个圆。圆心 $Y_{c,set}=g_m$，半径 $Y_{r,set}=g_n-g_m$。$Y_{c,set}$、$Y_{r,set}$ 称为整定导纳。如图 11-25 所示，在正常运行时，测量导纳的末端在圆外（如图 11-25 种 A 点）。当发生接地故障后，对地电导变大，如 Y 的末端进入圆内，则保护装置动作。

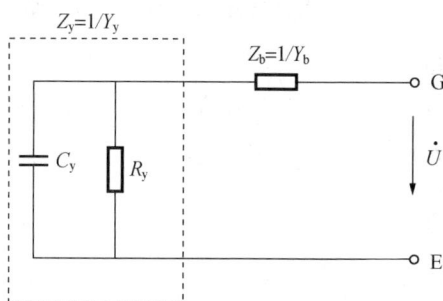

图 11-24　测量导纳 Y 的等效电路

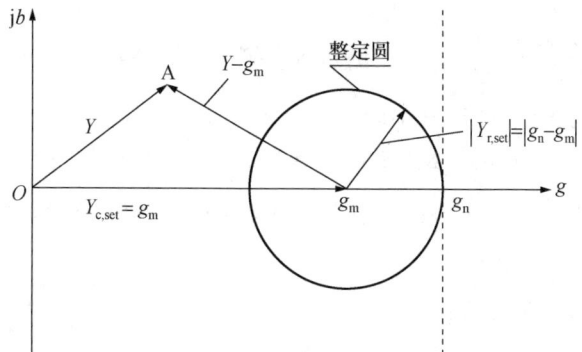

图 11-25　保护整定圆

图 11 - 23 中励磁回路对地导纳为

$$Y_y = \frac{1}{Z_y} = \frac{1}{R_y} + j\omega C_y = g_y + j\omega C_y \tag{11 - 37}$$

附加阻抗为

$$Z_b = R_b = \frac{1}{Y_b} = \frac{1}{g_b} \tag{11 - 38}$$

测量阻抗为

$$Y = \frac{1}{Z} = \frac{1}{Z_b + Z_y} \tag{11 - 39}$$

将式 (11 - 37) 和式 (11 - 38) 代入式 (11 - 39) 中，可得

$$Y = \frac{g_b(g_y + jb_y)}{g_b + (g_y + jb_y)} = \frac{g_b^2 g_y + g_b g_y^2 + g_b b_y^2 + jg_b^2 b_y}{(g_b + g_y)^2 + b_y^2} \tag{11 - 40}$$

式 (11 - 40) 中实部和虚部分别为

$$x = \frac{g_b^2 g_y + g_b g_y^2 + g_b b_y^2}{(g_b + g_y) + b_y^2} \tag{11 - 41}$$

$$y = \frac{g_b^2 b_y}{(g_b + g_y) + b_y^2} \tag{11 - 42}$$

式 (11 - 41) 中 $g_b =$ 常数，$g_y =$ 常数，b_y 变化时，可解出

$$\left[x - \frac{g_b(g_b + 2g_y)}{2(g_b + g_y)}\right]^2 + y^2 = \left[\frac{g_b^2}{2(g_b + g_y)}\right]^2 \tag{11 - 43}$$

式 (11 - 43) 表示测量导纳在复平面上轨迹是一个圆，圆心坐标为

$$\left[\frac{g_b(g_b + 2g_y)}{2(g_b + g_y)}, 0\right]$$

半径为

$$\frac{g_b^2}{2(g_b + g_y)}$$

圆心位置和半径大小与 b_y 是否变化无关，故称为该圆为等电导圆。在某一确定 g_y 值下，令 $y=0$ 代入式 (11 - 42) 中可求出某确定等电导圆与 g 轴两个交点 $g_1(g_b, 0)$ 和 $g_2\left(\frac{g_b g_y}{g_b + g_y}, 0\right)$。$g_1$ 点是所有等电导圆共同的交点。g_2 点随 g_y 减小在轴上向左移动。

当 $b_y =$ 常数，g_y 变化时，由式 (11 - 32) 和式 (11 - 42) 可解出

$$(x - g_b)^2 + \left(y - \frac{g_b^2}{b_y}\right)^2 = \left(\frac{g_b^2}{2b_y}\right)^2 \tag{11 - 44}$$

式 (11 - 44) 表示测量导纳在复平面上轨迹是一个圆，圆心坐标为 $\left(g_b, \frac{g_b^2}{b_y}\right)$，半径为 $\frac{g_b^2}{2b_y}$。点 $g_1(g_b, 0)$ 仍是所有等电纳圆公共的交点，等电纳圆与直线 $g=g_b$ 另一交点以及圆心坐标都随 b_y 减小而沿直线 $g=g_b$ 向上移动。同时半径也随之加大。

在实际运行中，发电机励磁回路对地分布电容 C_y 基本不变，可近似认为 $b_y =$ 常数，在 $R_y\left(= \frac{1}{g_y}\right) = 2k\Omega$ 值下，可得到图 11 - 26 所示整定的等电导圆，其圆心及半径为

$$Y_{c, set} = g_m = \frac{g_b(g_b + 2g_y)}{2(g_b + g_y)} \tag{11 - 45}$$

$$Y_{r, set} = |g_n - g_m| = \frac{g_b^2}{2(g_b + g_y)} \tag{11 - 46}$$

以上两式中 $g_b =$ 常数，将已给定 g_y 代入式（11-46），调整 R_m、R_n 可得到既定的等电导圆，如机组 $C_y = 1\mu F$，测量导纳 Y 的端点沿图 11-26 中 $C_y = 1\mu F$ 的虚线（等电纳圆）移动，当 Y 增大而落入 $R_Y = 2k\Omega$ 整定电导圆内时，导纳继电器则动作。

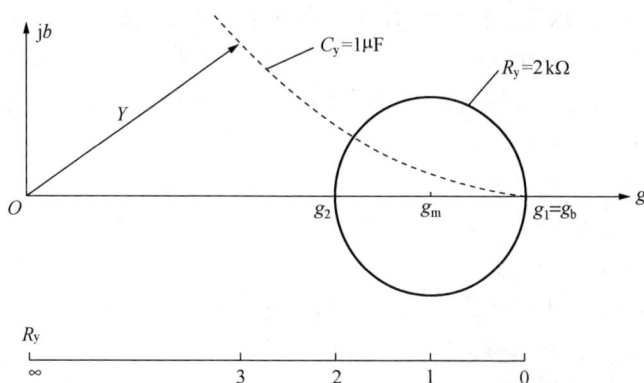

图 11-26　以测量导纳为动作判据的继电器动作特性

二、励磁回路两点接地保护

励磁回路两点接地故障是一种严重的故障，因此励磁回路两点接地保护通常作用于跳闸。目前广泛采用的励磁回路两点接地保护，是利用四臂电桥原理构成的。通常全长只装设一套，在发电机转子发生永久性一点接地时投入工作。

电桥式转子两点接地保护的原理接线图如图 11-27 所示。

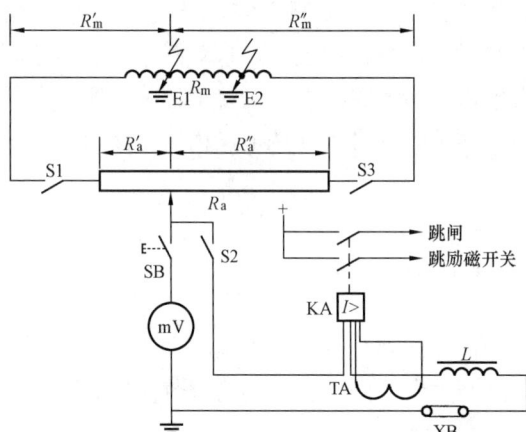

图 11-27　电桥式转子两点接地保护原理接线图

电桥中，由励磁绕组的电阻 R_m 和附加可调电阻 R_a 组成桥臂。当励磁绕组的 E1 点接地时，E1 点就将励磁绕组的电阻分成两部分 R'_m 和 R''_m。这时，合上刀闸开关 S1，按下按钮 SB，调节附加可调电阻 R_a 的滑动臂，使毫伏表指示值为零，则电桥达到平衡状态，各臂电阻满足下述关系式

$$\frac{R'_m}{R''_m} = \frac{R'_a}{R''_a}$$

用毫伏表调好电桥的平衡后，再合上刀闸开关 S2，将电流继电器接在电桥的对角线上。由于电桥处在平衡状态，电流继电器 KA 中没有电流流过，故不会动作。当励磁绕组发生第二点 E2 接地时，电桥的平衡臂破坏，于是继电器中流过电流。当电流大于它的动作电流值时，继电器就会动作。通过继电器的电流数值决定于电桥的不平衡程度：E2 点离 E1 越远，通过继电器的电流越大；反之，E2 离 E1 点越近，通过继电器的电流越小。当 E2 点离 E1 点近得使通过跨地区的电流小于继电器的动作电流时，继电器就不会动作。这个动作范围就是保护装置的死区。在保护死区发生两点接地时，可以用毫伏表来寻找接地故障。

上面所谈的电桥平衡只是对直流而言。实际上，由于发电机定子和转子间的空气隙不均匀，以致闸过励磁绕组的磁通发生脉动，因而在励磁绕组中产生交流电动势。当保护装置投入后，虽然对直流电阻来说，电桥是平衡的，但对于交流电阻来说，电桥却不一定平衡，因此继电器中流过交流电流。当此电流足以使电流继电器动作时，保护就会误动作。

为了消除交流分量的影响，通常采用下述两个措施。

在电流继电器绕组回路中串联一个电抗绕组 L，以增大回路的交流阻抗，从而减少交流

分量的影响。由于电抗绕组的直流电阻很小，故对直流分量影响不大。

采用一个 ZBZ-1 型电流继电器（如图 11-27 所示）。这种继电器有两个绕组，一个叫工作绕组，直接接在电桥回路；另一个叫补偿绕组，它通过一个变比为 1∶1 的电流互感器接在电桥回路中。当电桥的对角线上流过交流电流时，两绕组产生的磁通相抵消，可以消除交流分量的影响；而当电桥的对角线上流过直流时，由于变比为 1∶1 的电流互感器不传直流，补偿绕组中没有电流流过，只有工作绕组中有直流流过，因此保护动作不受影响。

电流继电器的动作电流必须大于由于电桥调整得不精确而引起的不平衡直流分量电流，并大于由于变比为 1∶1 的中间电流互感器的补偿不完全而引起的不平衡交流分量电流。通常电流继电器整定值为 70mA。

保护的动作时限要考虑躲过瞬时出现的两点接地故障，通常整定为 1～1.5s。

专用的附加可调电阻 R_a 的阻值按额定励磁电压下通过约 5A 电流的条件选择。

这种保护装置的优点是结构简单，价格低廉；缺点是死区大，约为 10%，在某些点发生接地短路时，保护甚至不能动作。例如，当第一个接地点 E1 发生在转子滑环附近时，则不论第二个接地点 E2 发生在什么地方，都不能使电流继电器动作；又如，当第一个接地点发生在励磁机励磁回路时，保护也不能动作，因为调节磁场变阻器时，会破坏电桥的平衡，使保护误动作。此外，由于本保护装置只能在转子一点接地后投入，这对于某些接地故障可能发展很快的发电机作用不大，如双水内冷发电机，由于漏水引起的接地故障，实际上是历时很短的励磁绕组部分匝间短路并接地的故障，而本装置必须在调节平衡后才能投入，往往在调节平衡的过程中转子就已经受到严重损坏。

第六节 发电机的失磁保护

发电机失磁是指发电机的励磁电流突然全部消失或部分消失。失磁的主要原因有：励磁供电电源故障、励磁绕组开路或短路、自动灭磁开关误跳闸、自动励磁调节装置故障以及运行人员误操作等。

一、发电机失磁运行及其产生的影响

发电机失去励磁时，其励磁电流将近似按照指数规律衰减，定子电动势也随着励磁电流的下降而减少，因此发电机的电磁转矩将小于原动机转矩，引起转子加速，使发电机功角增加。当功角超过静稳定极限时，发电机失去同步而进入异步运行。发电机转速超过同步转速后，在转子本体表层和转子绕组中产生差频电流，由此而产生平均异步转矩，它随转差率的增加而增加。当平均异步转矩与原动机转矩达到新的平衡时，发电机进入了稳定异步运行状态。

发电机失磁后，对电力系统本身产生不利影响。

（1）使系统出现无功功率缺额。发电机失磁后，不但不能向系统送出无功功率，而且还要从系统吸取无功功率以建立磁场，这就使系统出现无功缺额。发电机吸取的无功功率的多少取决于发电机的参数和异步运行时的转差率。如果系统的无功功率储备不足，则将引起系统电压的下降，甚至会使电力系统因为电压崩溃而瓦解。

（2）造成其他发电机过电流。为了供给失磁发电机无功功率，可能造成系统中其他发电机过电流。失磁发电机容量在系统中所占比重越大，这种过电流越严重。如果过电流的发电机保护动作跳闸，则会使无功功率缺额更大，造成系统电压进一步下降，严重时会因为电压崩溃而瓦解。

另外，发电机失磁对发电机本身也有危害。

（1）由于转子损耗增大而造成转子局部过热。发电机失磁后，转子和定子磁场间出现了速度差，定子旋转磁场切割转子，就在转子回路中感应出转差频率的电流，引起附加温升。此电流沿转子表面流到转子端部后，会出现很高的电流密度，在槽楔与齿壁之间、齿与护环之间的接触面上引起局部高温。转子和定子磁场的速度差越大，转子感应电流越大，转子过热就越严重。发电机异步运行时，转子的容许损耗不得超过励磁机的额定有功功率。

（2）发电机受交变的异步力矩的冲击而发生振动。发电机的磁路越不对称，则交变的异步力矩越大，发电机的振动就越厉害。实际运行的转差率越大，振动也越厉害。

发电机失磁对发电机本身的危害，并不像发电机内部短路那样迅速地表现出来。大型机组突然跳闸会给机组本身造成大的冲击，对系统也会加重扰动。因此，除水轮发电机的失磁保护直接动作于跳闸外，一般汽轮发电机的失磁保护仅动作于减负荷，转入低负荷异步运行。如不能在允许的异步运行时间里消除失磁因素，保护再动作于跳闸。若大型机组失磁而危及系统安全时，保护应尽快断开失磁发电机。

二、电机失磁后的机端测量阻抗

阻抗继电器是失磁保护中的主要检测元件，因而有必要将失磁过程放在阻抗复平面上分析。下面以与无限大系统并列运行的隐极式发电机为例来讨论，其等值电路图如图 11-28 所示。

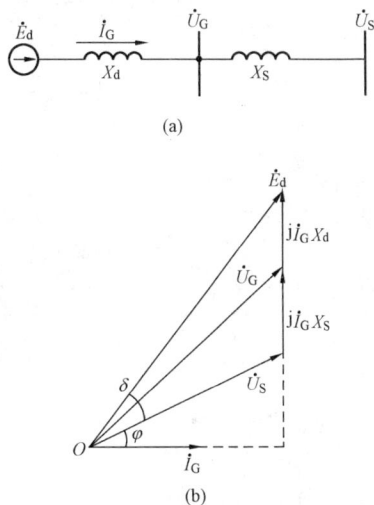

图 11-28　发电机与无限大系统并列运行
(a) 等值电路；(b) 相量图

图中 E_d 为发电机的同步电动势；$\dot{U}_G$ 为发电机端的相电压；$\dot{U}_S$ 为无限大系统的相电压；$\dot{I}_G$ 为发电机的定子电流；X_d 为发电机的同步电抗；X_S 为发电机与系统之间的联系电抗；$X_\Sigma = X_d + X_S$；φ 为受端的功率因数角；δ 为 $\dot{E}_d$ 和 $\dot{U}_S$ 之间的夹角。

由电机学可知，发电机送到受端的有功及无功功率为

$$P = \frac{E_d U_S}{X_\Sigma}\sin\delta \tag{11-47}$$

$$Q = \frac{E_d U_s}{X_\Sigma}\cos\delta - \frac{U_s^2}{X_\Sigma}$$

受端的功率因数角为

$$\varphi = \arctan\frac{Q}{P} \tag{11-48}$$

正常运行时，$\delta < 90°$。若不考虑励磁调节器的作用，$\delta = 90°$ 为静稳定运行的极限。当 $\delta > 90°$ 时发电机从失磁开始到稳定异步运行，通常分为失磁开始到失步前、临界失步点和异步运行三个阶段进行分析。

1. 失磁开始到失步前

在这一阶段中，发电机的励磁电流逐渐衰弱，E_d 也随之下降。由式（11-47）可知，发电机送出的有功功率 P 开始减少。由于原动机的机械功率还来不及变化，于是转子逐渐加速，$\dot{E}_d$ 和 $\dot{U}_S$ 之间的功率角 δ 随之增大，使 P 回升。P 在失步前虽然有波动，但是，P 的平均值基本保持不变，这一过程称为等有功过程。与此同时，由式（11-47）可以看出，无功功率 Q 随着 E_d 的减少和 δ 的增加而迅速减少，还会变成负值，即发电机变为吸收感性无功功率。

发电机从失磁开始到失步前，机端测量阻抗

$$Z_G = \frac{\dot{U}_G}{\dot{I}_G} = \frac{\dot{U}_S + \dot{I}_G jX_S}{\dot{I}_G} = \frac{\dot{U}_S \overset{\wedge}{\dot{U}_S}}{\dot{I}_G \overset{\wedge}{\dot{U}_S}} + jX_S = \frac{U_S^2}{\overset{\wedge}{\dot{W}}} + jX_S$$

$$= \frac{U_S^2}{2P} \times \frac{P - jQ + P + jQ}{P - jQ} + jX_S = \frac{U_S^2}{2P}\Big(1 + \frac{P + jQ}{P - jQ}\Big) + jX_S$$

$$= \frac{U_S^2}{2P}\Big(1 + \frac{We^{j\varphi}}{We^{-j\varphi}}\Big) + jX_S = \Big(\frac{U_S^2}{2P} + jX_S\Big) + \frac{U_S^2}{2P}e^{j2\varphi} \tag{11-49}$$

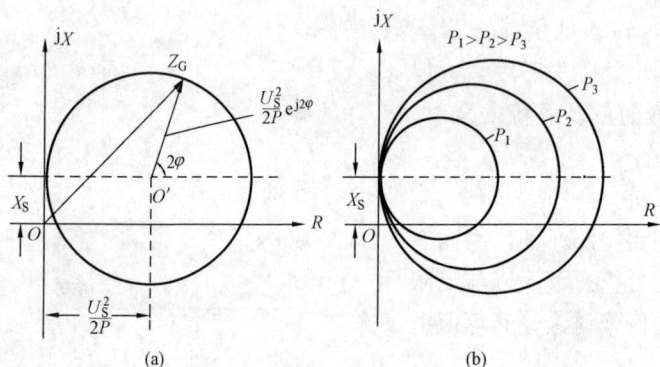

图 11-29　等有功阻抗圆

(a) 等有功阻抗圆；(b) 不同有功功率时的等有功阻抗圆

其中，U_S、X_S 和 P 为常数，而 Q 和 φ 为变量。显然，在阻抗复平面上端点的轨迹是圆，如图 11-29（a）所示，其圆心 O' 坐标为 $\Big(\frac{U_S^2}{2P},\ X_S\Big)$，半径为 $\frac{U_S^2}{2P}$，由于该圆是在有功功率不变的条件下得出的，故这个圆习惯上称为等有功阻抗圆。由式（11-49）还可以看出，机端测量阻抗的轨迹与送往系统的有功功率 P 有关，对于不同的 P，有不同的等有功阻抗圆，圆的半径与 P 成反比，如图 11-29（b）所示。

上述可见，失磁前发电机送出有功和无功功率，机端测量阻抗 Z_G 位于阻抗复平面的 I 象限内。失磁开始到失步前，随着 Q、φ 的减少，机端测量阻抗的端点沿着等有功圆向 IV 象限移动。

2. 临界失步点

当 δ 增加到 90°时，汽轮发电机处于静态稳定极限，此时失磁发电机送至系统的无功功率，根据式（11-47）应为

$$Q = -\frac{U_S^2}{X_d + X_S} = 常数 \tag{11-50}$$

其中，Q 为负值，表明发电机已经从系统吸收无功功率。这种情况下，机端测量阻抗为

$$Z_G = \frac{\dot{U}_G}{\dot{I}_G} = \frac{U_S^2}{P - jQ} + jX_S$$

$$= \frac{U_S^2}{-j2Q} \cdot \frac{P-jQ-(P+jQ)}{P-jQ} + jX_S$$

$$= \frac{U_S^2}{-j2Q}(1-e^{j2\varphi}) + jX_S \qquad (11\text{-}51)$$

将式（11-50）代入式（11-51），经过整理可以得到

$$Z_G = -j\frac{X_d-X_S}{2} + j\frac{X_d+X_S}{2}e^{j2\varphi}$$

$$(11\text{-}52)$$

式中，仅 φ 为变量，所以式（11-52）也是一个圆方程式，其圆心 O' 的坐标为 $\left(0, -\frac{X_d-X_S}{2}\right)$，半径为 $\frac{X_d+X_S}{2}$，如图 11-30 所示。该圆称为临界失步阻抗圆或称为等无功圆。

临界失步阻抗圆表示汽轮发电机失磁前带不同的有功功率 P，失磁后达到临界失步时，机端测量阻抗的轨迹。临界失步阻抗圆的内部为失步区。

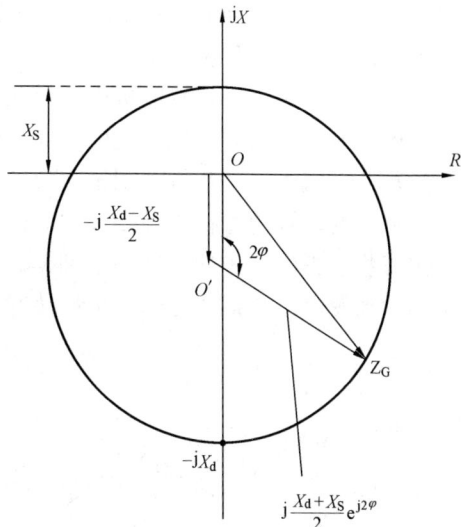

图 11-30　等无功阻抗圆

3. 失步后的异步运行阶段

失磁发电机进入稳态异步运行时，其等值电路如图 11-31 所示。

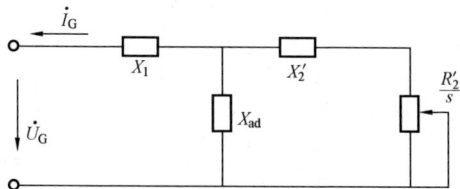

图 11-31　发电机异步运行时的等值电路

X_1—定子绕组漏抗；X_2'、R_2'—归算至定子侧的转子回路漏抗及电阻；X_{ad}—定、转子之间的互感抗；s—转差率

按照图中规定的电流正方向，机端测量阻抗为

$$Z_G = -\left[jX_1 + \frac{jX_{ad}\left(\frac{R_2'}{s}+jX_2'\right)}{\frac{R_2'}{s}+jX_{ad}+jX_2'}\right]$$

$$(11\text{-}53)$$

当发电机空载下失磁，转差率 $s\approx 0$，$\frac{R_2'}{s}\approx\infty$，此时机端测量阻抗最大

$$Z_G = -jX_1 - jX_{ad} = -jX_d \qquad (11\text{-}54)$$

发电机失磁前带有很大的有功功率，失磁后进入稳态异步时转差率很高，极限情况是，当 $s\to\infty$，$\frac{R_2'}{s}\to 0$，此时 Z_G 有最小值

$$Z_G = -j\left(X_1 + \frac{X_2'X_{ad}}{X_2'+X_{ad}}\right) = -jX_d' \qquad (11\text{-}55)$$

综上所述，当一台发电机失磁前在过激状态下运行时，其机端测量阻抗位于复平面的第 I 象限内（如图 11-32 中的 a 或 a′点），失磁后，测量阻抗沿等有功功率圆向第 IV 象限移动。当它与临界失步阻抗圆相交时（b 或 b′点），表明机组运行处于静稳定的极限。越过静

稳定边界后，机组转入异步运行，最后稳定运行在第Ⅳ象限$-\mathrm{j}X_\mathrm{d}$至$-\mathrm{j}X'_\mathrm{d}$之间的范围内（c或c'点附近）。

三、失磁保护的主要判据

失磁保护应能迅速而有选择性地检测出发电机的失磁故障，以便及时采取措施，保证机组和系统的安全。无论什么原因引起的失磁故障，都会使发电机定子回路的参数发生变化，因此，失磁保护都是利用定子回路参数的变化来检测失磁故障。失磁保护常采用以下主要判据。

（1）在失磁过程中，发电机由送出无功功率变为从系统吸收无功功率，无功功率改变了方向。这一变化可以作为发电机失磁保护的一种判据。

（2）发电机失磁后，机端测量阻抗的轨迹由阻抗复平面的第一象限进入第四象限。当机端测量阻抗的端点越过临界失步圆周时，对系统和机组的危害才表现出来。因此，把静稳定边界作为鉴别失磁故障的另外一个判据。

（3）当发电机与系统之间发生振荡时，在系统阻抗为零，电源电动势之间夹角δ为$180°$的最严重情况下，如图11-33所示，机端测量阻抗$Z_\mathrm{G}=-\dfrac{1}{2}\mathrm{j}X'_\mathrm{d}$。

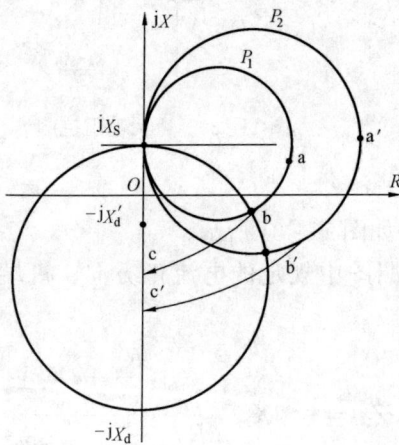

图11-32　失磁后机端测量阻抗轨迹　　　　　图11-33　异步边界阻抗圆

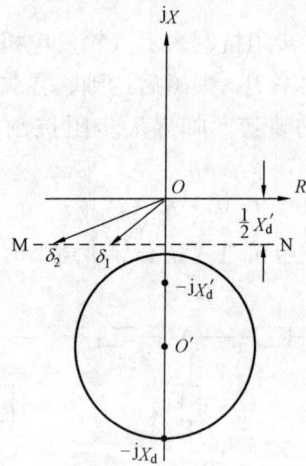

在其他δ角时，测量机端阻抗的轨迹将沿直线MN变化。系统阻抗不为零时，MN线将向上平移。另一方面，发电机失磁后进入稳态异步运行时，机端测量阻抗的端点落在$-\mathrm{j}X_\mathrm{d}\sim-\mathrm{j}X'_\mathrm{d}$之间的范围内，也落在圆心$O'$，在$\mathrm{j}X$轴上，圆周过$\dfrac{1}{2}\mathrm{j}X'_\mathrm{d}$和$-\mathrm{j}X_\mathrm{d}$的异步边界阻抗圆内，而振荡时，机端测量阻抗的端点不会落入此圆内。因此，也可以把异步边界作为失磁保护的第三种判据。

四、失磁保护的辅助判据

以静稳定边界或异步边界作为判据的失磁阻抗继电器能够鉴别正常运行与失磁故障。但是，在发电机外部短路、系统振荡、长线路充电、自同期并列以及电压回路断线等，失磁继电器可能误动作。因此，必须利用其他特征量作为辅助判据。增设辅助元件，才能保证保护的选择性。在失磁保护中，常用的辅助判据和闭锁措施如下：

（1）当发电机失磁时，励磁电压要下降。在外部短路、系统振荡过程中，励磁直流电压不会下降，反而因为强行励磁作用而上升。但是，在系统振荡、外部短路的过程中，励磁回路会出现交变分量电压，它叠加于直流电压之上使励磁回路电压有时过零。此外，在失磁后的异步运行过程中，励磁回路还会产生较大的感应电压。由此可见，励磁电压是一个多变的参数，通常把它的变化作为失磁保护的辅助判据。

（2）发生失磁故障时，三相定子回路的电压、电流是对称的、没有负序分量。在短路或短路引起振荡的过程中，总会短时或整个过程中出现负序分量。因此，可以利用负序分量作为辅助判据，防止失磁保护在短路或短路伴随振荡的过程中误动。

（3）系统振荡过程中，机端测量阻抗的轨迹只可能短时穿过失磁继电器的动作区，而不会长时间停留在动作区内。因此失磁保护带有延时可以躲过振荡的影响。

自同期过程是失磁的逆过程。当合上出口断路器后，机端测量阻抗的端点位于异步阻抗边界以内，不论采用哪种整定条件，都使失磁继电器误动作。随着转差的下降及同步转矩的增长，逐步退出动作区，最后进入复数阻抗平面的第Ⅰ象限，继电器返回。自同期属于正常操作过程，因而可以采取在自同期过程中把失磁保护装置解除的办法来防止它误动作。

电压回路断线时，加于继电器上的电压的大小和相位发生变化，可能引起失磁保护误动作。由于电压回路断线后三相电压失去平衡，利用这一特点构成断相闭锁元件，对失磁保护闭锁。

五、失磁保护的构成方式

失磁保护应能正确反应发电机的失磁故障，而在发电机外部故障、电力系统振荡、发电机自同步并列以及发电机低励磁运行时均不误动。根据发电机容量和励磁方式的不同，失磁保护的方式有如下两种。

对于容量在 100MW 以下的带直流励磁机的水轮发电机和不允许失磁运行的汽轮发电机，一般是利用转子回路励磁开关的辅助触点连锁跳开发电机的断路器。这种失磁保护只能反应由于励磁开关跳开所引起的失磁，因此是不完善的。

对于容量在 100MW 以上的发电机和采用半导体励磁的发电机，一般采用根据发电机失磁后定子回路参数变化的特点构成失磁保护。

图 11 - 34 所示为汽轮发电机的失磁保护，图中阻抗元件 Z 是失磁故障的主要判别元件。可按临界失步阻抗圆进行整定；母线低电压元件 "$U_G<$" 用以监视母线电压。按保证电力系统安全运行所允许的最低电压整定，是失磁故障的另一个主要判别元件。励磁低电压元件 "$U_{Ld}<$" 用作闭锁元件，一般按躲开空载运行时的最低励磁电压整定。

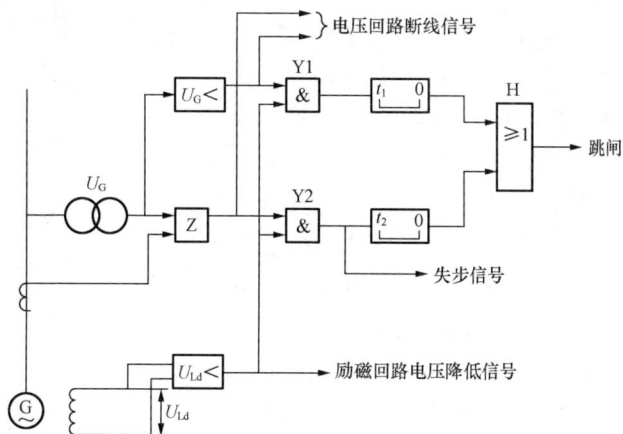

图 11 - 34　汽轮发电机失磁保护原理方框图

当发电机失磁时，阻抗元件和励磁低电压元件动作，启动"与门 Y2"，立即发出发电机已失步信号，并经 t_2 延时后，通过或门 H 动作于跳闸。延时 t_2 用以躲过系统震荡或自同步并列时的影响，一般取为 1～1.5s。

　　如果失磁后，机端电压下降到低于安全运行的允许值，则母线低电压元件动作，此时"与门 Y1"启动，经 t_1 后，通过"或门 H"动作于跳闸。延时 t_1 用于躲过震荡过程中短时间的电压降低或自同步并列影响，一般取为 0.5～1.0s。

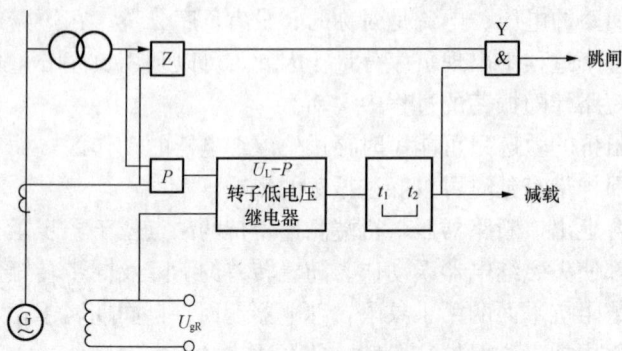

图 11-35　以 U_L-P 继电器为主要判据构成失磁保护的方案框图

由于有"$U_{Ld}<$"元件的闭锁，因此在短路故障以及电压互感器回路断线，与门 Y1 和 Y2 都不可能动作，因而保护不会误动作。"$U_G<$"或 Z 误动作后，均可以发出电压回路断线信号。当励磁回路电压降低时，"$U_{Ld}<$"动作发出信号。

　　图 11-35 所示为一种新型的、整定值能自动随有功功率 P 变化的转子低电压失磁继电器（简称 U_L-P 继电器）作主要判据而构成失磁保护的方案。

　　U_L-P 继电器的主要特点是它的整定值随着发电机有功功率的增大而增大，从而可以灵敏地反应发电机在各种负荷状态下的失磁故障，当失磁后励磁电压降低到整定值（此时尚未失步，而是预告必然失步），它可以比静稳边界提前约 1s 的时间动作，使发电机减载，从而更容易获得减载的效益，例如恢复同步或者进入较小转差率下的异步运行。

　　该继电器动作后，经 t_1 延时 0.2s 使发电机减载，当达到静稳边界时，反应定子判据的阻抗元件 Z 动作，两者组成与门 Y 后可以使发电机跳闸。在发电机失磁且功角 δ 越过 180° 之后，转差率 s、功率 P、励磁电压 U_L 等均将出现较大的波动，此时由于 U_L-P 继电器定值的变化，可能出现无规则地动作或返回。为了保证 δ 越过 180° 之后，保护装置可靠动作，增设 t_2 延时返回（或记忆）的电路。

　　失磁保护可以根据多种原理来构成，这里介绍根据机端测量阻抗的变化，用阻抗继电器构成的失磁保护。图 11-36 给出了发电机失磁保护的原理接线图。

　　图 11-36 中，KR 为失磁保护的阻抗继电器。KBB 为电压回路断线闭锁继电器，其作用是防止电压回路断线时阻抗继电器误动作。KBB 的动断触点和阻抗继电器的动合触点相串联，当电压回路断线时，动断触点打开，断开保护的正电源，从而起断线闭锁作用。KT 为时间继电器，时限为 1～2s，是为了防止保护在系统振荡或自同步并列时误动作。

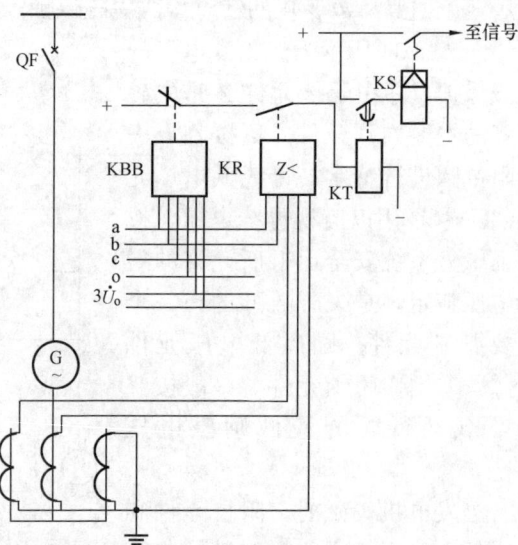

图 11-36　发电机失磁保护原理接线图

第七节　发电机相间短路后备保护及过负荷保护

一、过电流保护

发电机的过电流保护是发电机外部短路和定子绕组内部相间短路的后备保护，它的保护范围一般包括升压变压器的高中压母线、厂用变压器低压侧和发电机电压母线上出线的末端。由于过电流保护的整定值需要考虑电动机自启动的影响，因而动作电流值较大，而发电机外部故障时稳态短路电流值往往很小，满足不了灵敏性的要求，因此过电流保护实际上只能够用在容量小于 1000kW 的发电机上。

二、复合电压启动的过电流保护

由于低电压继电器在电动机自启动时不会动作，如果将低电压继电器和过电流继电器的触点相串联后启动出口中间继电器，则电流继电器的动作电流就可以不考虑电动机的自启动电流。此外低电压继电器还可以起到闭锁的作用，以防止过电流继电器因误碰或误通电而引起的误动作。因此，对 50MW 以下的发电机为了提高 Yd 接线变压器后面发生不对称短路时保护的灵敏性，可以广泛采用复合电压启动的过电流保护。

复合电压启动的过电流保护原理接线图如图 11 - 37 所示。

图 11 - 37 中，KA1、KA2、KA3 为过电流继电器，接于发电机中性点侧电流互感器的二次侧，反应发电机内部或外部故障电流而动作。KV4 为过电压继电器，接于负序电压滤过器的出口，反应负序电压而动作。负序电压滤过器输入端接于发电机出口的电压互感器二次侧，它只输出与输入端电压中所含有的负序分量成正比的负序电压。KV5 为低电压继电器，其绕组经负序电压继电器 KV4 的触点跨接到同一电压互感器二次侧的相间电压上，反应正序电压而动作。

当不对称短路时，由于出现

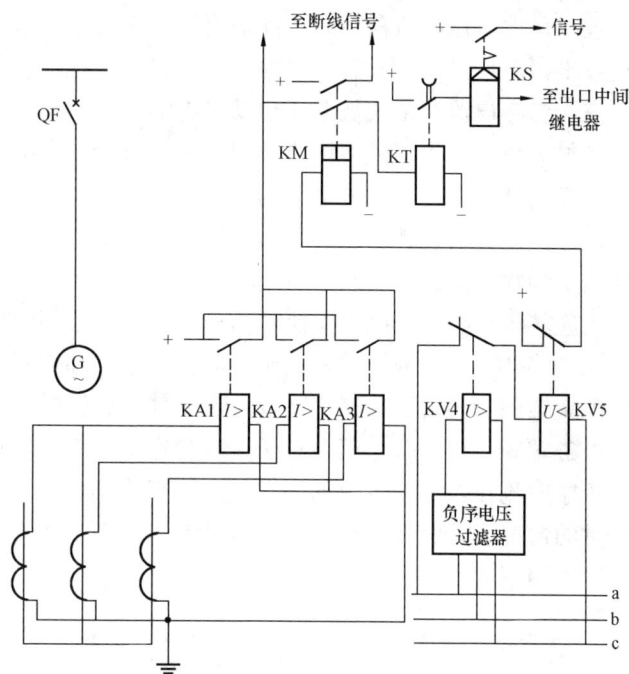

图 11 - 37　发电机的复合电压启动的过电流保护原理接线图

负序电压，故 KV4 的动断点打开，KV5 因绕组失去电压而闭合触点，于是中间继电器 KM 启动。其触点和过电流继电器的触点串联去启动时间继电器 KT，经预定延时后，启动出口中间继电器，使发电机断路器和励磁开关跳闸。

当三相短路或 a、c 相间短路时，接于相间电压的低电压继电器 KV5 因电压降低而闭合触点，使中间继电器 KM 启动，其触点和过电流继电器触点串联后启动时间继电器 KT，经预定延时，跳开发电机断路器和励磁开关。

电压回路断线时，负序电压滤过器将输出负序电压，使 KV4 的触点打开，导致 KV5 因失去电压而闭合触点，启动 KM，再由 KM 的一个触点通过发电机断路器的辅助触点给出电压回路断线信号。当发电机退出运行时，断线信号回路可以自动退出工作。电压回路断线时由于发电机并不过电流，电流继电器 KA1、KA2、KA3 不会动作，因此整套保护不会动作。

当发电机的定子触点保护需要过电流保护闭锁时，可以利用过电流继电器触点直接进行闭锁。

过电流保护的动作电流 I_{op} 按照躲过发电机的额定电流 I_{NG} 整定，即

$$I_{op} = (1.3 \sim 1.4)I_{NG} \tag{11-56}$$

低电压继电器 KV5 的动作电压 U_{op} 按照躲过电动机自启动或发电机失磁而出现非同步运行方式时的最低电压整定。根据经验，汽轮发电机低电压继电器的动作电压通常整定为发电机额定电压 U_{NG} 的 60%；水轮发电机由于不允许无励磁运行，通常整定为额定电压的 70%。

负序电压继电器 KV4 的动作电压按照躲过正常运行方式下负序电压滤过器输出的最大不平衡电压整定。根据运行经验，负序电压继电器的动作电压通常整定为额定相间电压的 $6\% \sim 12\%$。

要求负序电压继电器在后备保护范围末端发生不对称短路时可靠动作。保护的动作时限应比发电机电压母线上所有出线保护中的最大时限大一个时限级差 Δt。

三、负序电流单相式低电压启动过电流保护

当电力系统发生不对称短路或非全相运行时，发电机定子绕组将流过负序电流，此电流产生负序旋转磁场，由于该磁场的旋转方向和转子运转方向相反，它相对转子的速度为两倍同步转速，因而会在转子铁芯表面、槽楔、转子绕组、阻尼绕组和其他金属结构部件中感应出两倍工频的电流。由于转子深部感抗大，此电流只能在转子表面流通，将使转子损耗增大，引起转子过热。当此电流流过槽楔与大、小齿间的接触表面、转子本身和套箍间的接触表面时，将会引起局部高温，甚至可能使转子护环松脱，造成发电机的重大事故。此外，负序气隙旋转磁场与转子电流之间以及正序气隙旋转磁场与定子负序电流之间所产生的 100Hz 交变电磁转矩，将同时作用在转子大轴和定子机座上，从而引起 100Hz 的振动。

负序电流在转子中所引起的发热量，正比于负序电流的平方及所持续的时间的乘积。在最严重的情况下，假设发电机转子为绝缘体，则不使转子过热所允许的负序电流和时间的关系，可以用下式表示为

$$\int_0^t i_2^2 \mathrm{d}t = I_{2*}^2 = A$$

$$I_{2*} = \sqrt{\frac{\int_0^t i_2^2 \mathrm{d}t}{t}} \tag{11-57}$$

式中　　i_2——流经发电机的负序电流值；

　　　　t——i_2 所持续的时间；

　　I_{2*}——在时间 t 内 i_2^2 的平均值，应采用以发电机额定电流为基准的标幺值；

　　　　A——与发电机型式和冷却方式有关的常数。

A 的大小可以参阅下值：间接冷却式汽轮发电机，$A=30$；间接冷却式水轮发电机，

$A=40$。直接冷却式发电机，根据我国国标 GB 7064—1986 规定，300MW 及以下，$A=8$；600MW，$A=7$。

发电机能够承受的负序电流 i_2 和时间 t 的关系，可以用曲线表示，如图 11-38 所示。图中表明，从转子发热的观点来看，流过发电机的负序电流越大，允许负序电流持续的时间越短。

针对上述情况而装设的发电机负序过电流保护实际上是对定子绕组电流不平衡而引起转子过热的一种保护，因此应作为发电机的转子过热的主保护。此外，由于大容量机组的额定电流很大，而在相邻元件末端发生两相短路时的短路电流可能很小，此时采用负序电压启动的过电流保护往往不能满足要求。在这种情况下，采用负序电流保护作为后备保护，就可以提高不对称短路时的灵敏性。由于负序过电流保护不能反应三相短路，因此作为后备保护时，

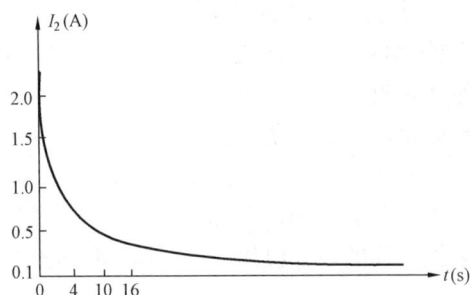

图 11-38　发电机允许的负序
电流和时间的关系特性

我们采用负序电流单相式低电压启动的过电流保护，这种保护利用一个附加的单相式低电压继电器来启动过电流保护。负序电流单相式低电压启动的过电流保护的原理接线图如图 11-39 所示。

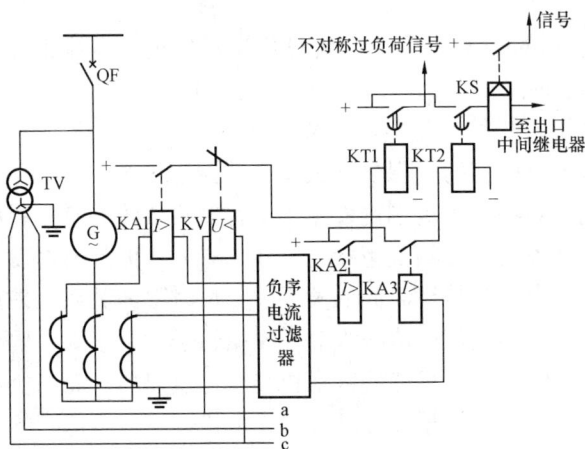

图 11-39　负序电流单相式低电压启动的过
电流保护的原理接线图

图 11-39 中，KA2、KA3 为负序电流继电器，接在负序短路滤过器回路中，它反应负序电流而动作。其中，KA2 具有较小的动作电流值，称为灵敏元件。当发电机的负序电流超过长期允许值时，KA2 动作，启动时间继电器 KT1，延时发出发电机不对称过负荷信号，以便值班人员进行处理。KA3 具有较大的动作电流，称为不灵敏元件，当发电机的负序电流超过转子的发热允许值时，启动时间继电器 KT2，动作于发电机断路器和励磁开关跳闸，作为防止转子过热的保护和后备保护。由于三相短路时没有

负序电流，因而负序过电流保护不反应三相短路。因此装设单相的低电压过电流保护（由元件 KA1、KV、KT2 组成）作为发电机外部和内部三相短路的后备保护。由于三相短路时，三相电流是对称的，因此用任意一相的电流电压都能反应三相短路。低电压继电器 KV 和过电流继电器 KA1 动作时，也启动时间继电器 KT2，动作于发电机断路器和励磁开关跳闸。

负序过电流保护的整定值可以按照以下原则考虑：对过负荷的信号部分即灵敏元件（电流继电器 KA2），其整定值应该按照躲开发电机长期允许的负序电流值和最大负荷下负序滤过器的不平衡电流来确定。根据有关规定，汽轮发电机的长期允许负序电流为 6%～8% 的

额定电流，水轮发电机的长期允许电流为 12% 的额定电流；汽轮发电机的最大负荷下的负序滤过器的不平衡电流一般约为发电机额定电流的 10%，对于水轮发电机来说约为发电机额定电流的 20%。因此，一般情况下，负序过电流保护的整定值可以取为

$$I_{2op} = 0.1I_{NG}$$

其动作时限应保证在发电机外部发生不对称短路时有选择性地动作，一般取 5～10s。

对于动作于跳闸的保护部分不灵敏元件（电流继电器 KA3），其整定值应该按照发电机短时间允许的负序电流来确定。在选择动作电流时，应该给出一个计算时间，在该时间内，值班人员有可能采取措施来消除产生负序电流的允许方式，一般，取 $t_c = 120s$，此时保护装置动作电流的标幺值应为

$$I_{2op(*)} \leqslant \sqrt{\frac{A}{120}} \tag{11-58}$$

对表面冷却的发电机组，$A=30$，代入式（11-43）可得

$$I_{2op} = (0.5-0.6)I_{NG} \tag{11-59}$$

此外，不灵敏元件的负序动作电流值除了按照转子发热条件整定外，保护装置的启动电流还应与相邻元件的后备保护在灵敏系数上相配合。例如，当发电机电压母线所接升压变压器高压母线处发生不对称短路时，该变压器的负序电流保护应比发电机的负序电流保护动作灵敏。因此，不灵敏元件的动作电流为

$$I_{2op} = K_{co}I_{2c} \tag{11-60}$$

式中　K_{co}——配合系数，取 1.1；

　　　I_{2c}——在计算的运行方式下，发生外部不对称短路，流过变压器的负序电流正好等于变压器负序电流保护的动作电流时，流过发电机的负序电流。

保护的动作时限，按照后备保护的时限阶梯特性整定，一般整定为 3～5s。保护的灵敏性要求在后备保护范围末端发生不对称金属性短路时，保护的灵敏系数大于 1.2。

定时限的负序过电流保护由于接线简单，在保护范围内发生不对称短路故障时有较高的灵敏性，在变压器后短路时，保护的灵敏性不受变压器绕组接线方式的影响。但是根据发电机转子的发热条件，发电机可以承受的负序电流与持续时间的关系应是反时限的关系。采用定时限的负序电流保护不能满足要求，例如，当负序电流很大时，根据转子发热条件，要求保护快速动作，而定时限负序电流保护的延时太长，可能使鼓风机转子过热损坏。而当负序电流比不灵敏元件的动作电流值大得不多时，按照转子发热条件，发电机可以继续运行的时间较保护（不灵敏元件）动作时间要长，由定时限负序电流保护提前切除发电机，则不能充分利用发电机承受负序电流的能力。因此，对于大型发电机，应尽量采用能够模拟发电机允许的负序电流曲线的负序反时限过电流保护。

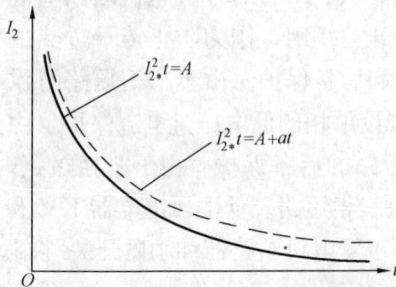

图 11-40　保护跳闸特性与负序电流曲线的配合

四、负序反时限过电流保护

负序反时限动作跳闸的特性与发电机允许的负序电流曲线相配合时，通常采用如图 11-40 所示的方法，即动作特性在允许电流曲线的上面，其间的距离按转子温升裕度决定。这样配合可以避免在发电机还

没有达到危险状态时就把发电机切除。此时保护装置的动作特性可以表示为

$$t = \frac{A}{I_2^2 - \alpha}, \quad I_2^2 t = A + \alpha t \tag{11-61}$$

式中　α——与转子的温升特性、温升裕度等因素有关的常数。

式（11-61）所代表的意义是：发电机允许负序电流的特性 $I_2^2 t = A$ 是在绝热的条件下给出的，实际上考虑转子的散热条件后，对于同一时间内所允许的负序电流值要比 $I_2^2 t = A$ 的计算值略高一些，因此在保护动作特性中引入了后面的一项 αt。

按照式（11-61）构成的负序反时限过电流保护即负序过负荷信号保护的一种，其原理框图如图 11-41 所示。

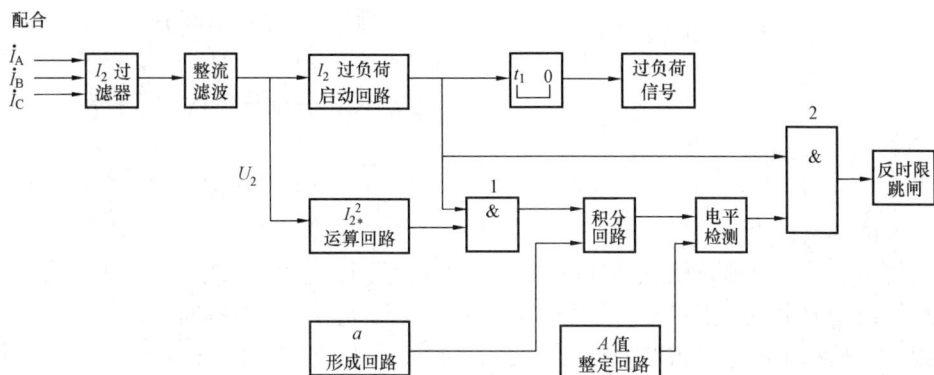

图 11-41　负序反时限过电流保护原理框图

保护装置中，三相电流经过负序电流过滤器、整流及滤波，形成与负序电流成正比的电压 U_2，同时加于过负荷启动回路和 I_{2*}^2 运算回路。

启动回路动作后，延时发出不对称过负荷信号。同时还输出信号至与门 1 和与门 2 的输入端，与门 1 用以开放反时限部分的计时回路，与门 2 用以开放反时限部分的跳闸回路，以防止由于保护装置内部元件损坏造成误动作。

在反时限部分中，与门 1 和 α 形成回路的输出接至积分回路的输入端，积分回路是一个减法积分运算电路，其输出电压反应 $(I_2^2 - \alpha)t$。电平检测器反应于 $(I_2^2 - \alpha)t \geq A$ 而动作，动作后即可以通过与门 2 跳闸。从与门 1 开放至电平检测器输出信号的时间 t 满足式（11-61）。当用于 A 值不同的发电机时，可以利用 A 值整定回路选择适当的数值，以满足被保护发电机的要求。

五、过负荷保护

1. 定子过负荷保护

发电机定子绕组通过的电流和允许电流的持续时间成反时限的关系，即电流 I 越大，允许时间 t 越短。因此，对于大型发电机的过负荷保护，应尽量采用反时限特性的继电器，以模拟定子的发热特性，反应定子过负荷能力。为了正确反应定子绕组的温升情况，保护装置应采用三相式，动作时作用于跳闸。

对于定子绕组非直接冷却的中小容量的发电机，由于模拟定子发热特性的反时限继电器太复杂，通常采用接于一相电流的过负荷保护。如图 11-42 所示，过负荷保护由一个电流继电器 KA 和一个时间继电器 KT 组成，动作时发信号。发电机定时限过负荷保护的整定值

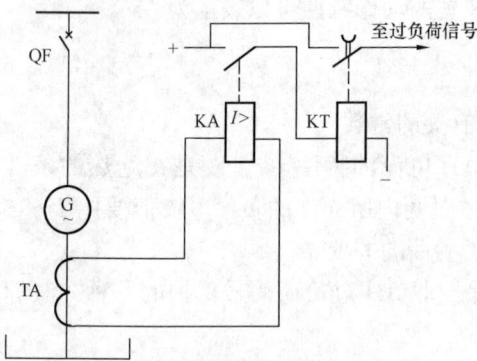

图 11-42　发电机定时限过负
荷保护原理接线图

I_{op} 按发电机额定电流 I_{NG} 的 1.24 倍整定，即

$$I_{op} = 1.24 I_{NG} \qquad (11-62)$$

保护的动作时限比发电机过电流保护的动作时限大一时限级差，一般整定为 10s 左右。这样整定是为了防止外部短路时过负荷保护误动作。

对于定子绕组为直接冷却且过负荷能力较低（例如过负荷能力低于 1.5 倍额定电流、过负荷时间不超过 60s）的发电机，过负荷保护应由定时限和反时限两部分组成。定时限部分动作于信号，有条件时，可以动作于自动减负荷。反时限部分动作于解列或程序跳闸。

2. 励磁绕组过负荷保护

当发电机励磁系统故障或强励磁时间过长时，转子的励磁回路都可能过负荷。采用半导体励磁系统的发电机由于半导体励磁系统某些元件易出故障（如可控硅控制回路失灵），转子过负荷的机会就比直流机励磁的发电机多。大容量发电机的转子绕组一般用氢或水直接内冷，绕组导线所取电流密度较高，线径相对较小，因而允许过负荷的时间很短，国内生产的一些机组在二倍额定励磁电流时允许运行 20s。如果让值班人员在这样短的时间内处理好励磁绕组过负荷问题是有困难的，因此，行业标准规定：容量为 100MW 及以上的采用半导体励磁的发电机，应装设励磁绕组过负荷保护。

励磁绕组允许的电流和电流持续时间的关系特性是反时限特性，即通过转子励磁绕组的电流越大，允许电流持续的时间越短。因此励磁绕组过负荷保护应该具有反时限特性。

反时限特性的励磁绕组过负荷保护通常利用直流互感器作为转子励磁绕组电流的测取元件，再利用半导体电路或计算机软件形成所需要的反时限特性（其动作特性按发电机励磁绕组的热积累过程）。

由于反时限特性的励磁绕组过负荷保护实现起来比较复杂，因此行业标准规定：对于 300MW 以下，采用半导体励磁系统的发电机，可装设定时限的励磁绕组过负荷保护，保护装置带时限动作于信号和动作于降低励磁电流。对 300MW 及以上的发电机，励磁绕组过负荷保护可由定时限和反时限两部分组成。定时限部分的动作电流按正常运行最大励磁电流下可能可靠返回的条件整定，带时限动作于信号，并动作于降低励磁电流。反时限部分动作于解列灭磁。

励磁绕组过负荷保护一般接于转子回路的直流电压侧。对于用交流励磁电源经可控或不可控整流装置组成的励磁系统，励磁绕组过负荷保护，可以配置在直流侧的好处是，当用备用励磁机时励磁绕组不会失去保护，但此时需要装设比较昂贵的直流变换设备（直流互感器或大型分流器）。为了使励磁绕组过负荷保护能兼作励磁机、整流装置及其引出线的短路保护，常把保护配置在励磁机中性点侧，当中性点没有引出端子时，则配置在励磁机的机端。此时，保护装置的动作电流要计及整流系数，换算到交流侧来。

3. 转子表面负序过负荷保护（负序电流保护）

当电力系统三相负荷不对称（如由电气机车、电弧炉等单相负荷造成）或非全相运行、或发生外部不对称短路时，发电机定子绕组将流过负序电流，此电流产生负序旋转磁场，由于该磁场的旋转方向和转子运动方向相反，它相对转子的速度为两倍同步转速，因而会在转子中感应出两倍工频（即 100Hz）的电流。由于转子深部感抗大，此电流只能在转子表面流通，将使转子损耗增大，引起转子过热。当此电流流过槽楔与大小齿间的接触表面、转子本体和套箍间的接触表面时，将会引起局部高温，甚至可能使转子护环松脱，造成发电机的重大事故。为了防止发电机转子遭受负序电流的损伤，需要装设转子表层负序过负荷保护。

关于发电机转子表层负序过负荷保护，行业标准规定：50MW 及以上，$A \geqslant 10$ 的发电机，应装设定时限负序过负荷保护。保护装置的动作电流按躲过发电机长期允许的负序电流值和躲过最大负荷下负序电流过滤器的不平衡电流整定，保护带时限动作于信号。定时限负序过负荷保护可以和负序过电流保护组合在一起。图 11-37 中的 KA2 就是反应负序过负荷的继电器。行业标准还规定，100MW 及以上，$A < 10$ 的发电机，应装设由定时限和反时限两部分组成的转子表层负序过负荷保护。定时限部分动作于信号；反时限部分动作特性按发电机转子的热积累过程。不考虑在灵敏系数和时限方面与其他相同短路保护相配合，反时限部分动作于解列或程序跳闸。

第八节　发电机的其他保护

发电机除前几节介绍的保护类型外，有些大型发电机还具有以下几种保护。

一、发电机逆功率保护

汽轮机运行中由于各种原因关闭主汽门后，发电机将从电力系统吸收能量变为电动机运行。汽轮机在其主汽门关闭后，转子和叶片的旋转会引起风损。风损和转子叶轮直径及叶片长度有关，因而在汽轮机的排汽端风损最大；风损还和周围蒸汽密度成正比，一旦机组失去真空，使排出蒸汽的密度增大，风损将急剧增加；当在再热式机组的主蒸汽阀门与再热蒸汽截止阀之间留了高密度蒸汽，高压缸中的风损也是很大的。因为逆功率运行时，没有蒸汽流通过汽轮机，由风损造成的热量不能被带走，汽轮机叶片将过热以致损坏。

发电机变电动机运行时，燃气轮机可能有齿轮损坏问题。为了及时发现发电机逆功率运行的异常工作状况，欧洲一些国家，不论大中型机组，一般都装设逆功率保护。我国行业标准也规定，对发电机变电动机运行的异常运行方式，200MW 以上的汽轮发电机，宜装设逆功率保护，对燃气轮发电机，应装设逆功率保护。保护装置由灵敏的功率继电器构成，带时限动作于信号，经长时限动作于解列。

逆功率继电器最小动作功率（即灵敏系数），应该保证发电机逆功率运行出现最不利情况时有足够的灵敏系数。

当主汽门关闭后，发电机有功功率下降并变到某一负值。发电机的有功损耗，一般约为额定值的 1%～1.5%，而汽轮机的损耗与真空度及其他因素有关，一般约为额定值的 3%～4%，有些还要稍大一些。因此，发电机变为电动机运行后，从电力系统中吸取的有功功率稳态值约为额定值的 4%～5.5%，而最大暂态值可以达到额定值的 10% 左右。当主汽门有一定的漏泄时，实际逆向功率比上述数值要小一些。

主汽门关闭，可能在无功功率为任意值时发生，对逆功率继电器来说，最不利情况是在接近额定千乏数时，此时要在 $\cos\varphi \approx 0$ 的条件下检测出千分之几到百分之几额定值的有功功率来，而且希望从进相运行到滞相运行是有一定难度的。

逆功率继电器的最小动作功率，一般在 $\cos\varphi=1$ 时为额定功率的 $0.5\%\sim1.0\%$。在无功功率较大时，逆功率继电器的灵敏系数较无功功率小时低。我国生产的逆功率继电器，在 $\cos\varphi$ 接近零时，灵敏系数不低于额定功率的 0.75%。

二、发电机低频保护

发电机输出的有功功率和频率成正比。当频率低于额定值时，发电机输出的有功功率也随之降低。在低频运行时，发电机如果发生过负荷，将会导致发电机的热损伤。但是限制汽轮发电机低频运行的决定因素是汽轮机而不是发电机。只要在额定视在容量（千伏安）和额定电压的 105% 以内，并在汽轮机的允许超频率限值内运行，发电机就不会有热损伤的问题。

当发电机运行频率升高或降低到规定值时，汽轮机的叶片将发生谐振，叶片承受很大的谐振应力，使材料疲劳，达到材料不允许的限度时，叶片或拉金就要断裂，造成严重事故。材料的疲劳是一个不可逆的积累过程，因此汽轮机都给出在规定的频率下允许的累计运行时间。

极端的低频运行还会威胁厂用电的安全。火电厂和核电厂的电动给水泵和冷却泵受频率影响很大，严重时可能造成紧急停机；频率过高则可能导致锅炉的主燃料系统的关闭或核反应堆的紧急停堆。

我国行业标准规定，对低于额定频率带负荷运行的异常运行状况下，300MW 及以上汽轮发电机应装设低频保护。保护装置由灵敏的频率继电器和计时器组成。保护动作于信号，并有累计时间显示。

频率异常保护本应包括反应频率升高部分和反应频率下降部分，因此从对汽轮机叶片及其拉金影响的积累作用方面看，频率升高对汽轮机的安全也是有危害的。但由于一般汽轮机允许的超速范围较小，通过各机组的调速系统或功频调节系统或切除部分机组等措施，可以迅速使频率恢复到额定值。且频率升高大多在轻负载或空载时发生，此时汽轮机叶片和拉金所承受的应力，要比满载时小得多，为了简化保护装置，故不设置反应频率升高部分，而只设置低频保护。

三、非全相运行保护

220kV 以上高压断路器多为分相操作断路器，常由于误操作、二次回路或机构方面的原因，使三相不能同时合闸或跳闸，或在正常运行中突然一相跳闸，造成二相运行。这种异常状态，对于发电机变压器组，将导致在发电机中流过负荷电流。如果靠反应负序电流的反时限保护动作，则动作时间过长；如果由相邻线路对侧保护动作，将使故障停电范围扩大。

因此，对于系统中占有重要地位的电力变压器，当 220kV 以及以上电压侧断路器为分相操作时，都要装设非全相运行保护。

非全相运行保护由负序电流元件和非全相判别回路组成。其原理接线如图 11-43 所示。经延时 $0.2\sim0.5\mathrm{s}$ 动作于母线失灵保护，切断与本断路器有关的母线上的其他有源断路器。

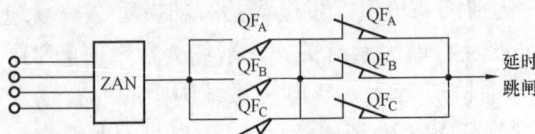

图 11-43 非全相运行保护原理接线图

QF_A、QF_B、QF_C—被保护断路器 A、B、C 相辅助触点；
ZAN—负序电流过滤器

四、过电压保护

对于中小型汽轮发电机，一般都不装设过电压保护，但是，对于 200MW 以上的大型汽轮发电机都要求装设过电压保护。这是因为，大型发电机定子电压等级较高，相对绝缘裕度较低，并且在运行实践中，经常出现过电压的现象。

在正常运行中，尽管汽轮发电机的调速系统和自动励磁调节装置都投入运行，但当满负荷下突然甩负荷时，电枢反应突然消失，由于调速系统和自动励磁调节装置都存在有惯性，转速仍然上升，励磁电流不能突变，使得发电机电压在短时间内能达到额定电压的 1.3～1.5 倍，持续时间达几秒之久。如果这时自动励磁调节装置在退出位置，当甩负荷时，过电压持续时间将更长。

发电机主绝缘工频耐压试验一般为 1.3 倍额定电压且持续 60s，而实际运行中出现的过电压值和持续时间往往超过这个数值，因此，这将对发电机主绝缘构成威胁。由于这些原因，大型发电机国内外无例外地都装设过电压保护。

目前，大型机组的过电压保护有以下三种形式。

（1）一段式定时限过电压保护，根据整定电压大小而取相应的延时，然后动作于信号或跳闸。

（2）两段式定时限过电压保护。Ⅰ 段动作电压整定值按在长期允许的最高电压下能可靠返回的条件确定，经延时动作于信号。Ⅱ 段的动作电压取较高的整定值，按允许的时间动作于跳闸。

（3）定时限和反时限过电压保护。定时限部分取较低的整定值，动作于信号。反时限部分的动作特性，按发电机允许的过电压能力确定。对于给定的电压值，经相应的时间动作于跳闸。例如，某厂进口 500MW 汽轮发电机过电压保护为两段式：Ⅰ 段动作电压整定为 1.2 倍额定电压，经 2s 发信号；Ⅱ 段的动作电压整定为 1.3 倍额定电压，0s 跳闸。

五、过励磁保护

对于现代大容量发电机、变压器，为了降低材料的消耗，材料的利用率较高，因而其额定工作磁密接近于饱和磁密。规程规定，发电机、变压器允许运行持续过电压不超过额定电压的 1.05 倍。因此，在实际运行中，很容易造成过电压、过励磁。导致过励磁的原因通常有以下几种：

（1）电力系统甩负荷或发电机自励磁可能引起过电压。

（2）超高压长线上电抗器的切除引起过电压。

（3）由于发电机多数采用静态励磁系统，因而在发电机与系统解列后，励磁系统的误调或失灵也可能引起过电压。

（4）并列或停机过程中的误操作也可能引起过励磁。

（5）由于发生铁磁谐振引起过电压，从而使变压器过励磁。

（6）由于系统故障频率大幅度降低，从而造成变压器励磁电流增加。

发电机的允许过励磁倍数低于升压变压器的允许过励磁倍数，所以当电压频率比 $U_*/f_*>1$（电压标幺值与频率标幺值的比值）时，也要遭受过励磁的危害。危害之一是铁芯饱和谐波磁密增强，使附加损耗增大，引起局部过热。另一个危害是使定子铁芯背部漏磁场增强，导致局部过热。过励磁保护所使用的继电器的原理框图如图 11 - 44 所示，其原理是反应电压标幺值与频率标幺值 U_*/f_* 的比值的变化。

图中，TVA 为辅助电压互感器，其输入端接到发电机或变压器电压互感器的二次侧，反映系统电压；输出端接 R、C 串联回路，从电容 C 分压上取得电压，经整流和滤波后加到执行元件上。U_C 的大小反应了工作磁密随电压频率比的变化值，直接反应了工作磁密的瞬时值。U_C 经整流、滤波后加到电平检测器上。当 U_C 达到整定值时，继电器动作，经一定延时动作于信号或跳闸。

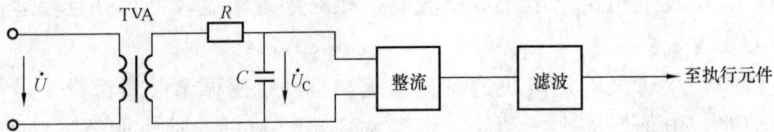

图 11-44　过励磁继电器原理图

　　一般用 $n = U_* / f_*$ 来表示变压器的过励磁倍数，U_* / f_* 比值越大，则表明 U_C 越大，磁通密度瞬时值越大，因而过励磁越严重。变压器允许的过励磁能力，一般由制造厂家给出。对变压器可能承受的最大过励磁倍数，应结合变压器结构及系统运行情况来决定。目前，结合国内外的情况，一般认为 $U_* / f_* = 1.05 \sim 1.2$ 时，可发信号；而 $U_* / f_* = 1.25 \sim 1.4$ 时，可动作于跳闸。

六、失步保护

　　当电力系统发生诸如负荷突变、短路等破坏能量平衡的事故时，往往会引起不稳定振荡，使一台或多台同步电机失去同步，进而使电网中两个或更多的部分不再运行于同步状态，这就是所谓的失步。失步就是同步机的励磁仍然维持着的非同步运行。这种状态表现为有功和无功功率的强烈摆动。

　　发电机失步振荡时，振荡电流的幅值可以和机端三相短路电流相比，且振荡电流在较长时间内反复出现，使大型机组遭受力和热的损伤。振荡过程中出现的扭转转矩，周期性地作用于机组轴系，会使大轴扭伤，缩短运行寿命。

　　基于失步对大型汽轮发电机的上述危害，英国中央发电局和法国电力公司规定，发电机失步运行持续时间不得超过 3s。我国行业标准也规定，对失步运行，300MW 及以上的发电机，宜装设失步保护。保护可以由双阻抗元件或测量振荡中心电压及变化率等原理构成。在短路故障、系统稳定振荡、电压回路断线等情况下保护不应动作。保护通常动作于信号，当振荡中心位于发电机变压器组内部，失步运行时间超过整定值或电流振荡次数超过规定值时，保护还应动作于解列。

　　由于系统振荡时，当两侧电动势夹角为 180° 时，发电机变压器组的断路器断口电压将为两电动势之和，远大于断路器的额定电压，此时断路器能开断的电流将小于额定开断电流。因此，失步保护在必要时，还应装设电流闭锁装置，以保证断路器开断时的电流不超过断路器额定失步开断电流。

第九节　发电机—变压器组保护

一、发电机—变压器组保护的特点

　　发电机—变压器组的接线方式在电力系统中获得了广泛的应用。发电机和变压器在单独运行时可能出现的各种故障和异常运行状态，在发电机—变压器组中都可能发生。因此，发电机—变压器组的保护与发电机，变压器保护的类型基本相同。

　　由于发电机—变压器组相当于一个工作单元，故某些同类型的保护可以合并，例如全组公共的纵差动保护、后备保护和过负荷保护等，减少了保护的总套数，提高了经济性。发电机—变压器组保护的特点如下。

（一）纵差动保护的特点

（1）当发电机和变压器之间无断路器时，一般共用一套纵差动保护，如图 11 - 45（a）所示。该种接线方式适用于容量不大的机组或发电机装有横差动保护的机组。对于容量为 100MW 以上的机组或采用一套共用纵差动保护对发电机内部故障的灵敏性不满足要求时，应加装发电机纵差动保护，如图 11 - 45（b）所示。

（2）当发电机和变压器间有断路器时，发电机和变压器应分别装设纵差动保护，厂用分支线也应包括在变压器的纵差动保护范围内，如图 11 - 45（c）所示。

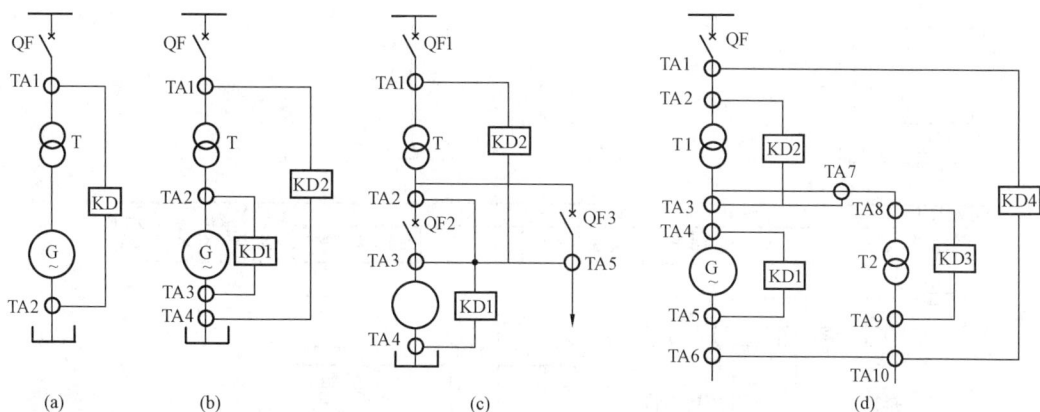

图 11 - 45　发电机—变压器组纵差动保护的配置
（a）共用一套纵差动保护；（b）发电机和变压器分别装设纵差动保护；（c）发电机和
变压器间有断路器时的纵差动保护；（d）双重化纵差动保护

（二）后备保护的特点

发电机—变压器组的后备保护，同时兼作相邻元件的后备保护。当实现远后备保护而使保护装置接线复杂时，可缩短对相邻线路后备作用范围，但对相邻母线上的三相短路应有足够的灵敏性。

发电机—变压器组后备保护的电流元件应接在发电机中性点侧的电流互感器上，电压元件接在发电机端的电压互感器上。当有厂用分支线时，后备保护应带两段时限；以第一段时限动作跳开变压器高压侧断路器，以第二段时限动作跳开各侧断路器及发电机的灭磁开关。

对于大型发电机—变压器组，为确保快速切除故障，可采用双重纵差动保护，在发电机—变压器组高压侧加装一套后备保护，作为相邻母线保护的后备，其接线图如图 11 - 45（d）所示。

（三）发电机侧接地保护的特点

发电机—变压器组中发电机单相接地时，由于发电机电压系统所连接元件不多，接地电容电流较小（小于 5A），因此接地保护可采用简单的零序电压保护或完善的 100％定子接地保护，并动作于信号。

二、发电机—变压器组保护接线图举例

图 11 - 46、图 11 - 47 所示为某水电站装机 2×25MW，发电机—变压器组单元接线继电保护展开接线图。从图中可知，发电机与变压器之间设有断路器，并有厂用支路引出线，发电机为晶闸管励磁，定子绕组单星形接线，升高电压侧为单母线分段，具有四回出线，电压等级 110kV。

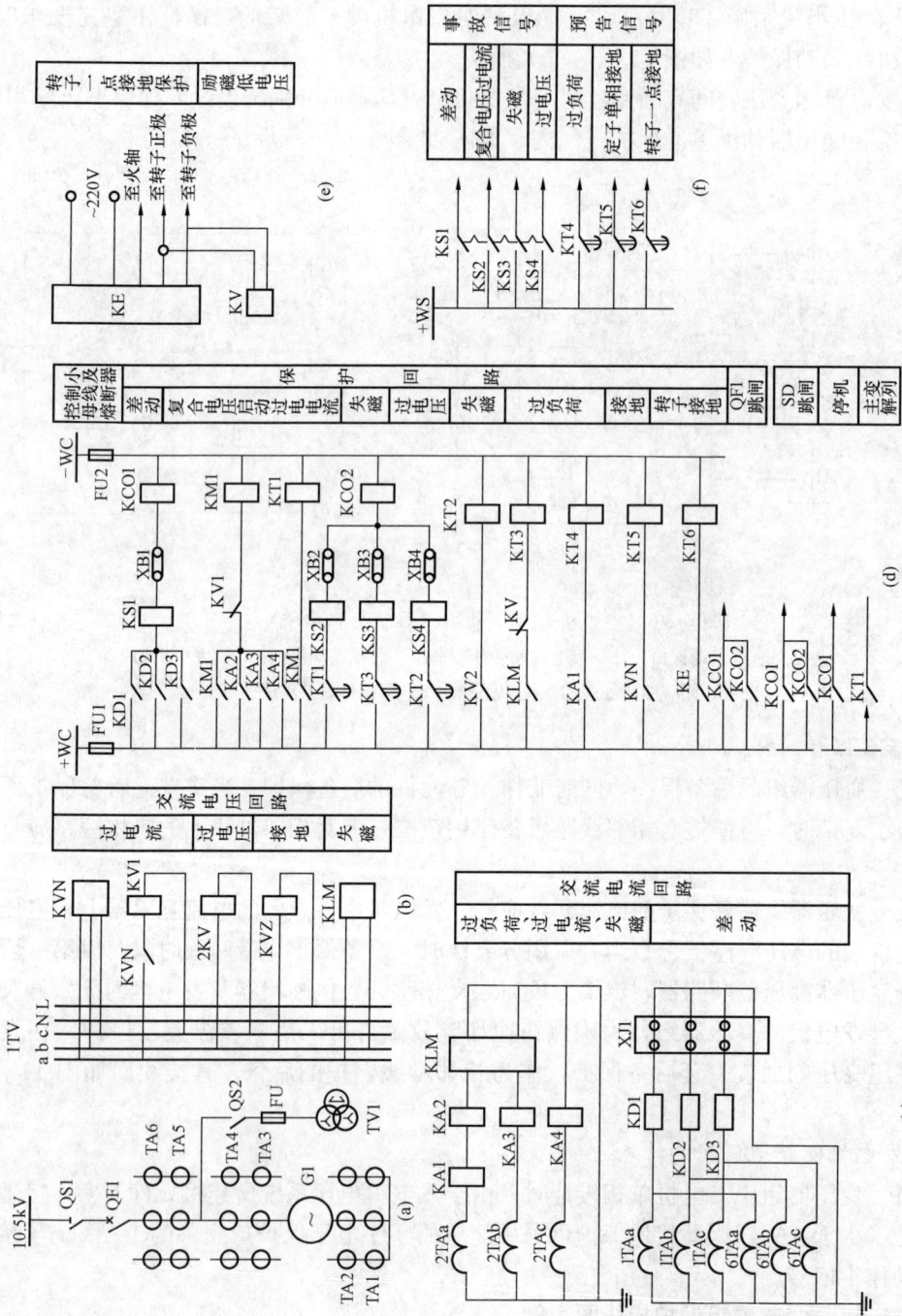

图 11-46　发电机—变压器组保护展开接线图

(a) 一次回路；(b) 交流电压回路；(c) 交流电流回路；(d) 直流控制回路；(e) 转子一点接地及励磁低电压回路；(f) 信号回路

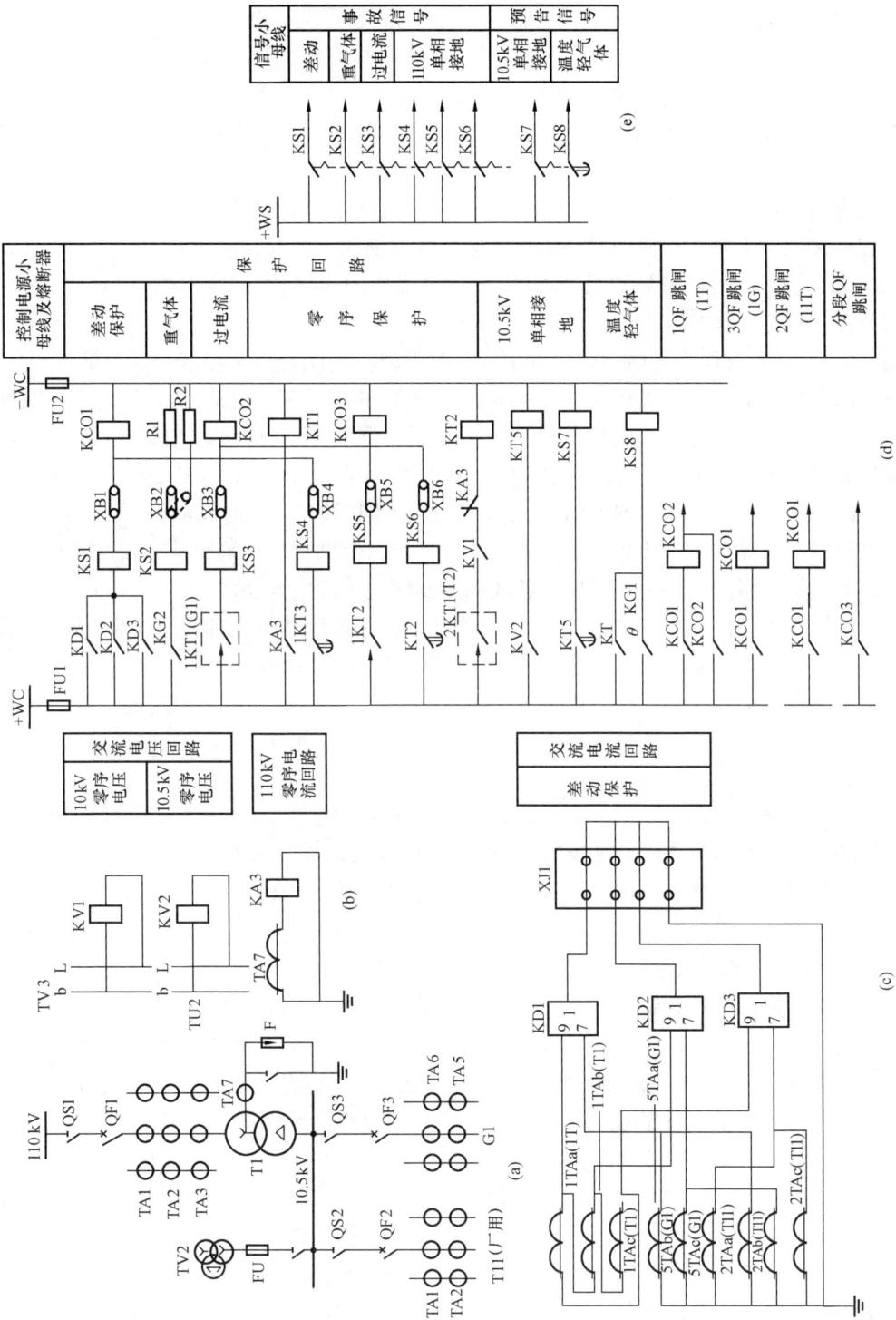

图 11-47　发电机—变压器组保护展开接线图二

(a) —次回路；(b) 交流电压回路；(c) 交流电流回路；(d) 直流控制回路；(e) 信号回路

发电机保护展开图如图 11-46 所示。说明如下：

（1）纵差动保护。发电机—变压器组有一套共同的纵差动保护，由电流互感器 TA1、TA6，差动继电器 KD1～KD3，信号继电器 KS1 和出口中间继电器 KCO1 组成。动作后断开发电机断路器及灭磁开关 SD，并停机。在差动回路中接有测试插孔 XJ1。

（2）复合电压启动的过电流保护。由负序电压继电器 KVN，低电压继电器 KV1、电流继电器 KA1～KA3，中间继电器 KM1、时间继电器 KT1 和信号继电器 KS2 组成。保护范围包括发电机—变压器组、110kV 母线和引出线。

由于发电机采用自并励方式励磁，当发电机端或变压器高压侧发生短路时机端电压下降，会引起励磁电压下降，从而使短路电流迅速衰减。因此，在复合电压启动的过电流保护中，加入自保持回路，由电流继电器 KA2～KA4 的触点上并联中间继电器 KM1 的触点，以防止后备保护拒绝动作。

时间继电器 KT1 有两个延时触点，其中一个时限较小的闭合后，经信号继电器 KS3 后启动出口中间继电器 KCO2，跳开变压器高压侧断路器 QF1，切除外部故障，维持发电机继续向厂用变压器供电，避免不必要的停机。若上述断路器 QF1 跳闸后，故障仍未消除，则KT1 以较长时限动作于出口中间继电器 KCO2，使发电机灭磁开关 SD 及断路器 QF1 跳闸。

（3）失磁保护。由失磁继电器 KLM、励磁低电压继电器 KV 和时间继电器 KT3 组成。失磁保护以静稳定边界或异步边界为主判据，励磁电压为辅助判据，采用延时躲过振荡的影响。这样，失磁保护可防止在电压互感器断线和振荡情况下发生误动作。

（4）过电压保护。由过电压继电器 KV2、时间继电器 KT2 及信号继电器 KS4 构成。保护动作于出口中间继电器 KCO2，使灭磁开关 SD 和发电机断路器跳闸。

（5）发电机定子单相接地保护。由接于机端电压互感器 TV1 开口三角侧的零序电压继电器 KVN、时间继电器 KT5 组成，动作后发信号。零序电压继电器带有三次谐波滤过器，保护范围是 90%以上。

（6）转子一点接地保护。由转子一点接地保护继电器 KE 和时间继电器 KT6 组成。转子一点接地继电器测量转子绕组对地绝缘电阻。保护装置动作后发出信号。

（7）过负荷保护。由接于一相上的电流继电器 KA1 和时间继电器 KT4 组成，动作后发出信号。

变压器保护展开接线图如图 11-47 所示。

（1）纵差动保护。保护装置接于电流互感器 TA1（T1）、TA5（G1）、TA2（T11）上，由于变压器为 YNd11 接线，因此，电流互感器 TA1（T1）的二次绕组接成△形，TA5（G1）、TA2（T11）仍采用 Y 接线 BCD-2 型。保护动作后，经信号继电器 KS1 启动出口中间继电器 KCO1 使变压器高压侧断路器 QF1（T1）、发电机断路器 QF1（G1）和厂用变压器高压侧断路器 QF1（T11）跳闸。

（2）气体保护。气体保护有轻气体保护和重气体保护。轻气体保护由轻气体触点 KG1 和信号继电器 KS8 组成，动作于信号。重气体保护由重气体触点 KG2 和信号继电器 KS2 组成，动作后启动出口中间继电器 KCO1，使变压器高低压侧的断路器跳闸，KCO1 有自保持绕组，以保证重气体能可靠跳闸。并且可根据运行需要将气体保护切换到信号位置时，将切换片 XB 切换到虚线位置，则重气体启动信号继电器 KS2 发出重气体信号。

（3）变压器高压侧零序保护。变压器零序保护由装于变压器中性点的电流互感器 TA7、电流继电器 KA3、电压继电器 KV1、时间继电器 KT1、KT2 和信号继电器 KS4～KS6 组成。当变压器中性点接地运行，发生接地故障时，中性点流过零序电流，使 KA3 动作，启动时间继电器 KT1，KT1 瞬动触点 1KT1 闭合；启动变压器 T2 零序保护中的时间继电器 KT2 以 t_1 延时跳开 T2 高压侧断路器。若故障仍然存在，1KT2 滑动触点以 t_2 延时闭合启动 KCO3 跳开 110kV 母线分段断路器。若故障仍然存在，则 1KT3 以延时 t_3 闭合启动 KCO1 使本侧变压器各侧断路器跳闸。

当本变压器 T1 中性点不接地运行时，变压器 T2 零序保护启动，1KT1 瞬时闭合。由于 KV1 动作，其动合触点闭合。KA3 不启动，其动断触点闭合。因此，启动 KT2 以 t_1 时限启动出口中间继电器 KCO2，使本变压器首先从系统中切除，防止中性点产生过电压而损坏。

（4）变压器低压侧单相接地保护。由电压继电器 KV2、时间继电器 KT5 和信号继电器 KS7 组成。保护接于电压互感器 TV1 的开口三角侧，动作后发信号。本保护作为发电机退出运行，变压器供给厂用电时，低压侧的接地保护。

（5）变压器温度保护。由温度继电器 KT 和信号继电器 KS8 组成，当变压器油温超过规定值时，KT1 触点闭合，发出预告信号。

思 考 题 与 习 题

11-1　发电机应该装设哪些反应故障的保护？各保护有什么作用？

11-2　发电机可能发生哪些不正常工作状态？

11-3　试说明图 11-2 具有断线监视装置的发电机纵差动保护装置，在内部短路、电流互感器二次回路断线等情况下的动作过程。如发生二次回路断线时的外部故障，保护将如何反应？

11-4　零序电压匝间短路保护，能否反应单相接地？

11-5　为什么反应零序电压的定子绕组匝间短路保护要采用负序功率方向闭锁？

11-6　为什么发电机定子绕组单相接地的零序电流保护存在死区？如何减小死区？

11-7　大容量发电机为什么要采用 100％定子接地保护？利用发电机定子绕组三次谐波电压和零序电压构成的 100％定子接地保护的原理是什么？

11-8　发电机失磁后，发电机机端测量阻抗如何变化，什么是等有功阻抗圆、等无功阻抗圆？

11-9　为什么大容量发电机应采用负序电流保护？其动作值是按照什么条件选择的？

11-10　为什么要安装发电机励磁回路接地保护？一般有哪几种保护方式？

11-11　发电机的过负荷保护分为哪几种？

11-12　为什么要安装发电机的逆功率保护、过电压保护、过励磁保护？

11-13　已知发电机容量为 25MW，$\cos\varphi = 0.8$，额定电压为 6.3kV，$X''_d = 0.122$，$X_2 = 0.149$，假定发电机未与系统并联运行，试对发电机的 BCH-2 型差动保护整定计算（即求 $I_{op.r}$、W_d、W_b、$K_{sen}^{(2)}$）。

11-14　发电机额定参数及其差动保护用电流互感器变比等已知同题 11-13，发电机采用图 11-2 所示高灵敏接线的 BCH-2（或 DCD-2）型纵差动保护，试对该保护进行整定计算。假设系统最小运行方式下发电机的等值阻抗大于发电机的正序阻抗。

11-15 在额定电压 10.5kV 的发电机上装设负序电流保护，并附有单相式低电压过电流保护其接线图如 11-48 所示。发电机允许长期流过负序电流一般为发电机额定电流 10%。当负序电流等于发电机额定电流 50% 时，保护应动作于跳闸。发电机电压母线上接有两台变压器，其后备保护（电流保护）的时间分别为 t_1、t_2，正常时可能长期出现的负序电流 $I_{(2)} = 40\text{A}$，负序电流滤过器的不平衡电流折算到一次侧为发电机额定电流的 5%，发电机由构造形式和材料决定的耐热系数 $A = 30$，可靠系数 $K_{rel} = 1.2$，返回系数 $K_{re} = 0.85$，时限阶段 $\Delta t = 0.5\text{s}$，发电机额定容量 20MVA，电流互感器变比 1500/5，变压器后备保护的动作时间 $t_1 = 1.2\text{s}$，$t_2 = 1.4\text{s}$。

11-16 为保证发电机负序电流保护在对称故障时动作，在该保护中设置单相式低电压启动过电流保护（图 11-48 中 KA1，KV1，KT1，KM1）已知电压继电器 KV1 的返回系数 $K_{re} = 1.2$，电流继电器 KA1 的返回系数 $K_{re} = 0.85$，可靠系数 $K_{rel} = 1.2$，另外假定外部故障切除后，负荷电动机自启动过程中发电机的线电压残余值 $U_{rem} = 7.5\text{kV}$，其他所需数据同题 11-15 的计算结果。求该低电压启动过电流保护的动作电流 I_{op}，动作电压 U_{op}，动作时间 t。

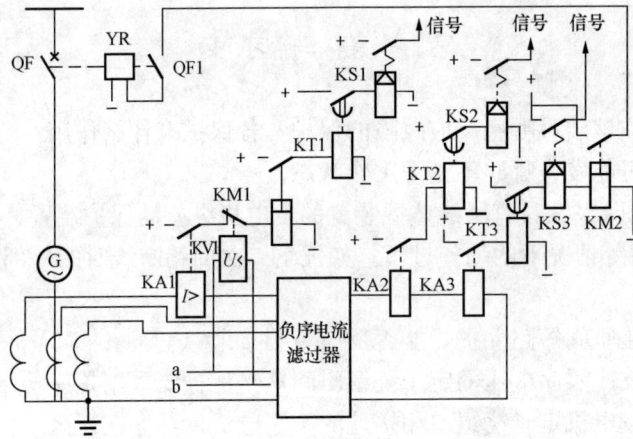

图 11-48 题 11-15 单相式低电压启动过电流保护原理接线

第十二章　母　线　保　护

本章讲述了母线的故障及各种保护方式，重点讲述了母线的电流差动保护，双母线同时运行的母线差动保护的工作原理、接线及整定计算，最后还介绍了断路器的失灵保护。

第一节　母线故障及保护方式

一、母线的故障

在发电厂和变电站中，屋内和屋外配电装置中的母线是电能集中与分配的重要环节，它的安全运行对不间断供电具有极为重要的意义。虽然对母线进行着严格的监视和维护，但它仍有可能发生故障。运行经验表明，大多数母线故障是单相接地，多相短路故障所占的比例很小。发生母线故障的原因主要有母线绝缘子及断路器套管闪络、电压互感器或装于母线与断路器之间的电流互感器故障、母线隔离开关在操作时绝缘子损坏以及运行人员的误操作等。

母线故障是发电厂和变电站中电气设备最严重的故障之一，它将使连接在故障母线上所有元件在母线故障修复期间或切换到另一组母线所必需的时间内被停电；母线故障时，由于母线电压极度降低，可能破坏整个电力系统的正常工作。为了断开母线上的短路故障，必须装设相应的保护装置。

二、母线的保护方式

母线保护的主要方式有两种：

1. 利用供电元件的保护装置来保护母线

在不太重要的较低电压的发电厂和变电站中，可以利用供电设备如发电机、线路、变压器等设备的第Ⅱ段，第Ⅲ段保护来反应并切除母线故障。

如图 12-1 (a) 所示的发电厂采用单母线接线，此时母线上的故障就可以利用发电机的过电流保护来使发电机的断路器跳闸予以切除；图 12-1 (b) 在降压变电站低压母线上 k1 点的故障，可以由变压器的过电流保护来切除；在图 12-1 (c) 中，变压器高压侧母线上 k2 点的故障，可以由供电电源线路保护的Ⅰ段或Ⅱ段来切除。

当母线本身就属于被保护设备的单元部分，可以不装设专用的母线保护。在这种情况下，母线为保护设备的一部分，母线上的故障也应该由该元件的保护来切除。

2. 装设母线的专用保护

利用供电元件的保护来保护母线的主要优点是简单、经济。但是，一般供电元件快速动作的主保护如差动保护，不能反应母线故障，应由其后备保护动作，而往往切除故障的时间很长。此外，当双母线同时运行或母线为分段单母线时，上述保护不能保证有选择性地切除故障母线。因此，在下列情况下，母线应装设专用保护装置：

(1) 在 110kV 及以上电压等级电网的发电厂变电站双母线和分段单母线。

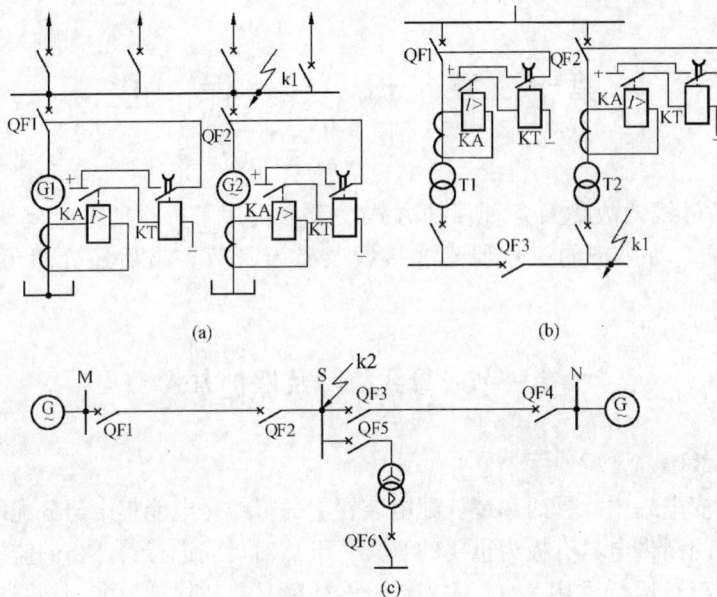

图 12-1　利用供电元件保护装置切除母线故障

(a) 利用发电机过电流保护；(b) 利用变压器过电流保护；

(c) 利用供电电源线路的第Ⅱ、Ⅲ段保护

（2）110kV 及以上电压的单母线，重要发电厂 35kV 母线以及高压侧为 110kV 及以上重要降压变电所的 35kV 母线，若依靠供电元件的保护装置带有时限切除故障，会引起系统振荡、电力系统稳定性遭到破坏等极其严重的后果时，母线应装设能快速切除故障的专用保护。

（3）在某些较简单的电网或电压较低电网中，虽然没有稳定性问题，但当母线上发生三相短路使主要发电厂厂用母线的残余电压低于 $50\% \sim 60\%$ 额定电压、切除时间又较长时，将影响厂用电的安全运行，而重要用户将会由于电压剧烈降低而自动切负荷。为了保证对厂用电及重要用户的供电，也应该采用母线专用保护。此外，还必须考虑发电厂和变电站容量大小和在系统中的重要程度。

（4）一般 $6 \sim 10$kV 的供电线路的断路器是按照电抗器后短路选择的，母线应装设专用保护，以便在电抗器前短路时，由母线保护装置断开部分或全部供电元件，以减小供电线路的断路器所切断的短路功率。

母线的专用保护应该具有足够的灵敏性和工作可靠性。

对中性点直接接地电网，母线保护采用三相式接线，以反映相间短路和单相接地短路；对于中性点非直接接地电网，母线保护采用两相式接线，只需反映相间短路。

第二节　母线电流差动保护

一、母线完全电流差动保护

母线完全电流差动保护常用作单母线或只有一组母线经常运行的双母线的保护。母线完全电流差动保护按差动原理构成，其原理接线如图 12-2 所示。

图中，和母线连接的所有元件上，都装设变比和特性均相同的电流互感器（若变比不能一致时，可采用补偿变流器，以降流方式进行补偿）。电流互感器的二次绕组，在母线侧的端子（与母线一次侧端子相对应）互相连接。差动继电器的绕组和电流互感器的二次绕组并联。各电流互感器之间的一次电气设备，即为母线差动保护的保护区。

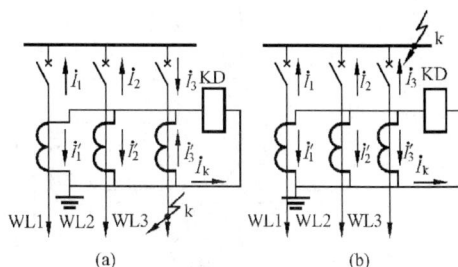

图 12 - 2　母线完全电流差动保护原理接线图

(a) 外部故障时的电流分布；

(b) 内部故障时的电流分布

正常运行和外部故障时，图 12 - 2（a）中的 k 点短路，在母线的所有连接元件中，流入母线的电流等于流出母线的电流，即 $\dot{I}_k = \dot{I}'_1 + \dot{I}'_2 - \dot{I}'_3 = 0$。流入差动继电器的只是不平衡电流。

内部故障时，图 12 - 2（b）中的 k 点短路，所有带电源的连接元件会向短路点供给短路电流。这时流入继电器的电流 $\dot{I}_k = \dot{I}'_1 + \dot{I}'_2 + \dot{I}'_3$，即故障点的全部短路电流。

因此，母线完全电流差动保护不反应负荷电流和外部短路电流，只反应各电流互感器之间的电气设备故障时的短路电流，故母线差动保护不必和其他保护作时限上的配合，因而可瞬时动作。

差动继电器的动作电流按以下两个条件考虑：

（一）按躲过外部故障时的最大不平衡电流整定

当母线所有连接元件的电流互感器都满足 10% 误差曲线的要求，且差动继电器具有速饱和铁芯时，差动继电器的动作电流可按下式计算，即

$$I_{op,r} = K_{rel} \times 0.1 I_{k,max} / K_{TA} \tag{12 - 1}$$

式中　K_{rel}——可靠系数，取 1.3；

　　$I_{k,max}$——保护范围外部故障时，流过母线完全差动电流保护用电流互感器中的最大短路电流；

　　K_{TA}——母差保护用电流互感器变比。

（二）按躲过电流互感器二次回路断线整定

差动继电器的动作电流应大于流经最大负荷电流 $I_{L,max}$ 的连接元件的二次电流（考虑此时电流互感器二次回路断线）

$$I_{op,r} = K_{rel} I_{L,max} / K_{TA} \tag{12 - 2}$$

式中　K_{rel}——可靠系数，取 1.3。

保护装置的灵敏系数校验如下式

$$K_{s,min} = \frac{I^{(2)}_{k,min}}{I_{op,r} K_{TA}} \geqslant 2 \tag{12 - 3}$$

即在最小运行方式下，母线保护范围内部短路时，要求保护元件的最小灵敏系数应大于 2。

二、不完全电流差动母线保护

不完全差动电流保护通常用作发电厂或大容量变电站 6～10kV 母线保护。

保护通常采用两相式，由两段电流保护构成。该保护的原理接线图如图 12 - 3 所示。

图中，仅对端有电源的连接元件上装设电流互感器，即发电机、变压器、分段断路器及母联断路器上装设。有时也装设在厂用变压器上。这些电流互感器型号和变比均相同。二次

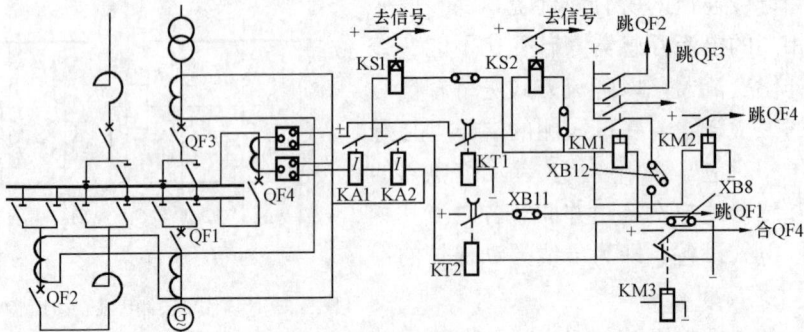

图 12-3　母线的不完全电流差动保护原理接线图

绕组按照环流法原理连接。电流继电器 KA1、KA2 和电流互感器二次绕组并联。由于这种保护的电流互感器不是在所有与母线连接的元件上装设,因此称为不完全差动电流保护。

　　KA1 为电流速断保护。其动作电流按躲过线路电抗器后的最大短路电流整定,保护的动作时限是这样整定的:当出线的断路器容量是按线路电抗器后短路选择且出线具有延时过电流保护时,电流速断保护做成不带时限的,如图 12-3 所示;如果出线的断路器的容量是按线路电抗器前短路选择,且线路上除装设延时过电流保护外,还装设了快速动作的保护装置,则电流速断保护做成带时限的,其时限比线路快速动作的保护装置大一个时限级差 Δt,以防止线路电抗器后发生短路时保护误动作。

　　图中 KA2 为过电流保护。由于正常运行时流过差动回路的电流等于未接入差动保护的所有连接元件的负荷电流之和,故过电流保护的动作电流需躲过上述可能最大的负荷电流(考虑电动机自启动)之和来整定。过电流保护的动作时限比出线保护装置的最大动作时限大一时限极差 Δt。过电流保护用作母线的后备保护以及引出线路的后备保护。

　　不完全差动电流保护工作过程如下:

　　当母线或线路电抗器前发生短路时,电流速断保护动作。电流继电器 KA1 动作后,经信号继电器 KS1 启动跳闸继电器 KM1、KM2,从而跳开除发电机断路器外的所有供电元件的断路器。速断保护不断开发电机是考虑故障发生在出线的断路器和电抗器之间时,断开除发电机外的所有供电元件将使故障电流大为减少,从而可以让断路器按电抗器后短路选择的线路的过电流保护动作切除故障,而发电机仍可带着母线上的其他负荷继续运行,这样可以提高供电的可靠性。接线图也考虑到运行的灵活性,当运行要求发电机断路器由速断保护切除时,只需合上连接片 XB12 并断开连接片 XB11 即可实现。

　　当供电元件(如发电机、变压器)内部短路或变压器高压侧电网短路时,由于差动回路仅流过不平衡电流,故速断和过电流保护都不会动作。

　　当出线电抗器后的线路上发生短路时,电流速断保护不会动作,而过电流保护可以动作。如果出线保护或断路器拒动,电流继电器 KA2 启动后,将启动时间继电器 KT1 和 KT2,经预定时限后,KT1 触点闭合,经信号继电器 KS2 启动跳闸继电器 KM1、KM2,跳开除发电机断路器外的所有供电元件的断路器。如果此时故障仍未切除,则待时间继电器 KT2 的触点闭合后,将发电机断路器断开。时间继电器 KT2 较时间继电器 KT1 的动作时限大一时限级差 Δt,这样整定是考虑尽量不断开发电机,让发电机带着母线上的其他负荷继续运行。

不完全差动电流保护由于只需在供电元件上装设母线保护用的电流互感器，而不需要在母线的全部出线连接元件上装设，因而大大降低了设备费用，简化了保护接线，这对于出线较多的 6～10kV 母线，是比较实用的。

三、电流比相式母线保护

电流比相式母线保护的基本原理是根据母线在内部故障和外部故障时，各连接元件电流相位的变化来实现的。母线故障时，所有和电源连接的元件都向故障点供应短路电流，在理想条件下，所有供电元件的电流相位相同；而在正常运行或外部故障时，至少有一个元件的电流相位和其余元件的电流相位相反，也就是说，流入电流和流出电流的相位相反。因此，我们利用这一原理可以构成比相式母线保护。

现在以只有两个连接元件的母线为例，来说明比相式母线保护的工作原理。

图 12-4（a）示出了正常运行或外部故障时的电流分布。此时，流进母线的电流 i_1 和流出母线的电流 i_2 大小相等，相位相差 180°；而在内部故障时，电流 i_1 和 i_2 都流向母线，如图 12-4（b）所示，在理想情况下，两电流相位相同。

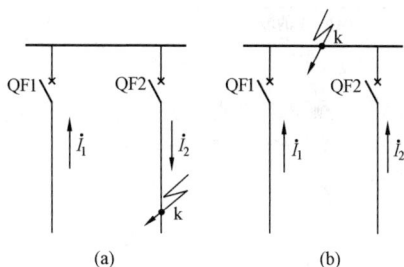

图 12-4 母线外部故障和内部故障时的电流分布
（a）外部故障；（b）内部故障

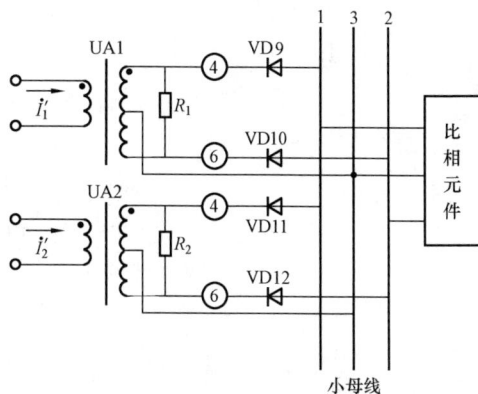

图 12-5 电流比相式母线保护原理接线图

电流 i_1 和 i_2 经过电流互感器的变换，二次电流 i_1' 和 i_2' 输入中间电流变换器 UA1 和 UA2 的一次绕组。中间变流器的二次电流在其负载电阻上的电压降落造成其二次电压，如图 12-5 所示。中间电流变换器 UA1 和 UA2 的二次输出电压分为两组，分别经二极管 VD9、VD10、VD11、VD12 半波整流，接至小母线 1、2、3 上。小母线输出再接至相位比较元件。下面就其在不同情况下的工作来进行分析：

（一）正常运行和外部故障情况

此时电流 i_1 和 i_2 相位相差 180°，i_1' 和 i_2' 的波形如图 12-6（a）所示。当 i_1' 为负半周时，UA1 二次侧④为一，⑥端为＋，因此二极管 VD9 导通；而当 i_1' 为正半周时，④端为＋，⑥端为一，因此二极管 VD10 导通。VD9、VD10 半波整流后的波形如图 12-6（b）所示。同理，当 i_2' 为负半周时，VD11 导通；i_2' 为正半周时，VD12 导通。VD11、VD12 半波整流后的波形也示于图 12-6（b）中。由于二极管 VD9、VD11 的正极接于小母线 1 上，二极管的负极各经 UA1、UA2 的二次绕组接于小母线 3 上，因此经 VD9、VD11 半波整流后的波形在小母线 1 上叠加，如图 12-6（b）所示。同理 VD10、VD12 半波整流后的波形在小母线 2 上叠加，小母线 2 的波形也示于图 12 - 6（b）。由于此时小母线 1，2 上呈现连续的负电位，因此比相元件没有输出，保护不会动作于跳闸。

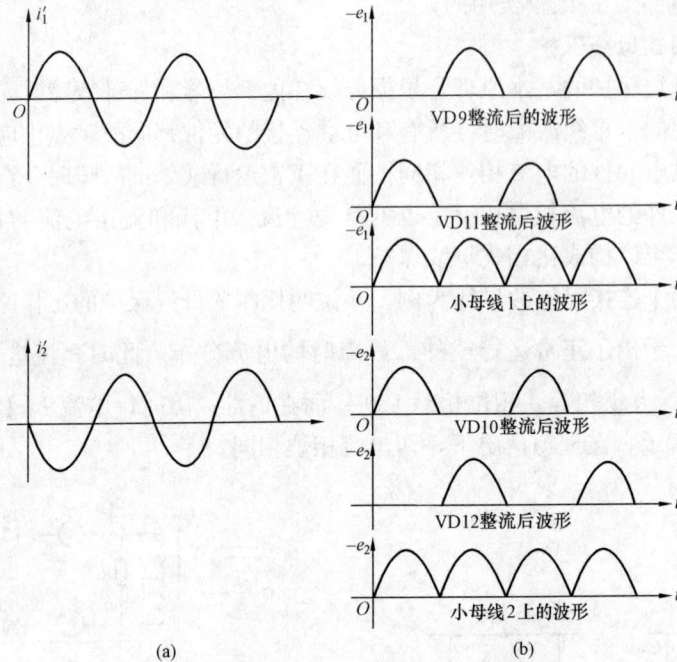

图 12 - 6　母线正常运行或外部故障时，UA 一次侧和二次侧波形图
(a) UA 一次侧电流波形；(b) 经 V9、V10、V11、V12 半波整流后的
波形和小母线 1、2 上的波形

（二）母线内部故障情况

此时电流 $\dot{I}_1$ 和 $\dot{I}_2$ 相位相同，i'_1 和 i'_2 的波形如图 12 - 7（a）所示。i'_1 和 i'_2 为负半周时，VD10、VD12 导通。二极管 VD9、VD10、VD11、VD12 半波整流后的波形如图 12 - 7（b）所示。VD9、VD11 整流后的波形在小母线 1 上叠加；VD10、VD12 半波整流后的波形在小母线 2 上叠加。小母线 1、2 上呈现相间的断续负电位，一次比相元件有输出，保护动作于跳闸。

由上述分析可知，比相式母线保护能在母线内部故障时正确动作于跳闸，而在正常运行或外部故障时可靠不动作。

由于这种母线保护的工作原理是基于电流相位比较，因而对电流互感器的变比和型号没有严格要求。当电流互感器型号、变比不同时，并不妨碍该保护动作的使用，这就极大地放宽了母线保护的使用条件。此外，由于保护的动作原理和电流幅值无关，保护的动作值不用考虑不平衡电流的影响，从而提高了保护的灵敏系数。这种保护也可以用在母联断路器正常投入运行的双母线上，不过此时需要采用两套电流比相式保护（通过二次回路的自动切换即可适用）。

二次回路自动切换通常有两种方式：交直流回路全部切换方式和只在直流回路进行自动切换的方式。图 12 - 8 示出了只在直流回路进行自动切换的比相式母线保护接线示意图。

图中，双母线的所有连接元件的中间电流变换器 UA 的二次侧输出电压分布为两组，分别经相应的二极管半波整流后，接至小母线 1、2、3 上。母联断路器两侧的电流互感器的二

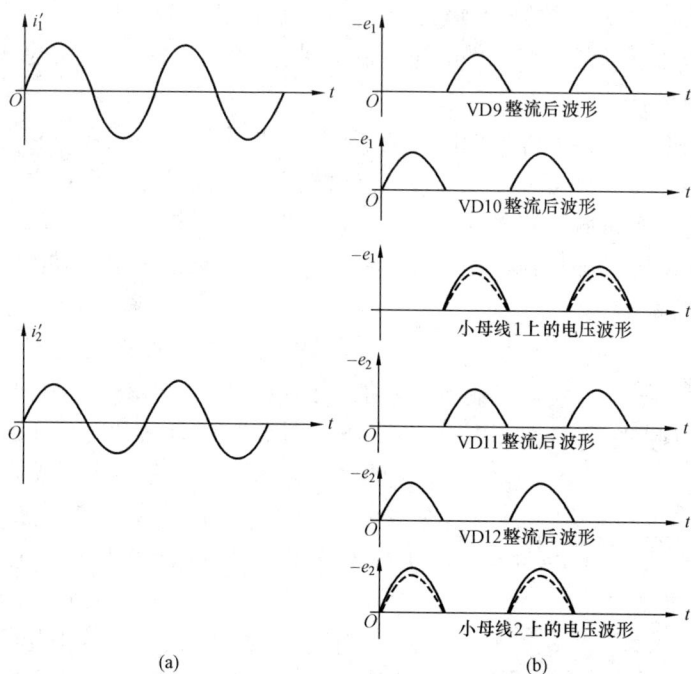

图 12-7 母线内部故障时，UA一次侧和二次侧的波形图

(a) UA一次侧电流波形；(b) 经 VD9、VD10、VD11、VD12 半波整流后的
波形和小母线 1、2 上的波形

次电流分别输入中间电流变换器 UA1 和 UA4 的一次绕组，其二次输出电压也分为两组，经相应的二极管半波整流后，各自经隔离二极管 VD1、VD2、VD3、VD4 接至小母线 1、2、3 上，并分别输入两母线的比相式元件。这样，就相当于对母联断路器电流和双母线全部连接元件合成电流进行相位比较。和母联相位差动保护的原理一样，它能正确判别故障所在母线，并能有选择性地切除故障母线。例如，母线 I 内部故

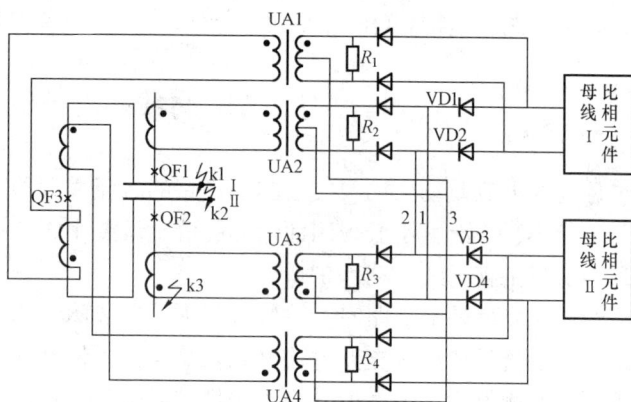

图 12-8 只在直流回路进行自动切换的
比相式母线保护接线示意图

障时（如图中 k1 点短路），双母线所有带电源的连接元件的电流都流向母线 I，母联电流也流向母线 I，因此中间电流变换器 UA1、UA2、UA3 一次侧电流为同相位。经比相后呈现相间的断续负电位，因此母线 I 的比相元件有输出。保护动作切除母线 I 上的全部连接元件。这时中间电流变换器 UA4 一次侧电流相位和 UA2、UA3 的一次侧电流相位相反，一次母线 II 的比相元件输入端呈现连续的负电位，该比相元件无输出，母线 II 上的连接元件仍然可以继续运行。同理，母线 II 故障时，保护也能有选择性地动作切除母线 II 上的全部元

件。而在外部短路时（如图中 k3 点短路），由于 UA1、UA3 和 UA2、UA4 一次侧电流相位相反，因而母线Ⅰ、Ⅱ的比相元件的输入端呈现连续的负电位，一次两母线的比相元件都无输出，保护可靠闭锁。

由于双母线的全部连接元件的中间电流变换器的二次侧都并联在一起，故母线运行方式发生改变时，所有连接元件可以任意切换。这就极大地提高了母线运行方式的灵活性。这种接线方式也有缺点，当母联断路器断开运行时，如果发生保护区内部故障，母线保护可能会拒绝动作。这是因为非故障母线可能不反应短路电流，结果使 1、2 小母线上呈现连续波形，以致使比相元件无输出。

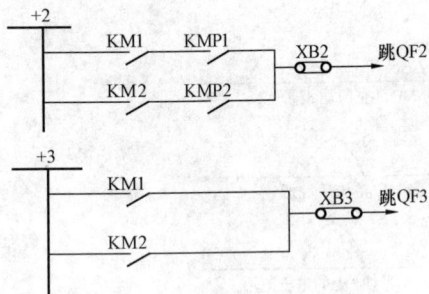

图 12 - 9　跳闸回路的切换线路图

保护的直流跳闸回路是通过位置继电器 KMP 自动进行切换的。图 12 - 9 示出了跳闸回路的切换线路图，图中，KM1 和 KM2 分别为Ⅰ、Ⅱ母线保护的出口继电器。当Ⅰ母线（或Ⅱ母线）的比相元件有输出时，KM1（或 KM2）就启动。KMP1 和 KMP2 分别为断路器接于Ⅰ、Ⅱ母线的位置继电器。下面以断路器 QF2 为例，说明跳闸回路的切换。当 QF2 通过隔离开关接于Ⅱ母线时，该隔离开关的辅助触点便接通 KMP2 的启动回路，使 KMP2 启动。于是 KMP2 的动合触点闭合，通过 KM2 的动合触点为断路器 QF2 准备好跳闸回路，使 QF2 跳闸。当断路器 QF2 通过隔离开关切换至Ⅰ母线时，该隔离开关的辅助触点就接通 KMP1 的启动回路，使 KMP1 启动，其动合触点闭合后和 KM1 动合触点串联，为 QF2 准备好跳闸回路。这样，QF2 的跳闸回路就随一次设备的切换而自动进行了切换。

第三节　母线的电压差动保护

母线的电流差动保护，接于差动回路的电流继电器阻抗很小，在内部短路时，电流互感器的负荷小、二次电压低，因而饱和度低、误差小。这种母线差动保护都是低阻抗型，所以也称为低阻抗型母线差动保护。

在母线发生外部短路时，一般情况下，非故障支路电流不大，它们的 TA 不易饱和，但故障支路电流是各电源支路电流之和，非常大，使其 TA 高度饱和，相应励磁阻抗很小。这时虽然一次侧电流很大，但其几乎全部流入励磁支路，其二次电流近似为零。这时电流继电器将流过很大的不平衡电流，使电流母线保护误动作。为避免上述情况母线保护误动作，可采取母线的电压差动保护。

在各元件电流互感器变比相等的环流法接线的差动回路中，用高阻抗（2.5kΩ～7.5kΩ）电压继电器作为执行元件，构成母线的电压差动保护，也称为高阻抗母线差动保护。其原理接线图如图 12 - 10 所示。

（1）当母线内部发生故障时，各元件的 TA 一次侧电流接近于同相位流向母线，TA 的二次侧电流也接近于同相位流向高阻抗电压继电器 KV，在 KV 端产生高电压，使 KV 动作。

（2）在正常运行或外部故障时，由于流入母线和流出母线电流相等，理论上电压继电器端电压为零。实际上由于 TA 的励磁特性差别和非线性，继电器 KV 端有不平衡电压。

如图 12-11 所示，其中虚线框内为故障支路的 TA 等值电路，Z_m 为 TA 的励磁阻抗，Z'_1 和 Z_2 分别为 TA 的一次和二次绕组漏抗，r_1 为二次回路连线电阻，r_u 为电压继电器的内阻。在外部故障时，故障元件的 TA 高度饱和，Z_m 近似为零。

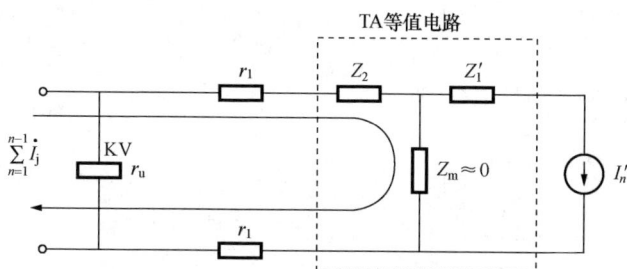

图 12-10 母线电压差动保护原理接线图

所有非故障元件的 TA 二次电流被强制流入故障元件 TA 的二次绕组成环路。而流入电压继电器的电流很少，所以 KV 不会动作。但这时 KV 两端电压为故障元件的 TA 二次绕组的漏抗及二次回路连线电阻上产生压降之和。该压降应以整定值躲过。以保证外部短路时母线保护不会误动作。

图 12-12 表示出内、外部短路时差动回路电压 U_d 与短路电流 I_k 之间的关系，只要按大于最大外部短路电流 $I_{k,max}$ 对应的继电器不平衡电压整定继电器动作电压 $U_{op,r}$，就能区分保护区内、外故障，如采用瞬时测量的电压继电器，则保护不受互感器饱和的影响，并且保护动作时间不超过 10ms。

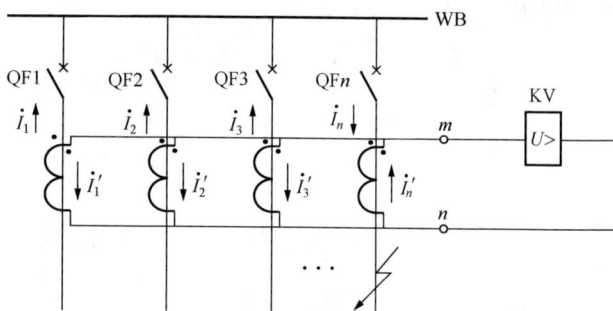

图 12-11 母线外部故障时的等值电路

电压差动保护优点是保护接线简单、选择性好、灵敏度高，缺点是用于双母线系统的 TA 二次回路不能随一次回路切换。

在保护区内故障时，由于 TA 二次侧有可能出现非常高的电压，所以二次回路电缆和其他部件应采取加强绝缘水平措施。

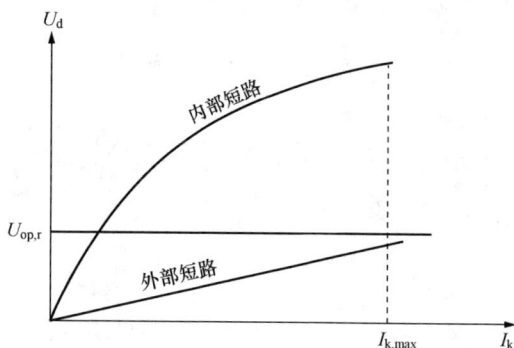

图 12-12 差动回路电压 U_d 与短路电流 I_k 的关系

第四节 具有比率制动特性的母线电流差动保护

在各元件电流互感器选用相同变比的环流接线的电流母线差动保护中，以不同的制动量可以构成各种型式的带制动特性的电流差动保护。

1. 最大值制动式

以各元件二次电流中最大值作为制动量，各元件电流互感器二次电流为 $i_1, i_2, \cdots, i_n$，

则制动电流 I_{res} 为

$$I_{res} = \{ |\dot{I}_1|, |\dot{I}_2|, \cdots |\dot{I}_n| \}_{max} = |\dot{I}_{max}| \tag{12-4}$$

动作方程为

$$\left| \sum_{i=1}^{n} \dot{I}_i \right| - K_{res} I_{res} \geqslant I_{set,0} \tag{12-5}$$

$$\left| \sum_{i=1}^{n} \dot{I}_i \right| = |\dot{I}_1 + \dot{I}_2 + \cdots + \dot{I}_n| \tag{12-6}$$

式中 K_{res}——制动系数;

$I_{set,0}$——动作电流门槛值;

$\left| \sum_{i=1}^{n} \dot{I}_i \right|$——保护动作量,当正常运行及外部短路时为最大不平衡电流;当内部短路

故障时为总的短路电流。

2. 绝对值之和制动式

以各元件 TA 二次电流绝对值之和为制动量 I_{res},即

$$I_{res} = \sum_{i=1}^{n} |\dot{I}_i| = |\dot{I}_1| + |\dot{I}_2| + |\dot{I}_3| + \cdots + |\dot{I}_n| \tag{12-7}$$

保护装置动作方程为

$$\left| \sum_{i=1}^{n} \dot{I}_i \right| - K_{res} \sum_{i=1}^{n} |\dot{I}_i| \geqslant I_{set,0} \tag{12-8}$$

3. 综合制动式

利用差电流于二次电流的综合量作为制动量称为综合制动方式,综合量制动量有不同构成方式,其典型的制动方式制动量为

$$I_{res} = \left\{ [|\dot{I}_1|, |\dot{I}_2|, |\dot{I}_3|, \cdots |\dot{I}_n|]_{max} - K \left| \sum_{i=1}^{n} \dot{I}_i \right| \right\}^{+}$$

$$= \left\{ |\dot{I}_{max}| - K \left| \sum_{i=1}^{n} \dot{I}_i \right| \right\}^{+} \tag{12-9}$$

则动作方程为

$$\left| \sum_{i=1}^{n} \dot{I}_i \right| - K_{res} I_{res} \geqslant I_{set,0} \tag{12-10}$$

其中 K 为系数,大括号上"+"号表示只取正值,括号内为负值时取零。

以上最大值制动式和绝对值之和制动式母线电流差动保护在母线内、外故障时均有制动作用。综合制动式可保证在内部故障时制动量为零,在外部故障时有较高的制动特性。因此,在内部故障时有较高的灵敏性,在外部故障时具有更好躲过不平衡电流的特性。

当母线外部故障而使故障元件的 TA 严重饱和时,TA 二次电流接近于零,使式(12-5) 和式 (12-8) 中失去一个最大制动电流。为了弥补这一缺陷,可在差动回路中适当增加电阻,如图 12-11 所示,即使故障元件的 TA 严重饱和而使流向电压继电器 KV 的二次电流为零($\dot{I}'_n = 0$),该 TA 的二次回路(Z_2 回路)仍有电流通过,这些电流是从其他元件流入,起制动作用。由于保留了比率制动特性,这种保护回路的电阻不像高阻抗母线差动保护的差动回路内阻那么高,也就不需要有限制高电压的措施。由于这种差动保护回路的电

阻高于电流型差动保护而低于高阻抗母线差动保护，故称为中阻抗式母线差动保护。

第五节 双母线同时运行时的母线差动保护

当发电厂和重要变电站的高压母线为双母线时，采用双母线同时运行（母联断路器投入），每组母线固定连接一部分（约 1/2）供电和受电元件。这样，当一组母线发生故障并被切除后，另一组非故障母线及其连接的所有元件仍然可以继续运行，从而提高了供电的可靠性。这就要求母线保护具有选择故障母线的能力。

一、元件固定连接的双母线完全电流差动保护

元件固定连接的双母线完全电流差动保护的原理接线图如图 12-13 所示。

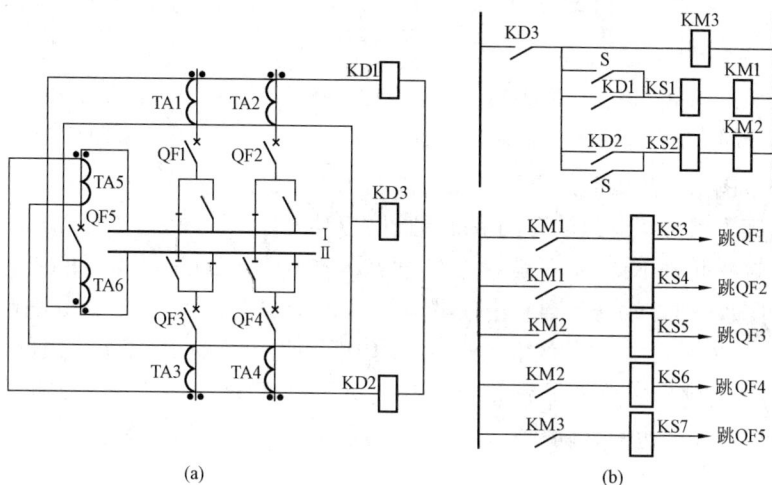

图 12-13 元件固定连接的双母线完全差动电流保护单相原理接线图

（a）交流回路；（b）直流回路

由图 12-13 中看出，保护有三组差动继电器。第一组由接在电流互感器 1、2、5 上的差动继电器 KD1 组成，KD1 反应母线 I 上所有元件电流之和，是母线 I 故障的选择元件。差动继电器 KD1 动作时切除母线 I 上的全部连接元件。第二组由接在电流互感器 3、4、6 上的差动继电器 KD2 组成，KD2 反应母线 II 上所有连接元件电流之和，是母线 II 故障的选择元件。差动继电器 KD2 动作时切除母线 II 上的全部连接元件。第三组实际是由接在电流互感器 1、2、3、4 上的差动继电器 KD3 组成的一个完全差动电流保护，当任一组母线发生故障时，它都启动，而在外部故障时，它却不动作，它是整个保护装置的启动元件。在固定连接方式破坏后，还利用它防止外部故障时保护装置误动作。差动继电器 KD3 动作时直接作用母联断路器跳闸并供给选择元件正电源。

正常运行和母差保护范围外部故障时的电流分布，如图 12-14 所示。

这时由于一次侧各连接元件中流入母线的电流等于流出母线的电流，故接于二次侧的三组差动继电器在理想情况下没有电流流过（实际上由于各电流互感器存在误差，会流过不大的不平衡电流），此时启动元件和选择元件都不会动作。

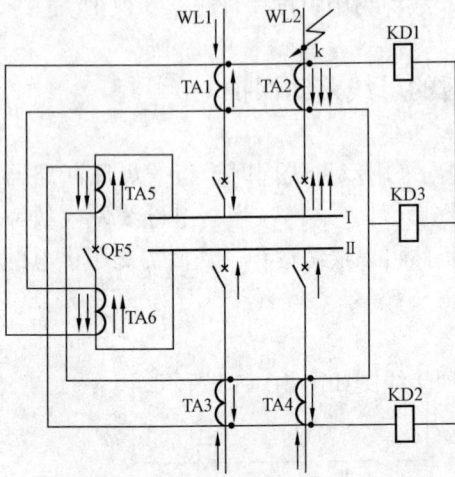

图 12-14　元件固定连接的母线差动
保护范围外部故障时的电流分布图

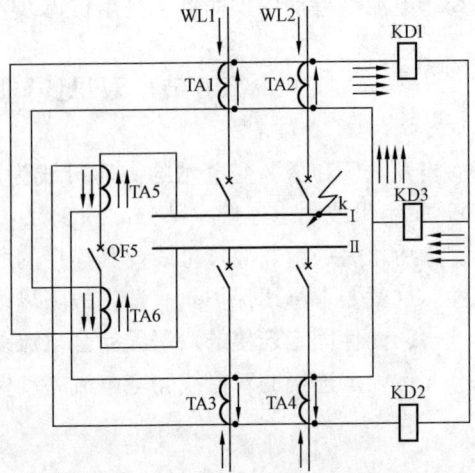

图 12-15　元件固定连接的母线差动
保护内部故障时的电流分布图

母线保护范围内部故障时的电流分布，如图 12-15 所示。

图中示出第 I 组母线 k 点故障的情况。此时启动元件 KD3 和选择元件 KD1 中流过全部故障电流，而选择元件 KD2 中不流过故障电流，故 KD1、KD3 动作，KD2 不动作。由图 12-13 (b) 可知，KD3 动作后启动中间继电器 KM3，使母联断路器 QF5 跳闸，KD3 并接通选择元件 K 在的正电源，待 KD1 动作后启动中间继电器 KM1，使第 I 组母线的全部连接元件 QF1、QF2 跳闸。非故障母线 II 由于其选择元件 KD2 没有动作，故仍继续运行。同理，第 II 组母线故障时也只切除故障母线 II 上的连接元件，而非故障母线 I 上的连接元件仍继续运行。

固定连接方式破坏时，由于差动保护的二次回路不能随着一次元件进行切换，故流过差动继电器 KD1、KD2、KD3 的电流将随着变化。图12-16所示出线路 2 自母线 I 经倒闸操作切换到母线 II 后发生外部故障时的电流分布。

由图可知，此时选择元件 KD1、KD2 中都有电流流过，因此 KD1、KD2 都可能动作。但启动元件 KD3 中没有故障电流流过，不动作，故可以防止外部故障时保护误动作。

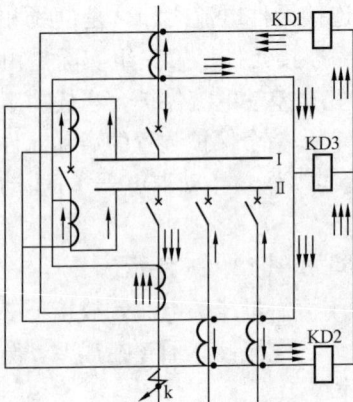

图 12-16　固定连接破坏后外部
故障时的电流分布图

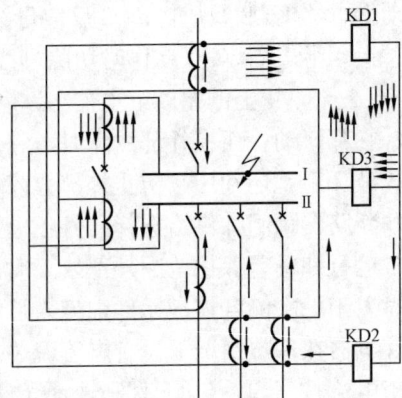

图 12-17　固定连接破坏后内部
故障时的电流分布图

固定连接破坏后，保护范围内部故障时的电流分布如图 12 - 17 所示。

此时启动元件 KD3 中流过全部短路电流，而选择元件 KD1、KD2 仅流过部分故障电流，因此启动元件 KD3 动作，选择元件 KD1、KD2 也会同时动作，无选择性地把两组母线上的连接元件全部切除。为了避免流过 KD1、KD2 的电流过小，以致选择元件不能可靠动作而使故障母线上的连接元件不能切除，特在固定连接方式破坏时投入刀闸开关 S，把选择元件 KD1、KD2 的触点短接，如图 12 - 13（b）所示。这样启动元件 KD3 动作时就能将两组母线上的连接元件无选择性地切除。

由上可见，固定连接的双母线完全差动电流保护，在母线按照固定连接方式运行时可以保证有选择性地动作。但在固定连接方式破坏时，保护就会无选择性地动作。这是该保护的主要缺点。

二、母联电流相位比较式母线差动保护

母联电流相位比较式母线差动保护是比较差动回路与母联电流相位关系而取得选择性的一种差动保护。这种保护解决了固定连接方式破坏时，固定连接的全母线差动保护动作无选择性的问题。它不受元件连接方式的影响。

保护的工作原理是基于比较母联断路器回路中电流相位和母线完全电流总差动回路中电流相位来选择故障母线的。在一定运行方式下，无论哪一组母线短路，流过差动回路的电流相位恒定，而流过母联回路的电流，在 I 母线上短路时，与在 II 母线上短路时的相位有 180° 变化。若以电流从 II 母线流向 I 母线为母联回路电流的正方向，则 I 母线短路时，母联回路电流与差动回路电流同相，II 母线短路时，母联回路电流与差动回路电流相位差 180°。因此可以通过比较这两个电流的相位来选择故障母线。无论母线运行方式如何改变，只要每组母线上有一个电源支路，母线短路时，有短路电流通过母联回路，保护都不会失去选择性。该保护装置的原理接线图如图 12 - 18 所示。

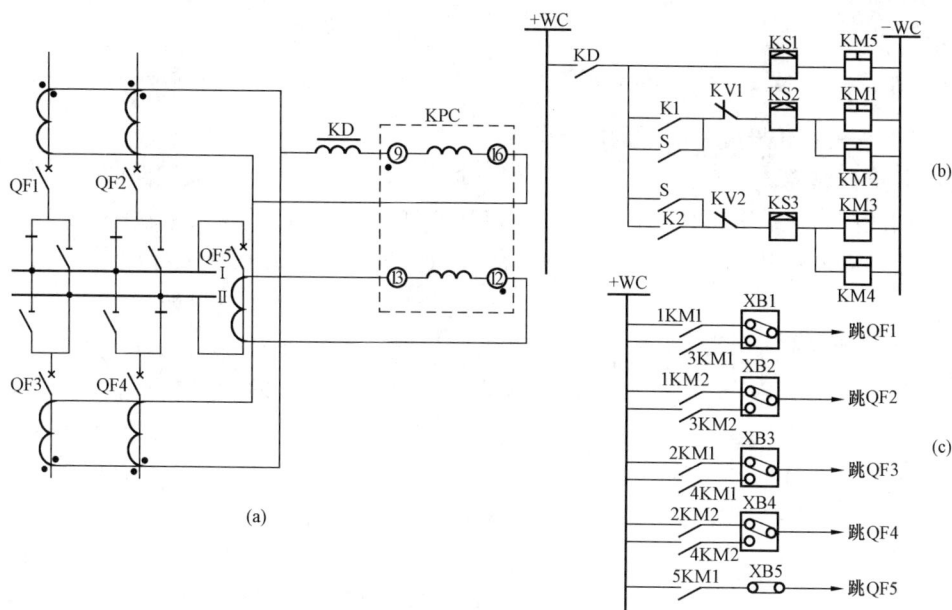

图 12 - 18 母联电流相位比较式母差保护原理接线图

（a）交流电流回路；（b）直流回路；（c）跳闸回路

　　图中保护的主要部分由启动元件和选择元件组成。启动元件是一个接在差动回路的差动继电器 KD，它在母线保护范围内部故障时动作，而在母线保护范围外部故障时不动作。用它可以防止外部故障时保护误动作。选择元件 KPC 是一个电流相位比较继电器，它的两组绕组 9～16 和 12～13 分别接入差电流和母线联络断路器的电流。它比较两电流的相位而动作。实际上它是一个最大灵敏角为 0°和 180°的双方向继电器。不同的母线故障时，反应母线总故障电流的差动回路的电流相位是不变的，而母线联络断路器上电流的相位却随故障母线的不同而变化 180°，因此比较母线联络断路器电流和差动回路电流相位，可以选择出故障母线。

　　下面分别分析Ⅰ、Ⅱ母线故障和外部故障时的电流分布。

　　图 12-19 表示Ⅰ母线故障时的电流分布。

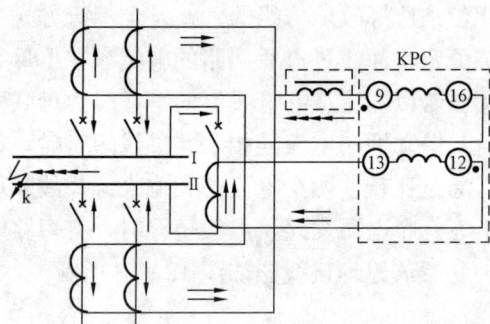

　　此时差动回路流过全部故障电流，故启动元件 KD 动作。它一方面经信号继电器 KS1 启动母线联络断路器的跳闸继电器 KM5，另一方面为启动跳闸继电器 KM1～KM4 准备好正电源。同时，母联回路的故障电流分别从选择元件 KPC 的极性端子 9 和 12 流入，两个进行比较的电流的相位差接近于 0°，故相位比较继电器 KPC 处于 0°动作区的最灵敏状态，其执行元件 K1 动作，K1 的触点经电压闭锁继电器的触点 KV1 和信号继电器 KS2 去启动Ⅰ母线连接元件的跳闸继电器 KM1 和 KM2，使Ⅰ母线上所有连接元件跳闸。

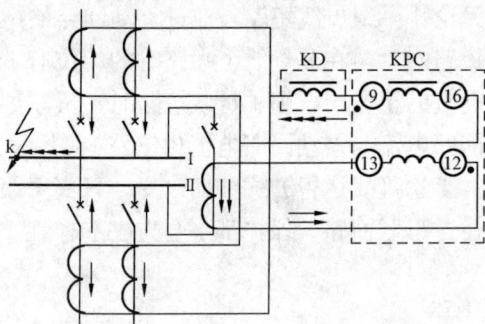

图 12-19　Ⅰ母线故障时的电流分布　　　　　图 12-20　Ⅱ母线故障时的电流分布

　　图 12-20 表示Ⅱ母线故障时的电流分布。

　　此时差动回路亦流过全部故障电流，故启动元件动作。同时，母联回路流过Ⅰ母线连接元件供给的故障电流。差动回路的故障电流仍从选择元件 KPC 的非极性端子 9 流入，但母联回路的故障电流却从选择元件 KPC 的非极性端子 13 流入，两比较电流的相位差接近于 180°，故相位比较继电器 KPC 处于 180°动作区的最灵敏状态，其执行元件 K2 动作。K2 触点经电压闭锁继电器的触点 KV2 和信号继电器 KS3 去启动Ⅱ母线上连接元件的跳闸继电器 KM3 和 KM4，使Ⅱ母线上所有连接元件跳闸。

　　图 12-21 表示正常运行和母线保护区外部故障时的电流分布。

　　此时差动电流回路仅流过很小的不平衡电流，故启动元件不会动作，整套母线保护不会动作。

　　由上可见，对母线联络断路器上电流与差动回

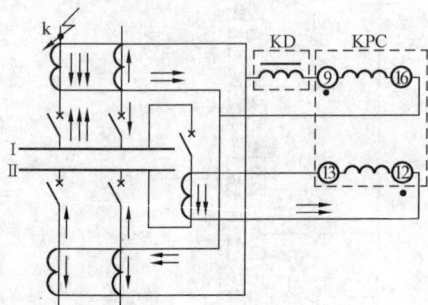

图 12-21　母线保护区外部
故障时的电流分布

路电流相位比较，可以选择出故障母线。基于这种原理，当母线故障时，不管母线上的元件如何连接，只要母线联络断路器中有足够大的电流通过，选择元件就能正确动作。因此，对母线上的元件不必提出固定连接的要求。母线上连接元件进行倒闸操作时，只需将图 12-18 (c) 中的连接片切换至相应母线的跳闸继电器触点回路即可。例如，当断路器 QF1 由 I 母线切换至 II 母线时，只需将连接片 XB1 从 1KM1 触点侧切换至 3KM1 触点侧即可。

由于本保护的动作原理是基于母联电流与差电流相位的比较，因此正常运行时，母线联络断路器必须投入运行。当母线联络断路器因故断开或单母线运行时，为了使整套母线保护仍能动作，可以将图12-18 (b) 中的刀闸开关 S 投入，以短接选择元件 K1 和 K2 的触点，解除 K1 和 K2 的作用。在这种情况下，可利用电压闭锁元件作为选择元件，以选出发生故障的母线。低电压闭锁元件为两组低电压继电器，如图 12-18 (b) 中的 KV1 和 KV2 分别为它们的触点，其绕组分别接到两组母线的电压互感器的二次侧线电压上，以反应相应母线上的故障。当母联断开运行时，如某一组母线发生故障，该组母线电压就会降低，而没有故障的另一组母线的电压则较高，因此利用低电压继电器可以选出故障母线。

这种母线保护不要求元件固定连接于母线，可大大地提高母线运行方式的灵活性。这是它的主要优点。但这种保护也存在缺点，如：

（1）正常运行时母联断路器必须投入运行。

（2）当母线故障，母线保护动作时，如果母联断路器拒动，将造成由非故障母线的连接元件通过母联供给短路电流，使故障不能切除。

（3）当母联断路器和母联电流互感器之间发生故障时，将会切除非故障母线，而故障母线反不能切除。

（4）两组母线相继发生故障时，只能切除先发生故障的母线，后发生故障的母线因这时母联断路器已跳闸，选择元件无法进行相位比较而不能动作，因而不能切除。

第六节 断 路 器 失 灵 保 护

断路器失灵保护又称后备接线，是指当系统发生故障时，故障元件的保护动作，而且断路器操作机构失灵拒绝跳闸时，通过故障元件的保护作用于同一变电站相邻元件断路器使之跳闸切除故障的接线。这种保护能以较短的时限切除同一发电厂或变电站内其他有关的断路器，以便尽快地把停电范围限制到最小。

断路器失灵保护通常在断路器确有可能拒动的 220kV 及以上的电网（以及个别重要的 110kV 电网）中装设。

断路器失灵保护的构成原理如图 12-22 所示。

图中 KM1、KM2 为连接在单母线分段 I 段上的元件保护的出口继电器。这些继电器动作时，一方面使本身的断路器跳闸，另一方面启动断路器失灵保护的公用

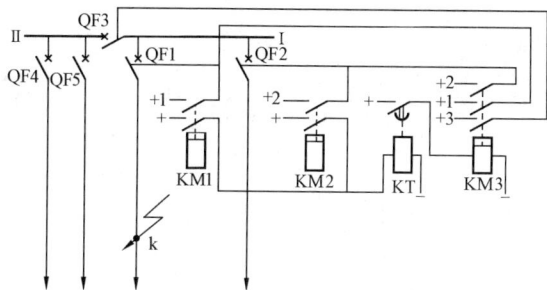

图 12-22 断路器失灵保护的构成原理

时间继电器 KT。时间继电器的延时整定得大于故障元件断路器的跳闸时间与保护装置返回

时间之和。因此，断路器失灵保护在故障元件保护正常跳闸时不会动作跳闸，而是在故障切除后自动返回。只有在故障元件的断路器拒动时，才由时间继电器 KT 启动出口继电器 KM3，使接在Ⅰ段母线上所有带电源的断路器跳闸，从而代替故障处拒动的断路器切除故障（如图中 k 点故障），起到了断路器 QF1 拒动时后备保护的作用。

　　由于断路器失灵保护动作时要切除一段母线上所有连接元件的断路器，而且保护接线中是将所有断路器的操作回路连接在一起，因此，保护的接线必须保证动作的可靠性，以免保护误动作造成严重事故。为此，要求同时具备下述两个条件时保护才能动作。

　　（1）故障元件保护的出口中间继电器动作后不返回。

　　（2）在故障元件的被保护范围内仍存在故障。当母线上连接的元件较多时，一般采用检查故障母线电压的方式以确定故障仍然没有切除；当连接元件较少或一套保护动作于几个断路器（如采用多角形接线时）以及采用单相合闸时，一般采用检查通过每个或每相断路器的故障电流的方式，作为判别断路器拒动且故障仍未消除之用。

思 考 题 与 习 题

　　12-1　试述母线保护的装设原则。

　　12-2　双母线同时运行时，母线保护可以依据哪些原理来判断故障母线？

　　12-3　试述母线不完全差动保护的工作原理。

　　12-4　元件固定连接的双母线电流差动保护，当元件固定连接破坏后，母线保护如何动作？

　　12-5　电流比相式母线保护当母线外部故障和内部故障时，小母线上的波形分别如何变化？保护如何动作？

　　12-6　试按照图 12-18 说出母联电流相位比较式母差动保护的原理。

　　12-7　断路器失灵保护的作用是什么？

第十三章　电动机保护和电力电容器保护

本章讲述了电动机的故障、不正常运行状态及其保护方式，重点讲述了厂用电动机的纵差保护、单相接地保护、低电压保护等的工作原理、接线及整定计算，另外还介绍了电力电容器的几种常见的保护。

第一节　电动机的故障、不正常工作状态及其保护方式

在发电厂厂用机械中大多数采用异步电动机，但是，在厂用大容量给水泵和低速磨煤机等设备上，则采用同步电动机。电动机的主要故障是定子绕组的相间短路，其次是单相接地故障引起一相绕组的匝间短路。

定子绕组的相间短路是电动机最严重的故障，它会引起电动机本身的严重损坏，使供电网络的电压显著下降，破坏其他用电设备的正常工作。因此，对于容量为2000kW及其以上的电动机，或容量小于2000kW，但有6个引出线的重要电动机，都应该装设纵差保护。对一般高压电动机则应该装设两相式电流速断保护，以便尽快地将故障电动机切除。

单相接地对电动机的危害程度取决于供电网络中性点的接地方式。对于小接地电流系统中的高压电动机，当接地电容电流大于5～10A时，若发生接地故障就会烧坏绕组和铁芯，因此应该装设接地保护，当接地电流大于5A动作于信号，当接地电流大于10A时，动作于跳闸。

一相绕组匝间短路，会破坏电动机的对称运行，并使相电流增大。最严重的情况是，电动机的一相绕组全部短接，此时，非故障相的两个绕组将承受线电压，使电动机遭到损坏。但是，目前还没有简单而又完善的方法来保护匝间短路，所以，一般不装设专门的匝间短路保护。

电动机的不正常工作状态，主要是过负荷运行。产生过负荷的原因是：所带机械过负荷；供电网络电压和频率的降低而使转速下降；熔断器一相熔断造成两相运行；电动机启动和自启动的时间过长。较长时间的过负荷会使电动机温升超过它的允许值，这样就加速了绕组绝缘的老化，甚至会将电动机烧坏。对于容易发生过负荷的电动机应该装设过负荷保护，动作于信号，以便及时进行处理。

电动机电源电压因某种原因降低时，电动机的转速将下降，当电压恢复时，由于电动机自启动，将从系统中吸取很大的无功功率，造成电源电压不能恢复。为保证重要电动机的自启动，应装设低电压保护。

由于运行中的电动机，大部分都是中小型的，因此，不论是根据经济条件还是根据运行的要求，它们的保护装置都应该力求简单、可靠。对电压在500V以下的电动机，特别是75kW及其以下的电动机，广泛采用熔断器来保护相间短路和单相接地故障。对于较大容量的高压电动机，应该装设由继电器构成的相间短路保护，瞬时作用于跳闸。

第二节　厂用电动机的保护

一、电动机的相间短路保护和过负荷保护

对于厂用电动机，容量为 2000kW 以下时，一般可以装设电流速断保护。容量在 2000kW 及其以上的电动机，或容量小于 2000kW，但有 6 个引出线的重要电动机，当电流速断保护不能满足灵敏系数的要求时，都应该装设纵差保护。此外，对生产过程中容易发生过负荷的电动机应该装设过负荷保护。

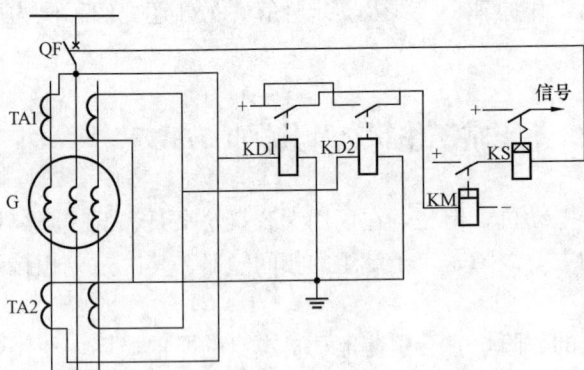

图 13 - 1　电动机纵差保护原理接线图

（一）纵差保护

在小电流接地系统供电网络（3～6kV）中，电动机的纵差保护一般采用两相式接线，保护的原理接线图如图 13 - 1 所示。电动机的纵差保护由两个差动继电器构成，保护装置瞬时动作于断路器跳闸。

高压电动机纵差保护所用的电流互感器的变比和型号应该相同而且满足 10% 误差曲线的要求。

保护装置的动作电流可以按照躲过电动机额定电流来整定（考虑二次回路断线），即

$$I_{op,r} = \frac{K_{rel}}{K_{TA}} I_{NM} \tag{13 - 1}$$

式中　K_{rel}——可靠系数，当采用 BCH - 2 型继电器时取 1.3，当采用 DL - 11 型继电器时取 1.5～2；

　　　I_{NM}——电动机的额定电流；

　　　K_{TA}——电流互感器的变比。

保护装置的灵敏系数可以按照下式进行整定

$$K_{s,min} = \frac{I_{k,min}^{(2)}}{K_{TA} I_{op,r}} \geqslant 2 \tag{13 - 2}$$

式中　$I_{k,min}^{(2)}$——最小运行方式下，电动机出口两相短路电流。其最小灵敏系数应不小于 2。

（二）电流速断及过负荷保护

中小容量的电动机一般采用电流速断保护作为电动机相间短路故障的主保护。为了在电动机内部及电动机与断路器之间的连接电缆上发生故障时，保护装置均能动作，电流互感器应尽可能安装在断路器侧。

保护装置的原理接线图如图 13 - 2 所示。保护装置可以采用接于相电流差的两相单继电器的接线方式，也可以采用两相两继电器的接线方式。

对不容易产生过负荷的电动机，接线中可以采用电磁型电流继电器；对于容易产生过负荷的电动机，则采用感应型电流继电器（GL-14）。感应型电流继电器瞬间动作元件作用于断路器跳闸，作为电动机相间短路的保护；继电器反时限元件可以根据拖动机械的特点，动

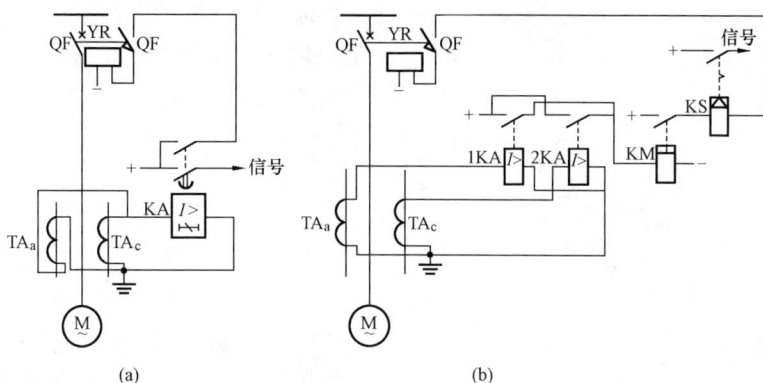

图 13-2　电动机的电流速断保护原理接线图

(a) 两相电流差接线方式；(b) 两继电器的两相式接线方式

作于信号、减负荷或跳闸，作为电动机的过负荷保护。

电动机电流速断保护的动作电流可以按照下式计算，即

$$I_{op,r} = \frac{K_{rel} K_{con}}{K_{TA}} I_{ss} \tag{13-3}$$

式中　K_{rel}——可靠系数，对 DL-10 型继电器采用 1.4~1.6，对 GL-10 型继电器采用 1.8~2；

K_{con}——接线系数，当采用不完全星形接线时取 1，当采用两相电流差接线时取 $\sqrt{3}$；

I_{ss}——电动机的启动电流（周期分量）；

K_{TA}——电流互感器的变比。

保护装置的灵敏系数可以按照下式进行校验

$$K_{s,min} = \frac{I_{k,min}^{(2)}}{I_{op}} = \frac{0.87 I_{k,min}^{(3)}}{K_{rel} I_{ss}} \tag{13-4}$$

式中　$I_{k,min}^{(2)}$——系统最小运行方式下，电动机出口两相短路电流；

I_{op}——速断保护一次侧动作电流。

电动机过负荷保护的动作电流按躲过电动机额定电流 I_{NM} 整定，可以按下式计算

$$I_{op,r} = \frac{K_{rel} K_{con}}{K_{re} K_{TA}} I_{NM} \tag{13-5}$$

式中　K_{rel}——可靠系数，动作于信号时取 1.05，动作于减负荷时取 1.2；

K_{con}——接线系数；

K_{re}——返回系数，取 0.85；

I_{NM}——电动机的额定电流。

二、电动机单相接地保护

在小电流接地系统中的高压电动机，当容量小于 2000kW，而接地电容电流大于 10A；或容量等于 2000kW 及其以上，而接地电容电流大于 5A 时，应装设接地保护，无延时地作用于断路器跳闸。

高压电动机单相接地的零序电流保护装置的原理接线图如图 13-3 所示。

图中 TAN 为一环形导磁体的零序电流互感器。正常运行以及相间短路时，由于零序电流互感器一次侧三相电流的相量和为零，故铁芯内磁通为零，零序电流互感器二次侧无感应电动势，因此电流继电器 KAZ 中无电流通过，保护不会动作。外部单相接地时，零序电流

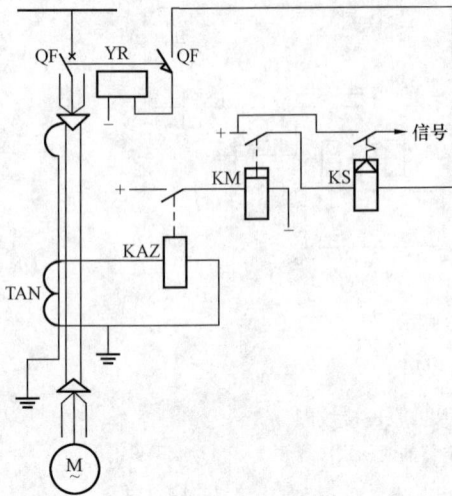

图 13-3　高压电动机零序电流
保护装置原理接线图

互感器将流过电动机的电容电流。

保护装置的动作电流，应该大于电动机本身的电容电流，即

$$I_{op,r} = \frac{K_{rel}}{K_{TA}} 3I_{0C,M,max} \qquad (13-6)$$

式中　K_{rel}——可靠系数，取 4～5；

$3I_{0C,M,max}$——外部发生单相接地故障，由电动机本身对地电容产生的流经保护装置的最大接地电容电流。

保护装置的灵敏系数可以按下式校验，即

$$K_{s,min} = \frac{3I_{0C,min}}{K_{TA} I_{op,r}} \geqslant 2 \qquad (13-7)$$

式中　$3I_{0C,min}$——系统最小运行方式下，被保护设备上发生单相接地故障时，流过保护装置 TAN 的最小接地电容电流。

三、电动机的低电压保护

当电动机的供电母线电压短时降低或短时中断又恢复时，为了防止电动机自启动时使电源电压严重降低，通常在次要电动机上装设低电压保护，当供电母线电压降低到一定值时，延时将次要电动机切除，使供电母线有足够的电压，以保证重要电动机自启动。

低电压保护的动作时限分为两级，一级是为了保证重要电动机的自启动，在其他不重要的电动机上装设带 0.5s 时限的低电压保护，动作于断路器跳闸；另一级是当电源电压长时间降低或消失时，对于根据生产过程和技术安全等要求不允许自启动的电动机，应装设低电压保护，经 10s 时限动作于断路器跳闸。

对于 3～6kV 高压厂用电动机的低电压保护接线，一般有以下四点基本要求。

（1）当电压互感器一次侧发生一相和两相断线或二次侧发生各种断线时，保护装置均应不动作，并应发出断线信号。但是在电压回路发生断相故障期间，若厂用电母线上电压真正消失或下降到规定值时，低电压保护仍应正确动作。

（2）当电压互感器一次侧隔离开关或隔离触头因误操作被断开时，低电压保护不应误动作，并应该发出信号。

（3）0.5s 和 10s 的低电压保护的动作电压应分别整定。

（4）接线中应该采用能长期耐受电压的时间继电器。

根据上述要求拟定的比较完善的电动机低电压保护接线图如图 13-4 所示。

图中，KV1～KV4 为低电压继电器，KV1～KV3 用于 0.5s 跳闸的低电压保护，KV4 用于 10s 跳闸的低电压保护。KV1、KV2 所接电压为 U_{ab}、U_{bc}。KV3 和 KV4 所接电压为相电压 U_{ac}。KV3 和 KV4 的专用熔断器（FU4、FU5）的额定电流比 FU1～FU3 熔断器的额定电流要大两级，在电压互感器二次回路故障时，FU1～FU3 先熔断，从而保证 KV3 和 KV4 不致因二次回路断线失压而误动作。

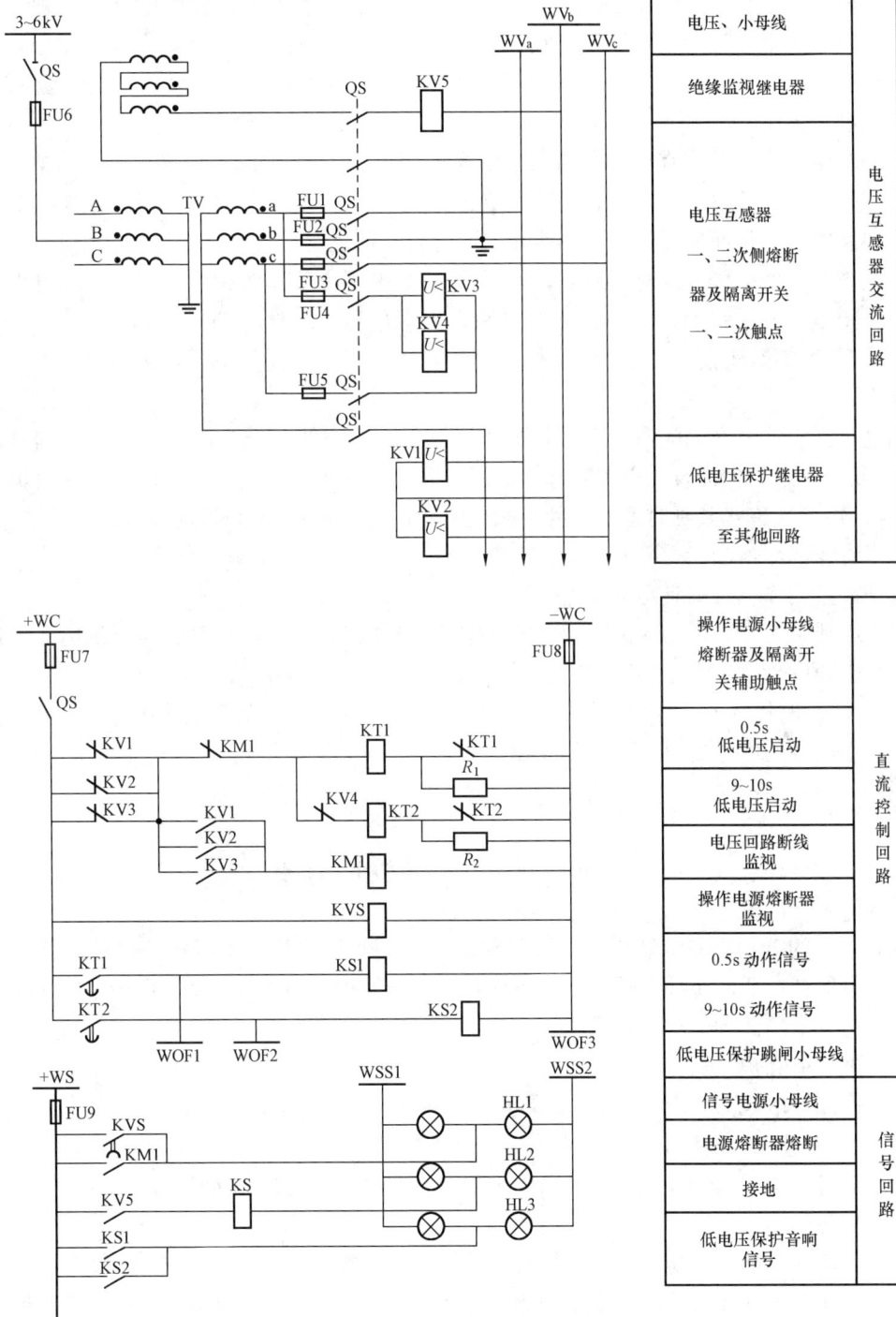

图 13-4 高压电动机低电压保护接线图

当供给电动机的厂用母线失去电压或电压降低到低电压继电器 KV1~KV3 的整定值时，KV1~KV3 动作，其动合触点断开，动断触点闭合，经 KM1 的动断触点启动时间继电器 KT1，历时 0.5s 后，KT1 延时触点闭合，启动信号继电器 KS1，发出低电压保护跳闸信号，并将直流正电源加至低电压保护 0.5s 跳闸小母线 WOF1，把次要电动机切除。如供电母线的电压仍不能恢复，则当电压降低到 KV4 的整定值时，KV4 动作，其动断触点闭合，启动时间继电器 KT2，历时 10s 后，KT2 的延时触点闭合，启动信号继电器 KS2，发出低电压保护跳闸信号，并将直流正电源加至低电压保护 10s 跳闸小母线 WOF2 上，把相应的电动机切除。KT1 和 KT2 启动后断开其动断触点，分别在绕组回路中串入电阻 R_1、R_2，以减少回路电流，从而使时间继电器能长期通电而不致烧毁。

当电压互感器一、二次侧断线时，KV1~KV3 中相应于断线相无关的低电压继电器的动合触点闭合，光字牌 HL1 亮，发出电压回路断线信号。同时，KM1 的动断触点打开，断开 KT1、KT2 的操作电源，将低电压保护闭锁，因而可以防止低电压保护因电压回路断线而误动作。

当电压互感器一次侧隔离开关因误操作而断开时，直流回路的隔离开关动合辅助触点 QS 随之断开，将保护的直流电源断开，从而可以防止保护的误动作。同时，监视直流电源的继电器 KVS 失磁，其延时返回的动断触点闭合，光字牌 HL1 亮，发直流回路断线信号。同理，当直流回路熔断器熔断时，也发出此信号。

保护装置动作电压的整定如下：

以 10s 延时切除重要电动机的低电压继电器 KV4 的整定值，在高温高压发电厂可以取为额定线电压的 45%，即 45V；在中温中压发电厂，可以取额定线电压的 40%，即 40V。

以 0.5s 延时切除不重要电动机的低电压继电器 KV1~KV3 的整定按照躲开最低运行电压及大容量电动机的启动电压来进行整定，一般可以取额定线电压的 65%~70%，即 65~70V。

第三节　同步电动机的保护

1kV 以上的电动机应该装设以下几种保护：相间短路保护，单相接地保护，低电压保护，过负荷保护，非同步冲击保护，失步保护，失磁保护，相电流不平衡保护，堵转保护。下面对其中的四种保护进行说明。

一、过负荷保护

过负荷保护的构成和异步电动机的相同。保护的动作电流整定为额定电流的 1.4~1.5 倍。

保护延时动作于信号或跳闸，其动作时限大于同步电动机的启动时间。

二、非同步冲击保护

同步电动机在电源中断又重新恢复时，由于直流励磁仍然存在，会像同步发电机非同步并入电网一样，受到巨大的冲击电流和非同步冲击力矩。根据理论分析，在同步电动机的定子电动势和系统电源电动势夹角为 135°，滑差接近于零的最不利条件下合闸时，非同步冲击电流可能高达出口三相短路的 1.8 倍；非同步冲击力矩可能高达出口三相短路时冲击力矩的 3 倍以上。在这样大的冲击电流和冲击力矩的作用下可能发生同步电动机绕组崩断，绝缘损伤，联轴器扭坏等后果，还可能进一步发展成为电机内部短路的严重事故。因此，规程规定：大容量同步电动机当不允许非同步冲击时，宜装设防止电源短路时中断再恢复时造成非同步冲击保护。

同步电动机在电源中断时，有功功率方向发生变化，因而可用逆功率继电器，作为同步冲击保护。同时，由于断电时转子转速在不断地降低，反应在电机端电压上，使其频率在不断降低，因此也可以利用反应频率降低、频率下降速度的保护作为非同步冲击保护。

非同步冲击保护应确保在供电电源重新恢复之前动作。保护作用于励磁开关跳闸和再同步控制回路。这样，电源恢复时，由于电机已灭磁，就不会遭受非同步冲击。同时，电机在异步力矩作用下，转速上升，滑差减小，等到滑差达到允许滑差时，再给电机励磁，使其在同步力矩的作用下，很快拉入同步。对于不能再同步或根据生产过程不需要再同步的电动机，保护动作时应作用于断路器和励磁开关跳闸。

三、失步保护

同步电动机正常运行时由于动态稳定或静态稳定破坏，而导致的失步运行主要有两种情况：一种是存在直流励磁时的失步（以下简称带励失步）；另一种是由于直流励磁中断或严重减少而引起的失步（以下简称失磁失步）。

带励异步运行的主要问题是出现按转差频率脉振的同步振荡力矩（其最大值为最大同步力矩，即一般电机产品样本上所提供的最大力矩倍数所相应的值）。这个力矩的量值高达额定力矩的 1.5～3 倍。它使电机绕组的端部绑线、电机的轴和联轴器等部位受到正负交变的扭矩的反复作用。扭矩作用时间一长，将在这些部位的材料中引起机械应力，影响其机械强度和使用寿命。

失磁异步运行的主要问题是引起转子绕组（特别是阻尼绕组）的过热、开焊甚至烧坏。根据电机的热稳定极限，允许电机无励磁运行的时间一般为 10min。

从上述分析可以看出，带励失步和失磁失步都需要装设失步保护。失步保护通常按以下原理构成。

1. 利用同步电机失步时转子励磁回路中出现的交流分量

同步电动机正常运行时，转子励磁回路中仅有直流励磁电流，而当同步电动机失步后，不论是带励失步或是失磁失步，也不论同步电动机是采用直流机励磁还是采用可控硅励磁，转子励磁回路中都会出现交流分量，因此利用这个交流分量，可以构成带励失步和失磁失步的失步保护。

2. 利用同步电动机失步时的定子电流的增大

带励失步时，由于同步电动机的电动势和系统电源电动势夹角 δ 的增大，使定子电流也增大，因此可以利用同步电动机的过负荷保护兼作失步保护，反应定子电流的增大而动作。

同步电动机失磁运行时，其定子电流的数值决定于电动机的短路比、启动电流倍数、功率因数和负荷率。电动机的启动电流倍数和功率因数通常变化不大，因此考虑电动机的定子电流值时，主要考虑电动机的短路比和负荷率。电动机的短路比越大，电动机从系统吸取的无功功率越大，故定子电流越大。短路比大于 1 的电动机负荷率影响不大。这种电动机失磁运行时，定子电流可达额定电流的 1.4 倍以上，因此，利用电动机的过负荷保护兼作失步保护，保护能可靠动作。但当电动机的短路比小于 1 时，负荷率的影响就较大。负荷率较低时，定子电流就达不到额定电流的 1.4 倍，此时过负荷保护不能动作，因此不能利用过负荷保护兼作失步保护。

3. 利用同步电动机失步时定子电压和电流间相角的变化

带励失步时,由于电动机定子电动势和系统电源电动势间夹角 δ 发生变化,因而定子电压和定子电流间的相角也随着变化。失磁失步时,电机正常运行时的发送无功功率变为吸收无功功率,因而定子电压和电流间的相角也会变化。因此利用定子电压和电流间相角的变化,也可以构成失步保护。

失步保护应延时动作于励磁开关跳闸并作用于再同步控制回路。对于不能再同步或根据生产过程不需要再同步的电动机,保护动作时应作用于断路器和励磁开关跳闸。

四、失磁保护

负荷变动大的同步电动机,当用反应定子过负荷的失步保护时,应增设失磁保护,保护带时限动作于跳闸。

除以上四种保护外,其他几种保护的装设原则、构成原理及整定计算和异步电动机基本相同(低电压保护的动作电压较异步电动机略低,约为其额定电压的 50%),此外在保护动作跳闸时,还须断开励磁开关。

第四节 电力电容器的保护

本节讨论的电力电容器的保护是指并联电容器组,它的主要作用是利用其无功功率补偿工频交流电力系统中感性负荷,提高电力系统的功率因数、改善电网质量、降低线路损耗。电容器组一般由许多单台小容量的电容器串并联组成。安装时可以集中于变电站进行集中补偿,也可以分散到用户进行就地补偿。接线方式是并联在交流电气设备、配电网以及电力线路上。为了抑制高次谐波电流和合闸涌流,并且能够同时抑制开关熄弧后的重燃,一般在电容器组主回路中串联接入一只小电抗器。为了确保电容器组停运后的人身安全,电容器组均装有放电装置,低压电容器一般通过放电电阻放电,高压电容器通常用电抗器或电压互感器作为放电装置。为了保证电力电容器安全运行,与其他电气设备一样,电力电容器也应该装设适当的保护装置。

并联电容器组的主要故障及其保护方式如下。

1. 电容器组与断路器之间连线的短路

电容器组与断路器之间连线的短路故障应采用带短时限的过电流保护而不宜采用电流速断保护,此外速断保护要考虑躲过电容器组合闸冲击电流及对外放电电流的影响,其保护范围和效果不能充分利用。

2. 单台电容器内部极间短路

对单台电容器内部绝缘损坏而发生极间短路,通常是对每台电容器分别装设专用的熔断器,其熔丝的额定电流可以取电容器额定电流的 $1.5 \sim 2$ 倍。熔断器的选型以及安装由电气一次专业完成。有的制造厂已将熔断器装在电容器壳内。单台电容器内部由若干带埋入式熔丝和电容元件并联组成。一个元件故障,由熔丝熔断自动切除,不影响电容器的运行,因而对单台电容器内部极间短路,理论上可以不安装外部熔断器,但是为防止电容器箱壳爆炸,一般都装设外部熔断器。

3. 电容器组多台电容器故障

它包括电容器的内部故障及电容器之间连线上的故障。如果仅仅一台电容器故障，由其专用的熔断器切除，而对整个电容器组无多大影响，因为电容器具有一定的过载能力。但是当多台电容器故障并切除后，就可能使留下来继续运行的电容器严重过载或过电压，这是不允许的。电容器之间连线上的故障同样会产生严重后果。为此，需要考虑保护措施。

电容器组的继电保护方式随其接线方案的不同而异。总的来说，尽量采用简单可靠而又灵敏的接线把故障检测出来。常用的保护方式有：零序电压保护，电压差动保护，电桥差电流保护，中性点不平衡电流或不平衡电压保护，横差保护等。

电容器组不正常运行及其保护方式如下。

1. 电容器组过负荷

电容器过负荷是由系统过电压及高次谐波所引起，按照国标规定，电容器在有效值为1.3倍额定电流下长期运行，对于电容器具有最大正偏差的电容器，过电流允许达到1.43倍额定电流。由于按照规定电容器组必须装设反映母线电压稳态升高的过电压保护，又由于大容量电容器组一般需要装设抑制高次谐波的串联电抗器，因而可以不装设过负荷保护。仅当系统高次谐波含量较高，或电容器组投运后经过实测在其回路中的电流超过允许值时，才装设过负荷保护。保护延时动作于信号。为了与电容器的过载特性相配合，宜采用反时限特性的继电器。当用反时限特性继电器时，可以与前述的过电流保护结合起来。

2. 母线电压升高

电容器组只能允许在1.1倍额定电流下长期运行，因此，当系统引起母线稳态电压升高时，为保护电容器组不致损坏，应装设母线过电压保护，且延时动作于信号或跳闸。

3. 电容器组失压

当系统故障线路断开引起电容器组失去电源，而线路重合又使母线带电，电容器端子上残余电压又没有放电到0.1倍的额定电压时，可能使电容器组承受长期允许的1.1倍额定电压的合闸过电压而使电容器组损坏，因而应装设失压保护。

一、电容器组与断路器之间连线短路故障的电流保护

当电容器组与断路器之间连线发生短路时，应装设反应外部故障的过电流保护，电流保护可以采用二相二继电器式或二相电流差接线，也可以采用三相三继电器式接线。电容器组三相三继电器式接线的电流保护原理接线图如图13-5所示。

当电容器组和断路器之间连接线发生短路时，故障电流使电流继电器动作，动合触点闭合，接通KT绕组回路，KT触点延时闭合，使KM动作，其触点接通断路器跳闸绕组YR，使断路器跳闸。

过电流保护也可以用作电容器内部故障后的后备保护，但只有在一台电容器内部串联元件全部击穿而发展成相间故障时才能动作。

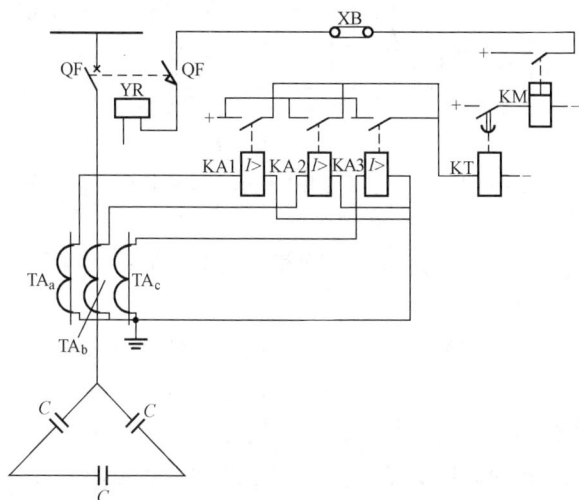

图13-5　电容器组过电流保护原理接线图

电流继电器的动作电流可以按照下式整定

$$I_{\mathrm{op,r}} = \frac{K_{\mathrm{rel}} K_{\mathrm{con}}}{K_{\mathrm{TA}}} I_{\mathrm{NC}} \qquad (13-8)$$

式中　K_{rel}——可靠系数，一般时限在 0.5s 以下时取 2.5，较长时限时取 1.3；

　　　　K_{con}——接线系数；

　　　　K_{rel}——返回系数，当采用三相三继电器或两相两继电器接线时取 1，当采用两相电

　　　　　　　　流差接线时，取$\sqrt{3}$；

　　　　I_{NC}——电容器组的额定电流；

　　　　K_{TA}——电流互感器的变比。

保护的灵敏系数按照下式校验

$$K_{\mathrm{s,min}} = \frac{I_{\mathrm{K,min,r}}}{I_{\mathrm{op,r}}} > 2 \qquad (13-9)$$

式中　$I_{\mathrm{K,min,r}}$——最小运行方式下，电容器首端两相短路时，流过继电器的电流。如果用两

　　　　　　　　相电流差接线，电流互感器装在 A、C 相上，则取 AB 或 BC 两相短路时

　　　　　　　　的电流。

二、电容器组的横联差动保护

电容器组的横联差动保护，用于保护双三角形连接电容器组的内部故障，其原理接线图如图 13-6 所示。

在 A、B、C 三相中，每相都分成两个臂，在每个臂中接入一只电流互感器，同一相两臂电流互感器二次侧按电流差接线，即流过每一相电流继电器的电流是该相两臂电流之差，也就是说它是根据两臂中电流的大小来进行工作的，所以叫做差动保护。各相差动保护是分相装设的，而三相电流继电器差动接成并联。

由于电容器组接成双三角形接线，对于同一相的两臂电容量要求

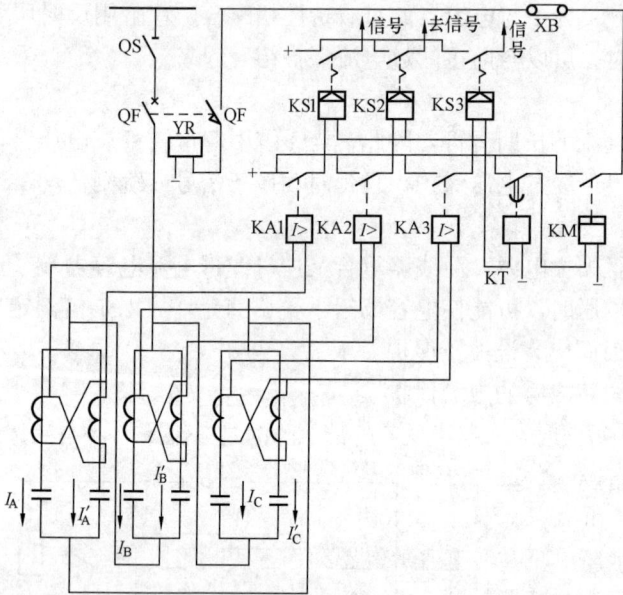

图 13-6　电容器组的横联差动保护原理接线图

比较严格，应该尽量做到相等。对于同一相两臂中的电流互感器，其变比也应相同，而且其特性也尽量一致。

在正常运行情况下，电流继电器都不会动作，如果在运行中任意一个臂的某一台电容器的内部有部分串联元件击穿，则该臂的电容量增大，其容抗减小，因而该臂的电流增大，使两臂的电流失去平衡。当两臂的电流之差大于整定值时，电流继电器动作，并经过一段时间后，中间继电器动作，作用于跳闸，将电源断开。由图 13-6 可以看出，差动和信号回路是各自分开的，而时间及出口回路是各相共用的。

电流继电器的整定按以下两个原则进行计算。

（1）为了防止误动作，电流继电器的整定值必须躲开正常运行时电流互感器二次回路中由于各臂的电容量配置不一致而引起的最大不平衡电流，即

$$I_{op,r} = K_{rel} I_{unb,max} \qquad (13-10)$$

式中　K_{rel}——横差保护的可靠系数，取 2；

　　　$I_{unb,max}$——正常运行时二次回路最大不平衡电流。

（2）在某台电容器内部有 50%～70%串联元件击穿时，保证装置有足够的灵敏系数，即

$$I_{op,r} = \frac{I_{unb}}{K_{s,min}} \qquad (13-11)$$

式中　$K_{s,min}$——横差保护的灵敏系数，取 1.8；

　　　I_{unb}——一台电容器内部 50%～70%串联元件击穿时，电流互感器二次回路中的不平衡电流。

为了躲开电容器投入合闸瞬间的充电电流，以免引起保护的误动作，在接线中采用了延时 0.2s 的时间继电器。

横差动保护的优点是原理简单、灵敏系数高、动作可靠、不受母线电压变化的影响，因而得到了广泛的利用。其缺点是装置电流互感器太多，对同一相臂电容量的配合选择比较费事。

三、中性线电流平衡保护

中性线电流平衡保护用于保护双星形接线电容器组的内部故障，其原理接线图如图 13-7 所示。

由图 13-7 可见，在两个星形的中性点之间的连线上，接入一只电流互感器 TA，其二次侧接入电流继电器 KA。这种接线方式的原理实质是比较每相并联支路中电流的大小。当两组电容器各对应相电容量的比值

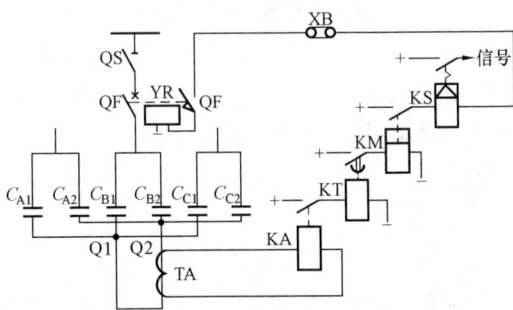

图 13-7　电容器组中性线电流平衡保护原理图

相等时，中性点连接线上的电流为零，而当其中任一台电容器内部故障有 70%～80%串联元件击穿时，中性点连接线上出现的故障电流会使电流继电器动作，使断路器跳闸。

电流继电器动作电流的整定原则同横差保护，即：

（1）为了防止误动作，电流继电器的整定值必须躲开正常运行时电流互感器二次回路中由于各臂的电容量配置不一致而引起的最大不平衡电流，即

$$I_{op,r} = K_{rel} I_{unb,max} \qquad (13-12)$$

式中　K_{rel}——可靠系数，取 1.5；

　　　$I_{unb,max}$——正常运行时二次回路最大不平衡电流。

（2）在某台电容器内部有 70%～80%串联元件击穿时，保证装置有足够的灵敏系数，即

$$I_{op,r} = \frac{I_{unb}}{K_{s,min}} \qquad (13-13)$$

式中　$K_{s,min}$——保护的灵敏系数，取 1.8；

　　　　I_{unb}——一台电容器内部 $70\%\sim80\%$ 串联元件击穿时，电流互感器二次回路中的不平衡电流。

四、电容器组的过电压保护

为了防止在母线电压波动幅度比较大的情况下，导致电容器组长期过电压运行，应该装设过电压保护装置，其原理接线图如图 13-8 所示。

当电容器组有专用的电压互感器时，过电压继电器 KV 接于专用电压互感器的二次侧，如无专用电压互感器时，可以将电压继电器接于母线电压互感器的二次侧。

过电压继电器的动作电压按下式整定计算，即

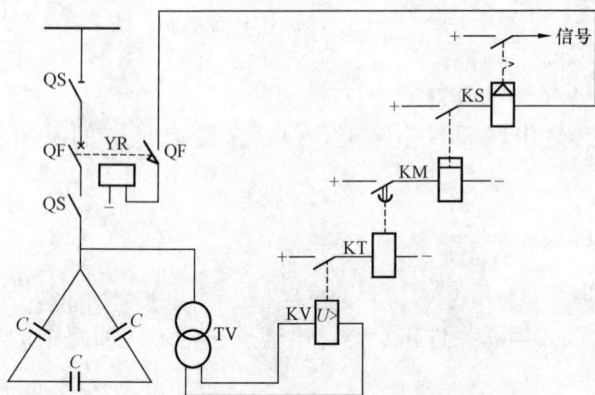

图 13-8　电容器组的过电压保护原理接线图

$$U_{op,r} = K_{ov} \frac{U_{NC}}{K_{TV}} \tag{13-14}$$

式中　U_{NC}——电容器的额定电压；

　　　　K_{TV}——电压互感器变比；

　　　　K_{ov}——决定于电容器承受过电压能力的系数，一般取 1.1。

当运行中的电压超过式（13-14）所整定的值时，电压继电器动作，启动 KT，经过一定时间启动中间继电器，使断路器跳闸。

思 考 题 与 习 题

13-1　为什么容易过负荷的电动机的电流速断保护宜采用 GL-10 系列的感应型电流继电器？

13-2　电动机装设低电压保护的目的是什么？对电动机低电压保护有哪些基本要求？

13-3　同步电动机和异步电动机的保护装置有什么不同？

13-4　同步电动机的失步保护按照什么原理来构成的？

13-5　移相电容器的过电流保护有什么作用？

13-6　说明电容器组横联差动保护的作用和工作原理。在什么情况下电容器组可以装设横联差动保护？

13-7　在什么情况下电容器组可以采用中性线平衡保护？这种保护的原理实质是什么？

13-8　电容器组为什么要装设过电压保护？过电压继电器从哪里获得电压？

13-9　有一台 KV6 高压电动机，容量 850kW，额定电流 $I_{NM}=97A$，启动电流倍数 $K_{ss}=5.8$，电流互感器变比 $K_{TA}=150/5$，最小运行方式下，电动机出口端子上三相短路电流 $I_{k,min}^{(3)}=9000A$，采用 GL-14/10 型电流继电器，实现电流速断保护和过负荷保护，采用两相电流差接线。试作保护的整定计算。

第十四章　微机继电保护原理

本章介绍了微机继电保护的基本知识和发展方向，以及微机继电保护装置硬件系统和软件系统的构成原理，重点阐述了微机继电保护的基本算法和提高微机继电保护可靠性的措施。

第一节　概　　述

一、微机继电保护发展概况

微机继电保护（简称微机保护）是一种数字式继电保护，是基于可编程数字电路技术和实时数字信号处理技术实现的电力系统继电保护。对于微机保护的一些基本概念在第一章第三节中数字型微机继电保护中已做了简要介绍。

继电保护装置按其实现技术可分为机电型、整流型、晶体管型、集成电路型和微机型五大类，虽然目前这五类保护在电力系统中都在使用，但微机保护装置在电力系统中已占主导地位。在发达国家，微机保护占现有保护的70%以上。

目前，国内外已研制出以32位数字信号处理器为硬件基础的保护、控制、测量及数据通信一体化的微机保护综合控制装置，并将一些人工智能技术引入继电保护中，如用人工神经网络、模糊理论实现故障类型判别、故障测距、方向保护、主设备保护等新方法。用小波理论的数字手段分析故障产生信号的整个频带信息并用于实现故障检测。这些人工智能技术不仅为提高故障判别精确度提供了手段，而且使某些基于单一工频信号的传统算法难以识别的问题得到解决。目前，微机继电保护正沿着微机保护网络化、智能化、自适应和保护、控制、测量、信号、数据通信一体化的方向发展。

二、微机保护装置的特点

1. 维护调试方便

传统的继电保护装置调试工作量很大，而微机保护装置除输入和修改整定值及检查外部接线外几乎可以不用调试。微机保护装置的硬件和软件都有自检功能，装置上电后，有故障时就会立即报警，大大减轻了运行维护工作量。

2. 可靠性高

微机保护装置具有在线自检功能，对装置硬件和程序软件先自检，可避免由于硬件异常引起的保护误动作或电力系统故障时拒动。在保护软件程序上可实现常规保护无法实现的自动纠错，即自动识别和排除干扰，防止采样信号受到干扰而造成保护误动作。

3. 易于获得各种附加功能

微机保护装置通常配有通信接口。通过连接打印机或其他显示设备，可在系统发生故障后提供多种信息。可将保护动作信息上传至故障录波信息系统，实现调度的实时检测及对保护动作情况分析。

4. 灵活性大

目前，保护装置硬件设计尽可能采用相同设计方案。当采用多 CPU 实现多种保护功能时。每块 CPU 模块的硬件设计也倾向于尽量相同。由于继电保护原理由软件来决定，因此只要改变软件就可以改变保护的特性和保护功能。

5. 保护性能得到改善

微处理器的使用，使传统型式的继电保护中存在的许多技术问题得以解决。人工智能技术或复杂的数学算法可以在微机保护中得到实现。

6. 经济性好

微处理器和集成电路芯片的性能不断提高，而价格一直在下降。而电磁型继电器的价格在同一时期内却不断上升。而且微机保护装置基于通用硬件可实现多种保护功能，使硬件种类大大减少，这样在经济性方面也优于传统保护。

第二节　微机继电保护装置硬件的构成原理

微机保护装置的结构如图 1-4 所示，由数据采集单系统（即模拟量输入部分）、数据处理系统（即计算机系统）、开关量输入/输出通道、外部通信接口和电源构成。

（1）数据采集系统。模拟量输入通道为电流、电压信号，由于电流、电压为随时间变化的连续信号，而计算机只接收数字信号，因此需要将这种类型的模拟信号转变为数字信号，完成模拟量到数字量的转换。该系统包括电流、电压形成和模数转换模块，以完成模拟输入量准确地转换为数字信号的功能。

（2）数据处理系统（计算机系统）。计算机系统包括微处理器、存储器、随机存储器、定时器及并行口等。微处理器执行存放在程序存储器中的保护程序，对由数据采集系统输入至随机存取存储器中的数据进行分析处理，以完成各种继电保护功能。

（3）开关量输入输出通道。微机继电保护装置通过数字量输出实现对断路器等控制。开关量输入输出通道由若干并行接口、光电耦合器件及中间继电器等组成，完成各种保护出口跳闸、信号报警、外部触点输入及人机对话等功能。

（4）通信接口。它包括通信接口电路和接口，以实现多机通信或联网。

（5）电源。电源的作用是将 220V 或 110V 直流电源变换成供给微处理器、数字电路、模数转换芯片及继电器所需要的弱电电压，有 ±12、±24、$\pm5V$ 等。

一、数据采集系统

微机保护从被保护的电力设备和线路的电流互感器、电压互感器上取得电压、电流量信息，但由于这些互感器二次侧数值变化范围超过了微机系统所能承受的能力，因此需要降低和转换为微机保护中通常需要的输入电压范围，如 $\pm5V$ 或 $\pm10V$。目前，通常利用电流变换器、电压变换器和电抗变换器进行电量变换。

微机保护模数变换方式主要有两种：一种是 ADC 方式，另一种是 VFC 方式。对于中低压电力系统，这两种方式都在使用；而高压或超过高压的保护装置，我国目前采用 VFC 变换方式。ADC 方式是将模拟量直接转换为数字量的方法；而 VFC 是将模拟量先转变为频变脉冲量，再通过脉冲计数变换为数字量的一种变换方式。

ADC 式数据采集系统如图 14-1 所示。

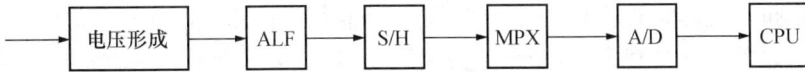

图 14 - 1　ADC 式数据采集系统框图

1. 电压形成回路

交流电流变换一般采用电流变换器（UA），并在其二次侧并联电阻以取得微机保护装置硬件电路所需要的电压信号，只要铁芯不饱和，其二次电流及并联电阻上电压波形就可保持与一次侧电流波形相同且同相，可以做到不失真变换。电流变换器在非周期分量的作用下容易饱和。其线性度变差，动态范围也变小。电压形成回路除了起电量变换外，还起到隔离作用。它使微机保护装置在电路上与电力系统二次回路隔离，在变换器一次与二次绕组之间通常有接地的屏蔽绕组以防止来自高压系统的电磁干扰。

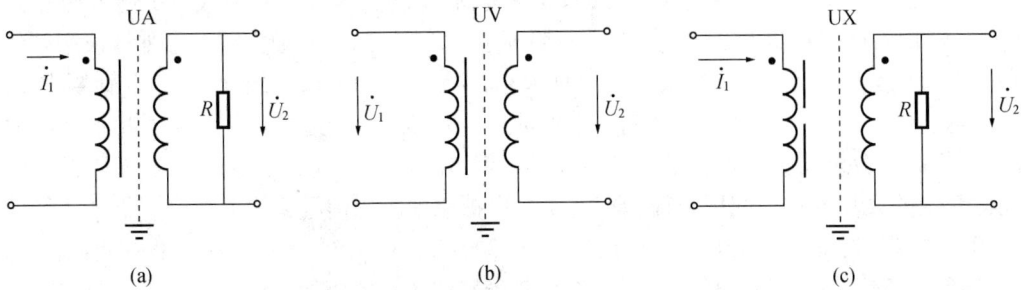

图 14 - 2　输入变换及电压形成回路原理图

(a) 电流变换器 UA；(b) 电压变换器 UV；(c) 电抗变换器 UX

电抗变换器（UX）的优点是线性范围大，铁芯不易饱和，有移相作用。它能抑制低频分量，放大高频分量，因此二次侧电压波形在暂态时会发生畸变。

电流变换器、电压变换器和电抗变换器的工作原理在第二章第三节已详细分析过，这里不再介绍。

2. 采样保持（S/H）电路和模拟低通滤波器（ALF）

（1）采样保持（S/H）电路。采样保持电路的作用是在一个极短的时间内测量模拟输入量在该时刻的瞬时值，并在模数转换器进行转换的期间内保持输出不变。把随时间连续变化的电气量离散化。

采样保持电路的工作原理可用图 14 - 3 说明。

采样保持电路由一个电子模拟开关 S、电容 C 和两个阻抗变换器构成。开关 S 受逻辑输入端电平控制。在高电平时 S "闭合"，此时电路处于采样状态，C 迅速充电或放电到采样时刻电压值。S 的闭合时间应满足使 C 有足够的充电和放电时间，即采样时间。为缩短采样时间采用阻抗变换器 I，它在输入端呈现高阻抗，输

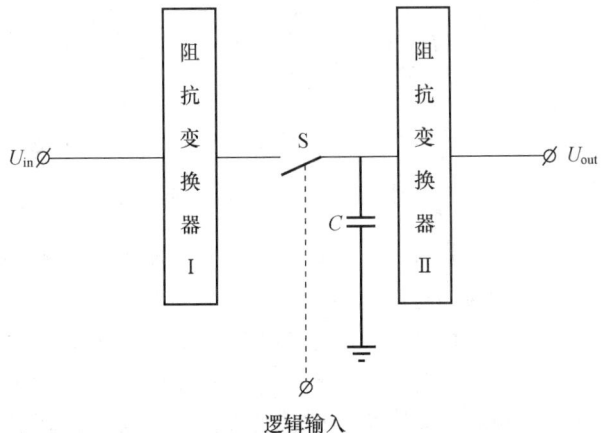

图 14 - 3　采样保持电路工作原理图

出端呈现低阻抗，使电容 C 上电压能迅速跟踪 U_{in} 值。S 打开时，电容 C 上保持住 S 打开瞬时的电压，电路处于保持状态。同样，为提高保持能力，电路中应用了另一个阻抗变换器Ⅱ，它对 C 呈现高阻抗，而输出阻抗低，以增强带负荷能力。

（2）模拟低通滤波器（ALF）。电力系统在发生故障时，故障瞬间的电压或电流里一般含有各种高频分量，而目前微机保护原理大部分是反映工频分量的，同时任何实际的变换器所能达到最高采样频率总是有限的。由奈奎斯特（Nyqnist）采样定理可知，如果被采样信号为有限带宽的连续信号，其所含的最高频率成分为 f_{max}；则采样频率 f_s 应不小于 $2f_{max}(f_s \geqslant 2f_{max})$，原来的模拟信号就可以完全恢复而不会畸变，否则将产生频率混叠现象，使原来的信号波形发生畸变。

为了防止频率混叠，微机保护系统采样频率必须高达 4kHz，这样对微机中央处理单元（CPU）的速度提出了过高要求，因为数据采集系统是以采样频率向 CPU 输入数据，而 CPU 必须在两次采样间隔时间 T_s（采样周期等于 $1/f_s$）内，处理完对一组采样值必须作的各种操作及运算，否则 CPU 将跟不上时钟节拍而无法正常工作。故 f_s 越高，则要求 CPU 的速度越快。如果在故障电压或电流等模拟量进入采样保持器之前，用一个模拟低通滤波器（ALF）将高频分量滤掉，仅让低频分量通过，就可降低采样频率 f_s 的值。从而降低了对微机硬件系统的过高要求。使用采样频率通常按保护原理所用信号频率的 4～10 倍来选择。例如常用采样频率为 $f_s = 600\text{Hz}(N=12)$，$f_s = 800\text{Hz}(N=16)$，$f_s = 1000\text{Hz}(N=20)$ $f_s = 1200\text{Hz}(N=24)$ 等，其中 N 为采样频率相对于基波频率的倍数，$N = f_s/f_1 = T_1/T_s$，称为每基频周期采样点数。

前置模拟低通滤波器通常分为两大类：一类是由 RLC 元件构成的无源滤波器；另一类是由集成运算放大器与 RC 元件构成的有源滤波器。

1）无源滤波器。无源低通滤波器电路图和幅频特性如图 14-4 所示。是采用电阻电容 C 串联构成的滤波电路。

由图 14-4（a）可得

$$\dot{U}_{out} = \dot{U}_{in} \frac{1}{1 + j3R\omega C + (jR\omega C)^2} \tag{14-1}$$

即

$$\frac{\dot{U}_{out}}{\dot{U}_{in}} = \frac{1}{1 + j3R\omega C + (jR\omega C)^2} \tag{14-2}$$

令 $s = j\omega$，$H = \dfrac{\dot{U}_{out}}{\dot{U}_{in}}$，则由式（14-2）可得

$$H(s) = 1/[1 + 3RCS + (RCS)^2] \tag{14-3}$$

图 14-4（b）中 ω_0 为滤波器中心频率，$\omega_0 = \dfrac{1}{RC}$。当 $R = 3R\Omega$、$C = 0.47\mu F$ 时，其幅频特性为图 14-4（b）中曲线 1，可见这种滤波器频率特性是单调衰减的，不能做到通带平坦和过渡带陡峭，它可用于反映基波分量的保护，对于反映谐波分量保护，由于这种 RC 滤波电路对本来在数据值就较小的那些谐波分量衰减过大，将对保护性能产生不良影响。

2）有源滤波器。如图 14-5 所示，有源滤波器原理电路。这种滤波器是由 RC 网络与运算放大器构成，具有良好的滤波性能，且阶数越高，它的频率响应就越具有十分平坦的通带和陡峭的过滤带，但会增加装置的复杂性和时延，故滤波器阶数不宜过高。

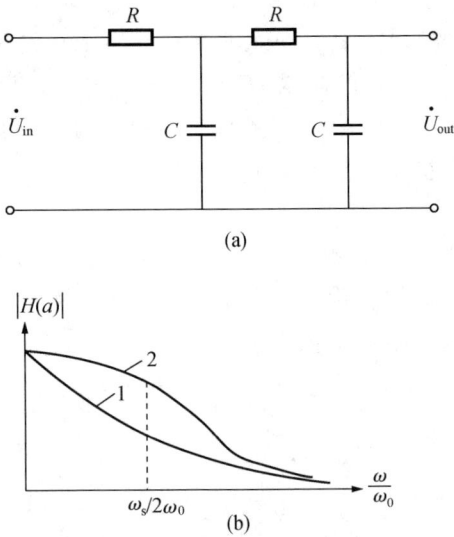

图 14 - 4　无源滤波器的原理电路及幅频特性
(a) 电路图；(b) 幅频特性曲线

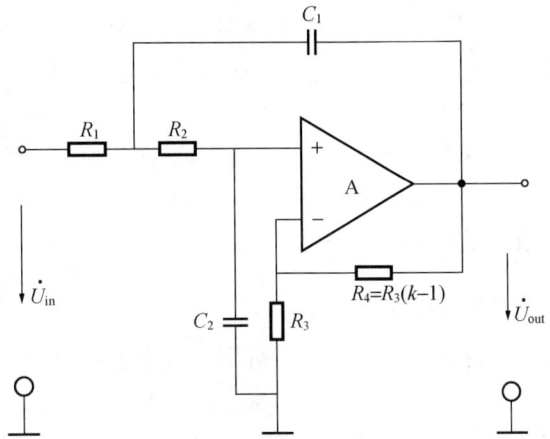

图 14 - 5　有源滤波器原理电路

图 14 - 5 是常用二阶有源低通滤波电路，称为单端正反馈低通滤波器。它的优点是仅用一个运算放大器，结构简单，所用 RC 元件较少，当运算放大器频率偏离滤波器频率特性时不会引起振荡。其缺点是元件参数变化对滤波器滤波效果影响较大。该滤波器传递函数为

$$H(s) = \frac{\dot{U}_{\text{out}}}{\dot{U}_{\text{in}}} = \frac{\dfrac{K}{R_1 R_2 C_1 C_2}}{s^2 + s\left(\dfrac{1}{R_1 C_1} + \dfrac{1}{R_2 C_1} + \dfrac{1-K}{R_2 C_2}\right) + \dfrac{1}{R_1 R_2 C_1 C_2}} \quad (14 - 4)$$

式中 $K = 1 + R_4/R_3$，$s = \text{j}\omega$，$\omega_0 = 1/\sqrt{R_1 R_2 C_1 C_2}$

若取 $C_1 = 0.33\mu\text{F}$，$C_2 = 0.33\mu\text{F}$，$R_1 = 2.27\text{k}\Omega$，$R_2 = 4.55\text{k}\Omega$，$R_3 = R_4 = 13.64\text{k}\Omega$，则幅频特性如图 14 - 4（b）中曲线 2 所示。

3. 模拟量多路转换开关（MPX）

保护装置通常需要对多个模拟量同时采样，以准确得到各个电气量之间的相位关系并且使相位关系经过采样后保持不变。故硬件中对每个模拟量设置一套电压形成回路，ALF回路及 S/H 回路。但由于 A/D 转换器价格较贵，为了降低成本采用多路采样，通道共用一个 A/D 转换器，用多路转换开关实现通道切换。

常用的多路转换开关包括选择接通路数的二进制译码电路和由它控制的各路电子开关。它们被集成在一个芯片中。

图 14 - 6 为常用 16 路多路转换开关芯片

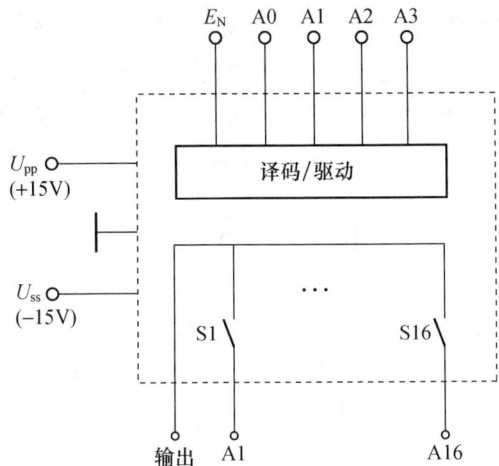

图 14 - 6　多路转换开关原理图

AD7506 内部电路组成框图。它有 A0～A3 四个路数选择线以便由 CPU 通过并行接口芯片或其他硬件电路给 A0～A3 赋以不同的二进制码,选通 S1～S16 中相应的一路电子开关 S_i,将被选中的某一路模拟量,接通至公共的输出端供给 A/D 转换器。E_N 为芯片选择线,只有 E_N 端接入高电平时 MPX 才处于工作状态,否则不论 A0～A3 在什么状态,S1～S16 均处于断开状态。设置 E_N 是为了可将多个芯片并联使用以扩充多路转换开关的路数。

4. 模数转换器 (A/D)

实现模拟量变换成数字量的硬件芯片称为模数转换器,也称为 A/D 转换器。A/D 转换器可以认为是一种译码电路,它将输入的模拟量 U_A 相对于模拟参考量 U_R 经译码电路转换成数字量 D 输出。一个理想的 A/D 转换器,其输入和输出关系式为

$$D = \frac{U_A}{U_R} \tag{14-5}$$

式中,D 为小于 1 的数,可用二进制表示为

$$D = B_1 2^{-1} + B_2 2^{-2} + \cdots + B_n 2^{-n} \tag{14-6}$$

式中,B_1 为最高位 (MSB) B_n 为最低位 (LSB)。$B_1 \sim B_n$ 均为二进制码,其值只能是 "1" 或 "0"。

式 (14-5) 又可写为

$$U_A \approx U_R (B_1 2^{-1} + B_2 2^{-2} + \cdots + B_n 2^{-n}) \tag{14-7}$$

式 (14-7) 即为 A/D 转换器中模拟信号量化的表达式。

由于编码电路位数总是有限的,而实际的模拟量公式 U_A / U_R 都可能为任意值,因此对连续的模拟量用有限长位数的二进制数表示时,不可避免地要舍去最低位 (LSB) 更小的数,从而引入一定误差。显然 A/D 转换器译码的位数越多,即数值分得越细,量化误差就越小,或称为分辨率就越高。量化误差为 $q = \frac{1}{2^n} U_R$,分辨率为 $FSR / 2^n$ (FSR 为满量程电压)。例如,一个满量程电压为 10V 的 12 位 A/D 转换器能够分辨模拟量输入电压变化的最小值为 2.44mV。A/D 转换器的分辨率的高低取决于位数多少。用转换器的位数 n 来间接代表分辨率。模数转换器总体上可以分成两种类型,一类是直接型 A/D 转换器,另一类是间接型 A/D 转换器。在直接型 A/D 转换器中,输入模拟电压离散值被直接转换成数字代码,不经过任何中间变换;而在间接型 A/D 转换器 (VFC 型) 中,首先把输入的模拟电压转换成某种中间变量 (频率) 然后再把这个中间变量转换成数字代码输出。

模数转换器可分为两大类型,即比较式和积分式。下面对这两种方式的原理进行简单说明。

(1) 逐位比较式 A/D 转换器。比较式有逐位比较式和并联比较式。以下介绍逐位比较式 A/D 转换器的工作原理。

1) 数模转换器 (DAC 或 D/A 转换器)。由于逐位比较式 A/D 转换器要用到数模转换器 D/A,因此先介绍 D/A 数模转换器。

数模转换器作用是将数字量 D 经解码电路变成模拟量输出。图 14-7 为一个四位数模转换器的原理图。图中,电子开关 S0～S3 分别受四位数字量 $B_4 \sim B_1$ 控制。当某一位 B_i 为 "0" 时,则对应开关 Si 向右 (接地);而为 "1" 时,则 Si 会向左接通运算放大器 A 的反相输入端 (虚地)。流向运算放大器反相端的总电流 I_Σ 反映了四位输入数字量的大小,它经过

总反馈电阻 R_F 变换成电压 U_{out} 输出。由于运算放大器 A 的"+"接参考地，所以其负端为"虚地"，运算放大器 A 的反相输入端电位实际上也是地电位，因此不论图中各开关合向哪侧，对电阻网络中电流分配（$I_1 \sim I_4$）都不会有影响。

从图 14-7 中的 $-U_R$、a、b、c 四点分别向右看，网络等值电阻都是 R，因而 a 点的电位必定是 $1/2U_R$，b 点电位为 $1/4U_R$，

图 14-7 四位数模 D/A 转换器原理图

c 点电位为 $1/8U_R$。相应电流分别为 $I_1=U_R/2R$，$I_2=1/2I_1$，$I_3=1/4I_1$，$I_4=1/8I_1$。

各电流之间的相位关系正是二进制数每一位之间的数的关系，因而图中总电流 I_Σ 必然正比于数字量 D，即

$$I_\Sigma = B_1 I_1 + B_2 I_2 + B_3 I_3 + B_4 I_4$$
$$= B_1 I_1 + B_2 \frac{1}{2} I_1 + B_3 \frac{1}{4} I_1 + B_4 \frac{1}{8} I_1$$
$$= (B_1 2^0 + B_2 2^{-1} + B_3 2^{-2} + B_4 2^{-3}) \frac{U_R}{2R}$$
$$= (B_1 2^{-1} + B_2 2^{-2} + B_3 2^{-3} + B_4 2^{-4}) \frac{U_R}{R}$$
$$= D \frac{U_R}{R}$$

输出电压为

$$U_{out} = I_\Sigma R_F = \frac{U_R R_F}{R} D \tag{14-8}$$

可见，输出模拟电压 U_{out} 与输入数字量 D 成正比，比例系数为 $\frac{U_R R_F}{R}$。

2）逐位比较式 A/D 转换器工作原理。图 14-8 所示为 A/D 转换器原理框图，其工作原理如下：

由控制器首先在数码设定器中设置一个数码，并经 D/A 转换器转换为模拟量 U_{out}，使之与模拟量输入电压 U_A 比较。若 $U_{out} > U_A$，则重新设定极小的数码，转换成较小电压 U_{out} 与 U_A 再作比较。如 $U_{out} < U_A$，则保留设置的数码，并再附加一个较小的数码，使总数码转换成 U_{out} 与 U_A 再进行比较，并根据比较结果重复上述过程，直到 U_{out} 与 U_A 接近到误差小于所允许的设定数码中可改变

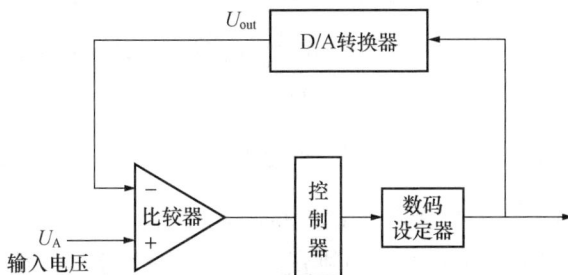

图 14-8 逐位比较式 A/D 转换器原理框图

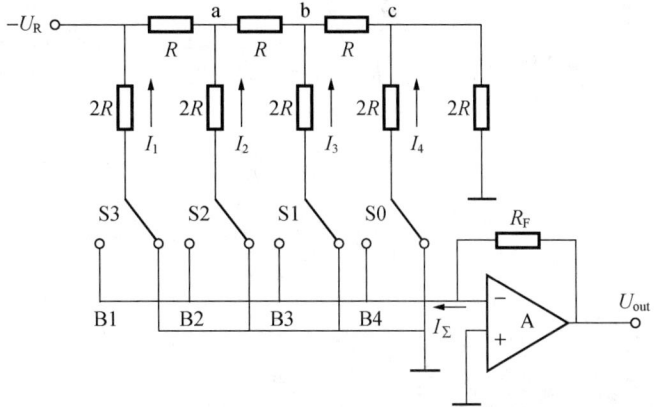

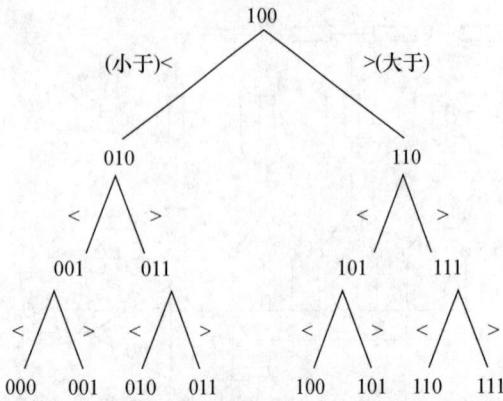

图 14 - 9　三位 A/D 转换器的二分搜索法示意图

的最小值，则数码设定器此时的数码总值即为转换结果。

逐位比较逼近的步骤通常采用二分搜索法。二分搜索法是一种最快的逼近方法，n 位 A/D 转换器只要比较 n 次即可，比较次数与输入模拟量大小无关。

如图 14 - 9 所示，逐位比较过程如下：

第一步，转换器启动最高位（MSB）设为"1"即数码 100，D/A 转换器将此数码转换为 U_{out}，若 $U_{out} > U_A$，则去掉"1"而置"0"，接着将第二位置"1"，即数据为 010；若 $U_{out} < U_A$ 则保留"1"，接着第二位置"1"，即数码为 110。

第二位，D/A 转换器将第一步得到数码转换成 U_{out} 并于 U_A 相比较，若 $U_{out} > U_A$，则去掉该位"1"而将之置"0"；若 $U_{out} < U_A$，则保留该位"1"，依次类推，直至最低位（LSB）。

（2）VFC 模数转换器。间接型 VFC 模数转换器的作用也是完成对交流输入变换器输出模拟量进行数字量的转化。为方便多 CPU 的数据共享，免去多 CPU 共享必须采用的十分复杂的接口电路，可以选用 VFC 型模数转换器，各路采样并行工作，不再需要采样保持器。

VFC 的输出电压的频率与输入电压是线性关系，经计数器计数后送入总线供 CPU 使用。各路计数器均安装在各 CPU 模件上，各 CPU 使用的计数器是并行工作的，这样处理结果提高了数字测量的精度和分辨率。它们工作方式如图 14 - 10 所示。

典型的电荷平衡式 VFC 器件内部电路如图 14 - 11 所示。这种转换器的工作原理是产生频率正比于输入电压的脉冲序列，然后在固定时间内对脉冲序

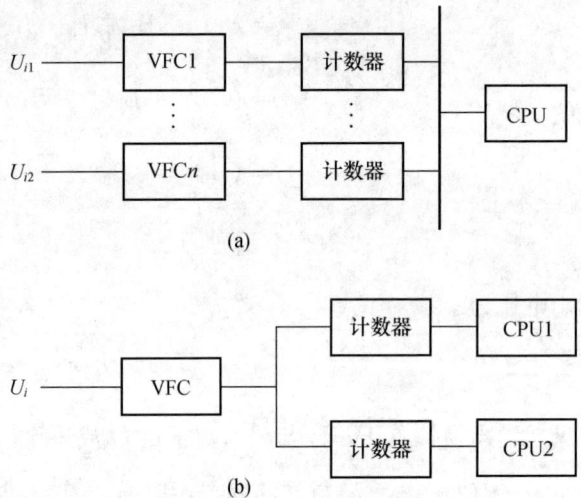

图 14 - 10　VFC 模数转换器工作方式
（a）每一个输入量设置 VFC 及计数器；
（b）多个 CPU 共用一个 VFC 型模数转换器

列计数，除计数器和定时器外，该电路可看作一个振荡频率受输入电压 U_{in} 控制的多谐振荡器。A1 为运算放大器，A1 与 R_1、C 共同构成一个积分器，A2 为零电压比较器。

VFC 器件电路设计时，要求：$I_{1,max} < I_2 = \dfrac{E_r}{R_2}$ 即　$U_{in,max} < \dfrac{R_1}{R_2} E_r$，其中 $U_{in,max}$、$I_{1,max}$ 为允许输入的最大电压、电流值，E_r 为基准电压，R_1 为输入电阻，R_2 为 a 点至 E_r 之间电阻。

当积分器输出电压 U_c 下降至 0V 时，零电压比较器发生跳变，触发脉冲发生器，使其产生一个宽度为 T_0 的脉冲，在 T_0 期间，模拟开关 S 接向负参考电压 $-E_r$。由于电路设计

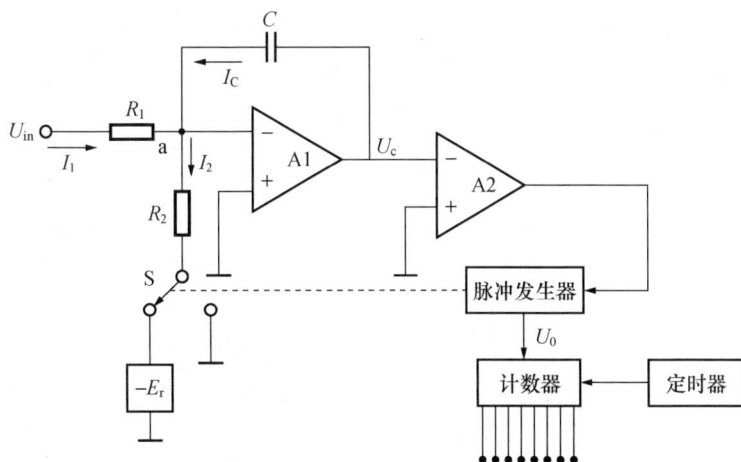

图 14 - 11　VFC 模数转换器电路结构图

$E_r / R_2 > U_{in} / R_1$ ，因此，在 T_0 期间积分器一定以反充电为主，使 U_c 上升到某一电压值，T_0 结束后，由于只有正的输入电压 U_{in} 作用，使积分器充电，输出电压 U_c 沿负斜线下降。当 U_c 下降至 0V 时，比较器翻转，再次触发脉冲发生器，产生一个宽度 T_0 的脉冲，再次反充电，如此反复振荡不止，其波形如图 14 - 12 所示。

经过数学分析，可得到输出电压的振荡频率与输入电压的关系为

$$f = \frac{1}{T} = \frac{R_2}{R_1 T_0 E_r} U_{in} = K_V U_{in}$$

U_c 变化周期与 VFC 输出端 U_0 周期一致，且 R_1、R_2、E_r、T_0 均为常数，说明转换系

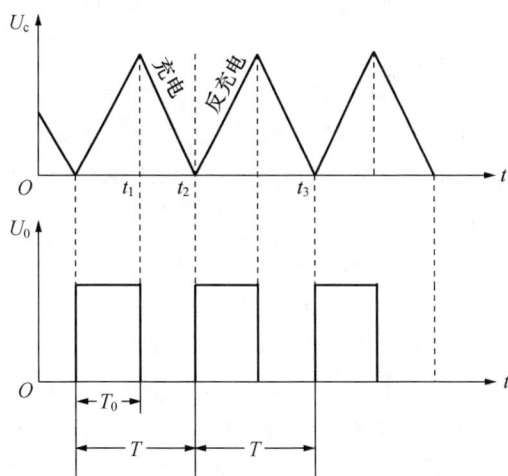

图 14 - 12　VFC 电路波形图

数 K_V 为常数，即 VFC 输出信号 U_0，频率 f 与输入电压 U_{in} 成正比。

这样只要测量 VFC 输出端方波脉冲频率，就可以反映输入电压的大小，通过计数器统计脉冲"个数"，取计数器输出的是数字量 D，便于计算机读取。在一个采样间隔 T_s 内对计数器计数结果进行读数，相当于在这个间隔时间内对脉冲"个数"进行求值计算可等效为积分，则有

$$D = \int_t^{t+T_s} f \, \mathrm{d}t = K_V \int_t^{t+T_s} U_{in} \mathrm{d}t \qquad (14 - 9)$$

这说明，VFC 模数转换器的输出值与输入信号的积分成正比，且比例系数为常数，由积分关系可知道，VFC 器件构成的数据采集系统具有低通滤波的效果，如图 14 - 13 所示。因此，不需要另设低通滤波器来克服混频现象。

VFC 型数据采集系统特点有以下几点。

1）普通 A/D 转换器是对瞬时值进行转换，而 VFC 型是对输入信号的连续积分，因此

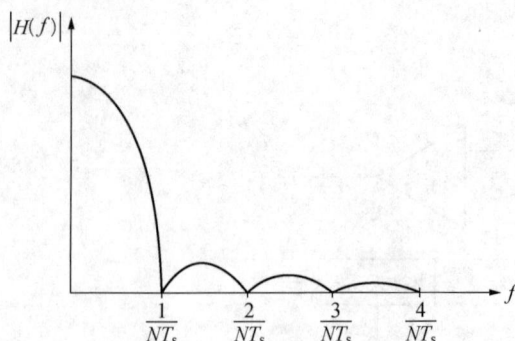

图 14-13　VFC 的幅频特性

具有低通滤波的效果同时可大大抑制噪声。

2）抗干扰能力强。

3）位数可调。

4）与微型机接口简单。

5）实现多机共享。

6）易于实现同时采样。

7）不适用于高频信号采集。

VFC 型数据采集系统的分辨率决定于芯片输出最高频率 f_{max} 和计算间隔时间 NT_s，即

$$D_k = f_{max} \times NT_s$$

若 $T_s = 5/3\text{ms}$，$f_{max} = 500\text{kHz}$，$N = 2$ 时，$D_k = 1666$ 相当于常规 10 位 A/D 芯片（不考虑信号极性）。

VFC 型数据采集系统本身有抑制高频信号作用。VFC 的最高频率不能太高，受到集成电路技术的限制。

二、计算机系统

计算机系统是由 MPU 微处理器、存储器、定时器/计数器等构成 CPU 主系统、接口板及打印机等外围设备组成。下面简单介绍各部分的主要内容。

1. 中央微处理器（CPU）

CPU 是计算机系统自动工作的指挥中枢，计算机程序的运行依赖于 CPU 来实现。因此，CPU 的性能好坏在很大程度上决定了计算机系统性能的优劣。当前应用于电力系统中的微机继电保护所采用的 CPU 多种多样，且多为 8 位或 16 位 CPU，如 Intel 公司的 8086/8088、8031 系列及其兼容产品 8098、8096 以及 80C196 等等。这一类 CPU 均是 20 世纪 80、90 年代的主流 CPU。其中，80C196 系列 CPU 是目前国内微机继电保护装置中最常采用的一种 CPU。一方面这一系列 CPU 具有较高的性能价格比，另一方面这一系列 CPU 的指令、结构以及寻址方式等均与早期较流行的 8098/8096 相似，使早期基于 8098/8096 的微机继电保护装置可以较顺利地移植到 80C196 上来。随着微电子技术近几年来突飞猛进的发展，新一代 32 位的 CPU 伴随着大规模/超大规模集成电路的广泛应用而被新一代微机继电保护装置中普遍采用。这一类 CPU 品种较多，如 Motorola 公司的 MC863XX 系列就是目前使用较多的一类。另一方面，随着数字信号处理器（DSP）的广泛应用，微机继电保护装置采用 DSP 来完成保护功能、实现保护算法已成为一种发展趋势。下面我们就来具体介绍一下 DSP 的特点及其作为微机继电保护装置中 CPU 主系统的优势。

（1）数字信号处理器的概念及其特点。数字信号处理器（DSP）是一种经过优化后用于处理实时信号的微控制器，它的出现是伴随着微电子学、计算机技术以及数字信号处理技术等学科的飞速发展而产生的。由于具有高运算速度、高可靠性、低功耗、低成本以及在 CPU 指令中直接提供数字信号处理的相关算法等等优点，DSP 已在计算机领域得到了广泛的应用。其主要特点可以概括如下。

1）哈佛结构和超级哈佛结构。微控制器一船包含哈佛结构和冯诺伊曼结构两种基本结构，冯诺伊曼结构将程序总线和数据总线映射到同一地址空间内，每次 CPU 存取指令和数据必须依次进行。而哈佛结构则具有独立的程序总线和数据总线，这样 CPU 可在一个机器周期中同时取到指令和数据，大大缩短了指令周期。在近 10 年的发展中，DSP 更从传统哈佛结构发展到超级哈佛结构。它提供四条总线的能力，即在一个指令周期中，DSP 可取下一条指令，完成两个数据的传输，并把数据移入或移出内部存储器，而这些均不占用 CPU 计算时间，且在一个指令周期内完成，减少了访问冲突，从而获得高速运算能力。

2）流水线技术。流水线技术又称管道操作，即取指令操作和执行指令重叠进行。一般 DSP 都具有二到三级流水线以及相对快速的中断执行时间。

3）硬件支持的运算指令。DSP 直接支持硬件乘法器。使得乘除法等运算指令在单指令周期内完成。这有利于完成大负荷的复杂数学运算。通常 DSP 的指令周期从几纳秒到几十纳秒不等。

4）支持灵活的寻址方式。DSP 支持如循环寻址、位翻转寻址等等适合实现数字信号处理算法的特殊寻址方式。采用这些寻址方式可大大简化数字信号处理算法的实现，加快运算速度。

5）特殊的 DSP 指令。在 DSP 器件中，通常有些针对数字信号处理算法的特殊指令，例如，在单指令周期中完成加载寄存器、移动数据同时进行累加操作。

6）针对寄存器文件和累加器的优化。与普通微控制器不同，DSP 是使用多种专用寄存器文件，为高速运算提供优化。许多 DSP 还提供很大的累加器，并可对如数据溢出等异常情况进行处理。

7）拥有简便的内存接口。很多 DSP 为了避免使用大型缓冲器以及复杂的内存接口，以尽可能简化电路设计，减少内存访问。许多 DSP 还有较大的片上内存和片内快闪存储器，进一步加快存储器访问速度，减少外围电路的复杂程度。

8）可灵活构成并行处理系统。并行处理是计算机技术发展的一个重要方向，现在许多 DSP 都提供了用于直接进行并行处理器连接的端口。还有一些 DSP 处理器更提供了高速并行处理所需的独立总线的支持，使其非常容易构成多 DSP 并行处理系统。

总之，由于 DSP 数字信号处理器在结构和性能上的优越性。已经广泛地应用于各种通信和控制系统中。近 10 多年来，随着制造成本的进一步降低以及对高级语言的支持，特别是 C 编译器得到改进和优化，DSP 的应用前景就更为广阔。

（2）以数字信号处理器为核心的微机保护典型结构。随着半导体工艺技术的飞速发展，DSP 的性能价格比不断提高，日益广泛应用于通信、工业控制等领域。由于 DSP 具有的先进的内核结构、高速运算能力以及与实时信号处理相适应的寻址方式等许多方面的优良特性，使许多过去由于 DSP 性能等因素而无法实现的继电保护算法可以通过 DSP 来轻松完成。以 TI 公司主频 66MHz 的 32 位浮点 DSPTMS320C32 为例，其指令周期为 33ns，按每周波采样 64 点算，在每个采样周期内可完成多达 9000 余条 32 位的浮点运算指令，再加上如循环寻址、零开销重复模式等对程序结构的优化，还可进一步提高运行速度。

国内外很早就开始研究将 DSP 应用到继电保护中去，近些年来，已有不少微机保护的生产厂家相继推出以 DSP 为核心所构成的微机保护产品。其典型结构如图 14 - 13 所示。

在这种结构中，DSP 主要承担实时数据的采集以及实现继电保护功能，而将人机接口、网络通信、历史数据追忆等功能均交给监控管理 CPU 完成。这样，将保护功能和其他扩展功能分离，一方面可以使 DSP 更专注于完成保护算法，降低软件设计的复杂程度以减少不必要的

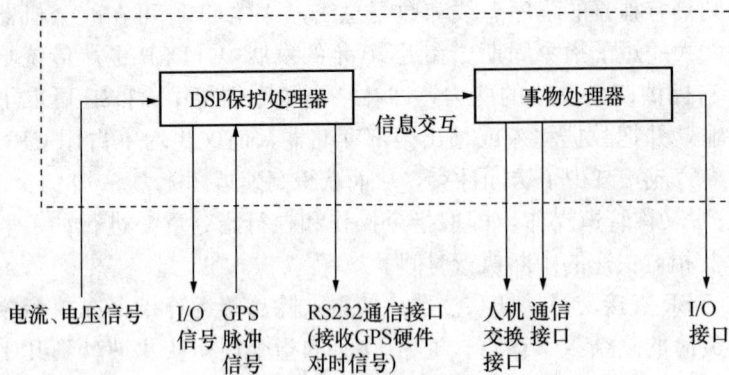

图 14-14 以 DSP 为核心的微机保护典型结构图

失误。另一方面，扩展功能可由更擅长于诸如网络通信、人机接口等功能的 CPU 来完成，以做到各施所长。

（3）微机保护的 CPU 组合方案。

1）单 CPU 的结构。单 CPU 的微机保护装置是指整套微机保护共用一个单片微机完成数据采集、逻辑运算、人机接口、出口信号等任务。这是第一代微机保护装置的特点。如 WBZ-01 型微机变压器保护装置，主保护和后备保护共用一个 CPU，可靠性不高。对于比较简单的微机保护，为了简化保护结构可以采用单 CPU 系统。

2）多 CPU 系统结构。多 CPU 的微机保护装置中，按功能配置多个 CPU 模块，分别完成不同保护原理的多重主保护、后备保护及人机对话等功能。多 CPU 结构的组合方式有很多，主要有①多个 CPU 的方案。典型的结构是 WXB-11 微机保护装置，它配置了四个硬件完全相同的 CPU（8031）插件，分别完成高频保护、距离保护、零序保护、综合重合闸等功能。另外，设置一个 CPU（8031）完成人机对话、通信功能。这种结构的保护装置中，每个保护 CPU 插件都可以独立工作，任何一个模块损坏均不影响其他模块保护的正常工作，防止了一般硬件损坏，而闭锁整套保护，且提供采用三取二启动方式的可能性，大大提高了保护装置的可靠性。②CPU+DSP 方案。此方案中，CPU、DSP 按需要可使用多个，如 RCS-915A 型母线保护装置有四个 DSP 和两个 CPU。其中，CPU 完成保护装置的总启动和人机界面及后台通信功能，DSP 完成所有保护的算法和逻辑功能。③DSP+DSP 的方案。在配电线路的保护监控一体化的智能系统中，考虑到保护的特殊性和测控的实时性要求，可以采用两片 DSP 并行工作，分工合作，使继电保护和测控互不影响。

2. 存储器

存储器用来存放程序、数据和中间运算的结果。计算机利用存储器把程序和数据保存起来，使计算机可以在脱离人的干预下自动地工作，它的存储容量和访问时间直接影响着整个计算机系统的性能。在微机保护中，常见的存储器主要有 EPROM（紫外线擦除电可编程只读存储器）、E^2PROM（电擦除可编程只读存储器）、SRAM（静态随机存储器）、FLASH（快擦写存储器）以及 NVRAM（非易失性随机存储器）等。微机保护运行程序和一些固定不变的数据通常保存在 EPROM 中，因为 EPROM 的可靠性高，只有在紫外线长时间照射下才可以擦除其中的内容，不易丢失。而采样数据、中间运算结果和标志则需存放在 RAM 中，以便随时存取。在继电保护中，定值属于常数性质，运行中间要求随系统运行方式不同而修改，将定值放在 E^2PROM 中比较合适，其可靠性高，但擦除手续相对比较简单。SRAM 主要作用是保存运行过程中临时需要暂存的数据。FLASH 和 NVRAM 都是最近几年迅速发展起来的非易失性存储器，由于它们具有掉电后数据不丢失，而且读写简单方便的优势，在微机继电保护中通常用来保存故障数据，便于事后事故分析。随着大规模集成电路和存储技术的发展，半导体存储器的集成度在成倍地提高，现在已有不少 CPU 将 SRAM/FLASH/EPROM 等集成在一起，一方面降低了 CPU 外围电路的复杂性，另一方面也加强了整个系统的抗干扰能力。

3. 定时器/计数器

定时器/计数器在微机保护中十分重要，除计时作用外，它还有如下两个主要用途：

（1）触发采样信号，引起中断采样；

（2）在 V/F 变换式 A/D 中，是把频率信号转换为数字信号的关键部件。

4. 复位电路（Watchdog）

当微机保护装置受到干扰导致运行程序跑飞后，系统可能陷入死循环，装置处于瘫痪状态。复位电路的作用就是监视程序运行情况，当发生失控时，则立即动作使程序重新开始运行，以避免微机系统产生死机或误动作。

三、开关量输入输出单元

1. 开关量输入回路

对微机保护装置的开关量输入，即触点状态（接通或断开）的输入可以分为以下两大类。

（1）安装在装置面板上的触点。这类触点也叫低电平（+5V）开关量输入，包括在装置调试时或运行中定期检查装置用的键盘触点以及切换装置工作方式用的转换开关等。对于装在装置面板上的触点可以直接接至微机的并行接口。如图 14 - 15 所示。在初始化时规定图中可编程并行接口的 PA0 为输入方式，则微机通过软件查询，随时知道图 14 - 15 中外部触点 S1 的状态。S1 闭合，PA0＝0；S1 断开 PA0＝1，其中 4.7kΩ 电阻称为上拉电阻，为保证 S1 断开时，PA0 被拉到"1"电平。

（2）从装置外部经过端子排引入装置的触点，例如，需要由运行人员不打开装置外盖而在运行中切换的各种压板，转换开关以及其他保护装置和操作继电器的触点等。

需要注意的是，高电平开关量输入必须要装有光电隔离，将带有电磁干扰的外部接线回路限制在微机电路之外，实现两侧隔离。如图 14 - 16 所示，当 S2 断开时，光敏三极管截止；S2 闭合时，光敏三极管饱和导通。因此，三极管的导通和截止完全反映了外部触点 S2 的状态。图 14 - 16 中采用两个电阻的目的是为了防止一个电阻击穿后引起更多器件损坏。

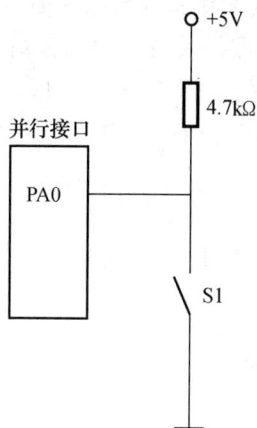

图 14 - 15　装置面板上的
触点与微机接口连接图

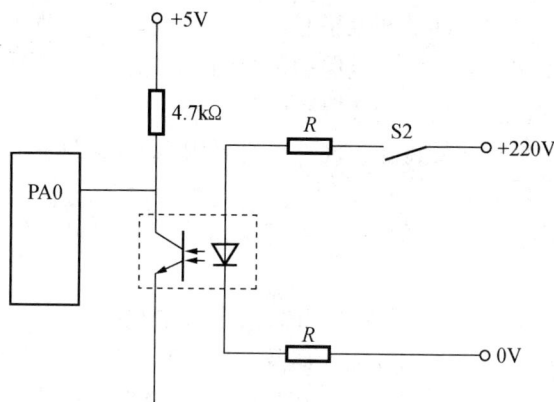

图 14 - 16　装置外部触点与微机接口连接图

对于某些必须立即得到处理的外部触点，如果用软件查询方式带来延时，也可以将光敏三极管的集电极直接接至的中断申请端子。

2. 开关量输出回路

开关量输出主要包括保护的跳闸出口以及本地和中央信号等。一般都采用并行接口的输出口来控制有触点继电器（干簧或密封小中间继电器）的方法，但为了提高抗干扰能力，最好经过一级光电隔离如图 14-17 所示。

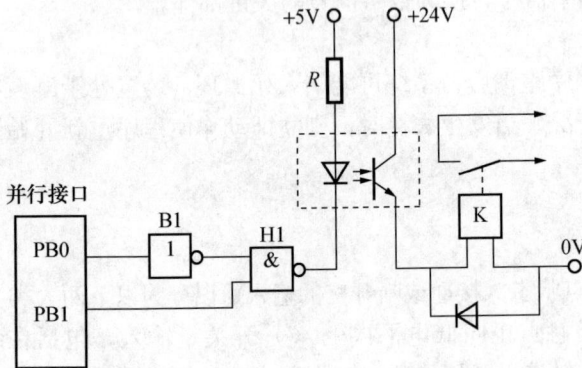

图 14-17　装置开关输出回路接线图

只要并行口的 PB0 输出为"0"，PB1 输出为"1"，便可以命令与非门 H1 输出为低电平，光敏三极管导通，继电器 K 被吸合。

在初始化和需要继电器 K 返还时，应使 PB0 输出为"1"，PB1 输出为"0"。

设置反相器 B1 及与非门 H1 而不是将发光二极管直接同并行口相连，一方面是因为并行口带负载能力有限，不足以驱动发光二极管，另一方面因为采用与非门后要满足两个条件才能使 K 动作，增加了抗干扰能力。

最后应注意图中的 PB0 经一个反相器，而 PB1 却不经反相器，这样连接可防止拉合直流电源的过程中继电器 K 的短时误动作。在拉合直流电源过程中，当 5V 电源处在中间某一个临界电压值时，可能由于逻辑电路的工作紊乱而造成保护误动作，特别是保护装置的电源往往接有大量的电容器。因此，拉合直流电源时，无论是 5V 电源还是驱动继电器 K 用的电源 E，都可能相当缓慢地上升或下降，从而完全可能来得及使继电器 K 的触点短时闭合。采用图 14-17 所示的连接方式后，考虑到 PB0 和 PB1 在电源拉合过程中只可能同时变号的特性，由于两项相反条件的互相制约，能可靠地防止误动作。

四、通信单元

随着微处理器和通信技术的发展，其应用已从单机逐渐转向多机或联网，而多机应用的关键在于微机之间的相互通信。为了实现调度自动化，微机保护装置需要与系统管理机通信，可以实现调度对微机保护装置的实时监控，当发生故障时，还可以将微机保护故障信息上传。为此，微机保护装置一般装有 RS-232 和 RS-485 标准串行接口。为了获得更远距离、更可靠、更方便的传输特性，也有采用 CAN 总线接口方式。

五、电源

保护装置电源插件是逆变开关电源，具有很强的抗干扰能力。它提供了以下三组稳压电源：

(1) +5V 供各种保护 CPU 等芯片电源；

(2) ±15V 供运算放大器及 VFC 模/数转换芯片电源；

(3) +24V 供启动、跳闸、信号、告警继电器电源。

第三节 数 字 滤 波 器

电力系统发生故障的瞬间，由于电流和电压信号中含有衰减的直流分量和各次谐波，而大多数保护装置的原理是建立在反映正弦基波或整数次谐波基础之上，所以对输入信号要作滤波处理。

微机保护装置处理的是离散的采样信号，为满足采样定理的要求，是用前置低通滤波器，滤除输入信号中那些高于 $f_s/2$ 的频率成分，但这只是为了防止频率混叠，但它的截止频率还是很高的，难以接近工频。在微机保护中采用数字滤波器滤除直流分量和部分谐波。

数字滤波器通过数字运算和编制程序，由计算机执行程序以实现滤波。与模拟滤波器相比，数字滤波器主要有以下优点。

(1) 精度高。增加数字滤波器的字长很容易提高精度。

(2) 可靠性高。滤波性能不受环境和温度影响，稳定性好。

(3) 灵活性好。调整程序中的算法或某些滤波系数可以改变滤波器的性能。

一、数字滤波器的基本概念

本书只讨论线性、时不变的、稳定的和因果的数字滤波器系统。

1. 数字滤波器的差分方程

在微机保护中，数字滤波器的运算过程用下面常系数 N 阶线性差分方程表示，即

$$y(n) = \sum_{k=0}^{N} a_k x(n-k) - \sum_{k=1}^{N} b_k y(n-k) \tag{14-10}$$

式中　　a_k、b_k——常数；

$x(n)$、$y(n)$——分别为滤波器的输入序列和输出序列。

2. 数字滤波器的传递函数

数字滤波器的 Z 域传递函数可由式（14-10）两边取 Z 变换得到，即

$$H(z) = \frac{Y(z)}{X(z)} = \frac{\sum_{k=0}^{N} q_k z^{-k}}{1 - \sum_{k=1}^{N} b_k z^{-k}} \tag{14-11}$$

式中，$X(z)$ 和 $Y(z)$ 分别输入和输出信号的 Z 变换，数字滤波器的传递函数与该滤波器的单位脉冲响应是一变换对，即：$H(z) = Z[h(n)]$，当知道了 $h(n)$ 时，滤波器的输出 $y(n)$ 可由下面离散卷积计算

$$y(n) = x(n)h(n) = h(n)x(n) \tag{14-12}$$

对于式（14-11）中分子、分母的 N 阶多项式，可以找到 N 个根，于是，每个多项式都可以由 N 个因子形式表达，因此数字滤波器传递函数可表达为

$$H(z) = \frac{\sum_{k=0}^{N} a_k z^{-k}}{1 - \sum_{k=1}^{N} b_k z^{-k}} = E \frac{\prod_{k=1}^{N}(1 - c_k z^{-1})}{\prod_{k=0}^{N}(1 - d_k z^{-1})} \tag{14-13}$$

其中，c_k 和 d_k 为实数或复数，如果是复数，则以共轭对形式出现，E 为增益，是实常数。从式（14-13）可见，$\{C_k\}$ 是 $H(z)$ 的零点，$\{d_k\}$ 是 $H(z)$ 的极点（其中 $k = 1,2,\cdots,N$）。

3. 数字滤波器的频率特性

数字滤波器的频率特性就是该滤波器的单位脉冲响应在单位圆上的 Z 变换，即傅里叶变换，可表示为

$$H(e^{j\omega T_s}) = |H(z)|_{z=e^{j\omega T_s}} = F[h(n)] \tag{14-14}$$

取 $H(e^{j\omega T_s})$ 是复数，通常可以表示为

$$H(e^{j\omega T_s}) = A(e^{j\omega T_s}) \angle \beta(e^{j\omega T_s}) \tag{14-15}$$

它反映了数字滤波器对信号中各频率成分加以改变的情况。

4. 数字滤波器的稳定性

用下述条件等价判别数字滤波器的稳定性：

（1）只要输入序列有界，则输出序列有界；

（2）单位脉冲响应要满足 $\sum\limits_{n=0}^{\infty} h(n) < \infty$；

（3）传递函数 $H(z)$ 必须在从单位圆到 ∞ 的整个 Z 平面收敛，即收敛域为 $1 \leqslant |z| \leqslant \infty$；

（4）传递函数 $H(z)$ 的全部极点必须在 Z 平面上单位圆以内；

（5）数字滤波器的分类。数字滤波器按不同实现方法可分为非递归型和递归型两类。

对式（14-10）中，所有系数 b 均为零，此时，数字滤波器输出为

$$y(n) = a_0 x(n) + a_1 x(n-1) + a_2 x(n-2) + \cdots + a_n x(n-N) \tag{14-16}$$

此时滤波器输出等于现行输入信号采样值和许多前行输入信号采样值的线性加权和，这种滤波器叫非递归型滤波器（FIR）。其特点是现行输出只与现行输入和前行输入有关，而与前行输出无关，即输出无反馈，因而滤波器没有不稳定问题，也不会因为计算过程中舍入误差的累积造成滤波特性逐步变坏。此外，由于滤波器的数据窗明确，便于确定它的时延。易于在滤波特性与滤波时延之间进行协调。

如式（14-10）中系数 a_k、b_k 不全为零，表明滤波器输出不仅与现行输入、前行输入有关，还与前行输出有关，相当于系统有反馈回路。前行输出又作为输入影响当前输出，称为递归型滤波器（IIR）。IIR 滤波器利用了反馈信号，易于获得较理想的滤波特性，但存在滤波系统稳定性问题。在设计中需要特别注意。目前，在实用的微机继电保护中采用 FIR 数字滤波器居多。

通常非递归型滤波器的冲激响应（单位脉冲响应）是有限的，故这类滤波器又称为有限冲激响应滤波器（FIR）；而递归型滤波器的冲激响应是无限的，故称为无限冲激响应滤波器（IIR）。

5. 滤波器的时间窗、数据窗、时延和计算量

（1）时间窗。一个实时数字滤波器，一般在一个采样周期中计算一次，一个数字滤波器运算时所用到的最早一个采样值到最晚一个采样值之间的时间跨度，叫时间窗，用 T_w 表示。

（2）数据窗。当 T_w 是 T_s 的整数倍，数据窗 $D_w = T_w / T_s + 1$。

（3）时延。指滤波器输入信号发生跃变时起到滤波器获得稳定的输出之间的时间，用 $\tau_c = (D_w - 1) T_s$ 表示。

（4）计算量。滤波器计算量通常用乘法的次数表示，因为计算机乘除法所费时间大于加减法，故应尽量避免和减少用乘除法。

二、几种基本的数字滤波器

（一）减法滤波器（或称为差分滤波器）

差分方程为
$$y(nT_s) = x(nT_s) - x(nT_s - kT_s) \tag{14-17}$$
$$y(n) = x(n) - x(n-k) \tag{14-18}$$

式中 $k \geqslant 1$，称为差分步长，对式（14-18）进行 Z 变换得
$$Y(z) = (1 - z^{-k})X(z) \tag{14-19}$$
$$H(z) = \frac{Y(z)}{X(z)} = 1 - z^{-k} \tag{14-20}$$

取 $z = e^{j\omega T_s}$ 代入（14-20）得
$$H(e^{j\omega T_s}) = 1 - e^{-jk\omega T_s} = 1 - \cos k\omega T_s + j\sin k\omega T_s \tag{14-21}$$

其幅频特性 $A(\omega) = |H(e^{j\omega T_s})| = \sqrt{(1 - \cos k\omega T_s)^2 + (\sin k\omega T_s)^2}$
$$= \sqrt{2 - 2\cos k\omega T_s} = 2\left|\sin\frac{k\omega T_s}{2}\right| \tag{14-22}$$

欲求完全消除的谐波次数，可令 $A(\omega) = 0$，则
$$\frac{k\omega T_s}{2} = P\pi (P = 1, 2\cdots)$$

即 $kT_s = \dfrac{p}{f}$，其中 f 为谐波频率。其相频特性为

$$\varphi(\omega T_s) = \arctan\frac{\sin k\omega T_s}{1 - \cos k\omega T_s} = \arctan\frac{\cos\dfrac{k\omega T_s}{2}}{\sin\dfrac{k\omega T_s}{2}} = \frac{\pi}{2} - \frac{k\omega T_s}{2} \tag{14-23}$$

若对于基波每周采样 12 点，则 $T_s = \dfrac{1}{12f_1}$，取 $k = 1$，做出幅频特性和相频特性如图 14-18 所示。

从特性曲线上看，取 $kT_s = \dfrac{1}{12f_1}$ 时，差分滤波器可以滤去直流分量及 12 次谐波以及 12 次的总倍数谐波，对基波相对于移相 $75°$。

设要滤除 m 次谐波，则 $\omega_m = m \times 2\pi f_1$ 且 $|H(e^{jm\omega_1 T_s})| = 2\left|\sin\dfrac{km f_1\pi}{f_s}\right| = 0$，则有

$$\frac{km f_1\pi}{f_s} = I\pi$$

$$m = I\frac{f_s}{kf_1}$$

$$m = I\frac{Nf_1}{kf_1} = I\frac{N}{k} = Im_0$$

$$I = 0, 1, 2, 3, \cdots, m_0 \tag{14-24}$$

可见，只要 f_s、f_1、k 一定，由式（14-24）即可以确定要滤去的谐波次数 m。当 $I = 0$ 时，$m = 0$，$|H(z)| = 0$

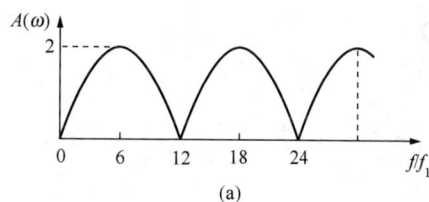

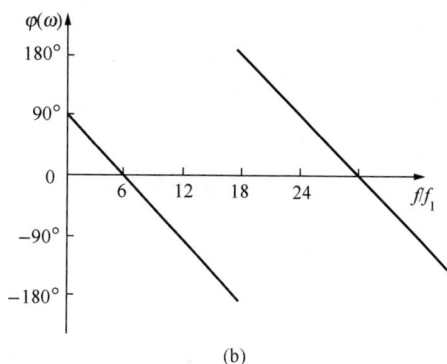

图 14-18　$kT_s = \dfrac{1}{12f_1}$ 的减法滤波器的频率特性

（a）幅频特性；（b）相频特性

所以，不论 f_s,k 为何值，直流分量总能滤除。若令 $k=\dfrac{f_s}{f_1},m=I\times\dfrac{Nf_1}{f_s}=I$，则减法滤波器将消去基波、直流及所有整数次谐波分量。

（二）加法滤波器

差分方程为：$y(nT_s)=x(nT_s)+x(nT_s-kT_s)$ 　　　　　　　　　　　　　(14-25)

$$y(n)=x(n)+x(n-k)\qquad\qquad\qquad(14-26)$$

对式（14-26）进行 Z 变换

$$H(z)=\frac{Y(z)}{X(z)}=1+z^{-k}=1+\cos k\omega T_s-\mathrm{j}\sin k\omega T_s$$

其幅频特性和相频特性分别为

$$A(\omega)=|H(\mathrm{e}^{j\omega T_s})|=\sqrt{(1+\cos k\omega T_s)^2+(\sin k\omega T_s)^2}=2\left|\cos\frac{k\omega T_s}{2}\right|\quad(14-27)$$

$$\varphi(\omega T_s)=\arctan\frac{-\sin k\omega T_s}{1+\cos k\omega T_s}=-f\pi kT_s\qquad\qquad(14-28)$$

为滤去 m 次谐波，将 $\omega=m\omega_1=m\times2\pi f_1$ 代入式（14-27）得

$$|H(\omega)|=2\left|\cos\frac{km2\pi f_1 T_s}{2}\right|$$

令其等于 0，可得

$$m=\left(\frac{1}{2}+I\right)\times\frac{N}{k}=(1+2I)m_0$$

$$I=0,1,2,3,\cdots,m_0=\frac{N}{2k}$$

式中，$I\geqslant0,m\neq0$，故不能滤除直流。但当 m_0 给定后，所有 m 次谐波将被滤除。

令 $A(\omega)=0$ 则有，$\dfrac{k\omega T_s}{2}=(2P-1)\dfrac{\pi}{2}$

$kT_s=\dfrac{P-\dfrac{1}{2}}{f}$，该式中 f 为谐波频率。

取 $kT_s=\dfrac{1}{4f_1}$ 时，做出式（14-27）和式（14-28）所代表的幅频特性和相频特性如图 14-19 所示。

可见，它可以消除二次谐波及 2 的奇数倍次谐波。

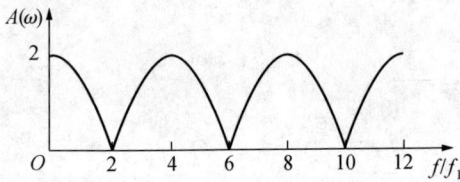

(a)

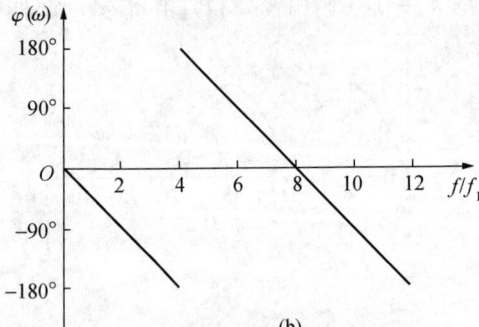

(b)

图 14-19 　$kT_s=\dfrac{1}{4f_1}$ 的加法滤波器的频率特性

(a) 幅频特性；(b) 相频特性

（三）积分滤波器

差分方程

$$y(n)=x(n)+x(n-1)+x(n-2)+\cdots+x(n-k)\qquad(14-29)$$

式中 $k\geqslant1$，对式（14-29）作 Z 变换

$$H(z)=\frac{Y(z)}{X(z)}=1+z^{-1}+z^{-2}+\cdots+z^{-k}\qquad\qquad(14-30)$$

其幅频特性和相频特性分别为

$$A(\omega) = |H(\mathrm{e}^{\mathrm{j}\omega T_s})| = |1 + \mathrm{e}^{-\mathrm{j}\omega T_s} + \mathrm{e}^{-\mathrm{j}2\omega T_s} + \cdots + \mathrm{e}^{-\mathrm{j}k\omega T_s}| = \left| \frac{\sin\dfrac{k+1}{2}\omega T_s}{\sin\dfrac{\omega T_s}{2}} \right|$$

$$\varphi(\omega T_s) = -\pi f k T \qquad\qquad (14-31)$$

令 $A(\omega)=0$，得欲消除的谐波频率与数据窗长度之间的关系

$$\frac{1}{2}(k+1)\omega T_s = P\pi,(p=1,2,\cdots)$$

即

$$(k+1)T = \frac{P}{f}$$

取 $k=5, T_s=\dfrac{1}{12f_1}$ 时积分滤波器的幅频特性曲线如图 14-20 所示。

如图 14-17 所示。从图中可见积分滤波器是一个低通滤波器，它对低频分量的响应幅度较大，对高频分量抑制能力较强，频率越高，衰减越大。对于那些积分区间正好为其周期的整数倍的频率成分衰减是无穷大（输出为零）。对于中间频率滤波效果较前两种滤波器要好，但不能滤去非周期分量。

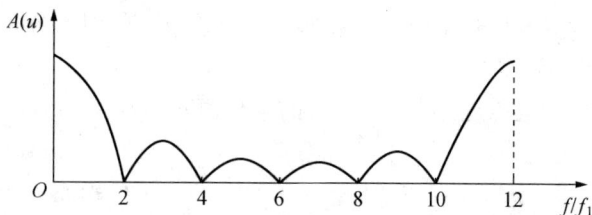

图 14-20　$kT_s=\dfrac{5}{12f_1}$ 时的积分滤波器的频率特性

（四）级联滤波器

将减法滤波器、加法滤波器和积分滤波器进行组合组成级联式单元滤波器，可以得到较满意的滤波效果。

下面介绍一个 $50\mathrm{Hz}$ 带通滤波器，它由一个减法滤波器和两个积分滤波器串联组成。

设级联滤波器的传递函数为

$$H(z)=\prod_{i=1}^{3} H_i(z) = H_1(z)H_2(z)H_3(z)$$

$$= (1-z^{-6})\sum_{k=0}^{7} z^{-k} \cdot \sum_{k=0}^{9} z^{-k} = \frac{(1-z^{-6})(1-z^{-8})(1-z^{-10})}{(1-z^{-1})^2} \qquad (14-32)$$

其幅频特性为

$$A(\omega)=\frac{2\left|\sin\dfrac{6\omega T_s}{2}\sin\dfrac{8\omega T_s}{2}\sin\dfrac{10\omega T_s}{2}\right|}{\left(\sin\dfrac{\omega T_s}{2}\right)^2} = \frac{2\left|\sin\dfrac{6\pi f}{f_s}\sin\dfrac{8\pi f}{f_s}\sin\dfrac{10\pi f}{f_s}\right|}{\left(\sin\dfrac{\pi f}{f_s}\right)^2} \qquad (14-33)$$

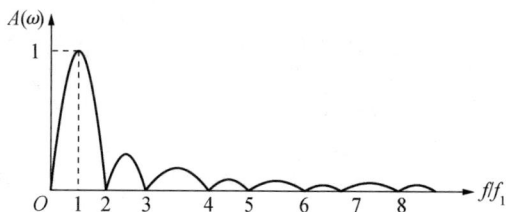

图 14-21　级联式带通滤波器的幅频特性

当 $f_s=1200\mathrm{Hz}$ 时，可得出式（14-33）所描述的幅频特性如图 14-21 所示（设最高输出值为 1）其中减法滤波器可滤除直流及 4、8、12 等次谐波，第一个积分滤波器可滤除 3、6、9 等次谐波，第二个积分滤波器滤除 2.4、4.8、7.2、9.6 等非整数次谐波。从幅频特性上可看见，这个滤波器效果很好，可使 2.4 次以上谐波响应大大衰减，而基波幅值高于 2.4 次谐波中最高输出的 30 倍以上。

第四节　微机继电保护算法

微机保护装置根据模数转换器提供的输入电气量的采样数据进行分析、运算和判断，以实现各种继电保护功能的方法称为算法。

继电保护算法可分为两大类：一类是根据采样值进行一定数学运算，得到反映故障特点的电气量值，之后进行比较、判断的方法；另一类是根据继电保护的功能或保护动作的动作特性直接用采样数据进行保护功能的判断的算法。

以下介绍几种基本的保护算法，且假设被采样的电压、电流信号都是纯正弦特性，即不含有非周期分量，又不包含高频分量。

一、两采样值积算法

假定输入信号是纯正弦信号，利用采样值的乘积来计算电流、电压、阻抗的幅值和相角等电气参数。这种算法的特点是计算判断时间较短（小于 $T/2$），但实际上输入电流、电压中含有各种暂态分量，数据采集系统也可能引入各种误差，故这种算法必须和数字滤波器配合使用。

设电压过零点后，t_k 时的采样值 u_1 和落后于 u_1 一个 θ 角的电流采样值 i_1 为

$$u_1 = U_m \sin\omega t_k \tag{14-34}$$

$$i_1 = I_m \sin(\omega t_k - \theta) \tag{14-35}$$

相隔 ΔT 时刻 t_{k+1} 的采样值为

$$u_2 = U_m \sin\omega t_{k+1} = U_m \sin\omega(t_k + \Delta T) \tag{14-36}$$

ΔT 为两采样值的时间间隔，即

$$\Delta T = t_{k+1} - t_k \tag{14-37}$$

$$i_2 = I_m \sin(\omega t_{k+1} - \theta) = I_m \sin[\omega(t_k + \Delta T) - \theta]$$

取两采样值 i_1、u_1 乘积为

$$u_1 i_1 = U_m I_m \sin\omega t_k \sin(\omega t_k - \theta) = \frac{U_m I_m}{2}[\cos\theta - \cos(2\omega t_k - \theta)] \tag{14-38}$$

从式（14-38）可见，只要能消去含 t_k 项，便可由采样值计算出其幅值 U_m、I_m。为此，再计算出

$$u_2 i_2 = \frac{U_m I_m}{2}[\cos\theta - \cos(2\omega t_k + 2\omega\Delta T - \theta)] \tag{14-39}$$

$$u_1 i_2 = \frac{U_m I_m}{2}[\cos(\theta - \omega\Delta T) - \cos(2\omega t_k + \omega\Delta T - \theta)] \tag{14-40}$$

$$u_2 i_1 = \frac{U_m I_m}{2}[\cos(\theta + \omega\Delta T) - \cos(2\omega t_k + \omega\Delta T - \theta)] \tag{14-41}$$

于是有 $\qquad u_1 i_1 = u_2 i_2 = \frac{U_m I_m}{2}[2\cos\theta - 2\cos\omega\Delta T\cos(2\omega t_k + \omega\Delta T - \theta)] \tag{14-42}$

$$u_1 i_2 + u_2 i_1 = \frac{U_m I_m}{2}[2\cos\omega\Delta T\cos\theta - 2\cos(2\omega t_k + \omega\Delta T - \theta)] \tag{14-43}$$

将式（14-43）乘以 $\cos\omega\Delta T$ 然后与式（14-42）相减，可消去 ωt_k 项，得

$$U_m I_m \cos\theta = \frac{u_1 i_1 + u_2 i_2 - (u_1 i_2 + u_2 i_1)\cos\omega\Delta T}{\sin^2\omega\Delta T} \tag{14-44}$$

用式（14-40）减去式（14-39）消去 ωt_k 项得

$$U_\mathrm{m} I_\mathrm{m} \sin\theta = \frac{u_1 i_2 - u_2 i_1}{\sin^2 \omega \Delta T} \tag{14-45}$$

式（14-44）中用同一电压采样值相乘，或同一电流采样值相乘，则 $\theta = 0$ 于是得

$$U_\mathrm{m}^2 = \frac{u_1^2 + u_2^2 - 2u_1 u_2 \cos\omega\Delta T}{\sin^2\omega\Delta T} \tag{14-46}$$

$$I_\mathrm{m}^2 = \frac{i_1^2 + i_2^2 - 2i_1 i_2 \cos\omega\Delta T}{\sin^2\omega\Delta T} \tag{14-47}$$

由于 ΔT 是预先选定的常数，所以 $\sin\omega\Delta T$、$\cos\omega\Delta T$ 都是常数，只要选进间隔 ΔT 的两个时刻采样值便可按式（14-46）和式（14-47）计算出 U_m、I_m。如选用 $\Delta T = \dfrac{T}{4}$，$\omega\Delta T = 90°$，则式（14-46）和式（14-47）可简化为

$$U_\mathrm{m}^2 = u_1^2 + u_2^2 = u^2\left(t - \frac{T}{4}\right) + u^2(t) \tag{14-48}$$

$$I_\mathrm{m}^2 = i_1^2 + i_2^2 = i^2\left(t - \frac{T}{4}\right) + i^2(t) \tag{14-49}$$

以式（14-49）除式（14-44）或式（14-45）并令 $\omega\Delta T = 90°$，可得

$$R = \frac{U_\mathrm{m}}{I_\mathrm{m}}\cos\theta = \frac{u_1 i_1 + u_2 i_2}{i_1^2 + i_2^2} \tag{14-50}$$

$$X = \frac{U_\mathrm{m}}{I_\mathrm{m}}\sin\theta = \frac{u_1 i_2 + u_2 i_1}{i_1^2 - i_2^2} \tag{14-51}$$

由式（14-48）和式（14-49）可得阻抗的模值

$$Z_\mathrm{m} = \frac{U_\mathrm{m}}{I_\mathrm{m}} = \sqrt{\frac{u_1^2 + u_2^2}{i_1^2 + i_2^2}} = \sqrt{\frac{u^2\left(t - \dfrac{T}{4}\right) + u^2}{i^2\left(t - \dfrac{T}{4}\right) + i^2}} \tag{14-52}$$

U, I 之间相角差可求出

$$\tan\theta = \frac{\sin\theta}{\cos\theta} = \frac{u_1 i_2 - u_2 i_1}{u_1 i_1 + u_2 i_2} \tag{14-53}$$

$$\theta = \arctan \frac{u_1 i_2 - u_2 i_1}{u_1 i_1 + u_2 i_2} \tag{14-54}$$

二、导数算法

此算法只要知道输入正弦量在某一时刻 t_k 的采样值及该时刻所对应的导数，即算出有效值和相位。

设

$$u_k = U_\mathrm{m}\sin\omega t_k \tag{14-55}$$

$$i_k = I_\mathrm{m}\sin(\omega t_k - \theta) \tag{14-56}$$

则

$$u'_k = \omega U_\mathrm{m}\cos\omega t_k \tag{14-57}$$

$$i'_k = \omega I_\mathrm{m}\cos(\omega t_k - \theta) \tag{14-58}$$

两组式分别取平方相加，则有

$$u^2 + \left(\frac{u'}{\omega}\right)^2 = U_\mathrm{m}^2 \tag{14-59}$$

$$i^2 + \left(\frac{i'}{\omega}\right)^2 = I_m^2 \tag{14-60}$$

$$Z^2 = \frac{U_m^2}{I_m^2} = \frac{\omega^2 u^2 + u'^2}{\omega^2 i^2 + i'^2} \tag{14-61}$$

$$\varphi_u = \arctan\left(\frac{u\omega}{u'}\right) \tag{14-62}$$

在对电流、电压采样后，利用采样数据进行上述计算时，导数值采用下式计算

$$i'_k = \frac{i_{k+1} - i_{k-1}}{2T_s} \tag{14-63}$$

$$u'_k = \frac{u_{k+1} - u_{k-1}}{2T_s} \tag{14-64}$$

式中 i_{k+1}、i_{k-1}、u_{k+1}、u_{k-1} ——分别为第 $k+1$ 次，第 $k-1$ 次时的电流电压采样值。

本算法的优点是占用数据窗长度为 1/4 周期较短，对 50Hz 的工频来说为 5ms。但 i 经求导后，i' 增大 ω 倍，即导数运算放大了高频分量，故要求数字滤波器滤除高频分量的性能较强。

对式（14-57）和式（14-58）再次求导可得

$$u'' = -\omega^2 U_m \sin\omega t$$

$$i'' = -\omega^2 I_m \sin(\omega t - \theta)$$

结合式（14-57）和式（14-58）可得

$$\theta = \arctan\left(\frac{i'}{i''}\right) - \arctan\left(\frac{u'}{u''}\right)$$

其中

$$u' = \frac{1}{2T_s}(u_{k+1} - u_{k-1})$$

$$u'' = \frac{1}{T_s^2}(u_{k+1} - 2u_k + u_{k-1})$$

三、半周积分算法

这种算法的依据是一个正弦量在任意半个周期内绝对值的积分为一常数 S。即

$$S = \int_0^{\frac{T}{2}} \sqrt{2}I|\sin(\omega t + \varphi)|\,dt = \int_0^{\frac{T}{2}} \frac{\sqrt{2}I}{\omega}|\sin(\omega t + \varphi)|\,d(\omega t + \varphi) = \frac{2\sqrt{2}}{\omega}I \tag{14-65}$$

积分值与积分起点的初相角 φ 无关，因为由图 14-22（a）可见，两块面积相等，此积分可用梯形法则求出，如图 4-22（b）所示。

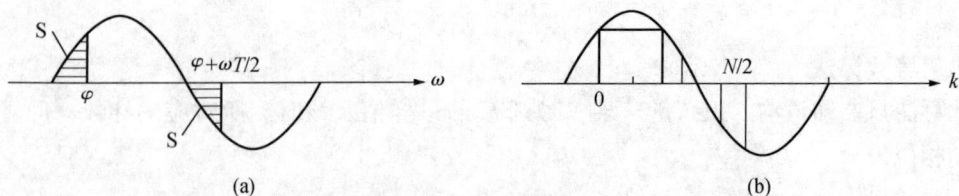

图 14-22 半周期积分算法示意图

(a) 半周期积分算法原理图；(b) 用梯形近似半周积分示意图

常数 S 为

$$S \approx \left(\frac{1}{2}|i_0| + \sum_{k=1}^{\frac{N}{2}-1}|i_k| + \frac{1}{2}|i_{\frac{N}{2}}|\right)T_s \tag{14-66}$$

式中 i_k ——第 k 次电流采样值；

i_0 —— $k = 0$ 时采样值；

$i_{\frac{N}{2}}$ —— $k = \dfrac{N}{2}$ 时采样值；

N ——一个周期的采样点数。

可见，只要采样频率足够大高（即 T_s 足够小）用梯形来代替积分，且误差很小。

电流有效值
$$I = \frac{S\omega}{2\sqrt{2}} \tag{14 - 67}$$

这种算法本身有一定的滤除高频分量能力，因为选加在基频分量上的幅度不大的高频分量在半周期积分中其对称的正负半周互相抵消，剩余的未被抵消的部分占的比重就减小了，但它不能抑制直流分量，而且这种算法数据窗占半个周期（10ms）较长。

这种算法适用于一些要求不高的电流、电压保护，运算量小，可用简单的硬件实现，必要时可另配一个简单的差分滤波器来抑制电流中的非周期分量。

四、微分方程算法

这种算法不需要求出电压、电流的幅值和相位，而是直接求出电抗 X 和电阻 R 值的一般算法。设输电线路从保护安装地点到短路点的电感为 L_1，电阻为 R_1，则输电线路的电压可用以下方程描述

$$u_1 = R_1 i_1 + L_1 \frac{\mathrm{d}i_1}{\mathrm{d}t_1} \tag{14 - 68}$$

$$u_2 = R_1 i_2 + L_1 \frac{\mathrm{d}i_2}{\mathrm{d}t_2} \tag{14 - 69}$$

式中　u_1、u_2、i_1、i_2——t_1、t_2 时刻电压和电流采样值；

$\dfrac{\mathrm{d}i_1}{\mathrm{d}t_1}$、$\dfrac{\mathrm{d}i_2}{\mathrm{d}t_2}$——$t_1$、$t_2$ 时刻电流的微分（可用差分值代替）。

式（14 - 69）中用 D_1 代 $\dfrac{\mathrm{d}i_1}{\mathrm{d}t_1}$，$D_2$ 代 $\dfrac{\mathrm{d}i_2}{\mathrm{d}t_2}$ 解方程组可得

$$\left.\begin{array}{l} R_1 = \dfrac{u_2 D_1 - u_1 D_2}{i_2 D_1 - i_1 D_2} \\[2mm] L_1 = \dfrac{u_1 i_2 - u_2 i_1}{i_2 D_1 - i_1 D_2} \end{array}\right\} \tag{14 - 70}$$

在用计算机处理时，电流的导数可用差分近似计算，即

$$D_1 = \frac{i_{n+1} - i_n}{T_s}, \qquad D_2 = \frac{i_{n+2} - i_{n+1}}{T_s}$$

电流、电压取相邻采样的平均值，即

$$i_1 = \frac{i_n + i_{n+1}}{2}, i_2 = \frac{i_{n+1} + i_{n+2}}{2}, u_1 = \frac{u_n + u_{n+1}}{2}, u_2 = \frac{u_{n+1} + u_{n+2}}{2}$$

五、傅里叶算法（傅氏算法）

傅里叶算法的基本原理来自傅里叶级数。傅氏级数表明，任何一个周期函数均可以分解为直流分量和各次谐波分量。傅氏算法假定被采样的模拟信号是一个周期性时间函数，除基波外还有不衰减的直流分量和各次谐波，可表示为

$$u(t) = \sum_{n=0}^{\infty} (b_n \cos n\omega_1 t + a_n \sin n\omega_1 t) \tag{14 - 71}$$

其中 $n = 0, 1, 2 \cdots$，$a_n = \sqrt{2}U_n\cos\varphi_n$ 和 $b_n = \sqrt{2}U_n\sin\varphi_n$ 分别为各次谐波的正弦和余弦的幅值。ω_1 为基波的角频率。

各次谐波的幅值可由下式求出

$$b_n = \frac{2}{T}\int_0^T u(t)\cos n\omega_1 t\, \mathrm{d}t \qquad (14\text{-}72)$$

$$a_n = \frac{2}{T}\int_0^T u(t)\sin n\omega_1 t\, \mathrm{d}t \qquad (14\text{-}73)$$

求出基波分量正、余弦项幅值为

$$a_1 = \frac{2}{T}\int_0^T u(t)\sin\omega_1 t\, \mathrm{d}t \qquad (14\text{-}74)$$

$$b_1 = \frac{2}{T}\int_0^T u(t)\cos\omega_1 t\, \mathrm{d}t \qquad (14\text{-}75)$$

由积分过程可知，基波分量正余弦项的幅值已消除了直流分量和整数次谐波分量的影响。于是 a_1 和 b_1 中的基波分量为

$$u_1(t) = a_1\sin\omega_1 t + b_1\cos\omega_1 t \qquad (14\text{-}76)$$

合并正、余弦项，可表示为

$$u_1(t) = \sqrt{2}U_1\sin(\omega_1 t + \varphi_1) \qquad (14\text{-}77)$$

根据 $a_1 = \sqrt{2}U_1\cos\varphi_1$ 和 $b_1 = -\sqrt{2}U_1\sin\varphi_1$ 可以求出基波谐波分量的有效值及相角，即

$$U_1 = \sqrt{\frac{a_1^2 + b_1^2}{2}} \qquad (14\text{-}78)$$

$$\varphi_1 = \arctan\left(-\frac{b_1}{a_1}\right) \qquad (14\text{-}79)$$

用计算机处理时式（14-74）和式（14-75）的积分可以用梯形法则求得

$$a_1 = \frac{1}{N}\left[2\sum_{k=1}^{N-1} u_k\sin\left(k\frac{2\pi}{N}\right)\right] \qquad (14\text{-}80)$$

$$b_1 = \frac{1}{N}\left[u_0 + 2\sum_{k=1}^{N-1} u_k\cos\left(k\frac{2\pi}{N}\right) + u_N\right] \qquad (14\text{-}81)$$

式中 N——基波信号的一周采样点数；

       u_k——第 k 次采样值；

u_0、u_N——分别为 $k = 0$ 和 $k = N$ 时采样值。

六、相位比较器算法

（一）正弦型、余弦型比相器基本算法

设两个被比较电气量 $\dot{A}$ 和 $\dot{B}$，$\dot{A} = A\underline{/a_A}$，$\dot{B} = B\underline{/a_B}$，比较二者的相位，当相位差满足某一关系时，比相器有输出，或称"动作"根据动作范围不同，可分为正弦型和余弦型两种。

两种形式的动作条件为

余弦型 $\qquad\qquad\qquad -90° \leqslant \arg\dfrac{\dot{A}}{\dot{B}} \leqslant 90° \qquad (14\text{-}82)$

正弦型 $$0° \leqslant \arg \frac{\dot{A}}{\dot{B}} \leqslant 180° \quad (14-83)$$

其中 $\arg \dfrac{\dot{A}}{\dot{B}} = a_A - a_B = \theta$，$\dot{A}$ 超前 $\dot{B}$ 为正。其动作特性如图 14-23 所示。式（14-82）、式（14-83）可等效为

$$\left.\begin{aligned} \cos(a_A - a_B) = \cos a_A \cos a_B + \sin a_A \sin a_B \geqslant 0 \\ \sin(a_A - a_B) = \sin a_A \cos a_B - \cos a_A \sin a_B \geqslant 0 \end{aligned}\right\} \quad (14-84)$$

两边同乘以 A 和 B，可得

$$\left.\begin{aligned} A\cos a_A B\cos a_B + A\sin a_A B\sin a_B \geqslant 0 \\ A\sin a_A B\cos a_B - A\cos a_A B\sin a_B \geqslant 0 \end{aligned}\right\} \quad (14-85)$$

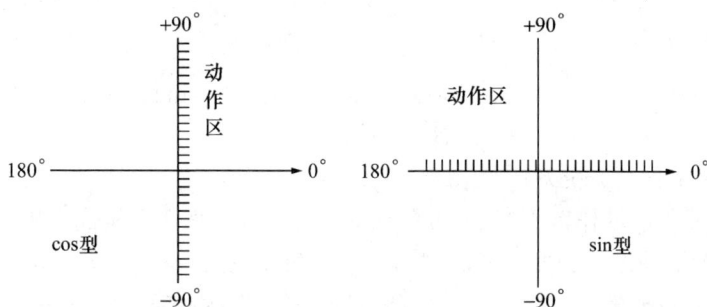

图 14-23　正弦和余弦型比相器的动作特性

（1）用傅氏算法的计算式为

$$\begin{aligned} A_s B_s + A_c B_c \geqslant 0 \\ A_c B_s - B_c A_s \geqslant 0 \end{aligned} \quad (14-86)$$

式（14-86）表明，只要用傅氏算法算出两个被比较量 $\dot{A}$ 和 $\dot{B}$ 的正弦和余弦系数，就可以实现比相，式（14-86）与式（14-82）和式（14-83）等效。

（2）用两点乘积算法的计算式为

$$\left.\begin{aligned} g_2 h_2 + g_1 h_1 \geqslant 0 \\ g_1 h_2 - g_2 h_1 \geqslant 0 \end{aligned}\right\} \quad (14-87)$$

式中　g_1、g_2、h_1、h_2——分别为两个相隔 1/4 周期采样时刻 t_1、t_2 时的 $\dot{A}$ 和 $\dot{B}$ 的采样数据。

式（14-87）与式（14-82）和式（14-83）等效。

（3）动作范围不为 180°，可用两个范围为 180° 的元件组合而成。以余弦型为例，若将图 14-15 中的特性转动 θ_0 角，则式（14-82）可写成

$$-90° \pm \theta_0 \leqslant \arg \frac{\dot{A}}{\dot{B}} \leqslant 90° \pm \theta_0 \quad (14-88)$$

可写成标准形式为

$$-90° \leqslant \arg \frac{\dot{A}}{\dot{B}} e^{\pm j\theta_0} \leqslant 90° \quad (14-89)$$

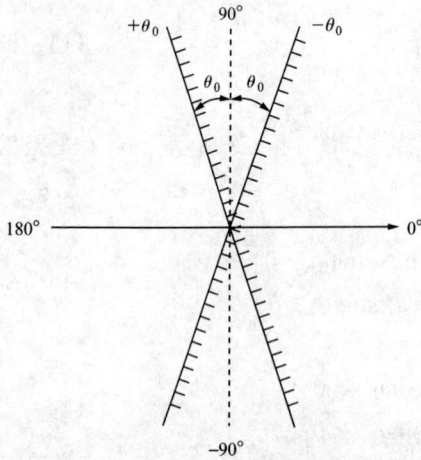

图 14 - 24 转动 $\pm\theta_0$ 角度时余弦型特性

其特性如图 14 - 24 所示。其中 $+\theta_0$ 表示特性逆时针转动，$-\theta_0$ 表示特性顺时针转动。

对于 $+\theta_0$，式（14 - 89）等效为

$$\cos(a_A - a_B + \theta_0) \geqslant 0$$

展开后得

$$(\cos a_A \cos a_B + \sin a_A \sin a_B)\cos\theta_0 -$$
$$(\sin a_A \cos a_B - \sin a_B \cos a_A)\sin\theta_0 \geqslant 0$$

傅氏算法得

$$(A_s B_s + A_c B_c)\cos\theta_0 - (A_c B_s - A_s B_c)\sin\theta_0 \geqslant 0$$

两点法

$$(g_2 h_2 + g_1 h_1)\cos\theta_0 - (g_1 h_2 - g_2 h_1)\sin\theta_0 \geqslant 0$$

对于 $-\theta_0$，式（14 - 89）等效为 $\cos(a_A - a_B - \theta_0) \geqslant 0$，展开后得

$$(\cos a_A \cos a_B + \sin a_A \sin a_B)\cos\theta_0 + (\sin a_A \cos a_B - \sin a_B \cos a_A)\sin\theta_0 \geqslant 0$$

傅氏法 $(A_s B_s + A_c B_c)\cos\theta_0 + (A_c B_s - A_s B_c)\sin\theta_0 \geqslant 0$

两点法 $(g_2 h_2 + g_1 h_1)\cos\theta_0 + (g_1 h_2 - g_2 h_1)\sin\theta_0 \geqslant 0$

$+\theta_0$ 和 $-\theta_0$ 元件的动作范围都是 $180°$，将二者组合起来，可构成大于或等于 $180°$ 的动作范围，若要二者都动作，即取二者的"与"动作角度范围 $-90° + \theta_0 < \theta < 90° - \theta_0$，动作范围小于 $180°$；若只要满足其中一个动作条件即动作，则动作角度为 $-90° - \theta_0 < \theta < 90° + \theta_0$ 动作范围大于 $180°$。

（二）常用方向元件算法

（1）圆特性的方向阻抗继电器动作条件为

$$-90° \leqslant \arg\frac{Z_{set} - Z_m}{Z_m} \leqslant 90° \tag{14 - 90}$$

$$-90° \leqslant \frac{\dot{I}_m Z_{set} - \dot{U}_m}{\dot{U}_m} \leqslant 90° \tag{14 - 91}$$

式中 Z_{set}——整定阻抗；

Z_m、$\dot{U}_m$、$\dot{I}_m$——分别为测量阻抗，测量电压和测量电流。

对照式（14 - 82）可得

$$\dot{A} = \dot{I}_m Z_{set} - \dot{U}_m = \dot{I}_m |Z_{set}| \angle\varphi_{set} - \dot{U}_m$$

$$\dot{B} = \dot{U}_m$$

对应序列 $g(n) = \dot{I}_m(n)|Z_{set}|e^{j\varphi_{set}} - u_m(n)$

$$h(n) = u_m(n)$$

设 $e^{j\varphi_{set}} = k\dfrac{2\pi}{N}$，则可得到

$$g(n) = i_m(n)|Z_{set}|e^{j\varphi_{set}} - u_m(n) = |Z_{set}|i_m(n + k) - u_m(n)$$

用傅氏算法算出 $g(n)$ 和 $h(n)$ 序列的正弦和余弦系数，就可以利用式（14 - 86）实现方向阻抗元件，也可用两点乘积法由式（14 - 87）实现。

为了消除方向阻抗继电器的死区，极化电压 $\dot{B} = \dot{U}_m$ 应能记忆。在微机保护中实现记忆十分简单，如果要记忆两个周波的时间，只要极化电压取用两周前的采样数据即可，即将 $h(n) = u_m(n)$ 用 $h(n) = u_m(n-2N)$ 代替即可。

（2）90°接线的功率方向元件。以 A 相的功率方向继电器为例，动作条件为

$$-90° - \alpha \leqslant \arg \frac{\dot{U}_{BC}}{\dot{I}_A} \leqslant 90° - \alpha$$

$$-90° \leqslant \arg \frac{\dot{U}_{BC}}{\dot{I}_A} e^{j\alpha} \leqslant 90°$$

式中 α——继电器的内角。

当 $\dot{U}_{BC}$ 和 $\dot{I}_A$ 的相差为 $-\alpha$ 时，继电器最灵敏，令 $\dot{A}_{BC} = \dot{U}_{BC}$，$\dot{B}_{BC} = \dot{I}_A e^{j\alpha}$，取 $\alpha = 30°$，$N = 12$，则

$$g(n) = u_b(n) - u_c(n)$$
$$h(n) = i_a(n-1)$$

（3）直接相位比较器。对于图 14-25 所示电流、电压波形，只要测量到两者过零点的时间差 Δt，就可以算出它们的相位差 $\theta = \omega \Delta t$。设电压 $u(t)$ 在 $n-1$ 和 n 两个采样点之间从负到正过零点，在这两点采样值为 $u(n-1)$、$u(n)$；电流 $i(t)$ 在 $m-1$ 和 m 两个采样点之间从负到正过零点时，采样值为 $i(m-1)$、$i(m)$。如图所示，两波形过零点的时间距离为

$$\Delta t = T_s(m-n) + \tau - \tau'$$

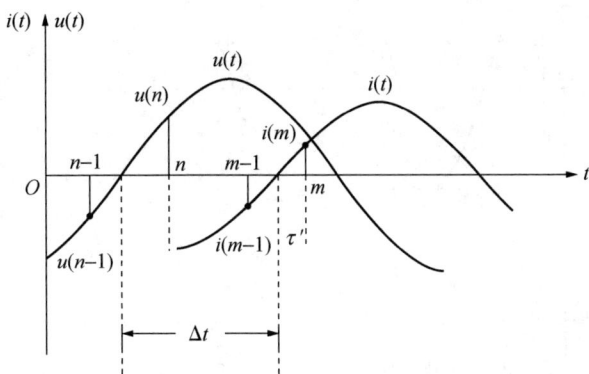

图 14-25 直接相位比较器原理示意图

其中 τ 和 τ' 是修正量。为求得 τ 和 τ'，可将两个采样点的间隔内过零点附近的正弦曲线近似看作直线，根据直线方程可得

$$\frac{u(n)}{\tau} = -\frac{u(n-1)}{T_s - \tau}$$

由此可得

$$\tau = \frac{u(n)}{u(n) - u(n-1)} T_s$$

同理可推出

$$\tau' = \frac{i(m)}{i(m) - i(m-1)} T_s$$

于是有 $\theta = \omega \Delta t = \left[(m-n) + \frac{u(n)}{u(n) - u(n-1)} - \frac{i(m)}{i(m) - i(m-1)} \right] \omega T_s$

在求出 θ 后，可直接判别是否满足动作条件，从而实现方向判别。本算法特点是简单，但响应时间与 θ 有关，当 $\theta = 180°$ 时，延时可达 10ms。因此本算法只适用对速度要求不高仅对相位有要求的场合。

七、增量元件的算法

在模拟保护中，常用突变量元件作为启动及振荡闭锁元件。这些突变量元件在微机保护

中用软件实现特别方便，因为保护装置中的循环寄存区具有一定的记忆容量。可以方便地取得突变量。下面以电流为例，采用反映两相电流差的突变量，算法如下

$$\Delta I_{ab} = \big|\,|i_{ab}(n) - i_{ab}(n-N)| - |i_{ab}(n-N) - i_{ab}(n-2N)|\,\big|$$

$$\Delta I_{bc} = \big|\,|i_{bc}(n) - i_{bc}(n-N)| - |i_{bc}(n-N) - i_{bc}(n-2N)|\,\big|$$

$$\Delta I_{ca} = \big|\,|i_{ca}(n) - i_{ca}(n-N)| - |i_{ca}(n-N) - i_{ca}(n-2N)|\,\big|$$

$$i_{ab}(n) = i_a(n) - i_b(n)$$

$$i_{bc}(n) = i_b(n) - i_c(n)$$

$$i_{ca}(n) = i_c(n) - i_a(n)$$

式中　　　　　　　　　　　　　　　　n——采样时刻；

N——一个工频周期内的采样点数；

$i_a(n)$、$i_b(n)$、$i_c(n)$——当前时刻采样值；

$i_a(n-N)$、$i_b(n-N)$、$i_c(n-N)$——比 n 时刻早一个周期的采样值；

$i_a(n-2N)$、$i_b(n-2N)$、$i_c(n-2N)$——比 n 时刻早两个周期的采样值。

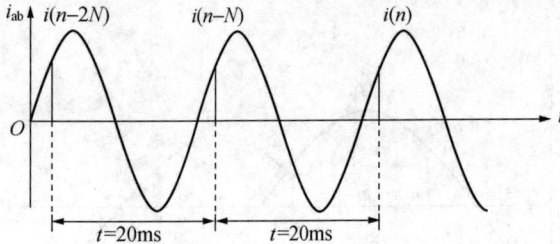

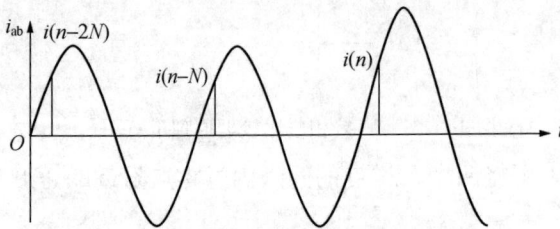

图 14-26　采样值比较示意图

(a) 电力系统正常时采样示意图；

(b) 电力系统故障后电流突变时采样示意图

如图 14-26 所示，电力系统正常运行时，以 ΔI_{ab} 为例，$i_{ab}(n)$，$i_{ab}(n-N)$，$i_{ab}(n-2N)$ 的值近似相等，所以，$\Delta I_{ab} \approx 0$，即启动元件不应动作。

电力系统正常运行时，但频率发生变化偏离 50Hz 时，则 $i_{ab}(n)$、$i_{ab}(n-N)$、$i_{ab}(n-2N)$ 的值将不相等。这是因为采样是按等时间间隔进行的，频率变化时，$i_{ab}(n)$ 与 $i_{ab}(n-N)$ 两采样值将不是相差一个周期的采样值，于是 $i_{ab}(n) - i_{ab}(n-N)$ 出现差值。同理，$i_{ab}(n-N) - i_{ab}(n-2N)$ 也出现差值，且两差值接近相等，因此此时 ΔI_{ab} 仍为零或很小。

当系统发生故障时，由于故障电流增大，于是 $i_{ab}(n)$ 增大，$i_{ab}(n-N)$ 为故障前负荷电流，故 $i_{ab}(n) - i_{ab}(n-N)$ 反映出故障电流产生的突变电流，$i_{ab}(n-N) - i_{ab}(n-2N)$ 仍近似为零，从而使 ΔI_{ab} 反映了故障电流突变量，如图 14-26 所示。

采用相电流差突变量构成的比相电流突变量启动元件有以下优点。

(1) 对各种相间故障提高了启动元件的灵敏度。如对两相短路灵敏度可提高一倍。

(2) 抗共模干扰能力强。

八、相电流差工频变化量选相元件

在某些保护中进行故障性质的判定需要首先选出故障相别。以阻抗元件为例，可只计算故障相或故障相间阻抗，这就是需要通过选相元件决定阻抗计算中应取什么相电压和电流。非故障相的阻抗可以不算，因为只有故障相的阻抗才能正确反映故障点位置。

（一）基本原理

相电流差工频变化量选相元件是在系统发生故障时利用两相电流差的变化量（突变量）的幅值特征区分各种类型故障。

设接入选相元件的两相电流差变化量（突变量）为 $(i_A - i_B)_g$、$(i_B - i_C)_g$、$(i_C - i_A)_g$，利用对称分量法可求出

$$\left.\begin{aligned}\dot{I}_{ABg} &= (\dot{I}_A - \dot{I}_B)_g = (1-a^2)C_1\dot{I}_{1g} + (1-a)C_2\dot{I}_{2g} \\ \dot{I}_{BCg} &= (\dot{I}_B - \dot{I}_C)_g = (a^2-a)C_1\dot{I}_{1g} + (a-a^2)C_2\dot{I}_{2g} \\ \dot{I}_{CAg} &= (\dot{I}_C - \dot{I}_A)_g = (a-1)C_1\dot{I}_{1g} + (a^2-1)C_2\dot{I}_{2g}\end{aligned}\right\} \quad (14\text{-}92)$$

式中　$\dot{I}_{1g}$、$\dot{I}_{2g}$——故障点的正、负序故障分量电流；

　　　C_1、C_2——保护安装端的正负序电流分布系数。

假定 $C_1 = C_2$，式（14-92）的幅值可表示为

$$|\dot{I}_{ABg}| = |C_1[(1-a^2)\dot{I}_{1g} + (1-a)\dot{I}_{2g}]|$$
$$|\dot{I}_{BCg}| = |C_1[(a^2-a)\dot{I}_{1g} + (a-a^2)\dot{I}_{2g}]|$$
$$|\dot{I}_{CAg}| = |C_1[(a-1)\dot{I}_{1g} + (a^2-1)\dot{I}_{2g}]|$$

1. 单相接地短路故障

设 A 相接地短路，在故障点处有 $\dot{I}_{1g} = \dot{I}_{2g}$，可得

$$|\dot{I}_{ABg}| = 3|C_1\dot{I}_{1g}|$$
$$|\dot{I}_{BCg}| = 0$$
$$|\dot{I}_{CAg}| = 3|C_1\dot{I}_{1g}|$$

由此可知，单相接地故障时的幅值特征是两非故障相电流差的故障分量等于零。

2. 两相短路故障

以 BC 两相短路故障为例，有 $\dot{I}_{1g} = -\dot{I}_{2g}$ 则

$$|\dot{I}_{ABg}| = \sqrt{3}|C_1\dot{I}_{1g}|$$
$$|\dot{I}_{BCg}| = 2\sqrt{3}|C_1\dot{I}_{1g}|$$
$$|\dot{I}_{CAg}| = \sqrt{3}|C_1\dot{I}_{1g}|$$

由此可见，两相短路故障的幅值特征是两故障相电流差的故障分量最大。

3. 三相短路故障

三相对称短路时有 $\dot{I}_{2g} = 0$，可得 $|\dot{I}_{ABg}| = |\dot{I}_{BCg}| = |\dot{I}_{CAg}|$，由此可见，三相对称短路故障幅值特征是三个两相电流差故障分量相等。

4. 两相接地短路故障

以 AB 两相金属性接地短路故障为例，有 $\dot{I}_{2g} = -k\dot{I}_{1g}$，则 k 为一实数，$0 < k < 1$。则有

$$|\dot{I}_{ABg}| = \sqrt{3}|C_1(1+k)\dot{I}_{1g}|$$
$$|\dot{I}_{BCg}| = \sqrt{3}|C_1(1-k+a)\dot{I}_{1g}|$$
$$|\dot{I}_{CAg}| = \sqrt{3}|C_1(1-k-ak)\dot{I}_{1g}|$$

由此可见，一般情况下，两相接地短路的幅值特征是与两相短路相同，即两故障相电流差的故障量最大。为了区别是否两相接地短路，通常采用下面辅助措施，以判断是否为接地故障。

检测是否有零序电流或电压存在，由于正常运行时也有少量的零序电流或电压存在，可采取检测零序变化量的方法。考虑到相间短路时由于电流互感器暂态过程的影响也可能短时出现零序电流，因此可采用零序电压。当零序电压取自电压互感器开口三角形侧绕组时，可防止电压回路断线的影响。

（二）故障相的判别

故障相判别流程如图 14-27 所示。

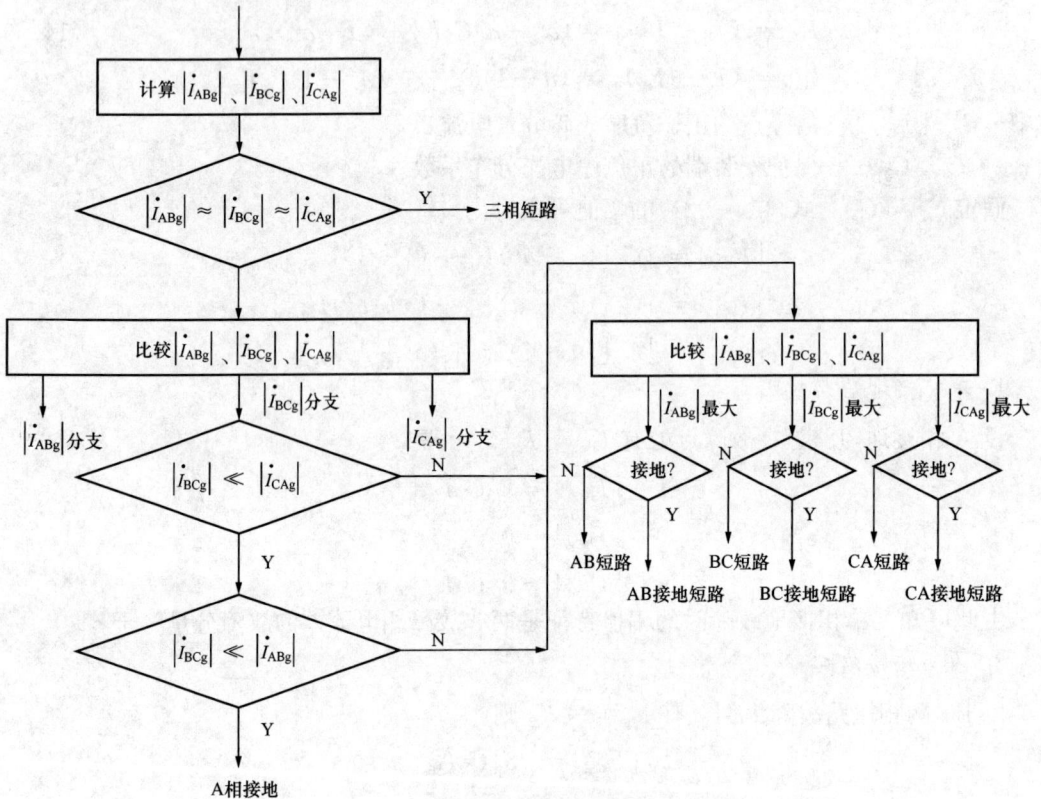

图 14-27　故障相判别流程图

由图中可见，当计算出三相电流差变化量基本相等，且大于某定值时，可判定为三相短路，否则对 $|\dot{i}_{ABg}|$、$|\dot{i}_{BCg}|$ 和 $|\dot{i}_{CAg}|$ 进行比较，流程图中仅给两相电流差变化量 $|\dot{i}_{BCg}|$ 分支情况，当 $|\dot{i}_{BCg}|$ 远小于其他两相电流差变化量时判断为 A 相接地。如不符合上述条件，则进一步找出 $|\dot{i}_{BCg}|$、$|\dot{i}_{CAg}|$ 和 $|\dot{i}_{ABg}|$ 中最大者。如 $|\dot{i}_{ABg}|$ 最大，则必定是 AB 两相短路或 AB 两相接地短路，再经接地判别，便可进一步将两者分开。

相电流差工频变化量选相元件不受负荷电流和过渡电阻的影响，能正确区分单相接地短路和两相或三相短路。

九、序分量滤过器算法

继电保护中常采用序分量元件，因为正序和零序分量只有在故障时才产生，它不受负荷电流的影响，灵敏度较高。下面介绍几种序分量元件的算法。

1. 直接移相原理的序分量滤过器

这种序分量滤过器是根据对称分量法基本公式得出的，则有

$$3\dot{U}_1 = \dot{U}_a + a\dot{U}_b + a^2\dot{U}_c$$
$$3\dot{U}_2 = \dot{U}_a + a^2\dot{U}_b + a\dot{U}_c \qquad (14-93)$$
$$3U_0 = U_a + U_b + U_c$$

对于序列 $3u_1$、$3u_2$、$3u_0$ 为

$$3u_1(n) = u_a(n) + au_b(n) + a^2u_c(n)$$
$$3u_2(n) = u_a(n) + a^2u_b(n) + au_c(n) \qquad (14-94)$$
$$3u_0(n) = u_a(n) + u_b(n) + u_c(n)$$

知道 a、b、c 三相的采样序列，移相 $\pm120°$ 后，按式 (14-94) 运算即可得到正序、负序分量序列，相当于各序分量的采样值，设每周期采样 12 点，即 $N = 12$，$\omega T_s = 30°$，根据移相时数据窗不同，可有下列几种算法。

相量 $\dot{U}$ 的相位变化情况，相量 $\dot{U}$ 的相位由 $0° \sim 360°$ 呈周期性变化，这相当于相量 $\dot{U}$ 在复平面上周而复始地旋转。设 $t = nT_s$ 时，$\dot{U}$ 的相位为 $0°$，此时采样值为 $u(n)$。当 $t = (n-k)T_s$ 时，$\dot{U}$ 的相位为 $t = nT_s$ 时滞后 $k\omega T_s$ 角度，对应此时采样值为 $u(n-K)$。显然，若取 $\omega T_s = 30°$，当分别 $K = 8$ 和 4 时，相量 $\dot{U}$ 已旋转了 $240°$ 和 $120°$，此时，所对应的采样值分别为 $u(n-8)$ 和 $u(n-4)$ 如图 14-28 所示。

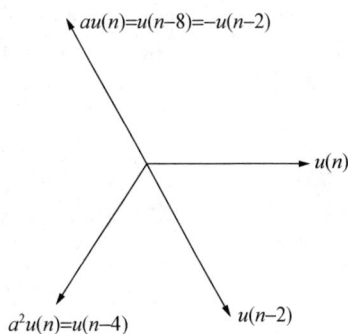

(1) 数据窗 $K = 8$ 时有

$$au(n) = u(n-8)$$
$$a^2u(n) = u(n-4)$$

于是有

$$3u_1(n) = u_a(n) + u_b(n-8) + u_c(n-4)$$
$$3u_2(n) = u_a(n) + u_b(n-4) + u_c(n-8) \qquad (14-95)$$
$$3u_0(n) = u_a(n) + u_b(n) + u_c(n)$$

式 (14-95) 表明只要知道了 a、b、c 三相的电压在 n、$n-4$、$n-8$ 三点的采样值，就可以由式 (14-95) 计算出各序分量在 n 时刻的采样值。本算法的数据窗 $K = 8$，时间窗 $KT_s = 13.3\text{ms}$。

(2) $K = 4$ 时，由图 14-27 可见，$au(n)$ 可看成 $-u(n-2)$，$a^2u(n) = u(n-4)$，于是有

$$3u_1(n) = u_a(n) + au_b(n) + a^2u_c(n) = u_a(n) - u_b(n-2) + u_c(n-4)$$
$$3u_2(n) = u_a(n) + u_b(n-4) - u_c(n-2)$$

分析，对于负序元件图 14-29 (a) 正序输入的相量关系，因 $u_{a1}(n)$、$u_{b1}(n-4)$、$-u_{c1}(n-2)$ 三者对称，故 $3u_2(n)$ 输出为 0，图 14-29 (b) 是负序输入时相量关系，因 $u_{a2}(n)$、$u_{b2}(n-4)$、$u_{c2}(n-2)$ 三者同相，故 $3u_2(n)$ 输出很大，其值为 $3u_{a2}(n)$。

同理，对于正序元件在正序输入时有输出，负序输入时为零。

(3) 数据窗 $K = 2$ 时，由图 14-30 可见

$$a^2u(n) = u(n)e^{-j60°} - u(n) = u(n-2) - u(n)$$

图 14-28 相量 $\dot{U}$ 的相位变化示意图

图中标注: $au(n) = u(n-8) = -u(n-2)$ ，$u(n)$ ，$u(n-2)$ ，$a^2u(n) = u(n-4)$

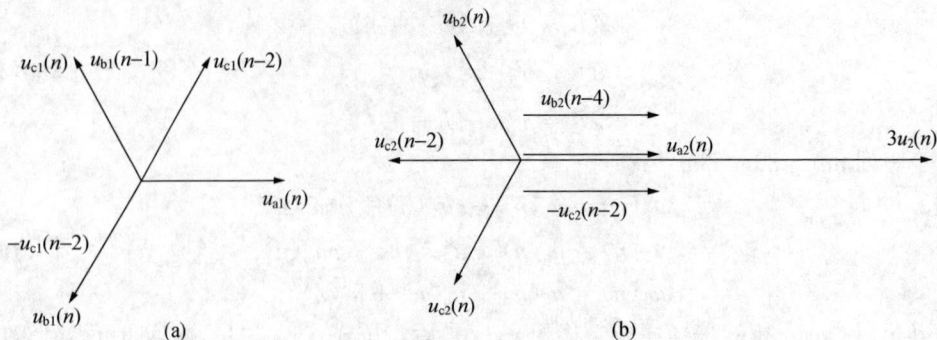

图 14 - 29 $K = 4$ 时负序元件相量图

(a) 正序输入时相量关系；(b) 负序输入时相量关系

$$au(n) = -u(n-2)$$

因此有 $3u_1(n) = u_a(n) + au_b(n) + a^2 u_c(n) = u_a(n) - u_b(n-2) + u_c(n-2) - u_c(n)$

$3u_2(n) = u_a(n) + a^2 u_b(n) + au_c(n) = u_a(n) + u_b(n-2) - u_b(n) - u_c(n-2)$

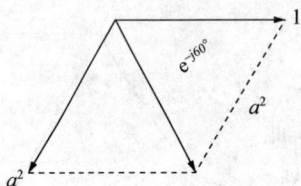

图 14 - 30 $K = 2$ 时的相量图

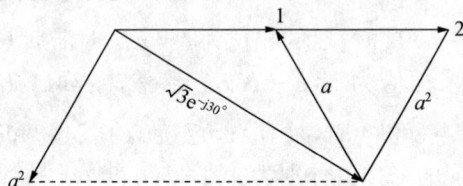

图 14 - 31 $K = 1$ 时的相量图

（4）数据窗 $K = 1$，因 $a^2 = \sqrt{3}e^{-j30°} - 2$；$a = 1 - \sqrt{3}e^{-j30°}$，各相量关系如图 14 - 31 所示。

$$3u_1(n) = u_a(n) + au_b(n) + a^2 u_c(n)$$
$$= u_a(n) + (1 - \sqrt{3}e^{-j30°})u_b(n) + (\sqrt{3}e^{-j30°} - 2)u_c(n)$$
$$= u_a(n) + u_b(n) - \sqrt{3}u_b(n-1) + \sqrt{3}u_c(n-1) - 2u_c(n)$$
$$3u_2(n) = u_a(n) + a^2 u_b(n) + au_c(n)$$
$$= u_a(n) + (\sqrt{3}e^{-j30°} - 2)u_b(n) + (1 - \sqrt{3}e^{-j30°})u_c(n)$$
$$= u_a(n) + \sqrt{3}u_b(n-1) - 2u_b(n) + u_c(n) - \sqrt{3}u_c(n-1)$$

2. 傅氏算法原理的序分量滤过器

如用傅氏算法求得 a、b、c 三相电压正弦和余弦分量系数，各相电压为

$$\dot{U}_a = U_{as} + jU_{ac}$$
$$\dot{U}_b = U_{bs} + jU_{bc} \tag{14-96}$$
$$\dot{U}_c = U_{cs} + jU_{cc}$$

又 $a = -\dfrac{1}{2} + j\dfrac{\sqrt{3}}{2}$，$a^2 = -\dfrac{1}{2} - j\dfrac{\sqrt{3}}{2}$ 代入式（14-93）得

$$3\dot{U}_1 = U_{as} + jU_{ac} + \left(-\frac{1}{2} + j\frac{\sqrt{3}}{2}\right)(U_{bs} + jU_{bc}) + \left(-\frac{1}{2} - j\frac{\sqrt{3}}{2}\right)(U_{cs} + jU_{cc})$$

$$3\dot{U}_2 = U_{as} + jU_{ac} + \left(-\frac{1}{2} - j\frac{\sqrt{3}}{2}\right)(U_{bs} + jU_{bc}) + \left(-\frac{1}{2} + j\frac{\sqrt{3}}{2}\right)(U_{cs} + jU_{cc})$$

$$3\dot{U}_0 = U_{as} + jU_{ac} + U_{bs} + jU_{bc} + U_{cs} + jU_{cc}$$

整理后的

$$3\dot{U}_1 = \left(U_{as} - \frac{1}{2}U_{bs} - \frac{1}{2}U_{cs}\right) - \frac{\sqrt{3}}{2}(U_{bc} - U_{cc}) + j\left[\left(U_{ac} - \frac{1}{2}U_{bc} - \frac{1}{2}U_{cc}\right) + \frac{\sqrt{3}}{2}(U_{bc} - U_{cc})\right]$$

$$3\dot{U}_2 = \left(U_{as} - \frac{1}{2}U_{bs} - \frac{1}{2}U_{cs}\right) + \frac{\sqrt{3}}{2}(U_{bc} - U_{cc}) + j\left[\left(U_{ac} - \frac{1}{2}U_{bc} - \frac{1}{2}U_{cc}\right) - \frac{\sqrt{3}}{2}(U_{bs} - U_{cs})\right]$$

$$3\dot{U}_0 = U_{as} + U_{bs} + U_{cs} + j(U_{ac} + U_{bc} + U_{cc})$$

$$(14-97)$$

傅氏算法原理的序分量滤过器的计算结果是各序分量的相量（实部和虚部）。而直接移相原理的序分量滤过器的计算结果是各序分量的序列（相当于各序分量的采样数据），欲求各序分量的幅值和相位，还得用前面所介绍的算法通过这些采样数据求取。

3. 小接地电流系统中的序分量滤过器算法

在小接地电流系统继电保护装置一般采用两相式接线，即电流互感器只装在 A、C 两相上，此时要获得序分量可采用下面方法：

正序分量滤过器 $\qquad \dot{I}_1 = \frac{1}{\sqrt{3}}(\dot{I}_a + \dot{I}_c e^{-j60°})$ $\qquad (14-98)$

负序分量滤过器 $\qquad \dot{I}_2 = \frac{1}{\sqrt{3}}(\dot{I}_c + \dot{I}_a e^{-j60°})$ $\qquad (14-99)$

通过图 14-32 相量关系对式（14-99）分析，可见在正序分量作用下，正序滤过器输出为正序电流 $\dot{I}_1$，负序滤过器输出为零；在负序分量作用下，正序滤过器输出为零，负序滤过器输出为负序电流 $\dot{I}_2$。

取每周采样 $N = 12$，则对应式（14-98）、式（14-99）的离散形式为

$$i_1(n) = \frac{1}{\sqrt{3}}[i_a(n) + i_c(n-2)] \qquad (14-100)$$

$$i_2(n) = \frac{1}{\sqrt{3}}[i_c(n) + i_a(n-2)] \qquad (14-101)$$

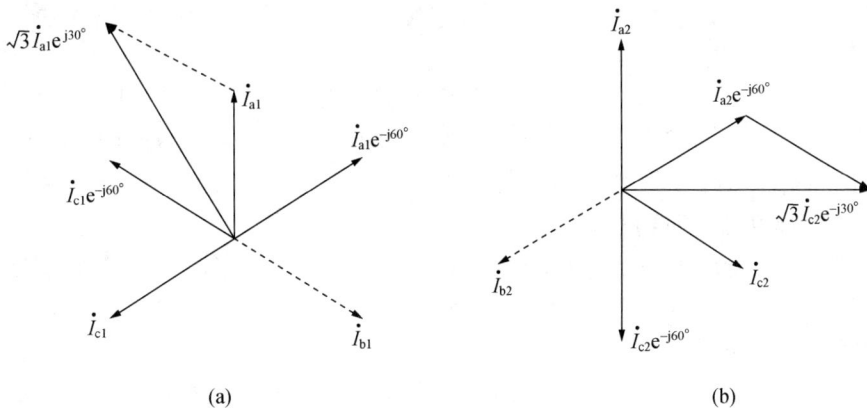

图 14-32 两相式序分量滤过器的相量图

(a) 正序分量滤过器；(b) 负序分量滤过器

以上介绍了几种典型的微机保护算法，通过这些算法可得出被保护对象的运行特点的物理量，如电压、电流等电气量的有效值和矢量，或者算出它们的序分量、基波分量或某次谐波分量的大小和相位等。通过这些基本电气量的计算值就可以很容易地构成各种不同原理的保护。目前已提出的算法有很多种，各有其特点和使用范围，选择哪种算法需要根据应用场合、对保护功能的要求以及硬件配置来具体确定。分析和评价各种不同算法优劣的标准是精度和速度。精度和速度是互相矛盾的，若要计算精度高就要利用更多的采样点和进行更多的计算工作量。还应当指出，有些算法本身具有数字滤波的功能，而有些算法则需要配合数字滤波一起实现。因此，评价算法时还要考虑它对数字滤波的要求。

第五节　微机保护的软件

微机保护装置的软件分为两大类：一类是监控程序，另一类是运行程序。

监控程序包括人机对话接口键盘命令处理程序及对插件调试、定值整定、报告显示等配置的程序。运行程序是指保护装置在运行状态下所需要执行的程序。微机保护运行程序软件一般分为两个模块。

（1）主程序模块，包括初始化、全面自检、开放中断及等待中断等。

（2）中断服务程序模块，通常有采样中断、进行数据采集与处理、保护启动的判定等，还有串行口中断，完成保护 CPU 与管理 CPU 之间的数据传递。如保护的远方整定、复归、校对时间或保护动作信息的上传等。

中断服务程序中包含故障处理程序子模块，它在保护启动后才投入，用以进行保护特性的计算、判定故障性质等。

下面以 WXB-11 型微机线路保护装置为例，说明微机高频保护装置软件的构成。

一、WXB-11 型微机线路保护装置简介

该装置可以同时完成高频保护、距离保护、零序保护和自动重合闸的功能。它采用五个单片机系统的插件并行工作结构。插件 CPU0 作为管理机，实现监控和人机对话功能；CPU1～CPU4 具有完全相同的硬件结构。其中 CPU1 实现高频保护，CPU2 实现距离保护，CPU3 实现零序保护，CPU4 实现综合自动重合闸。各种保护相互独立，各保护插件动作后作用于同一套信号及跳闸出口回路。

该装置采用电压—频率变换原理构成的 VFC 型模数转换器。跳闸回路出口，跳闸出口回路采用三取二方式，提高了保护装置的可靠性。利用单片机内部串行口进行 CPU0 与其他四个 CPU 的通信。从而实现巡检功能。在 CPU0 插件中装设了 MC146818 芯片构成硬件时钟电路。为装置提供准确计时功能。

通过装置面板上的工作方式选择开关，可使程序进入监控程序模块或运行程序模块。工作开关置于调试位置时，进入监控程序，其作用是调试和检查微机保护装置的硬件电路，输入或修改及固化保护定值。

当工作方式置于运行位置时，进入运行程序。CPU1～CPU4 的运行程序主要有常规的自检打印主程序，采样中断服务程序和故障处理程序三大模块。

CPU0 的运行程序主要有巡检、报告打印、键盘命令处理以及定时器软件时钟中断服务程序，在该中断服务程序中检查有无启动元件的开入量以及同步各个 CPU 系统的时钟。

整个保护装置由 14 个插件构成。各插件编号和功能如表 14 - 1 所示。

表 14 - 1　　　　　　　　WXB-11 型微机保护装置插件编号及功能表

插　件　编　号	插　件　名　称	插　件　功　能
1	AC	交流变换器
2	VFC	电压频率模数换
3	CPU1	高频保护
4	CPU2	距离保护
5	CPU3	方向零序电流保护
6	CPU4	综合自动重合闸
7	CPU0	人机对话
8	DI1	开关量输入
9	DI2	开关量输入
10	TRIP	跳闸出口继电器
11	LOGIC	逻辑
12	SIGNAL	信号继电器
13	ALARM	告警继电器
14	POWER	逆变稳压电源

注　其中 1～2 号插件属于数据采集系统，3～7 号插件属于微机系统，8～13 号插件属于开关量输入、输出及相关继电器电路，14 号插件为电源。

二、高频保护功能概述

该保护包含高频距离保护和高频零序方向保护，分别反映相间故障和单相接地故障。高频保护设置了相电流差突变量原理的启动元件 DI1，如果保护范围内故障，则 DI1 动作，启动其执行元件 KST。同时，使保护进入故障处理程序，进行故障计算。进入故障处理程序后，先执行一段相电流差突变量原理的选相程序。以判断故障类型和相别。当判定为相间故障，则计算故障相间阻抗，由带记忆的多边形动作特性的阻抗元件判别方向。若正方向，启动停信继电器 KHS，等待对侧信息，符合出口条件时，出口三跳；若判为反方向故障，则直接进入振荡闭锁程序。若判定为单相接地故障，由零序功率方向元件判别方向，两侧均为正方向时，60ms 内出口选相跳闸；反方向时，则进入振荡闭锁程序。

高频距离保护开放 100ms，高频零序保护不用振荡闭锁，在第一次故障时不带延时，但 60ms 内不动作，以后再动作需要带 60ms 延时，这是为了防止由于零序功率倒向而引起高频零序保护误动作。在振荡闭锁状态时，高频零序动作，作用于三相跳闸。在振荡闭锁程序中，设有阻抗元件、相电流元件和零序电流元件，用于判别振荡是否停息。若上述三个元件持续 4s 均不动作，说明故障已切除，振荡已停息，保护整组复归。

当线路非全相运行时，高频距离保护和高频零序保护应退出工作，不再利用通道。此时，利用反映两健全相电流突变量元件 DI2 来判断健全相是否发生故障，如发生故障则立即出口三相跳闸。为保证可靠切除出口发展性故障，阻抗元件特性带偏移。

当手合故障线路或重合于永久性故障时，高频距离保护计算阻抗在保护区内时，则立即三跳。此时，本保护不受对侧高频信号的闭锁，所用阻抗特性也与高频距离保护中阻抗判别元件相同。重合后的瞬时加速功能可在整定时利用控制字投入或退出。

高频保护由定值单中的控制字选择闭锁式或允许式两种工作方式。

(1) 高频闭锁工作方式。

1) 发信：由 CPU1 高频保护启动的 KST 触点控制。

2) 停信：由 CPU1 启动 KSH 的触点控制。停信条件，相间故障时，为正方向且保护区内故障；单相接地时，为正方向且 $3I_0$ 和 $3U_0$ 大于整定值。

3) 出口跳闸条件：两侧均为正方向；启动后至少先收到高频信号持续 5ms 后才停信；收不到对侧高频信号。

(2) 高频允许式工作方式。

1) 由 KHS 继电器的常开触点控制发允许信号。出口条件为：本侧正方向，且收到跳闸信号。

2) 高频零序保护所采用的 $3U_0$ 由三相电压相加而得，当电压互感器二次回路断线时，自动切换到开口三角侧，此时，高频距离保护自动退出工作，重合闸后的阻抗加速部分也自动退出。高频零序保护仍继续运行，高频保护不发断线告警信号，由距离保护告警。

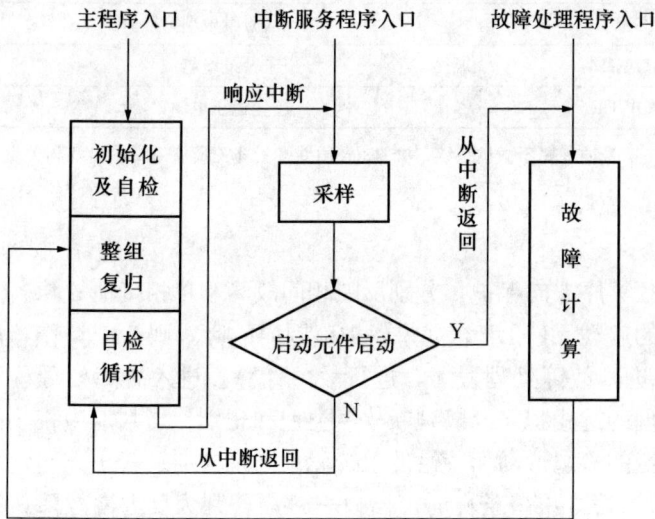

图 14 - 33   高频保护的程序结构示意图

如图 14 - 33 所示，高频保护软件由主程序、中断服务程序和故障处理程序三部分组成。主程序主要包括上电或复位后对该保护系统进行初始化、各种自检、振荡闭锁和打印报告等功能。中断服务程序主要包括采样、电流求和与电压求和及自检、突变量启动元件 DI1 等功能。故障处理程序的主要功能是完成故障计算、逻辑比较和跳闸逻辑，以实现高频保护功能。

上电或复位后，CPU 执行主程序，在系统初始化后开放中断，程序进入自检循环，每隔一个采样周期 T_s（本装置 $T_s = 5/3\text{ms}$ ）时间，主程序被中断一次，响应中断后执行中断服务程序。若被保护线路无故障，突变量元件 DI1 不应动作，在执行完中断服务程序后，仍返回到中断前的位置，继续执行主程序进行自检循环。若线路发生故障，DI1 感受到电流突变量而启动，先将存在堆栈中的中断返回地址修改为故障处理程序的入口地址，然后再从中断返回。此时，实际上返回到故障处理程序入口，因而不再执行主程序，而转入故障处理程序，在故障处理程序中，要进行故障处理计算，若故障发生在保护范围内，保护正确动作，在跳闸及合闸循环后，回到主程序中部的整组复归入口，保护整组复归；若是区外故障，将进入振荡闭锁程序模块。当在振荡闭锁模块确认系统稳定后，保护整组复归。

(一) 高频保护主程序

微机高频保护主程序流程图如图 14 - 34 所示，主要完成如下工作。

1. 初始化

初始化包括初始化（一）、初始化（二）和数据采集系统的初始化三部分。

初始化（一）是不论保护是否在运行位置，都必须进行的初始化项目，它主要是对堆栈、串行口、定时器及有关并行口初始化。对并行口按电路设计的输入和输出要求，设置每一个端口作输入还是输出，用于输出的还要赋予初值（如出口回路控制、A/D 接口方式等），保证所有软件继电器均处于预先设计的状态（如出口继电器处于不动作状态），同时便于通过并行接口读取各开关量输入的状态。

初始化（二）是在运行方式下需进行的项目。它主要是对采样定时器初始化，控制采样周期为 5/3ms，同时将 RAM 区中有关软件计数器和标志位清零。

读取所有开关量输入的状态，并将其保存在规定的 RAM 或 FLASH 地址单元内，已备在以后自检循环时，不断监视开关量输入是否变化。

2. 全面自检

对装置的软硬件进行一次全面的自检，包括 RAM、FLASH 或 ROM、各开关量输出通道、程序和定值等，保证装置在使用时处于完好状态。

在经过全面自检后，应将所有标志位清零。因为，每一个标志代表一个"软件继电器"和逻辑状态，这些标志将控制程序流程的走向。一般还应将存放采样值的循环寄存器进行清零。

进行数据采样系统的初始化，主要将采样数据寄存器存数指针 POINT 初始化，即把存放各通道采样值转换结果的循环寄存区的首地址存入指针，另外对计数器 8253 初始化，规定 8253 的工作方式和赋予初值 0000H。

3. 开放中断与等待中断

经过初始化和全面自检后，表明微机保护装置准备工作已经全部就绪，此时，开放中

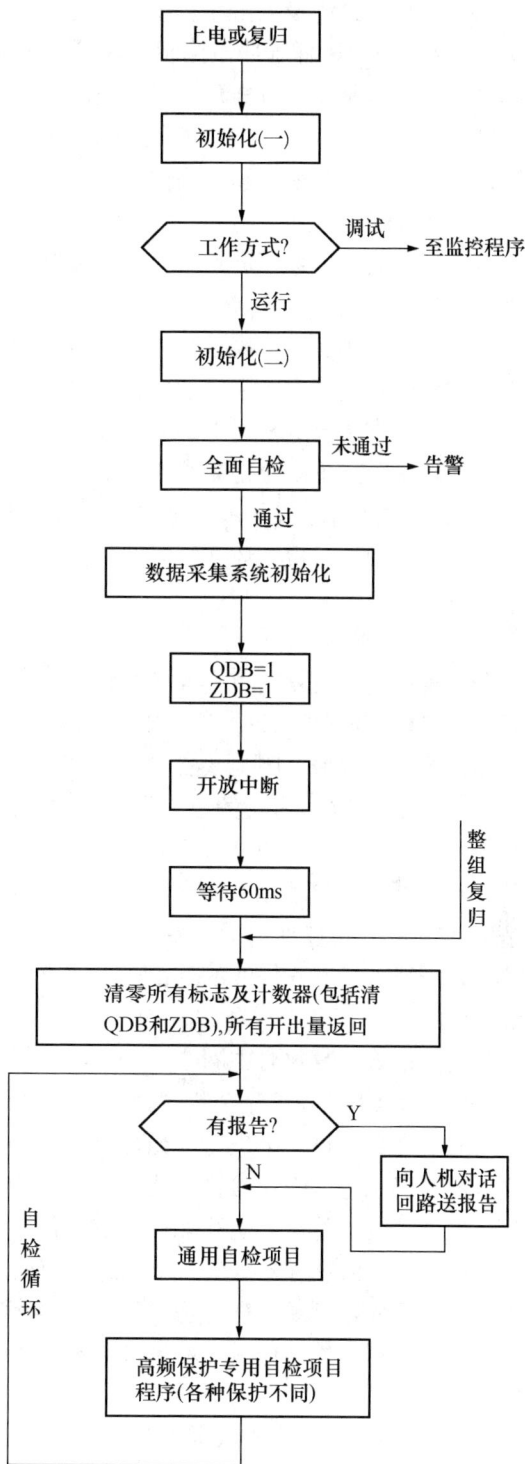

图 14-34 高频保护主程序流程图

断，将数据采集系统投入工作，于是，可编程定时器按照初始化程序规定的采样间隔 T_s（5/3ms）不断地发出采样脉冲，控制各模拟量通道的采样和 A/D 转换，并在每一次采样脉冲下降沿（也可以是其他方式）向微机请求中断。只要微机不退出工作，装置无异常状况，就要不断地发出采样脉冲，实时监视和获取电力系统的采样信号。在开放中断后延时 60ms，以确保采样数据的完整性和正确性。

4. 自检循环

开放中断后，主程序进入自检循环回路，它除了分时地对装置各部分软硬件进行自动检测外，还包括人机对话、定值显示和修改、通信以及报文发送等功能。将这些不需要完全实时响应的功能安排在这里执行是为了尽量减少占用中断程序的时间，保证继电保护的功能可以更实时地进行。当然，在软硬件自检过程中，一旦发现异常情况，就应当发出告警信号和报文，如果异常情况危及保护的安全性和可靠性，则立即停止保护工作。

在循环过程中不断等待采样定时器的采样中断和串行口通讯的中断请求信号，当保护CPU 接收到中断请求信号，在允许中断后，主程序进入中断服务程序。每当中断服务程序结束后，又返回到自检循环并继续等待中断请求信号。主程序如此反复自检、中断，进入不断循环阶段。

5. 其他说明

若装置在上电或复归后进入运行状态，并且在所有初始化和全面自检通过后，先将两个重要标志 QDB 和 ZDB 置"1"，QDB 是启动标志，启动元件 DI1 动作后置"1"，ZDB 为振荡闭锁标志，进入振荡闭锁状态时置"1"。

将这两个标志置"1"的原因是因为在刚开放采样中断时不能立即投入突变量元件，因为它要用到前两个周波的电流采样值 $\Delta i_n = (|i_n - i_{n-1}| - |i_{n-N} - i_{n-2N}|)$，因此时采样区是空的。若立即投入启动元件，会因为突变量而误动。在中断服务程序中可看到，若将 QDB 和 ZDB 置"1"，可以使启动元件 DI1 旁路，即不投入。待中断开放后经 60ms 等待，装置进入稳定，采样区已有三周波的数据，再在整组复归环节中把所有标志清零，此时才投入启动元件 DI1。

装置上电式或复位时中断会自动关闭，故在初始化和自检完毕后，应由软件开放中断。本装置的 4 个 CPU 硬件完全相同，其初始化和自检软件也完全一样，但每种保护都有一些特殊功能要在循环自检中进行。循环自检程序分为通用和专用两部分。高频保护的专用自检程序中设有静态稳定破环检测功能，它由一个反应 B 相Ⅲ段阻抗元件和反应 A 相电流的按躲过最大负荷电流整定的电流元件构成。任一个元件动作后，使 QDB 或 ZDB 置"1"；从而闭锁 DI1，以免当振荡再度在 180°附近时因振荡电流很大导致其误动。如果在 30s 内阻抗和电流元件均返回，判断为静态稳定破坏，程序转至振荡闭锁模块，待振荡停息后整组复归；如果阻抗和电流元件动作后，持续 30s 不返回，判断为过负荷，此时报警"OVLOAD"，并闭锁保护。

（二）高频保护的中断服务程序

图 14-35 所示是采样中断服务程序，它包括：①采样计算，向 8253 读数（采样）并存入 RAM 中的循环库存区；②进行电流求和、电压求和及自检；③设置了一个反应相电流差突变量启动元件 DI1 和一个非全相运行中监视两健全相是否发生故障的相电流差突变电量元件 DI2。

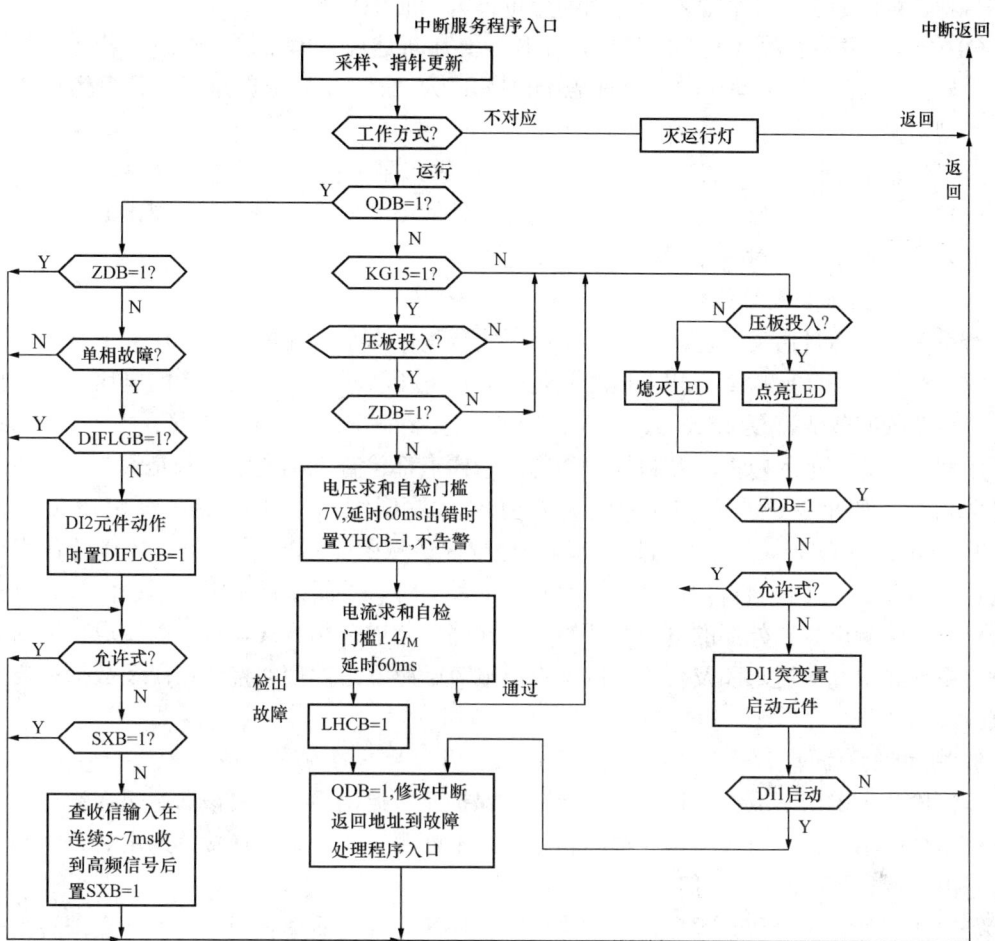

图 14-35　高频保护的中断服务程序流程图

中断服务程序中主要标志及含义如下：QDB—启动标志，由 DI1 动作时置"1"；ZDB—振荡闭锁标志，进入振荡闭锁状态时置"1"；LHCB—电流求和出错标志，求和出错时置"1"；YHCB—电压求和出错标志，求和出错时置"1"；DIFLGB—DI2 元件检出两健全相有故障标志，DI2 动作时置"1"；SXB—收信标志，当收信机收到信号持续 5～7ms 时，置"1"。

1. QDB 和 ZDB 标志的切换

在运行状态下 QDB=1 和 ZDB=1 时，由图 14-35 所示，此时退出电流电压求和自检功能，启动元件 DI1 及判别发展性故障元件 DI2 均被旁路，中断服务程序只有采样功能。

在运行状态下 QDB=0 和 ZDB=0 时，在整组复归时将 QDB、ZDB 都清零，这表明系统正常运行。此时中断服务程序中的采样、电压电流求和、自检和突变量启动元件 DI1 均投入运行。

运行状态下 QDB=1 和 ZDB=0，说明 DI1 已动作，且不是在振荡闭锁状态。当 DI1 启动后，采样仍继续进行，但每次中断因 QDB=1 而将 DI1 的程序傍路，这相当于启动元件动作后自保持。同时，求和自检也将停止。傍路 DI1 和求和自检是必要的。一方面，因为 CPU 应集中时间执行故障处理程序，节约时间，以加快保护速度；另一方面，启动后继续求和自检也可能会在电流互感器因非周期分量过饱和时误报警。

QDB＝1，说明有故障使 DI1 动作，此时，要判断是否为单相接地故障。若是单相接地故障，则投入 DI2，DI2 动作时，置标志 DIFLGB 为"1"并从中断返回；若不为单相接地故障，则不投入 DI2。

运行状态下 QDB＝0、ZDB＝1 时，说明程序进入了振荡闭锁状态，这时，中断服务程序中的求和自检功能、启动元件 DI1 和判别发展性故障元件 DI2 均退出。退出 DI2 后，保护在振荡闭锁状态下动作时一律三相跳闸，不选相。

2. 电流电压求和及自检功能

当系统正常运行启动元件未动作时，中断服务程序在采样完后进入电压、电流求和及自检。首先对每个采样点检查三相电压之和是否取自电压互感器开口三角形的电压一致，如果二者电压差的有效值持续 60ms 大于 7V，则使标志 YHCB＝1，但不告警，也不闭锁保护。电压求和自检完后进入电流求和自检，为每个采样点都检查三相电流之和是否与 $3I_0$ 回路的采样值相符，如果持续时间 60ms 电流差值的有效值大于 1.4 的二次额定电流，则使 LHCB＝1，并使 QDB＝1，然后进入故障处理程序。从图 14-34 中可见，故障处理程序上部查看，LHCB＝1 时，将告警，报告 DACERR，同时，关闭采样中断，闭锁保护。电压求和自检可以检测出装置外部的电压互感器二次回路一相或两相断线，也可以反应装置内部数据采集系统异常。电流求和及自检可以检查出电流互感器二次回路接线错误及数据采集系统错误。

3. 高频保护的投入/退出连接片

本保护装置采用三取二闭锁方式，任一种保护压板退出后，只要该插件仍在运行，其启动元件不会退出工作，只是封锁其跳闸回路。在中断服务程序中，连接片退出后，求和自检功能退出，运行灯 LED 灭，但 DI1 仍投入工作。

若启动元件 DI1 动作，程序进入故障处理程序后，经查看压板退出，程序立即转至振荡闭锁状态。在振荡闭锁程序入口，查看连接片退出，程序将等待 4s 后整组复归。总之，保护在连接片退出后，在系统故障时能启动，继电器 KST 保持在动作状态，待系统稳定后 4s 复归，任何故障不出口。

4. 其他说明

装置上电时，工作方式开关在运行位置，经过初始（二）及自检等环节后进入自检循环，然后将工作方式置调试位置，不按复位按钮，因此不会进入调试方式的监控程序，此时就应进入"不对应"状态。在不对应状态下，每次中断后只采样，然后从中断返回。不进行求和自检和启动元件等功能，并熄灭运行灯。这种方式主要为调试数据采集系统而设计。

中断服务程序必须在一个 T_s 时间内完成，否则将会丢失数据，如果电力系统正常运行，电压互感器及数据采集系统均无异常，中断服务程序执行完毕后就回到主程序中被中断的地址，继续循环自检。若系统故障元件动作后，立即停止自检而转去开始故障处理，在执行故障处理程序时，定时器仍然每隔一个 T_s 发出中断请求，保证采样不间断。但因 QDB＝1，故不再执行求和自检及启动元件程序，从而节约了 CPU 的时间。

（三）高频保护的故障处理程序

高频保护的故障处理程序流程图如图 14-36 所示。其中允许式逻辑未详细示出。在电流求和、自检时检出有错或启动元件 DI1 启动后，进入该程序。首先判断 LHCB 是否为"1",若 LHCB＝1，程序将离开故障处理程序而去告警，而只有在启动元件动作之后（电流求和及自检通过）才能进入故障处理程序并进行故障计算。对流程图中主要环节说明如下：

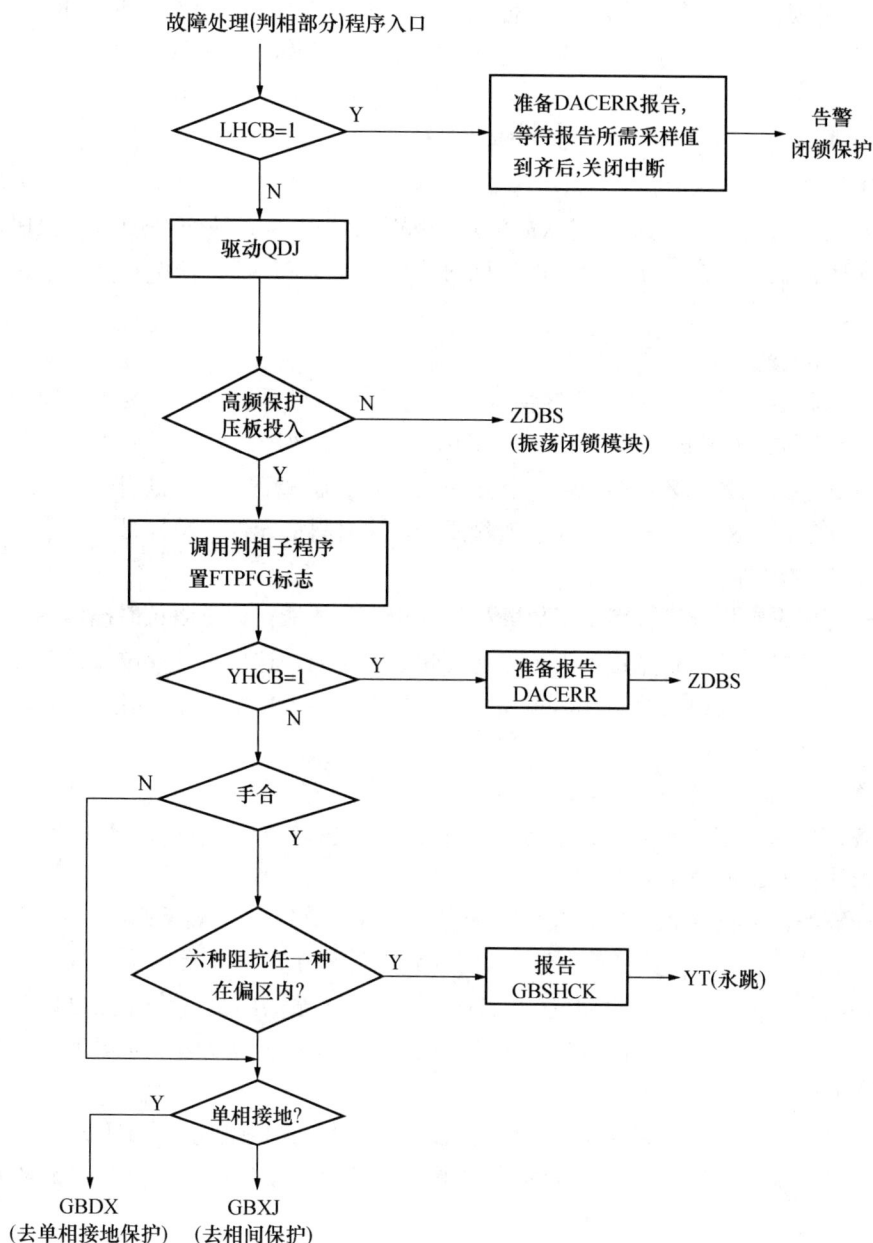

图 14-36 高频保护的故障处理程序（判相部分）

1. 电流求和及自检出有错告警

由中断服务程序可知，当电流求和及自检不通过时，将 LHCB 置"1"，返回到故障处理程序入口，进入该程序后，首先检查标志 LHCB，当 LHCB＝1 时，则告警报告 DAC-ERR，熄灭运行灯。保护装置停止执行任何程序，等待运行人员处理。

2. 在判断连接片是否投入之前驱动启动元件的执行元件 KST

若 LHCB＝0，说明进入故障处理程序是由于启动元件动作引起的，此时系统有故障，驱动执行元件 KST。然后再判断高频保护连接片是否投入，若不投入将不进行故障计算而转至振荡闭锁。这里不论连接片是否投入，只要 DI1 动作，必将驱动 KST。由此可见，某一个保护退出，只要将其连接片退出，该插件仍投入运行，决不会影响启动回路工作。

3. 电压互感器二次回路断线时进入振荡闭锁

电压求和及自检发现有错，YHCB＝1，三相电源失压时标志 JWWYB＝1（电压互感器二次回路断线）。在这种情况下，进入故障处理程序后并未真正执行高频保护程序，而是立即进入振荡闭锁状态。在 YHCH＝1 时，同时给出 DACERR 报告，但不告警，也不应闭锁保护。

4. 手合于故障线路

在自检求和通过、二次回路完好情况下，进入故障处理程序，一定是系统内有故障、DI1 动作所致。在进行故障计算之前，先判断是否手合于故障线路，以便加速跳闸。计算六个阻抗值（Z_{AB}，Z_{SC}，Z_{CA}，Z_A，Z_B，Z_C）中任一个动作，将给出手合出口报告 GBSHCK，发出永跳命令（YT），跳后不重合。为了消除死区，这时阻抗元件的特性带偏移。

5. 判定故障相别

故障处理应先判相，只有判定了故障种类和相别，才能在计算阻抗时确定用什么相别的电压和电流。显然，只有故障相间阻抗才能反映故障距离。这里采用相电流差突变量元件进行判相，判相结果存入记录故障相别的标志（FTPFG）中。当判为单相接地时，进入高频零序保护程序。

6. 系统发生相间故障

当系统发生相间故障时，程序转至高频距离保护模块（GBXJ）部分，如图 14 - 37 所示。程序模块主要功能说明如下。

（1）计算线路阻抗（R，X）。本装置采用微分方程算法计算测量阻抗的电阻分量 R 值和电抗分量 X 值，同整定值进行比较，以判别故障是否在正方向及保护区内，若判定为反方向或保护区外，则报告高频启动（GBQD），同时进入振荡闭锁。为保证出口三相故障能正确计算阻抗以判别故障方向，该阻抗元件采用记忆，记忆时间为一周波，其方法是调用故障前一周波的电压数据进行计算。

（2）停信。若在正方向而且在保护区内故障，则驱动停信继电器（KHS），并报告高频距离保护停信（GBJLTX）。显然，停信条件是：启动元件动作、正方向、且故障在停信元件的动作范围内。

（3）高频距离保护开放 100ms。停信后，高频距离保护开放 100ms。在 100ms 内，若满足出口条件：区内故障、SXB＝1，收不到对侧闭锁信号，则执行三相跳闸（三跳 ST）程序，并给出高频距离保护出口（GBJLCK）报告。在 100ms 内，或因收不到对侧闭锁信号（区外故障），或因 SXB＝0（从未收到高频信号或收到信号手续时间不到 5～7ms），或因故障不在阻抗元件动作范围之内等，则保护未出口跳闸，100ms 后进入振荡闭锁程序，高频保护退出。

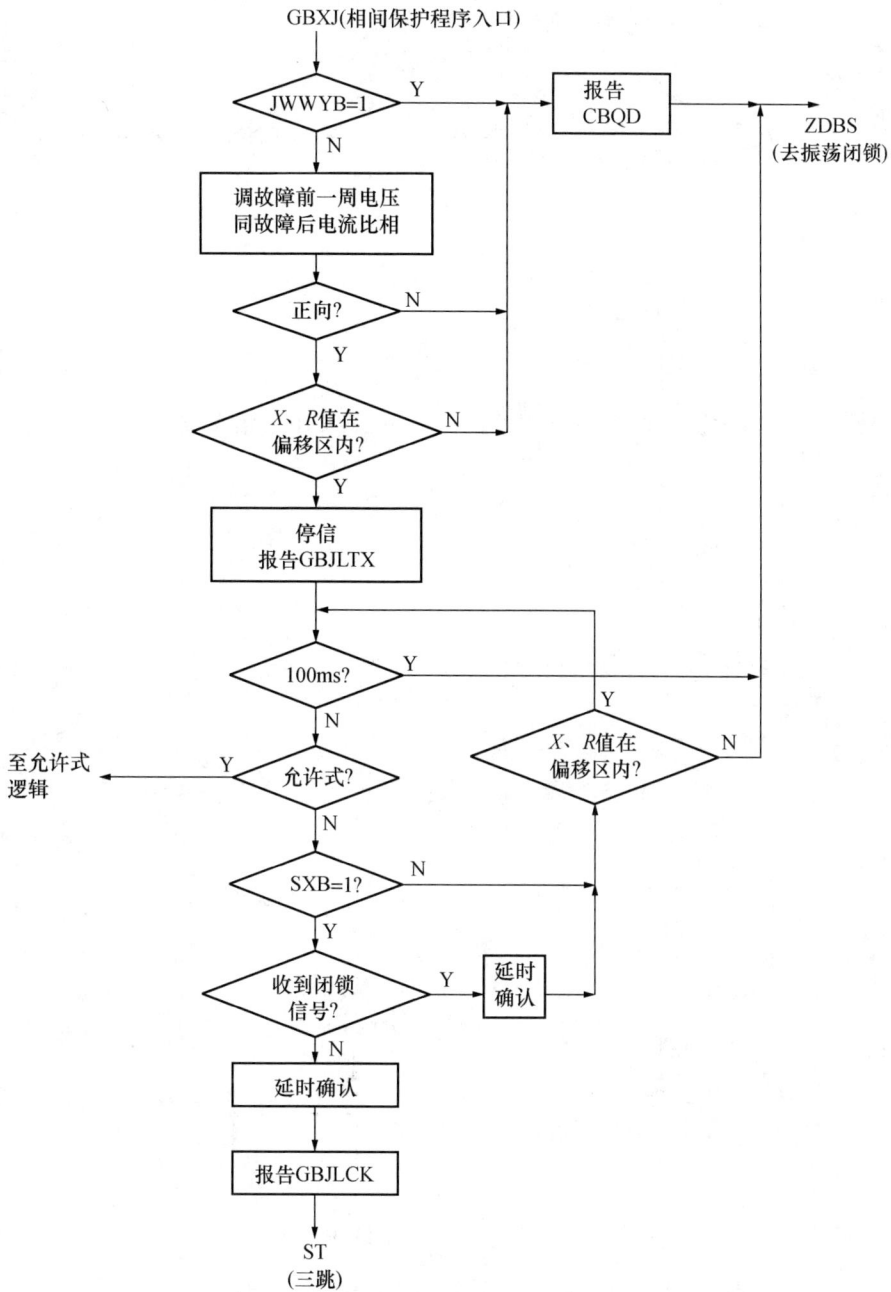

图 14-37 高频保护的故障处理程序（相间保护）

7. 系统发生单相接地故障

若判相结果为单相接地故障，进入高频零序保护模块（GBDX）部分。如图 14-38 和图 14-39 所示，其分为两部分。

（1）第一次故障。如果 $3U_0$ 或 $3I_0$ 未达到零序功率方向元件动作值，零序功率方向元件不应动作，程序立即转入相继动作程序入口（PPL2）。如果本侧零序功率方向元件判为反方向，立即转至振荡闭锁模块（ZDBS）。

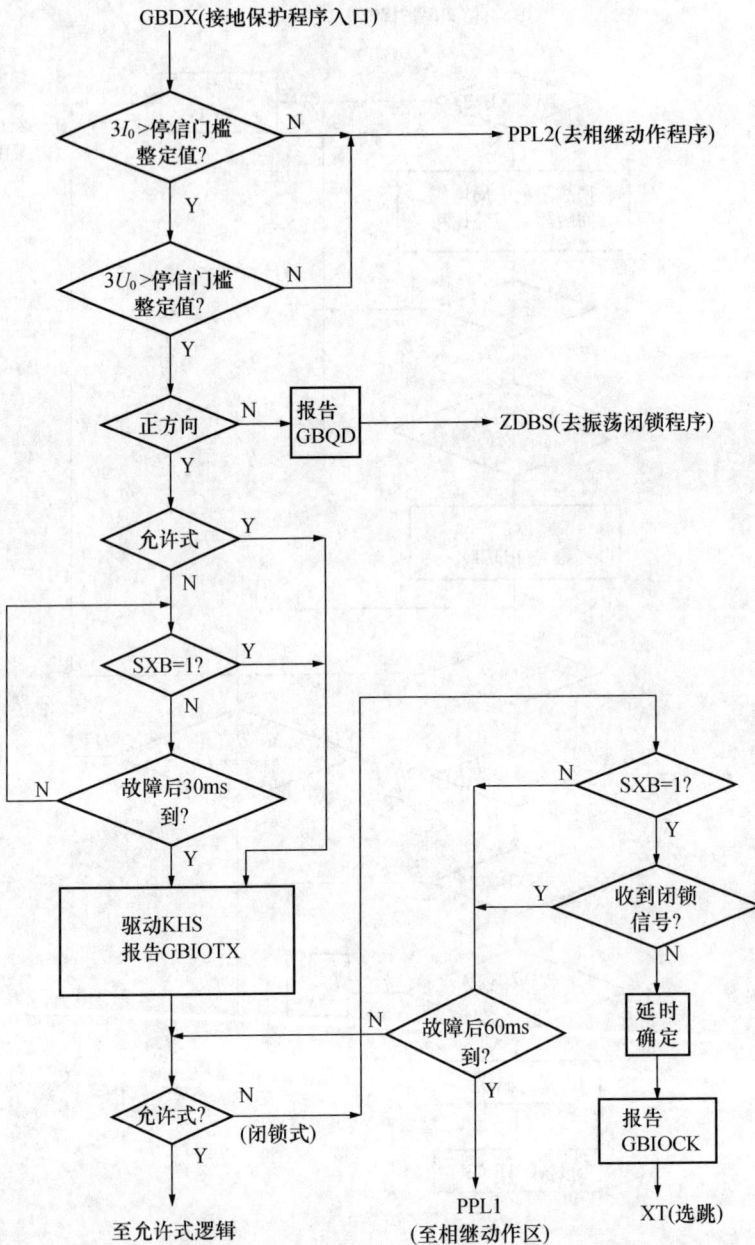

图 14-38 高频保护的故障处理程序（单相接地保护部分）

如本侧零序功率方向元件判为正方向，则动作。当 SXB=1 时，启动停信继电器停信并报告高频零序停信（GBIOTX）。之所以等 SXB=1 后才停信，是为了防止停信太快，使线路内部故障时发信持续时间达不到 5～7ms 而拒动。如果故障后 30ms 内 SXB 仍未被置"1"，程序将不再等待，直接去停信。

本侧停信，SXB=1 后，若收不到对侧的闭锁信号，将在报告高频零序出口（GBIOCK）的同时，发选相跳闸命令（XT）；若在 60ms 内，一直收到对侧的闭锁信号或 SXB=0，则进入相继动作程序段（PPLI）。

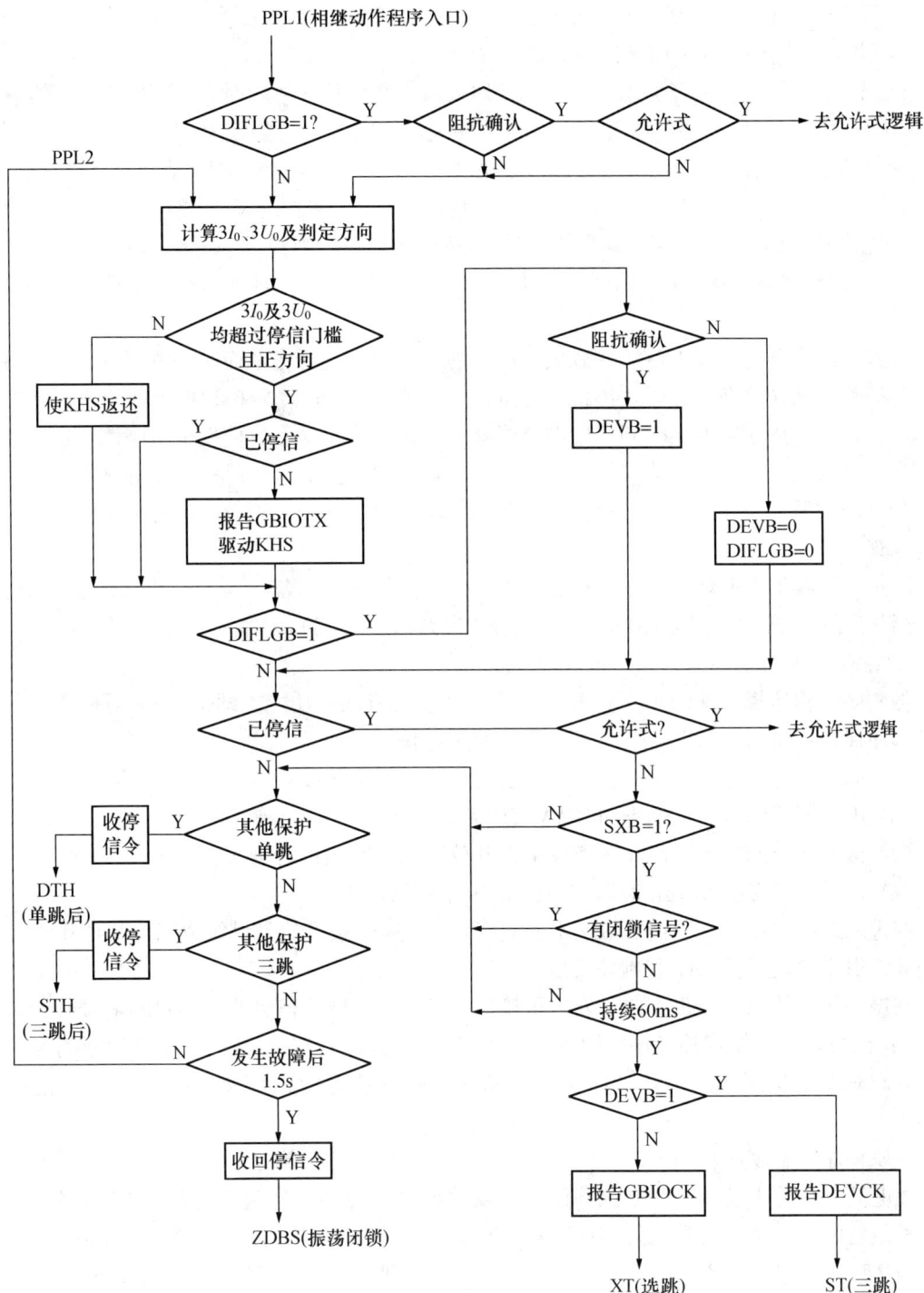

图 14-39 高频保护的故障处理程序（相继动作部分）

第一次故障时必须在 60ms 内出口选跳，否则进入相继动作程序段。在该段程序内若要出口，须带 60ms 延时，其目的是为了防止功率倒向时保护误动。

（2）相继动作程序段。该段程序主要有两个功能：一是判断是否有发展性故障；二是相继动作循环。当零序方向元件灵敏度不够（ $3U_0$ 或 $3I_0$ 未达到门槛值），或是本侧为正方向但因收到闭锁信号在 60ms 内未出口时进入该程序段。

DIFLGB 是转换性故障标志，当单相接地故障发展为相间故障时，由相电流差突变量元件 DI2 动作后置"1"，经阻抗元件确认后，置标志 DEVB＝1。若停信，且 SXB＝1，又没有收到对侧信号，则经 60ms 延时后，执行三跳（ST），并报告发展性故障出口（DEVCK）。

在平行线路或环形网络中，区外发生单相接地故障，在相继动作过程中，由于功率倒向，可能使零序功率方向元件动作而停信，为防止误动，必须经过 60ms 延时才能出口。这 60ms 足以使对侧在功率倒向后来得及发信，或本侧有足够的时间收到对侧闭锁信号而使保护闭锁。

在双电源线路上，靠近电源侧或大电源侧的零序保护先动作，而另一侧因灵敏度不够而进入等待相继动作循环。此时，出口也带 60ms 延时，当 DEVB＝0 时仍可选相跳闸。对于先跳侧，要求利用断路器的跳闸位置继电器触点，在任一相动作时使发信机停信，这样才能保证先一侧跳闸后保持在停信状态，使对侧可靠相继动作。对于后跳侧，在对侧未跳闸时已进入相继动作循环，等待停信，等待时间为 1.5s，在 1.5s 后仍不停信，则收停信令，进入振荡闭锁。

在进入相继动作循环过程中，查看是否有其他保护跳闸。若其他保护单相跳闸，则进入单跳后（DTH）程序；其他保护三跳，则进入三跳后（STH）程序。

8. 振荡闭锁

振荡闭锁程序模块如图 14 - 40 所示。该模块主要有两大功能，即带 60ms 延时不选相的高频零序保护和整组复归部分。进入该程序的条件是：

（1）高频保护压板不投入，启动元件启动后进入振荡闭锁；

（2）电压回路断线，YHCB 和 JWWYB 置"1"后进入；

（3）区外或反向故障，高频距离保护在开放时间内不出口时进入；

（4）高频零序保护在相继动作循环达 1.5s 不停信时进入。

在进入该程序后，首先使 ZDB＝1 和 QDB＝0，这样做目的是继续取消电流电压求和自检功能，退出启动元件 DI1 和判断发展性故障元件 DI2。

在振荡闭锁状态中，正方向又发生了接地故障，如本侧停信且收不到对侧信号时，将延时 60ms 出口，这功能弥补了振荡闭锁中无快速保护的缺陷，在振荡闭锁中高频距离保护不投入，此时发生相间故障时，本保护不能动作，由本装置的距离保护的 dz/dt 元件动作跳闸。

在该程序中若零序功率方向元件不动作，则进入整组复归部分。整组复归是通过阻抗元件和相电流元件都不动作来判断振荡已停息及故障已切除的。当满足复归条件时，经 4s 延时后整组复归，否则，将整组复归计时器（ZDJS）清零，继续在振荡闭锁状态停留。

当 $3I_0$ 大于零序电流元件 I_{04} 的动作值时，在达到 12s 时整组复归。同时，使电流互感器回路断线标志 CTDXB＝1 和 CTDXBGB＝0。

通过上述分析可知，故障处理程序的出口有：

（1）若正方向故障且在保护区内，进入故障跳闸程序，包括三跳、单跳、永跳；

（2）若反向故障或在保护区外，进入振荡闭锁后，等振荡停息及故障切除后，整组复归；

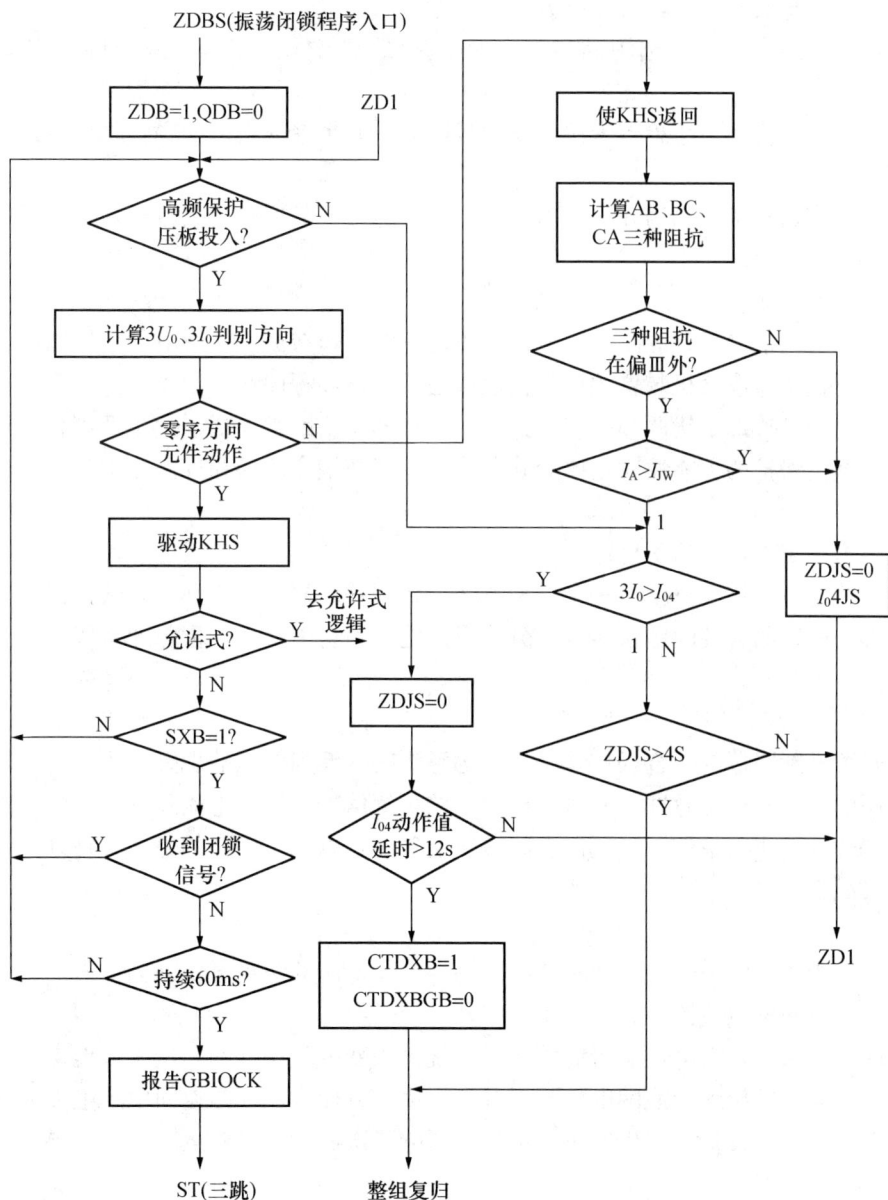

图 14-40　高频保护的故障处理程序（振荡闭锁部分）

（3）当同处其他保护跳闸后，将直接进入跳闸后程序，包括三跳后（STH）和单跳后（DTH）。

第六节　提高微机继电保护装置可靠性的措施

微机保护装置在工作中往往受到一些因素的干扰而使其可靠性降低。影响微机保护装置可靠性的因素有两个：一个是元器件损坏，另一个是干扰引起的功能障碍。由于微机系统使用大规模集成电路，不易损坏，因此微机保护的可靠性主要是抗干扰的问题。

提高微机保护装置可靠性有三种方法。

（1）避免故障与错误。选用高质量元件，装配工艺优良完善，采用屏蔽隔离等以防干扰。

（2）故障自动检测，防患于未然。发现故障时及时报警或自动闭锁，不影响保护对象正常工作。

（3）采用容错技术。利用冗余技术，使局部故障时不降低整套装置的性能，不中断保护装置的正常运行。

一、干扰的形成

干扰是除有用信号以外的所有可能对装置的正常工作造成不利影响的装置内部或外部的电磁信号，干扰将造成微机装置的计算错误或逻辑错误和程序运行出轨等。

干扰产生来自外部干扰源和内部干扰源。干扰的三个因素包括干扰源、耦合途径和接收电路。提高微机保护的可靠性就是要明确干扰源，切断耦合途径和提高保护装置本身的抗干扰能力。

二、电力系统中常见的干扰源

现代化的电力系统本身就是一个多种电磁干扰并存的复杂电磁环境，微机保护在这种环境中所面临的电磁兼容性问题自然也十分严重。电力系统中常见产生脉冲干扰、瞬变干扰的原因主要由以下几种。

1. 隔离开关及断路器操作

隔离开关及断路器的开合操作，必然伴随触头间一系列电弧的熄燃过程，并在母线上引起各种高额的电流和电压脉冲。此时，母线上的干扰信号在通过电流互感器、电压互感器等设备直接耦合到二次设备的同时还向空间辐射电磁波，以电磁耦合的方式干扰处于该暂态电磁场中的二次设备。

2. 雷电

电力系统遭受到雷击通常有两种情况：一种是变电所的防雷系统受到雷击。另一种是雷电直落到或感应到输电线路上。

对于前一种情况，雷电从避雷针等防雷系统进入变电所接地网并流入大地，一方面将在接地网中产生冲击，导致接地网电位瞬时升高。另一方面将在周围空间中产生强大的暂态电磁场，从而在二次侧设备中产生暂态过电压，影响二次侧设备正常运行，甚至导致二次侧设备损坏。

对于后一种情况，雷电波通过输电线路传到变电所内，在经过一次设备、变电所接地网以及电流互感器、电压互感器等耦合到控制室中的二次侧设备中，对二次侧设备造成影响。

3. 运行中的供电设备和用电设备

运行中的电力设备周围存在着干扰微机系统运行的工频电磁场，特别是在系统发生故障时，故障电流产生的工频干扰更为强烈。另外，输电线上的电晕放电、脏污外绝缘表面的局部放电、电力负荷的变动引起电压波动、补偿电容器投切引起的瞬变干扰等等都是电力系统中常见的干扰源。

4. 无线电波

随着现代无线通信产品的广泛应用，使空间电磁场中充斥着各种电磁辐射干扰。尤其是大量用于电力部门的检修现场和其他场所的对讲机，由于其发射功率较大（1～10W）、发射频串较高（100～500MHz），使与之相距较近的弱电设备的电路中产生高频感应电压，这种感应电压可能干扰设备的正常运行甚至导致保护装置误动作。

5. 静电

静电的起因是由于两种不同物质的物体相互摩擦时，正负极性的电荷分别积蓄在两种物体上形成高压。静电放电属于脉冲式干扰，干扰程度取决于脉冲能量和脉冲宽度。虽然静电放电的能量较小，但由于作用时间极短，其瞬时能量密度可能大到干扰装置运行甚至导致设备损坏的程度。

另外，保护装置所使用的直流电源的噪声、继电器开断时的瞬变电压、设计不完善的印制线路板所发出的辐射噪声等等，也是保护装置设计和运行所不能忽视的干扰源。

三、电磁干扰的传播途径和耦合方式

1. 电磁干扰传播途径有路传播和场传播两种

（1）路传播。通过金属导体以及电感、电容、变压器或电抗器等传播，其特点是这些载体在传导电磁干扰信号同时也消耗了干扰源的能量。

（2）场传播。通过以电磁波形式在空间中的辐射干扰，其特点是干扰源对外辐射能量，具有一定的方向性，并且辐射的能量随距离增加而逐渐减弱。

上述两种传播方式可以互相转换。

2. 干扰耦合方式

（1）公共阻抗性耦合。在两个设备之间存在诸如电源线、数字量 I/O 以及公共地线等连线情况下，它们各自的电流均流经一个公共阻抗，并在此公共阻抗上分别产生电压降，从而相互引起电压波动，干扰各自的工作。

（2）互感耦合。两电路之间存在互感，任一电路中电流变化通过空间交变电磁场影响到另一电路。这种互感耦合产生的干扰随干扰源频率增加而增加。

（3）电容性耦合。两根导线之间电位差使其中一根导线电荷通过它们之间耦合电容耦合到另一根导线上，形成静电耦合产生干扰电压，这种干扰随对地电阻 R 和干扰源的频率增加而增加。

（4）电磁耦合。除无线电通信电磁波外，高频电流和电晕放电等均会向空间辐射电磁波，空间电磁波作用于其他导体，感应出电动势形成电磁波耦合干扰，而装置的输入信号线、外部电源线、装置的机壳等都相当于接收电磁波的天线。微机保护装置本身就是一个接收电路。

四、干扰形式

干扰形式有横模干扰和共模干扰。

（1）横模干扰。横模干扰是串联于信号源之中的干扰，即串联干扰。其产生的原因可归结为长线传输的互感、分布电容的相互干扰及工频干扰等。横模干扰对微机保护的威胁一般不大，因为微机保护各模拟量输入回路都首先要经过一个防止频率混叠的模拟低通滤波器，它能很好地吸收横模浪涌。

（2）共模干扰。共模干扰就是引起回路对地电位发生变化的干扰，即对地干扰。共模干扰可以是直流，也可以是交流，它是造成微机保护装置故障的重要因素。

消除共模干扰的方法主要有：①浮空隔离技术；②三线采样，即双层屏蔽技术；③系统一点接地；④低阻抗匹配传输（以电流传输代替电压传输）；⑤采用光电耦合器件。

五、干扰对微机保护装置的影响

微机保护装置由核心部分的数字部件和外围部分的模拟部件（如出口继电器、驱动电路等）组成。模拟电路在干扰作用下往往使开关电路误翻转，在没有完善闭锁措施时将会导致误操作，数字电路在干扰作用下往往造成数据或地址传递错误，导致微机运行故障或功能故障。

干扰对微机保护装置的影响主要是：①计算或逻辑错误；②程序运行出轨；③元件损坏。

六、微机保护装置抑制干扰的基本措施

通常抑制电磁干扰的措施包括三方面内容：一方面是积极防电磁干扰的措施，即抑制干扰源；另一方面是消极防电磁干扰措施，即阻断干扰通道；再一方面是预防性抑制电磁干扰的措施，即降低受干扰保护装置的噪声敏感度。常见应用于微机保护装置中的抗干扰措施，从硬件措施和软件措施两个角度分别加以论述。

1. 硬件措施

在设计继电保护装置的过程中，若在硬件上采用一些抗干扰措施，可以有效地抑制干扰信号的侵入，提高装置的抗干扰能力。基本防止电磁干扰的硬件措施主要包括以下几方面。

（1）隔离。隔离是一种切断电磁干扰传播途径的抗干扰措施。为了有效抑制共模干扰，通常将保护装置中与外界相连的信号线、电源线等经过隔离后再连入装置内部。常见的隔离措施包括光电隔离和隔离变压器隔离。其中光电隔离主要通过光电耦合器将外部开关量信号和内部电气回路进行电气隔离。而隔离变压器隔离则主要通过专用变压器将一、二次侧的交流回路隔离，以抑制共模电压的干扰。

（2）屏蔽。屏蔽主要是用来阻隔来自空间电磁场的辐射干扰。屏蔽措施的实质是通过由具有良好导电性的金属材料所构成的全封闭的壳体来隔离和衰减电磁干扰。常见的屏蔽方式有抑制寄生电容的耦合干扰的电场屏蔽（包括电压变换器、电流变换器的一、二次侧绕组之间的隔离）、防止辐射电磁场产生电磁耦合的电磁屏蔽，以及限制低频磁场产生感性耦合的磁场屏蔽等等。

（3）接地。良好的接地系统是微机系统可靠工作的基础和保证。常见有以下几种情况。

1）信号接地：通过把装置中的两点或多点接地点用低阻抗的导体连在一起，为内部微机电路提供一个电位基准。为了尽量减少共模干扰，同一电路中的地电位应尽量保持一致。同时，避免不必要的地线环路，也可以减少外磁场的空间干扰的耦合。

2）功率接地：为了将沿微机保护电源回路串入的以及从低通模拟滤波回路耦合进的各种干扰信号滤除，往往要加装滤波器。通常将滤波器接地，以使干扰信号有泄放的回路。

3）屏蔽接地：将保护装置外壳以及电流、电压变换器的屏蔽层接地，以防止外部电磁场干扰以及从输入回路窜入的干扰。

另外，为保证人身安全和静电放电，通常将微机保护的外壳接地，称为安全接地。

2. 软、硬件结合抗干扰措施

采用硬件抗干扰措施可以大大提高微机保护装置的可靠性。但采用硬件抗干扰措施一方面增加了整个装置的复杂程度，也增加了成本。另外，不是所有干扰都可通过硬件措施完全解决。实际上，采用一些软硬件结合的措施不但可以弥补硬件抗干扰措施的不足，而且可使装置结构简化，降低成本。常用的软硬件结合的抗干扰措施有以下几方面。

（1）软、硬件结合的程序异常复位措施。也就是通常所说的"Watchdog（看门狗）"技术。使用独立于 CPU 的定时中断来监视程序的运行情况，具体方法是设置定时器的定时时间略大于保护程序周期运行时间，并在保护程序周期性执行中对定时器时间进行刷新操作。保护程序正常运行时，以基本恒定的时间刷新定时器，故定时器不会出现中断。而保护程序因干扰失控时，由于不能按时刷新定时器时间导致定时器产生定时中断，在定时中断服务程序中对失控的程序做出处理，如保存现场或复位 CPU 等。

（2）关键输出口编码校核。为防止失控程序对重要的输出口进行非正常操作，导致如保护跳闸等误动作，必须对输出口的操作进行校核。解决的办法是使用软件编码后，经硬件解码才能启动出口驱动电路。

（3）软、硬件冗余技术。由于微机保护是极其重要的安全设备，所以其可靠性要求很高。为保证在可靠性要求较高时保护的动作正确性不受外部干扰及其他因素的影响，需要采用软、硬件上的冗余措施。在硬件上可以采用如静态冗余法、动态冗余法以及混合冗余法等方法构成多机的冗余系统。而在冗余的保护之间又可采用不同保护算法构成原理上的冗余。

七、抗干扰措施具体实施方法

1. 抗干扰的硬件措施

（1）采用不扩展的单片机，总线不出芯片，实现电路简化，大大消除了横模干扰。

（2）工艺上采用多层印制电路板和表面安装技术。

（3）交流输入组件上电流变换器、电压变换器选用"R"型铁芯，使数据采集系统的精度、线性范围、功耗等指标显著改善。

（4）采用带双重屏幕的变换器，要正确地接地和接零。

（5）在数据采集系统中，采用前置模拟低通滤波器来抑制横模干扰和其他干扰。同时，应考虑数字电路以外的外围电路，诸如采样保持器、A/D 转换器、出口驱动电路、逆变电源等元件的可靠性。

（6）装置的零电位线与大地（机壳）严格隔离，并加以良好的屏蔽，应考虑数字电路电源的纹波接地地线浮动及分布退耦器。

（7）在输入和输出端接入对地电容，以减低现场高频干扰及"浪涌"。同时应消除因密集装置造成的杂散耦合，特别是消除工频串扰。

（8）采用逆变后的开关电源供电，由蓄电池电压 110V 或 220V 逆变成高频（20kHz）电压后经高频变压器隔离。

（9）利用光电耦合隔离技术，隔离叠加在 CPU 系统输入、输出信号上的各种干扰，在输入和输出通道上采用光电耦合隔离。在硬件设计中，模拟量输入、开关量输入/输出，例如装置与前置机的通信接口，出口继电器与锁存器的连接，以及出口继电器的状态均应采用光电耦合隔离。使微机工作在浮地状态。

（10）采用 CPU 控制出口冗余设计；采用系统硬件故障自诊断；控制出口插件的设计采用互补性原理；继电器状态采用信号返回和"Watchdog"技术。

2. 防止系统"死机"的软件设计

（1）Watching dog 的正确使用。

（2）软件的容错设计有：加入软件陷阱的方法，设立标志判断，增加数据安全备份，软件复位。

（3）采样数据的干扰对策。利用模拟输入量间的规律去除虚假点；数值平滑滤波法。

思 考 题 与 习 题

14-1　微机继电保护装置有什么特点和优点？

14-2　微机保护装置的硬件主要由哪几部分组成各自承担什么功能？

14-3　微机保护装置的数字核心部件由哪些元器件组成，作用如何？

14-4　简述微机保护 CPU 组合方案。

14-5　微机保护装置的模拟量输入（AI）接口主要由哪几部分构成？

14-6　微机保护装置的开关量输入（DI）及开关量输出（DO）接口如何构成？

14-7　简述微机保护中的数据采集系统。

14-8　模拟信号的采样序列如何表示，设输入相电压、相电流分别为：$u(t) = U_m\sin(\omega_1 t + \varphi_U)$，$i(t) = I_m\sin(\omega_1 t + \varphi_U - \theta)$，并已知每基频周期采样点数 $N = 12$，$U_m = \dfrac{100\sqrt{2}}{\sqrt{3}}$V，$I_m = 5\sqrt{2}$A，$\omega_1 = 100\pi$，$\varphi_U - \theta = \dfrac{\pi}{12}$，要求写出一个基频周期的采样值序列。

14-9　简述采样周期、采样频率及每基频周期采样点数的含义及其相互关系。

14-10　什么是采样定理？实用中如何选择采样频率？什么是数字式保护算法？它包含哪些基本内容？

14-11　前置模拟低通滤波器（ALF）有什么作用？通常怎样实现？

14-12　设每基频周期 N 点采样，如何确定理想的前置模拟低通滤波器（ALF）的截止频率 f_c。若 $N=12$，则 f_s，T_s 及 f_c 各为多少？

14-13　设 $f_s = 600$Hz，设计一个减法滤波器，要求滤掉直流分量及 2、4、6 等偶次谐波，写出其差分方程表达式。

14-14　采用二采样值积算法，利用题 14-8 得到的采样值序列、计算电压幅值、电流幅值、有功功率、无功功率、电阻及电抗。

14-15　采用微分方程算法，利用题 14-8 得到的采样值序列，计算电阻及电抗。

14-16　已知被输入信号为 $u(t) = 10\sin(\omega_1 t + \pi/6)$，每基频周期采样点数 $N=12$，列出一周期的采样序列，并用半周期绝对值积分法求出 U_m。

14-17　有一个积分滤波器，其滤波方程 $y(n) = \displaystyle\sum_{i=0}^{8} x(n-i)$，设每基频周期采样次数 $N = 20$。试计算其响应时延 τ_c 及数据窗 D_w。

14-18　什么是系统的初始化？什么时候进行系统初始化？有哪些基本任务？

14-19　数字保护装置有哪些基本功能和要求？其主程序流程图、中断服务程序和保护故障程序流程图如何构成？

14-20　简述电磁干扰对微机保护装置可靠性的影响。

14-21　简述微机继电保护抗干扰的具体措施。

14-22　简述微机保护采取的抗干扰的软件对策。

附 录

附录 A 常用设备文字符号

附表 A-1 设备、元件文字符号

序号	元件名称	文字符号	序号	元件名称	文字符号
1	发电机	G	31	复位与掉牌小母线	WR, WP
2	电动机	M	32	预报信号小母线	WFS
3	变压器	T	33	合闸线圈	YO
4	电抗器	L	34	跳闸线圈	YR
5	电流互感器、消弧绕组	TA	35	继电器	K
6	电压互感器	TV	36	电流继电器	KA
7	零序电流互感器	TAN	37	零序电流继电器	KAZ
8	电抗变换器（电抗变压器）	UX	38	负序电流继电器	KAN
9	电流变换器（中间变流器）	UA	39	正序电流继电器	KAP
10	电压变换器	UV	40	电压继电器	KV
11	整流器	U	41	零序电压继电器	KVZ
12	晶体管（二极管，三极管）	V	42	负序电压继电器	KVN
13	断路器	QF	43	电源监视继电器	KVS
14	隔离开关	QS	44	绝缘监视继电器	KVI
15	负荷开关	QL	45	中间继电器	KM
16	灭磁开关	SD	46	信号继电器	KS
17	熔断器	FU	47	功率方向继电器	KW
18	避雷器	F	48	阻抗继电器	KR
19	连接片（切换片）	XB	49	差动继电器	KD
20	指示灯（光字牌）	HL	50	极化继电器	KP
21	红灯	HR	51	时间继电器 温度继电器	KT
22	绿灯	HG	52	干簧继电器	KRD
23	电铃	HA	53	热继电器	KH
24	蜂鸣器	HA	54	频率器	KF
25	控制开关	SA	55	冲击继电器	KSH
26	按钮开关	SB	56	启动继电器	KST
27	导线，母线，线路	W, WB, WL	57	出口继电器	KCO
28	信号回路电源小母线	WS	58	切换继电器	KCW
29	控制回路电源小母线	WC	59	闭锁继电器	KL
30	闪光电源小母线	WF	60	重动继电器	KCE

续表

序号	元件名称	文字符号	序号	元件名称	文字符号
61	合闸位置继电器	KCC	70	停信继电器	KSS
62	跳闸位置继电器	KCT	71	收信继电器	KSR
63	防跳继电器	KFJ	72	气体继电器	KG
64	零序功率方向继电器	KWD	73	失磁继电器	KLM
65	负序功率方向继电器	KWH	74	固定继电器	KCX
66	加速继电器	KAC	75	匝间短路保护继电器	KZB
67	自动重合闸装置	AAR	76	接地继电器	KE
68	重合闸继电器	KRC	77	检查同频元件	KY
69	重合闸后加速继电器	KCP	78	合闸接触器	KO

附表 A-2　　　　　　　　　　物理量下脚标文字符号

文字符号	中文名称	文字符号	中文名称
exs	励磁涌流	op	动　作
ph	单　相	set	整　定
N	额　定	sen	灵　敏
in	输　入	unf	非故障
out	输　出	unb	不平衡
max	最　大	unc	非全相
min	最　小	ac	精　确
Loa 或 L	负　荷	m	励　磁
sat	饱　和	err	误　差
re	返　回	p	保　护
A，B，C	三相（一次侧）	d	差　动
a，b，c	三相（二次侧）	np	非周期
qb	速　断	s	系统或延时
res	制　动	a	有　功
rel	可　靠	r	无　功
f	故　障	W	接线或工作
[0]	故障前瞬间	k	短　路
TR	热脱扣器	0	中性线或零序
Σ 或 tot	总　和	rem	残　余
con	接　线		

附表 A-3　　　　　　　　　　常　用　系　数

K_{re}—返回系数	K_{TV}—电压互感器电压变比
K_{rel}—可靠系数	K_{st}—同型系数
K_b—分支系数	K_{np}—非周期分量系数
$K_{s,min}$—最小灵敏系数	Δf_s—整定匝数相对误差系数
K_{ss}—自启动系数	K_{err}—10%误差系数
K_{TA}—电流互感器电流变比	K_{co}—配合系数
K_{res}—制动系数	K_w，K_{con}—接线系数

附录B　常用电气图形符号

附表 B‑1　　　　　　　　　　原理图中常用电气图形符号

序号	元　件	图　形	序号	元　件	图　形
1	电流继电器	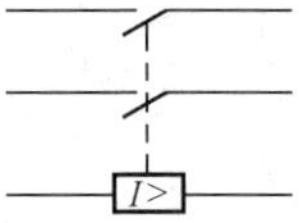	11	指示灯（信号灯）	
2	欠电压继电器	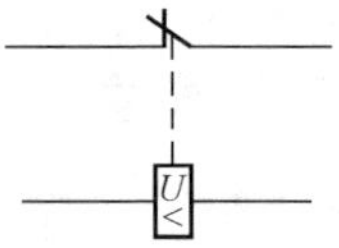	12	熔断器	
3	中间继电器（采用"快速继电器"绕组符号）	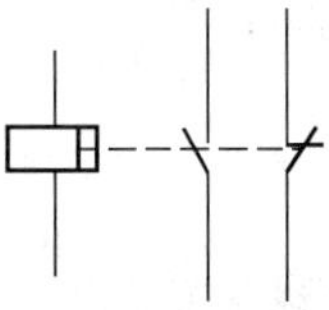	13	电流互感器	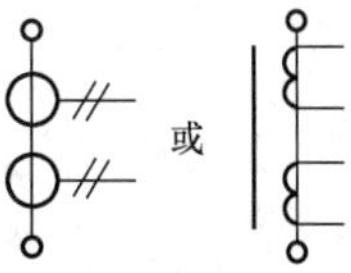 或
4	信号继电器（采用"机械保持继电器"绕组和"非自动复位"触点符号）	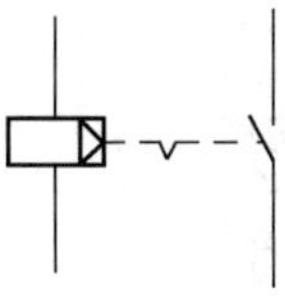	14	电压互感器	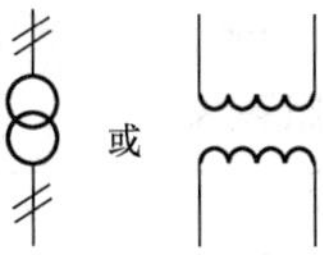 或
5	气体继电器	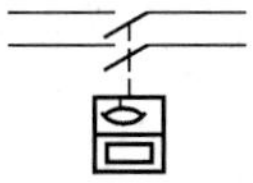	15	负荷开关	
6	电铃		16	接触器（延时断开的动合触点）	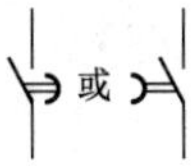 或
7	蜂鸣器	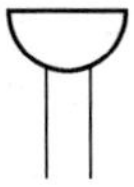	17	差动继电器	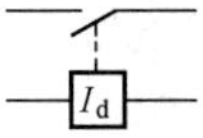
8	电警笛		18	时间继电器（延时闭合的动合触点）	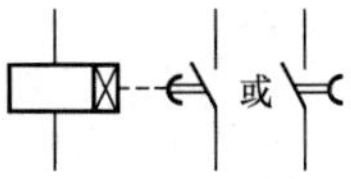 或
9	按钮（动合按钮或动断按钮）	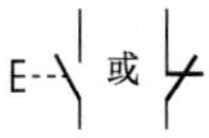 E-- 或	19	手动开关	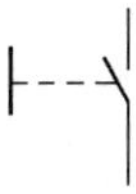
10	(1) 连接片 (2) 切换片	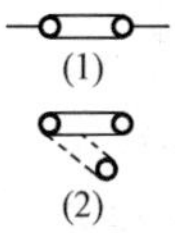 (1) (2)	20	低压断路器（自动开关）	 或

续表

序号	元 件	图 形	序号	元 件	图 形
21	反时限过电流继电器（先合后断桥接式转换触点）	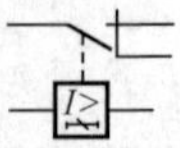	26	交流发电机 交流电动机	
22	热继电器的驱动元件	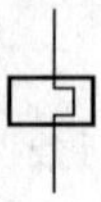	27	整流器方框符号	
23	延时动作瞬时返回电路		28	电抗器	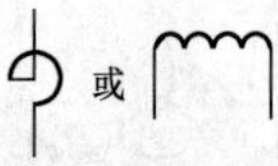
24	断路器		29	桥式全波整流器方框符号	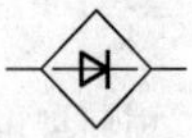
25	隔离开关		30	瞬时动作延时返回电路	

附表 B‑2 　　　　　　　展开图中常用图形

序号	名 称	图 形	序号	名 称	图 形
1	动合触点（瞬时闭合常开触点）	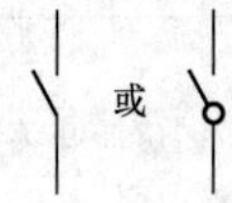 或	7	双绕组操作器件组合表示法	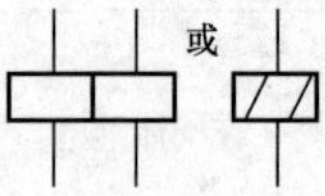 或
2	动断触点（瞬时断开常闭触点）	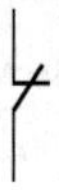	8	双绕组操作器件分离表示法	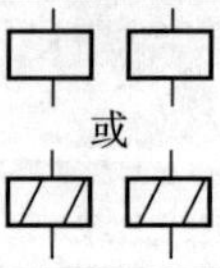 或
3	先断后合的转换触点		9	剩磁继电器线圈	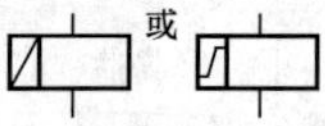 或
4	接触器的动合触点（常开触点）		10	延时闭合的动断触点（瞬时断开延时闭合的常闭触点）	 或
5	接触器的动断触点（常闭触点）	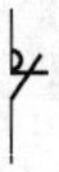	11	延时断开的动断触点（瞬时闭合延时断开的常闭触点）	 或
6	继电器，接触器和磁力启动器的线圈	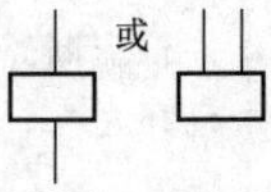 或	12	延时闭合的动合触点（瞬时断开延时闭合的常开触点）	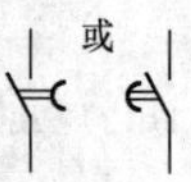 或

续表

序号	名　称	图　形	序号	名　称	图　形
13	延时断开的动合触点（瞬时闭合延时断开的常开触点）	⊣或⊣	16	双向保持线圈	
14	热敏开关的动合触点　注："θ"可用动作温度"t"代替	θ⊣	17	快速继电器线圈	
15	带时限的电磁继电器线圈　(1)缓吸线圈　(2)缓放线圈	(1)　(2)	18	极化继电器线圈	

附录 C　常用继电器技术数据

附表 C-1　　　　　　　DL-20（30）系列电流继电器的技术数据

型　号	整定电流范围（A）	线圈串联		线圈并联		动作时间	返回系数	最小整定电流时功率消耗（VA）	备　注
		动作电流（A）	长期允许电流（A）	动作电流（A）	长期允许电流（A）				
DL-21C 31 DL-22C 32 DL-23C 33 DL-24C 34 DL-25C	0.125～0.05	0.0125～0.025	0.08	0.025～0.05	0.16	当1.2倍整定电流时不大于0.15s，当3倍整定电流时不大于0.03s	0.8	0.4	DL-21C型有一对动合触点，DL-22C型有一对动断触点，DL-23C型常开动断触点各有一对，DL-24C型有2对动合触点，DL-25C型有2对动断触点
	0.05～0.2	0.05～0.1	0.3	0.1～0.2	0.6			0.5	
	0.15～0.6	0.15～0.3	1	0.3～0.6	2			0.5	
	0.5～2	0.5～1	4	1～2	8			0.5	
	1.5～6	1.5～3	6	3～6	12			0.55	
	2.5～10	2.5～5	10	5～10	20			0.85	
	5～20	5～10	15	10～20	30			1	
	12.5～50	12.5～25	20	25～50	40			2.8	
	25～100	25～50	20	50～100	40			7.5	
	50～200	50～100	20	100～200	40		0.7	32	

注　1. 此系列继电器可以取代 DL-10 系列，用于电机、变压器、线路的过负荷及短路保护，作为启动元件。

　　2. 动作电流误差不大于±6%。

　　3. 触点开断容量：当不超过 250V，2A 时，在直流回路中不超过 50W，在交流回路中不超过 250VA。

附表 C-2   **DY、LY 系列电压继电器的技术数据**

型 号	特性	整定范围 (V)	线圈并联		线圈串联		动作时间 (s)	最小整定电压时的功率消耗 (VA)	备 注
			动作电压 (V)	长期允许电压 (V)	动作电压 (V)	长期允许电压 (V)			
DY-21C ～25C	过电压继电器	15～60 50～200 100～400	15～30 50～100 100～200	35 110 220	30～60 100～200 200～400	70 220 440	$1.2U_{set}$ 时,0.15;$3U_{set}$ 时,0.03	1	DY-21C、25C、LY-32 为一对动合触点，DY-24C、29C、LY-37 为 2 对动合触点，DY-22C、LY-31、34 为一对动断触点，LY-36、26C 为 2 对动断触点，其他为 1 组或 2 组转换触点
DY-30/60C		15～60	15～30	110	30～60			2.5	
LY-1A LY-21		6～12 60～200	3～6 60～100	100 110	6～12 100～200	100 220	$3U_{set}$ 时,0.01;$1.1U_{set}$ 时,0.12	10 1.5	
DY-26C、28C、29C	低电压继电器	12～48 40～160 80～320	12～24 40～80 80～160	35 110 220	24～48 80～160 160～320	70 220 440	$0.5U_{set}$ 时,0.15	1	
LY-22		40～160	40～160	110	80～160	220	$0.7U_{set}$ 时,0.02	1.5	
LY-31 ～37		15～60 40～160 80～320	15～30 40～80 80～160	110 110 220	30～60 80～160 160～320	220 220 440	$0.5U_{set}$ 时,0.15	1	

注 1. 过电压继电器的返回系数不小于 0.8，低电压继电器的返回系数不大于 1.25。

    2. 触点断开容量：与 DL-21（30）相同。

附表 C-3   **时间继电器的技术数据**

型 号	电压种类	额定电压 (V)	时间整定范围 (s)	动作电压 (V)	消耗功率	触点数量			触点开断容量
						常开	滑动	切换	
DS-21、21C 22、22C 23、23C 24、24C	直流	24、48 110、220	0.2～1.5 1.2～5 2.5～10 5～20	≤$0.75U_N$	对 DS-21、22、23、24≤10W 对 21～24C≤7.5W	1	1	1	$U≤220V$ $I≤1A$ 时为 50W;触点关合电流为 5A
DS-25 26 27 28	交流	110 127 220 380	0.2～1.5 1.2～5 2.5～10 5～20	≤$0.8U_N$	≤35VA	1	1	1	
BS-11 12 13 14	直流	220 110 48 24	0.15～1.5 1～5 2～10 4～20	对 110、220V,≤$0.8U_N$ 对 24、48V,≤$0.9U_N$	在 U_N 下≤15W			3	$U≤220V$ $I≤0.2A$ 时, 直流为 40W,交流为 50VA
BS-31 32 33 34	直流	220 110 48	3～10 5～20 6～30 1.5～5	对 110、220V,≤$0.8U_N$ 对 48V,≤$0.9U_N$	在 U_N 下≤15W			4	$U≤220V$ $I≤0.2A$ 时, 直流为 40W,交流为 50VA
BSJ-1/10 -1/4	交流	额定电流串联—2.5A 并联—5A	0.5～10 0.25～4	可靠工作电流<$0.9I_N$	在 I_N 下≤12VA	2			$U≤220V$ $I≤0.2A$ 时, 直流为 25W,交流为 30VA

续表

型　号	电压种类	额定电压（V）	时间整定范围（s）	动作电压（V）	消耗功率	触点数量			触点开断容量
						常开	滑动	切换	
DSJ-11 12 13	交流	100、110 127、220 380	0.1～1.3 0.25～3.5 0.9～9	≤0.7U_N	15VA	1	1	1	U≤220V I≤5A时， 交流为50VA
BS-60A、70A BS-60B、70B BS-60C、70C BS-60D、70D BS-60E、70E	直流	110 220	0.05～0.5 0.15～1.5 0.5～5 1～10 3～30	≤0.7U_N 自保持电流1A	BS-60系列， 220V为9W； 110V为6W； BS-70系列， 则分别为 18、12W				U≤250V I≤1A时， 直流为30W

注 1. 型号中，D—电磁式；B—半导体式；S—时间继电器；J—交流操作用的；C—长时间工作的。

2. BS-60、BS-70系列中，6—单延时；7—双延时；A、B、C、D、E—分别表示不同延时。型号中的零可用1、2、3、4置换即构成61、71、62、72等型号，其中1—具有瞬动转换延时常开触点；2—同1且具有电流自保持绕组；3—具有瞬动动断延时动合触点；4—同3且有电流自保持绕组。

附表 C-4　　　　　　　　　　　　中间继电器的技术数据

型　号	额定电压（V）	额定电流（A）	动作电压不大于	保持电压不大于	动作时间（s）	返回时间（s）	功率消耗（W）			触点容量	
							电压绕组	电流绕组	长期接通（A）	开断	
DZ-31B 32B	12、24、48 110、220		0.7U_N		0.05		5		≤5		
DZB-11B、12B、 15B 13B、 14B	24、48、 110、220	0.5、1 2、4、8	0.7U_N	0.7U_N 0.8U_N	0.05		7 5.5 4	4 4 4	≤5	在 U≤220V，I≤1A 时，直流为50W，交流为50VA	
DZS-11B、13B 12B、14B 15B、16B	12、24、 48、 110、220	2、4、6、 1、2、4	0.7U_N		0.06 0.06	0.5	5		≤5		
DZ-15、16、17 DZB-115、138、 127	12、24、 48、 110、220	0.5、1、 2、4	0.7U_N		0.05	0.06	5 10 25	4.5 4.5	≤5		
DZS-115、117 145 127 138	24、48 110、220	1、2、4.8	0.7U_N	0.8U_N	0.06	0.5 0.4	5 6.5 5.5 5.5	2.5 2.5	≤5		
DZJ-11、12	交流		0.8U_N		0.06	0.06	5		≤5	在 U≤220V	
—20	110、220 36～220		0.8U_N		0.06	0.06	4		≤5	I≤1A时 50W，250VA	
DZ-500	24、48、 110、220		0.7U_N		0.04		3		≤5	50W，500VA	
DZB-500 DZK-900		0.5、1、 2、4	0.7U_N 0.5U_N	0.8U_N 0.8U_N	0.05 0.02	0.05～ 0.008	8	2.5	≤5	50W，500VA 30W，150VA	

注 1. DZ-31B有三对动合触点、三对转换触点，DZ-32B有六对动合触点。

2. DZB-11B、13B、14B、15B各有三对动合、三对转换触点，DZB-12B有六对动合触点。

3. 其他各型触点数量可以查阅有关技术资料。

附表 C‑5 信号继电器的技术数据

型 号	额定电压 (V)	额定电流(A)	动作电压 (电流) 不大于	功率消耗 (W) 电压	功率消耗 (W) 电流	触点开断容量	备注
DX‑11 电压型	12、24、48 110、220		$0.6U_N$	2		$U{\leqslant}220V,I{\leqslant}$ 2A 时，直流 50W，交流 250VA	
DX‑11 电流型		0.1、0.015、0.025、0.05、0.075、 0.1、0.15、0.25、0.5、0.75、1	I_N		0.3		
DX‑21/1,21/2 ‑22/1,22/2 ‑23/1,23/2	48 110 220	0.01、0.015、0.04、0.08 0.2、0.5、1	$0.7U_N$ (I_N)	7	0.5	$U{<}110V,I{<}$ 0.2A 时，直流 为 10W，纯阻性 30W	具有灯光信号
DX‑31,32	12、24、48 110、220	0.01、0.015、0.025、0.04、0.05、0.075 0.08、0.1、0.15、0.2、0.25、0.5、1	$0.7U_N$ (I_N)	3	0.3	$U{<}220V$ 时，直流为 30W，交流为200VA	具有掉牌信号
DXM‑2A 电压型或 电流型	24、48 110、220	0.01、0.015、0.025、0.05、0.075 0.08、0.1、0.15、0.25、0.5、1.2	$0.7U_N$ (I_N)	2	0.15	$U{<}220V$, $I{<}0.2A$ 时，直流为 20W，纯阻性 30W	灯光信号电压释放
DXM‑3	110、220	0.05、0.075	$0.7U_N$ (I_N)			$U{<}220V$, $I{<}0.2A$ 时，直流为 20W，纯阻性 30W	

注　DX‑20 系列只有一对动合触点，其他均有 2 对动合触点。

附表 C‑6 GL‑10 和 LL‑10 系列电流继电器的技术数据

型 号	额定电流 (A)	整定值 动作电流 (A)	整定值 10倍动作电流时的动作时间 (s)	瞬动电流倍数	长期热稳定电流 I_N（%）	返回系数	动作电流时的功率消耗 (VA)	触点数量 动合	触点数量 延时信号	触点数量 强力桥式	触点容量
GL‑11/10 (21/10)	10	4、5、6、7、 8、9、10	0.5、1、 2、3、4			0.85		1			动合触点在 220V 时，接通直流或交流 5A；动断触点在 220V 时，断开交流 2A；信号触点在 220V 时，断开直流 0.2A，交流 1A；强力桥式触点由电流互感器供电，电阻在 3.5A 时小于 4.5Ω，则在小于 150A 时能将此跳闸线圈接通或分流断开
GL‑11/5 (21/5)	5	2、2.5、3、3.5、 4、4.5、5	0.5、1、 2、3、4					1			
GL‑12/10 (22/10)	10	4、5、6、7、 8、9、10	2、4、8、 12、16					1			
GL‑12/5 (22/5)	5	2、2.5、3、3.5、 4、4.5、5	2、4、8、 12、16					1			
GL‑13/10 (23/10)	10	4、5、6、7、8、 9、10	2、3、4	2～8	110		<15	1	1		
GL‑13/5 (23/5)	5	2、2.5、3、3.5、 4、4.5、5	2、3、4					1	1		
GL‑14/10 (24/10)	10	4、5、6、7、8、 9、10	8、12、 16			0.8		1	1		
GL‑14/5 (24/5)	5	2、2.5、3、3.5、 4、4.5、5	8、12、 16					1	1		
GL‑15/10 (25/10)	10	4、5、6、7、8、 9、10	0.5、1、 2、3、4							1	
GL‑15/5 (25/5)	5	2、2.5、3、3.5、 4、4.5、5	0.5、1、 2、3、4							1	
GL‑16/10 (26/10)	10	4、5、6、7、8、 9、10	8、12、16						1	1	
GL‑16/5 (26/5)	5	2、2.5、3、3.5、 4、4.5、5	8、12、16						1	1	

型　号	额定电流（A）	整　定　值				长期热稳定电流 I_N（%）	返回系数	动作电流时的功率消耗（VA）	触点数量			触点容量
		动作电流（A）	10倍动作电流时的动作时间（s）	瞬动电流倍数					动合	延时信号	强力桥式	
LL-11/5 12/5 13/5 14/5	5	2、2.5、3、3.5、4、4.5、5	0.5～4 2～16 2～4 8～16	2～8	110	0.85	10	1 1 1 1	1 1		
LL-11/10 12/10 13/10 14/10	10	4、5、6、7、8、9、10	0.5～4 2～16 2～4 8～16	2～8	110	0.85	10	1 1 1 1	1 1		

注 1. LL型反时限过电流继电器为新型整流（L）式电流（L）继电器，反时限特性曲线和GL型相似，但结构和电路简单。

2. 速断电流倍数＝瞬动电流/动作电流整定值。

3. LL-11A、12A型继电器具有一对控制外电路的动合主触点，但根据用户需要，也可以改装为动断式。

4. LL-13A、14A型继电器具有一对控制外部电路能瞬时动作的动合主触点和一对延时动作的动合信号触点，根据用户需要，主触点可以改为动断式。

5. 继电器的电流线圈允许长期通过110%额定电流。

附录 D　各类保护的最小灵敏系数 $K_{s \cdot min}$

保护分类	保护类型	组成元件		灵敏系数	备　注
主保护	带方向和不带方向的电流保护或电压保护	电流元件和电压元件		1.3～1.5	200km以上线路，不小于1.3；50～200km线路，不小于1.4；50km以下线路，不小于1.5
		零序或负序方向元件		2.0	
	距离保护	启动元件	负序和零序增量或负序分量元件	4	距离保护第Ⅲ段动作区末端故障，大于2
			电流和阻抗元件	1.5	线路末端短路电流应为阻抗元件精确工作电流2倍以上，200km以上线路，不小于1.3；50～200km线路，不小于1.4；50km以下线路，不小于1.5
		距离元件		1.3～1.5	
	平行线路的横联差动方向保护和电流平衡保护	电流和电压启动元件		2.0	线路两侧均为未断开前，其中一侧保护按线路中点短路计算
				1.5	线路一侧断开后，另一侧保护按对侧短路计算
		零序方向元件		4.0	线路两侧均未断开前，其中一侧保护按线路中点短路计算
				2.5	线路一侧断开后，另一侧保护按对侧短路计算

续表

保护分类	保护类型	组成元件	灵敏系数	备　注
主保护	方向比较式纵联差动保护	跳闸回路中的方向元件	3.0	
		跳闸回路中的电流和电压元件	2.0	
		跳闸回路中的阻抗元件	1.5	个别情况下为 1.3
	相位比较式纵联差动保护	跳闸回路中的电流和电压元件	2.0	
		跳闸回路中的阻抗元件	1.5	
	发电机、变压器、线路、和电动机纵差保护	差电流元件	2.0	
	母线的完全电流差动保护	差电流元件	2.0	
	母线的不完全电流差动保护	差电流元件	1.5	
	发电机、变压器、线路和电动机的电流速断保护	电流元件	2.0	按保护安装处短路计算
后备保护	远后备保护	电流、电压和阻抗元件	1.2	按相邻电力设备和线路末端短路计算（短路电流应为阻抗元件精确工作电流两倍以上），可考虑相继动作
		零序或负序方向元件	1.5	
	近后备保护	电流、电压和阻抗元件	1.3	按线路末端短路计算
		负序或零序方向元件	2.0	
辅助保护	电流速断保护		1.2	按正常运行方式保护安装处短路计算

注　1. 主保护的灵敏系数除表中注出者以外，均按保护区末端短路计算。

　　2. 保护装置如反应故障时增长的量，其灵敏系数为金属性短路计算值与保护整定值之比；如反应故障时减少的量，则为保护整定值与金属性短路计算值之比。

　　3. 各种类型的保护中，接于全电流和全电压的方向元件的灵敏系数不作规定。

　　4. 本表未包括的其他类型的保护，灵敏系数另作规定。

参 考 文 献

1　李骏年. 电力系统继电保护. 北京：水利电力出版社，1993.

2　马长贵. 继电保护基础. 北京：水利电力出版社，1987.

3　洪佩孙. 电力系统继电保护. 北京：水利电力出版社，1986.

4　贺家李，宋从矩. 电力系统继电保护原理. 3 版. 北京：中国电力出版社，1994.

5　尹项根，曾克娥. 电力系统继电保护原理与应用. 武汉：华中科技大学出版社，2001.

6　国家电力调度通信中心. 电力系统继电保护实用技术问答. 北京：中国电力出版社，2000.

7　陈继森，熊为群. 电力系统继电保护. 北京：水利电力出版社，1992.

8　李立群，柳占江，张道纲. 电力系统继电保护. 北京：水利电力出版社，1989.

9　贺威俊，张淑琴. 晶体管与计算机继电保护原理. 四川：西南交通大学出版社，1990.

10　王维俭. 电力系统继电保护基本原理. 北京：清华大学出版社，1991.

11　王广延. 电力系统元件保护原理. 北京：水利电力出版社，1986.

12　丁昱. 工业企业供电. 北京：冶金工业出版社，1993.

13　王建南. 工厂供电系统继电保护及自动装置. 北京：冶金工业出版社，1998.

14　刘介才. 工厂供电. 北京：机械工业出版社，1991.

15　范锡普. 发电厂电气部分. 北京：水利电力出版社，1987.

16　季一峰. 水电站电气部分. 2 版. 北京：水利电力出版社，1987.

17　水利电力部电力生产司. 保护继电器检验. 北京：水利电力出版社，1989.

18　耿毅. 工业企业供电. 北京：冶金工业出版社，1985.

19　黄玉铮. 继电保护习题集. 北京：水利电力出版社，1993.

20　王静茹，栾贵恩. 输电线路电流电压保护. 北京：水利电力出版社，1989.

21　山西省电力工业局. 继电保护. 高级工. 北京：中国电力出版社，2000.

22　李素芯. 电气运行人员技术问题——继电保护. 北京：中国电力出版社，1998.

23　苏文博，李鹏博. 继电保护事故处理技术与实例. 北京：中国电力出版社，2002.

24　税正中，施怀瑾. 电力系统继电保护. 重庆：重庆大学出版社，1997.

25　王维俭. 电气主设备继电保护原理与应用. 北京：中国电力出版社，2001.

26　张志竟、黄玉铮. 电力系统继电保护原理与运行分析（上）. 北京：中国电力出版社，1998.

27　王广延，吕继绍. 电力系统继电保护原理与运行分析（下）. 北京：中国电力出版社，1998.

28　杨奇逊，黄少锋. 微机继电保护基础. 2 版. 北京：中国电力出版社，2005.

29　罗钰玲. 电力系统微机继电保护. 北京：人民邮电出版社，2005.

30　张保会，尹项根. 电力系统继电保护. 北京：中国电力出版社，2005.

31　许正亚. 输电线路新型距离保护. 北京：中国水利水电出版社，2002.

32　贺家李，宋从矩. 电力系统继电保护原理（增订版）. 北京：中国电力出版社，2004.

33　陈生贵. 电力系统继电保护. 重庆：重庆大学出版社，2003.

34　WXB-11 型线路微机保护装置技术说明书. 南京自动化设备厂. 2000.

35　PSL 640 系列数字式线路保护装置说明书. 国电南京自动化股份有限公司. 2001.